环境保护文件选编 2016

（下册）

生态环境部办公厅　编

中国环境出版集团·北京

图书在版编目（CIP）数据

环境保护文件选编. 2016 / 生态环境部办公厅编. —北京：中国环境出版集团，2018.5

ISBN 978-7-5111-3553-7

Ⅰ. ①环… Ⅱ. ①生… Ⅲ. ①环境保护—文件—汇编—中国—2016 Ⅳ. ①X-012

中国版本图书馆 CIP 数据核字（2018）第 045191 号

出 版 人 武德凯
责任编辑 葛 莉 郑中海
责任校对 任 丽
封面设计 陈 莹

出版发行 中国环境出版集团
（100062 北京市东城区广渠门内大街 16 号）
网 址：http：//www.cesp.com.cn
电子邮箱：bjgl@cesp.com.cn
联系电话：010-67112765（编辑管理部）
010-67113412（第二分社）
发行热线：010-67125803，010-67113405（传真）
印装质量热线：010-67113404
印 刷 北京中科印刷有限公司
版 次 2018 年 5 月第 1 版
印 次 2018 年 5 月第 1 次印刷
开 本 787×1092 1/16
印 张 35.75
字 数 870 千字
定 价 全书上下两册，定价 240.00 元

目　录

六、环保内部情况通报

七、综合办公类

八、政策法规

九、规划与财务

十、行政体制改革与人事工作

十一、科技标准

十二、水环境管理

十三、大气环境管理

十四、土壤环境管理

十五、环境评价

十六、环境监测

十七、生态保护

十八、核安全与辐射管理

十九、环境监察

六、环保内部情况通报

环保内部情况通报

第 1 期
环境保护部办公厅　2016 年 1 月 4 日

深入贯彻全面从严治党要求
为生态环境质量总体改善提供坚强保证
——在中国共产党环境保护部直属机关第一次代表大会上的讲话

环境保护部党组书记、部长　陈吉宁
（2015 年 12 月 25 日）

各位代表、同志们：

今天，召开部直属机关党员代表大会。这是我部政治生活中的一件大事，将有力推动深入贯彻习近平总书记重要指示精神，全面落实中央巡视整改任务，进一步加强我部直属机关党的建设。首先，我代表部党组对会议的召开表示祝贺，并预祝会议圆满成功！

刚才，中央国家机关工委姚志平副书记发表了热情洋溢的讲话，充分肯定我部党建工作成效，并提出三点希望和要求，我们要在今后工作中认真贯彻落实。潘岳同志代表直属机关临时党委（纪委）向大会做工作报告，从五个方面概括总结 2008 年以来我部直属机关临时党委（纪委）党建工作取得的成效，着重谈了四点体会，对当前和今后一个时期进一步加强党建工作提出了总体考虑和具体建议。下午，大家还要对工作报告进行审议。

近年来，我部深入开展学习实践科学发展观、创先争优等活动，机关党建工作取得积极进展。特别是党的十八大以来，下大气力用习近平总书记系列重要讲话精神武装党员干部头脑，开展党的群众路线教育实践活动，在服务中心、建设队伍中展示出新气象新面貌，在增强机关党建工作吸引力影响力、调动党员干部自觉性创造性中求创新谋实效。“三严三实”专题教育开展以来，按照中央关于“三个见到实效”的目标要求，持续不断地把专题教育引向深入，多次组织学习教育研讨，连续开展 4 次创新大讨论，把“三严三实”内化于心、外化于行；在深入实施“大气十条”“水十条”、谋划“十三五”环保规划、推动环保制度改革、环境应急处置天津“8·12”特别重大火灾爆炸事故、保障“9·3”大阅兵、应对重污染天气等急难险重任务中涌现出一批先进典型，直属机关党建工作迈上了新台阶。

下面，我讲几点意见。

一、认真学习领会习近平总书记系列重要讲话精神，进一步增强全面从严治党的自觉性坚定性

党的十八大以来，习近平总书记发表系列重要讲话，坚持和深化“五位一体”总体布局，提出并形成全面建成小康社会、全面深化改革、全面依法治国、全面从严治党的战略布局，强调牢固树立和贯彻落实创新、协调、绿色、开放、共享的发展理念，深刻回答了新形势下党和国家事业发展的若干重大理论和现实问题，涉及改革发展稳定、内政外交国防、治党治国治军各个方面，是新的历史条件下我们党治国理政的行动纲领，是坚持和发展中国特色社会主义的最新理论成果，是夺取中国特色社会主义新胜利、实现中华民族伟大复兴中国梦的强大思想武器。

习近平总书记以强烈的历史责任感、深沉的使命忧思感、顽强的意志品质，提出全面从严治党战略思想，坚定不移推进党风廉政建设和反腐败斗争，向党内外、国内外表明了打铁还需自身硬的坚定立场和开弓没有回头箭的坚强决心，充分彰显我们党自我净化、自我完善、自我革新、自我提高的无畏勇气，展示了我们党强大的执政能力、卓越的执政成效和良好的执政形象。

全面从严治党是对执政党建设规律的深刻把握。办好中国的事情，关键在党。政党作为一种为实现特定目标而组织起来的政治组织，自身建设和管理的好坏，决定着其生存和发展。当前，我们党既肩负着崇高的历史重任，也面临着艰巨复杂的挑战和考验，正在进行具有许多新的历史特点的伟大斗争。只有深刻认识党面临的执政考验、改革开放考验、市场经济考验、外部环境考验的长期性和复杂性，深刻认识党面临的精神懈怠危险、能力不足危险、脱离群众危险、消极腐败危险的尖锐性和严峻性，切实把全面从严治党的要求落到实处，使我们党越来越成熟、越来越强大、越来越有战斗力，才能确保党在发展中国特色社会主义历史进程中始终成为坚强的领导核心。

全面从严治党是实现中华民族伟大复兴中国梦的关键所在。习近平总书记指出，实现中华民族伟大复兴的中国梦，就是要实现国家富强、民族振兴、人民幸福。党的领导是中国特色社会主义制度的最大优势，是实现中华民族伟大复兴中国梦的根本政治保证。今天，我们比历史上任何时候都更接近中华民族伟大复兴中国梦的目标，比历史上任何时期都更有信心、更有能力实现这个目标。只有坚持全面从严治党，我们党才能在实现中华民族伟大复兴中国梦中总揽全局、协调各方，引领发展方向，指明发展目标，破解发展难题，厚植发展优势，使经济社会发展不断取得新进展。

全面从严治党是协调推进“四个全面”战略布局、牢固树立和落实五大发展理念的根本保证。“四个全面”战略布局和五大发展理念是以习近平同志为总书记的党中央治国理政的顶层设计和指导理念。全面建成小康社会是战略目标，全面深化改革、全面依法治国是根本路径，全面从严治党是根本保证。只有全面深化改革，破除利益藩篱，实现全面小康才有动力；只有全

面依法治国，建立规则秩序，推进公平正义，实现全面小康才有基础；只有全面从严治党，锻造领导核心，提供政治支撑，实现全面小康才有保证。坚持创新、协调、绿色、开放、共享的发展理念，是关系我国发展全局的一次深刻变革。深入贯彻落实五大发展理念和要求，并一步步转化为生动实践，根本在党，关键在各级党组织和广大党员去引领去推动去落实。

新形势下，落实党要管党、从严治党的任务比以往任何时期都更为繁重、更为紧迫。我们必须警醒起来，以更大的决心和勇气抓好党建工作，持之以恒落实中央八项规定精神，坚决纠正“四风”，巩固好“三严三实”专题教育和中央巡视整改成果，严查重点领域、关键环节、损害群众利益的行为，使我部各级党组织在推进环保事业科学发展的历史进程中始终成为坚强的领导核心。

二、充分发挥各级党组织的政治核心作用和党员领导干部的关键带头作用，坚决在思想上政治上组织上把党中央关于生态文明建设和环境保护的决策部署落地生根取得成效

当前，全国上下都在深入贯彻党的十八届五中全会和中央经济工作会议精神，我们也在积极谋划“十三五”环境保护思路和规划。总体考虑是：按照“四个全面”战略布局，牢固树立和贯彻落实五大发展理念，以改善环境质量为核心，实行最严格的环境保护制度，打好大气、水、土壤污染防治三大战役，强化污染防治与生态保护联动协同效应，不断提高环境管理系统化、科学化、法治化、精细化和信息化水平，加快推进生态环境治理体系和治理能力现代化，确保2020年生态环境质量总体改善。“十三五”环保工作一个重要转变，就是突出环境质量改善这个核心，一切工作的着眼点、着力点都要落在这个核心上。

把党中央、国务院决策部署转化为环保工作的路线图和施工图，承担好补齐生态环境突出短板责任，我们需要付出极其艰巨的努力。经济新常态下破解发展与保护难题面临巨大挑战，完成全面建成小康社会的生态环境目标难度极大，深化生态环保领域改革的任务异常繁重，进一步推进环保工作的挑战多压力大，环境问题相互交织越来越复杂多样，要有大的突破非常不易。越是这样，越要发挥我们的政治优势，切实加强党的建设。从部内各单位的情况来看，抓党建和抓业务是统一的，凡党建工作开展得好的单位，业务工作也有声有色，反之亦然。各级党组织和党员领导干部必须把思想认识统一到党中央的决策部署和习近平总书记系列重要讲话精神上来，从思想上、政治上、组织上和体制机制上，把党建工作与业务工作同统筹、同部署、同落实、同考核，当好改革的促进派和实干家，为补齐生态环境突出短板敢于担当、主动作为、多做贡献。

在思想上，要深入学习贯彻习近平总书记系列重要讲话精神，武装头脑统一认识推动工作。深入学习贯彻习近平总书记系列重要讲话精神，是各级党组织和党员领导干部的一项重大政治任务，是我们坚定理想信念、坚定道路自信理论自信制度自信的内在要求，是统一思想认识、指导实践、推动工作的迫切需要。习近平总书记系列重要讲话精神博大精深、内容丰富、部署明确，涵盖重大意义、科学内涵、精神实质和实践要求等诸多领域和方面。党的十八大以来，习近平总书记对生态文明建设和环境保护的有关重要讲话、论述、批示达 80 多次。要系统学习、吃准吃透，以此为指导，研判形势，明确思路，把“学”与“习”、知与行统一起来，不是一件容易的事情，需要狠下功夫。例如，绿水青山就是

金山银山，看起来很好懂，但要真正把握要义、领会精髓，并落实到具体工作中，并不那么容易，还会遇到很多困难和阻力。要把习近平总书记系列重要讲话精神作为中心组学习和党员领导干部学习的核心内容，列出专门学习计划，拉出学习清单，研读原文，开展研讨，深刻理解内涵、准确把握要求，紧密结合环保实际来理清思路、抓住重点、推动工作。

在政治上，要清醒把握正确的政治方向，把政治纪律和规矩挺在前面。纪律和规矩是管党治党的一把尺子。我们必须始终在思想上、政治上、行动上与以习近平同志为总书记的党中央保持高度一致，坚决维护中央权威，牢固树立大局意识、纪律和规矩意识，严守政治纪律和政治规矩。党中央作出加快补齐生态环境短板、以改善环境质量为核心、实现生态环境质量总体改善等一系列决策部署，这就是我们环保工作的政治，就是大局。环保一切工作都要讲政治，从大局出发思考问题，把以改善环境质量为核心谋划好、细化好、落实好，并且要作为政治纪律来坚守。当前围绕改善环境质量这个核心，一些党员干部思想观念迟迟转变不过来，工作思路、工作方法仍停留在过去，没想法，没办法，没起色。思想观念、方式方法必须尽快转变、调整到位。要有协调配合的大局观，在服务中心上见大局，在统筹协调上见大局，在加强合作上见大局。任何时候小道理都要服从大道理。一些部门单位还存在本位主义，喜欢讲半截话，符合本部门利益的就讲、不符合的就不讲；有的各自为政，想干什么就干什么，表面的积极性很高，许多事情在落实口号中落空了。这些都是不讲政治、不守政治纪律的行为，必须尽快纠正，该点名的就点名，该处理的就处理。讲政治纪律和规矩，还必须提高适应和引领经济新常态的本领，具备推动绿色发展和生态文明建设的素质，不断提高各级党组织整体的决策水平和执行力。

在组织上，要在补齐短板的第一线、改善生态环境质量的主战场、改革发展的最前沿选贤任能、人尽其才，打造政治强、业务精、敢作为、作风正的干部队伍。加快补齐生态环境突出短板，总体改善生态环境质量，深化和落实中央已出台的生态环保领域改革举措，加快从粗放式环境管理向精细化管理转变，迫切需要打造一支忠诚干净担当，政治强、业务精、敢作为、作风正的干部队伍。近期，部党组正在强化干部队伍培养选拔与交流调整，加大机关干部内部交流、机关干部与事业单位干部双向交流工作力度，探索构建“之”字型的干部培养使用模式，为各类人才提升素质、增强能力、脱颖而出、建功立业，提供机会和平台。但是，一些干部的工作状态值得注意：“等与看”的思想仍然存在，不作为，怕担当，遇到好处就想要，碰到困难躲着走，认为在环保事业快速发展形势下，等也能等到位子、得到提拔；工作主动性创新性不够，老办法不管用，新办法不会用，靠发文落实工作，以文件空转、会议表态代替具体落实；作风拖沓散漫，布置工作没有节点，跟踪工作没有到位，运转节奏慢，磨洋工，混日子，把普通活拖成了急活，把一般事拖成了难事，等等。这些问题严重影响干部队伍的凝聚力战斗力执行力，必须加以认真解决。党员领导干部要在年底的“三严三实”专题民主生活会上，认真查摆问题，深入分析原因，提出明确的、具体的、针对性强的改进措施，推动工作取得成效。

在体制机制上，要完善风险防范体系，落实全面从严治党主体责任。按照我部《贯彻落实全面从严治党要求实施办法》《直属机关党委落实党风廉政建设主体责任的工作措施》《直属机关纪委落实党风廉政建设监督责任的工作措施》等要求，严格落实党风廉政建设主体责任和监督责任。各级党组织要担负起全面从严治党的责任，党委负主体责任，纪委负监督责任。党委书记作为第一责任人，要认真履行主体责任，领好班子、带好队伍，对党的建设重要工作亲自部署，重大问题亲自过问，重要违纪问题核查亲自督办。纪检部门要恪守职责，进一步转职能、转方式、转作风，聚焦主责主业，集中精力搞好监督执纪问责，协助党组（党委）抓好党风廉政建设。我们要清醒地看到，环保系统党风廉政建设和反腐败工作面临的形势依然严峻复杂，廉政风险仍然很大。2013 年全国纪检监察机关处分环保部门人员 1036 人，比 2012 年增长 60.4%；2014 年处分 1684 人，比 2013 年增长 62.6%。今年以来，张力军、熊跃辉因严重违纪先后接受组织调查，受到党纪政纪处理，其涉嫌违法问题和线索，司法机关正在依法查处。我们绝不能任“四风”和腐败问题蔓延，绝不能让少数人毁坏环保系统党员干部整体形象，绝不能因这类问题影响环保事业难得的发展机遇。要全面查找廉政风险点，不留死角，不留空白，不留盲点，抓早抓小，及早采取措施，实施有效风险防控。加强监督检查考核，把落实党风廉政建设主体责任情况，与领导班子和领导干部年度考核、岗位目标责任制相挂钩，与干部业绩评定、选拔任用、轮岗交流相结合，扎实有效加以推进。对责任不落实的，要严肃问责。

随着全面从严治党的深入推进，我部直属机关党的建设工作面临更加繁重的使命和任务，我们将尽快配齐配强各级党务纪检干部。部党组积极支持驻部纪检组加快转变职能，直属机关党委纪委要承接好、履行好、完成好职能移交的工作任务，在“三重一大”决策、干部选拔任用等方面，全过程参与，全方位实施监督。

三、充分发挥广大党员的主体作用和先锋模范作用，用又严又实的作风完成好环保各项工作任务

“十三五”是全面建成小康社会、实现第一个百年奋斗目标的决胜阶段，也是改善生态环境质量的重要窗口期、转折期和攻坚期。在这一进程中，广大党员要发挥主体作用和先锋模范作用，以“三严三实”的作风，当好执行者、推动者、实施者，立足本职、创造一流业绩，大力彰显共产党人的风采和形象。

一是增强党章党规党纪意识。党员干部应该每个人手里有一个红本、心中有一个红本，这就是党章。党章对党的宗旨、党员的权利和义务以及党的纪律都做出了明确规定，要时时学习、内化于心，牢固树立党的观念，强化党员意识，使之成为思想行动的指南，自觉自愿地去遵循、去坚守。要学习贯彻好《中国共产党廉洁自律准则》《中国共产党纪律处分条例》，“纪先于法、纪严于法”，始终绷紧党的纪律规矩这根弦，做到戒尺在心、警钟长鸣。坚持把纪律和规矩挺在前面，把握和运用好“四种形态”，做到小错提醒、动辄则咎，努力营造风清气正的良好政治生态。

二是抓好“三严三实”专题教育的实践要求。“三严三实”既是对领导干部的要求，也是对广大党员的要求。前不久，机关党委对部机关和直属单位的党员思想和工作状况进行了座谈调研，发现自说自话、自干自活、自怨自艾、单打独斗的问题在一定范围内还存在，一些党员对基层不了解，沟通交流不够，精神状态不振，加强合作形成合力不够，并列举了种种表现。要贯彻从严要求，始终坚守共产党人的精神高地，真正在思想上、工作上、作风上严起来、实起来。全体党员干部都要严字当头、追求卓越，不是敷衍塞责、被动应付式完成任务，而是创新性、高标准、高质量地推动工作。

三是大力转变工作作风。习近平总书记指出，工作作风上的问题绝对不是小事，如果不

坚决纠正不良风气，任其发展下去，就会像一堵墙把我们和人民群众隔开，我们党就会失去根基、失去血脉、失去力量。作风建设永远在路上。从历史发展角度看，执政时间越长的政党，越要从严治党，越要加强作风建设，这样才能赢得群众拥护，获得百姓支持。要以强大的思想政治工作鼓舞人、激励人、凝聚人，不断激发广大党员奋发进取的精气神。要加强和改进调查研究，多到第一线、最基层、环境问题突出的地方开展驻点调研，虚心问计、接好地气，避免蜻蜓点水、浅尝辄止、走马观花。要坚持问题导向，找准问题，聚焦问题，解决真问题，不能含糊笼统、大水漫灌，不能带着框子找事例、遇见难题绕道走。要如实反映想法，敢讲真话、敢说实情，不遮遮掩掩，不避重就轻，不只报喜不报忧。要进一步解放思想、改革创新，用新理念新方式新手段去应对新挑战、完成新任务，不囿于框框条条，不固守已有模式和方法，以坐不住、等不起、慢不得的紧迫感，勇挑重担、攻坚克难、开拓前行。

四是塑造重品行、守纪律、敢担当、有作为的环保文化。优秀文化可以塑造激励人奋力前行的精神力量。多些正能量，少些闲言碎语、指指点点。要着力塑造那么一种重品行、守纪律、敢担当、有作为的环保文化，那样一种上下信任、左右信任、组织与组织信任的生动局面，激发全系统广大党员投入工作的热情和活力，推动生态环境质量持续改善，取信于民。

同志们，站在新的历史起点上，希望各级党组织和广大党员深入贯彻落实党中央、国务院的决策部署和部党组的各项要求，以高度的责任感使命感，围绕中心、服务大局，敢于担当、攻坚克难，不断取得党建工作丰硕成果，保证和推动环保工作取得新的明显成效！

环保内部情况通报

第 2 期
环境保护部办公厅　2016 年 1 月 6 日

从严从实开拓创新
全面提高环境保护机关党建工作科学化水平
——在中国共产党环境保护部直属机关第一次代表大会上的工作报告

环境保护部党组副书记、副部长　潘岳

（2015 年 12 月 25 日）

各位代表：

受中共环境保护部直属机关临时委员会（以下简称临时党委）的委托，我向大会作工作报告，请予审议。

一、直属机关党建工作回顾

临时党委于2008年11月4日由中央国家机关工委（以下简称工委）批准成立。在工委和部党组的坚强领导下，在部直属机关各级党组织的共同努力下，临时党委以邓小平理论、“三个代表”重要思想、科学发展观为指导，深入学习贯彻习近平总书记系列重要讲话精神，坚持服务中心、建设队伍，充分发挥党组织战斗堡垒和党员先锋模范作用，全面加强直属机关党的思想、组织、作风、反腐倡廉和制度建设，特别是近一年来，在部党组书记、部长陈吉宁同志的领导下，各项工作取得了积极进展和明显成效，为环境保护事业改革发展提供了坚强的思想政治保障。

（一）着力加强机关基层党的思想政治工作，用马克思主义中国化最新理论成果武装头脑

我们坚持以理论武装为先导，深入学习党的理论、路线方针政策和习近平总书记系列重要讲话精神。协助部党组制定《关于加强环境保护部党组中心组学习的意见》和《关于推进学习型党组织建设的实施办法》，共开展集体学习、集中轮训、辅导报告、座谈讨论和自主学习107次，形成了党组、党委、总支、支部“四级联动”学习机制。认真学习党中央、国务院重大决策部署，特别是习近平总书记系列重要讲话精神，统一了思想认识，提升了业务能力水平，形成以提高环境质量为核心的一系列新理念新举措新成果，为推动生态环境保护事业发展夯实了理论基础。

坚持举办环保系列专题讲座，努力打造学习品牌。共举办环保系列讲座63期，邀请中央和国家机关有关领导，国内知名专家学者，以及部领导、地方环保部门和部机关司局主要负责人，围绕党的路线方针政策、党性党风教育、经济文化历史，特别是新修订的《环境保护法》、“大气十条”“水十条”等生态环保重点难点工作，深度解读、答疑释惑。多次组织业务部门党员干部深入一线，与基层环保部门开展主题联学活动，促进学习成果转化为基层实践，其中“海岛生态文明建设实践”联学活动，受到工委领导充分肯定。

坚持经常性思想政治工作，及时消除模糊认识。制定《环境保护部直属机关干部职工思想状况收集分析反映制度》，采取每半年定期分析和重大事件节点随机分析的形式，结合全国“两会”、中央巡视和“三严三实”专题教育等重大会议活动，通过问卷调查、座谈交流和微信微博等社交网络，深入了解干部职工思想反映，有针对性地开展思想政治工作，帮助解决实际问题。我们始终坚守宣传阵地，多角度、多渠道加强思想引导，近年来，在中央专项活动简报、《求是》《党建》等上级刊物刊发信息文章17篇；在工委《紫光阁》杂志、《信息交流》刊发信息文章103篇；在工委《紫光阁》网站刊发信息3171篇；编发500期《信息交流》和专项简报，引导广大党员加深理解中央重大决策部署，形成良好宣传氛围。临时党委连续5年荣获中央国家机关党建信息工作先进单位。

（二）深入开展党的重大活动，党员干部党性受到深刻洗礼和锤炼

按照中央的统一部署，我们集中开展了学习实践科学发展观活动、创先争优活动、党的群众路线教育实践活动和“三严三实”专题教育，取得了良好效果。在学习实践科学发

展观活动中，引导广大党员干部在工业文明奠定的生产力基础上重新反思人与自然、人与社会和人与自我三大关系，真正搞清楚科学发展与环境保护在政治、经济、社会、文化等方面的内在联系，深刻认识科学发展对解决当今生态危机的针对性，决定了环保部门有责任有义务走在前列，把大力推进生态文明建设作为灵魂和核心，促进经济社会和环保事业科学发展。

在创先争优活动中，我们始终坚持面向基层、深入基层、服务基层，分 5 个片对 37 个机关部门和部属单位进行实地调研，面对面分类指导，逐项研究解决环保重点难点问题的具体措施，真正把创先争优要求转变为环境保护实践。连续开展“如何在推进生态文明建设中充分发挥环保部门机关党建作用”的课题研究，推动党建工作与环保业务深度融合，获中央国家机关党建研究一等奖。开展核安全文化宣贯推进活动和福岛核设施安全改进行动，进一步提高了核设施安全。着力实施“两大工程、三项行动”，即污染减排堡垒工程、农村环保惠民工程、环评审批整治行动、环境执法专项行动和环境突发事件应急行动，应急中心党支部被评为全国创先争优先进基层党组织，在全国环保系统评选表彰了 89 个“优质服务窗口”、60 个“为民服务标兵”，推动解决了一批群众反映强烈的突出环境问题。环境保护部在中央创先争优活动推进座谈会上交流工作经验，中央创先争优简报等上级部门刊物刊发环境保护部信息 12 期，推广环保创先争优做法和成效。

在教育实践活动中，协助部党组制定活动实施方案、整改方案、专项整治方案和制度建设计划，推动解决群众反映强烈的“四风”问题。各级党组织紧紧围绕“为民务实清廉”主题，真正拿起批评与自我批评武器，进一步严格党内生活，深入剖析整改形式主义、官僚主义、享乐主义和奢靡之风方面的问题，使党员干部真正受到触动和警醒，普遍经受了一次深刻的马克思主义群众观和党的群众路线教育。中国共产党新闻网和党的群众路线网刊发环境保护部经验做法信息 48 篇，有力促进了实际工作。

在“三严三实”专题教育中，认真贯彻部党组“在解放思想上又严又实、在提高工作质量上又严又实、在转变工作作风上又严又实”的要求，认真组织党员领导干部讲党课，深入开展专题学习研讨，查找剖析“不严不实”问题及原因。协助部党组制定《环境保护部作风建设责任清单》，狠抓 4 大类 49 项改进措施逐一落实。围绕生态环保和核安全领域重点工作开展 4 次创新大讨论，从机关到基层再到系统，300 余人（次）各级党员干部代表参与其中，促进形成一批生态环保改革实施方案，有力推动了新修订的《环境保护法》和《生态文明体制改革总体方案》贯彻落实，在全国环保系统引起强烈反响。人民网刊发环境保护部领导班子“三严三实”学习体会 7 篇，《机关党建研究》专刊发表了部党组理论学习文章。

（三）把纪律和规矩挺在前头，认真落实党风廉政建设主体责任和监督责任

按照全面从严治党要求，把大力解决中央巡视发现问题作为重中之重，推动党风廉政建设和反腐败工作取得新成效。协助部党组将巡视整改作为部核心工作来抓，召开全国环保系统党风廉政建设工作暨巡视整改落实动员视频会，制定《环境保护部巡视整改落实事项责任清单》，提出 5 大类、80 项整改措施。目前，60 项已完成或基本完成，19 项中长期任务取得阶段性成效。环境保护部所属 8 家环评机构率先全部脱钩；制定完善《建设项目环境保护事中事后监督管理办法（试行）》《关于严格廉洁自律、禁止违规插手环评审批的

规定》《环境监察履职尽责规定》《环境执法人员行为规范》《水专项廉政规定》等44项制度；对2012年以来的环评资质审批、建设项目环评、竣工环保验收情况进行逐一清查；组织453名机关副处级以上干部、近期退出班子的老同志、部属单位班子成员，对本人及亲属有无插手环评审批、开办环评公司或在环评领域从业情况进行全面申报；对存在问题的63家建设项目环评机构和22名环评工程师，做出取消资质、缩减评价范围、限期整改处理；对6起违反中央八项规定精神问题进行严肃处理，给予党内严重警告、警告6人，诫勉谈话8人，退款491人（次）134.85万元，并点名道姓通报曝光，兑现了向党和人民的庄严承诺。

持之以恒加强廉政教育和廉政文化建设。每年坚持召开全国环保系统党风廉政建设工作视频会，深入学习贯彻习近平总书记重要讲话和王岐山同志讲话精神，总结部署系统党风廉政建设工作；邀请中央纪委等有关领导和专家作专题报告，解读中央从严治党最新精神；组织各部门各单位主要负责人、党委纪委书记、工会妇女组织负责人进行“两个责任”集体约谈和集中培训；开展一年一个主题的党风廉政教育月活动，并紧紧抓住节点，通过周末、重大节日发送廉政短信等形式，做到日常教育不断线。积极开展“廉政文化进机关”活动，制定《关于进一步加强和改进机关廉政文化建设的意见》，通过青年廉政教育巡讲、演讲比赛、群团干部廉政承诺、廉政书画展和廉政短信彩信征集等活动，营造风清气正良好氛围，筑牢反腐倡廉思想防线。

不断加强权力运行监控机制建设。组织开展廉政制度执行和权力运行情况的监督检查，梳理完善廉政风险点，研究制定防控措施，开展有针对性廉政监督。截至目前，环境保护部共梳理权力事项347项，查找廉政风险点649处，制定防控措施1277条，将权力运行监控机制实施情况作为党风廉政建设责任制考核、党建述职评议考核和年度考核的重要内容，防控监督的针对性、有效性不断加强。

加大违纪案件查处力度，把纪律和规矩挺在前面，让咬耳扯袖、红脸出汗成为常态，党纪轻处分和组织处理成为大多数。定期检查各部门各单位落实中央八项规定精神情况，开设廉政举报信箱，对苗头性问题，视不同对象和情节开展警示谈话和诫勉谈话。2008年以来，对10名司局级、12名处以下干部做出党纪处分，对不符合党员条件的3人予以除名，实现群众反映问题件件有着落、事事有结果，切实维护了党纪党规的严肃性和威慑力。

（四）注重抓基层打基础，进一步激发党组织和党员队伍生机活力

我们认真贯彻落实《党章》《中国共产党党和国家机关基层组织工作条例》要求，不断加强党的思想、组织、作风和廉政制度建设，实现基层党群组织建设规范化和科学化。每年召开部党组和各级基层党组织民主生活会和组织生活会，用好批评和自我批评的武器，提高党员干部自我净化、自我完善、自我提升能力。坚持党建工作责任制，完善考核考评机制，每年对直属机关党组织进行述职述廉、考核考评。

认真组织开展“走进基层党支部，总结支部工作法”活动，指导基层党组织探索形成的“一线激励”工作法，被工委确定为12个典型案例之一，在中央国家机关推广；“打赢固体废物处理‘三大战役’”和“走进基层、破解难题、服务三农”典型工作，被评为中央国家机关“践行群众路线、解决民生问题”优秀典型工作。坚持加大党员培训力度，每年开展专兼职党务纪检干部、入党积极分子、工青妇干部培训，组织党校轮训，提高党员

干部能力水平。严把入口关做好党员发展工作，指导基层党群组织按照组织程序换届，不断优化完善基层党群组织结构。

近年来，环保系统涌现出了孟祥民、田洪光、王德义、张昆林、龚宇等一批先进典型。孟祥民同志被追授为“环保卫士”称号、全国创先争优优秀共产党员、全国道德模范，李克强总理、刘云山同志专门做出批示，在全国环保系统开展向孟祥民同志学习的活动，并组织全国巡回事迹报告会。7 年来，共开展 6 次集中评选表彰活动，对 114 个先进基层党组织、364 名优秀共产党员和 68 名优秀党务工作者进行了表彰。同时，对汶川和玉树抗震救灾、福岛核事故和天津港“8・12”特别重大火灾爆炸事故等急难险重任务中涌现出的先进典型进行专项表彰，引导党员干部学习身边人身边事，为环保事业做出更大的贡献。

（五）加强党群共建，努力营造和谐文明机关浓厚氛围

我们坚持党建带群建带团建，充分发挥群团组织桥梁纽带作用，努力打造重品行、守纪律、敢担当、有作为的环保机关文化。每年召开全国环保系统精神文明建设工作座谈会，加强行业指导，以党风带行风促政风，深入开展学习社会主义核心价值观活动，牢固树立新时期环保人核心价值取向，坚持两手抓、两促进。在环保系统开展“培育环保特色机关文化，助推生态文明建设”课题研究，荣获 2014 年度中央国家机关党建课题研究一等奖。

尽心尽力送温暖送服务送健康。广大干部职工响应中央号召，在汶川、玉树地震和舟曲泥石流等重大自然灾害发生后，向灾区群众伸出援手、奉献爱心，累计交纳特殊党费 135 万元，捐款 355 万元。我们坚持提高补助标准、扩大帮扶范围，慰问老干部、老党员、生活困难党员和困难职工共计 2117 人（次），累计发放慰问金 600 余万元，切实把组织温暖送到职工心坎上。坚持倾听心声，主动帮助 29 名职工的子女通过政策保障协调就读优质教育学校，解决了职工后顾之忧。发挥直属机关 31 个文体协会的作用，组织庆祝建党 90 周年、新中国成立 60 周年大型文艺活动；以全民健身运动为主题，组织职工运动会和丰富多彩的文体活动，营造了积极健康向上的浓厚氛围。

竭诚帮助干部成长成才。动员、支持、服务 160 名直属机关统战人士，在各级人大、政协和各党派参政议政、建言献策，多角度多渠道推动环保事业发展。连续 4 年开展“根在基层中国梦”青年调研活动，深入一线、蹲点基层、调查实情；组织开展“司局长谈培养青年”“青年创先争优思想大讨论”“环保青年服务月”，以及多种形式青年联学共建活动，帮助青年学习成才。7 年来，共有 20 个群团组织和 54 名群团干部受到上级表彰，环境保护部共评选表彰“青年文明号”“青年先锋岗”“巾帼建功岗”和“五四青年”“三八红旗手”等先进集体 75 个、先进个人 197 人（次），引导青年岗位建功，充分发挥环保事业生力军作用。

回顾 7 年多来的机关党建工作，我们有四点体会：

一是始终把引导广大党员走在前当先锋，作为机关党建工作的目标指向。中国共产党是中国工人阶级、中国人民和中华民族的先锋队。其中中华民族先锋队的定性全面反映了新时期人民群众对执政党的全新期待。中华民族先锋队是道德与修养的先锋队，是治国理政和为民服务的先锋队。作为先锋队员，最核心的就是要有在关键时刻挺身而出的忠诚担当精神。这么多年来，我们始终注重严把入口关，确保党员发展质量，保持党员先进性，激励广大党员发挥先锋模范作用。无论是在汶川大地震、青海玉树地震、日本福岛核事故，

还是在天津港“8·12”特别重大火灾爆炸事故等急难险重任务中，环保系统党员干部冲在前、顶上去，发扬不怕苦、不怕累，甚至不怕牺牲的精神，涌现出一批先进典型，最终保障了重大突发事件中的环境安全，这就是先锋队员担当的体现，这就是环保系统党员干部的精气神。机关党建工作就是要不断引导环保系统党员干部深入学习马列主义、中国特色社会主义理论体系，用习近平总书记系列重要讲话精神武装头脑，坚定理想信念，牢记先锋队的神圣使命和生态环保的光荣职责，增强党章意识和党性观念，真正把“三严三实”融入血脉，打造一支忠诚、干净、担当的环保铁军。

二是始终把引导党员领导干部自觉抓党建，作为机关党的建设的重要前提。习近平总书记曾着重指出，“如果我们党弱了、散了、垮了，其他政绩又有什么意义呢？”这句话发人深省、引人深思。杨晶同志强调，抓好党建工作是每一名党员领导干部的首要职责和最大政绩。中央国家机关的特殊地位和作用，决定了抓党建工作的特殊重要性，每一名党员领导干部都要首先牢记自己的党员身份和政治使命，自觉扛起管党治党责任，在执政过程中履行党建工作责任和加强党的建设上发挥关键作用，确保中央从严治党各项工作落实到位。如果我们把党建工作变成空谈套话，走了形式，这个书记就不合格。各级党组织书记要是没有“抓好党建是本职、不抓党建是失职、抓不好党建是不称职”的意识，也不适合在书记这个岗位上工作。这是政治意识也是政治规矩，要牢记在心。

三是始终把求实创新、与时俱进，作为机关党建一切工作的动力源泉。习近平总书记在十八届五中全会上强调，把创新摆在国家发展全局的核心位置，让创新贯穿党和国家一切工作。只有主动适应从严治党新常态和我国生态环保新常态，才能充分调动环保党员干部的自觉性和创造性，才能增强机关党建工作的吸引力和影响力，永葆党的生机和活力。例如，我们结合“三严三实”专题教育，开展了四次生态环保和核安全领域重点工作创新大讨论，开门纳谏、广开言路、集思广益，部机关自下而上开展讨论，市县级基层环保干部与部领导面对面进行交流，不谈成绩、不讲客套，多摆问题、多提建议，保证言论自由，开畅所欲言之风，紧紧围绕提高环境质量这一核心，聚焦生态环保重点工作创新，既有宏观设计也有微观考量，既有全局视野也有具体策略，既有体制创新也有政策建议，既有改革思维也有法治视角，既重当前破题也重长远破局，开阔了推动生态环保事业发展的思路，推动形成了《生态环境监测网络建设方案实施计划（2016—2020）》《国家环境监测事权上收实施方案》《“十三五”环境影响评价改革实施方案》《重点流域水污染防治“十三五”规划》《“十三五”大气污染防治规划》《生态环境大数据建设总体方案》等10余项具体成果。这就是谋全局、求创新，出实招、办实事，这就是充分发挥机关党组织优势开展“三严三实”专题教育的生动实践，这就是我们机关党建工作的生命力所在。

四是始终把解决党建业务“两张皮”问题，作为检验机关党建工作成效的首要标准。一切环保党建工作都要紧紧围绕提高环境质量这个核心去谋划和推动，做到着眼大局、融入进去、体现出来，充分发挥党组织战斗堡垒和党员干部先锋模范作用，形成一种上下信任、敢于担当的文化，心无旁骛、奋勇当先地投身到生态文明体制改革和大气、水、土壤污染治理等环保重点难点工作中去，全力服务保障环保中心工作。例如，在创先争优活动期间，我们组织对部直属机关5个片共37个部门单位的党委、党总支和基层党支部开展实地调研，找准“为民服务创先争优”与环保各领域的结合点，针对不同职能任务和特点，面对面、手把手地分类指导，推动党建与业务工作深度融合，使人民群众确实感受到环保为民的实在效果。这就是从根上去解决“两张皮”问题的鲜活实践，这就是服务中心、建设队伍的具体体现，这才是机关党建工作的真正意义。

这些深刻的体会，我们在今后的实践中要继续坚持、不断探索与完善。同时，我们也要清醒地认识到，对照全面从严治党要求和部党组的期待，还存在不少差距，主要是：对照当前党建工作的新形势，特别是纪检体制改革给机关党建工作带来的新任务新要求，环境保护部机关党的自身建设水平还有差距，党的基层组织还不健全，配齐配强党务纪检干部工作还不到位；对照中央从严治党的目标要求，我们从严治党主体责任观念和意识还需要进一步转变和增强，有效举措和考核办法还要进一步落实；对照不严不实的问题，党建与业务“两张皮”、党建工作“一般化”等老问题仍然存在；对照当前严峻的党风廉政建设形势，党员干部违纪行为还时有发生，预防腐败行为措施的针对性、有效性需要进一步增强，等等。这些问题都亟待我们在今后的工作中加以改进。

二、关于进一步加强新时期机关党建工作的建议

当前和今后一个时期，环境保护部机关党建工作的指导思想是：以邓小平理论、“三个代表”重要思想、科学发展观为指导，全面贯彻党的十八大和十八届三中、四中、五中全会精神，深入学习贯彻习近平总书记系列重要讲话精神，突出全面从严治党这条主线，把握服务中心、建设队伍两大核心任务，不断创新思想、转变观念、真抓实干，主动适应机关党建新形势新任务，全面提升工作科学化水平，为推动环境保护事业改革发展提供坚强保证。主要有六个方面：

第一，坚持把学习贯彻习近平总书记系列重要讲话精神引向深入。思想建党是党的建设根本任务，也是我们党的光荣传统和政治优势。要深入贯彻落实《关于加强和改进环境保护部党组中心组学习的意见》，服务部党组中心组“学习一个专题，推动一方面工作”。以落实《部直属机关关于推进学习型党组织建设的实施办法》为重点，打造学习品牌，加强对基层党组织理论学习的监督检查和考核通报。认真落实干部职工思想状况收集反映制度，增强思想政治工作针对性、有效性，深入开展社会主义核心价值观教育和《党章》、宪法专项教育，引导党员干部坚定理想信念、坚守精神追求。

第二，深入落实全面从严治党要求。全面从严治党是新时期加强党的建设的新常态，也是贯穿党建各项工作的灵魂和主线。要主动适应机关党建新任务和纪检职能转变新形势，加强直属机关党委纪委和各级党组织能力建设，深入贯彻《中国共产党廉洁自律准则》和《中国共产党纪律处分条例》。落实《环境保护部贯彻落实全面从严治党要求实施办法》，巩固“三严三实”专题教育成果，持之以恒抓好中央八项规定精神，探索建立“两个责任”考核问责机制。高质量地完成中央巡视整改工作，并认真开展环境保护部巡视工作，加强对“三重一大”事项的监督检查。坚持开展党风廉政教育月活动，每年签订党风廉政建设责任书，加强权力运行监控机制落实情况检查，用好约谈、函询等手段，建立日常监督机制。严查重点领域、关键环节、损害群众利益的腐败案件，坚决纠正“四风”，重点查处顶风违纪行为。

第三，全力服务保障环保中心任务。紧紧围绕提高环境质量这个核心，推进党务与业务相融合，是环保系统机关党建工作的根本要求。要指导各级党组织深入学习贯彻中央关

于生态文明体制改革的重大决策部署，以开展创新大讨论活动为平台，通过党建联系点、党员堡垒工程、主题联学、支部工作法、青年基层调研等载体，组织党员深入基层、攻坚克难，将生态环保新任务新要求，细化实化到“十三五”环境保护规划和环保管理体制改革之中。每年紧扣环保中心，谋划全国环保系统精神文明建设工作，部署任务、交流经验，以党风带行风促政风，为推动生态文明建设提供动力。

第四，不断夯实党的组织基础。在部党建工作领导小组的领导下，完善部党组书记负总责、分管领导分工负责、机关党委推进落实、各部门单位主要负责人“一岗双责”的党建工作格局。认真落实《组织工作条例》和环境保护部实施办法，加强对各级党组织贯彻执行情况的督促检查，切实解决基层党建工作薄弱问题。进一步优化各级党委纪委组织结构，加强直属机关党委纪委自身建设，配齐配强党务纪检干部队伍，严格党员发展与管理，开展党纪工青妇业务培训。探索落实工委关于“机关党委工作机构和干部人事部门合署办公、机关党委与人事部门负责人交叉任职、建立机关党组织参与干部考评和选任工作机制”的要求。深入贯彻《加强和规范中央国家机关党内政治生活的实施意见》，扎实开展党建述职评议考核，认真落实《关于加强基层服务型党组织建设的意见》，坚持党组织联系基层、党员联系群众“双联系”制度，推进服务型党组织建设。

第五，进一步营造和谐文明健康机关氛围。各级党群组织要深入贯彻落实《中共中央关于加强和改进党的群团工作的意见》，坚持以党建带群建，支持群团组织依章程独立自主开展工作，激发群团组织活力。广泛开展岗位建功和群团评选表彰活动，调动干部职工的积极性和创造性。进一步加大人文关怀和帮扶力度，健全机制，帮助干部职工解决最关心、最直接、最现实的问题，促进党员干部身心和谐。不断加强群团组织自身建设，进一步规范群团组织换届工作，加强群团干部培训力度，广泛开展凝心聚力、振奋精神的文体活动，培育重品行、守纪律、敢担当、有作为的环保机关文化。

第六，努力提升党建工作科学化水平。党的十八大报告提出了全面提高党的建设科学化水平的总要求。要探索“互联网+党建”模式，把大数据理念和技术运用到党的建设工作中，主动适应党建工作新形势，发挥网络信息技术的优势，拓展党建工作阵地，完善党建工作手段，强化党建工作效果。贯彻落实中央《深化党的制度建设改革实施方案》，把好的经验形成制度巩固下来，形成完整的党纪工青妇工作制度体系。深入开展机关党建研究，加强党建工作规律性认识，不断创新和拓展党建信息宣传渠道和手段，充分利用微信微博等新媒体，采取喜闻乐见的形式弘扬主旋律、传播正能量，全面提高环境保护机关党建工作的科学化水平。

各位代表，贯彻落实全面从严治党要求，做好机关党建工作任务艰巨、责任重大。让我们更加紧密地团结在以习近平同志为总书记的党中央周围，在工委和部党组的领导和指导下，在部党组书记、部长陈吉宁同志的带领下，深入学习贯彻党的十八大和十八届三中、四中、五中全会精神，牢固树立和贯彻落实“五大发展理念”，用新理念统领思路、明确方向、指导实践，引导各级党组织和党员干部聚精会神抓党建，从严从实抓落实，努力开创环境保护部直属机关党的建设新局面，为大力改善环境质量、推进环境保护事业改革发展做出新的更大贡献！

环保内部情况通报

第3期
环境保护部办公厅　2016年1月25日

以改善环境质量为核心
全力打好补齐环保短板攻坚战
——在2016年全国环境保护工作会议上的讲话

环境保护部部长　陈吉宁
（2016年1月11日）

同志们：

今天召开全国环境保护工作会议。我先传达李克强总理、张高丽副总理的重要批示。李克强总理、张高丽副总理高度重视，亲自审阅了会议方案，并专门做出重要批示。李克强总理的批示是："2015年，全国环保系统按照党中央、国务院决策部署，扎实做好环境保护工作，在推进污染治理、严格环境执法、深化环保领域改革等方面都取得新进展。谨向同志们致以诚挚问候。新的一年，望牢固树立五大发展理念，统筹把握好发展与保护的关系，以改善大气、水、土壤环境为重点，注重发挥市场机制的作用，加强污染治理和生态保护，加大农村环境综合整治力度，加快发展节能环保产业，严格环境风险管控，为实现经济发展与环境改善双赢、全面建成小康社会做出更大贡献。"张高丽副总理的批示是："2015年全国环保系统做了大量卓有成效的工作，为经济社会发展做出了重要贡献。2016年要认真学习贯彻近平总书记系列重要讲话精神和克强总理重要批示要求，牢固树立五大发展理念，正确把握当前与长远、发展与保护的关系，坚持生态优先、绿色发展，坚持问题导向，坚持深化环保改革，发挥好市场机制作用，严格环境执法，重点打好大气、水、土壤污染防治攻坚战，有效管控环境风险，不断提高环境生态质量，为实现'十三五'良好开局、建设美丽中国做出新贡献！向同志们表示感谢和亲切问候！"我们要认真学习领会、抓好贯彻落实。

这次会议的主要任务是，贯彻落实党的十八大、十八届三中、四中、五中全会和中央经济工作会议精神，深入贯彻习近平总书记系列重要讲话精神，认真落实李克强总理、张高丽副总理重要批示指示精神，按照"五位一体"总体布局和"四个全面"战略布局，牢固树立和贯彻落实五大发展理念，总结"十二五"和2015年工作，分析把握"十三五"

环境保护面临的新形势新任务，研究提出“十三五”环境保护总体思路，以改善环境质量为核心，部署安排2016年重点工作。

下面，我讲四个方面意见。

一、深刻学习领会党中央国务院关于生态文明建设和环境保护的新理念新思想新战略，清醒认识“十三五”时期环境保护面临的新形势新挑战新任务

党的十八大以来，党中央、国务院把生态文明建设和环境保护摆上更加重要的战略位置，做出一系列重大决策部署，认识高度、推进力度、实践深度前所未有。习近平总书记在国内主持重要会议、考察调研，在国外访问、出席国际会议活动，有关重要讲话、论述、批示多达 80 余次，对生态文明建设和环境保护提出一系列新理念新思想新战略，涵盖重大理念、方针原则、目标任务、重点举措、制度保障等诸多领域和方面，体现了宽广而深远的思想观、实践观、系统观、全球观。李克强总理、张高丽副总理对生态文明建设和环境保护作了许多重要批示指示，提出明确要求。其中，习近平总书记提出的坚持“两山论”和绿色发展理念，最为重要、影响长远。这是我们党积极探索经济规律、社会规律和自然规律的认识升华，带来的是发展理念和方式的深刻转变，也是执政理念和方式的深刻转变。

总书记强调，“绿水青山就是金山银山”。这从根本上更新了关于自然资源无价的传统认识，打破了简单把发展与保护对立起来的思维束缚，指明了实现发展和保护内在统一、相互促进和协调共生的方法论，使我们深刻认识到，环境保护与经济发展是一体融合的，抓环境保护就是抓发展，就是抓可持续发展，保护生态就是保护自然价值和增值自然资本的过程，保护环境就是保护经济社会发展潜力和后劲的过程，把生态环境优势转化成经济社会发展的优势，绿水青山就可以源源不断地带来金山银山。五大发展理念是一体化的，彼此交互融合，与每一项工作都密切相关，不能割裂开来。管理部门、发展部门也要抓环保，环保部门也要考虑创新、协调。绿色发展是一场涉及生产方式、生活方式、思维方式和价值观念的重大变革，着重解决的是人与自然和谐问题，将超越和扬弃现有的工业化、现代化模式，改变经济腿长、环境腿短的状况，引导企业家主动采取绿色生产方式，鼓励公众自觉践行绿色生活方式，推动形成人人节约资源、保护环境的社会风尚。这些认识上的飞跃为环境保护“党政同责”“一岗双责”奠定了基础。

党的十八届五中全会审议通过《中共中央关于制定国民经济和社会发展第十三个五年规划的建议》，强调牢固树立并切实贯彻创新、协调、绿色、开放、共享五大发展理念，对生态文明建设和环境保护做出一系列重大安排部署，要求加快补齐生态环境短板，将生态环境质量总体改善列为全面建成小康社会目标。在此之前，党中央、国务院发布两份重要的“姊妹篇”文件——《关于加快推进生态文明建设的意见》《生态文明体制改革总体方案》。这三份文件彼此呼应、相互衔接，是中央的战略部署，是重大的系统的全面的制度架构，是当前和今后一个时期生态文明建设的顶层设计图，具有重要的引领和指导作用。《大气污染防治行动计划》（以下简称《大气十条》）、《水污染防治行动计划》（以下简称《水十条》）出台实施，新《环境保护法》施行，新《大气污染防治法》颁布，环境保护督察、党政领导干部生态环境损害责任追究等六份生态文明体制改革配套文件相继实施。这些是行动层面的任务安排，是推进生态文明建设和加强环境保护的路线图。这些战略部署既有

任务又有行动方案，核心是解决两个制度性问题：一是通过生态文明方面的制度创新，构建一套行之有效的体制机制，来破解发展与保护的矛盾；二是通过落实五大发展理念，推动形成绿色发展内生机制。

我们要反复学习、深刻领会，将习近平总书记系列重要讲话精神、中央的战略部署以及明确的设计图和路线图，结合工作实际落实为生态环境保护的施工图。要在大布局、大背景、大形势下来思考、来定位、来讨论环保工作，推动实现三方面转变。一是在工作主体上，从以抓企业守法为主，向既抓企业守法又抓落实地方政府责任转变。我们谈落实地方政府责任，核心的问题不是怎么管地方，更重要的是如何调动地方积极性。二是在战略目标上，从过去主要抓污染物总量减排，向以改善环境质量为核心转变。质量是当前工作的着眼点，主要污染物总量减排是实现质量的抓手之一。三是在工作方式方法上，从以自上而下为主，向自上而下、自下而上相结合转变。这个“下”就是基层，就是人民群众。

观大势，才能定大局、谋大事、管人事、成大业。“丨三五”时期是全面建成小康社会、实现第一个百年奋斗目标的决胜阶段。环境保护既处于大有作为的重要战略机遇期，又处于负重前行的关键期；既是实现环境质量总体改善的窗口期、转折期，也是攻坚期。

第一，实现全面建成小康社会，亟须加快补齐生态环境突出短板。全面建成小康社会核心在“全面”，成效在“全面”，艰巨也在“全面”。小康全面不全面，生态环境质量是关键。加快补齐生态环境短板面临巨大挑战，需要付出极其艰苦的努力，这与我国所处的发展阶段和发展模式息息相关。大家看环境历史，发达国家的环境问题是在一二百年工业化发展过程中逐步显现和解决的。我国十几亿人口的现代化过程，这么大的体量、这么快的速度、这么短的时间，环境压力比世界上其他国家都大。还要看到，我们是在发展中来解决环境问题。发达国家实现小康的时候，已基本完成工业化和城市化，而我们到 2020 年工业化和城市化仍然还在进行。我们要补齐生态环境突出短板，是在现代化还没有完成的时候。在人类迄今为止 200 多年的现代化进程中，实现工业化的国家不超过 30 个、人口不超过 10 亿，主要是经济合作与发展组织（OECD）国家，我国是另外十几亿人口的现代化。要在发展中解决环境问题，有经济社会发展规律、自然规律的客观限制，难度巨大。

当前，我国经济发展进入新常态。一方面，经济新常态下，经济增长速度由高速转向中高速，产业结构由低端迈向中高端，结构调整、转型升级，有利于降低单位产值污染物排放强度；另一方面，我国工业化、城镇化、农业现代化的任务尚未完成，还处在快速发展阶段，产业结构偏重、发展模式粗放等问题仍然在一些地区具有“锁定效应”，经济总量和增量仍在持续上升，污染物新增量依然处于高位。特别是，伴随着经济下行压力加大，发展与保护的矛盾更加突出，一些地方解决环境问题的责任和动力会减弱。城镇化滞后于工业化，未来 20 年，我国城镇化率将达到 70%左右，将有 3 亿人口由农村转移到城市。研究表明，城镇人均生活能耗是农村人均水平的 1.54 倍，未来城镇化率每提高 1 个百分点，将增加生活垃圾 1200 万吨、生活污水 11.5 亿吨，消耗 8000 万吨标煤。如果延续粗放的传统城镇化模式，污染物在时间上的累积和区域空间上的复合效应将更加明显。

第二，全面深化生态环保改革，任务异常繁重。改革是推进环保事业持续健康发展的动力，也是破解发展与保护难题的出路。改革开放三十多年来，我国经济快速发展，但生态环境问题却越来越突出。究其原因，根本在于体制机制不适应，缺少科学合理、规范刚性的制度安排，不能破解发展与保护的矛盾，导致很多地方和部门重经济发展轻环境保护，抓经济手硬、抓环保手软。由于长期历史累积，今天的环境保护工作不仅要不欠新账，而且要多还旧账，解决很多遗留问题，压力和挑战前所未有，靠过去的那套体制机制是难以实现的。这就需要我们把深化改革放在核心位置，从制度入手，解决制约环保事业发展的体制机制障碍。为此，党中央、国务院相继出台实施一系列改革文件和举措。对生态环境保护而言，重点是三个方面：一是抓好中央已出台的关于生态文明建设和环境保护的改革任务。例如，“1+6”改革举措，抓紧细化，落地生根。二是加快推动建立最严格的环境保护制度，建立覆盖所有固定污染源的企业排放许可制，完善环境监管执法制度，实行省以下环保机构监测监察执法垂直管理制度，健全环境信息公布制度，等等。对这些制度要尽快推动，有些要制定完整的实施方案，搞好试点示范。三是落实中央对生态环保领域改革提出的新任务新要求。推进供给侧结构性改革，这是习近平总书记和中央经济工作会议提出的最新改革要求。供给侧改革一个很重要的问题，就是生态产品供给不足。生态环境保护必须更加注重促进形成绿色生产方式和消费方式，调整供给结构，提供更多优质生态产品。2016 年结构性改革的关键点，主要是去产能、去库存、去杠杆、降成本、补短板五大任务。要利用好“去产能”等结构性改革契机，乘势而为，加大力度，严格环保执法监管，强化污染减排和达标排放，以此来安排、落实和推动环保工作。

第三，进一步推进环境治理和质量改善，各项工作艰巨复杂。对比发达国家的发展历程，我国在相同发展阶段面临的环境问题更加复杂，难度前所未有。传统煤烟型污染与臭氧（O_3）、细颗粒物（$PM_{2.5}$）、挥发性有机物（VOCs）等新老环境问题并存，生产与生活、城市与农村、工业与交通环境污染交织。2015 年，首批开展监测考核的 74 个城市平均超标天数比例超过四分之一，达 28.8%。入冬以来，重污染天气高发。全国地表水特别差和特别好的水体都在减少，城市黑臭水体大量存在。我国生态足迹增加的速度远高于生物承载力的增长速度，是生物承载力的 2 倍以上。海河、黄河、辽河流域水资源开发利用率分别高达 106%、82%、76%，远远超过国际公认的水资源开发生态警戒线（40%）。

我国一些主要污染物排放量仍处于高位。2014 年，全国化学需氧量（COD）排放总量为 2294.6 万吨，二氧化硫为 1974.4 万吨，氮氧化物 2078 万吨。要实现环境质量根本好转，二氧化硫、氮氧化物等总量排放至少要下降到百万吨级水平。只要这几项污染物排放总量不大规模降下来，大气、水、土壤污染防治三大战役就不可能结束，而且越往后越难打，因为容易做的前面都做完了。参照目前每个 5 年规划削减 10%左右的减排速度，实现二氧化硫和氮氧化物等削减 50%，大致需要 20 年的时间。我们希望经济结构调整加快，减排快一些，但仍会是比较长的时期。

与此同时，环境问题的复杂性在增加，对治理科学性的要求也越来越高。一些没有纳入总量减排控制的污染物排放量依然在持续上升，对环境质量的影响进一步显现。据测算，全国 VOCs 排放量高居 3000 多万吨，对区域复合型大气污染影响较大。氮氧化物和 VOCs 减排的比例得合适，否则的话 O_3 又上去了。从去年监测数据看，O_3 已经成为多个城市夏季的主要大气污染物。全国地表水总磷超标断面比例已逼近化学需氧量，黄河、淮河、海河、辽河总磷超标尤其突出。有效应对和推动解决这些突出问题，环保工作量剧增，任务特别艰巨，需要全面谋划，整体推进，聚焦主业，打牢基础，突破难点，不断取得更大的成效。

第四，环境进入高风险期，守住安全底线难度大。2015 年，相继发生福建漳州古雷石化（PX）项目爆炸、天津港“8·12”特别重大火灾爆炸事故等一系列重特大安全生产事故，表明长期以来粗放式发展的负面影响开始显现，也给我们敲响了警钟，环境安全意识必须始终牢记，环境安全防线不能有一丝一毫放松。当前和今后一段时期是我国环境高风险期，有的是环境自身的问题，有的是衍生出来的问题，区域性、布局性、结构性环境风险更加突出，环境事故呈高发频发态势。我国化工产业结构和布局不合理，布局总体呈现近水靠城的分布特征，12%的危险化学品企业距离饮用水水源保护区、重要生态功能区等环境敏感区域不足 1 千米，10%的企业距离人口集中居住区不足 1 千米，保障饮用水安全压力巨大。前事不忘，后事之师。松花江水污染事件历历在目，甘肃陇星锑污染事件近在咫尺，守住环境安全底线是利剑高悬、重过千钧。

第五，区域环境分化趋势显现，统筹协调的要求高范围广。我国经济社会发展不平衡，东部一些地区进入工业化后期，环境质量出现好转态势，但中西部很大程度上仍在复制东部过去的发展模式。从项目环评审批情况看，中西部地区重化工项目投资持续攀升，相关产业自东向西转移趋势已经比较明显。“十二五”以来，我部审批的重化工项目中，中西部投资占全国的 80%。青海、甘肃等省（区）的规划和项目建设集中在石油化工、有色冶金和电力行业；中部地区集中在装备制造、石油化工、钢铁、有色冶金、煤炭及电力、建材等基础能源原材料行业。如果统筹处理不好，西部有可能重复东部一些地区污染严重、生态受损的状况。西部是我国的生态屏障和“水塔”，生态环境敏感度高、监管能力弱，一旦出问题，将会是灾难性的。

机遇与挑战并存，动力与压力同在。党中央、国务院高度重视生态文明建设和环境保护，我国发展正在由原来加快发展速度转变为加快经济发展方式转变的机遇，正在由原来规模快速扩张转变为提高发展质量和效益的机遇，全面深化改革与全面依法治国带来政策和法治红利，绿色发展带来技术红利的充分释放，公众生态环境意识日益增强，全社会保护生态环境的合力逐步形成，生态文明已成为引领全球发展的重要理念和行动。这些都为生态文明建设和环境保护取得进展创造了良好条件，“十三五”环保事业将迎来更大、更快、更好发展。

贯彻新理念新思想新战略，面对新形势新挑战新任务，我们必须头脑清醒、意志坚定、定位准确，紧紧抓住改善生态环境质量这个核心，打好补齐短板攻坚战，理清总体思路，把握前进方向，转变方式方法，加大力度、全力推进，着力提高环境治理水平。

一是坚持绿色发展。绿色发展贯穿于经济、政治、文化、社会和生态文明五大建设各方面和全过程，各地方各部门各行业都要坚持绿色发展。推动绿色发展，核心是形成内生动力机制，关键是推动地方党委政府履行环保职责，把绿色发展转化为地方党委政府和各部门的执政观、政绩观和实践观，平衡和处理好发展与保护关系，并落实到各项工作部署中。地方党委政府和各部门不能只讲发展不顾环境，不能先发展后环保。如果经济发展一味以牺牲生态环境为代价，这是吃祖宗的饭、欠子孙的债，不算本事、难以持续；也不能只强调环保不顾及发展甚至搞垮了经济，同样不算本事，最后也会伤害环保。当然，现在的主要矛盾是前者。要坚持两点论、辩证法，讲两点最终对经济和环保都有好处，讲一点对经济和环保都没有好处。

处理好发展和保护的关系，关键是要扭转发展的传统惯性模式，增强转型的决心和勇气。越来越多的实践让我们看到，发展与保护不仅相互制约，而且相互促进，两者既矛盾又统一。要改变环境保护影响经济发展的单向思维，处理好“长痛”和“短痛”的关系，粗放式发展总有一天会被历史淘汰，与其被动地淘汰，不如积极应对。同时，通过建立体现生态文明要求的目标体系、考核办法、奖惩机制，完善党政领导干部生态环境损害责任追究制度，强化绿色发展的刚性约束，推动地方党委政府牢固树立绿色发展理念，把环境保护真正作为推动经济转型升级的动力，把生态环保培育成新的发展优势，探索绿色循环低碳发展新模式。

二是以改善环境质量为核心。以改善环境质量为核心、实现生态环境质量总体改善，是党中央的重大决策部署，写入了十八届五中全会文件。质量改善是坚持以人为本、增进人民福祉的重要体现，是生态环境保护的根本目标，也是评判一切工作的最终标尺。党中央做出以改善环境质量为核心、实现生态环境质量总体改善等一系列决策部署，这就是我们环保工作的政治，就是大局。环保一切工作都要讲政治，从大局出发思考问题，把以改善环境质量为核心谋划好、细化好、落实好，并且要作为政治纪律来坚守。明确以改善环境质量为核心，可以使环境治理成效与老百姓的感受更加贴近，让人民群众有明显的获得感；可以更好地调动地方积极性，让地方的环境治理措施更有针对性；可以更好地统筹运用结构优化、污染治理、总量减排、达标排放、生态保护等改善环境质量的多种手段，形成工作合力和联动效应。

必须将以改善环境质量为核心贯穿到环境保护工作各领域。当前围绕改善环境质量这个核心，一些党员干部思想观念迟迟转变不过来，工作思路、工作方法仍停留在过去，没想法，没办法，没起色。思想观念、方式方法必须尽快转变、调整到位。强化质量目标导向，完善以环境质量改善为核心的目标及考核评价体系，将环境质量指标作为对地方党委政府的硬约束，严格考核问责。同时，坚持实事求是，充分调动地方的积极性、主动性和创造性，提高地方治理的科学性、系统性和针对性，解决突出环境问题。发挥地方首创精神，环境质量目标是实打实的硬指标，但措施多样、方式灵活、因地制宜。不仅要强调工程设施建设，而且要强调运行管理；不仅要强调发展什么，而且要强调淘汰什么；不仅要强调关键节点和特殊时段的应对之策，而且要强调保护措施的连续性；不仅要强调短期效应，而且要强调长期效果。

三是实行最严格的环境保护制度。这是继最严格的耕地保护制度、最严格的水资源保护制度之后，中央提出的第三个最严格的制度。“最严格”体现了党中央、国务院高度重视环境保护的意志决心，体现了积极回应人民群众对良好生态环境新期待的鲜明态度，体现了从源头、全过程和生产、流通、消费各环节来加强环境保护的新思路。保护环境的治本之策是源头严防，关键所在是过程严管，根本保障是后果严惩。最严格的环境保护制度并不是说要求越多越好、越严越好、标准越高越好，在实践中能实实在在执行下去的制度，才是“最严格”的。这是落到实处的严格，不是纸上的严格。纸上再严格，如果最终落不到实处，就不能叫“最严格”。要改变过去一些制度、政策不接地气的问题，制度要切实可行。

构建系统规范的激励约束机制，加快推进生态环境治理体系和治理能力现代化，为推进绿色发展、建设美丽中国提供持久的动力和保障。落实这一要求，需要加快推进制度改革，构建以空间规划为基础、以用途管制为主要手段的国土空间开发保护制度，划定生态保护红线，推动战略和规划环评落地，着力解决无序开发、过度开发、分散开发导致的生态空间占用过多、生态破坏、环境污染等问题；构建监管统一、执法严明、多方参与的环境治理体系，着力解决污染防治能力弱、监管职能交叉、权责不一致等问题；构建企业落实主体责任、排污许可、达标排放的管理制度，着力解决企业违法成本低等问题；构建更多运用经济手段进行环境治理和生态保护的市场体系，着力解决市场主体和市场体系发育滞后等问题；构建充分反映资源消耗、环境损害和生态效益的生态文明绩效评价考核和责任追究制度，着力解决发展绩效评价不全面、责任落实不到位、损害责任追究缺失等问题。

四是提高环境管理系统化、科学化、法治化、精细化和信息化水平。解决环境问题，"头痛医头、脚痛医脚"，很难取得好效果，必须坚持环境治理五化并举，不断提升管理质量和效能。系统化就是要有全局观，从大局出发，小道理服从大道理。按照习近平总书记"山水林田湖是一个生命共同体"的系统观，遵循生态系统的整体性、系统性及其内在规律，进行整体保护、系统修复、综合治理，统筹好部分与全局、个体与群体、当前与长远之间关系，实现环保理念认识的系统化、管理思路的系统化、手段措施的系统化。重点是推进规划环评落地，强化约束力，做好生态空间的用途管制；推进区域联防联控和流域共治，实行统一规划、联合监测、联动应急、信息共享。科学化，着重解决的是环境治理措施的针对性和有效性问题。环境治理不能搞大水漫灌，不搞短期行为，成本高效果还不好。要遵循科学的方法，懂得为什么治、治什么、怎么治，强化科技支撑，以科学事实、科研数据、科技成果为依据，提高决策科学化水平。坚持问题导向，结合各地实际情况，加强污染源解析等基础工作，采取更对症的治理手段。加强多污染物协同控制，推动形成改善环境质量的整体效果。法治化，环境保护越来越依赖国家宏观政策来解决问题，而保持宏观政策有效性的基础是法治化。若法治化的环境不建立起来，出台再多政策，做再多改革，成效也会大打折扣。通过环境法律的完善和执行，使守法常态化。让环境违法行为受到应有处罚，使企业环境行为的外部性内部化，促进建立公平规范的市场竞争秩序。"十三五"一项重要任务就是环境管理要依法行政，企业要达标排放。精细化，是改变粗放管理方式的重要抓手。大事必作于细、难事必作于易。要建立布局合理、覆盖全面的环境质量监测网络，并根据形势变化及时调整网络设置。探索和推行网格化环境监管体系，实行排污许可"一证式"管理，形成系统完整、权责清晰、监管有效的管理格局。分流域、分区域、分行业确定重点任务和年度目标，分区分类管控、分级分项施策。信息化，大数据等信息化手段以问题为导向，可以帮助我们更广泛应用数据，提供基础支撑，寻求优化方案，给管理带来质的变化。要加快推进大数据建设和应用，建立统一的环境监测、污染源监控、环境执法、环评管理、信息公开等平台，提高科学决策、监管执法、便民服务的水平。

要加快推进环境管理方式和工作方式转型，进一步解放思想，突破固有的观念、认识和习以为常的方式方法，处理好继承与创新关系，简政放权、放管结合，找到新路径、新办法来解决新问题。要把"党政同责""一岗双责"落实到位，牵住地方政府对环境质量负责这个"牛鼻子"，加快从督企向督政转变。推进环评制度改革，解决"红顶中介"问题，不能既当裁判员、又当运动员。创新环保投融资机制，推动政府购买环境服务、环境污染第三方治理，鼓励和引导社会资本进入环保领域。健全环境信息公开制度，促进公众监督企业的环境行为，让每个人都成为保护环境的参与者、建设者、监督者。

五是持续提升素质能力和改进工作作风。思路方向和目标任务明确之后，能力和作风至为关键。否则再好的愿景，再美的蓝图，也只能是水中月、镜中花。相比于环境新形势新任务对我们提出的迫切要求，一些干部能力素质还跟不上，思路方法还跟不上，工作作风还跟不上，思想转变的主动性积极性不够，老办法不管用，新办法不会用，积极作为、开拓创新的工作氛围还没有形成。要深入贯彻全面从严治党要求，严格落实党风廉政建设主体责任和监督责任，保证党中央、国务院对生态文明建设和环境保护的决策部署落地生根，取得成效。以抓铁有痕、踏石留印的韧劲，狠抓作风建设，塑造重品行、守纪律、敢担当、有作为的环保文化，形成上下信任、左右信任、组织与组织信任的生动局面，打造一支忠诚干净担当，政治强、业务精、敢作为、作风正的环保干部队伍。

二、“十二五”时期和2015年环保工作成效明显

“十二五”以来，在党中央、国务院的坚强领导下，我们坚持把环境保护作为转方式调结构的重要抓手，作为惠民生促和谐的重要任务，作为推进生态文明建设的根本措施，着力解决突出环境问题，环境质量改善取得积极进展。

坚决向污染宣战。大力实施《大气十条》，在京津冀、长三角和珠三角等重点区域，建立健全区域联防联控协作机制。建成发展中国家最大的空气质量监测网，全国338个地级及以上城市全部具备$PM_{2.5}$等六项指标监测能力。实施《重点流域水污染防治规划》，加强饮用水水源地和水质较好湖泊生态环境保护。全国地表水国控断面劣Ⅴ类比例由2010年的15.6%下降至8.8%，大江大河干流水质稳步改善。完成首次全国土壤污染状况调查。

推进污染减排。全国新增城镇污水日处理能力4800万吨，累计达1.75亿吨，已成为全球污水处理能力最大的国家之一。全国脱硫、脱硝机组占火电总装机容量比例由2010年的82.6%、12.7%提升至96%、87%。完成煤电超低排放改造8400万千瓦，约占全国煤电装机的1/10，正在进行改造的超过8100万千瓦，电厂煤耗已达世界先进水平。四项主要污染物减排任务提前完成，酸雨面积已恢复到20世纪90年代水平。

坚持以环境保护优化经济发展。在4省（区）开展生态保护红线划定试点，6省（区）在全国率先出台省级环境功能区划。国家层面完成西部大开发、中部地区发展战略环评。各级环保部门完成4000多项规划环评审查，国家层面完成300多项。国家层面审批项目环评文件1164个，对153个不符合条件项目不予审批，涉及总投资7600多亿元。加强标准引导，发布国家环保标准493项，对重点地区重点行业执行更加严格的污染物特别排放限值。

开展生态建设和农村环境综合整治。成立生物多样性保护国家委员会，发布《生物多样性保护战略与行动计划（2011—2030年）》。建成自然保护区2729个，总面积约占陆地国土面积的14.8%，85%的陆地生态系统类型和野生动植物得到有效保护。深入开展生态文明建设示范区创建，16个省（区）开展生态省（区）建设，1000多个市（县）开展生态市（县）建设。中央安排专项资金275亿元，在23个省（区、市）开展农村环境连片整治示范。支持7万个村庄实施环境综合整治，1亿多农村人口直接受益。

加强重点领域风险防控。安排中央专项资金172亿元，支持重点区域实施重金属污染治理，重金属污染事件由2010—2011年的每年10余起下降到2012—2014年的平均每年3起。全国堆存长达数十年甚至半个世纪的670万吨历史遗留铬渣处置完毕。各级环保部门妥善处置各类环境事件近2600起。

提高执法监管水平。以新《环境保护法》为标志，环境保护的立法和执法取得明显进展。2011—2014 年，联合多部门开展环保专项整治行动，全国共出动执法人员 924 万余人（次），检查企业 362 万余家（次），查处环境违法问题 3.7 万件。建立行政执法与刑事执法协调配合机制，环境司法取得重大进展。

2015 年是“十二五”规划的收官之年，是全面深化改革的关键之年，也是新《环境保护法》的实施之年。我们认真贯彻落实党中央、国务院决策部署，围绕稳增长调结构促改革惠民生防风险，平衡和处理好发展与保护的关系，以改善环境质量为核心，主要做了以下工作：

（一）全力推进污染治理，环境质量有所改善

2015 年，全国化学需氧量、氨氮、二氧化硫、氮氧化物排放总量预计分别同比下降 3%、3%、5%、9%以上。首批实施新环境空气质量标准的 74 个城市 $PM_{2.5}$ 平均浓度同比下降 14.1%。

在落实《大气十条》方面。对各省（区、市）2014 年贯彻实施《大气十条》情况进行考核，考核结果已向各省（区、市）通报并上报国务院。制定《环境空气质量目标改善预警制度（试行）》，按季度通报各地情况。启动石化行业 VOCs 综合整治，在石化、包装印刷行业开展排污费征收试点。印发《关于全面推进黄标车淘汰工作的通知》，1—11 月，全国淘汰 2005 年底前注册营运黄标车 117 万辆，提前完成全年淘汰数量任务。全国全面供应国四标准车用汽柴油，北京、天津、上海、江苏、广东、陕西等地供应国五标准车用汽柴油。完成 22 个重点城市大气颗粒物污染来源解析工作，在 14 个城市开展源排放清单试点，各省（区、市）、省会城市和计划单列市空气质量预报预警系统全部建成。京津冀及周边地区、长三角等重点区域联防联控协作机制进一步深化，圆满完成“9 • 3”中国抗战胜利七十周年纪念活动、世界互联网大会空气质量保障任务。针对秋冬以来各地出现的重污染天气过程，我部指导各地加强监测预报和跟踪研判，督促有关地方及时启动应急预案并严格落实应急措施，加强信息发布，全力做好应对。

在落实《水十条》方面。制定目标责任书和考核办法，建立全国及重点区域水污染防治协作机制。制定拟出台的配套政策措施清单，发布实施《环保“领跑者”制度实施方案》《关于加强农村饮用水水源保护工作的指导意见》《城市黑臭水体整治工作指南》等文件。中央财政整合设立水污染防治专项资金，2015 年预算规模增加到 130 亿元，已分批下达 120 亿元。推动建立健全皖浙新安江、津冀引滦入津、粤桂九洲江等流域水环境补偿机制。优化整合水环境监测网络建设，国家地表水环境监测网络点位调整为 2700 多个，以满足《水十条》规定的水质评价与考核要求。各地水污染防治工作方案编制工作有序推进，21 个省（区、市）已经印发并报国务院备案。

在加强土壤污染防治方面。加快编制《土十条》，文本内容已基本成熟。在 10 个省启动土壤污染治理与修复试点示范项目，推进湖南、重庆、江苏等省（市）污染场地环境监管试点，部署京津冀关停搬迁工业企业场地排查工作。对重金属污染防治综合规划实施存在问题的地区进行通报和预警，对重金属污染物排放量增幅过快的地市扣减专项资金。审核废弃电器电子产品拆解数量 6900 万台，拨付补贴资金 53 亿元。

在推进总量减排方面。京津冀、长三角、珠三角等区域电力、钢铁、平板玻璃、水泥

等重点行业 1387 个企业限期治理工程基本完成。国务院常务会议决定对燃煤电厂超低排放和节能改造实行提速扩围，我部会同发展改革委、能源局联合印发《全面实施燃煤电厂超低排放和节能改造工作方案》。出台《关于加强燃煤质量管理减少大气污染物排放的通知》《加强大气污染治理重点城市煤炭消费总量控制工作方案》等文件，对完成超低排放改造的现役燃煤火电机组上网电价每度电补贴 1 分钱，新建超低排放机组补贴 0.5 分钱。

（二）坚持预防为主、守住底线，推动转方式调结构

预防是环境保护的第一要务，也是最好的治理。我们坚持打好空间管控、环评把关、标准引导等预防的组合拳。

加快落实环境功能区划和生态保护红线。联合印发《关于贯彻主体功能区环境政策的若干意见》，扎实推进环境区划工作。印发《生态保护红线管控试点方案》和《生态保护红线划定技术指南》，指导地方划定生态保护红线。全国已有 28 个省（区、市）将这项工作列入省级政府任务，6 个省（市）已基本完成第一批生态保护红线划定工作。

着力提高环评工作水平。完善规划环评制度体系，形成《规划环境影响评价条例》修订建议，研究制定《规划环境影响评价责任追究实施办法（试行）》，发布《关于开展规划环境影响评价会商的指导意见（试行）》《关于加强规划环境影响评价与建设项目环境影响评价联动工作的意见》，推动规划环评落地。启动京津冀、长三角、珠三角三大区域战略环评。加快水利、铁路等基础设施、民生工程和重大项目审批，2015 年拟开工的 30 个重大水利工程项目，已全部完成环评批复；60 个重大铁路项目中，由我部审批的 25 项已批复 23 项。国家层面批复项目环评文件 159 个，涉及总投资超过 1.5 万亿元；不予审批 21 个，涉及总投资 1170 多亿元。深化环评制度改革，发布《环境保护部审批环境影响评价文件的建设项目目录（2015 年本）》，下放 32 项建设项目的环评审批权限；修订《建设项目环境影响评价分类管理名录》，将 13 类项目由编制环境影响报告书改为编制报告表或填报登记表，环评手续办理更加便捷高效。印发火电、石化等 8 个行业环评审批准则，修订环评技术导则总纲。加强事中事后监管，印发《事中事后监督管理办法（试行）》《后评价管理办法（试行）》《区域限批管理办法（试行）》，突出建设单位环保主体责任和属地环保部门监管责任，确保审批权下放后地方接得住、管得好。

完善环境标准体系。发布国家环保标准 80 项，《大气十条》要求制定大气污染物特别排放限值的 25 项重点行业排放标准全部完成，现行有效国家环保标准达 1699 项。制定《污染防治技术政策编制导则》，发布《重点行业二噁英污染防治技术政策》等 5 项技术文件。环保标准和污染防治技术政策成为促进技术创新和推进企业转型升级的重要抓手。

（三）持续加大生态保护力度，农村环境保护迈上新台阶

加强生物多样性保护。编制《生物多样性保护重大工程实施工作计划》，完成《全国生态环境十年变化（2000—2010 年）调查评估报告》。配合财政部加大对国家重点生态功能区的生态转移支付力度。联合十部委印发《关于进一步加强涉及自然保护区开发建设活动监督管理的通知》，对 12 个开发建设活动严重的国家级自然保护区开展执法检查。

推进生态文明示范创建提档升级。制定《国家生态文明建设示范区管理规程（试行）》《国家生态文明建设示范县、市指标（试行）》，修订《国家生态工业示范园区管理办法》，

启动首届中国生态文明奖评选。

持续加强农村环境连片整治。印发《关于加强“以奖促治”农村环境基础设施运行管理的意见》，指导各地建立健全污染治理设施长效运行管理机制。中央财政安排资金60亿元，支持16个省（区、市）开展农村环境综合整治，一批农村突出环境问题得到解决。

（四）加强监管，核与辐射安全可控

贯彻落实习近平总书记“理性协调并进”的核安全观，牵头编制国家核安全政策。发布《核安全文化政策声明》，开展核安全文化宣贯推进专项行动。28台运行核电机组、19座民用研究堆保持良好安全运行记录，26台在建核电机组建造质量受控。顺利完成“华龙一号”、CAP1400等我国自主化设计核电示范工程审批。基本完成福岛核事故后安全改进。821厂退役治理进入“液转固”阶段。全国辐射环境监测网建设取得新的进展。加强演练，做好核应急准备。国家核与辐射安全研发基地开始动工兴建。

（五）深化环保领域改革，完善环保制度体系

积极配合推进生态文明体制改革“1+6”方案出台。牵头制定《环境保护督察方案（试行）》《生态环境监测网络建设方案》《生态环境损害赔偿制度改革试点方案》等3个改革方案，参与起草《生态文明体制改革总体方案》《关于开展领导干部自然资源资产离任审计的试点方案》《党政领导干部生态环境损害责任追究办法（试行）》，生态环境保护“党政同责”“一岗双责”、生态环境损害责任终身追究等有了明确依据。

在环境监测预警体制改革方面。联合财政部印发《关于支持环境监测体制改革的实施意见》，制定《国家环境监测事权上收实施方案》，出台《环境监测数据弄虚作假行为判定及处理办法》《关于推进环境监测服务社会化的指导意见》，正在会同中央编办制定全国环境监测机构编制标准化建设的指导意见，人力资源和社会保障部已出台有关提高环境监测人员岗位津贴的通知，一批制约环境监测工作的体制机制障碍正在逐渐破解。

在环保投融资和环境服务业方面。联合印发《关于推进水污染防治领域政府和社会资本合作的实施意见》。探索建立金融支持环境保护的新型政银合作关系，启动环境保护部、开发银行新一轮战略合作，融资总量超过3000亿元。开展第5批环境服务业试点工作。

在环境经济政策方面。印发《关于加强企业环境信用体系建设的指导意见》，初步建成企业环境信用信息系统并接入全国统一的信用信息共享交换平台。在6个地区开展绿色GDP核算试点，提出2004—2013年全国绿色GDP核算成果。印发《环境保护综合名录（2015年版）》，发布全国投保环境污染责任保险企业名单。积极推进环保费改税，《环境保护税法》已向社会征求意见。

（六）加强环境法治建设，环境立法、执法和应急处置更加有力

大力推动环境保护立法。推动《大气污染防治法》修订发布，《水污染防治法》《土壤污染防治法》《核安全法》列入全国人大五年规划，环境影响评价、建设项目环境保护管理、排污许可、环境监测等方面法律法规的制修订正在有序推进。配合最高法院制定出台环境民事公益诉讼案件、环境侵权责任纠纷案件适用法律若干问题的解释，环境司法保障得到进一步加强。

深入开展新《环境保护法》实施年活动。以偷排、偷放等恶意违法排污行为和篡改、伪造监测数据等弄虚作假行为为重点，依法严厉查处环境违法行为。截至 11 月底，全国范围内实施按日连续处罚案件 611 件，罚款数额超过 4.85 亿元；实施查封扣押案件 3697 件，实施限产停产案件 2511 件，移送行政拘留案件 1732 件，移送涉嫌环境污染犯罪案件共 1478 件。我部通报 15 起污染源自动监控设施及数据弄虚作假案件的典型案例。组织开展环境保护大检查，全国共检查企业 158 万家次，查处违法排污企业 5.1 万家、违法违规建设项目企业 7.34 万家。山东等地出台清理整顿方案，通过淘汰一批、规范一批、完善一批，加大清理违法违规建设项目力度。由单纯“督企”向综合“督政”转变，我部组织对 33 个城市开展综合督查，约谈 16 个市级政府主要负责同志，推动解决了一批突出环境问题。各省（区、市）和新疆生产建设兵团对 134 个市和 2 个县开展综合督查，对 28 个市县进行约谈、对 19 个市县实施区域环评限批、对 176 个问题进行挂牌督办。加强行政执法与刑事司法联动，我部首次联合公安部、最高检对两起案件启动联合挂牌督办，形成合力打击环境污染犯罪活动。扎实推进网格化环境监管，全国 67%的地级市、60%的县区完成网格划分工作。

提升环境应急管理水平。出台《企业事业单位突发环境事件应急预案管理办法》《企业突发环境事件风险评估指南》。我部直接调度处置突发环境事件 82 起。天津港“8・12”特别重大火灾爆炸事故后，我部迅速反应、科学应对，多地环保部门紧急驰援，当地政府全力以赴有效处置，实现了党中央、国务院关于防止发生次生环境污染的要求。甘肃陇星锑业有限公司尾砂泄漏事件发生后，我部第一时间派出工作组和专家赴现场督促指导，甘肃、陕西、四川三省协力妥善处置，保障了嘉陵江沿线群众饮水安全。

（七）强化环保能力和队伍建设，各项基础工作加快推进

强化环境保护资金保障。落实中央各类环境保护专项资金 370 亿元左右，比 2014 年增长 27.6%。在湖泊生态保护、重金属污染防治等领域，采取竞争性方式择优重点支持，在大气污染防治等领域，采取因素法分配资金，资金分配和使用的效率得到有效提高。

加强环保机构和人才队伍建设。我部机关内设机构调整和环境监察体制改革方案得到中央编办批复。正在研究起草部机关“三定”修订草案和环境监察体制设置。强化干部队伍培养选拔与交流调整，加大机关干部内部交流、机关与事业单位干部双向交流工作力度，探索构建“之”字型干部培养使用模式。湖南、广西、重庆等省（区、市）推进乡镇环境监管机构建设。江苏、内蒙古等省（区）要求 2016 年底前完成所有环境监察人员参照公务员管理。

全面推进规划、科技、监测、国际合作等工作。研究提出“十三五”生态环境保护规划思路。发布水体污染控制与治理科技重大专项（以下简称水专项）先进技术、专利等成果汇编。启动“全国重点地区环境与健康专项调查”。向发展改革委上报 10 部委联合编制的生态环境信息化建设工程可研报告和信息共享应用协议。编制完成《排污企业自行监测指南　总则》。对全国 512 个国家重点生态功能区县域生态环境质量进行监测、评价与考核，为中央财政转移支付提供重要依据。成功举办中国“十三五”规划环境与发展国际咨询会及中国环境与发展国际合作委员会（以下简称国合会）2015 年年会。建立工作机制、制定规划、搭建平台，为“一带一路”战略实施提供环保支撑。

加强环保宣传教育和信息公开。以“践行绿色生活”为主题开展宣传活动，发布《关于加快推动生活方式绿色化的实施意见》。及时主动公布空气、水环境质量等与民生密切相关的环境信息，发布重点排污企业和违法排污企业名单，印发《建设项目环境影响评价信息公开机制方案》。出台《环境保护公众参与办法》。在部网站设立“部长信箱”，开通“12369”环保微信举报平台，收到并办理举报超过 1.3 万件。我部受理群众电话及网上举报 1145 件，全部按期办结。

（八）坚决落实主体责任，深入推进党风廉政建设

一是狠抓中央专项巡视整改落实。我部成立巡视整改工作领导小组，制定《环境保护部巡视整改落实事项责任清单》，提出 5 大类 80 条整改措施，并将整改落实情况向社会公开。目前已有 66 项整改措施完成或基本完成，14 项中长期任务取得阶段性成效。印发《全国环保系统环评机构脱钩工作方案》，部所属 8 家环评机构率先全部脱钩，全国 350 多家环保系统环评机构中已有 75 家完成脱钩。发布新修订的《建设项目环境影响评价资质管理办法》，对存在问题的 159 家建设项目环评机构和 69 名环评工程师，做出取消资质、缩减评价范围、限期整改处理；制定《关于严格廉洁自律禁止违规插手环评审批的规定》《环境监察履职尽责规定》《环境执法人员行为规范》《水专项廉政规定》等制度，扎牢扎密制度管权的笼子；对 7 起违反中央八项规定精神问题进行严肃处理，给予党内严重警告、警告 6 人，诫勉谈话 10 人，对 2 人做出组织处理，退款 500 人次共 139.35 万元，并点名道姓通报曝光。

二是深入开展“三严三实”专题教育。按照中央统一部署，在处级以上领导干部中深入开展“三严三实”专题教育，着力解决不严不实问题，增强领导干部践行“三严三实”的思想和行动自觉。制定《环境保护部作风建设责任清单》，梳理 4 大类 49 项改进措施，明确责任部门和完成时限，取得明显效果。组织开展四次创新大讨论，各部门各单位司处级干部和 30 余个省、市、县（区）环保部门负责人，聚焦生态环保重点工作，进行广泛深入交流，不谈成绩、不讲客套，多摆问题、多提建议，统一思想、凝聚共识，推动形成《“十三五”环境影响评价改革实施方案》《生态环境大数据建设总体方案》等 10 余项具体成果。我部梳理出基层同志反映的各类问题建议 80 条，逐一明确落实措施与责任单位，做到件件有着落。

三是落实全面从严治党主体责任。制定《环境保护部贯彻落实全面从严治党要求实施办法》，成立部党建工作领导小组。成功召开部直属机关第一次党员代表大会。组织党员干部深入学习贯彻《中国共产党廉洁自律准则》《中国共产党纪律处分条例》，集中开展“强作风、严纪律、作表率”党风廉政教育月活动。开展中央八项规定精神贯彻落实情况专项检查，在评先评优、干部提拔使用工作中，对出现违纪行为的 3 个单位和 11 名个人实行一票否决。查处 7 起党风廉政建设责任追究案件，涉及 6 个单位，对 9 名司局级干部、8 名处级干部进行问责。

在肯定成绩的同时，我们也清醒认识到，环保工作中还存在不少问题。一是方式方法尚未转变。工作制度和方法尚不能适应以改善环境质量为核心，还有一些干部的思想没有转变、转变不快。二是改革力度有待加大。生态环保领域改革任务繁重，环保责任追究、省以下垂管、排污许可等改革举措亟待落地。三是工作基础依然薄弱。监测网络建设、源

解析、排放清单编制等工作跟不上决策需要，科技支撑不足，环境执法车辆、着装等能力建设问题，还没有得到很好解决。四是作风建设仍有较大差距。自说自话、自干自活、自怨自艾、单打独斗的现象仍然存在，上下之间、部门之间、各单位之间沟通交流和协调不够。五是党风廉政建设形势依然严峻。2013 年全国纪检监察机关处分环保部门人员 1036 人，比 2012 年增长 60.4%；2014 年处分 1684 人，比 2013 年增长 62.6%；2015 年处分 1898 人，比 2014 年增长 12.7%。这些问题，需要我们在下一步工作中认真研究解决。

三、准确把握“十三五”环保工作总体思路和目标任务

“十三五”环境保护的总体思路是：紧紧围绕“五位一体”总体布局和“四个全面”战略布局，牢固树立和贯彻落实五大发展理念，以改善环境质量为核心，实行最严格的环境保护制度，打好大气、水、土壤污染防治三大战役，推进主要污染物减排，严密防控环境风险，确保核与辐射安全，加强环境基础设施建设，强化污染防治与生态保护联动协同效应，不断提高环境管理系统化、科学化、法治化、精细化和信息化水平，加快推进生态环境治理体系和治理能力现代化，确保 2020 年生态环境质量总体改善。

生态环境质量总体改善，其基本要求包括两个方面：一是好的不能变差、不能退步，优良天数、Ⅰ类、Ⅱ类水体比例要进一步增加。现在看来，环境质量好的方面不能退，难度会更大。二是差的逐渐转好，一些突出环境问题如大规模严重雾霾、城市黑臭水体等明显减轻，劣Ⅴ类水体等环境质量特别差的部分要明显减少。

确定具体环境指标是谋划“十三五”环保工作中需要解决的主要问题。发达国家的经验表明，环境保护与经济发展之间存在“倒 U 型”关系，环境质量改善是一个伴随着经济结构调整和治理水平提高而逐步实现的过程。相比国际上一些国家，我国是在较低的收入水平和以煤炭为主的能源结构下解决更为复杂的环境问题。美国提出 $PM_{2.5}$ 控制时的 1996 年，人均 GDP 达到 2.8 万美元，煤炭、工业能耗占比仅为 20%、7%左右；而我国 2011 年提出 $PM_{2.5}$ 控制时的人均 GDP 为 5400 美元，能源消费中煤炭占 68.4%，工业能耗占 70%左右，能源和经济发展阶段差距较大，治理的复杂性和难度更大。

与发达国家经济发展水平类似的“历史同期”相比，我国目前环境质量差距很大。2020 年我国人均 GDP 预计将达到 1.1 万～1.2 万美元（以 2010 年为基期），以此指标衡量，我国 2020 年经济发展情境大致相当于美国 1975—1980 年、日本 1978—1985 年、欧盟 1979—1986 年的“历史同期”水平，滞后欧美发达国家 35～40 年。

在大气环境质量方面，2015 年我国 338 个城市可吸入颗粒物（PM_{10}）浓度平均为 87 微克/米^3（$\mu g/m^3$），$PM_{2.5}$ 平均为 $50\mu g/m^3$，“历史同期”发达国家 PM_{10} 平均约为 $44\mu g/m^3$，$PM_{2.5}$ 年均浓度 $18～25\mu g/m^3$。我们要在 2020 年达到发达国家“历史同期”平均水平，需降低 50%左右，难度极大。在水环境质量方面，“历史同期”OECD 主要国家水质相当于Ⅰ～Ⅲ类河流比例与我国基本相当甚至略低，但劣Ⅴ类河流比例明显低于我国，甚至没有劣Ⅴ类水体。而我国除了劣Ⅴ类河流外，还有约 55%的城市黑臭水体。

根据以上对比研究，确定“十三五”环境质量指标需要考虑三方面因素：

一是综合考虑公众环境质量诉求、环境指标可行可达、经济社会可承受等因素，以及我国人口高密度、产业高强度、能源结构不合理等客观情况，既要积极作为，又不能操之

过急。

二是重视后发优势与制度优势，注重运用解决阶段性环境问题的规律。我国不少地区已经达到比较高的经济发展水平，可能实现与发达国家“历史同期”相当的环境质量指标。同时兼顾区域差异，采取针对性措施加强中西部等地区环保工作，精准提升重点区域、重点城市差异化的环境质量目标。

三是以民生改善为导向，增加与公众感受息息相关的环境质量指标。从“好”“差”两头着力，着力解决人民群众反映强烈的突出环境问题，保障公众享有基本安全的环境质量服务。

基于上述考虑，我们提出“十三五”环保总体目标为：生态环境质量总体改善，主要污染物排放总量大幅减少，环境风险得到有效管控，生物多样性丧失速度得到基本控制，生态系统稳定性持续增强，绿色生产和绿色生活水平明显提升，生态环境治理体系与治理能力现代化取得重大进展，生态文明建设水平与全面建成小康社会相适应。

在环境质量指标方面，将地级及以上城市 $PM_{2.5}$ 浓度下降比例、地级及以上城市空气质量优良天数比例、重点地区重污染天数减少、全国地表水好于Ⅲ类水体比例、全国地表水劣Ⅴ类水体比例等作为主要指标。

$PM_{2.5}$ 目前社会认知度高，是全国大部分地区空气的首要污染物，更是全国老百姓关注的首要空气质量问题。全国地表水劣Ⅴ类水体比例、重点地区重污染天数减少代表“差”的方面，是回应老百姓关切，需下大力气解决的环境突出问题；地级及以上城市空气质量优良天数比例、全国地表水好于Ⅲ类水体比例代表环境质量提升向“好”的方面，是对老百姓期待良好环境质量的回应。

在主要污染物排放指标方面，将 VOCs 纳入总量控制范围。它是形成 $PM_{2.5}$ 和 O_3 的关键前体物，是灰霾和光化学烟雾污染的重要来源。目前我国人为源 VOCs 排放量大且呈快速增长态势，分别为美国的 2 倍和欧盟的 3 倍。国际经验表明，控制 VOCs 排放是减少灰霾和光化学烟雾污染的有效措施。我部已出台 VOCs 的系列标准、监测技术规范、分析方法等，为“十三五”VOCs 减排的监督考核奠定了基础。

在工作设计上，我们考虑通过实施一系列重大工程来完成总量指标，力争主要工作由大工程带动降低 70%～80%，给地方留出更多的空间去解决特殊性问题、针对性问题，来切实改善环境质量。例如，实施燃煤电厂超低排放改造工程，2017 年东部地区完成，2018 年中部地区总体完成，2020 年全国完成。超低排放改造完成，二氧化硫、氮氧化物将明显下降。

在环境风险方面，重点重金属污染物排放强度下降，突发环境事件数量下降。在生态保护方面，重点生态功能区所属县域生态状况持续提升。

“十三五”时期，为了实现上述目标，推动落实重大任务，需要重点谋划和做好以下六个方面的工作。

一是以改善环境质量为核心，深入实施大气、水、土壤污染防治三大行动计划。将三大行动计划的路线图落实为各地的施工图，推动环境质量持续改善。做好《大气十条》与 2017 年后续工作衔接，持续推进产业结构和能源结构调整，推动重点行业综合整治。加强重点领域水污染治理，完善相关政策体系，全面完成《水十条》目标任务。加快完成《土十条》编制并组织实施，加强土壤环境监测监管，实施农用地分级管理和建设用地分类管理，开展土壤污染治理与修复。通过三大战役，带动加快污染治理、改善环境质量、强化政府责任。同时，完善总量控制制度，推行区域性、行业性总量控制，鼓励地方实施特征性污染物总量控制，改进减排核查核算方式方法，使总量控制更好地服务于质量改善。

二是以改革环境治理基础制度为动力，加快构建绿色发展的内生机制。开展环保督察，落实生态环保“党政同责”。实行省以下环保机构监测监察执法垂直管理制度。建立全国统一的实时在线环境监控系统。建立覆盖所有固定污染源的企业排放许可制。健全生态环境保护市场体系。健全环境信息公布制度，保障公众环境知情权、参与权、监督权和表达权。

三是以建立健全环境预防体系为抓手，切实优化生态文明建设的空间格局。完成全国生态保护红线划定，优化发展的空间布局。编制实施环境功能区划，明确生产、生活、生态空间的环境功能定位与环境政策。通过把禁止开发、限制开发与划定生态保护红线结合起来，把重点开发与控制行业污染物排放总量结合起来，把优化开发与提升行业生产效率标准结合起来，建立更优化的国土空间格局。强化战略和规划环评刚性约束，切实对区域重大生产力布局发挥指导和规范作用。

四是以法治和标准为牵引，积极推进供给侧结构性改革。推进环境保护相关法律法规的制修订，严格环境执法监管，探索环境行政执法与刑事司法有效衔接模式，强化公民环境诉权等司法保障，推动建立系统完备、高效有力的环境法治体系。抓紧环境标准建设，完善标准体系。通过严格环境执法和强化标准引导，有效推动供给侧改革，提供更多优质生态产品。

五是以生态环境安全为底线，加大环境风险防控力度。构建全过程、多层级环境风险防范体系，强化重污染天气、饮用水污染、有毒有害气体释放等关系公众健康的重点领域风险预警与防控，妥善处置突发环境事件。提高核设施安全水平，推进放射性污染防治，强化监管，确保核与辐射安全。加强化学物质和危险废物环境管理，继续推进重点区域、重点行业、重点企业重金属污染防治。加强生态风险预警监控，严格外来物种引入管理。

六是以社会多元共治为路径，大力推进生产生活方式绿色化。推动环保科技创新，加强污染治理、生态修复等绿色技术的研发应用。以资源集约利用和环境友好为导向，采用先进适用节能低碳环保技术改造提升传统产业，加快发展环保产业，推动建立绿色低碳循环发展产业体系。推进绿色消费革命，引导公众向勤俭节约、绿色低碳、文明健康的生活方式转变。完善生产者责任延伸制度，推进绿色供应链环境管理。

我以上重点谈了“十三五”环保的总体思路和目标任务选择的一些考虑。会上还要讨论《“十三五”生态环境保护规划》，请大家提出意见和建议，同时也要主动谋划、同步编制各地环保规划，与国家规划搞好对接。

四、精心做好 2016 年各项工作

“慎初战，务期必胜”。2016 年是确定“十三五”环境保护顶层设计的一年，也是“十三五”开局之年，要重点抓好以下工作。

（一）统筹谋划好“十三五”环保工作

抓紧编制“十三五”生态环境保护规划，把党中央、国务院重大安排部署变成施工图，坚持可操作、可量化、可考核、可评估的原则，将细颗粒物等环境质量指标列入约束性指标，谋划好重大工程、重大项目和重大政策，做好指标任务的对接细化分解，及早报请国务院常务会审议并印发。积极推进大气污染防治、重点流域水污染防治、重金属及有毒有害化学物质污染防治、核安全与放射性污染防治等专项规划编制报批，构建“十三五”环保规划体系。开展“十二五”环保规划终期评估考核，结果向国务院报告并向社会公开。加强环境经济形势分析研判，为环境管理决策和国家宏观调控当好参谋。

（二）深化落实各项改革措施

落实地方政府责任。目前，中央环境保护督察组已进驻河北省开展督察试点工作。要在总结评估试点工作基础上，本着赶早不赶晚的原则，完成15个左右省份督察工作，2017年实现全覆盖。各省（区、市）环保部门要对30%以上的市级政府开展综合督查，强化环保督政。制定党政领导干部生态环境损害责任追究的配套制度和措施，配合有关部门推进编制自然资源资产负债表和自然资源资产离任审计试点。推进省以下环保机构监测监察执法垂直管理，对做好过渡期间工作下发相关通知，研究制定试点方案并开展试点，对试点省份在能力建设等方面给予支持。环保系统都很关注此事，既要鼓励地方积极探索、开展试点示范，又要按照统一部署，防止抢跑，争取2～3年完成改革任务。

推进环境监测体制机制改革。出台《生态环境监测网络建设方案实施计划（2016—2020年）》。一是推进全面设点，在京津冀地区率先实现大气、地表水环境质量监测点位覆盖80%左右的区县，土壤监测点位实现全覆盖。二是推进全国联网，上半年争取率先完成京津冀、长三角、珠三角地区县级空气质量监测点位联网，年底前力争完成国控重点污染源监测信息公开平台建设，选择三到四个地区开展联网试点。三是推进国家环境质量监测事权上收。全面完成338个城市1436个城市空气站上收，新建65个区域站（农村站）。完成2703个地表水国控监测断面和419个近岸海域监测点位上收，新建60个地表水质自动监测站。确定7000个土壤风险点位，初步建成由35000个点位组成的国家土壤环境质量监测网。出台《环境监测机构编制标准化建设指导意见》。四是改革污染源监督性监测运行方式。发布《污染源监测与监察执法联动办法》，变污染源监督性监测为环境执法监测。五是强化环境监测质量管理。对重点城市地表水环境监测、重点流域水质自动监测、环境空气自动监测第三方运行维护情况开展监督检查。

改革环境治理基础制度。协调推进部机关内设机构调整，按环境要素设置监管司局，推动环境监察体制改革。研究完善流域环境管理体制机制，提出《按流域设置环境监管和行政执法机构试点方案》，制定重点区域大气污染防治联防联控协作机制方案。出台《污染物排放许可制实施方案》，在电力、造纸两个行业和京津冀地区率先推行排污许可证管理。指导地方试点开展环境损害赔偿相关工作，联合出台《关于规范环境损害司法鉴定管理工作的通知》，推进环境损害赔偿鉴定评估纳入司法鉴定管理体系。

全面推进信息公开。以环境质量信息和企业环境信息为重点，全方位多层次多载体公布各类环境信息。推动建立省、市统一的信息公开平台，省、市级环保部门在政府网站设立“环境违法曝光台”。督促重点排污单位执行《企业事业单位环境信息公开办法》。落实《建设项目环境影响评价信息公开机制方案》。

完善环境治理与保护的市场化机制，制定推进绿色金融的意见，出台加强环境污染第三方治理环境管理的文件，推进政府购买服务改革试点。配合修改完善环境保护税法，推动年内出台。加强排污费改税后环保部门经费保障研究与政策配套。出台《培育发展农业面源污染治理、农村污水垃圾处理市场主体方案》，会同农业部研究制定以绿色生态为导向的农业补贴制度方案。制定有关环境污染强制责任保险部门规章，明确强制投保、保险责任赔偿范围，规范理赔程序以及相应处罚措施。

改革是一个上下联动的过程。鼓励地方先试先行，立足解决现实矛盾和困难想出路找办法，在政策框架内拿出新招实招，形成上下联动推进改革的工作格局。

（三）坚决治理大气、水和土壤污染

坚持不懈治理大气污染。重中之重是强化冬季大气污染防治和重污染天气应对工作。开展 2015 年贯彻实施《大气十条》情况考核，严格追责并向社会通报。指导各省（区、市）制定城市大气环境质量限期达标规划，明确达标时间表、路线图和重点项目。全面推进石化行业 VOCs 综合整治，启动化工、工业涂装、包装印刷业 VOCs 治理。强化移动源污染监管，加快淘汰黄标车，开展机动车环保达标打假行动和车用油品质量监督检查，配合交通部门实施船舶污染控制。淘汰燃煤锅炉 10 万蒸吨，加大京津冀及周边地区民用散煤清洁化替代力度，替代劣质散煤 1000 万吨以上。深化重点区域联防联控，指导长三角地区做好 G20 峰会空气质量保障。启动冬季重污染天气“削峰”工作，实施水泥、钢铁工业冬季错峰生产、重污染行业冬季执行特别排放限值、减少建筑施工等综合性措施。建立健全重污染天气应急机制，落实信息报告制度，加强对应急预案启动和措施落实情况的监督检查。推动建立东北、成渝、西北和华中区域空气质量预测预报中心。

深化水污染防治。出台《水十条》实施情况评估考核办法和实施细则，签订水污染防治目标责任书，各省（区、市）要抓紧出台水污染防治工作方案。《水十条》明确 2016 年目标任务有 6 项，要确保完成。出台《城市地表水水质排名办法》，每年公布水质最好和最差的 10 个城市名单。继续开展城市集中式饮用水水源环境状况调查评估，推进饮用水水源规范化建设。开展流域综合管理试点工作，筛选七大流域优控污染物清单。编制《长江经济带生态环境保护规划》并按程序报批，推动长江绿色生态廊道建设。会同住房和城乡建设部建立黑臭水体管理信息平台，每半年公布全国黑臭水体信息，督促地级及以上城市公布黑臭水体名称、责任人及达标期限。编制《近岸海域污染防治方案》，推进入海排污口设置规范化整治。

全面实施《土十条》。土壤污染防治，不是全面的大工程治理，风险管控是第一位的，在管控风险基础上改变土壤使用方式是最有效的方法，关键是建立责任终身追究机制。今年国务院将出台《土十条》。要制定考核办法，会同有关部门提出拟配套的政策措施并抓紧出台。启动全国土壤污染状况详查。继续组织实施污染土壤治理与修复试点项目。推进污染场地试点示范，建立规范的污染场地联合监管机制。完成京津冀三地关停搬迁工业企业场地排查。

继续推进污染物总量减排。配合起草《“十三五”节能减排综合性工作方案》，报请国

务院印发实施。出台“十三五”总量减排规划编制指南，制定减排核算细则，编制 2016 年度减排计划。着力推进燃煤电厂超低排放、重点城市大气污染传输通道气化、挥发性有机物污染治理、污水处理厂及配套管网、规模化畜禽养殖污染治理等重点减排工程建设。研究制定燃煤电厂超低排放运行管理及监督办法，2016 年完成超低排放改造 1.5 亿千瓦。研究制订太阳能、风能、水电、核电等清洁低碳能源优先上网制度，消除弃风、弃太阳能现象。完善减排工程调度、通报、考核制度，对进展滞后地区及早通报预警。

实施工业污染源全面达标排放计划。严格执行环境影响评价和“三同时”，确保新污染源达标排放；对现有污染源采取清洁生产改造和深入治理、限产限排、停业关闭等措施，确保达标排放。组织对水泥、玻璃等行业和污水处理厂开展专项执法检查。督促企业落实达标排放主体责任，对发现的超标排污企业依法严格处理。印发《关于定期公布主要污染物排放超标企业名单的通知》，每季度向社会公开名单。

（四）强化环境法治保障

进一步完善环保法律体系。今年仍是环境立法和执法的关键一年。要有序推进水污染防治法、土壤污染防治法、核安全法等人大立法规划项目进程。加快推动环境影响评价法、规划环境影响评价条例、建设项目环境保护管理条例等法律法规制（修）订，强化规划环评的落地执行、完善规划环评与建设项目环评联动机制、研究衔接环评与排污许可的关系等重大法律问题。配合最高法、最高检做好环境污染犯罪司法解释的修订工作，重点解决实践中反映较大的环境监测数据认可、危险废物鉴别等证据认定问题，进一步明确移送、定罪量刑的相关具体规定。

严格环境执法监管。继续开展新《环境保护法》实施年活动，总结新《环境保护法》实施中遇到的问题，提出对策措施。全面落实新《大气污染防治法》，抓紧配套制度建设。坚持重典治乱、铁拳铁规治污，以打击恶意违法排污和造假行为、督促工业污染源达标排放为重点，保持严厉打击环境违法行为的高压态势，推动形成环保守法的新常态。全面落实随机抽查和抽查督查制度，省级环保部门对国家和省级重点监控企业的现场抽查督查要实现“全覆盖”。按照《关于加强环境监管执法的通知》，加快违法违规建设项目清理工作，今年完成清理任务。继续强化与公安部门、检察机关和审判机关的衔接配合，严惩违法企业及责任人。逐步建立覆盖各级环境监察机构的基础数据库，加快建设全国统一的实时在线环境监控系统。加强执法机构规范化建设和队伍规范化管理，健全对执法人员的“正向激励—逆向约束”机制，提升执法水平。

（五）加强环境预防体系建设

进一步强化空间、总量、准入三条红线对开发布局、建设规模和产业转型升级的硬约束，积极主动参与宏观调控，优化经济发展。

加快生态保护红线划定。研究制定《关于划定并严守生态保护红线的若干意见》，探索建立以生态功能保护成效为导向的绩效考核制度和生态补偿制度，启动建设“天地一体化”红线监管平台。落实《关于贯彻实施主体功能区环境政策的若干意见》，推动建立重点生态功能区产业准入负面清单制度。积极开展省级空间规划研究和“多规合一”试点。

推动战略和规划环评落地。继续开展京津冀、长三角、珠三角等三大地区战略环评，将阶段性成果应用到京津冀协同发展规划纲要等重大政策的推进落实中。加强城市总体规划、流域综合规划以及能源、交通、矿产资源开发等重点领域规划环评。开展重点产业园区规划环评“负面清单管理”试点，同步推进试点园区建设项目环评审批管理改革。积极参与国家重要的空间规划试点工作，推动规划环评成果落实融入到空间规划。出台《规划环评责任追究办法（试行）》。

深化建设项目环评审批改革。调整环评分类管理名录，将环境影响较小的登记表项目由审批改为备案。与排污许可制相衔接，完善环评标准导则体系。发布新的环评导则总纲，将由其他主管部门负责的或通过市场能够有效调节的内容予以剥离，实现环评减负瘦身。落实《建设项目环境保护事中事后监督管理办法（试行）》，对地方政府、环保部门和建设单位的落实情况进行抽查。对石化化工、水利水电、采掘等对环境有重大影响的行业项目，组织开展后评价。完成环保部门环评机构脱钩工作，逾期未完成的一律取消资质。在京津冀地区开展环评管理综合改革试点，率先建成四级环保部门联网审批系统，推动解决环评信息沟通不畅、地方保护和干预等问题。

完善环境标准和技术政策体系。开展环保标准第三方评估，改革设置方式，完善标准管理机制。发布船舶、混合动力车、摩托车和轻便摩托车污染物排放限值及测量方法，发布《畜禽养殖业污染物排放标准》《城镇污水处理厂污染物排放标准》《农用地土壤环境质量标准》《土壤环境质量评价技术规范》。出台铅蓄电池生产、废电池、水泥窑协同处置废物等污染防治技术政策，编制《黑臭水体治理污染防治技术政策》。

（六）加大生态和农村环境保护力度

启动实施生物多样性保护重大工程，先期开展长江经济带生物多样性本底调查与评估以及国家生态观测站（点）建设。会同财政部制定加快建立流域上下游横向生态补偿机制的指导意见，继续推进新安江等跨省流域横向生态补偿试点，在京津冀水源涵养区、广西广东九州江、福建广东汀江—韩江开展跨地区生态补偿试点。开展国家级自然保护区全面定期遥感监测，加强建设项目的执法监管。抓紧印发《生态文明建设示范区管理规程（试行）》和《生态文明建设示范县、市指标（试行）》，举办好首届中国生态文明奖表彰大会。分解落实“十三五”新增完成 13 万个建制村环境综合整治的任务，以南水北调沿线、三峡库区和“问题村”的饮用水水源安全排查治理为重点，推进新一轮农村环境集中连片整治。

（七）加强核与辐射安全监管

全面落实国家核安全政策，强化协调机制、风险评估和预警监测。加强核安全设备质量监督，提高核电厂严重事故预防和缓解能力。推动核电重大项目建设，加强在建机组监管，完成 8 台左右新建机组审批。探索风险指引型核电安全监管模式，确保运行核电机组安全。加快推进全国核基地与核设施辐射环境现状调查与评价专项。深化核技术利用简政放权。加快推动早期核设施退役及放射性废物治理项目，减少历史遗留安全隐患。持续提升核与辐射应急能力。建设国家核与辐射安全监管技术研发基地。

（八）严格环境风险管控

强化化学物质、重金属和危险废物管理。开展《重金属污染综合防治“十二五”规划》

考核，对未完成规划目标的地区实行限批。启动12个重金属综合防控国家示范区和10个典型流域重金属综合整治示范工程。开展第一批现有化学物质危害初步筛查、环境激素类化学品生产使用情况调查及监控评估，推动优先控制化学品目录和高风险化学品限制淘汰措施出台。发布《国家危险废物名录》（2016年版），开展重点行业危险废物、电子废物的产生、转移、贮存、利用和处置情况调查，推动危险废物产生和处置企业全过程规范化管理。出台《废弃电器电子产品处理目录（第二批）》相关政策措施，严格废弃电器电子产品处理审核。

做好突发环境事件预警及处置应对。研究制定企业环境安全隐患排查治理指南，督促重大环境风险企业开展隐患排查治理，完善应急预案并备案，对存在重大环境安全隐患且整治不力的企业纳入社会信用体系。在对区域性突发环境事件、环保投诉举报等情况进行大数据分析基础上，向有关地方政府发布预警通知。继续推动饮用水水源地水质生物毒性预警试点、化工园区有毒有害气体环境风险预警体系试点。妥善处置突发环境事件，对重特大事件加大调查和责任追究力度，组织开展环境影响和损害评估，自动启动公益诉讼程序，并向社会公开。加强突发事件应对案例分析和总结，及时改进环境监测指标等要求，不断提高环境应急水平。

（九）全面强化保障措施

进一步加强机构和人才队伍建设。印发《关于对部属事业单位履行环境管理技术支持职责加强考核的意见》，调整部属单位职能。坚持好干部标准，统筹使用机关和部属单位干部，调整充实水、大气、土壤司和督察办领导班子，重点选好配强主要负责人。落实“之”字型干部培养使用模式，推动干部跨部门、跨单位交流。开展第二批国家环境保护专业技术领军人才和青年拔尖人才选拔，向长期从事环保工作人员首次颁发纪念章。

提高投资保障水平。优化预算支出结构，强化预算资金综合平衡，盘活存量资金，提升重点工作保障水平。出台环保领域三年财政（投资）滚动规划，建立国家环保项目储备库。围绕大气、水、土壤污染防治等重点任务，加大投资保障力度，实施一批重大生态环保工程。出台基层环保监测执法业务用房建设标准。建设环保大数据。完善国控重点污染源自动监控系统。对中央财政专项资金项目执行情况每季进行调度，加强审计和项目监督。

强化科技支撑。推动大气污染防治、场地土壤污染防治、京津冀环境综合治理等重点专项和重大工程立项。加大清洁空气研究计划成果总结力度，增强重污染天气应对的科技支撑能力。加强“十二五”水专项成果的总结和应用，加快推进专项管理体制机制改革，完成水专项“十三五”战略研究。出台《关于加强环境与健康工作的指导意见》，完成全国重点地区环境与健康专项调查现场调查。

广泛开展宣传教育。当前全社会高度关注环境保护。要围绕舆论普遍关注的热点问题积极应对，主动发声、及时发声、正确发声，增强敏感性，提高亲和力，做好正面引导、解疑释惑，说清楚、说明白、说透彻。发布《全国环境宣传教育工作纲要》，启动“2016生活方式绿色化推进年”，制定《生活方式绿色化指南》《生活方式绿色化行为准则》。健全例行新闻发布制度，完善重大信息发布与政策解读联动机制。多方式、多途径宣传环保政策举措，动员公众践行“同呼吸 共奋斗”公民行为准则。落实《环境保护公众参与办法》，修订《环境影响评价公众参与办法》。充分利用环保微信举报平台，让每一部手机都成为移动监控点，让每一名公众都成为环保监督员。

积极开展国际合作。推进落实我部“一带一路”实施方案和核安全“走出去”工作方案。筹办好国合会 2016 年年会，组织好第六届国合会换届工作，着力打造新型高端国际环境智库。研究制定和实施生态文明建设和环境保护对外宣传纲要，对外讲好中国环保故事。积极推动关于汞的水俣公约、斯德哥尔摩公约修正案、名古屋议定书的国内批准工作。

（十）切实加强环保系统党风廉政建设和反腐败工作

深入落实全面从严治党要求，巩固“三严三实”专题教育成果，贯彻好《中国共产党廉洁自律准则》和《中国共产党纪律处分条例》。切实履行全面从严治党主体责任和监督责任，探索建立落实“两个责任”考核问责机制。高质量完成中央巡视整改落实工作，认真开展我部巡视工作。落实中央八项规定精神和环境保护部作风建设责任清单，继续深入开展党风廉政教育月活动，着力深化廉政教育和廉政文化建设。坚持把纪律和规矩挺在前面，严格监督执纪问责，做到抓早抓小、动辄则咎。加强权力运行监控机制落实情况检查，严肃查办发生在重点领域、关键环节、损害群众利益的行为，着力形成不想腐、不能腐、不敢腐的有效机制。贯彻落实直属机关第一次党员代表大会精神，加强党建工作。优化各级党委纪委组织结构，配齐配强党务纪检干部队伍。筹办环境保护部党校，加强对党员干部的教育培训。持之以恒改进作风，打造重品行、守纪律、敢担当、有作为的环保文化。

同志们，蓝图已经绘就，行动决定成败。让我们紧密团结在以习近平同志为总书记的党中央周围，按照党中央、国务院的决策部署，坚定信心、脚踏实地，改革创新、攻坚克难，着力改善环境质量，加快补齐生态环境短板，为全面建成小康社会做出应有的贡献！

在 2016 年全国环境保护工作会议上的总结讲话

环境保护部部长　陈吉宁

（2016 年 1 月 12 日）

同志们：

刚才，八家单位围绕环境与经济协调发展、全面落实“十二五”环保规划、空气质量预警预报及源解析、加强核与辐射环境安全、推进生态文明体制改革、强化环境执法监管、划定生态保护红线、保障环境安全等方面介绍典型经验和成功做法，讲得都很好，听了很受启发。

总的来看，过去一年这些地方的工作，既抓实抓细、一干到底，又改革创新、锐意进取，围绕解决问题，积极探索新思路新办法，积累了很多鲜活经验，成效也很明显。浙江省以“五水共治”整体推进环保与经济转型升级互动，实现经济效益、社会效益与环境效益共赢；陕西省注重源头严防，守住底线，下大力气、下狠心，一些高排放项目坚决不许准入；上海市把空气质量预报预警和源解析作为科学施策的重要抓手，不断提高精细化管理水平；吉林省坚持“无核按有核来抓，无险按有险来管”，维护地区核与辐射环境安全；四川省启动 48 项改革任务，为加强环境保护、改善环境质量、推动绿色发展注入强大动力；福建省严格执法、强化监管，“三进三出”“四不四直”“五个结合”，对环境违法行为保持高压态势；海南省把生态保护红线、环境质量底线作为刚性约束，多措并举，确保生态保护红线划得准，守得住，管得好；重庆市在推进基层环保能力建设、创新环保投融资体制等方面走在全国前列。由于时间关系，其他没有在会上发言的省（区、市）也有许多好做法、好典型和好经验，值得我们总结推广。希望各省（区、市）加强交流、相互借鉴、取长补短，共同推动全国环保工作上水平、上质量、上台阶。

昨天下午我作工作报告，今天上午同志们就工作报告和“十三五”生态环境保护规划进行认真讨论。在讨论中，大家充分肯定“十二五”时期和 2015 年环保工作取得的成绩，认为在城镇化、工业化和农业现代化快速发展进程中，环境保护工作目标和任务圆满完成，环境质量改善取得阶段性进展，成绩来之不易，应当倍加珍惜。这些进步，为解决突出环境问题打下了一定基础，也增强了我们的信心。大家普遍认为，“十三五”环境保护压力很大、责任很重，“环境保护既处于大有作为的重要战略机遇期，又处于负重前行的关键期；既是实现环境质量总体改善的窗口期、转折期，也是攻坚期”；这样的形势判断是清醒的、深刻的、准确的，必须鼓足干劲、迎难而上，才能干有所成。以改善环境质量为核心，抓住了环境保护的根本目的和价值追求，要将此贯穿到环保工作各领域和全过程，认真谋划、布置和安排各项环保任务，其中最关键的是要加快转变观念、工作思路和方式方法。不少同志说，这次会议开得很及时，进一步统一了思想，明确了目标任务，只要把党中央、国务院的决策部署贯彻好，把会议确定的各项任务措施落实好，就一定能够开好局，推动环境质量不断改善。同时，大家也就做好“十三五”和 2016 年环境保护工作提出了许多好的意见和建议，我们将在“十三五”规划编制和各项工作推进中认真研究采纳。可以说，会议达到了预期目的，开得很成功。

下面，我结合大家讨论比较集中的问题、认识上存在模糊的问题，讲几点意见、作个回应，主要是谈些思路和要求。

一、改革和完善总量减排制度

“十一五”以来，总量减排制度成为环保部门的重要抓手，在推动环保工作、形成环保能力方面发挥了重要作用，这一点要充分肯定。但一个阶段有一个阶段的任务、有一个阶段的要求，总量减排制度走到今天，遇到了一些困难和问题，亟须完善和改革。在这里，主要讲讲对改革和完善总量减排制度“怎么看”“怎么改”。

怎么看？两个方面：一是面向未来、面向“十三五”，总量减排要服从和服务于质量改善。这里需要明确一点，党的十八届五中全会提出以质量改善为核心，是环保工作发展的必然趋势，也是遵循环保规律的内在要求。有人说要以质量代替总量，这个命题实际不成立。质量和总量本身就是两个不同层次的概念，一个是目标、是着眼点，一个是实现目标的手段，不存在替代不替代的问题。二是从总量减排制度自身来看，十年间既发挥了很大作用，也积累了很多问题、存在不少争议，亟须完善。一个制度只有不断创新，才能解决过去积累的问题，才能适应新的变化，才能体现出强大的生命力。以改善环境质量为核心，会形成一系列新制度，再过几年这些制度也将面临改革和完善，这是一个普遍规律。今天，我们改革和完善总量制度，不是要否定这个制度，恰恰是要增强它的适应性和生命力。所以要理性看待这项改革，不能抱残守缺，更不能讲总量改革是禁区、不能碰，还是要转变观念、面向未来。

怎么改？首先，要明确总量控制的定义和边界。总量制度20世纪80年代进入中国，到今天 30 多年了。我们讲改革，还是要回归其本身应有含义上，不要赋予它不可承受之重，也不要让它承担不可承担之责。我们谈总量，常常有两个概念：一个是涵盖所有污染物排放的“大总量”概念，包括固定源和分散源，是统计估算出来的；另一个是环保部门能管的、固定源排放总量的概念。世界各国讲总量控制，都是针对固定源排放总量而言的，因为它可监测、可核查并有相应的排放标准配套。分散源的管理方式则不同，要么通过经济政策、管理手段来控制，要么通过工程措施把分散源转换成固定源。之前，我们总是想算一个地方的“大总量”，算的结果又不能验证，当然会出现争议。所以，今天讲总量改革，就是要回归到固定源的总量控制，将来要与排污许可制度一体化，并与环评制度有效衔接。

其次，要明确总量和质量的关系。两个“不是全部”：第一，总量控制只是改善环境质量的手段之一，并不是全部手段。现阶段，污染物排放量大，总量控制还是一个主要手段；将来固定源污染控制做好了，企业都能达标排放，总量控制的作用就会逐步弱化，这是污染控制的必然发展过程。第二，纳入总量控制的污染物只是影响环境质量的一部分污染物，并不是全部污染物。现在纳入总量控制范围的污染物只有四项，“十三五”再增加一项 VOCs，仍不能覆盖所有污染物。因此，只有质量改善是全面、系统、科学的控污要求。我们所说的总量，只是完成质量改善目标的一部分，是底线和最基本的要求。质量是刚性约束，总量任务完成了、质量目标没完成，不能算及格，质量目标实现了才能算及格。

明确了以上两点，我们再来讨论总量怎么改的问题，主要包括三个方面。

一是以质量为核心完善总量分配。“十三五”期间，环保工作的目标就是要实现环境质量总体改善。我昨天讲过怎样理解“总体改善”：一方面，好的不能变差，如优良天气、Ⅰ类、Ⅱ类水体等；另一方面，差的要逐渐转好，如重污染天气、劣Ⅴ类水体等。总量控制重点要解决“差”的问题，任务分配要与质量改善目标相衔接，与达到“差”的目标的要求相一致，换言之，环境质量越差的地方将承担越多的总量减排任务。同时，因为有煤电超低排放改造等大工程带动，全国总体实现总量减排目标的压力要小一些，我们也在考虑可以对总量减排任务进行中期调整。对于总量任务没完成、质量改善目标也没达到的地区，加大惩罚力度，采取限批等强硬手段。对于总量任务完成、质量改善目标没达到的，要增加一些总量减排任务。对于质量改善目标达到、总量任务没完成的，要看质量目标完成是否有老天帮忙。如果确实老天没帮忙，说明很多其他工作做得好，可以考虑在国家总量的大盘子里减一些减排任务，调动和发挥地方积极性。总之，质量是刚性的，总量是可调的，核心是实事求是。

二是改革总量考核。在核查方式上，考虑取消半年核查，弱化年终核查，强化日常监督检查和随机抽查。重点抽查环境质量较差、污染物浓度不降反升，以及地方上报减排数据与环境质量变化趋势明显不匹配的地区。在核算方法上，改变国家一竿子插到底的核算方式，实行市级环保部门按季度上报项目并对外公开，以省级环保部门自主核查核算为主，并引入第三方评估机制，国家审查最终结果。强化现有在线监测、监督性监测、环境统计、企业台账、监督检查等资料数据的整合分析，大力推进地方和企业减排信息公开。对台账、资料数据等弄虚作假的，结合环境保护督察，按照《环境保护法》《党政领导干部生态环境损害责任追究办法（试行）》等有关规定，严肃追究责任。如果减排目标没有完成，我们可以一起讨论解决、推动工作，但坚决不允许数据造假，这是底线、红线、高压线。

三是强化保障措施。要突出重大工程对总量减排的贡献率，扎实抓好燃煤电厂超低排放改造、重点城市大气传输通道气化、挥发性有机物污染治理等重大工程。同时，鼓励各地实施特征性污染物总量控制，协同化学需氧量和氨氮、总氮、总磷、重金属等控制，协同二氧化硫、氮氧化物和颗粒物、挥发性有机物等控制，提高减排与环境质量改善的匹配性。

二、推进省以下环保机构监测监察执法垂直管理

实行省以下环保机构监测监察执法垂直管理，是党中央做出的重大决策部署，是环保管理体制的重大创新，是环保系统的一件大事。这里不存在做与不做的选择，必须坚定不移地做下去、并且必须做好。垂直管理改革牵一发而动全身，不只是机构隶属关系调整，也涉及环保基础制度的调整，除监测监察执法外，也对许可审批、责任落实等带来一系列变化，一些法规可能也需要修订。其他行业、部门在垂直管理上有收有放，甚至经历了反复过程，有其原因和历史，说明改革具有复杂性和艰巨性。环保为什么要推省以下垂管？总书记在五中全会上讲得非常清楚，就是要推动解决“四个问题”。一个阶段有一个阶段的主要矛盾，这“四个问题”就是我们现阶段的主要矛盾。要针对这些主要矛盾，统筹谋划、系统设计，让改革后的新体制成为环境治理基础制度之基，发挥“底盘性”作用。

要坚持问题导向，把“四个有利于”作为出发点和落脚点始终坚持。一是有利于推动习近平总书记强调的“四个问题”得到切实解决。二是有利于地方环保责任落实。有人担心，改革之后县一级环保工作没人抓、环保责任没人担。如果这样，就跟改革初衷背道而驰了，跟新环境保护法的要求也相违背。要进一步明确地方政府对本行政区环境质量负责，并将责任分解到各相关部门，环保工作都来抓、环保责任共同担，做到守土有责、各负其责、失职追责。三是有利于调动中央和地方、政府和部门等各方面的积极性，形成合力。四是有利于新老体系的平稳过渡，推动环保事业发展壮大。

要把握好四个基本原则。一是强化属地责任，推进地方政府履职尽责。改革不能造成地方属地责任弱化，不能出现地方党委政府履行环境质量改善主体责任有推卸、淡化的趋势。要把责任落实在地方，而不是把责任带走，通过制度设计促使地方政府更好履行环保责任，推动重发展、轻环保转变为经济与环境协调融合。改革后的县一级环保部门，更像是裁判员，管理职能将大幅减少，监督职能将大大强化，不仅要监管企业，还要监管政府。二是强化一岗双责，明确各相关部门的环境保护职责分工。就要让抓发展的人同时搞环保，不能一拨人管发展、另一拨人管环保。这次垂管改革，在监管权力上收的同时，必须把地方各部门履行环保职责的机制建立起来，否则就会半途而废。同时要与正在进行的城市综合执法改革结合起来。环保部门重点抓技术性强、专业要求高的执法，其他面上分散的、

相对简单的可以交给地方综合执法部门。三是强化监管权威，落实对地方政府及其相关部门的监督责任。加强对地方环保履责的督察，确保地方政府不因环保机构上收而淡化环保责任。四是强化基层基础，切实加强环保队伍建设。目前，环保工作的重点、难点都在县一级。特别是加强质量考核后，污染问题有从城区向县乡农村转移的趋势，排放总量没变化，但从管理能力强的地方转移到管理能力弱的地方，治理的难度反而加大了。这次改革，必须要解决县级环保部门的履职问题，打牢基层基础，强化监督职能。要充分借鉴国土等部门的改革经验，在资金保障、人员编制、机构设置等方面做好增量，解决在监测、监察执法中存在的一些老大难问题。

要平稳有序推进。这项工作，中央要求十分明确，早做比晚做好，不能错过窗口期。要稳妥积极，谋划要充分，方案要考虑周详，但一旦形成方案就要马上实施，不能拖泥带水。初步设想，拟按照前期准备、地方试点、全面推进三个阶段实施“三步走”路线图。在前期准备方面，中央确定此项工作由我部和中编办牵头负责，我部已组建专题工作组，赴湖北、浙江、福建等地进行调研座谈，起草了《地方环保垂直管理制度改革研究与推进工作方案》和《关于做好省以下环保机构监测监察执法垂直管理制度改革期间有关工作的紧急通知》，正与各方面协调，尽早下发紧急通知，明确在改革没有铺开之前，地方各级环保部门机制不变、责任不变、任务不变，确保环保系统思想不乱、队伍不散、工作不断、监管不软。下一步，我们将从前期准备阶段转入地方试点阶段，拟在 2016 年 4 月开始推动地方试点工作。第三阶段，希望在省级政府换届前全面铺开，力争基本完成，为抓好“十三五”工作留有空间和时间。

具体来讲，有三点要求应着重把握。

第一，加强组织领导和提前谋划。实施垂直管理，责任主体是地方，环境保护部主要是指导和支持，确定改革需要遵循的基本原则和框架，积极争取相关政策条件。各省（区、市）环保厅（局）要及时向省（区、市）委和省（区、市）政府主要领导汇报，主动与编办、财政、人事等部门协调配合，调研分析垂直管理可能涉及的各种情况，组织专班谋划部署，既保持步调一致、不抢跑，又能提前酝酿、做好充分准备。

第二，确保过渡期人财物有关问题妥善解决。在过渡期实施特别管理政策。如严格机构人员编制，干部任免、调动、录用以及国有资产管理，现有环保部门及所属单位经费和资金规模不变等。有些地方已下发冻结人员编制等方面的文件，这就很好，要不等不靠做好准备工作。

第三，确保试点工作稳妥推进实施。鼓励各省（区、市）向环境保护部、中编办提出第一批启动垂直管理改革的意向，积极参加第一批试点。环境保护部将加强指导，派专人与试点省份对接。试点省份要提前与财政、编办等衔接省级预算和编制调整等事宜。非试点地区也可以选择典型地市开展试点，以便为 2017 年启动第二批垂直管理改革探索经验。

三、深化环评制度改革

污染防治，“防”在前、“治”在后，预防是第一位的。环评是源头预防的关键抓手，只能加强不能削弱。环评制度改革要解决两方面问题：一是虚胖，包含的内容太多，承担过多不该承担的职能；二是大量未批先建项目影响制度执行效力。“十三五”时期，要以全面提高环评有效性为主线，着力深化环评制度改革，以强化空间、总量、准入三条红线为手段，划框子、定规则、查落实、强基础，建立依法、科学、公开、廉洁、高效的环评管理体系。改革的主要任务有以下四个方面：

推进战略和规划环评落地。建立战略和规划环评的成果应用和落实机制，把资源环境承载能力变成重大发展战略、规划编制和决策实施的硬约束。探索对规划环评成果实行清单式管理。探索规划环评与空间性规划编制的衔接，做好生态空间的用途管制。开展城乡规划和新区规划环评试点。建立规划环评会商机制。完善规划环评与项目环评的联动机制。对规划环评违法行为实行严格的责任追究，并向社会公开。在新型城镇化、发展转型及自贸区等方面，开展政策环评试点。

提高建设项目环评效能。精简项目环评管理内容，聚焦在选址选线环境论证、环境影响预测和环境保护对策措施等方面，将依法由其他部门负责的事项或通过市场机制能够有效调节的内容进行剥离。清理环评受理和审批的前置条件，凡于法无据的一律取消。动态调整分类管理名录，合理划分各级环保部门的环评审批权限，实行环境影响登记表告知性备案管理。

创新“三同时”管理。建立“三同时”信息公开和报告制度，建设单位在项目设计、建设和投运阶段，向社会公开各项环保措施要求的落实情况。全面推行环境监理，制定《建设项目环境监理办法》。建立环评、“三同时”和排污许可衔接的管理机制，将环评作为核发排污许可证的基础和依据，将“三同时”执行到位作为企业申领排污许可证的前提，对不领取排污许可证的实施按日计罚。

开展重大环境影响预警。建立基于大数据的环评信息管理体系，建立全国环评审批“四级”联网系统和直报体系，完善全国环评基础数据库。制定预警指标体系和技术方法，开展区域环境承载预警试点，对开发建设超出资源环境承载力、存在重大环境风险或者生态保护红线受到威胁的地区，发布预警信息。

四、建立覆盖所有固定污染源的企业排污许可制度

排污许可是世界各国通行的环境管理制度，是企业守法的依据、政府执法的工具、社会监督的平台。我国从 20 世纪 80 年代后期地方试点排污许可制度至今，已经有 20 多个省（区、市）向总计 24 万家企业颁发排放许可证。从目前情况看，这项制度执行较弱，效果不理想。在已进行污染物申报登记的企业中，只有 30%左右获得排污许可证；发证范围和种类各地千差万别；排污许可证未与环境功能区划挂钩，对改善环境质量作用很有限；“重证轻管”现象普遍。

在环境管理从粗放式走向精细化的大背景下，排污许可制度改革将以改善环境质量为根本，整合固定源环境管理的相关制度，实现一企一证、分类管理，分阶段推进，落实企业主体责任，强化证后监管与处罚，使这项制度成为固定点源环境管理的核心制度，形成系统完整、权责清晰、监管有效的污染源管理新格局。

一是坚持质量改善、分区管控。综合考虑环境质量、排放标准、总量控制、风险防范等管理要求，确定排污单位的排污许可事项；对超标控制单元、污染严重城市实施以环境质量目标为约束的企事业单位总量控制和排污许可。

二是坚持制度关联、协调统领。以排污许可为核心，整合环境影响评价、“三同时”验收、主要污染物总量控制、排污申报、排污权交易等制度，将许可制度与前置审批、过程监管、违规处罚等相衔接，实现制度关联、目标措施一体。

三是坚持一企一证、分类管理。综合考虑水污染物、大气污染物等主要污染因子，实行“一证式”管理、分类要求。整合政府对企业在清洁生产、污染治理、排放监测、风险防范等多方面管理要求，使排污许可证成为企业与政府之间关于环境义务的守法文书与契约。

四是坚持先易后难、分步实施。全国大概有200万～300万家企业是固定源排放，要先从容易做的做起来，一步一步做，做一个就要成一个。先期对监测监管基础较好、在线监测设备与相关管理措施较完善的国控、省控、市控重点污染源发放排污许可证。对尚不具备精细化管理条件的排污单位，要加快提升监测技术能力与管理水平，逐步纳入排污许可管理范畴。对未批先建、批验不符合的违规企业，总体原则是尽量纳入排污许可证管理范畴，严格监管其排污行为。

五是坚持企业主责、强化监管。落实企业主体责任，实行企业自主申请、举证、监测、公开的管理制度。企业申领排污许可证需自行证明其满足环境管理要求，领取许可证后，应当按照许可证许可及载明事项规范环境行为，如实向社会公开相关信息。政府工作重点是核实企业信息的真实性，监督企业遵守许可证规定，严厉处罚造假及违法违规行为。

对排污许可制度的分阶段实施，我们已经有了初步安排：2016年，制定《污染物排放许可制实施方案》，按程序报中央改革办审批，把污染物排放许可制度主要框架搭建起来。出台工作方案及技术指南，对污染物排放量较大、管理基础较好的火电、造纸两个行业和京津冀地区实行排污许可管理试点。将环保执法检查及日常督查重点向火电、造纸行业排污许可证执行情况倾斜，查处一批不按证或无证排污的典型案例，公开处理结果，增强排污许可制度的刚性约束，提高权威性；抓紧筹建国家排污许可技术支持单位，建设国家污染源数据库，构建国家统管、四级联网、面向公众、社会公开的信息平台。

2017年，出台《排污许可管理条例》，进一步增加和扩大重点行业实施范围，把钢铁、水泥、印染、化工等行业纳入许可管理范畴。2018年起，全面落实《排污许可管理条例》《污染物排放许可制实施方案》，构建完善的排污许可管理技术规范，到2020年实现许可证发放覆盖所有固定污染源。

发放排污许可意味着达标排放，需要不断完善环境标准。现在的环境标准有些地方过严、不利于执行，有些地方又没有。标准不是越严越好，能够落实、大家都守法、逐步加严是最好的。一个标准出台50%的企业能够马上做到、80%的企业两年之后能做到，才是合情合理的。如果出台一个标准，只有极少数企业才能做到，没有意义，这就是鼓励大家都不守法，就是鼓励大家“潜规则”。要抓紧按行业做好技术评估，让标准更切实可行，增强可操作性。

五、切实做好舆论应对和引导工作

重污染天气频发高发、垃圾焚烧、核电建设等涉生态环境问题已成为社会舆论关注的热点。舆论应对和引导工作不能空对空，不接地气，不形象不生动不具体，不面对热点问题；不能搞鸵鸟政策，被动应付，得过且过，拖字当头，等和靠；不能言不达意，避实就虚，绕来绕去，片面甚至误导。不发声不行，乱发声不行，错发声也不行。必须跟上形势新发展，主动适应新要求，大力创新思路和方式方法，深入研究舆论引导新策略，统筹做好舆论应对，为环保事业发展营造良好舆论氛围。

完善舆情快速应对机制。围绕突发环境事件舆情应急，建立健全职责明确、运行高效的新闻宣传快速反应机制。

及时回应社会舆论关切。加大环境信息公开力度，最大限度满足公众知情权。加强深度报道，通过发布新闻通稿、召开媒体座谈会、协调专家解读等形式，讲清楚、说明白雾霾等环境问题的成因、采取的措施以及取得的成效。

让正面舆论占据主导。正面信息不去占领社会舆论，负面舆论必然去占领。积极掌握新闻发布技巧，主动发声，敢于善于接受采访。特别注重对公众负面舆论的解疑释惑，防止负面舆论发酵，最大限度压缩负面舆情空间。大力开展日常环境知识科普活动，培育公众环境意识。

加强舆情的跟踪、反馈和研判。通过大数据分析和借助微博、微信等新媒体，跟踪、收集、预测环境舆论热点，认真开展舆情分析，研判发展趋势，做到有效引导舆情，提前消解舆情危机。

六、2016 年要突出抓好几件大事

一是全力做好 G20 峰会环境空气质量保障。G20 峰会将于今年 9 月在浙江杭州举行。这是我国对外交往中的一件大事，关乎国家形象，必须有效保障 G20 峰会期间的环境空气质量，目标定位是峰会期间杭州市主要空气质量指标日均值优于国家二级标准。要在吸收借鉴北京 APEC 会议、“9·3”纪念活动、青奥会和第二届世界互联网大会环境空气质量保障经验的基础上，抓紧制定保障方案，细化工作流程，采取更科学、更有效、更有针对性的措施。在国家层面，将在空气质量趋势分析和污染传输通道研究分析等方面提供技术支持，开展专项督查，重点检查各地保障措施落实情况，尤其是位于传输通道上的高架源管控情况，确保各项措施落实到位。在地方层面，要充分发挥区域大气污染防治协作机制平台作用，特别是浙江省要强化主体责任，加强协调协商协作，开展联防联控联治。

二是加快推进长江经济带有关环保工作。习近平总书记今年 1 月 5 日在重庆主持召开长江经济带发展座谈会时强调指出，推动长江经济带发展是国家一项重大区域发展战略；走生态优先、绿色发展之路，把长江经济带建设成为我国生态文明建设的先行示范带、创新驱动带、协调发展带；把修复长江生态环境摆在压倒性位置，共抓大保护，不搞大开发；把实施重大生态修复工程作为推动长江经济带发展项目的优先选项，增强水源涵养、水土保持等生态功能。我们要认真落实。以改善环境质量为核心，坚持生态功能不退化、水土资源不超载、排放总量不突破、准入门槛不降低、环境安全不失控，编制实施好《长江经济带生态环境保护规划》，在上游严格监管水电、矿产等能源资源开发、保护“中华水塔”，在中游严格环境准入、留足江河湖泊休养生息的生态空间，在下游优化沿江沿湖产业布局与结构、确保生态环境安全。加强流域统筹，严守“空间、总量、准入”三条红线；率先划定沿江各省（市）生态保护红线，从严管控开发边界；强化战略和规划环评，优化产业

布局、城市功能分区和岸线开发利用。借鉴推广新安江流域水环境补偿模式，探索建立流域上下游生态环境补偿机制，设立长江水环境保护基金。加大污染防治和生态保护力度，强化风险管控，保障饮水安全。

三是积极做好重污染天气应对。2015 年是近十几年来受厄尔尼诺现象影响最重的一年，静稳天气明显增多，湿度加大，风速偏小，极不利于污染物扩散，造成一些地区最近两个多月来重污染天气频发多发。据分析，2015 年的厄尔尼诺现象将持续到 2016 年春季，今年上半年很可能延续重污染天气频发高发的态势。我们必须做好接受严峻挑战的心理准备，提前谋划，下先手棋，完善重污染天气应急响应机制，统筹好监测预报、会商研判、专项督查、信息发布、舆论引导和后评估分析等工作，研究提出针对性更强的强化措施，提高应对工作的及时性、有效性。重污染天气预测，要按可能发生的上限发布预报信息；当预测空气质量指数在不同预警级别条件内频繁波动时，要按高级别预警执行；在出现“爆表”等极端情况下，要强制启动最高级别应急措施。要组织第三方对各地重污染天气应急预案进行评估，提高其科学性、针对性。要督促地方和部门落实好相应措施，把压力传导下去，把责任扛起来，把工作做早做细做到位。

今天，十八届中央纪委第六次全会开幕，习近平总书记发表重要讲话，王岐山同志作工作报告，对进一步加强党风廉政建设和反腐败工作做出重要部署。我们一定要认真贯彻这次全会精神，严格落实全面从严治党的主体责任和监督责任，把环保系统的党风廉政建设不断引向深入。增强党章党规党纪意识，坚持把纪律和规矩挺在前面，学习贯彻好《中国共产党廉洁自律准则》《中国共产党纪律处分条例》，“纪先于法、纪严于法”，始终绷紧党的纪律规矩这根弦，做到戒尺在心、警钟长鸣。认真践行“三严三实”要求，大力转变工作作风。加强和改进调查研究，坚持问题导向，找准问题，聚焦问题，解决问题。解放思想、改革创新，用新理念新方式新手段去应对新挑战、完成新任务。塑造重品行、守纪律、敢担当、有作为的环保文化，推动形成上下信任、左右信任、组织与组织信任的生动局面，激发全系统广大干部职工投入工作的热情和活力。

最后，我就贯彻本次会议精神，提三点要求。

第一，迅速贯彻传达。会议结束后，大家要把李克强总理、张高丽副总理的重要批示，以及本次会议精神，向省级党委和政府主要领导和分管领导同志汇报，迅速抓好本地区的学习贯彻落实工作。机关各部门、部属单位主要负责同志，要把会议精神在本部门和本单位传达好、贯彻好、落实好。贯彻落实情况在 1 月底前向部办公厅反馈。

第二，明确目标任务。对本地区、本单位的工作要早谋划、早部署、早行动、早落实。结合各地区、各部门和各单位实际，明确目标任务，完善配套措施，扎实推进各项工作。在改革创新上想办法，在真抓实干上下功夫，在环境质量改善上见成效。

第三，加强督促检查。办公厅要把年度工作目标任务分解到各司局、各单位，明确时限，责任到人，对落实情况进行跟踪督办。地方各级环保部门也要加强监督检查，重点工作进展情况及时报告。

同志们，一年一度的新春佳节就要到了，我代表部党组和部领导班子向大家、向辛勤工作在第一线的广大环保工作者和关心支持环保事业发展的社会各界人士拜个早年，祝大家春节愉快，身体健康，阖家幸福，事业有成！

环保内部情况通报

第 4 期

环境保护部办公厅　2016 年 2 月 19 日

关于转发《福建强化落实“三项责任”全力打造“清新福建”》的通知

［编者按］近年来，福建省牢固树立“绿水青山就是金山银山”理念，强化“党政同责”“一岗双责”和企业主体责任，坚持“源头严防、过程严管、后果严惩”，打造优美环境，取得突出成效。现将《福建强化落实“三项责任”全力打造“清新福建”》转发给你们，请结合本地实际，认真学习借鉴。

附件：福建强化落实“三项责任”全力打造“清新福建”

福建强化落实“三项责任”全力打造“清新福建”

近年来，福建牢固树立“绿水青山就是金山银山”的理念，以巩固拓展生态环境优势为主线，以解决生态环境领域突出问题为导向，强化“三项责任”落实，加强生态环境保护，始终做到“源头严防、过程严管、后果严惩”，全力打造“清新福建”优美环境，取得了突出成效。2015 年，福建 12 条主要河流水质保持为优，水域功能达标率 97.8%，Ⅰ～Ⅲ类水质占比 94.0%，较全国平均水平高出 29.9 个百分点；全省 23 个城市空气质量均达到或优于国家环境空气质量二级标准，城市达标率为 100%；全省 9 个设区城市空气质量均达到或优于国家环境空气质量二级标准，达标天数比例平均为 96.2%，比全国平均水平高出 23.5 个百分点；全省森林覆盖率达 65.95%，连续 37 年保持全国首位，成为水、大气、生态全优的省份。

一、坚持“党政同责”，强化党委政府环境保护的领导责任

始终把“环境质量只能更好、不能变坏”作为各级党委政府环保责任底线，按照“党政同责”的要求，落实好地方党委政府的属地环保责任。一是成立专门领导小组。省级成立由省委书记担任组长、省长担任常务副组长的生态文明建设领导小组，各地市也相应成立以党

委、政府主要领导为组长、副组长的生态文明建设领导小组，对本地区生态环境和资源保护负总责，党政主要领导承担主要责任，其他有关领导成员在职责范围内承担相应责任。二是签订“目标责任书”。每年全省“两会”期间由省委书记和省长与各设区市、平潭综合实验区管委会党政“一把手”签订生态环境保护目标责任书，成为全国首个签订党政生态环保目标责任书的省份。将资源消耗、环境损害、生态效益指标等，全面纳入环保目标责任体系，实施差异化考核，强化考核结果运用，切实落实地方党政领导生态环境保护责任。三是强化考核与奖惩。积极构建和完善环保监督考核与奖惩机制，约束环境监管者行政决策和行政行为，促使其正确履行法定职能。完善各级领导班子和领导干部考核评价体系，加大干部政绩考核评价体系中资源消耗、环境损害、生态效益等环境保护相关指标的权重，将其作为领导班子和领导干部综合考核评价的重要内容，作为干部选拔任用、管理监督的重要依据。探索编制自然资源资产负债表，对领导干部实行自然资源资产离任审计，建立生态环境损害责任终身追究制。

二、坚持“一岗双责”，强化环保和相关部门的监督管理责任

严格按照环保工作由环保部门统一监管，相关部门分工负责的要求，明确工作责任，各部门齐抓共管，实现协调联动，形成环境保护的长效工作机制，推动全省环境保护工作深入开展。一是明确环保部门的监管责任。要求环保部门充分发挥环境保护的主力军和排头兵作用，严格按照环保法律法规要求认真履行职责，牵头组织实施、监督检查环保法律法规和方针政策贯彻落实情况，及时查处各种环境保护违法行为，正确行使“建设项目第一审批权”和“评先评优一票否决权”，落实“五统一”（统一环保执法，统一环境标准，统一环境规划，统一监测规范，统一发布信息）要求，敢于较真，敢抓敢管，依法严肃处理环境违法行为，做到不查不放过、不查清不放过、不处理不放过、不整改不放过，切实履行环境监管职责。二是有关部门协同推进。2010 年，福建率先出台《环境保护监督管理“一岗双责”暂行规定》，按照“谁主管、谁负责、管行业必须管环保”的要求，明确相关部门环保“一岗双责”工作推进机制。建立统一的生态环境监测网络，推进环境监管网格化建设，形成职责清晰、分工明确、协调推进的监管格局，与环保部门一起共同落实好生态环境保护工作各项任务。三是强化监督管理机制。建立生态环境突出问题季度督察通报制度，及时通报各地突出的环境问题，加强对环境保护相关事宜的跟踪督办。2015 年全省共 4 次通报各地突出环境问题 125 个，其中已完成或基本完成 43 个，取得积极进展 58 个。建立环境监管执法机制，环境执法部门以市、县为单元分区划片，采取不定时间、不打招呼、不听汇报、不要陪同，直奔现场、直接排查、直接取证、直接曝光的“四不四直”方式进行督察。从 2015 年 2 月开始在全省范围内组织开展环保大检查，截至 2015 年 12 月底，全省共出动执法人员 85317 人次，排查企业 29144 家次，查处违法建设项目 2098 个、违法排污企业 1439 家，立案处罚金额 5889.9 万元，挂牌督办突出环境问题 467 个。查实并移送公安机关侦办的涉嫌刑事犯罪案件 119 起，实施行政拘留强制措施案件 219 起，查封扣押 392 起，责令限产停产 123 起，按日计罚 25 起。2015 年 9—10 月，省环保厅与省公安厅联合开展为期两个月的“清水蓝天”行动，共发现并查办各类环境违法案件 566 起，其中涉嫌犯罪案件 60 起、行政拘留 157 起、按日计罚 15 起、取缔关闭小散杂企业 79 起

等，社会反响良好。

三、坚持源头治理，强化企业生态环境治理的主体责任

企业是市场经济的主体，也是环境保护的主体。只有企业主动承担责任，积极寻求解决办法，才能有效缓解和根治环境问题。以改善环境质量为核心，借助价格、信贷、补偿、金融、保险等经济杠杆，激励与约束企业，对企业利益进行调节，切实发挥市场经济作用，强化生态环境保护工作。一是建立排污权有偿使用和交易制度。福建作为国内较早试点排污权交易的省份之一，在政策制定中，加强排污权交易的法律支撑，完善排污权有偿使用和交易的政策法规，出台了《排污许可证》《主要污染物排污权指标核定》等 8 个管理办法，明确排污权交易的主体、范围、标的，健全排污权指标分配、核定和定价机制，形成以市场化为主的排污权交易体系。2014 年 9 月首次在造纸、水泥等 8 个试点行业进行排污权交易，截至 2015 年底，已成功举办集中交易 20 场，217 家达成交易 498 笔，排污权交易金额达 1.4 亿元。2016 年开始，在现有 8 个试点行业的基础上，所有工业排污企业全面推行排污权有偿使用和交易工作。二是完善环境价格政策。积极研究基于环境成本考虑的资源型产品定价机制，将资源开采过程中的生态环境成本纳入定价体系。科学测算企业污染治理费用，按照排污收费高于治污费用的原则，提高排污费征收标准；扩大排污收费的覆盖面，使所有排污单位都依法缴纳排污费；增加收费污染物种类，逐步实现收费污染物种类覆盖到所有污染物。落实列入国家《环境保护综合名录》中高污染高环境风险产品的税费政策，加大对环境标志认证产品、环境保护重点设备的税收优惠或财政补贴。完善污水处理收费价格调整机制，建立污水处理收费和处理质量相挂钩的制度。健全完善燃煤发电机厂脱硫脱硝脱汞电价加价政策，推行火电厂、钢铁厂脱硫效率与电价挂钩，比国家政策从严一倍进行考核。三是健全绿色保险制度。2014 年 12 月，出台《环境污染责任保险试点工作实施意见》，积极推行重点污染行业和企业强制性环境污染责任保险制度，在环境公用设施、工业园区及开发区、重点行业污染治理和政府购买环境治理服务等领域开展试点。根据企业环境风险大小，科学合理确定保险费率，建立规范的理赔程序，确保受害人的合法权益。2015 年有 28 家企业签订投保协议，保险金额将近 4000 万元，累计向行政区内银行机构提供环保信息 2300 多条，被采用 1900 多条，累计收回、否决、压缩银行贷款近 15 亿元。

环保内部情况通报

第 5 期

环境保护部办公厅　2016 年 2 月 26 日

深化改革精准施策　全力提高环境信访工作法治化水平

环境保护部副部长　吴晓青

（2016 年 2 月 23 日）

同志们：

今天召开全国环境信访工作视频会议，主要任务是传达学习中央领导同志重要指示精神，以及全国信访局长会议、全国环境保护工作会议精神，总结 2015 年工作，分析新形势，部署 2016 年工作。下面，我讲三点意见。

一、2015 年环境信访工作取得显著成效

2015 年，按照年初确定的“深入贯彻落实党的十八届三中、四中全会精神，以推动改革为主线，以落实责任为重点，着力建设‘阳光信访’‘责任信访’‘法治信访’，为维护党和国家工作大局、维护人民群众合法环境权益、推动环保重点工作提供更好的服务与保障”的总要求，各级环保部门认真贯彻落实中央关于信访工作的会议文件精神，深入推进信访工作制度改革，信访工作取得了显著成效。主要体现在以下五个方面：

（一）信访法治化改革取得突破

按照中央关于信访工作制度改革的总体安排，环境保护被纳入通过法定途径分类处理信访投诉请求试点行业。我部对近 10 年来群众向环保部门反映的问题进行梳理，结合群众反映对象、具体诉求以及法律法规授权等因素，划分为环保业务、复议诉讼、信访、非环保部门职能等四类，分别列明处理途径和具体法规依据，出台了《关于改革信访工作制度依照法定途径分类处理信访问题的意见》（以下简称《意见》）和《环保领域信访问题法定途径清单》（以下简称《清单》）。

《意见》有两个突出特点。第一个特点是坚持“法定途径优先”。对信访人提出的投诉请求，凡是能够通过信访以外合法途径解决的，优先导入这些途径处理。由于法律法规不

健全、历史遗留等原因，实在无法导入其他途径的，才按信访程序处理。在所有合法选项中，信访是最后一个处理途径。

第二个特点是厘清与相关部门的受理边界。长期以来，群众向环保部门反映了很多属于环卫、城管、渔业、畜牧、林业、国土、工信等部门职能的事项。环保部门如果不接收群众不答应；如果接收下来再转其他部门，其他部门又推诿、敷衍。群众以为耽误在环保部门，对环保部门评价不高。根据新修订的《环境保护法》第 57 条规定，《清单》第四部分列举了群众反映频率较高的非环保部门职能事项，为基层环保部门细化职能交叉事项的受理职责、提高相关部门职责透明度提供依据。

截至目前，河北、山西、江苏、江西、山东、湖北、重庆、四川、广东等省（市）环保厅（局），在我部《清单》基础上，结合本地区信访特点和法规规章，制定发布了本省（市）清单。

实践表明，有了清单以后，工作人员能较快地判断出问题属性，分流到行政许可、行政处罚途径，对各方权利（力）义务关系梳理得更清晰，做出的答复更加严谨，更经得起推敲。清单制度有利于识别并从法律程序上终结个别人无理缠访，更好地维护大多数信访人合法权益，为实施“精准”信访提供了指南，对信访工作、环保业务工作都有促进作用。

（二）大量排污扰民问题得到解决

各级环保部门结合新《环境保护法》实施年活动，检查企业 150 万家次。以群众反映为线索，依法严厉查处 5 万余家违法排污企业，移送行政拘留 1800 余件，移送涉嫌环境污染犯罪 1500 余件，对抱有侥幸心理的排污企业形成了震慑。结合办理领导同志批示，我部指导、督促有关地方调查处理 140 余件重点信访事项。各地环保部门从信访渠道排查出积案 800 余件，已化解 550 件。通过上述工作，制止了大量影响群众生产生活的违法排污行为。基层环保部门通过行政调解、行政协调、约谈等措施，直接或督促基层政府化解了大量环境民事纠纷，维护了群众正当环境权益，减少了不和谐因素。

（三）“阳光信访”取得新进展

全国环境信访信息系统运行平稳，已延伸到一半以上的县级环保部门，还新增了复查复核模块。部机关与国家信访局已联网，实现了数据自动交换。部机关每天接收国家信访局转办件，办理完毕后，系统自动向国家信访局报送办理结果。

各省（区、市）环保厅（局）通过系统接收部转办事项，在系统上填写指导意见，再继续向市、县转办。除个别交办件外，对绝大多数信访事项，由承办单位将调查处理结果录入到信息系统中即可，可以不再用纸件报告结果，大大减轻了层层上报纸质文件的负担。16 个省（市）的市、县（区）环保部门将本级来信来访事项录入系统。信访事项全程网上流转、一级录入、四级共享的目标已实现过半。部机关、省（区、市）环保厅（局）运用信息系统甄别重复、已终结事项，工作效率和质量显著提高。各级环保部门依法履责的链条更加清晰。

全国“12369”环保微信举报平台开通，7.5 万人关注，各地环保部门通过该平台办理举报 1.3 万余件。我部定期在网站、中国环境报上公布群众举报、新闻媒体曝光案件处理情况，并附具体案例。地方各级环保部门也将群众举报案件办理情况在网站上公布。信访事项调查处理过程、结果更加透明。

（四）基础法治建设扎实推进

为了畅通环境损害纠纷民事诉讼渠道，我部配合最高人民法院制定了环境侵权责任纠纷案件、环境民事公益诉讼案件司法解释，配合司法部出台《关于规范环境损害司法鉴定管理工作的通知》，为环境民事诉讼提供便利。

我部牵头起草的《生态环境损害赔偿制度改革试点方案》已经由中央办公厅、国务院办公厅发布，今年将在部分省试点。企业排污损害公共环境的，政府将指定环保或负有环保职能的相关部门向排污单位索赔。

近几年，我部配合立法、司法机关，从私益和公益两个领域，民事、行政和刑事三个方面不断完善环境司法机制，为环保领域推进法定途径优先改革提供了法治基础，其效果已经开始显现。以江苏省为例，2015 年全省各级法院受理一审环境资源案件 1482 件，同比增长 256%。其中，环境污染犯罪案件 110 件，环境民事公益诉讼案件 14 件。司法途径办理的环境案件越多，在环保部门缠访闹访的情形就会越少。

（五）重大活动保障有序

2015 年全国“两会”、纪念抗战胜利 70 周年、五中全会期间，各级环保部门注意收集群体性事件动态，延长接访时间，节假日在岗值守。基层发现有进京上访苗头的，逐级上报至部信访办和本地政府驻京工作组。有的地方环保部门还主动派人提前到部机关，做好劝返工作。部机关发现敏感信息立即报告国家信访局，并通报属地政府信访、环保部门。天津港“8・12”特大火灾爆炸事故、2015 年底部分地区持续雾霾天气、中央环保督察工作启动等时段，相关地方环保部门信访机构认真、细致、耐心解答群众疑惑，及时协调责任单位核实群众反映问题，澄清不实传言。全年各重点时段，未因环境问题引发来京大规模集体访、非正常访。各级环保部门为保障首都社会秩序做出了重要贡献。

当然，在看到成绩的同时，我们也清醒认识到，环境信访工作也还存在一些问题。一是部分地区工作方式跟不上全面依法治国步伐。新修订的《环境保护法》、新修订的《行政诉讼法》等法律实施后，信访工作外部环境发生了深刻变化。一些工作人员还守着老黄历办事，部分省、市环保部门不区分类型、事权一律向下转办，具体承办单位不区分类型而一律用信访函答复。一些单位把依法属于复议诉讼范围的事项，仍往信访渠道引导。二是信访法制化改革进展不平衡。中央提出把信访纳入法治化轨道，实行法定途径优先。我部发布了改革意见和法定途径清单，要求各地对信访问题梳理分类，对本地多发且职能交叉的问题进一步细化，发布符合本地特点的清单或实施意见，明确部门间受理边界。但是，除河北等 9 省以外，其他地方尚未发布实施本地区的办法或清单。三是部分地方信息系统应用滞后。一些环保部门未对信访信息实时更新，而是放一段时间集中接收、补录一批，信息系统对信访业务工作的情报功能、规范功能、提效功能以及对履行职责的记录功能没有充分发挥出来。另外，还有 14 个省的市、县环保部门没有将本级接收的来信来访事项录入系统。四是部分地方信访答复不规范。有的对书面实名反映问题且要求书面答复的，逾期不给书面意见；有的地方答复意见过于简单，且未提示救济途径；有的虽然提示了救济申请权，但没有写明有权受理申诉的具体单位名称和受理时限。五是个别地方信访工作不扎实。对现场调查不细致，未及时发现并制止严重违法行为，导致工作人员受到党纪政纪处分。

二、准确把握环境信访工作的新形势新要求

2016年，环境信访工作面临新的形势和新的要求。从改革方面来看，党的十八大以来，中央提出了诉访分离、依法逐级走访、法定途径优先等重要改革措施。今年，法定途径清单制度要在环保系统全面铺开。改革已进入攻坚阶段。从环境保护方面看，一些区域严重雾霾、一些城市黑臭水体等环境问题仍比较突出，企业排污扰民问题仍较普遍，环境矛盾仍呈多发势头。人民群众改善环境质量的愿望非常迫切。环保部门查处违法排污行为、调解环境纠纷的任务十分繁重。各级环保部门要认真领会中央精神，深入分析新形势，把握好工作的方向和重点。

（一）认真学习贯彻全国信访局长会议精神

今年1月23日，全国信访局长会议在京召开。中共中央书记处书记、国务委员杨晶出席会议并讲话，强调要深入贯彻落实党的十八大、十八届三中、四中、五中全会和习近平总书记、李克强总理等中央领导同志重要指示批示精神，继续深化信访工作制度改革，不断提升信访工作能力和水平，切实维护好群众合法权益。各地各部门要加快构建全方位广覆盖的网上信访工作体系，压实地方党委政府的主体责任、各级领导责任和首办责任，继续深化依法分类处理信访诉求工作；要强化工作方法、机制和政策创新，用活用好信访大数据，加强对社情民意新动向、新特点的分析研判；要抓好组织协调和督导检查，强化问效问责，不断提高信访工作的效率效能。

会议要求对信访积案普遍开展摸底排查，全面梳理信访积案，将纠纷化解任务落实到具体单位、具体人员，限期完成。今年国家信访局将对各地开展督查，重点督查各地源头预防信访问题、畅通和规范群众诉求表达、及时就地解决问题、基层基础建设、信访工作责任落实等情况。

（二）准确把握环境信访工作形势

一是环境信访量仍呈增长势头。目前，其他一些行业信访量开始下降，但环保领域举报投诉仍在增长。2015年全国来部信访增幅超过10%。各地也反映信访量仍在快速增长。这里面既有排污单位不守法、污染物排放总量大、城镇污水垃圾处理等公共基础设施不足、环境质量差等原因，也有借环保之名谋取非环保利益的因素。今年的全国信访局长会议上，国家信访局将征地拆迁、劳动社保、环境保护信访并列为三个突出问题。

二是各方面监督越来越严。近两年环保法制建设取得较大进展，国家制（修）订了一批法律法规和司法解释，规定越来越细。法律既管排污企业、管信访人，也管环保工作人员。信访人以闹谋利的空间被压缩，政府工作人员自由裁量余地也在变小，失职、渎职的风险在加大。信访人、媒体、法院、检察院等各方面都在监督环保部门的行为。

三是对环境信访工作的要求越来越高。在2016年全国环保工作会议上，陈吉宁部长要求各级环保部门以改善环境质量为核心，不断提高环境管理系统化、科学化、法治化、

精细化和信息化水平，加快推进生态环境治理体系和治理能力现代化，确保生态环境质量总体改善，使环境治理成效与老百姓的感受更加贴近，让人民群众有明显的获得感。这就要求各级环保部门要健全环境信息公开制度，严格环境执法监管，及时处理损害群众权益的环境违法行为；强化重污染天气风险预警与防控，妥善处置突发环境事件；关注媒体上的环境热点，及时答疑释惑；始终坚持用法治思维谋划工作，用法治方式做好新形势下的信访工作。

总之，当前的环境形势依然严峻，环境矛盾隐患仍然很多，各方面的要求更高，环境信访工作面临更大的压力和挑战。因此，必须以信访业务信息化为载体，提高信访工作法治化水平，认真办好每一件信访事项，促进环保中心工作，提高人民群众的满意度。

三、扎实做好2016年环境信访工作

2016年环境信访工作总的要求是：认真贯彻中央关于信访工作指示精神，深入推进信访工作制度改革，继续建设“阳光信访”“责任信访”和“法治信访”，切实履行属地环保部门的主体责任和上一级环保部门的监督责任，运用法治思维和法治方式解决环境问题、化解环境纠纷，切实维护群众合法权益，不断提高信访工作法治化、信息化、精细化水平。具体来讲，要做好以下七方面工作。

（一）推动法定途径清单制度落地

尚未发布实施办法或清单的省（区、市）环保厅（局），要尽快出台相关文件。把重点放在群众反映频繁、职能交叉、处理难度大的信访问题上，明确每一类问题的处理途径、受理部门、法律法规依据，引导群众第一时间找对途径、找对部门、找对层级，防止“张冠李戴”，减少缠访闹访越级访。我部将跟踪督促并适时抽查。

（二）切实解决群众反映的环境问题

负有直接监督管理职责的环保部门，要对群众反映的问题及时调查核实，提高对违法行为的发现率、纠正率，对违法行为依法处理，在法定期限内答复信访人。向企业提出整改要求的，要跟踪督促直至申请强制执行。群众申请调解污染损害纠纷的，环保部门要制作调解文书并提示下一步救济途径。信访事项具体承办人姓名、所在单位、电话等信息填写在办理结果上。

一个信访问题同时涉及多部门职责的，负有直接监督管理职能的环保部门要先尽到自身职责，再引导群众向其他部门反映相关内容，不得将涉及环保和其他部门职能的事项简单“一推了之”。

（三）把符合条件的事项导入复议诉讼途径

对重复信访的，负有层级监督职责的上一级环保部门要加强对承办部门的指导监督，要求其从程序、实体上办到位。群众坚持撤销承办部门行政决定或者确认承办部门不作为、乱作为的，引导其依法申请行政复议或者提起行政诉讼。对符合条件的复议申请，有管辖权的环保部门应当受理，不得继续向信访复查复核途径引导。

市级环保部门要加强行政复议力量，充分发挥行政复议对县级环保部门履责情况的层级监督功能。领导同志要支持信访、法制机构将符合条件的事项分流到复议诉讼途径。对复议决定、法院裁决生效后继续信访的，依法做出终结认定。减少未办理终结手续、处于悬而未决状态的缠访闹访越级访。

（四）实现信访信息系统全覆盖

2016 年，全国环境信访信息系统要延伸到所有县级环保部门。尚未与全国环境信访信息系统对接的省份，要抓紧编制数据接口，尽快实现两个系统之间数据自动交换。各省（区、市）环保厅（局）还要积极谋划与省（区、市）信访局信息系统对接，把纵向、横向信息渠道全部打通。

各级环保部门信访机构要实现全员上线办公，自收的来信来访全部上线流转，接收、批示、转办、办理结果等信息要在第一时间录入，不得先积压再突击补登。市县环保部门要为信访信息系统应用提供计算机、环保专网接入等保障条件，并配备熟练操作人员。

（五）进一步推进“阳光信访”

各级环保部门要利用网站、微信等平台，公布群众举报情况和查处结果，公开行政处罚信息，回应社会关注的环保热点。对书面来信、人员走访反映的事项，可以在隐去信访人个人信息后，将办理结果在本机关门户网站或者其他官方媒体上批量公开。进一步提高信访办理过程透明度，动员广大群众和媒体参与环境保护工作，监督企业守法经营，监督环保部门依法行政。

（六）继续开展领导干部接访和积案化解

各级环保部门主要负责同志要关注集体访、疑难复杂访，通过接访、下访、座谈等方式，协调解决环境扰民问题，了解群众对环保工作、环保部门的要求和看法。其他负责同志也要定期接待群众来访，接访日程安排要提前公布。

全国信访局长会议要求各地要普遍开展一次摸底排查，全面梳理信访积案，集中力量化解。近日，国家信访局专门印发通知，要求各地全面排查、建立台账，逐案落实责任单位、责任人和化解时限，开展集中攻坚，做到“清仓见底”。对反映的环境问题已经解决到位，信访人仍不息访的，引导其通过复议、诉讼途径申诉。对确实受到污染损害的信访人，环保部门应当从法律、技术上提供支持，帮助其通过民事诉讼维护权益。请各省（区、市）环保厅（局）按照本省（区、市）信访局要求，组织市县环保部门开展排查，有关工作情况在报给省信访局的同时，抄报我部信访办。

（七）加强宣传和培训

各级环保部门应当将法定途径优先改革意见及清单、信访受理渠道、接待场所等信息，在网站、接待场所公布。在接访过程中，向群众讲解逐级走访、法定途径优先等改革措施，帮助信访人向具有法定职能的部门反映，避免因找错部门或者越级而走弯路、起误会，降低信访人和行政机关成本。

今年我部将对各省（区、市）环保厅（局）信访干部开展法定途径清单制度方面的培训。各省（区、市）环保厅（局）也要组织培训市、县的环境信访干部，调研信访干部需求，哪方面能力弱就着重培训哪方面，争取把培训面覆盖到所有县级环保部门。

同志们，今年全国“两会”即将召开。各级环保部门要细致排查矛盾隐患，努力化解环境纠纷，密切关注进京集体访和群体性事件苗头，及时通报预警信息，妥善应对处理可能出现的信访突发事件。能否做好“两会”期间信访工作是对各级环保部门的考验。我们要经受住考验，并为全年工作开好局、起好步。同时，在新的一年里，希望大家继续发扬任劳任怨、敢于担当的优良传统，脚踏实地，迎难而上，又严又实地做好信访工作，保障和促进环保中心工作，维护社会和谐，把环境信访工作法治化水平推上新台阶!

谢谢大家!

环保内部情况通报

第 6 期

环境保护部办公厅　2016 年 3 月 1 日

[编者按] 2016 年 2 月 25 日，全国环保系统党风廉政建设工作视频会在北京召开，环境保护部党组书记、部长陈吉宁讲话要求，深入学习领会习近平总书记系列重要讲话精神，贯彻落实党的十八大，十八届三中、四中、五中全会，十八届中央纪委六次全会和国务院廉政工作会议精神，坚持全面从严治党、依规治党，加强党风廉政建设和反腐败工作，为深化生态环境保护领域改革、着力改善生态环境质量提供坚强保证。部党组成员、驻部纪检组组长周英在会议结束时，就贯彻落实会议精神提出明确要求。现将讲话印发你们，请结合实际，认真抓好贯彻落实。

尊崇党章强化纪律
坚决把全面从严治党要求在环保系统落到实处
——在 2016 年全国环保系统党风廉政建设工作视频会上的讲话

环境保护部党组书记、部长　陈吉宁

（2016 年 2 月 25 日）

同志们：

今天会议的主要任务是：深入贯彻落实党的十八大，十八届三中、四中、五中全会，十八届中央纪委六次全会精神，深入学习贯彻习近平总书记系列重要讲话精神，紧紧围绕

“五位一体”总体布局和“四个全面”战略布局，牢固树立和落实五大发展理念，总结2015年环保系统党风廉政建设和反腐败工作，部署2016年任务。下面，我讲三点意见。

一、深入学习领会习近平总书记系列重要讲话精神，切实把思想和行动统一到中央全面从严治党的决策部署上来

党的十八大以来，以习近平同志为总书记的党中央着眼新形势新任务，从严管党治党，持续正风肃纪，坚决反腐惩恶，反腐败斗争压倒性态势正在形成。在十八届中央纪委六次全会和中央政治局“三严三实”专题民主生活会上，习近平总书记发表重要讲话，站在时代发展和战略全局的高度，充分肯定了一年来以及党的十八大以来党风廉政建设的生动实践和显著成效，深刻分析依然严峻复杂的形势，明确提出了当前和今后一段时期的目标任务，充分体现了党中央全面从严治党的鲜明立场和坚定决心，彰显了我们党打赢这场输不起也决不能输的斗争的政治自信和责任担当，为我们深入推进党风廉政建设和反腐败斗争提供了思想武器和行动指南。贯彻落实党中央全面从严治党的新部署新要求，必须立足于深刻领会习近平总书记重要讲话的精神实质。

一要把看齐作为领导干部最根本的要求。习近平总书记指出，“各级领导干部要有看齐意识，自觉向党中央看齐，向党的理论和路线方针政策看齐”“必须经常看齐、主动看齐，这样才能真正看齐。这是最最紧要的政治”。集中统一是党的力量所在，是实现经济社会发展、国家长治久安的根本保证。中国这样一个大国、我们这样一个大党，没有集中统一、没有强有力的中央领导，就会组织松弛、纪律涣散、各自为战，失去凝聚力和战斗力。坚持党的领导，首先是坚持党中央的集中统一领导，这是一条根本的政治规矩。面对加快补齐生态环境短板、总体改善生态环境质量的繁重任务，环保系统党员领导干部必须切实增强政治意识、大局意识、核心意识、看齐意识，经常地、主动地同党中央、习近平总书记对表，向党中央、向总书记、向党的理论和路线方针政策看齐，坚决维护中央权威、维护党的集中统一，自觉把思想和行动统一到总书记系列重要讲话精神上来，统一到中央各项决策部署上来，以提高环境质量为核心，凝神聚力、攻坚克难，全力打好生态环境保护攻坚战，努力提供更多优质生态产品，不辜负党和人民的期望和重托。

二要把党章置于管党治党最尊崇的高度。习近平总书记强调，“全面从严治党首先要尊崇党章”。党章是党的根本大法，是全党必须遵循的根本行为规范，学习党章、遵守党章、贯彻党章、维护党章，是每一名党员的责任和义务。党规党纪是党章的延伸和具体化，进一步指明了党员干部思想言行的高线标准，也划定了不可逾越的底线要求。学好了党章、学好了党规党纪，坚持纪严于法、纪在法前，就有了“明灯”和“戒尺”，就能清楚自己该做什么、不该做什么，能做什么、不能做什么。经济新常态下破解发展和保护矛盾面临巨大挑战，深化生态环保领域改革、推动环境污染治理困难多、压力大。越是这种复杂局面，越需要共产党人的担当与坚守，越需要环保系统广大党员干部把党章作为党性修养的根本标准，把准则、条例等党规党纪作为正心修身的必修内容，坚定理想信念、坚守精神追求、严守纪律规矩，自觉做到心有所敬、言有所戒、行有所止。

三要对反腐斗争保持更加坚定的信心。习近平总书记强调，“党中央坚定不移反对腐败的决心没有变，坚决遏制腐败现象蔓延势头的目标没有变。全党同志对党中央在反腐败

斗争上的决心要有足够自信，对反腐败斗争取得的成绩要有足够自信，对反腐败斗争带来的正能量要有足够自信，对反腐败斗争的光明前景要有足够自信！”这两个“没有变”、四个“足够自信”，是对当前反腐倡廉态势的准确描述，体现了中央对腐败问题零容忍的鲜明态度，有力回击了那些认为“反腐一阵风、搞搞就会过去”的侥幸思想，或者反腐导致“为官不为”、影响经济发展的错误观点。党风廉政建设和反腐败斗争永远在路上，继续这一态势、顺应这一大势，是党心所指，更是民意所向。我们要按照中央部署，认准正确方向，踩着不变步伐，把环保系统党风廉政建设和反腐败斗争一步步引向深入。

四要把监督摆在更加突出的位置。习近平总书记指出，“对我们党来说，外部监督是必要的，但从根本上讲，还在于强化自身监督”。我们的党员、干部队伍庞大，管理起来难度很大，但必须管好，否则就会出乱子。党培养一个干部是很不容易的，干部出了事，不仅个人和家庭受影响，党的事业也有损失。特别是在跨越中等收入陷阱、全面建成小康社会的关键时期，我们党要应对“四大考验”、战胜“四种危险”，必须有一支政治强、懂专业、善治理、敢担当、作风正的干部队伍，加强党内监督、实践“四种形态”，以惩处极少数教育大多数，显得尤为重要。环保系统要坚持惩前毖后、治病救人的方针，严格执行民主集中制，进一步完善监督体系，强化干部经常性教育管理和监督，运用好监督执纪“四种形态”，努力形成既廉又勤、既干净又干事的良好氛围。

二、2015 年主要工作情况

一年来，全国环保系统深入贯彻党的十八大、十八届三中、四中、五中全会、十八届中央纪委五次全会和国务院廉政工作会议精神，加强党风廉政建设和反腐败工作，为大力推进生态环境保护领域各项任务、改善环境质量提供了坚强保证。

一是狠抓中央巡视整改落实，切实解决党风廉政建设突出问题。部党组坚持把巡视整改作为核心工作来抓，成立巡视整改工作领导小组，制定《环境保护部巡视整改落实事项责任清单》，提出 5 大类 80 条整改措施。截至目前，已全部完成或基本完成，其中 12 项长期任务取得年度阶段性成果。

在建设项目环境影响评价方面，制定全国环保系统环评机构脱钩工作方案，部属 8 家环评机构于去年年底前率先全部脱钩，全国环保系统 350 多家环评机构中已有 148 家完成脱钩。制定《环境影响评价机构资质管理廉政规定》，在部政府网站开设环评资质管理专栏，全面公开环评资质受理、审查、审批信息。出台《关于严格廉洁自律、禁止违规插手环评审批的规定》，一旦发现插手环评的问题，严肃处理、决不姑息。

在水体污染控制与治理科技重大专项资金管理使用方面，针对套取资金的问题，对相关单位进行约谈，专项调查有关问题线索，对 8 名部系统干部做出纪律处分和组织处理；制定《水专项廉政规定》和《专家组工作规则》，对违反规定的取消专家资格，列入黑名单；公布《水专项 2014 年度中期评估和年度检查情况通报》，对发现的问题，限期整改，严肃处理，公开通报。

在固体废物管理方面，定期报送危险废物经营许可证颁发情况及经营单位经营情况，制定《固体废物与化学品管理技术中心审批审核技术支持工作权力运行监控机制》《限制进口类可用作原料的固体废物环境保护管理规定》；开展固体废物进口许可证网上审批试点，并将于今年全面推广。

在环境执法督查方面，针对滥用权力现象，制定《环境执法人员行为规范》，全面实施“双随机”抽查制度和抽查督查制度，组织行政处罚案卷评查，对182个市和1506个县进行执法稽查。针对重点督办事项落实不到位问题，以及“有案不移”“以罚代刑”的案件，开展个案稽查，及时发现并纠正基层环境执法人员不作为、乱作为的问题。

在执行民主集中制方面，建立部领导每周碰头会制度，完善《部党组工作规则》和部党组会、部务会、常务会机制，加强部领导班子内部沟通；完善《昨日情况》《内部情况通报》《督查通报》等信息平台，促进机关部门沟通协调，有力增强了部系统各级班子的凝聚力、向心力和战斗力。

二是开展“三严三实”专题教育，切实转变思想作风和工作作风。部党组深入查找了部系统存在的自说自话、自干自活、自怨自艾、单打独斗等作风建设突出问题，制定《环境保护部作风建设责任清单》，梳理4大类49项改进措施。组织开展4次创新大讨论，各部门各单位司处级干部和30余名省、市、县（区）环保部门负责人，聚焦生态环保重点工作，不讲客套、不拘形式，解放思想、直面问题，以工作作风的转变为前提，谋划工作、推动改革、促进落实。研究制定《生态环境监测网络建设方案实施计划（2016—2020年）》《“十三五”环境影响评价改革实施方案》《生态环境大数据建设总体方案》《环境保护督察方案（试行）》等环保重大改革设计，切实推进了环境监测监察、最严环评制度、环保大数据等改革进程。同时，以改善环境质量为核心统筹谋划环境保护工作，加快编制《国家“十三五”生态环境保护规划》，出台《水污染防治行动计划》，促进了各项环保工作的落实。

各级环保部门坚持把“三严三实”贯穿到作风建设始终，陕西省厅提出“找不准问题是不够负责任、找不出问题是不负责任、不找问题是极端不负责任”；山东省厅把好经验好做法用制度固定下来，形成长效机制。通过专题教育，党员干部普遍受到一次精神洗礼，环保系统行风政风稳步改观。

三是加强教育和完善监控体系，切实筑牢思想和制度防线。部系统层层签订党风廉政建设责任书，用原副部长张力军、科技司原司长熊跃辉反面案例开展警示教育，坚持开展党风廉政教育月活动，重大节日开展廉政提醒，每周向党员干部发送廉政短信，营造了浓厚的廉政氛围。组织机关和部属单位梳理廉政风险点，制定防控措施，绘制权力运行流程图，对18家部属单位权力运行监控机制建设情况进行专项检查。出台《水污染防治专项资金管理办法》《环境保护部部门预算项目绩效评价管理暂行办法》《环境保护部事业单位国有资产管理审批事项办理指南》，委托第三方对资金项目开展监督检查。清理规范机关编外用人，制定《环境保护部直属事业单位聘用人员管理办法》，组织集中述职述廉述党建，对各级领导干部进行廉政考评。在评先评优、干部提拔中，对存在问题的3个单位和11名个人实行一票否决。

各级环保部门采取多种措施预防腐败，江西等省厅开展“每季一课、每月一谈、每周一句”活动；江苏省厅对出台的规范性文件进行廉洁性评估，凡出必评、有漏必堵；广西自治区环保厅定期组织审计、财务大检查、巡视巡查“三重一大”事项。全国环保系统预防腐败的思想和制度防线更加牢固。

四是坚持把纪律和规矩挺在前面，切实形成反腐倡廉的高压态势。去年，对部机关及部属单位9名违纪党员进行党纪处分，对6人进行了政纪处分；对违纪情节较轻、尚不构成纪律处分的29名党员干部进行诫勉谈话，对18人进行谈话提醒，对23件举报线索进行函询；对7起违规发放过节费，公款旅游、娱乐等违反八项规定精神案件进行严肃查处，切实维护了党规党纪的严肃性。

全国环保系统坚持抓早抓小，宁波市局总结“治微”工作法，专项监督“小资金”“小采购”“小项目”“小审批”“小处罚”；湖北省厅约谈问责“慢作为”的工作人员；河南省厅严肃查处收取项目评审费、收受相关中介公司礼金等问题，使广大党员干部更加知敬畏、明底线、受警醒。

五是加强党务纪检队伍建设，切实强化从严治党的组织保障。制定《环境保护部贯彻落实全面从严治党要求实施办法》，召开中国共产党环境保护部直属机关第一次代表大会，选举产生第一届部直属机关党委、纪委。选拔和调整8名同志新任部属单位纪检组长或纪委书记。组织全国环保系统专职党务干部培训班，2次部系统专兼职党务纪检干部培训班，驻部纪检组组织纪检干部观看警示教育片《绝不能背叛忠诚干净担当》，召开全国环保系统纪检监察工作座谈会，研究解决纪检监察工作突出问题，提高了党务纪检干部的政治素质和业务能力。

各级环保部门着力打造忠诚、干净、担当的党务纪检队伍。甘肃省厅完成机关党组织换届，增加了2名专职党务干部；深圳人居环委加强党务干部与业务干部双向流动；贵州省厅制定落实党风廉政建设主体责任考核评分办法。目前，全国环保系统落实全面从严治党的自觉性和主动性明显增强。

在肯定成绩的同时，我们也清醒认识到存在的问题。一是党风廉政建设形势依然严峻。2013年全国纪检监察机关处分环保部门人员1036人，比2012年增长60.4%；2014年处分1684人，比2013年增长62.6%；2015年处分1898人，比2014年增长12.7%。虽然增幅明显回落，但增长态势尚未改变，处分人数总量居高不下。从张力军、熊跃辉严重违纪案件看，环保系统仍然存在靠环保“吃”环保的问题，优亲厚友，亲属围着环保转，倚仗官员职权影响在环保领域谋取不正当利益。从中央巡视组指出的水专项问题看，环保业务监管还存在明显漏洞，制度的笼子还没有扎紧。从近几年监测系统发生的廉政问题看，监测仪器设备采购招投标、涉企服务性监测、环境监测科研项目资金使用等已成为违纪违法案件易发地带，个别地方和单位甚至出现串案窝案，社会影响恶劣。还有个别人员利用审核脱硫脱硝电价的权力，收受企业好处，篡改达标小时数据，严重干扰国家总量减排工作。这些问题说明，有的单位从严治党主体责任尚不明确、不落实，要求松、管理软；个别领导干部理想信念不坚定，政治意识不强，自我要求不严；管理制度仍有不健全、不完善的地方，制度执行还有不到位的问题，对审批权、执法权、资金分配权等重要权力事项，尚未形成全面有效的约束机制。二是贯彻中央八项规定精神、整治“四风”问题刻不容缓。有的干部对“四风”问题的危害仍然认识不足，思想观念没有转变过来，还只停留在“不敢”的层面，有的甚至依然故我、顶风违纪。个别单位公款吃喝、公款娱乐、违规发放津补贴、收受礼品礼金、办班办会管理不规范等问题依然存在。个别人表面上不敢，背后耍花样、搞变通，偷偷摸摸地吃喝，有的“不吃公款吃老板”，变着法子搞“四风”。三是作风建设仍有较大差距。一些干部还存在“等”与“看”的思想，不作为，怕担当，遇到好处就想要，碰到困难躲着走，认为在环保事业快速发展形势下，等也能等到位子、得到提拔；工作主动性创新性不够，老办法不管用，新办法不会用，靠发文落实工作，以文件空转、会议表态代替具体落实；对下级部门和企业报送数据资料审核不认真，把关不严，矛盾上交；作风拖沓散漫，布置工作没有节点，跟踪工作没有到位，运转节奏慢，把普通活拖成了急活，把一般事拖成了难事。一些执法人员对群众反映的问题态度冷漠、对上级布置的任务敷衍应付，工作不在状态、不敢担当，不愿再吃苦挨累，不求有功但求无过，对当地关注的重大建设项目或纳税大户，明知其违法建设或违法超标排污，却明哲保身、不闻不问，不敢检查、不敢处理、不敢报告。一些单位在舆论应对和引导工作中空对空，不接地气，面对热点问题躲躲闪闪，拖字当头，被动应付，言不达意、"云山雾罩"，片面甚至误导。一些单位对于群众举报的问题推诿扯皮、办理拖沓、回复延迟、态度生硬。一些省份环保部门担当精神不够，层层下放环评审批权，对一些不执行规划环评的政府部门不想协调、不敢协调、不会协调，对一些火电、煤炭等项目审批把关不严。对此，应当引起高度重视，尽快采取措施加以整改，部里将加强监督检查，对问题突出的地区和行业上收环评审批。四是党务队伍建设与形势任务要求还不适应。全面从严治党的新形势新任务，不仅对各级党组织切实落实好主体责任提出了新的更高的要求，也对加强党务部门建设、提升党务干部素质能力提出了新的更高的要求。目前，党务队伍建设仍较薄弱，党务干部人员少、任务重的矛盾尚未解决，工作质量有待进一步提高，需要在人员配备、机构设置上予以加强和优化。

三、2016 年主要工作任务

2016 年环保系统党风廉政建设和反腐败工作总体思路是：全面贯彻党的十八大，十八届三中、四中、五中全会，十八届中央纪委六次全会和国务院廉政工作会议精神，深入贯彻习近平总书记系列重要讲话精神，坚持全面从严治党、依规治党，深化标本兼治，创新体制机制，强化党内监督，把纪律挺在前面，持之以恒落实中央八项规定精神，扎实开展"两学一做"学习教育，着力解决群众身边的不正之风和腐败问题，为深化生态环境保护领域改革、着力改善生态环境质量提供坚强保证。

一是扛起责任，落实全面从严治党要求。习近平总书记指出，从党风廉政建设主体责任到全面从严治党主体责任，不只是字面上的变化，更是实践的发展、认识的深化。王岐山同志强调，主体责任是政治责任，是各级党组织的职责所在、使命所系。但当前来看，仍存在"上热下冷、层层衰减"的问题。环保系统各级党组（党委）要对单位的党风廉政建设负总责，严格落实全面从严治党的各项要求，坚持敢抓敢管、真抓真管、严抓严管。党组（党委）书记要做管党治党的书记，当好第一责任人，坚持既见物又见人，既管事又管思想、管作风，领好班子、带好队伍、抓好作风，切实做到对党负责、对本单位的政治生态负责、对干部健康成长负责。党组（党委）各同志要认真履行"一岗双责"，既抓业务也抓党务，明确责任、以上率下，扎实做好分管部门单位党风廉政建设的指导、督促和检查。要成立党建工作领导小组，充分发挥办公、人事、机关党委、纪检、宣教等部门职能优势，化解人员少任务重的矛盾。要开展基层党组织书记特别是新任书记的主体责任培训，进一步细化落实主体责任的意见或办法，健全完善责任落实、检查考核、倒查追责制度，以责任追究倒逼责任落实。部属单位要在现有人员的基础上，进一步配齐配强党务纪检干部。各省、市、区环保厅（局）每年底前向部党风廉政建设领导小组报送党风廉政建设和反腐败工作情况。

二是尊崇党章，严明党的纪律规矩。要扎实开展"学党章党规、学系列讲话，做合格党员”学习教育，引导党员坚定信仰信念、强化政治意识、树立清风正气、勇于担当作为，永葆党性党风之纯、固守纪律规矩之严。筹办环境保护部党校，提升党员干部的政治理论水平，夯实理想信念之基。

深入开展纪律教育，重点学习研讨《习近平关于严明党的纪律和规矩论述摘编》。要把政治纪律摆在第一位，坚决纠正上有政策、下有对策，有令不行、有禁不止的行为；严肃查处团团伙伙、结党营私，政治利益与经济私益相互勾连的问题；重点检查落实以改善环境质量为核心等中央重大生态环保决策部署的情况。要认真落实《中国共产党廉洁自律准则》《中国共产党纪律处分条例》，对党的领导作用不发挥、贯彻中央生态环保决策部署走样、管党治党不严不实、选人用人失察、发生严重“四风”和腐败问题的，既追究主体责任、监督责任，又追究领导责任、党组织责任。

三是强化预防，提升党内监督效力。加强巡视监督。按照部党组巡视工作方案和2016年巡视工作计划，今年上下半年分批次对部系统部分单位开展巡视，适时对重点人、重点事、重点问题或巡视整改情况开展专项巡视。对巡视发现的重点问题，要点出具体人头、提出具体意见，不能点个卯、表个态就完事。对环保系统环评机构限期脱钩工作，各省厅要站在讲政治、讲纪律的高度，坚决落实执行，倒排时序，确保按期完成。

用好批评和自我批评这个武器。遇到重要问题或普遍性问题，及时召开民主生活会。发现轻微违规违纪行为，就让犯错误的同志在民主生活会上自我检讨，大家批评帮助，共同敲响警钟。对存在的“四风”和违反廉洁纪律问题，要在民主生活会上剖析批评，提出整改措施。

抓住“关键少数”，破解一把手监督难题。上级党组织要多听取下级领导班子成员和群众对领导班子主要负责同志的意见。要进一步完善各级纪委工作规则，把一把手纳入上级纪委监督重点，同级纪委定期将同级领导班子成员特别是一把手落实主体责任、执行民主集中制、廉洁自律等情况向上级纪委报告；平时掌握了对下级一把手的反映，要及时报告同级党委书记。要建立干部选拔任用问责制度，领导干部插手重大事项记录制度，对违规过问下级有关事项如实登记并问责。部党组成员要带头严肃党内政治生活和组织生活，带头遵守民主集中制、请示报告、“四个服从”等基本制度和要求，及时如实向组织报告个人重大事项等情况，每月按时到所在支部缴纳党费，定期参加支部活动。

四是狠抓养成，推进作风持续改进。加强和改进调查研究，多到一线、基层、环境问题突出的地方驻点调研，虚心问计、接好地气，避免蜻蜓点水、浅尝辄止、走马观花；坚持问题导向，找准问题、聚焦问题，研究真问题、拿出硬措施，不能含糊笼统、大水漫灌；如实反映想法，敢讲真话、敢说实话，不遮遮掩掩、避重就轻、报喜藏忧；进一步解放思想、改革创新，不囿于框框条条，不固守既有模式，善于用新理念新办法来应对新挑战、完成新任务。今年生态环保领域改革任务很重。要进一步转变观念，转变工作思路和方法，切实围绕提高环境质量这个核心来谋划和推动改革；要坚持小道理服从大道理，打破本位主义，突破利益藩篱，加强统筹协调，注意协同配合，服务好环保工作的大局；要严明纪律和规矩，严格遵守组织人事纪律、财经纪律、保密纪律以及有关党风廉政规定，防止跑风漏气，防止“桌下动作”，确保各项改革工作有序实施。

贯彻落实中央八项规定精神，要持续保持整治“四风”高压态势，紧盯年节假期，看住“关键少数”，查找隐形变异的“四风”，对不收手、不知止、规避组织监督的，一律从严查处。根据中央纪委要求，认真开展整治“四风”问题回头看，重点检查制订的措施是否有针对性，各项制度规范能否落实，作风建设成果是否得到干部群众认可，还存在哪些短板和不足，提出下步工作措施。要大力弘扬中华民族优秀传统文化，塑造重品行、守纪律、敢担当、有作为的环保文化。

五是向下延伸，加强基层廉政建设。要认真贯彻落实新环保法，加大执法队伍建设，切实解决环境执法中“不想查”“不会查”“不敢查”“慢作为”“乱作为”，人情执法、协商执法，甚至充当违法企业保护伞等问题。各级环保部门要发布环境监察机构权力清单和责任清单；环境保护部将不定期组织各省级环境监察机构开展交叉执法稽查或抽查；严格落实执法人员和被抽查对象双随机制度，在强化企业守法的同时限制执法部门的自由裁量权；省、市环保部门政府网站要设立“环境违法曝光台”，及时公开处罚信息。要严格执行《环境监测数据弄虚作假行为处理办法及判定细则》，严肃查处故意违反环境监测技术规范，篡改、伪造监测数据的行为；各地环保部门要定期通报自动在线监测设施数据弄虚作假行为的查处情况。纪检、信访、12369等部门要对群众反映集中、性质恶劣的，重点督办、限期办结、定期曝光，做到勤政、廉政都过硬。中央农村节能减排专项资金支持的省份，要建立资金使用监督管理机制，严防截留、挤占、挪用、骗取专项资金，以及项目招标、实施中的违法行为。

同志们，站在“十三五”扬帆起航、全面建成小康社会决战决胜的新的历史起点上，让我们紧密团结在以习近平同志为总书记的党中央周围，恪尽职守、敢于担当、苦干实干，以政治生态的绿水青山护好自然生态的绿水青山，为补齐生态环境短板、实现生态环境质量总体改善做出应有的贡献！

在2016年全国环保系统党风廉政建设工作视频会总结时的讲话

环境保护部党组成员、驻部纪检组组长　周英

（2016年2月25日）

同志们：

刚才陈吉宁同志的讲话，贯彻了习近平总书记系列重要讲话和中央纪委六次全会精神，强调要深入学习领会习近平总书记系列重要讲话精神，切实把思想和行动统一到中央全面从严治党的决策部署上来，要求各级领导干部要增强看齐意识，自觉向党中央看齐、向党的理论和方针政策看齐；要学习党章、遵守党章、贯彻党章、维护党章，把党章置于管党治党最尊崇的高度；要对反腐败斗争保持更加坚定的信心，按照中央部署，踩着不变步伐，把环保系统党风廉政建设和反腐败斗争一步步引向深入；要把监督工作摆在更加突出的位置，强化干部经常性教育管理和监督，努力形成既廉又勤、既干净又干事的良好氛围。讲话回顾总结了去年环保系统党风廉政建设工作，既肯定了取得的成绩，也指出了存在的问题和不足。根据中央精神，对2016年进一步推进环保系统党风廉政建设和反腐败工作进行了安排部署，着重围绕落实全面从严治党责任、严明党的纪律规矩、提升党内监

督效力、推进作风持续改进、加强基层廉政建设等5个方面提出了明确要求。讲话紧密联系环保系统实际，具有很强的针对性和指导性。各地区、各单位要认真学习领会，结合实际切实抓好贯彻落实。下面，我就贯彻落实中央纪委六次全会精神和这次视频会议精神再提四点要求：

第一，要深刻学习领会，提高思想认识。中央纪委六次全会上习近平总书记的重要讲话和王岐山同志的工作报告，是我们今年开展党风廉政建设和反腐败工作的纲领性文件。这两篇重要文献的政治立场、思想方法和工作要求，一脉相承。要按照刚才吉宁同志讲话的要求，把两篇文献学好悟透，准确把握精神和要求，并且与学习贯彻习近平总书记系列重要讲话结合起来、与学习党章党规结合起来，增强政治意识、大局意识、核心意识和看齐意识，切实把思想和行动统一到党中央对反腐败形势的分析和判断上来、统一到中央纪委六次全会部署要求上来，始终保持坚强的政治定力，坚定不移地推进环保系统党风廉政建设和反腐败工作，把全面从严治党各项任务落到实处。

第二，要紧密结合实际，完善工作举措。2016年环保系统党风廉政建设和反腐败工作的任务和要求已经明确。各地区、各单位要紧密结合实际，进行专门研究和部署，突出重点，认真谋划，尽快拿出切实可行的贯彻实施意见和保障措施，明确目标任务和进度安排，拿出具体的任务分工方案，做到定事、定人、定时限，推动党风廉政建设和反腐败工作扎实有效开展。要坚持固本培元，深入开展“两学一做”专题教育；要持续完善制度，狠抓制度贯彻执行；要继续发力加压，保持整治“四风”高压态势；要加强监督检查，维护纪律的严肃性；要落实“一案双查”，深化责任追究；要创新方式方法，做到出实招、干实事、见实效。

第三，要落实两个责任，务必抓出成效。各单位党委（党组）要始终铭记政治责任，紧紧抓住主体责任这个“牛鼻子”，把全面从严治党主体责任记牢扛稳抓实。各级党组织主要负责同志要切实履行第一责任人职责，领好班子、带好队伍；领导班子成员要履行好“一岗双责”，肩负起分管领域的责任，确保责任落到实处。要与贯彻落实2016年环保工作会议部署要求结合起来，层层传导压力，逐级抓好落实，切实把全面从严治党要求贯穿到方方面面，把党风廉政建设融入业务工作之中，努力抓出特色、抓出成效。各单位纪委（纪检组）要切实履行好监督责任，执好纪、问好责、把好关，在全面从严治党中发挥应有作用。

第四，要牢记责任使命，做到敢于担当。纪检干部要始终牢记神圣使命，坚守责任担当，忠诚履行好党章赋予的职责。要按照深化“三转”的要求，聚焦主责主业，强化监督执纪问责，严格执行《廉洁自律准则》和《党纪处分条例》，把握运用好监督执纪的“四种形态”，把纪律和规矩挺在前面，做到小错提醒、动辄则咎，拔“烂树”、治“病树”、正“歪树”、护“森林”。要坚持问题导向，盯住“关键少数”、关键岗位、薄弱环节和不托底的人，加强监督检查，严肃责任追究，强化震慑、不敢、知止的氛围。要加强自身建设，提高履职能力，自觉接受监督，做到自身正、自身硬、自身净，以更高的标准要求自己、激励自己，以昂扬向上的精神状态投入工作、积极作为，坚持正风肃纪不停步、反腐惩恶不手软，推动党风廉政建设和反腐败斗争步步深入，为营造环保系统风清气正的良好氛围做出应有的贡献。

环保内部情况通报

第 9 期

环境保护部办公厅　2016 年 4 月 15 日

撑起环境保护事业的半边天
——在环境保护部直属机关妇工委换届会上的讲话

环境保护部副部长　李干杰

（2016 年 4 月 8 日）

今天，我们召开环境保护部直属机关妇工委换届大会。这是贯彻落实习近平总书记在中央群团工作会议上讲话精神、加强群团组织建设的重要举措，是我部全体妇女职工政治生活中的一件大事。在这里，我代表部党组对新当选的部直属机关第二届妇女工作委员会的全体委员表示祝贺，同时对第一届妇工委全体委员的辛勤付出表示感谢。近年来，作为广大妇女职工的领路人和娘家人，直属机关妇工委坚持服务大局、服务妇女，主动作为、扎实进取，各方面工作取得了扎实成效。新一届妇工委要发扬好传统，认真贯彻落实全国妇联十一届四次执委会精神，在部党组的领导下，不断开拓进取、求实创新，推动我部妇女工作再上新台阶。刚才，李培同志代表新一届妇工委作了很好的表态发言，我们相信新一届委员一定能够做到做好。下面，我提四点希望：

一、深入学习贯彻习近平总书记系列重要讲话精神

党的十八大以来，以习近平同志为总书记的党中央提出了一系列治国理政的新理念新思想新战略，把群团工作寓于党和国家工作大局中谋划和推进。环保系统妇女组织和妇女职工要把学习贯彻习近平总书记系列重要讲话，特别是在中央党的群团工作会议和主持全球妇女峰会上的重要讲话精神，作为首要政治任务，着重把握“发挥两个独特作用”“三个注重”“四点主张”的重要指示，积极参与、扎实开展“两学一做”学习教育，强化政治意识、大局意识、核心意识、看齐意识，始终在思想上政治上行动上同党中央保持高度一致，坚定不移地听党话、跟党走。尤其要深入学习习近平总书记关于生态文明建设和环境保护的重要论述、讲话和批示精神，用五大发展理念统一思想，在大布局、大背景、大形势下来思考、定位、讨论、推动环保工作，把绿色发展理念，贯穿于经济、政治、文化、社会和生态文明五大建设各方面和全过程，深入开展“共建美丽家园行动”“家庭节能行动”，引导妇女职工进

一步增强参与生态文明建设、环境保护的意识和能力，主动推进节能减排、绿色生活、绿色消费，从自己做起、从家庭做起、从点滴做起，为改善生态环境、建设美丽中国发挥更大作用。

二、广大妇女职工要争当污染防治战场上的“穆桂英”

实现全面建成小康社会，亟须加快补齐生态环境突出短板。陈吉宁部长在 2016 年全国环境保护工作会议上指出，当前我们的工作还面临着异常繁重的改革任务，环境治理和质量改善工作艰巨复杂，守住环境高风险期安全底线难度加大，区域环境分化趋势显现等严峻的环境问题。针对这些问题，党中央做出以改善环境质量为核心、实现生态环境质量总体改善等一系列决策部署，这就是我们环保工作的政治，就是大局。在座的女干部都是所在部门、单位的中坚力量和中流砥柱，承担着大量深入细致的具体工作，要充分发挥“半边天”的作用和女性的独特优势，紧紧围绕改善环境质量这个核心，以“争当生态文明建设生力军”“巾帼成才”“巾帼建功”“创业创新巾帼行动”等系列活动为载体，在本职岗位上主动作为、建功立业，以敢打硬战、能打硬仗的意志品质，打好大气、水、土壤污染防治“三大战役”，深化生态文明体制改革，推动环境管理系统化、科学化、法治化、精细化和信息化建设，确保 2020 年生态环境质量总体改善，彰显巾帼不让须眉的精神风貌。

三、广大妇女职工要做和谐机关文化建设的“解语花”

陈吉宁部长在部直属机关第一次党员代表大会上强调，要塑造重品行、守纪律、敢担当、有作为的环保文化，上下信任、左右信任、组织与组织信任的生动局面。当前，环境保护既处于大有作为的重要战略机遇期，又处于负重前行的关键期；既是实现环境质量总体改善的窗口期、转折期，也是攻坚期，迫切需要以优秀的文化激励奋力前行的精神力量。广大妇女职工要在机关文化建设中发挥自身独特的作用，坚持把培育和践行社会主义核心价值观作为重要内容，充分发挥天性亲和的优势，多倾听少揣度、多关爱少抱怨、多协作少旁观；充分发挥天性柔韧的优势，在本职岗位上持之以恒守得住职责，淡泊名利耐得住清贫，不畏困难经得住考验；充分发挥天性细腻的优势，严谨细致出细活，周到全面出精品，营造互相关爱、坚守职责、精益求精的良好机关文化。同时，要注重以家风促党风政风，大力推进家庭文明建设，发挥妇女在家庭生活中的主导地位，通过开展寻找“最美家庭”、评选“五好家庭”和巾帼志愿服务等活动，传播崇德向善、和谐和睦的正能量；通过开展家庭助廉、好家风巡讲等活动，弘扬清白做人、清正做事的主旋律，引导广大党员干部增强以德齐家、以廉保家的意识，使家庭成为反腐倡廉的重要防线，促进形成向上向善的机关风尚。

四、妇女组织要成为女职工信得过、靠得住、离不开的“娘家人”

各级妇女组织要创新机制，完善服务网络，转变工作作风，强化“妇女之家”的综合服务功能，帮助女职工解决日常工作学习生活中最关心、最直接、最现实的问题。要建立健全联系和服务女职工的长效机制，沉下身子，主动深入群众，常态化、制度化推进“下基层、访妇情、办实事”，认真倾听女职工心声，分析思想状况，收集意见建议，做好下情上达工作。要维护妇女合法权益，大力宣传贯彻男女平等国策，加强对全面二孩政策的解读和实施后新情况新问题的摸底，积极服务、维护权益，并引导女职工通过合法渠道表达利益诉求，深入细致解疑释惑、疏导情绪、化解矛盾，当她们合法权益受到侵害时，妇女组织应当及时站出来说话，主动提供必要的帮助，维护机关和谐稳定。要积极促进女职工成长进步，深入了解广大女职工的需求和特长，围绕女职工的成长成才建平台，围绕女职工的身心健康做服务，加大教育培训力度，通过健康讲座、文化活动、体育运动、实用技能培训，努力提升女职工的综合素质和能力，为环保事业培养更多优秀的女性管理人才。要关心关爱女职工，想女职工之所想，急女职工之所急，为女职工办更多的好事、实事，协助做好女职工健康体检服务工作，针对子女教育、家庭关系、工作生活压力等普遍关心的问题，积极协调有关方面，筹划组织相关活动，尽可能帮助女职工解决最关心最直接最现实的利益问题，多做雪中送炭的实事，多做暖人心聚人心的好事，争取人心，巩固阵地，尤其要关心和帮助残疾家庭、单亲家庭、两地分居家庭、突发困难家庭等特殊群体，建立帮扶档案，定期走访慰问，送去组织温暖，切实提升广大妇女职工的生活幸福感和工作成就感。

同志们，环保事业须臾离不开女同胞的努力，妇女工作也是环保事业的重要组成部分，新一届直属机关妇工委要主动适应新形势新任务新要求，引导广大妇女职工加强学习、发挥优势、积极作为，坚持以改善环境质量为核心，为加快补齐生态环境短板，全面建成小康社会做出应有的贡献！我们相信，你们完全能够做到这一点，实现这一点！

环保内部情况通报

第 10 期

环境保护部办公厅　2016 年 4 月 14 日

承前启后锐意进取
努力实现核与辐射安全监管体系和监管能力现代化
——在 2015 年度核与辐射安全监管年终工作总结会议上的讲话

环境保护部副部长、国家核安全局局长　李干杰

（2016 年 1 月 29 日）

各位同事、同志们：

大家好！

非常高兴与大家共同出席 2015 年度核与辐射安全监管年终工作总结会议。总结会议

机制已经坚持了 15 年，效果非常好。近两年还邀请了兄弟部门和单位的领导和同事参加，主要目的是增进相互之间的了解、理解、支持和帮助，借此机会对参加此次会议的国防科工局、国家能源局、各核电集团等部门和单位表示热烈的欢迎！对长期以来你们对国家核安全局的关心和支持表示衷心的感谢！

本次会议的主要任务是深入贯彻党的十八大和十八届三中、四中、五中全会精神，学习贯彻习近平总书记系列重要讲话精神，全面落实全国环保工作会议精神，总结 2015 年核与辐射安全监管工作，分析研究当前面临的新形势、新挑战和新任务，谋划部署 2016 年工作。会前，组织开展了大讨论活动，准备很充分，质量非常高。在一天半的会议中，四个司、六个站、五个中心分别作了发言，回顾总结了过去一年的工作，也对下一年度工作提出了设想。我认为大家讲得都非常好，希望各单位认真抓好落实。今天，我主要讲三点意见：

一、着眼大局、抓住关键，2015 年工作成效显著

2015 年是我国社会经济发展的关键一年，也是核与辐射安全监管事业发展的关键一年，各项工作任务扎实开展，卓有成效。具体体现在 15 个方面：

（一）国家核安全顶层设计初步成型

我部主动作为、积极争取，担任国家核安全政策制定第一牵头单位，联合其他部委编制完成国家核安全政策，构建了国家核安全保障体系。核安全政策的制定具有重要意义，表明了核安全战略地位达到了前所未有的高度，展示了国家治理体系和治理能力的持续完善和提升。通过这项工作，明确建立了一套由环境保护部、科工局和总参谋部牵头的国家核安全高层协作机制，将在推动国家核安全事业方面发挥重要作用。

（二）核与辐射安全法规标准体系不断完善

《核安全法》立法实现突破，我部提出的核安全法草案得到全国人大环资委的充分认可，也得到全行业的广泛支持。目前，《核安全法》已由全国人大环资委全体委员会审议通过，正在对外征求意见。此外，其他法规标准制修订工作不断推进，全年审议核与辐射安全法规标准 44 项。

（三）核安全相关规划实施和编制有序推进

“十二五”核安全规划实施卓有成效，各项主要目标指标圆满完成，重点任务和工程取得突破。“十三五”规划编制进展良好，我部组织全行业共同行动，开门编规划，形成思路，明确目标，制定任务，为系统科学开展“十三五”核安全工作描绘了路线图。

（四）核安全监管协调机制更加健全

按照国务院要求，我们继续深化行政审批改革，接收许可 2 项，优化许可 10 余项。另外，我们与能源局、科工局分别建立了协调机制，三部门能够及时、密切地联系、沟通和协调，对于推动工作开展非常重要、非常有利。去年，通过建立协调机制，经过深入沟

通和研究，签署了备忘录，解决了和科工局之间多年来工作协调不太顺畅、职责边界不太明确的问题，这为后续两家单位更好地履行职责，共同推动核能核技术利用事业发展和核安全工作创造了良好条件。这种协调机制的建立以及备忘录的签署，具有重要的历史意义和标志性意义。

（五）日常核与辐射安全监管深入开展

2015年是福岛核事故后我国核电项目核准数量最多的一年，先后有6台机组开工建设，6 台机组投入运行。与之对应，核与辐射安全监管日常审评监督任务大幅增加，全年运行核电厂审批事项达 98 次，部机关组织核电厂监督检查达 62 项，审查境内核设备单位 86 家，注册登记境外单位 44 家，审批核燃料循环、核技术利用项目 186 项。尽管日常审评监督任务非常繁重，但通过深入细致的工作，各类监督检查按计划有效开展，各项审评监督工作顺利完成，监管工作科学化、规范化、精细化水平得到一定程度的提升。

（六）历史遗留问题解决取得进展

放射性废物处理处置进展明显。推动八二一厂退役治理进入“液转固”阶段；飞凤山处置场过去几年建设过程中遇到的问题，通过整治得到了解决；四〇四厂、原子能院、秦山等基地调查基本完成，浙江神仙洞放射性废物风险进一步探明；中低放废物处置场的选址等相关工作也在推进。

（七）福岛核事故后安全改进行动按期完成

福岛核事故后，我部在综合大检查的基础上，组织制定了福岛核事故后安全改进计划。这个计划非常有针对性和可行性，比较务实。与其他国家相比，只有中国，不仅开展了核安全检查和评估，而且实施了具体的安全改进措施，大幅提升了核设施本质安全水平。安全改进计划设定了短期、中期、长期任务，经过 4～5 年的时间，短期、中期任务已经全部完成，长期任务也基本落实。这非常不容易，是大家共同努力的结果。尤其是核设施、核电厂营运单位做了大量工作，加大投入，下大力气，完成了这些改进任务。

（八）各类重大不符合项、质量事件和运行事件妥善处理

2015 年我部调查处理关键设备制造过程中发生的重大不符合项 26 项，核电厂建造质量事件 11 起，运行事件 46 起，相比往年大幅增加。虽然总量在增加，但按照反应堆数平均计算次数不多，而且较往年呈下降趋势，原因在于核电机组数量在不断增加。不符合项、质量事件和运行事件的增加对监管工作提出了挑战。处理好这些事件和不符合项，需要我们认真研究。这些不符合项和事件能否处理得当，才能体现一个专家、一个单位乃至一个系统水平的高低。事先提出的处理方案，能否可行，能否重新开堆，如果心里没底，脑门肯定要冒汗。实践证明，通过我们的共同努力，这类问题目前处理得不错。

（九）第四次朝核应急响应顺利实施

2016 年 1 月 6 日，朝鲜进行了第四次核试验，我部及时启动应急响应，第一时间成立总指挥部和前沿指挥部，组织力量奔赴现场，组织多省市联动开展辐射环境监测，及时向

中央上报情况，向社会发布信息，取得了很好的成效。第一次朝核应急时我担任前线总指挥，后来又历经了第二次、第三次。这一次朝鲜核试验引发 4.9 级地震，虽然提前预判大规模放射性泄漏的可能性不大，但我们仍然高度重视、及时跟进、积极应对，把更多的力量派上去。这主要有两个目的：一是应对舆情安定民心，也就是说没事也要报平安。影响这么大的事件，如果没有应急队伍和监测设备跟上去，就难以说清情况，进而可能引发公众恐慌。这次我们及时发布信息和数据，效果很好，以后要推而广之。像过去奥运会和世博会备勤一样，一定要准备充分，一定要按照有事积极准备，要没事当有事干、小事当大事干，这样才能保证万无一失。每次大型活动，如果没有备勤，没有队伍跟上去，不要说不法分子伺机破坏，就是有人小题大做、蓄意捏造说有“脏弹”威胁，也很有可能引发混乱，进而造成踩踏伤人，更何况这次的人工“地震”，更要高度重视。二是养兵练兵拉练队伍。这次实战对应急监测能力进行了一次很好的检验。我们日常开展有针对性的演习和拉练，很有必要，但演习或多或少有预先准备，代替不了实战。抓住这次事件的机会，把队伍拉出来锻炼，尤其是在比较艰苦的条件下，对思想作风是很好的磨练。正是因为我们响应速度比较快，配备力量比较充分，效果也就很好，未来发生类似情况同样要积极、全面、有效地进行应对。

（十）核与辐射安全大检查、督查有效开展

按照党中央、国务院决策部署，深刻汲取天津港“8·12”特大火灾爆炸事故教训，全系统通力配合，开展了为期 2 个月的核与辐射安全大检查及督查行动。检查行动实现了对全体持证单位、所有领域、全部风险源的全覆盖，重点关注常规消防、危险化学品以及特种设备安全管理存在的安全隐患，积极跟进督查，促进整改落实，确保核安全不受常规安全风险影响。核设施内的一些常规安全领域在监管上仍然存在不明确的真空地带。例如，目前核设施内的特种设备，不管是否涉核，质检部门均不负责。但是如果这些设备出现问题，对核安全同样有影响。例如，2009 年，海阳核电厂在汽轮机底板钢筋扎排时发生了倒排事故，媒体就报出了“山东海阳核电厂发生事故导致人员死亡”的新闻标题。本来是普通的工业安全事故，但媒体解读不当就容易造成误导，就会造成公众对核电厂和核安全的不信任。尤其是福岛核事故后公众对核安全的信任已经非常脆弱，所以一定要高度重视这个问题。核安全问题不能出，常规的安全问题也不能出，常规安全出现问题，对核安全也会有影响，不利于核事业的长远发展。为此，这次核安全大检查中，对核设施、核设备单位中发现的各种违法违规行为进行了严肃处理，对弄虚作假、违规操作的问题，发现一起，处理一起，相比其他领域，处罚力度比较大。

（十一）全行业核安全文化宣贯圆满收官

从 2014 年 8 月至 2015 年 8 月，我们在全行业组织开展了核安全文化宣贯推进专项行动，实现两个“全覆盖”，坚持两个“零容忍”，四个领域分头推进，各部门、各单位协调配合，扎实宣贯，取得了圆满成功。这次行动有三个特点：一是覆盖面广，直接宣贯持证单位 600 余家，参与人数超过 50 万人；二是成果丰硕，消除安全隐患近 2000 处，发布了《核安全文化政策声明》，形成了核安全文化评估程序和方法；三是影响深远，在全行业掀起了核安全文化建设的热潮，同时在社会上产生了很好的反响。

（十二）公众沟通继续拓展

福岛核事故后，我们提出要大力推动公众沟通工作。国家核安全局在这项工作中发挥了主导作用。我们制定了《环境保护部（国家核安全局）核与辐射安全公众沟通工作方案》，这是总方案，同时发布了新建核电厂、核技术利用和输变电工程 3 个具体领域的工作指南。这些方案和指南印发给各业主单位后，落实得不错，效果较好。特别是在邻避效应强烈、公众接受度比较低的情况下，发布这些方案很有必要，效果明显。相比国内其他工业领域动辄出现抗议、游行的问题，近年来核领域一些新上项目，除湛江项目稍有波动以外，基本上是风平浪静。如果没有开展大量的公众沟通工作，就难以达到现在的良好局面，这也得益于大家的共同努力。

（十三）核与辐射安全监管基础能力扎实提升

基地建设取得重大突破，完成所有前期手续，去年底实现开工建设；辐射环境监测网络日趋完善，全国辐射监测网络基本建成，监测数据实时对外公开，大大增进了公众对核与辐射领域的了解，提高了公众信心；经验反馈体系不断优化，核电厂、核设备经验反馈体系初步建立，发挥了重要作用；大力开展人员培训和人才培养，不仅是 2015 年，多年来一直如此，取得了很好成效。其中，有 3 个大项目：一是与清华大学合作的工程硕士项目，已经举办了 6 期；二是与中广核集团合作的为期半年的人员培训，举办了 8 期，每期 30 人；三是与中核集团合作的为期 2 个半月的初级培训，举办了 8 期，每期约 60 人，3 个项目共培训约 800 人。这些系统化、体系化的人员培训，大大提高了监管人员的能力和水平，更重要的是为后续发展奠定了基础，增进了信心。核与辐射安全监管系统的人员都有很高的素质，如果后续培训能够做好，并且给予锻炼机会，将来一定能够成长为国家核安全局的骨干、核与辐射安全监管的骨干、国家核事业的骨干。“十年磨一剑”。我们长期不懈地抓这项工作，已经取得了显著成效，我本人感到欣慰。借此机会，向中核集团、中广核集团对核与辐射安全监管人员培训工作的支持表示感谢。

（十四）国际合作深入推动

一是为推动中国核电“走出去”“一带一路”战略实施提供了支撑。我们明确工作思路和方向，建立工作机制，积极推动双边和多边国际合作。双边层面，与核电“走出去”的目标国家建立了直接联系，如罗马尼亚、英国、土耳其、南非、阿根廷、巴基斯坦等，与原来已经建立联系的国家明确了后续合作项目，与原来没有联系的国家建立了联系、签订了协议，例如，年底前我们与罗马尼亚签订了协议。核电要“走出去”，核安全监管国际合作必不可少，通过两国核安全监管当局的合作，增进国外对我国核安全工作的了解非常重要。因为核安全监管相对独立，通过核安全监管当局推介核电技术比核电业主自己推介效果要好。因此，核电“走出去”实施战略，核安全监管必然要协同“走出去”，责无旁贷。尽管国内核安全监管任务很重，人力、精力和财力有限，但我们还是要尽最大努力做好配合工作。多边层面，各项工作也在努力推动，尤其是在经济合作和发展组织（OECD）核能署的平台上，多国审评计划已有 EPR、AP1000 和 VVER 等多个工作组，我们正在准备联合有关国家共同倡导增加“华龙一号”工作组，为“华龙一号”打造自我宣传推介的国际平台，积极推动中国核电“走出去”。二是在国际核安全公约履约、深化国际标准规范制定方面发挥了积极作用。积极推动《维也纳核安全宣言》出台，同时，在深刻吸取福岛核事故经验教训，制定国际新的核电厂设计安全规定方面也发挥了积极作用。

（十五）政治思想建设持续强化

核与辐射安全监管系统高度重视政治思想建设。我们坚持政治思想建设与“三严三实”专题教育相结合，一方面，规定动作不走样，深入贯彻落实党中央决策部署和环境保护部党组统一要求，全面对照检查，制定问题清单，积极落实整改；另一方面，自选动作有亮点，尤其是深入发掘了“严慎细实”与“三严三实”的理论渊源，全系统大力倡导“严慎细实”作风，践行习近平总书记提出的“三严三实”要求。坚持政治思想与文化建设两促进。全系统普遍重视文化建设，核一司开展“三个文化一起抓”，推进精神文化、核安全文化和党建廉政文化建设相融合；核二司坚持文化建设走基层，在提高思想认识的同时，解决业务问题；核三司坚持建设学习型党组织，提升全员政治素养和能力水平，各有特色。六个监督站和各事业单位同样高度重视，部分单位开展了以奉献精神为核心的思想文化教育，稳定了队伍，提高了积极性。这些举措极大地改善了全体人员的精神面貌，提升了队伍的核心凝聚力和战斗力。

总之，过去的一年，在大家的共同努力下，核与辐射安全监管系统的各项工作卓有成效，这是大家攻坚克难、开拓创新、团结协作的结果，也是各方面大力支持的结果。借此机会，再次向大家表示感谢！

二、把握规律、防范风险，积极应对核与辐射安全新形势和新挑战

党的十八大以来，党中央、国务院将生态文明建设和环境保护摆上更加重要的位置，提出了一系列新理念、新思想、新战略，对深化生态环境体制改革、强化环保法治、促进环境质量总体改善提出了明确目标和要求。

新时期，核与辐射安全监管面临着前所未有的新机遇，同时也面临非常复杂的新挑战。一是发展快。目前我国核电运行机组30台，在建26台，在建规模居世界第一，机组总量列世界第三，位列美国、法国之后，已经超过日本，预计未来还会有进一步发展。按照2013年发布的“核电中长期规划”，要实现建成5800万千瓦，在建3000万千瓦，共计8800万千瓦的目标，预计机组数量要达到90台。中国核电从1984年建设秦山一期核电厂和大亚湾核电厂开始起步，至今历时 30 多年，基本上可分为三个阶段：第一阶段是“七五”期间，建设了秦山一期和大亚湾2个项目3台机组；第二阶段是“九五”期间，建设了4个项目8台机组；第三阶段是“十一五”期间，从2006年至2011年福岛核事故发生之前，这段时间建设量比较大，基本上每年8台左右，少则6台，多则10台；第四阶段是“十三五”期间，也就是未来五年。从去年开始尤其是今年，进入了第四阶段。在这个阶段极有可能会延续第三阶段的建设速度和规模，核与辐射安全监管面临的压力将会越来越大，大家要有充分的思想准备。尽管与十年前相比，核与辐射安全监管队伍得到进一步加强，但仍存在很多不足、短板和薄弱环节，因此，一定要充分认识核电快速发展带来的挑战。除核电外，其他领域同样发展迅速，规模较大。例如，放射源和射线装置，基数大、增长

快，截至目前，全国核技术利用单位有6万多家、在用放射源12万多枚、射线装置13万多台（套），并且呈现每年大幅增加的趋势。二是任务重。审评监督检查任务每年大幅增加，新技术、新堆型、新设施、新装备使得审评、监督、监测和应急的任务急剧增长、日益繁重。例如，核电装备技术路线难以统一的问题，仅核电数字化保护系统（DCS）一项，国内就有多种技术在开发，多家单位在开展工作。诸如此类问题对核与辐射安全监管将是一个常态性、长期性的挑战，将来要尽可能地解决这一难题。三是要求高。根据核安全观和国家安全战略做出的新部署、社会公众对核安全的新诉求、实施核电“走出去”战略对核安全保障的新需求，都对核安全监管提出了更高更新的要求。四是风险多。除了新建核电厂、核设施带来的风险以外，老旧核设施、历史遗留放射性废物处理处置仍然存在很大的安全隐患，尽管近年来有所改观，但尚未得到根本解决，仍然任重道远。五是能力缺。现有核与辐射安全监管体制机制、机构队伍与快速发展的形势不相适应，监管能力和基础设施不足。六是信任低。社会公众对核安全的信任不高仍是亟待破解的难题。

面临新机遇和新挑战，我们必须提高认识、更新观念，进一步遵从、把握核与辐射安全基本规律，扎实开展监管，切实防范风险，加快推进核与辐射安全监管体系和监管能力现代化，确保核与辐射安全。在此，我特别强调六点：

（一）牢固树立中国核安全观

2014年3月，习近平主席在第三届核安全峰会上提出了“理性、协调、并进”的中国核安全观，对核与辐射安全监管工作具有极强的指导性和针对性。近两年来，我们提出的核与辐射安全监管“两个现代化”目标、构建核与辐射安全监管大厦等理论，都是以中国核安全观作为理论基础，结合30年实践经验形成的创新成果。中国核安全观是核与辐射安全监管工作的统领和指南，一定要持续深入地学习领会，认真扎实地贯彻落实。

“理性”就是要把握规律、科学施策。要正确认识、深刻把握核安全基本规律。核安全基本规律可以概括为五点：一是充分认识核安全的基本特性，即事故的突发性、技术的复杂性、影响的难以感知性、污染的难以恢复性、社会公众的极度敏感性；二是始终坚持“安全第一、质量第一”的根本方针；三是培育核安全文化；四是建立质量保证体系；五是落实纵深防御要求。也可以概括为“五个一”，即认识一些特性，坚持一项方针，培育一种文化，建立一个体系，落实一项要求。我们只有充分深刻地认识、遵从和把握这些基本规律，才能把核与辐射安全监管工作做好。

“协调”就是要统筹考虑、系统管理。要正确处理局部与整体的关系，局部安全不代表整体安全。安全水平最能体现“木桶理论”，即木桶里最短的板子决定了安全整体水平的高低。因此，一定要发现并补足安全短板，做到各要素协调配合。

“并进”就是要共同发展、共同前进。要从全行业、全国乃至全球的视野来准确定位核安全。核安全是个大家庭，一荣俱荣、一损俱损。一家单位出现问题，全行业都会受影响；一个国家发生了核事故，全球其他国家都要吃药治病。这就需要各方面共同协作、共保安全、共同前进。核安全是大家共同的事，关乎大家的共同利益。对待核安全问题，各部门、各单位一定要精诚团结、紧密协作、同舟共济，既要努力做好本职工作，又要无条件无保留地开展核安全合作。只有相互帮助、相互支持、共同提高，共同确保安全，才能维护共同利益，才能维护大家庭中的个人利益。

（二）始终坚持“独立、公开、法治、理性、有效”基本原则

“独立、公开、法治、理性、有效”是构建核与辐射安全监管机制的基础，是30多年来核与辐射安全监管一直秉持的基本原则，内含监管立场、方法和价值追求。新形势下，仍然具有非常强的指导意义，要始终坚持这些基本原则，作为做好立法、许可、审评、监测、执法、应急等各方面工作的衡量标准。

独立是核与辐射安全监管的立身之本。要保证核与辐射安全监管决策不受任何发展因素影响。当前，核安全监管独立性要求进一步凸显。一是要保证监管能力独立。在行政、经费和技术上都要有较强的独立性，包括在审评、监督、监测、应急和科研等监管手段上要有独立性；二是要保证监管活动独立。时刻坚守监管者的立场，无论是日常监管工作还是向社会发声都要保持独立、客观与公正。对监管来讲，独立是第一要义，没有独立性，就没有有效性，监管要尽职履责就是一句空话。现代管理学有一条基本规律，不能既当运动员又当裁判员，如果既当运动员又当裁判员，那么事情就难以做好，核与辐射安全监管同样符合这条规律。监管独立也完全符合中央要求。党的十八届三中全会提出要深化生态文明体制改革，其中有两条非常重要的理念：一是“山水林田湖”作为一个生命共同体，要按照生态系统整体性原则来构建生态文明体制和机制，要解决目前十分突出的分割管理问题；二是强调监管者与所有者分开，监管者与所有者要相互独立、相互监督、相互配合。我认为，这两大理念在生态文明体制改革方面是历史性进步。长期以来，核与辐射安全监管领域一直遵循这两大理念，今后仍然要坚持好、发扬好。

公开是核与辐射安全监管的信任之基。提高政务信息公开力度，确保公众知情权、参与权和监督权是本届政府做出的庄严承诺。当前，公众对核与辐射安全信息公开范围要求更广、内容深度要求更高。要充分认识这种社会特征，转变思路，加大信息公开力度，既公开成绩，也公开问题，主动让社会各界了解核与辐射安全监管的过程和结果，避免无谓猜疑和恐惧，构筑政府公信力。公开性、透明性是核与辐射安全监管的要务，要以公开为原则，不公开为例外，所有监管活动都可以公开。“大事瞒不住，小事不用瞒”，这需要一个适应过程，近两年信息公开工作开展得很有成效。例如，国家核安全局网站建成后，对核电厂运行事件逐一进行公开，效果很好，强化了社会公众对核行业和核安全的了解，增进了公众对核安全的信任。

法治是核与辐射安全监管的必由之路。30多年来，我国基本建立了一套立足国情、接轨国际的核安全法规体系。十八届四中全会提出的全面依法治国方略，对提高核与辐射安全监管法治能力和水平提出了更高要求。要牢固树立依法治“核”理念，科学立法，不断完善法规体系，做到有法可依；严格执法，从严处罚违法违规行为，做到违法必究，形成强大威慑力。除进一步健全法律法规外，有两个关键环节：一要依法行政。任何监管行为都要以法律法规标准作为依据，杜绝拍脑袋，凡是没有依据的就不要做，如果认定是正确的、必要的，需要修订法规标准规范的就要及时修改，一切按规矩办。二要从严执法。一旦发现违法违规问题，必须严肃处理。在核与辐射安全领域，要坚持发现一个问题、处理一个问题，否则事业和队伍都会受影响。监管当局既要严格守法，依法监管，又要监督被监管对象严格守法，依法办事。依法依规监管既是核与辐射安全监管的基本要求，也是核与辐射安全监管系统的传统文化。

理性是核与辐射安全监管的思想之源。理性是我国传统哲学的核心主题，也是中华民族的价值追求。中国核安全观特别强调了理性的重要性。理性监管，要求一切监管活动具有逻辑性、科学性和合理性，具体体现在“三个到位”：一是把握规律到位，确保决策科学；二是形势判断到位，确保决策审慎；三是思想认识到位，做到决策完备。

有效是核与辐射安全监管的成事之要。提高监管有效性是保障核与辐射安全的关键所在，也是保障核与辐射安全监管工作顺利落实的重要支撑。要预判监管举措的有效性，我认为有三个标准：一要看对解决安全问题是否起到促进作用；二要看对提高设施安全水平是否具有实际的积极效果；三要看对削减核安全风险是否具有明显效应。每项工作、行动的开展，每项法规、标准和政策的制订和实施，都要仔细分析衡量，做好评估，不能确保有效性就不要去做。

（三）持续发扬“严慎细实”工作作风

准确把握“三严三实”和“严慎细实”的理论渊源和内在联系。“严慎细实”是开展核与辐射安全监管工作的价值取向和作风要求。习近平总书记提出的“三严三实”是“严慎细实”理念的理论根基，以往，我们一直坚持这么做但对原因并不完全清晰。习近平总书记提出“三严三实”以后，我们经过思考研究，认为找到了理论根源。“严慎细实”在本质上与“三严三实”完全一致。“严慎细实”强调“严”和“实”，这与“三严三实”的“严”和“实”是一致的，在核与辐射安全领域这是落实“三严三实”的规定动作；同时，我们还提出要讲究“慎”和“细”，那么“慎”和“细”就是结合核与辐射安全工作的自选动作。“慎”是“严”的延伸，“细”是“实”的扩展，完全符合核与辐射安全监管工作实际。在核与辐射安全监管领域扎实贯彻“严慎细实”，就是有效践行“三严三实”。

贯彻“严慎细实”还有两点重要内容：一要强化规矩意识。“没有规矩不成方圆”，实事求是、求真务实、遵守规则、令行禁止是核与辐射安全监管工作的基本要求，要强化认识、自觉践行；二要强化底线思维。《党章》要求、党内法规和中央八项规定，以及部里的各项规章制度和工作纪律，划定了许多不可逾越的“红线”，甚至是不可触碰的“高压线”，要高度警觉、不能逾越。

（四）扎实推行“十个坚持”重要经验

“十个坚持”是30多年来核与辐射安全监管系统几代人共同实践、创造和积累的重要经验，对做好核与辐射安全监管工作具有重要的指导作用。

时至今日，我国核与辐射安全监管成效显著，得到国内各方面的认可和国际社会的普遍认同。首先，得益于各政府部门以及全行业的共同努力；其次，核与辐射安全监管部门发挥了重要作用。近年来，核电运行机组安全业绩良好，建造机组质量受控。从中核集团和中广核集团的数据来看，与 WANO 指标相比，我国核电机组运行数据基本都在中等偏上水平，一些成熟机组和新建机组的指标位居全球核电机组前列。取得这些成绩取决于三个因素：一是在全球范围内，中国核电是后来者，我们较好发挥了后发优势，不断向国外学习，向国际先进水平学习。二是 40 年来中国核电经历了持续不断的发展历程。持续发展积累了丰富经验，提升了能力，夯实了基础，尤其是技术和人才基础。与国际同行相比，我国建造安装、设计和制造等领域具有了一定优势。三是与国际先进实践接轨的核与辐射安全监管体系发挥了重要作用。包括核与辐射安全法律法规标准体系、监管模式和监管队伍。

除此之外，在核与辐射安全监管实践中还有一些成熟的、好的做法，归纳起来就是“十个坚持”。一是坚持文化引领。文化和观念至关重要，正确的观念、认识是正确行动的前提和基础。二是坚持依法行政。坚持将与安全相关的重要活动纳入依法管理的范畴，确保所有监管行为均得到法律授权，一切按规矩办。三是坚持依靠机制。既要重视人的作用，更要重视机制的作用，监管活动要在发挥机制作用的基础上发挥人的作用，相比而言，机制最重要。例如，现场监督机制，只要有人在现场，就能发挥作用、起到效果。四是坚持接轨国际。一切向国际先进水平看齐。从国家核安全局建局开始，就始终坚持接轨国际的原则，这样既取得了明显效果，又避免了国际社会的指责和批评。五是坚持问题导向。一旦出现问题、事件，就要紧盯不放，在注重日常监督管理的同时，注重事件事故的调查处理，把事件事故作为良好契机，努力发现并解决深层次问题。六是坚持从严管理。坚持审评从严、许可从严、监督从严、执法从严。七是坚持持续创新。要坚持创新驱动，将创新思路贯穿于监管工作的各个环节、各个方面，通过理论创新推动体制创新、机制创新、方法创新和技术创新，破解监管“瓶颈”问题。八是坚持夯实基础。要高度重视监管基础设施建设和人才队伍培养，着力提升核与辐射安全监管综合能力。九是坚持团结协作。强化团结意识、同舟共济，加强工作沟通、协调配合，倡导一家人、一件事、一条心、一股劲。十是坚持从我做起。凡是要求别人做到的，自己要首先做到，不能搞“马列主义对别人，自由主义对自己”那一套。“十个坚持”非常重要，很有意义。过去30年我们一如既往地贯彻落实，面向未来更要继续坚持和发扬。

（五）大力推进核与辐射安全监管“五化”建设

“五化”是指系统化、科学化、法治化、精细化和信息化。这是陈吉宁部长在最近召开的全国环境保护工作会议上正式提出的环境保护“五化”要求，要争取率先实现核与辐射安全监管体系和监管能力的现代化，“五化”的各个方面都必不可少，我们一定要把“五化”建设作为未来核与辐射安全监管的工作重点。

系统化，就是把握核与辐射安全特有规律，全面考虑各领域、各对象实际情况，整体谋划，综合施策。一方面，确保监管制度体系的完整性，补齐短板，严防缺口，不断固化优化审评、监督和执法机制，夯实监管制度基石，全面实现核与辐射安全监管大厦总体构架；另一方面，立足当下，着眼长远，整体搭建监管体系，全面推进能力建设，构建长效机制。

科学化，就是强化核与辐射安全监管技术支撑，坚持以技术数据、科研成果和实验验证为依托，强化监管科学化水平。监管技术手段要齐备，不仅要具备独立的校核计算能力，还要具备针对重点问题的试验验证能力；监管标准要明确，哪些结果可以接受，哪些结果不能接受，都要清清楚楚、明明白白；监管程序要规范，逐步实现标准化。

法治化，就是强化法制建设，夯实法治基础，确保监管工作有规矩、有制度，有板有眼，有效发挥政策法规的调节约束作用。要进一步完善法规体系，弥补法律空白；依法从严监管，切实做到执法必严、违法必究；全面宣贯，务求实效，维护全行业遵法守法的良好氛围。

精细化，就是着眼效率、瞄准质量，大处着眼、小处着手，扎实优化管理方式，持续提升基础能力。要围绕监管质量和效益的核心目标，完善制度建设，探索管理机制，确保工作任务分解粗细得当；确保考核体系全面完整，从任务的计划、分配、落实再到反馈，形成闭环管理。凡是有利于提升管理效能的方法和思路，都要勇于探索、积极实践，总结经验、形成机制。

信息化，就是充分运用各类信息技术手段，实现管理手段多样化，推动监管工作提质增效。应用大数据等信息化手段，强化数据支撑，为审评、监督和执法提供有效支持；充分利用各类网络平台，搭建畅通渠道，固强补弱，提高效能，做好公众沟通、经验反馈和办公网络环境优化等工作。

核与辐射安全监管系统开展信息化建设，要着重做到两点：一要积极参与环境保护部大数据推广项目，依托该项目强化核与辐射安全监管系统信息化建设。二要加快推进系统内各部门、各单位信息化建设。各部门、各单位信息化建设总体不错，但发展仍不平衡。各单位要自我对照审查，找出差距，加快建设，一是建立单位内部的办公系统，二是建立单位自己的门户网站。要尽快建立起来，越快越好，个别没有落实的单位一定要抓紧。

（六）认真落实“两个零容忍”“两个全覆盖”

我们在核安全文化宣贯推进专项行动中提出了“两个零容忍”“两个全覆盖”。后续不仅要继续推进核安全文化宣贯中的“两个零容忍”“两个全覆盖”，更要把“两个零容忍”“两个全覆盖”贯彻到所有核与辐射安全监管以及其他安全保障工作中去。核与辐射安全领域，要坚持“两个零容忍”，即弄虚作假零容忍、违规操作零容忍；要落实“两个全覆盖”，即覆盖全过程、覆盖全领域。“两个零容忍”是最基本的要求，一要讲规矩，二要讲诚信。不讲规矩、不讲诚信，任何事情都做不好。我们提出“三个安全”一起保，即核与辐射安全、廉政安全和保密安全要同时保障，这也需要贯彻“两个全覆盖”“两个零容忍”，讲规矩，讲诚信，严格遵纪守法，杜绝弄虚作假。因此，在后续核与辐射安全工作思路、理念和要求的落实过程中，要认真落实好“两个零容忍”“两个全覆盖”。

以上六个方面是过去 30 多年来核与辐射安全监管系统共同创造和积累的重要理念、思路和方法。面向 2016 年乃至未来较长时期，大家一定要进一步深刻领会这些价值观和方法论，进一步继承发扬和贯彻落实。

三、理清思路、真抓实干，切实抓好 2016 年各项工作

2016 年是“十三五”规划的起步之年，是全面建成小康社会决胜阶段的开局之年，也是推进结构性改革的攻坚之年。这一年工作的好坏至关重要，我们必须在过去一年取得良好成绩的基础上，再接再厉，坚持和发扬优良传统，努力推动核与辐射安全监管工作再上新台阶、达到新水平，不断取得新成绩、新进步和新成效。具体有八个方面：

（一）切实抓好政策、法规和规划的制定工作

一是落实国家核安全政策。去年政策制订工作已经完成，今年要按照中央要求，继续组织、安排和落实后续工作。二是继续推动《核安全法》立法。按计划，2016 年《核安全

法》将提交全国人大常务委员会审议，为此，要全力配合全国人大环资委、法工委工作。三是及时制修订核与辐射安全法规标准。紧密跟踪国际原子能机构核设施设计、运行安全标准等各类标准的制修订进程，参照修订我国《核动力厂设计安全规定》等核安全法规标准。四是研究制定“十三五”核安全规划。去年下半年以来，通过辛勤工作，为规划编制打下了扎实基础，今年要抓紧完善，争取最佳结果。

（二）切实抓好日常监管和历史遗留问题的解决

这项工作量大面广，涉及核与辐射安全监管工作的方方面面，审评监督任务十分繁重，每一项工作都容不得半点马虎，不能懈怠，要坚持不懈地抓好落实。

加强核电厂和研究堆安全监管，强化运行核电厂重要安全修改审评和监督；加强对在建核电厂的质量监督，做好新堆型核电厂审评，加强独立校核和试验验证的应用；实施研究堆分类管理，加强在役、停用研究堆和临界装置安全监管；加强核燃料循环和放射性物品运输监管。

着力推进历史遗留问题解决。加大对“两厂三院”退役治理监督检查力度。加快实施全国核基地与核设施辐射环境现状调查与评价专项。推动中低放废物处置场选址建设，做好飞凤山处置场运行许可审查，推动中低放废物处置与核电建设同步建设、协调发展。

（三）切实抓好核事件的应对和经验反馈

核事件，包括运行事件、质量事件、不符合项等，一旦发生，不能片面的当作一件坏事，要当作好事。因为只要高度重视、有效应对和解决，就能在某个方面取得进步，日积月累，监管水平就能够提高。如果事件是由违法违规问题导致的，还要严肃处理。

要做好监测和应急工作。进一步提升我部核与辐射事故应急及反核恐应急能力，优化整合应急指挥决策系统，强化应急培训与演练。推动核电集团加强应急支援能力建设，建立健全核电厂间相互支援机制。进一步规范国控网监测管理，提升国控网监测质量。

要进一步加强经验反馈体系建设和日常的经验反馈工作。加强对运行事件的评价，完善研究堆、核安全设备经验反馈平台建设。

（四）切实抓好核安全文化推动和公众沟通

核安全文化建设永远在路上。去年虽然取得了积极进展和成效，但仍有薄弱环节。核安全大检查的情况就充分反映了这一点，弄虚作假的情况仍未完全杜绝。打铁还需自身硬，首先要把核与辐射安全监管系统自身的核安全文化建设好，从我做起，发挥模范作用。其中，最关键的因素是在思想上、理念上认同核安全文化。核安全文化要求“严慎细实”，要求认真细致和质疑保守。认真细致，大家都会尽力去做。质疑保守是核安全文化的基本理念，一定要认同这个理念，不认同就难以做好核安全工作。一事当前，要多琢磨、多研究、多思考，要多一些风险意识。树立核安全文化意识能够更好地保证其他方面的安全，廉政方面就会少犯错误，保密工作就会做得更好，这些理念一体多用。在核与辐射安全领域，当前的社会背景下，养成这种好的职业习惯非常有利，尽管有时会麻烦一些，效率会低一些，但可以少犯错误甚至不犯错误。纵深防御也是如此，凡事要多设几道坎，多设几道闸，多投入一些人力物力，有益无害。微观上可能会影响效率，提高成本，但从宏观上讲，只要不出大事，事业、队伍和个人就会向前发展。

公众沟通工作很有成效，但当前面临的形势比较复杂，不可大意，稍有不慎就会出问题。公众沟通工作面对的是形形色色的人，不仅要面对对核缺乏认识、缺乏常识的人，还要提防唯恐天下不乱的境内外敌对势力。公众沟通工作包括科普宣传、公众参与、信息公开、舆情应对四项工作，四者同等重要，要继续抓好。

（五）切实抓好核与辐射安全监管能力建设

首先是核与辐射安全监管技术研发基地建设。基地项目目标是3年完成，已经开工，要下大力气把基地建好。尽管建好基地并不容易，但建成后能够为提高核与辐射安全监管能力乃至提升国家核安全能力发挥很大作用。我们提出的“精品工程、廉政工程、绿色工程”目标，要下大功夫、高度重视，高质量、高水平、安全平稳建设好。另外，要切实抓好其他能力建设，如大数据建设、人员培养；同时，要进一步建立健全系统内部的各项规章制度。

（六）切实抓好国际合作

2016年是核电“走出去”的关键之年，要进一步加强核与辐射安全双边、多边国际合作。双边方面，要与没有建立联系的核电“走出去”相关国家建立联系，与已经建立联系的国家开展实际有效的工作。多边方面，要尽快把多边平台搭建起来。在核电“走出去”背景下的核安全监管合作方面，国家核安全局将不遗余力、尽职尽责，但我们只负责搭建平台，主要工作还要依靠各大核电集团共同努力。请各大集团积极参与到国家核安全局与其他国家核安全监管当局双边和多边国际合作平台上来，共同发挥作用。另外，第四届核安全峰会是今年核安全领域国际活动的一件大事，要配合外交部、工业和信息化部、科工局深入做好准备工作。

（七）切实抓好党风廉政建设

党风廉政建设工作非常重要。要按照中央要求，继续贯彻落实“三严三实”，开展好“两学一做”专题活动。更为重要的是要关心、领导、管理好各单位的班子队伍，要有针对性地、求真务实抓好党风廉政建设，确保落到实处，不出问题。尤其要高度重视干部提拔过程中的个人事项申报问题，按要求该申报的一定要如实申报。前段时间，个别监督站干部提拔过程中，因为没有如实申报就出了问题，非常可惜、遗憾。其他方面也是如此，要举一反三，我一再强调，大事不能出，小事也不能出，勿以恶小而为之，要严格遵守中央八项规定精神，一定要绷紧这根弦。核与辐射安全监管队伍长处很多，如对工作尽职尽责、团结和谐，但还需要更加严格要求，谨小慎微，确保不出问题。

具体工作中要做到“四个三”：一要强化“三抓”，即抓培训教育，尤其是警示教育，一定要相互提醒；抓机制建设，机制建设基础较好，但仍不够全面系统；抓监督检查，要经常扯扯袖子、咬咬耳朵，甚至是红红脸、出出汗。二要提防“三小”，即第一是提防“小意思”，不要收一些土特产等“小意思”，不要违规拿咨询费，现在这些都是大事；第二是提防“小圈子”，杜绝拉帮结派，搞小团伙；第三是提防“小场合”，不要出入一些娱乐场所。三要落实“三管”，即“管住嘴”，不该说的不要说，不该吃的不要吃；“管住手”，不该拿的不要拿，不该动的别去动；“管住腿”，不该去的地方不要去，如会所、高尔夫球场等，不该跑的不要跑，别拜神拜出鬼。四是实现“三保”，即保核安全、保廉政安全、保秘密安全。前段时间，部机关开会通报了张力军、熊跃辉违法违纪问题，开展了警示教育活动，一定要举一反三、引以为戒。部系统的领导干部，一定要管住自己、管好队伍。有困难、有问题，要向领导和单位及时反映，我们一定会尽全力来帮助解决，大家要共同努力，确保“三个安全”。

（八）切实抓好保密工作

要高度重视保密安全，始终把保密工作摆在首位，贯彻落实“安全第一”的方针。针对保密工作中的薄弱环节，一要坚持底线思维。要讲规矩，不能违规操作，严格遵守保密制度要求。要讲诚信，不能弄虚作假，不要心存侥幸，不要蒙蔽自己，更不要欺骗别人。二要完善制度建设。各部门要进一步健全完善保密管理制度，同时做好保密安全隐患和风险排查，找到薄弱环节和短板，抓好整改落实。三要强化能力建设。要配齐相应的软件和硬件，在组织安排、硬件保障上多一些投入、多下功夫，层层设防，确保安全。四要抓好责任落实。要各负其责、责任明确，各司、监督站、技术支持单位及其二级机构要设定专人，兼职负责保密工作，切实担负起监督责任，确保不出问题。一旦出了问题，要严肃问责。

各位同事、同志们，我们告别了繁忙充实而又硕果累累的 2015 年，迎来了充满机遇和挑战的 2016 年。这一年，核与辐射安全监管形势依然严峻，任务更加艰巨，意义更加重大。我相信，在党中央、国务院的坚强领导下，在环境保护部党组的有力指导下，在部系统各部门、单位和全体同志的同心协力下，在有关部门和单位的大力支持下，核与辐射安全监管事业一定能够取得更多、更新、更大的成绩。机会都是留给勇于创新、敢于作为的人，在新的历史机遇下，让我们承前启后、锐意进取，奋力推进核与辐射安全监管事业再上新台阶！

猴年春节马上就要到了。在此，我代表部党组，代表陈吉宁部长，给大家拜年，并通过在座诸位向全系统及兄弟部门和单位的全体同志们拜年，祝大家新春愉快，在新的一年里身体健康、万事如意，各方面更上一层楼！

环保内部情况通报

第11期
环境保护部办公厅　2016年4月15日

加快推进生态补偿机制建设　共享发展成果和优质生态产品
——在部分省份流域上下游横向生态补偿机制建设工作推进会上的讲话

环境保护部副部长　李干杰
（2016年3月21日）

同志们：

今天，财政部、环境保护部在福建省召开部分省份流域上下游横向生态补偿机制建设推进会，主要任务是，全面贯彻落实党的十八大及十八届三中、四中、五中全会精神和党中央、国务院关于生态文明建设和环境保护的决策部署，交流流域上下游横向生态补偿机制试点经验，进一步推动做好相关试点工作，加快建立和完善生态补偿机制。

刚才，刘昆副部长就建立完善流域上下游横向生态补偿机制的重要意义、总体要求以及如何落实好政策，讲了很好的意见，充分体现了财政部对这项工作的高度重视，环保部门要认真学习领会，紧密配合财政部门抓好落实。安徽省、浙江省分别介绍了新安江流域水环境补偿试点工作的做法和经验，为其他流域提供了可借鉴的经验。广东省与福建省、广西壮族自治区分别签署汀江-韩江流域、九洲江流域生态补偿协议，三位省（区）领导作了很好的表态发言，上下游省市协商建立“联防联控、协力治污”机制，明确治理目标和措施，对促进流域水环境质量改善将起到积极推动作用。

下面，我讲三点意见：

一、认真学习贯彻习近平总书记重要批示指示精神，加快建立健全流域生态补偿机制

党的十八大以来，习近平总书记就生态文明建设和环境保护提出一系列新理念新思想新战略。近期，习近平总书记对青海祁连山自然保护区和木里矿区生态环境综合整治情况做出长篇重要批示，要求彻底整治，扭住不放、一抓到底，不彻底解决、绝不松手。各地

区各部门要真正从思想上重视生态文明建设，认真贯彻绿色发展、协调发展理念，落实生态安全责任制，领导同志要亲力亲为，特别是要下大力气抓破坏生态环境的典型，确保生态环境质量得到改善，确保绿水青山常在、各类自然生态系统安全稳定。在刚刚结束的全国“两会”上，习近平总书记明确指出，生态环境没有替代品，用之不觉，失之难存，在生态环境保护建设上，一定要树立大局观、长远观、整体观，坚持保护优先，坚持节约资源和保护环境的基本国策，像保护眼睛一样保护生态环境，像对待生命一样对待生态环境，推动形成绿色发展方式和生活方式。李克强总理在《政府工作报告》中提出，治理污染、保护环境，事关人民群众健康和可持续发展，必须强力推进，下决心走出一条经济发展与环境改善双赢之路。其他中央领导同志在参加团组审议中对生态环境保护也都提出明确要求。这些重要指示批示，使人警醒，催人奋进，充分体现了战略性、全面性和长远性，表明了我们党对保护生态环境紧迫性和艰巨性的清醒认识，反映了加强生态文明建设的坚强意志和坚定决心。我们要坚决贯彻落实，进一步强化抓落实的意识和能力，尽早抓、深入抓、一抓到底，在各项具体工作中抓出成效。

近年来，我国环境治理力度前所未有，进程加速推进，环境质量改善取得积极进展。但总体上看，环境污染重、生态受损大、环境风险高等问题仍然突出，环境质量与人民群众的需求和期待仍有较大差距。以水为例，“十二五”期间，全国地表水水质稳中趋好，但优良水体保护难度日益加大，大江大河支流水体污染问题仍很严重。2015 年全国地表水Ⅰ类水质断面比 2014 年降低 0.6 个百分点，七大流域Ⅰ类水质断面降低 0.3 个百分点，海河、辽河流域主要支流劣Ⅴ类断面比例高达 44%、33%。

中央提出推进供给侧结构性改革，一个很重要方面，就是提供更多优质生态产品，使人民群众在参与改革发展进程中有更多获得感。生态环境事关民生福祉，是群众获得感的重要领域。自然生态是有价值的，保护生态环境就是增值自然价值和自然资本的过程，就是保护和发展生产力，就是在发展，只不过发展的成果不是工业品和农产品，而是生态产品。这件事情做好了，有利于增强人民群众对党和政府的信任和拥护。

加强生态环境保护、改善环境质量，关键在于通过体制机制创新，更好地解决发展与保护的矛盾，推动形成绿色发展的内生机制。建立健全流域上下游生态补偿机制是一项有益的探索，也是一项重要的改革任务。按照“谁开发谁保护、谁受益谁补偿”的原则，建立健全流域生态补偿机制，有利于上下游地区形成工作合力，增加保护的系统性、整体性、协调性，按照“山水林田湖是一个生命共同体”的理念，对生态环境进行整体保护、系统修复、综合治理。

需要强调的是，流域上下游是一个利益共同体，合则两利、分则两伤。建立生态补偿机制，就是要共担责任，共享发展成果和优质生态产品，让上下游地区都成为受益者。对下游地区来说，通过适当的补偿，协助和推动上游地区把生态环境治理好、保护好，自身就能享受到更多更好的生态产品。对上游地区来说，在分享下游地区发展红利的同时，也为自己未来的发展留下了更大的空间、增添更大的后劲。良好的生态环境就是发展容量、发展潜力，现在有不少地方，把绿水青山和金山银山很好地统一起来，把生态优势转化成经济优势，走出了一条绿色发展之路。随着发展理念、发展模式的深刻转变，这样的地区会越来越多。

习近平总书记在福建省工作时就身体力行，推动生态文明建设和绿色发展实践。今天，我们破解发展和保护的矛盾，实现两者的统一，就要深入学习贯彻习近平总书记关于生态文明建设和环境保护的系列重要讲话精神，牢固树立和落实“绿水青山就是金山银山”理念，通过生态补偿等体制机制创新，加快解决突出环境问题，推动环境质量改善，让人民群众在良好环境中生产生活。

二、积极推广和借鉴流域生态补偿的好做法好经验

近年来，各地积极探索流域生态补偿机制建设，积累一些好的做法和经验，取得积极进展和初步成效。

作为全国生态环境质量较好的省份之一，福建省十多年来始终坚持建设生态省理念不动摇，将生态资源优势转化为绿色发展优势，实现了从生态省到生态文明示范区的跨越，走出一条经济发展与生态文明建设相互促进、人与自然和谐的绿色发展新路。福建省的一条重要经验就是坚持体制机制创新，在生态补偿机制建设方面进行积极探索。先后印发《生态保护财力转移支付办法》《重点流域生态补偿办法》，较早地在闽江、九龙江等流域开展生态补偿工作。长汀县作为革命老区，多年来举全县之力坚持不懈治理水土流失，取得明显成效，得到习近平总书记的充分肯定。

2011 年以来，安徽、浙江两省在新安江流域开展水环境横向补偿试点，形成有效的工作机制，取得良好效果。开展试点以来，新安江流域水环境质量稳中趋好，监测断面水质连续 3 年均达到目标要求。总结安徽、浙江两省经验，主要有以下几点：

一是树立正确的发展观、政绩观，处理好发展与保护的关系。安徽省把新安江综合治理作为环保“一号工程”，省委、省政府在市县分类考核办法中将黄山市单独列出，加大生态环保、现代服务业等考核权重，引导支持黄山市进一步加强生态环境保护。黄山市成立以书记、市长为组长的新安江流域综合治理和生态补偿机制试点工作领导小组，制定《新安江流域综合治理考核办法》，市委、市政府与各区县和市属相关部门签订目标责任书，层层细化任务，逐级落实责任。

二是强化上下游协作，建立污染防治联动机制。安徽、浙江两省签订补偿协议，明确各自责任和义务，在试点过程中，建立了区域污染防治联动协商机制，统筹推进全流域联防联控，联合开展环境执法、监测、应急，合力治污，合作共建，互利共赢。这是试点工作的亮点。

三是全民参与，社会共治。安徽省黄山市把新安江生态建设与民生工程结合起来，推行村级保洁和河面打捞社会化管理。落实市、县、乡、村“四级”河长，实行分段包保责任制。浙江省淳安县制定“一河一策”综合治理导则和“阳光排口”建设行动方案。

安徽、浙江两省在新安江流域开展水环境横向补偿试点的做法，为流域上下游走互利共赢之路提供了借鉴。

全国其他省（区、市）也相继开展省（区、市）内流域生态补偿实践。浙江省在全省 8 大水系开展流域生态补偿试点，对水系源头所在市、县进行生态环保资金转移支付，成为全国第一个实施省内全流域生态补偿的省份；北京、天津等南水北调中线工程受水区与湖北、河南、陕西等水源区开展对口协作；陕西省政府印发《渭河流域水污染补偿实施方案》，并与上游甘肃省定西市、天水市实行生态补偿；河南省对省内重点流域实行“超标罚款”和“达标奖励”相结合的双向补偿机制；辽宁、江苏、山东、江西、河北等省分别

开展不同形式的省内流域生态补偿试点。此外，山东、湖北等省出台专门针对环境空气质量生态补偿的暂行办法，生态补偿领域不断拓展。

各地在流域生态补偿方面做了大量探索性工作，但由于认识不够全面、基础薄弱、涉及面广，总体上仍处于初步探索阶段，实践中还存在一些困难和问题。

一是上下游尚未形成整体合力，大局意识和协作意识有待加强。由于行政管理体制等原因，目前跨省界流域生态补偿案例相对较少，除了新安江流域以及今天签署协议的汀江-韩江、九洲江流域外，其他流域尚处于意向阶段。一些上下游省份考虑局部的、片面的自身利益较多，加大了工作协调难度。

二是对生态补偿内涵的理解不全面，补偿方式单一。目前的生态补偿方式还主要以资金补助为主，多元化的补偿方式尚未建立，排污权交易、水权交易等市场化补偿方式仍处于探索阶段。

三是生态补偿立法滞后，标准体系不完善。我国还没有生态补偿的专门立法，现有涉及生态补偿的规定分散在多部法律之中，缺乏系统性和可操作性。由于存在跨界流域生态环境差异、生态补偿对象的多样性以及范围的不确定性等因素，尚没有规范的生态补偿标准和方法，流域生态环境保护成本、发展机会成本和生态服务价值没有得到充分体现。

三、把流域上下游横向生态补偿机制落实好

为指导推进流域上下游横向生态补偿工作，近期财政部、环境保护部等四部门已向国务院上报《关于加快建立流域上下游横向生态补偿机制的指导意见》，建议以国务院办公厅名义印发文件。有了好的理念和政策，还需要真抓实干，坚持不懈，真正把这项工作落到实处。

对于全国而言，各流域都要积极行动起来。中央提出京津冀协同发展、“一带一路”、长江经济带发展三大战略，相关省（区、市）要率先推进建立流域上下游横向生态补偿机制。其他流域，如《水污染防治行动计划》以及“十三五”环境保护相关规划确定的重点流域相关省份，也应当积极协商推进这项工作。各流域上下游省份要增强大局意识和协作意识，主动沟通协商，共同治理和保护流域生态环境，共享发展成果。在生态环境保护上一定要算大账、算长远账、算整体账、算综合账，不能只考虑发展不考虑治污，不能只考虑本地而不管周边区域，不能只考虑上游而不管下游，既要种好自己的地、看好自己的门，也要推进流域联合治污、联动应急。上下游省份团结一致向前看，共同协商解决存在的分歧，求大同存小异，推动解决问题。

对于已开展试点的流域，要着力把握好以下几点：

一是坚持以改善环境质量为核心。质量改善是生态环境保护的根本目标，也是评判一切工作的最终标尺。流域生态补偿以跨界断面的水质水量作为基准，以水质具体指标改善的程度为主要依据，水质只能更好、不能更差，这是基本要求。国家将完善跨省界流域断面水环境监测网络，上收或建设国家水环境自动监测站，明确断面水质考核目标，实行资金补偿与考核结果挂钩。对水环境质量持续改善的，加大奖励支持力度；对水环境质量恶化的，扣减相关资金。

二是强化地方政府环保责任。地方政府要强化组织领导，层层分解任务，明确责任分工和时限，综合施策，调动各方力量合力治污。环保部门要加强环境监管，严格执法，提

高治理和保护效果。补偿试点要与开展环保督察，推动党政领导干部生态环境损害责任追究、自然资源资产离任审计、自然资源资产负债表编制等改革试点结合起来，落实地方“党政同责”“一岗双责”。

三要建立联防共治机制。流域是一个完整的生态系统，流域环境治理必须整体化和系统化。流域上下游省份要密切配合，积极搭建协商平台，做好顶层设计，共同编制流域生态环境治理和保护规划或实施方案，一张蓝图绘到底。建立跨界联合执法、环评会商、联动应急、信息共享等机制。资金补偿是重要方式，但不是全部。要发挥资金的引领作用，探索多元化补偿方式，采取对口协作、产业转移、共建园区、人才培训等方式实施横向生态补偿。积极运用碳汇交易、排污权交易、水权交易等市场化补偿方式，拓宽资金渠道。

四要积累经验及时推广。建立和完善生态补偿机制，是制度、政策的创新，各地情况不同，试点的路径和方式也不同。新安江流域上下游先行一步，积累了一定经验，仍需要继续深化，扩大成果；汀江-韩江、九洲江流域要积极探索、改革创新，边实践边总结边推广。加大宣传和信息公开力度，多宣传报道正面典型，发挥示范效应，不断提升地方党委、政府和社会公众对生态补偿的认识，使“谁开发谁保护、谁受益谁补偿、谁破坏谁受罚”的意识深入人心，推动更多地方和流域主动开展生态补偿。

同志们，今天的推进会既是一次经验交流会，也是一次动员会。希望几个签署协议的流域所在省份真抓实干，勇于创新，为流域上下游横向生态补偿工作做出表率，走出一条经济发展与环境保护相互促进、流域协调发展的新路。其他地方和流域也要尽早谋划，积极行动起来。希望有更多的流域加入进来，为建设美丽中国、全面建成小康社会做出贡献！

环保内部情况通报

第 12 期

环境保护部办公厅　2016 年 4 月 20 日

以改善生态环境为新动力
积极打造湾区绿色发展新优势
——在湾区城市生态文明大鹏策会上的讲话

环境保护部部长　陈吉宁

（2016 年 4 月 16 日）

很高兴来到我国改革开放的窗口——深圳，参加湾区城市生态文明大鹏策会。本次会议以“生态优先，绿色发展——湾区城市生态文明建设的新机遇、新挑战”为主题，探讨湾区城市生态文明建设的新理念、新方向、新路径，非常有意义。我谨代表环境保护部，对大鹏策会的召开表示热烈祝贺！借此机会，我想围绕“以改善生态环境为新动力，积极打造湾区绿色发展新优势”，谈些看法和建议。

湾区在一个国家的经济社会发展中具有重要地位，是当今国际经济版图的突出亮点。旧金山湾区孕育出美国硅谷，是世界科技创新中心；纽约湾区打造出华尔街，成为世界金融中心；东京湾区的临港经济带贡献了日本约三分之一的经济总量。从经济地理的角度来看，湾区依湾靠港，具有天然的开放属性，在汇集投资、信息和人才等发展资源方面具有先天优势，更容易形成开放、包容、创新的氛围，产生创新的思想、技术和产品，为经济社会发展提供持续动力。从资源地理的角度来看，湾区是河流、海洋、陆地三大生态系统交汇的区域，是海岸带的重要组成部分，有着丰富的海洋、生物、环境资源以及独特的地理景观和生态价值，更有条件依托资源环境禀赋，打造宜居宜业的环境优势，提升城市发展的质量和生活品质。

目前国际上比较成功的湾区，均呈现出社会经济高度发达、生态系统类型多样、城市环境宜居舒适、文化氛围包容开放、教育科技资源集聚的特征，对世界产业升级、高端要素配置和创新发展等发挥着重要的引领和带动作用。

改革开放以来，我国渤海湾、杭州湾、粤港澳湾等区域，依托区位优势，发挥中心城市及城市群带动和辐射作用，成为引领我国经济发展的重要引擎，在世界经济格局中的地位也日益突出。但与东京湾、纽约湾、旧金山湾相比，仍存在较大差距，其中一个重要方面就是生态环境质量，这已成为我国湾区发展的突出短板。根据环境保护部与中科院联合开展的全国生态环境十年变化调查评估，2000—2010 年，我国滨海自然湿地面积减少 14.9%，大陆自然岸线减少 8.3%。在海洋环境质量方面，2015 年全国入海河流总体为中度污染，陆源污染物排海量大。九个重要海湾中，渤海湾、闽江口、杭州湾、长江口和珠江口等 5 个海湾水质属于差或极差。如何更好地破解发展和保护的矛盾、在国家生态文明建设中发挥示范引领作用，是湾区城市亟待解决的一个重要难题。

党的十八大以来，习近平总书记关于生态文明的讲话、论述、批示达 100 多次，多次强调“绿水青山就是金山银山”，“保护生态环境就是保护生产力，改善生态环境就是发展生产力”，就是要从思想上、观念上、行动上破解发展与保护这对突出矛盾，形成全党、全社会坚持生态优先、绿色发展的内生动力和有效机制。总书记的“两山论”和绿色发展理念，是对我国发展理论的极大丰富，是我们党探索使人民过上美好生活的经济规律、社会规律和人与自然关系的重大创新，也让我们从发展的视角提升和深化了对生态文明、对环境保护的理解和认识。

一是要始终牢记发展的目的，即“发展为了什么”。坚持以人民为中心，增进人民福祉、促进人的全面发展，是我们一切发展的出发点和落脚点。良好生态环境，是最公平的公共产品，是最普惠的民生福祉。当前，我国资源约束趋紧，环境污染严重，生态系统退化的问题十分严峻，人民群众对清新空气、干净饮水、安全食品、优美环境的要求越来越强烈，生态环境恶化及其对人民群众健康的影响已经成为重大的民生问题。坚持绿色发展，扭转环境恶化，提高环境质量，为人民提供更多优质生态产品，体现了我们党对人民福祉、民族未来的责任担当。

二是要深刻理解发展的方式，即“实现什么样的发展”。生态环境问题归根到底是在不同的发展阶段以什么方式发展的问题。过去，一些地方和部门一味追求经济增长，以无节制的资源消耗、环境破坏为代价来换取经济发展，致使我们的资源能源难以支撑、生态环境不堪重负，反过来也大大压缩了发展的空间和后劲。新常态下，发展既要有量的增加，更要有质的提升。践行“两山论”、推动绿色发展，就是要摒弃那种瘸腿的、粗放的、低品质的发展方式，尊重自然、顺从自然、保护自然，更加重视生态环境对发展的约束，努力实现更高质量、更有效率、更加公平、更可持续的发展。

三是要不断把握发展的路径，即“如何实现发展”。“两山论”和绿色发展理念，改变了自然资源无价的传统认识，打破了把发展与保护对立起来的思维束缚，指明了实现发展和保护内在统一、相互促进的方法论，使我们深刻认识到，环境保护与经济发展是一体融合的，抓环境保护就是抓发展，就是抓可持续发展。我们要自觉把生态文明理念融入经济社会发展各方面，推动形成绿色发展的生产方式和生活方式，推动自然资本增值，让生态环保成为加快经济转型升级的着力点，成为提升人民群众获得感、幸福感的增长点，实现经济社会发展与生态环境改善的双赢。

我国湾区城市经过几十年的发展，拥有了较好的产业基础、资金积累和技术人才优势，最有希望也应当在生态文明建设上先行一步，率先破解发展和保护的矛盾，在落实总书记“两山论”、推动绿色发展方面发挥示范和引领作用。当然，这个过程并不容易，有大量工作要做，但核心是需要湾区城市发扬解放思想、改革创新的传统，通过观念、制度、金融、科技等方面的创新，创造新的需求、提升新的品质，解决老办法解决不了的问题，加快推进绿色发展和生态文明建设。历史经验表明，人类发展的环境问题，从来都是通过创新手段来解决的。今天我想利用这个机会，谈谈对创新的认识。

第一，推进观念创新。思想是行动的先导。只有在思想观念上澄清了对发展和保护的模糊认识，把保护作为发展的动力、而不是包袱，才能保持改善生态环境的战略定力，任何时候动作都不变形、不走样。

环境保护不是发展的“包袱”。当前，一些地方仍有思维定式，想当然把发展与保护对立起来，认为抓环保就会影响经济，在发展中片面追求经济增长，环境保护为经济发展让路，抓经济硬、抓环保软，存在不能为、不想为和不敢为的问题。实际上，环境是发展的基本要素，好的环境质量和好的经济质量是一致的，一个地方可以暂时存在环境质量差、而经济质量好的状况，但很难长久，特别是经济发展到一定阶段后，环境质量差的经济模式会成为发展的包袱。因此，把环保作为机遇，下决心改变不合理的产业结构、能源结构、空间布局，才能为好的企业拓展新的发展空间，经济质量才会提升；相反，把环保作为包袱，就会延续粗放的发展方式，“温水煮青蛙”，总有一天会在区域与全球竞争中死掉。与其被动地死掉，不如积极地应对。

深圳市大气环境质量改善就是典型例子。20 世纪 90 年代深圳经济快速增长，大气环境质量下降。2004 年，深圳全年有一半以上时间处于灰霾笼罩之下，细颗粒物（$PM_{2.5}$）年均值超过 70 微克/米^3。面对大气污染严峻形势，深圳以空气质量改善为目标，较早地而且是坚定不移地推动经济结构优化和产业升级，顶住压力淘汰落后产能，大力发展战略性新兴产业，经济发展的技术含量、知识含量、绿色含量不断增强。经过十余年的不懈努力，2014 年深圳市空气质量实现全面达标，2015 年，在国内生产总值（GDP）较 2004 年增长

3.5 倍、机动车数量增长 5 倍、人口增加一倍的情况下，$PM_{2.5}$ 浓度达到 30 微克/米^3，较 2004 年下降 50%以上，灰霾天数从 177 天减少到 35 天，成为我国唯一达标的千万人口以上特大城市。可以说，环境质量约束了深圳的产业选择，但反过来也倒逼了产业质量提升。很难想象，如果深圳乃至珠三角地区在发展路径上继续选择当时产业易于发展的、低端的重污染企业，烟囱林立、“老大黑粗”，深圳如何能成为今天的创新之城、活力之城、金融之城、幸福之城！

环境保护不是财政的“包袱”。一些地方认为，本来底子就薄，哪来那么多钱搞环保，加强环境保护只会增加地方财政负担。在生态环境保护的问题上，一定要算大账、算长远账、算整体账、算综合账。环境支出是政府公共支出的重要方面，并且同其他领域的支出一样，都能产生相应的回报。短期来看，环保投入可以带动相关产业特别是环保产业的发展，直接拉动 GDP 增长；长期来看，环保投入可以增加生态产品的供给，提高人们的生活质量，提升城市品质和竞争力，聚集更多的人才资源，带来更大的发展空间和优势。相反，在发展过程中把环境污染了，之后再补回去，成本比当初创造的财富还要多，这才真正是财政的“包袱”。

举一个兰州的例子。2009—2011 年，兰州连续三年空气质量全国倒数第一。2013 年以来，兰州市把治理大气污染作为一号工程，采取多项治污举措，成为全国空气质量改善最快的城市，摘掉了“黑帽子”。2015 年，空气达标天数比 2013 年增加 59 天。“好空气”保障了群众健康，2013—2014 年冬季采暖季全市城乡居民呼吸系统疾病就诊病例和就医费用同比下降 27.3%和 47.4%；2014—2015 年采暖季，两项指标又分别下降 18.2%和 38.4%，政府也减少了相应的财政支出。“好空气”带来了人气和商机。2015 年，全市接待国内外游客人数同比增长两成多，招商引资到位资金增长近四成，地区生产总值较 2013 年增加 34%。

韩国首尔清溪川治理也是一个典型例子。清溪川是首尔市中心的一条河流。20 世纪 50、60 年代，由于城市经济快速增长，规模急剧扩张，工业和生活废水大量排放，清溪川水质变得十分恶劣。2003 年首尔政府启动“清溪川复原工程”（总投资约 3.6 亿美元），采取疏浚清淤、全面截污、保持水量等措施，进行综合整治，现在的清溪川从起点到下游，已成为一条从都市印象到自然风光的城市内河生态水系。从生态环境效益看，清溪川成为重要的生态景观，绝大多数水质指标达到韩国地表水一级标准。从经济社会效益看，清溪川地区原有各种店铺和路边摊 6 万多家，大多是低端批发零售商业服务业。修复工程完工后，国际金融、文化创意、服装设计、旅游休闲等高附加值产业纷纷进驻，很快实现了产业转型升级，地区发展动力和活力大幅提升。由于生态和人居环境的改善，土地价值提升，旅游收入激增，带来的直接效益是投资的近 60 倍，附加值效益超过 200 多亿美元，并解决了 20 多万个就业岗位。

环境保护不是政绩的“包袱”。一些地方出现环境问题，担心影响政绩、害怕损害形象，习惯于捂着、压着，捂不住了就花拳绣腿、拖延应付，搞击鼓传花，不较真、不碰硬，不真正解决问题。可喜的是，这种情况正在发生变化。2015 年，中央出台生态文明体制改革“1+6”文件，一个重要转变就是通过环保督察、离任审计、损害追责等制度设计，强化地方政府和部门的环境保护责任。对地方党政领导班子和领导干部政绩的考核评价，逐渐由单纯比经济总量、比发展速度，转变为比发展质量、发展方式、发展后劲，生态环境的权重在加大，有些地区甚至是一票否决。“十三五”规划纲要提出的25项主要发展指标中，资源环境类指标有10项，而且都是约束性指标。这既是庄严的政治承诺，也是鲜明的政绩导向。可以说，直面环境问题，不回避、不推诿，就体现了领导干部的担当；解决突出环境问题、改善生态环境质量，就是重要的政绩；特别对环境敏感区、脆弱区和重要生态功能区而言，保护好生态环境就是最大的政绩。

第二，推进制度创新。有本书叫《创新的国度》，是讲以色列创新的故事。这本书的作者Saul Singer有一次来到中国，谈起中国和以色列的创新差异，他说，中国并不缺乏创新的基因，中国的改革开放就是最大的制度创新。破解发展和保护的矛盾，同样需要依靠制度创新，建立起一套行之有效的体制机制，形成绿色发展的思想自觉和行动自觉。这方面，我们正在破题，刚才讲到的“1+6”改革方案和“十三五”规划纲要对生态文明制度改革做出了顶层设计和整体部署，下一步就是要抓好改革落实，切实形成政府、企业、公众共治的环境治理体系。

一是建立党委政府推动绿色发展的内生机制。推动地方党委政府践行绿色发展、加强环境保护，既是环境保护法的基本要求，也是体制机制创新的核心内容。目前，我们正在开展中央环保督察巡视，已在河北省试点，计划两年内实现全国各省（区、市）全覆盖；同时，对重点地区重点问题开展环保综合督查。推进省以下环保机构监测监察执法垂直管理，2016年在一些省开展试点，力争2018年政府换届前基本完成。我们还在配合相关部门开展党政领导干部生态环境损害责任追究、自然资源资产离任审计、自然资源资产负债表编制等改革试点。要通过建立健全上述机制，为地方党政干部决策执行戴上“紧箍咒”，解决一些地方环保说起来重要、喊起来响亮、做起来挂空挡的问题。

二是建立企业履行环保责任的自律机制。加强环保符合企业发展的利益。一般而言，环保做得好的企业，管理精细化水平较高，成本控制得好，经营效益也就好；环保做得差的企业，管理比较粗放，经营效益也差，而且一有风吹草动，企业经营就面临很大波动。加强环境保护，可以倒逼企业提高管理水平，降低企业生产经营成本和潜在风险，在市场竞争中处于有利地位。要扭转企业在环保方面的被动状态，变政府“要我做”为“我要做”。实施工业污染源全面达标排放计划，督促企业落实达标排放责任，让环境守法企业成长、环境违法企业出局。推进排污许可制改革，实行“一证式”管理，使排污许可成为固定点源环境管理的核心制度。开展环境损害赔偿相关工作，推进环境损害赔偿鉴定评估纳入司法鉴定管理体系，解决“企业污染、群众受害、政府买单”的不合理状况。

三是建立信息公开和公众参与机制。公众参与是环境保护的重要力量。要大力推进企业环境信息公开，推动环境监测信息、执法信息、审批信息、企业排污信息公开，解决信息公开中“企业拖、政府推、干部躲”的问题，让政府的权力在阳光下运行、让政府和企业的环境责任在公开透明中接受群众的监督。建立健全环境保护网络举报平台和制度，促进公众参与企业环境信用等级评定。推进环境公益诉讼，以司法手段推动公众环境监督。

第三，推进金融创新。生态环境需求是老百姓的基本需求，供给侧结构性改革的一个重要方面就是提供更多优质生态产品。现在我们每个人花在生态产品上的钱并不少，如很多家庭都安装了净水器、空气净化器，这种获取生态产品的方式成本高、而且效率低。而与此同时，我国环境治理领域面临巨大的资金需求，主要依靠政府投入的方式已很难满足。即使在发达国家，单纯依靠政府投入，也是难以为继的。因此要通过创新绿色金融手段，发挥政府投入的杠杆作用，实现“放大效应”，撬动更多的社会资本进入环保投融资领域，在提高生态产品供给效率的同时，也能通过规模效益解决环保边际成本高的问题。

从全球范围来看，可持续发展同样需要大规模的投资，有研究称每年约需要 3.9 万亿～5.7 万亿美元。如何支持实体经济向低碳和可持续发展转型，是全球金融系统所面临的关键挑战之一。作为全球金融中心，英国金融系统的可持续发展转型为各国提供了借鉴。早在 2000 年，英国在养老金法案制定中就创新性地引入了社会和环境等因素。2012 年成立世界第一家绿色投资银行，旨在解决在低碳融资方面的市场失灵。截至 2015 年 11 月，已出资 23 亿英镑支持 58 个绿色基础设施项目，总交易额约为 101 亿英镑。同时，通过绿色债券和股权投资信托的方式，为绿色基础设施和创新筹集资金，2015 年 7 月，英国已是世界第三大绿色债券市场，总额 571 亿美元，占全球绿色债券的 9%。2012 年伦敦政府决定在伦敦证券交易所的所有上市公司都要提交温室气体排放情况报告，通过这一信息披露将可持续性因素纳入市场估值和分析中去。

当前，绿色金融已成为全球金融体制变革的重要议题，面临着巨大发展机遇。要发展绿色金融体系，探索创新绿色债券、绿色信贷、绿色贷款贴息等金融产品，支持设立各类绿色发展基金，实行市场化运作，解决绿色项目融资难、融资贵的问题，引导资金流向绿色、环保领域。建立上市公司环保信息强制性披露机制。在环境高风险领域建立环境污染强制责任保险制度。建立基于政府和社会资本合作（PPP）模式的环境市场回报机制，推广第三方治理等模式，体现投资者的合理收益，拓宽环境服务产品供给渠道。改革和优化财政资金分配与使用方式，发挥公共财政对绿色金融的引导作用。对工作力度大、环境质量改善快的地区，增加相应的财政激励。

第四，推进技术创新。技术创新是应对生态环境挑战的利器。20 世纪 70 年代，罗马俱乐部在《增长的极限》报告中曾预言传统的经济增长模式将会引发人类经济社会的全面崩溃。但这个世界灾难并未发生，一个重要原因是科技进步带来的正效应，抵消了人口增长和资源能源消耗带来的负效应，突破了增长极限的“天花板”。

当前，绿色创新是最活跃的创新领域，为我们解决今天的环境问题提供了多种新的方案。深圳在解决空气污染方面走在了前面，但在水污染治理方面面临着诸多挑战。今天在这里谈一谈水污染控制的技术创新。

在国际上有很多城市水污染治理的成功案例，其中泰晤士河就有很好的借鉴意义。伦敦在人口、面积、自然条件等方面同深圳有较强的可比性。伦敦人口有 800 多万，深圳人口超过 1000 万；伦敦的国土面积 1577 平方千米，深圳约为 2000 平方千米；伦敦的年降雨量约为 1100 毫米，深圳则在 2000 毫米左右。泰晤士河是伦敦的城市内河。该河流在 19 世纪英国工业化、城镇化过程中，水质逐渐恶化，后期发展到鱼虾绝迹、臭气熏天，曾在 1858 年发生大恶臭事件。20 世纪 60 年代初，英国从分散治理走向综合治理，一个重要举措就是强化技术创新与研究，改变了传统的污水处理“沉淀＋消毒”的处理工艺，大规模研发采用二级处理工艺，并对尾水进行深度处理，处理标准与效果显著提升，成为水质改善的根本原因之一。目前泰晤士河水质已恢复到工业化之前的状态。泰晤士水务管理局有近 20%的人员专门从事研究工作，为水质的保持提供各种技术支撑。最近，为了支撑伦敦未来 100 年的发展、支撑 1600 万人口的扩张，伦敦再一次对泰晤士河进行大规模的流域治理。它将采用一系列新的技术、工程和管理创新方案，解决当前每年 3900 万吨未经处理的污水，预测未来100年的污水排放情景，建设一条长达25千米、宽有3个公交车道、深度超过65米的欧洲地下最深的污水传输和处理管廊。这一创新技术方案的实施，不仅将改善伦敦的生态环境、公共卫生、城市景观和声誉，也将推动打造伦敦新的流域经济，形成新的全球竞争力。

通过这一案例，我想强调的是，就技术发展而言，如果我们今天不生活在明天，那么明天就只能生活在过去。今天水污染控制技术不论在理念、集成手段、控制目标，还是材料、控制设备、传感器、分离技术、药剂等方面都在酝酿着新的重大突破。这些突破将为解决突出环境问题、促进环保产业跨越式发展提供新的动力。

湾区在我国经济社会发展中发挥着重要的示范、带动作用。深入推进湾区生态文明建设，探索可供复制的方法和路径，必将进一步丰富生态文明的内涵，为全国的生态文明建设提供有益借鉴。让我们积极行动起来，用改革的思路、创新的举措、扎实的作为，加快补齐生态环境短板，留住青山绿水、碧海蓝天，提供更多优质生态产品，进一步增强人民群众对绿色发展和环境保护的获得感。

环保内部情况通报

第14期

环境保护部办公厅　2016年4月22日

在环境保护部直属机关学习贯彻中央“两学一做”学习教育工作座谈会精神会议上的讲话

环境保护部党组成员、副部长　李干杰

（2016年4月18日）

同志们：

2016年4月6日，中央召开“两学一做”学习教育工作座谈会，传达习近平总书记重要指示精神，刘云山、赵乐际同志对学习教育做出部署，提出要求。4月11日，部党组会专题学习贯彻会议精神，部党组书记、部长陈吉宁强调，把“两学一做”学习教育作为当前全党一项重大政治任务，要深入学习贯彻习近平总书记重要指示精神，认真贯彻落实中央部署，一定要尽好责、抓到位、见实效，发挥领导干部带头作用，以上率下；突出问题导向，着力解决存在的问题，做到学以致用，知行合一。今天，按照部党组要求召开这次会议，既是传达学习，又是动员部署，也是交流培训。下面，我就贯彻落实习近平总书记重要指示精神和党中央的部署要求，做好环境保护部的“两学一做”学习教育，讲三点意见。

一、深刻领会习近平总书记关于“两学一做”学习教育的重要指示精神，充分认识开展学习教育的重大意义

在全体党员中深入开展“两学一做”学习教育，是党中央深化党内教育的重要部署，充分体现了以习近平同志为总书记的党中央对党的自身状况和面临形势任务的清醒认识，体现了我们党推进全面从严治党的坚定决心和政治定力。习近平总书记关于“两学一做”学习教育的重要指示精神，从党和国家全局的战略高度，着眼深入推进全面从严治党，深刻阐明了开展学习教育的重大意义、目标要求、重点任务、责任主体，为确保学习教育抓到位、见实效，指明了正确方向、提供了根本遵循。刘云山、赵乐际同志的重要讲话内涵丰富、要求明确，具有很强的针对性，对于深入开展学习教育具有重要指导意义。各级党组织要认真学习习近平总书记重要指示精神和刘云山、赵乐际同志重要讲话，充分认识“两学一做”学习教育的重大意义，切实增强开展学习教育的自觉性和坚定性。

一是“两学一做”学习教育是推动全面从严治党向基层延伸的必由之路。十八大以来，党中央高度重视党要管党，从严治党，狠抓“关键少数”，做出一系列重大部署，党风政风为之一新，开辟了党的建设新境界。然而，根深才能叶茂，固本才能培元。在推进全面从严治党的进程中，领导干部与全体党员相辅相成，必须既抓住“关键少数”，又引领“最大多数”。我们党有8700多万名党员、430多万个基层党组织，这是我们党的执政之基、力量之源。环境保护部系统3065名党员、166个基层党组织，这也是我们推动事业发展的骨干队伍、中坚力量。“两学一做”学习教育是实现习近平总书记治党思想的重大举措，就是要把全面从严治党落实到每个支部、实现全方位，落实到每名党员、实现全覆盖，让党的每一个细胞都健康起来，每一个组织都坚强起来，使基层党组织的战斗堡垒和党员干部的先锋模范作用能够发挥，进一步严肃党内政治生活，发扬党的优良传统和作风，严明党的纪律和规矩，保持党的先进性和纯洁性，推动全面从严治党的要求在基层落地生根。

二是“两学一做”学习教育是全党加强思想政治建设的必修课程。近年来，全党认真贯彻执行中央八项规定精神，深入开展党的群众路线教育实践活动和“三严三实”专题教育，在解决管党治党失之以宽、失之以软的问题上取得明显成效，党员干部队伍思想政治素质明显提高。但是，作风建设永远在路上，一些党员依然存在这样或那样的问题。正如习近平总书记指出，“一些党员不像党员、不在组织、不起作用、不守规矩；有的党员公开骂党、骂党的领袖，否定党的一些最基本的原则和立场，其中一些人不仅没有受到管教和批评，反而大行其道还受到热捧，有的还在讲坛上堂而皇之散布谬论。对这些问题，该整顿的要整顿一下，不能让他们这么肆无忌惮。”面对这些突出问题，迫切需要驰而不息地加强党的思想政治建设。为此，党中央审时度势，在全党开展“两学一做”学习教育，坚持把思想政治建设作为首要任务，强调抓常、抓细、抓长，着力解决党员队伍在思想、组织、作风、纪律等方面的问题，推动党内教育由集中性教育向经常性教育延伸，具有极强的现实性、针对性和紧迫性，必将引导广大党员自觉把党章党规作为终生课题，加强党性修养，从严规范言行，在全党形成凝心聚力、昂扬向上的良好政治生态，为党在思想上

政治上行动上的团结统一夯实基础，使我们的党永葆生机和活力，肩负起实现中华民族伟大复兴中国梦的时代使命和历史重任。

三是“两学一做”学习教育是面对新形势、迎接新挑战的必然要求。以习近平同志为总书记的党中央把生态文明建设和环境保护摆上更加重要的战略位置，做出一系列重大决策部署，认识高度、推进力度、实践深度前所未有。“十三五”规划强调牢固树立、贯彻落实创新、协调、绿色、开放、共享五大发展理念，将绿色发展作为实现中华民族永续发展的必要条件。“十三五”时期是全面建成小康社会、实现第一个百年奋斗目标的决胜阶段，生态环境保护工作任务十分艰巨，经济新常态下破解发展与保护难题面临巨大挑战，深化生态环保领域改革的任务异常繁重，环境问题相互交织、愈加复杂，环保工作挑战多、压力大、任务重。越是面对困难，越要发挥政治优势，切实加强党的建设，引导环保系统广大党员学好做实，迎难而上，筑牢思想基础，持续转变作风，打造重品行、敢担当、守纪律、有作为和上下信任的环保队伍。“两学一做”学习教育正是全面加强环保队伍建设的重要途径，将为我们适应新形势、应对新挑战，坚持以改善环境质量为核心，全力打好补齐生态环境短板攻坚战，夯实建设美丽中国的环境基石，提供坚强的思想、组织和政治保障。

二、认真贯彻落实党中央总体部署和部党组具体要求

中央关于“两学一做”学习教育的部署内涵丰富、系统全面，部党组的要求深入细致、具体实际，真正学习领会、贯彻落实，要着重把握“学、做、改、促”四点要求：

第一，“学”是基础。就是要坚持“学习、学习、再学习”。中央办公厅、中央组织部关于学习的安排已经明确了学习内容、重点解决的问题以及学习的方式方法。就全体党员来说，学党章党规要通读熟读党章、廉洁自律准则、纪律处分条例、党员权利保障条例，以及我部各项党建和党风廉政建设规章制度。学习党的历史，学习革命先辈和先进典型。同时，要从周永康、薄熙来、徐才厚、郭伯雄、令计划等违纪违法案件中警示警醒，肃清恶劣影响；从张力军、熊跃辉等环保系统违纪违法案件中汲取教训，进一步明确做合格党员的标准，搞清楚能做什么、不能做什么，提升尊崇党章党规、敬畏党章党规、遵守党章党规的思想自觉。学系列讲话要把握好“三个基本”，即学习领会习近平总书记系列重要讲话的基本精神，学习领会党中央治国理政新理念新思想新战略的基本内容，理解掌握增强党性修养、践行宗旨观念、涵养道德品格等基本要求，特别要学习习近平总书记关于生态文明建设和环境保护的新思想新理念新论断，切实增强保护生态环境的责任感、紧迫感、使命感，做到学而信、学而用、学而行。

就处以上领导干部来说，要学得更多更深一些，要求要更严更高一些。学党章党规，对于全体党员应学习掌握的内容，领导干部都应熟知尽知，同时还要掌握好与履职尽责紧密相关的规定和要求，包括党章规定的党的组织制度、党的各级组织的职责和任务、党员领导干部必须具备的六项基本条件、党的纪律等，还包括党组工作条例、党政领导干部选拔任用工作条例，着力提高做好领导工作必需的政治素养和政策水平。学系列讲话要在全面、系统、深入上下功夫，围绕坚持和发展中国特色社会主义这个主题，联系十八大以来党的理论和实践创新进程，联系改革发展稳定、内政外交国防、治党治国治军的新要求，

重点把握五大发展理念，深入学习领会习近平总书记关于生态文明建设的思想观、实践观、系统观和全球观，既领悟好重大思想理论观点，又领悟好科学的思想方法和工作方法，做到知其然更知其所以然，指导和推动生态环保事业发展。

为推动学习教育，《习近平总书记系列重要讲话读本（2016年版）》已配发给机关各支部，各单位党组织也要配发给每一名党员。各级党组织要按照习近平总书记重要批示精神，把毛泽东同志著作《党委会的工作方法》纳入学习内容。

第二，“做”是关键。要坚持以知促行、知行合一。做合格党员最根本的是增强政治意识、大局意识、核心意识、看齐意识，这“四个意识”集中体现了根本的政治方向、政治立场、政治要求，是检验党员政治素养的试金石。党章党规遵守的好不好，系列讲话学得好不好，重要的也是看“四个意识”有没有牢固树立起来。这次学习教育还明确提出了共产党员要做到“四讲四有”。讲政治、有信念，就是要保持共产党人的信仰，不忘初心，对党忠诚，挺起理想信念的主心骨。讲规矩、有纪律，就是要增强组织观念，服从组织决定，严守政治纪律和政治规矩。讲道德、有品行，就是要传承党的优良作风，践行社会主义核心价值观，情趣健康，道德高尚。讲奉献、有作为，就是要牢记宗旨，干事创业，时时处处体现先进性。“四讲四有”是着眼党和国家事业的新发展对党员提出的新要求，集中体现了党章党规、系列重要讲话的基本精神，环保系统党员干部要自觉践行，“做”出党员样子，用行动体现信仰信念的力量。

领导干部要做“两学一做”排头兵，不能满足于对普通党员的要求，不能止步于“合格”，要努力做到“优秀”。要带头坚定理想信念、带头严守政治纪律和政治规矩、带头树立和落实新发展理念、带头攻坚克难敢于担当、带头落实全面从严治党责任，为广大党员做出表率、立下标杆，确保干在实处、走在前列。

第三，“改”是根本。学习教育是为了解决问题，要突出问题导向，带着问题学，针对问题改。要坚持边学边改、即知即改。如果不解决问题，就会流于形式、走过场。习近平总书记的重要指示和刘云山、赵乐际同志的重要讲话，中央印发的《方案》、中央组织部制定的《具体方案》都明确了要解决的重点问题，集中概括起来就是中央要求“五个着力”解决的问题。同时，要与党的群众路线教育实践活动和“三严三实”专题教育的问题整改结合起来，与落实巡视整改任务和作风建设清单结合起来，持续深入推进。在此基础上，部党组结合实际，进一步提出要重点解决“四个不强”的突出问题，即重点解决少数党员自说自话、自干自活、自怨自艾、单打独斗，造成出台的制度、政策不接地气等实践意识不强的突出问题；重点解决少数党员不作为、怕担当，把关不严、矛盾上交，拖沓散漫、敷衍应付等责任意识不强的突出问题；重点解决少数党员思想观念和方式方法未转变，工作没想法、没办法、没起色等创新意识不强的突出问题；重点解决少数党员靠发文件发通知落实工作，缺乏部门存在感，抓工作力度不到位等质量意识不强的突出问题。这些问题，必须尽快纠正，切实提高推动绿色发展和生态文明建设的素质，提高适应和引领新常态的本领，提高各级党组织的决策水平和执行力，提高推进环保事业发展的能力和水平。

各级党组织要把“两学一做”学习教育作为解放思想、转变作风、提升工作质量的重要契机，进一步结合实际再对照、再细化、再聚焦、再精准，梳理本部门本单位党员队伍中的具体问题清单，制定有针对性、可操作性的整改措施，发挥“小郎中”作用，有计划、有步骤地解决。不仅要着力解决党员队伍存在的问题，还要推动解决党的组织生活、党员教育管理和基层组织建设方面存在的问题，下大力气治“漂”、治“浮”、治“虚”，大力培育勤政有为的作风，对懒政庸政怠政、不作为或乱作为的严肃问责，对不敢抓不敢管的，坚决采取组织措施，切实形成想干事、能干事、干成事、不出事的生动局面。各党支部要把梳理问题和解决问题情况作为年底党建考核的重要内容，并在党员大会上通报。

第四，“促”是实效。“学”得怎么样、“做”的是否合格，最终要体现在围绕中心、服务大局，促进生态环保事业发展上。当前，全国环境质量状况有所改善，但形势依然非常严峻，环境污染严重、环境风险高，生态损失大，生态环境已成实现全面小康瓶颈问题。我们面临诸多困难和挑战，必须坚决打好环境保护的持久战和攻坚战。为此，一定要把贯彻执行新修订的《环境保护法》，推动生态环保领域改革，编制落实“十三五”环保规划，打好大气、水、土壤污染防治三大战役等环保重点难点工作，作为学习教育的检验标尺；将人民群众看得见、摸得着、能受益的生态环境治理效果，作为学习教育的具体成效。坚持围绕中心“学”、服务大局“做”，不能抛开日常工作搞学习教育，要把学习教育同落实推进本部门本单位的各项工作任务结合起来，努力做到学习教育与中心工作两手抓、两促进，防止“两张皮”。

各级党组织要把创新大讨论作为“两学一做”学习教育的重要内容和自选动作，充分运用集中讨论、蹲点调研、培训座谈等形式，坚持以改善环境质量为核心，以贯彻落实全国环境保护工作会议精神为主线，以目标任务和问题为导向，聚焦各项环保重点改革任务，坚持“请进来、走出去”，上下联动，深入到市级、县级部门，做到沉下去、蹲下来，形成有价值的调研报告，进一步解放思想、创新思路，为推动环保事业发展建言献策、凝聚共识。要认真组织开展好改革发展大讲堂，将“内部讲”“现场讲”“网络讲”结合起来，邀请有关领导和专家学者，围绕中国特色社会主义理论体系、党章党规党纪和国家法律法规，特别是生态文明体制改革，以及将要出台的《土壤污染防治行动计划》等党中央、国务院关于生态环保的重大决策部署，作专题辅导讲座。要在行政审批大厅、“12369”环保热线、信访办公室等窗口服务单位，落实党员挂牌上岗、亮明身份，模范履行岗位职责。要结合纪念建党 95 周年活动，评选表彰优秀共产党员、优秀党务工作者、先进基层党组织；评选“三八”红旗手和“五四”青年奖章，党群共建、岗位建功，激发广大党员干部敢于担当、开拓进取，真正把党中央、国务院决策部署转化为环保工作路线图、施工图，实行最严格环境保护制度，强化污染防治与生态保护联动协同效应，不断提高环境管理系统化、科学化、法治化、精细化和信息化水平，加快推进生态环境治理体系和治理能力现代化。

三、切实加强“两学一做”学习教育的组织领导

习近平总书记明确指出，“两学一做”学习教育囫囵一气、搞一个模式，那是形式主义；什么也不管、放任自流，那也是形式主义。各级党组织要把学习教育作为一项重大政治任务，把抓党员队伍建设的意识树起来、责任扛起来，切实保障学习教育落到实处。

一是将履行主体责任贯穿始终。部党组对学习教育全面负责，由直属机关党委牵头组织实施，办公厅、人事司、宣教司、驻部纪检组等部门积极配合，各部门各单位党组织同步推进。各级党组织要把抓好“两学一做”学习教育作为落实全面从严治党主体责任的具

体体现，各级党组织主要负责同志要担负起第一责任人职责，认真审定实施方案或实施计划，周密部署重要任务，从严从实抓好学习教育，确保抓紧、抓好。各部门各单位要安排专门力量负责组织学习教育，科学筹划、周密组织，在学习教材、工作经费上给予必要的保证；要严格时效、保质保量做好学习讨论、党课宣讲、思想感言的组织实施，以及材料收集、整理和报送工作，“七一”前后要集中安排一次党课，保证学习教育有序推进，不挂空挡。直属机关党委要加强督促指导，一级抓一级，层层抓落实。各单位党委、党总支要加强对所属党支部学习教育的指导督查，采取听取汇报、专项调研、参加学习讨论、列席组织生活会等方式，真正沉下去，及时发现和解决苗头性问题。要引导基层结合实际，创造性地开展学习教育，防止一刀切、一个模式、照搬照抄。要把学习教育情况作为党建述职评议考核首要内容，对组织不力、问题较多的，要批评教育、实行问责，真正落实各级党组织管党治党的责任。

二是将领导干部带头贯穿始终。群众看党员、党员看干部，领导干部以身作则、率先垂范，大家就会跟着学、照着做。各级党员领导干部要以中央政治局、中央书记处领导同志为榜样，无论什么职级、什么岗位上的党员领导干部，都要坚持和落实中心组学习制度，参加双重组织生活，带头参加学习讨论，带头谈体会、讲党课、作报告，带头参加组织生活会和民主评议，上级带下级、班长带队伍，形成上行下效、整体联动的总体效应。要进一步增强普通党员意识，从按时交纳党费等点滴做起，定期参加所在支部的组织生活，与普通党员一起学习讨论、一起查摆解决问题、一起接受教育、一起开展党员评议。年度民主生活会要以“两学一做”为主题，领导班子和领导干部把自己摆进去，查找存在的问题，健全党内民主、搞好党内监督、增进干部团结、强化党性修养，提高班子凝聚力、战斗力。

三是将狠抓日常经常贯穿始终。本次学习教育不分批次、不划阶段、不设环节，在党内常态化铺开，主要是用好日常的教育途径、教育方式，推动党的思想政治建设抓在日常、严在经常。党支部是学习教育的基本单位，要对学习教育做出具体安排。要以“三会一课”等党的组织生活为基本形式，调动党员参与的积极性、主动性。每季度召开一次全体党员会议，每次围绕一个专题组织讨论。要鼓励探索、鼓励创造，充分利用本单位的设施和资源来开展学习教育，通过个人学、集体学，“线下”学、“线上”学等方式，体验式教育、“微党课”、手机报、“党员活动日”等手段，加强学习教育的经常性。要把党章党规、系列讲话纳入即将组建的环境保护部党校的教育课程，增强学习教育的系统性和科学性。要按规定开展党员民主评议，把现实表现评准，把优秀、合格、不合格等次定准，把处理不合格党员稳妥有序做起来，将学习教育融入日常党内政治生活，加强党员教育的日常化、制度化和机制化建设。

四是将加强宣传交流贯穿始终。各级党组织要充分利用网络媒体，开展宣传、加强交流，引导党员开展学习，扩大学习教育覆盖面。要利用中央国家机关工委紫光阁网站、《中国环境报》、部内外网“两学一做”专栏、宣传展板、信息简报以及环保“两学一做”微信群等媒体，交流经验，加强舆论宣传，营造良好氛围。各级党委和党总支要经常深入各党支部及时总结经验、摸索规律。根据不同部门、不同单位党员实际，实施具体化、精准化、差异化的分类指导，并定期组织经验交流，相互借鉴、取长补短，开阔视野、创新思路，提高学习教育的质量和效果，引导环境保护部系统广大党员在任何岗位、任何地方、任何时候、任何情况都铭记党员身份，立足岗位、履职尽责，践行入党誓言，积极为党工作。

同志们，鸟欲高飞先振翅。在环境保护事业新的起点上，让我们紧密团结在以习近平同志为总书记的党中央周围，认真落实中央部署，紧紧围绕改善环境质量这个核心，把"两学一做"学习教育抓好、抓实、抓到位，引导广大党员争当绿色发展的坚定推动者、生态环境的忠实守护者、美丽中国的积极建设者，为加快补齐生态环境短板，全面建成小康社会做出应有贡献！

环保内部情况通报

第 16 期
环境保护部办公厅　2016 年 5 月 3 日

以改善水环境质量为核心
奋力谱写水污染防治工作新篇章
——在全国水环境综合整治现场会上的讲话

环境保护部部长　陈吉宁
（2016 年 4 月 21 日）

同志们：

今天，我们在浙江浦江召开水环境综合整治现场会，主要任务是，深入贯彻中央领导同志关于生态文明建设和水污染防治的重要批示指示精神，特别是习近平总书记关于"两山论"和绿色发展的重要论述，交流推广浙江省"五水共治"的做法和经验。榜样的力量是无穷的，浙江在水污染治理、生态文明建设方面做得早、走在前，有很多好的做法和值得推广的经验。我们今天坐在这里就是基于这样一个契机，来推动各地以改善水环境质量为核心，改革创新管理体制机制，全面落实《水污染防治行动计划》（以下简称《水十条》），确保全面实现 2020 年全国水环境保护目标。

首先，我在这里向浙江省委、省政府，金华市委、市政府对会议的精心安排表示感谢。昨天，大家实地考察了浦江县黑臭水体整治、特色工业园区转型升级改造工程，今天一早我也实地看了几个现场，切实感受到当地产业结构转型升级的同时，环境面貌也发生了巨大变化。这种变化不仅体现在环境的改善，还能感受到城乡差异的缩小，发展质量的提高，老百姓获得了实实在在的幸福感。刚才，熊建平副省长介绍了三年来浙江省"五水共治"的工作情况，浦江县施振强书记讲了很多浦江的情况，讲得很好。讲得好并不是会讲，而是做得好，做得好是因为用心在做，做得有故事、有体会，才能讲出来，听了很受启发，也很受教育。我们来学习也要用心来学，用心来听，不是走形式。下面，我讲几点意见。

一、浙江省“五水共治”的主要做法和重要启示

2003 年，时任浙江省委书记习近平同志提出并启动生态省建设。2005 年 8 月，习近平同志在浙江安吉考察时首次提出“绿水青山就是金山银山”的绿色发展理念，从根本上更新了关于自然资源无价的传统认识，也打破了简单把发展与保护对立起来的思维束缚，指明了实现发展和保护内在统一、相互促进和协调共生的方法论。多年来，浙江省委、省政府始终秉承“两山论”和绿色发展理念，坚持生态立省方略，以改善水环境质量为核心，举全省之力全面实施“五水共治”，取得了明显成效，城乡环境面貌显著改善。概括起来，有五个方面的做法，值得我们学习。

一是质量导向，系统治理。习近平总书记讲，保障水安全，关键要转变治水思路。浙江省“五水共治”的最大特点，就是把水的问题作为一个整体，遵循辩证唯物的系统思维，以水质量改善作为根本目标，以治污为重点，全面推进防洪、排涝、供水与节水，就像夏宝龙书记所比喻的，“五水”分工有别、和而不同，捏起来就形成了一个拳头。治污水是改善水环境，防洪水、排涝水是防治水灾害，保供水、抓节水是保障水资源，这五项工作之间内在连通、互为因果，作为一个整体来谋划思路、设定目标、出台政策、实施工程，构成了治理水污染、保障水安全的“组合拳”，提高了治水的科学性和有效性。

二是水陆统筹，防治并举。水污染表征在水里，根子在岸上。浙江各地实行水陆统筹，从污染源头入手，以防促治、防治并举。在预防方面，做好一减一加：减法是严格整治重污染行业和“低小散乱”企业，加法是全力推进规模大、工艺先进企业集聚发展。这也是相辅相成的，只有减法很难持续。2015 年，全省关停铅蓄电池、电镀、制革、造纸、印染、化工等六个行业 2200 多家企业，搬迁入园或就地整治提升 3400 多家。讲这个数据很容易，但这个过程是很痛苦的，压力很大，争议也很大。在治理方面，以群众反映最强烈的垃圾河、黑臭河为当务之急，举全局之力打攻坚战。2014 年以来，以“清三河、两覆盖、两转型”（即清理黑河、臭河、垃圾河，实现城镇截污纳管、农村生活污水和垃圾处理基本覆盖，推动工业和农业转型）为重点，实施“十百千万治水大行动”，累计整治 6500 千米垃圾河、5100 多千米黑臭河，建设雨水管网 3000 多千米，创建和规范饮用水水源保护区近 600 个，农村生活污水治理受益户新增 100 多万户，得到了社会各界的广泛认可和普遍赞誉。各地在《水十条》实施过程中，有一种拖的现象，老觉得要慢慢来，很多人怀疑三年能不能变样，浙江三年做下来变化很大，这说明只要想做，也并不难。

三是党政同责，层层落实。省级层面出台“五水共治”的总规划和子规划，各市县区制定联动规划或具体方案，明确治水目标任务，将任务层层分解、逐级落实、具体到人；成立“五水共治”工作机构，建立指挥室、挂图作战，实时监控、实时指挥。各级党政一把手靠前指挥、紧盯紧抓、亲力亲为，人大、政协积极开展“五水共治”主题活动、专项审议和专项集体民主监督，形成四套班子齐上阵、各部门齐抓共管的组织领导格局和责任落实机制。在组织领导、责任落实、监督上不再是环保部门一家单打独斗，各地要认真学习。省委、省政府组建 30 个督查组，对全省 90 个县（市、区）开展专项督查。建立月通报、季督查、年考核机制，层层传导压力，严格责任倒逼，督促任务完成。严格落实奖惩

措施，每年对先进市、县（市、区）和先进个人进行表彰，对治水不力者进行问责。

四是建章立制，严格执法。全面推行“河长制”，实现省、市、县、乡四级河长全覆盖，有的还延伸到村级。实施交界断面水质考核制度，并与生态省建设、领导干部综合考核、项目审批等挂钩。探索建立跨区域协作制度，健全联合会商、联合通报、联合监测、联合执法等机制，确保妥善解决跨区域治水问题。加强法治支撑，全省水污染防治方面法规规章达 20 多部。严格环境执法监管，强化环保与公检法联动，对环境违法行为“零容忍”。2015 年全面落实新修订的《环境保护法》，实施查封扣押、限产停产、行政拘留等案件数均居全国首位；法院审结污染环境犯罪案件 570 多起，占全国总数近 1/3，刑事打击力度连续三年列全国首位。我们最近在总结，下到市、县一级看环境执法情况，各地很不平衡，特别是一些环境质量差、污染不降反升的地方，反而执法力度小。我们将对这些地方进行限批、约谈，这是下一步的工作重点。

五是市场导向，全民共治。合理确定各级政府投入比例，积极争取金融机构支持和社会资本投入，建立政府、市场、社会多元化的治水投融资体系。探索推进水权交易、水排污权交易和生态补偿机制，完善阶梯水价制度，推行治水设施第三方运行维护。发动干部群众、企业家、省外浙商、华人华侨捐资投劳治水。发动群众，组建治水志愿者队伍。成立由 200 多名专家组成的“五水共治”技术服务团，服务基层治水。通过报纸电视、微信微博等媒体广泛宣传报道，组织开展村企结对等公益活动。以村规民约、门前“三包”责任书等形式，引导广大群众亲水、爱水、惜水、护水。

可以说，浙江省“五水共治”决心大、干劲足、措施实，水环境质量改善成效明显。2015 年，全省地表水优于Ⅲ类的水质断面占 72.9%，比 2010 年提高 11.8 个百分点；劣Ⅴ类断面占 6.8%，比 2010 年下降 9.9 个百分点。特别是，以治水为突破口，不仅改善了地区生态环境，而且增加了有效投资，促进了经济转型，提升了民生福祉，更为未来发展留出了空间和后劲。

归结起来，浙江省“五水共治”实现了四个转变，值得各地认真思考和学习。

一是在思想观念上，要从单纯追求 GDP 增长，向主动践行“两山论”和绿色发展理念转变。思想弯子转不过来，只能把环保作为一个包袱，只能就事论事，只能通过外在压力、而不是主动去做环保。习近平总书记讲，优良的生态环境是优势，绿水青山可以源源不断地带来金山银山。越来越多的人已经认识到，保护生态环境是增值自然价值和自然资本的过程，是培育发展新优势的过程，是机遇而不是包袱。我最近在深圳讲，环保不是发展的包袱、不是财政的包袱、不是地方政绩的包袱。但水污染治理投资大、见效慢，要真正把思想和行动统一起来并不容易。浙江省历届省委、省政府坚持实践“两山论”、绿色发展，以“功成不必在我”的胸怀接力治水，连续十多年开展了三轮“811”行动计划，把一张蓝图绘到底，最终尝到了“绿水青山就是金山银山”的甜头。环保工作一定得吃到甜头，这是一条值得借鉴的重要经验。加强水污染治理，必须从源头上扭转发展的传统惯性思维，打破唯 GDP 论，把绿色发展真正转化为党委政府和各部门的执政观、政绩观和实践观，形成环境治理的战略定力，保持任何时候都动作不变形、不走样。

二是在战略目标上，要从过去主要抓主要污染物总量减排，向以改善环境质量为核心转变。环境质量是目标，总量减排是实现质量改善的手段之一。抓环境质量，就是抓突出问题，就是问题导向和目标导向的结合。昨天晚上夏宝龙书记跟我讲，最难的时候决心怎么坚持下去？老百姓的期盼、支持，是老百姓实实在在的需求。以改善环境质量为核心，可以使环境治理成效与老百姓的感受更加贴近，让人民群众有明显的获得感；可以更好地调动地方的积极性，有针对性地解决突出环境问题；可以更好地统筹运用结构优化、污染治理、总量减排、达标排放、生态保护等改善环境质量的多种手段，产生综合效益。浙江紧紧围绕水环境质量改善这个核心，下硬功夫、用硬举措，抓到点子上，牵住了“牛鼻子”。加强水污染治理，必须强化质量目标导向，将环境质量指标作为硬约束，采取科学的、系统的、有针对性的治理措施，并严格落实到位。

三是在体制机制上，要从环保部门单打独斗，向环境保护“党政同责”“一岗双责”转变。必须调动上下、左右的积极性，形成齐抓共管的局面。环境保护不是环保部门一家的事情，地方党委、政府和有关部门都有责任，这是新修订的《环境保护法》和中央出台的《关于加快推进生态文明建设的意见》《生态文明体制改革总体方案》等一系列文件的明确要求。过去环境问题解决不好，就是因为没有建立好的机制，没有形成绿色发展的内生动力。浙江把水污染防治作为党政“一把手”工程，明确各级党委政府和各部门责任，形成了强大工作合力和联动效应。加强水污染治理，必须将“党政同责”“一岗双责”落到实处，而且要制度化，不能本届书记重视，就一岗双责；书记走了，就走回头路。环保工作都来抓、环保责任共同担，做到守土有责、各负其责、失职追责。

四是在推进方法上，要从自上而下为主，向自上而下、自下而上相结合转变。过去，我们工作方式总体上是自上向下的过程。现在，需要转向既有自上向下、也有自下向上的过程。这个“下”就是基层，就是人民群众。浙江“五水共治”把百姓身边的“垃圾河、黑臭河、牛奶河”作为治理重点，最受老百姓欢迎，发挥地方首创精神，因地制宜、实事求是、精准发力，不搞大水漫灌；强化公众参与和社会监督，以改善环境凝聚人心，赢得了支持和理解，形成了全民行动格局。老百姓如果不支持，在最困难的时候怎么能坚持下来呢？我们常讲，我们的政府是为人民服务的。为人民服务，就是要想人民所想、急人民所急；还有就是发动群众、依靠群众，形成全民行动的格局。加强水污染治理，必须坚持自上而下、自下而上相结合，建立以政府为主导、以企业为主体、全社会共同推进的工作格局，上下联动，左右互动，凝聚最大公约数，形成最大合力。

二、《水十条》落实进展情况及存在的主要问题

2015 年 4 月国务院发布《水十条》以来，各地区、各部门认真贯彻落实，工作力度不断加大，取得积极进展。环境保护部切实履行《水十条》总牵头与协调职责，推动建立全国水污染防治工作协作机制和京津冀、长三角、珠三角等重点区域水污染防治联动协作机制；分解落实《水十条》目标任务，与各省份签订目标责任书，作为将来考核的依据；出台《水污染防治工作方案编制指南》《水体达标方案编制技术指南》，指导督促各地编制实施水污染防治工作方案；定期分析调度各地区、各部门进展情况。有关部委也积极行动起来，出台了相应配套政策。发展改革委牵头制定了提高污水处理收费标准的相关政策；财政部发布了水污染防治专项资金管理办法，积极推广政府和社会资本合作（PPP）模式；住房和城乡建设部加快推进城市黑臭水体整治，印发工作指南，搭建信息管理平台；农业、科技、水利等部门结合自身职责，出台了本领域落实《水十条》的实施方案。

各地扎实推进水污染治理工作。各省（区、市）多次召开省（区、市）政府常务会议或专题会，研究部署《水十条》落实工作，省级层面的水污染防治工作方案都已经制定完成并向社会公开。到目前为止，除个别省份外，各地均建立城镇居民用水阶梯价格制度，547个城市实行阶梯水价，占城市总数的91%。地级及以上城市均按要求筛查填报了黑臭水体信息。浙江、广东等地大力开展违法排污企业整治工作，依法查处一批严重污染环境事件。江苏在全国率先出台沿海城市总氮污染控制方案。江西印发《流域生态补偿办法》，流域生态补偿资金分配将水质作为主要因素。山东临沂大力推进中心城区黑臭水体整治，采用“截污、导流、清淤、处理、活水、景观”的治理策略，有效解决污水直排问题。湖北十堰对五条不达标河流实施“截污、清污、减污、控污、治污”五大工程，短短一年时间，基本实现“不黑不臭，水质明显改善”的阶段性目标。

但是我们也要清醒认识到，这些成绩仅仅是初步的，落实《水十条》涉及部门多、领域广，任务重、要求高，一些地方的落实情况与《水十条》的要求还有差距，相比《大气污染防治行动计划》，《水十条》的落实有些沉闷。当前工作中仍存在一些突出问题。我在这里点一下，希望引起大家的思考和重视。

一是思想观念、管理思路、方式方法转变调整慢。一些地方思想观念尚未转到以改善环境质量为核心上来，工作思路、工作方法仍停留在过去，目标不清晰、重点不突出、管理不系统、打法不成章，导致工作成效不明显。以环境质量为核心改革和完善总量分配的思路和方法，有些地方还没有落实，仍机械化摊派减排比例，未将削减要求落实到固定源，未与排污许可制度进行一体化设计和考虑，未与环评制度实现有效衔接。现在的一些做法还不是综合的、整体的方案，还是“一招鲜、吃遍天”。

二是“等”“靠”“要”思想比较严重。一些地方缺乏进取意识，被动等待国家政策和工作部署，遇到困难时又抱怨国家要求太高、不切合实际，希望把目标定得低一些，工作压力小一点。有的地方监管主动性不强，等领导批示，等机构改革，等专项行动，等媒体曝光，等群众举报，对新问题束手无策，对老问题无可奈何，工作止步不前。一些市县一味地要资金、要政策，而不主动根据实际情况研究出台针对性政策措施，导致一些重点任务难以按期完成。《水十条》要求的“十小”企业取缔、重点行业专项整治等工作，有的地方严重滞后，没有实质性进展。

三是配套政策措施落实不到位。对国务院有关部门出台的《水十条》配套政策措施和指导性文件，不少地方抱着完成任务的心态，通过转发文件、会议传达等方式进行落实，没有结合地方实际情况，认真分析存在的问题，细化配套措施，政策实施成效大打折扣。

四是环保工作机制不健全。部分地区在制定水污染防治工作方案过程中，依然存在部门责任分解不到位、职责不清晰的突出问题，没有建立政府牵头、部门协作的水环境保护工作机制，还是环保部门一肩挑，被动承担很多难以承载的职责任务。这个责任很多不是在环保部门，很多地方《水十条》的任务分解不下去，其他部门都不接。回去要跟各地党政一把手讲，环保督察的一项重要内容就是各部门环保职责的落实情况。最近环境保护部转发了一些省市的文件，如内蒙古、湖南、陕西、甘肃等地党委、政府出台环保职责部门分工方案，值得借鉴，大家一定要好好学习，交到党委、政府主要领导手上。各地要下大决心做，不能再继续观望。

五是信息公开亟待加强。一些地方认为环保不应给政府和企业添麻烦，讲好的多、讲问题的少，不敢直面问题，不敢面对群众。有些地方甚至对一些水污染情况、突发环境事件隐瞒不报，本应公众知晓的环境信息不予公开，对公众知情权、参与权、监督权保障不够。现在想捂着盖着也遮不住，媒体监督、公众监督很严密，查到了就要追责。不少企业甚至重点排污单位仍然没有按照规定公开污染物排放状况及治污设施建设运行情况。一些地方和企业不是在工作上下功夫，而是在监测数据、台账资料上做文章。信息公开是接地气、推动公众参与最有效手段，要多做、早做、做深、做透。2016 年我们将把企业污染信息公开作为工作重点。前段时间，我们配合住房和城乡建设部晒出了全部城市黑臭水体清单，社会反响热烈，收到很好成效。

今天我把这些问题在这里给大家谈一谈，希望引起大家的触动，引起重视，对对账，工作抓得怎么样，认真分析研究，加快采取措施加以解决。

三、当前和今后一段时期的重点工作

“十三五”时期是全面建成小康社会的决胜阶段，是补齐生态环境短板、实现环境质量总体改善的攻坚期。做好新时期水环境保护工作，必须牢固树立和贯彻落实五大发展理念，以改善水环境质量为核心，结合体制机制改革，实施最严格的水环境保护制度，将《水十条》细化为各部门各地方的施工图，确保各项任务措施落地生根、开花结果。现在就是抓落实，把《水十条》落实到每个部门和各个地方。

（一）完善水环境质量目标管理体系。强化水环境质量导向，围绕实现水环境质量目标，建立和完善系统科学的管理体系。主要包括四个方面：

第一，明确目标任务。受国务院委托，环境保护部已与各省（区、市）签订水污染防治目标责任书。各省（区、市）要将国家下达的水环境质量目标逐级分解到地方，并与各地市签订责任书，确定年度工作目标与任务。2016 年全国水环境质量目标是，地表水水质优良比例总体达到 66.5%、丧失使用功能水体比例控制在 9.2%以内。要将目标任务细化到市、县，并层层明确任务措施和责任单位。除国家规定的化学需氧量、氨氮两项约束性指标外，各地应将区域内水体超标因子作为主要污染物，列为优先控制对象，以体现改善水环境质量为核心。各地要根据本地区环境质量目标，按流域、区域、行业，分解细化各项任务和工程项目，明确责任单位、责任人和时间节点。国家已建立流域-生态功能控制区-水环境控制单元三级水生态环境分区体系。各地要按照国家区划，在控制单元基础上进一步细化实化工程措施和管理目标，最大限度减少污染排放、最大程度改善环境质量。对于未达到水质目标要求的地区，要按照国家确定的控制单元制定达标方案，细化分解本行政区域内控制单元和断面水质目标，明确防治措施及达标时限，方案报上一级人民政府备案，自 2016 年起，要定期向社会公布，让老百姓、让全社会品头论足。

第二，健全管理制度。按月对国控断面水质状况、《水十条》实施进展进行调度，督促重点工作任务落实。对重点考核断面、饮用水水源水质、重点工作进度等情况进行监控，动态分析各地水环境质量变化情况，及时做出预判。研究建立水资源、水环境承载能力监测评价体系，实行承载能力监测预警，已超过承载能力的地区要实施水污染物削减方案。每月对各地水环境质量状况进行排名，每季度对各地水环境质量改善情况进行通报，每年公布水环境治理最差和最好的城市名单和各省（区、市）水环境状况。我们也在征求意见，如何让排名更科学、更有导向性，有的地方不能单靠天（雨水）吃饭、自己不努力也能很好，还有上下游的问题，比大气要复杂。对水质现状、重点工程任务、达标方案、完成时限、考核评估结果等信息进行公开，推进公众参与，接受公众监督。

第三，强化考核问责。环境保护部正在研究整合大气、水、土壤、重金属等环保考核，拟出台环境保护总体考核方案及实施细则等文件，其中水的考核是重要组成部分。总体考虑：一是质量优先与兼顾任务相结合。将水环境质量改善程度作为判断的根本依据，水污染防治工作进展作为参考，总量完成情况服从服务于质量考核。二是统一协调与分工负责相结合。考核具体工作由环境保护部统一协调和负责组织实施。按照“谁牵头、谁考核、谁报告”原则和“一岗双责”要求，由各牵头部门负责牵头任务考核，由环境保护部汇总做出综合考核结果。

结合省级环保督察和生态文明体制改革“1+6”方案，运用好考核结果，将考核结果作为对地方领导班子、领导干部综合考核评价和选拔任用的重要依据，作为中央财政安排水污染防治专项资金的重要依据。环保督察发现的所有问题，都会移交中组部、监察部。与财政部协商安排水污染防治专项资金，干得好的就多给，干得不好的就少给甚至不给。要落实《党政领导干部生态环境损害责任追究办法（试行）》等要求，对干预、伪造数据和没有完成年度目标任务的，依法依纪追究有关单位和人员责任。将《水十条》落实情况、水环境质量严重退化、重点治污任务不落实等作为督政的重要内容，督促地方各级政府落实责任，确保水环境质量得到改善。

第四，夯实工作基础。抓紧完成水环境监测网络建设。环境保护部已印发《“十三五”国家地表水环境质量监测网络设置方案》，确定纳入国家层面评价、考核、排名的断面共1940个。各省（区、市）要按照要求，认真组织开展地表水环境质量监测，及时将水质监测原始数据及分析报告定期上报。加强水质自动监测站建设，环境保护部将实时发布水质自动监测数据。各地要依据实际情况，适时调整省、市、县控断面，确保客观反映控制单元水质状况。强化监测质量控制，认真落实质控技术规定，规范监测方法，保证数据质量。国家将开展水质自动监测数据在线审核工作，确保监测数据准确可靠。原始数据必须上报。用大数据进行校对核查，各地要把心思用在治理上，不要用在数据上。

（二）突出抓好“两头”。一是保护“好水”。“十三五”规划纲要的环境约束性指标，水、气都是两方面的指标，好的指标和差的指标。“十三五”的一个重要思路就是两头都要抓。加强良好水体保护，对江河源头及现状水质达到或优于Ⅲ类的江河湖库开展生态环境安全评估，制定实施生态环境保护方案，确保“好水”不能变差。全力保障饮用水水源安全。2016年底前，全面完成市、县级集中式饮用水水源保护区划分批复。加快推进饮用水水源规范化建设，地级及以上城市按季度公开饮用水水源、供水厂出水和用户水龙头水质等饮水安全状况。以长江经济带沿线省市为重点，按照习近平总书记“共抓大保护、不搞大开发”的要求，开展饮用水水源保护区执法检查，严格处罚违法行为。二是治理“差水”。大力推进黑臭水体、不达标水体专项整治，及时公开进展情况。环境保护部将会同住房和城乡建设部等部门，建立完善城市黑臭水体整治信息平台，探索利用遥感等手段监测整治工作，定期公布黑臭水体整治进展，接受公众监督举报。

（三）实施重大工程持续减排。浙江很重要的一条经验就是解决管网问题，浦江先解决支管的问题、再解决骨干的问题。只有管网问题解决了，才能事半功倍，才能可持续治理。“十三五”期间，国家层面将实施城镇污水及配套管网建设、畜禽规模养殖污染治理及废弃物综合利用两项重大工程，带动水环境大治理，完成“十三五”化学需氧量、氨氮减排约束性指标。各地要在认真落实两项工程措施的基础上，结合本地实际情况和水环境改善目标要求，大力开展城乡结合部污水收集处理、农村环境连片整治、重要区域湖滨带与湿地环境综合治理、饮用水水源地环境综合治理、城市黑臭水体整治、“十小”企业关停等工作。这些措施对改善区域水环境质量都会起到促进作用，减少的污染物都应当计入削减量。2016 年，全国化学需氧量、氨氮排放量要分别削减 2%。各地要将减排目标任务落实到具体排污单位，减排量与环境质量相挂钩，环境质量差的地方必须承担更重的削减任务。

（四）推进重点流域区域海域污染防治。在重点流域方面，抓紧编制实施重点流域水污染防治“十三五”规划，进一步加强太湖、巢湖、滇池富营养化治理，强化三峡库区及上游地区水污染防治和丹江口库区及上游地区水源保护等重点工作。在强化长江经济带大保护方面，环境保护部正在制定《长江经济带生态环境保护规划》《长江经济带环境保护2016—2017 年行动计划》，其中《长江经济带生态环境保护规划》在 6 月要形成初稿，有关地方要抓紧制定工作方案，明确流域内各控制断面的水质目标，完善跨界考核断面监测网络，优化沿江取水口和排污口布局。在加强京津冀及周边地区水污染防治方面，京津冀及周边地区水污染防治协作小组办公室正在制定协作机制的工作要点，有关地方要结合实际细化任务分工，明确时间节点，大力开展工业集聚区污染集中整治，着力推进城镇污水处理设施升级改造，加强畜禽养殖污染治理。在海域环境保护方面，调查评估重点河口海湾环境状况，编制近岸海域污染防治方案。各地要制定实施计划，落实“一河一策”分类管理要求，细化入海河流水质达标方案。沿海地区要有针对性地开展总氮污染控制工作。

（五）加强点源污染治理。实施排污许可管理，2016 年先在造纸行业推行。各地要提前排查梳理行政区域内各类工业企业排污状况，推动企业加强自行监测等能力建设；对于存在未批先建、批验不符等违法情形的企业，由地方结合实际情况进行依法处理并报地方政府批准同意后，纳入排污许可证管理范畴。通过核定企事业单位许可排放限值的方式，明确每个固定源的总量控制指标。不达标水体所在地要研究建立基于水质达标的区域、流域排放标准，通过核发排污许可证对相关企业实施更加严格的排放管理，推动水质达标。

推进取缔“十小”企业。各地要抓紧对造纸、制革、印染等 10 个行业进行全面排查。依据国家和地方有关法律法规、《产业结构调整指导目录（2011 年本）》《部分工业行业淘汰落后生产工艺装备和产品指导目录（2010 年本）》等产业政策，确定装备水平低、环保设施差、污染严重的“十小”企业名单，报经政府同意后全部予以取缔。

（六）强化科技支撑。绿色创新是目前最活跃的创新领域，水污染控制技术正酝酿着新的重大突破，将为我们解决突出环境问题提供新的方案。要积极借鉴国内外先进经验。新加坡、以色列等典型缺水国家，在水污染排放标准总体严于我国的情况下，依靠技术创新，较好地控制了水处理成本。例如，新加坡通过以膜技术为核心的反渗透法，生产一吨新水的成本为 2～2.5 元，一吨淡化海水的成本约人民币 3.8 元，目前新生水占新加坡总供水量的 30%，淡化海水约占 10%，在解决水污染的同时，很好地缓解了水资源短缺问题。我们最大的问题还是污水处理厂尾水的问题，各地要做很好的探索。最近，伦敦为了支撑未来 100 年的发展、支撑从 800 万人口向 1600 万人口扩张的发展空间，决定再一次对泰晤士河进行大规模的流域治理。它计划采用一系列新的技术、工程和管理创新方案，解决当前每年3900万吨未经处理的污水，并预测未来100年的污水排放情景，建设一条长达25千米、宽有3个公交车道、深度超过65米的欧洲地下最深的污水传输和处理管廊。这一创新技术方案的实施，不仅将改善伦敦的生态环境、公共卫生、城市景观，也将推动打造伦敦新的流域经济，形成新的全球竞争力。我们讲水污染治理，不是单纯的治理污染，一定是与流域经济结合起来，只有结合起来，《水十条》才能做好。我们要依托水体污染控制与治理科技重大专项等有关国家科技计划，从关键问题出发，加快节水、治污、修复等重点技术研发，加大国际科研合作，加强技术成果共享与转化，为解决目前的突出水环境问题、促进环保产业跨越式发展提供技术动力。

（七）完善政策保障。一是完善配套政策。按照《水十条》要求，国家将每年出台一批水污染防治重大政策措施。国务院有关部门将在2016年底前陆续出台22项政策措施，涉及强化工业污染防治、推进重点行业清洁化改造、防治畜禽养殖污染等方面。各地要结合实际，细化各项政策措施，尽快落地，发挥作用。水的问题，各地情况很不一致，水多水少、季节性变化、产业状况、地理条件，都有很大不同，所以一定要因地制宜，要自下而上，体现地方创新。国家出台一个统一标准，制约条件太多、成本太高、硬伤太多。二是健全法规标准。国家正在加快水污染防治、排污许可、化学品环境管理等法律法规的制修订，各地要结合水环境管理需求，出台实施地方性法规标准。我们现在的问题是国家标准过于严，地方没有空间，下一步我们要给地方标准留出空间来，地方制定标准判断的最重要依据是水环境质量能不能达标。重点地区要根据水污染形势，探索实行重点行业水污染物排放限值。三是创新投融资渠道。财政部、环境保护部正在开展《水十条》项目储备库建设，各地要结合项目实施基础和水环境现状、问题及保护目标，统筹安排水污染防治项目实施。大家一定把工作做在前面，项目一定要入库，国家才能给予支持。积极创新投融资机制，遵循市场原则，积极引入社会资本，通过PPP等模式推动重大项目建设。四是建立完善协调协作机制。各地要抓紧建立水污染防治协调协作机制，建立上下游联合执法、交叉检查、跨界重大建设项目环评会商等机制，积极开展跨界水环境补偿试点。鼓励有条件的省份在全省（区、市）范围内探索创新水环境管理机制体制，实行水质、水量、水生态统一管理，对控源、治污、调水、监测执法、环境应急、纠纷处理、信息共享等工作统筹推进。

同志们，实现“十三五”水环境保护目标，任务繁重，责任重大。我们要在党中央、国务院的坚强领导下，勇挑重担、开拓创新、攻坚克难，从严从实从细抓好落实工作，以水环境质量改善的实际成效来增进民生福祉，让人民群众有更多的获得感和信任感，为全面建成小康社会做出新的更大贡献！

环保内部情况通报

第 17 期
环境保护部办公厅　2016 年 5 月 6 日

在环境保护部定点扶贫工作座谈会上的讲话

环境保护部部长　陈吉宁
（2016 年 4 月 8 日）

同志们：

非常高兴在承德召开环境保护部定点扶贫工作座谈会。会前在围场、隆化两个定点扶贫县（以下简称两县）做了调研，考察了产业扶贫项目，慰问了贫困户，还看望了两县环保干部职工，收获很大，留下了非常深刻的印象。这次调研座谈主要有两项任务：一是按照中央要求，深入了解两县脱贫攻坚情况；二是研究推动两县脱贫攻坚，实现中央确定的 2020 年脱贫摘帽目标。

环保和扶贫是全面建成小康社会的两个突出短板。同时补齐这两个短板，必须平衡好发展和保护的关系，处理不好就是“两难”，处理好了就是“两易”，环保和扶贫都受益。从调研情况看，承德特别是两县都是按照“两易”的方式，在努力走出一条边发展边保护的协调共赢之路。从我国经济社会发展看，当前有效供给不足的一个重要方面是生态环境，而承德的优势就在于有良好的生态环境。这是周边北京、天津和河北其他地区替代不了的，有利于形成新的产业优势，平衡处理好了可以实现经济社会发展弯道超车，但需要一个发展过程。

在发展的过程中，承德要坚决守住底线。一是生态底线，把森林、水源地保护好，划定并严守生态保护红线。二是空气质量，建议承德制定实施空气质量达标计划，2020 年细颗粒物年均浓度“争 35 保 39”，其中 5—11 月旅游旺季要先行实现达标。三是水环境质量，着力加强城镇基础设施建设和农村环境综合整治。农村重点抓好垃圾处理，优先治理旅游点、旅游乡村和乡镇，认真研究长效机制建设问题，协商财政部共同支持两县搞试点、探路子。此外，还要高度重视农业面源污染，在养殖粪便处理、循环利用等方面加大力度。

只要底线守住了，生态环境质量不下降而且逐渐变好，环境保护部对承德市以及两县提出的请求支持事项，一定尽最大努力给予帮助。目前，生态补偿、农村环境综合整治、流域综合整治等都在启动推进，请承德市及两县把方案编制好，环境保护部积极给予支持，请规财司牵头抓好落实。

下面，我讲几点认识和看法。

一、充分肯定两县扶贫开发成绩

“十二五”期间，两县分别实现了10.6万人、5.2万人贫困人口稳定脱贫，农村居民人均可支配收入分别达到6374元和6555元，增速均高于全国平均水平，扶贫开发工作取得积极进展。总体上，有四个方面成效和特点。

一是基础设施不断改善。两县全部实现了村村通水泥路，广播、电视、电话等通信设施基本实现全覆盖，农村学校达到普九建设标准，农业基础设施条件得到提升，贫困村饮水安全、危房改造等重点工程加快推进，农村环境面貌大幅改善。

二是特色产业加快发展。脱贫造血最根本的还是要靠产业发展，两县势头不错。形成了一大批有优势的、能够带动农民脱贫的主导产业，比如畜牧、林果、中药材、旅游观光等，不仅推动了发展，而且农民直接受益，贫困户有稳定增收项目。

三是生态环境质量较好。在加快发展的同时，生态环境质量保持在较好水平。两县森林覆盖率均接近60%，在北方地区少有，在全国仅低于福建、江西两省平均水平。伊逊河、小滦河、滦河达到III类水质标准，城区饮用水水源地水质达标率100%。

四是扶贫工作推进有力。围场县对贫困村逐一定目标、定任务、定人员、定期限，一户发展一项增收项目，一村培育一个主导产业；隆化县建立“一村一品一支部、一户一策一干部”的精准帮扶机制，形成了一大批好的体制机制和做法。

环境保护部历来高度重视定点扶贫工作。帮扶两县分别是第24个、第14个年头，结下深厚的感情，把支持两县当成自己的事情和义不容辞的责任，从资金、项目、政策、人才等方面给予帮扶，取得积极成效。对照2020年同时补齐环保和扶贫两个短板的目标要求，今后将继续给予大力支持。

二、进一步深化认识和要求

去年11月27—28日，中央召开了扶贫开发工作会议，吹响了打赢脱贫攻坚战的冲锋号；12月11日，召开了中央单位定点扶贫工作会议，对做好新时期定点扶贫工作做出了部署。为把中央决策部署贯彻落实到位，要进一步提高对扶贫攻坚的认识，明确定点帮扶工作要求。

一是贫困问题具有长期性、艰巨性、复杂性，必须进一步做好攻坚克难的思想准备。在中央扶贫开发工作会议上，习近平总书记指出：“脱贫攻坚已经到了啃硬骨头、攻坚拔寨的冲刺阶段，所面对的都是贫中之贫、困中之困。”从这两天慰问的几家贫困户看，都属于没有发展能力的情况。这让我们对习近平总书记的指示有了更深刻的理解。从两县的情况看，目前仍有贫困村311个、贫困人口16.72万人，贫困发生率在20%左右。按照“三年集中攻坚、两年巩固提升”的目标，2016—2018年两县平均每年要各减贫近2.8万人，相比“十二五”脱贫任务而言更加艰巨。特别是，越往后脱贫攻坚成本越高、难度越大、见效越慢。当前，经济下行压力加大，大宗商品价格持续走低，农产品也受影响，进一步增加了脱贫攻坚的难度。必须全面深入贯彻落实中央要求，按照“六个精准”“五个一批”的基本方略，采取力度更大、针对性更强、作用更加直接的措施，扎实做好扶贫工作。

二是定点扶贫是政治责任和政治任务，必须进一步增强工作主动性。组织中央单位开展定点扶贫，是中央从全局出发做出的重大决策。习近平总书记指出：“党政军机关、企事业单位开展定点扶贫，是中国特色社会主义扶贫开发事业的重要组成部分，也是我国政治优势和制度优势的重要体现。”去年 9 月，国务院扶贫办会同中组部等 8 部门印发了《关于进一步完善定点扶贫工作的通知》，从加强组织领导、选派干部挂职扶贫、强化工作考核等方面，对做好新形势下的定点扶贫工作提出了总体要求。中央单位定点扶贫工作会议明确提出，要建立领导责任制和工作考核机制，具体考核办法即将出台，今年开始实施。必须按照中央的部署和要求，把定点扶贫工作当做一件大事、摆在重要位置抓紧抓好。定点扶贫是多方面的，既可以是资金项目、智力支持、技术服务，也可以是信息政策指导，还可以是经验介绍，等等。必须联系实际，从自身优势出发扎实做好对接，真正了解两县需求，把工作做到实处。

三是定点扶贫最根本的任务是帮助贫困户脱贫，必须进一步明确帮扶方向和措施。中央强调，定点扶贫工作不仅要看拿了多少钱、派了多少人、办了多少事，更要看有多少人脱了贫。做好定点扶贫工作，必须牢牢把握这个根本任务，把工作落实到人、落实到贫困的人。从环保和扶贫的关系看，贫困地区大多是生态脆弱敏感地区，环保要多从发展的角度考虑，发展要多从环保的角度考虑，走出一条发展和保护相协调的路子。环保扶贫既要帮扶产业发展和项目建设，又要支持抓好生态环境保护，更要创新机制，把生态环境保护与解决就业、增加收益紧密结合起来，让贫困人口有参与感、获得感。从环境保护部定点帮扶看，两县都编制了脱贫攻坚方案，已经完成建档立卡，既要在宏观上给予政策项目支持，又要在微观上按照精准扶贫、精准脱贫的原则，把工作沉下去，做到脱贫到户。工作沉下去了、做到位了，还可以更好地了解基层如何处理保护和发展的关系，有利于提高环境管理科学化、精细化水平。

三、切实加大定点帮扶力度

为了做好“十三五”工作，环境保护部组织编制了“十三五”定点扶贫方案，已经印发给河北省、承德市及两县参会人员，请多提意见建议。下一步，经修改完善之后将印发实施，作为“十三五”定点帮扶两县的工作指南和依据。

总的原则是，两县脱贫攻坚中遇到的困难，就是环境保护部遇到的困难，原则上全部予以大力支持，同时将加大协调力度，积极争取相关部委一起支持两县发展。“十三五”期间，将在以下六个方面加大帮扶力度：

一是支持因地制宜发展特色产业。在生态农业方面，加强有机农产品生产、加工基地建设的政策支持和技术指导，积极协调大型企业集团支持蔬菜、肉牛、中药材等产业发展。在生态旅游方面，支持改善贫困地区旅游环境基础设施，加快旅游景点及周边环境综合整治，加大两县旅游资源宣传力度。在资源型优势产业方面，把好准入关，防止散、小、乱，真正高标准发展，严格落实环保要求。积极推介资本、技术、企业“引进来”。支持发展电商扶贫。

二是支持改善生产生活环境。两县生态环境较好，但都属于生态环境脆弱地区。改善生态环境，既是发展的支撑，又是发展的目的，是老百姓的幸福感、获得感之所在。重点支持把滦河治理好、保护好，目前河北、天津滦河流域横向生态补偿已经达成一致，补偿资金要向围场、隆化两个源头县倾斜，让两县从滦河生态环境保护中受益。研究支持两县实现细颗粒物达标，旅游旺季先达标。优先安排中央农村节能减排资金，支持两县农村环境综合整治，会同河北省把两县作为试点，力争实现贫困村全覆盖。请两县认真编制方案并及早研究运行维护机制、市场主体培育等问题，环境保护部给予技术指导和支持。

三是支持生态保护修复。在发展中进一步巩固和提高两县生态优势。协调有关部门加大重点生态功能区转移支付力度，落实奖惩机制。支持实施生物多样性保护重大工程，开展生物多样性保护与减贫试点，加强保护区规范管理。指导开展多层次的生态文明建设示范创建，鼓励申报生态文明奖。

四是加强科技、人才帮扶。根据两县需要，每年选派一批产业、规划、政策、项目、信息等方面专业人才，为两县提供技术服务和指导。环保类培训继续向两县倾斜。选派优秀中青年干部到承德市及两县挂职锻炼或担任贫困村第一书记，支持他们干事创业。目前，环境保护部共有 4 名干部在承德市及两县挂职锻炼，今后根据需要进一步加大力度。

五是加大资金扶持力度。环保各类专项资金、转移支付资金安排中，把定点扶贫作为重要考量因素，加大倾斜力度。积极引导有关基金项目、社会资金参与两县生态环境保护和扶贫开发。每年在部门预算中安排一定工作经费，支持开展帮扶工作。

六是充分调动发挥各方积极性。将两县作为直属机关深入群众调研定点基地和帮扶公益活动定点地区，鼓励司局级干部定期下到两县、接接地气。动员部属单位各级党组织、工青妇组织和环保干部职工，积极参与到扶贫工作中。建立部属单位参与定点扶贫的工作机制并抓好落实。

最后，对做好定点帮扶两县工作，我提三点希望和要求。一是加强国家、省、市、县四级协调配合，环境保护部要突出重点、加大力度，河北省、承德市要承上启下、合力推动，两县要加强统筹、狠抓落实，共同推进定点扶贫工作取得成效。二是创新机制，紧紧围绕精准扶贫、精准脱贫，在政策机制创新上做足文章，协同推进环保与扶贫，让贫困人口分享扶贫攻坚和生态环境保护效益。三是廉洁扶贫，扶贫开发中出现任何廉政问题，都是对扶贫事业的巨大损害，务必高度重视。

我相信，在党中央、国务院的正确领导下，在河北省、承德市及相关部委的支持指导下，只要我们统筹兼顾、协调推进，精准发力、真抓实干，定点扶贫工作就一定能够取得新的更大成效，两县就一定能够实现“三年集中攻坚、两年巩固提升”目标，为 2020 年全面建成小康做出积极贡献。

环保内部情况通报

第 18 期

环境保护部办公厅　2016 年 5 月 9 日

加快健全监管体系　确保核与辐射安全

——在第五次全国核与辐射安全监管工作会议上的讲话

环境保护部党组书记、部长　陈吉宁

（2016 年 4 月 19 日）

同志们：

今天召开第五次全国核与辐射安全监管工作会议，主要任务是深入学习贯彻党中央、国务院关于加强核与辐射安全监管的决策部署，分析核与辐射安全形势，总结“十二五”工作，部署“十三五”任务，推进监管体系和监管能力现代化，确保核与辐射安全。

刚才，会议表彰了在第四次朝核应急工作中表现突出的单位和个人。我代表部党组向受表彰的单位和个人表示热烈祝贺！借此机会，向辛勤工作在核与辐射安全监管一线的同志们致以诚挚问候！

今天，我主要讲三点意见。

一、深入学习贯彻党中央、国务院关于核与辐射安全监管工作的决策部署

核安全是国家安全的重要组成部分，是环境保护的重要领域，党中央、国务院历来高度重视。党的十八大以来，习近平总书记多次对核安全工作做出重要指示批示。在 2014 年 3 月荷兰海牙核安全峰会上，总书记指出，要坚持理性、协调、并进的核安全观，把核安全进程纳入健康持续发展轨道，做到发展和安全并重、权利和义务并重、自主和协作并重、治标和治本并重。在 2014 年 4 月中央国家安全委员会第一次会议上，总书记提出总体国家安全观，将核安全纳入国家安全体系。在 2016 年 4 月初召开的华盛顿核安全峰会上，总书记倡导建立公平、合作、共赢的国际核安全体系，提出强化政治投入、强化国家责任、强化国际合作、强化核安全文化四点主张和推进我国核安全工作五点举措，充分体现了负责任大国的使命担当，得到与会各方广泛赞誉。李克强总理、张高丽副总理也多次就加强核与辐射安全监管做出重要批示，提出明确要求。

在总体国家安全观引领下，党中央、国务院就核与辐射安全做出一系列新部署新安排新要求。《关于加快推进生态文明建设的意见》提出，切实加强核设施运行监管，确保核安全万无一失。国家“十三五”规划纲要要求，推进核设施安全改进和放射性污染防治，强化核与辐射安全监管体系和能力建设，实施核与辐射安全保障能力提升工程。2016 年年初，习近平总书记专门组织召开会议，研究制定国家核安全相关政策。国家核安全政策的制定实施，是党中央准确把握核安全形势变化新特点新趋势，协调统筹国内国际两个大局，从战略高度对国家核安全工作做出的全面部署，是未来我国开展核安全工作的基本方针政策，标志着我国核安全管理迈入新的发展阶段。

这些重要指示批示和要求，为我们进一步做好核与辐射安全工作提供了基本遵循和努力方向。我们要强化使命担当和责任担当，把思想和行动统一到落实党中央、国务院的决策部署上来，深入学习贯彻习近平总书记提出的中国核安全观，用安全至上、精益求精、严慎细实的工作态度，切实履行核与辐射安全监管职责，切实保障核与辐射安全。

二、准确把握核与辐射安全形势，科学谋划核与辐射安全监管工作

“十二五”以来，在党中央、国务院的坚强领导下，在全体同志的共同努力下，我国核与辐射安全监管法规制度进一步完善，体制机制进一步理顺，机构队伍进一步壮大，监管能力进一步提高，核安全文化进一步提升，各项工作取得明显成效。可以说，我们有一支作风好、能战斗、过得硬的监管队伍，有力保障了我国“十二五”期间的核与辐射安全。我们大力推进核设施福岛后安全改进行动，加快历史遗留放射性废物处理进程，严厉惩处违法违规事件，安全隐患进一步消除，核设施安全水平进一步提高，运行核电机组、民用研究堆持续保持安全运行良好记录，核电厂未发生过 2 级以上事件或事故；放射源事故发生率进一步降低，从“十一五”的每年每万枚 2.5 起以上持续下降至每年每万枚 1 起以下，辐射环境始终保持良好。这些成绩来之不易，为我们进一步做好工作奠定了坚实基础。

当前，我国核能与核技术利用事业处于快速发展期，变化不仅是量与速度自身的变化，而且极易引发系统性变化，这就不可避免带来安全风险的提高。因此，核与辐射安全监管面临的任务艰巨复杂，一定要保持清醒头脑。

一是核电安全监管任务日趋繁重。目前，我国运行核电机组 30 台，在建 26 台，在建规模世界第一，机组数量位居世界第三。到 2020 年我国核电机组数量预计将达到 90 余台，装机容量将超过法国，成为世界第二核电大国。同时，我国核电建设新堆型、新技术应用种类多样，增加了监管技术难度。一定要看到，核工业的扩展不是简单的线性扩展，带来监管工作量非线性的增加，对人员素质和体制机构提出了很高的要求。

二是核技术利用安全监管压力持续加大。我国是核技术利用大国，全国核技术利用单位有 6 万余家，在用放射源 12 万多枚，射线装置 13 万多台（套），基数大、增长快，监管范围点多面广。

三是老旧核设施和历史遗留放射性废物风险依然存在。一批老旧核设施退役工作亟待推进，历史遗留放射性废物处理处置进程滞后，部分放射性废物处于重要水源地或敏感区，一旦泄漏，将造成巨大危害和恶劣影响。

四是核恐怖主义威胁日益凸显。恐怖组织利用“脏弹”等发动核恐怖袭击的可能性加

大，对核材料和放射源等放射性物质管控能力的要求大幅提高。这是核安全的新领域，对安全监管提出了新要求。

五是核能社会接受度普遍不高。福岛核事故后，社会各界对核能核技术的接受程度大幅降低，“邻避效应”十分突出。一旦发生涉核事件，处理不当，不仅将严重影响正常生产生活秩序，也将长期影响核工业发展，甚至影响社会和谐稳定。

国际工程技术领域有个非常有名的“墨菲定律”，讲的是任何一个事件，只要有大于零的概率，就不能假设它不会发生。这句话对于核与辐射安全而言，更加深刻。核行业有鲜明的特性，即技术的复杂性、事故的突发性、影响的难以感知性、污染后果的难以消除性、公众的极度敏感性。当前，我国核与辐射安全领域风险隐患不少，在特定条件下存在矛盾激化甚至爆发的可能。对此，我们必须增强忧患意识，坚持底线思维，时刻保持头脑清醒、提高警惕，积极准备、妥善应对。一方面，做好源头防范，提高安全保障能力和可靠性，尽一切可能降低事故发生概率；另一方面，做好应急处置，一旦发生事故，要有切实可行的应对措施，避免经济社会发展和人民群众健康受到影响。

谋划做好新形势下的核与辐射安全工作，进一步统一思想、提高认识是第一位的。要深刻认识核与辐射安全，立足国家安全战略大局，将核与辐射安全作为一项重要政治任务来抓；要准确定位核与辐射安全，用安全促进发展，让安全成为最好的经济效益；要认真把握核与辐射安全，聚焦中国核安全观，遵从规律、系统考虑、协调发展；要全力保障核与辐射安全，防范核与辐射事故，保障核能与核技术利用事业安全健康发展，进而支撑经济建设、惠及民生；要努力提升核与辐射安全，着眼全球核安全视角，助力“核电走出去”，承担核大国责任。

三、推进核与辐射安全监管体系和监管能力现代化，扎实做好“十三五”工作

“十三五”时期是全面建成小康社会的决胜阶段，是实现环境质量总体改善的攻坚期，也是实现我国由核能、核技术利用大国向核与辐射安全监管强国转型的关键时期。确保核与辐射安全，是党和国家对人民的庄严承诺，是严守环境质量底线的内在要求，也是保障国家安全的底线工程。

我们要紧紧围绕“五位一体”总体布局和“四个全面”战略布局，以总体国家安全观为指引，以中国核安全观为统领，推进核与辐射安全监管体系和监管能力现代化，着重强化风险防控，抓好六项重点工作。一是对接“十三五”规划目标任务，分项分领域制定核安全专项规划和实施方案。二是瞄准历史遗留放射性废物处理处置、铀矿退役治理等难点问题，扎实做好放射性污染防治。三是注重防范风险和补齐短板，不断提升核设施和核技术利用安全水平。四是完善法规体系，要从法治规范上着手，严格监管执法，严厉查处违法违规行为。五是优化核与辐射安全许可管理，强化地方辐射环境管理职能。六是加强核安全文化引领，持续深入开展政治思想建设和作风建设。

李干杰同志还将就具体工作进行布置。我在这里着重强调一下推进监管体系和监管能力现代化，这是做好新时期核与辐射安全工作的必然要求和重要保障。要着力从以下四个方面推进。

第一，突出依法从严监管，强化核与辐射安全监管法治保障。政策法规是核与辐射安全

监管的标尺，也是避免系统性风险的根本保障。要完善法规标准体系，推动核与辐射安全法规标准体系科学化、规范化，力争到“十三五”末建成较为完备的核与辐射安全法规标准体系。加强核安全法规制修订工作，推动《核安全法》立法，规范核安全的顶层法律。积极开展地方核与辐射安全立法，确保地方核与辐射安全法规与国家法律法规紧密衔接、协调统一。优化监督机制，加大核与辐射安全执法力度，严惩违规操作、弄虚作假等违法行为。

第二，加强机构队伍建设，形成核与辐射安全监管中坚力量。加强监管一线监督检查人员队伍建设，加强对地方部门的业务指导和督察巡视，推动落实地方事权，落实辐射安全监管和辐射环境监测主体责任。在体制改革进程中，进一步加强核与辐射安全监管队伍建设。优化选人用人制度，建立集聚人才机制，给想干事、能干事的人施展才华的空间。完善激励机制，建立绩效评估体系，让多干事、干成事的人得到重用、得到奖励。

第三，提高专业技术能力，夯实核与辐射安全监管基础支撑。建设国家核与辐射安全监管技术研发基地。配备独立校核和试验验证能力，优化审评方法，提升审评科学性。完善全国辐射环境监测网络，强化预警监测能力。建立统一指挥调度的核事故应急响应专业队伍，定期开展应急演练，切实提高应急能力。建立经验反馈专家库，完善监管机构经验反馈体系。加强技术研发能力建设，完善科研管理制度，保障持续性投入，推动成果转化。积极搭建双边、多边国际合作平台，密切跟踪国际核安全发展趋势，积极借鉴国外先进做法和经验，要保持与国际完全接轨，以后还要做到引领国际。加大生态环保大数据应用力度，全面提升核与辐射安全监管信息化水平。

第四，强化核安全文化引领，推动核与辐射安全监管全民参与。法治意识、忧患意识、自律意识、协作意识是核安全文化的核心。要全面推进行业核安全文化建设，这也是我们核安全系统的特色和优势，要发扬光大。要促进核安全文化与管理体系深度融合，实现管理体系系统化和工作流程标准化。大力开展宣传教育，加强监督检查和考核评估，推动核安全文化持续改进。融合传统文化，开展国际交流，密切跟踪国际核安全发展趋势，汲取先进经验，构建既与国际接轨又有中国特色的核安全文化。着重加强监管队伍自身核安全文化建设，不断强化对核安全理念的认同感，真正将核安全文化内化于心，外化于行，将确保核与辐射安全作为核心使命和价值追求，激发事业心责任感。健全核设施信息公开制度，明确政府部门和营运单位信息发布范围、责任，增加行业透明度。提高公众在核设施选址、建造、运行和退役等过程中的参与程度，完善核安全突发事件公共关系应对体系，及时权威发布相关信息，释惑释疑，消除不实信息的误导，增强公众对核能与核技术利用安全的了解和信心，维护社会稳定。

最后，我再强调两点：

一要不断研究新情况。核能与核技术利用事业处于快速发展期，面对新情况，要不断研究新问题，认真做好核与辐射领域风险的预判、分析与防范。越是成绩好的时候，越是要不骄不躁，谦虚谨慎，有效确保核与辐射安全。

二要守住两个底线。即安全底线和廉政底线。核事业要快速发展，更要加强作风建设。要严格防范廉政风险，防微杜渐、慎独慎初，切实守住核与辐射安全底线和廉政底线。

同志们，确保核与辐射安全，责任重大，使命光荣。让我们紧密团结在以习近平同志为总书记的党中央周围，勇挑重担、再接再厉、开拓进取，切实提高核与辐射安全监管工作水平，为实现全面建成小康社会的宏伟目标保驾护航。

完善监管体系强化治理能力
努力实现核与辐射安全监管现代化
——在第五次全国核与辐射安全监管工作会议上的讲话

环境保护部副部长、国家核安全局局长　李干杰

（2016 年 4 月 19 日）

同志们：

大家上午好！

过去五年，我国核与辐射安全监管工作适应经济社会发展新常态，融入生态文明和环境保护大局，取得积极进展。刚才，陈吉宁部长就贯彻党中央、国务院决策部署，深入落实中国核安全观，强化核与辐射安全监管，确保核与辐射安全，做了重要指示和部署，提出了明确要求，为科学、高效、创新开展核与辐射安全监管工作提供了遵循，全体同志要认真学习领会，共同抓好贯彻落实。

现在，我向大会做工作报告。

一、“十二五”以来核与辐射安全监管工作成效明显

五年来，我们全面贯彻党的十八大精神，深入贯彻习近平总书记系列重要讲话精神，积极主动做好顶层设计，努力践行核安全文化，扎实开展立法、审评、许可、监督、监测、执法和应急等工作，不断提升自身能力，不断推进核与辐射安全监管现代化。

（一）完善制度建设，做好顶层设计

重视构建国家核安全体系，科学统筹规划，着力制定核安全政策、法规和规划，努力提升核与辐射安全监管的有效性。

制定核安全政策。牵头组织多部委开展国家核安全相关政策制定，完善了国家核安全顶层设计。在核安全领域创新建立风险分析机制，构建了核安全风险防控和保障体系。

推进核安全立法。《核安全法》得到社会高度重视，已经全国人大环资委审议并向相关部门征求意见，计划 2016 年下半年提交全国人大常委会审议。国务院颁布实施《放射性废物安全管理条例》，使我国核安全领域行政法规基本齐备。“十二五”期间，共发布部门规章 3 项、导则 8 项。地方核与辐射安全立法显著进步，共出台地方性法规 10 项，规范性文件 68 项，其中，黑龙江、山东、河北、陕西、四川等省还专门出台了辐射污染防治条例。

组织实施国家规划。在能源局、国防科工局、发展改革委和财政部的大力支持下，组织全行业编制《核安全与放射性污染防治“十二五”规划及 2020 年远景目标》，经国务院审议批复后，全面推进落实，并通过中期评估推动各项工作的开展。浙江、河南等省积极

落实规划，针对各自的实际情况制定了本省的专项实施规划。

（二）推进许可改革，优化监管机制

按照国务院的改革要求，顺应政府管理发展趋势，抓住行政许可改革机遇，优化监管机制，进一步明确核与辐射安全监管职责。

推进行政许可改革。下放行政审批 3 项，豁免核活动 2 类，接收其他部门转来行政许可 2 项，优化许可 10 余项。不断减少审批环节和申报材料，压缩办理时间，推动许可审批网上受理办理。各省级环保部门向市级环保部门委托下放核技术利用、电磁项目审批权限。

优化监管机制。在审评方面，研究编制核电厂标准审评大纲，推动审评活动规范化、程序化。在许可方面，坚持保守决策，对核设施开展分阶段许可。在监督方面，对重点核设施和核设备制造单位推行 24 小时驻厂监督，结合工作实际随时开展抽查。在环境监测方面，建设全国辐射环境监测网络，基本覆盖直辖市、省会城市、部分地级市和边境地区。建立省级辐射事故应急定期演练机制，在吉林、北京、湖北、甘肃等 10 余个省（市）开展辐射事故应急演练。

完善内部管理。编制试行一批内部工作程序，强化派出机构监督职能，充分发挥技术支持单位的作用。参照国际实践，制定《核与辐射安全综合管理体系手册》，推动工作规范化，这既是培训教材，也是核与辐射安全监管工作的操作手册和质保大纲。

（三）依法从严监管，严惩违规行为

坚持“源头严防、过程严控、后果严惩”，全过程贯彻依法从严和“严慎细实”要求。

审评从严。开展独立校核计算，对 AP1000 主泵、CAP1400、华龙一号等新堆型安全系统性能开展独立校核计算和试验验证，提高审评科学性、权威性和有效性。鼓励概率安全分析应用，开展风险指引型监管的探索和研究。

许可从严。根据福岛核事故经验反馈和国际核安全最新要求，及时研究新建核电厂设计安全要求，组织修订核安全法规。严格核设备许可，持证单位总数维持在 200 家以内。核技术利用单位 100%纳入许可证管理。

监督从严。扩大驻厂监督范围，华北站、西南站、西北站在重要核燃料循环设施增设常驻监督员。华东站、华南站、东北站增加非例行安全检查频次，实行“四不两直”：事先不发通知，不打招呼，不陪同，不接待，直达第一现场，直达生产一线。

执法从严。坚决打击违法违规行为，对违法违规问题，“眼睛里不揉沙子”，发现一起，查处一起，绝不姑息。5 年来，我们对 19 家核设备持证单位执行行政处罚 15 次，通报批评 4 次，对存在违规行为的 15 家核设备持证单位实施约谈；对 18 家核技术利用单位执行行政处罚 15 次，通报批评 3 次。甘肃、山西等省创新协作机制，地方环保部门与其他部门开展联动执法，提高执法有效性。陕西、上海、河南等省（市）开展了辐射安全专项执法检查，严肃查处有关企业违法行为。

（四）瞄准突出问题，弥补薄弱环节

坚持问题导向，面对核与辐射安全监管的新形势和新任务，分析找出突出问题和薄弱

环节，采取有效措施大力持续改进。

强化隐患排查。对近 6 万家核技术利用单位、35 座铀矿山以及 14 家放射性物品运输单位开展隐患排查，督促整改落实。研究开展对核电厂以外的重点核设施的概率安全分析，研究制定严重事故应对方案。持续推进全国核基地与核设施辐射环境现状调查与评价工作。

注重经验反馈。汲取福岛核事故教训，开展一系列核与辐射安全综合检查，找准薄弱环节，发布《福岛核事故后核电厂改进行动通用技术要求》，开展安全改进行动，提高了核设施应对极端外部事件和严重事故的能力。加强对重大不符合项以及各类事件的处理和经验反馈，开发并运行核电厂经验反馈管理信息平台，促进全行业开展经验反馈的及时性和有效性。借鉴天津港"8·12"特大火灾爆炸事故教训，排查核安全领域隐患，并对常规消防、危险化学品以及特种设备的安全管理予以重点关注，要求营运单位采取措施进行改进。研究马航、法航空难事件，高度关注核设施操纵员等特殊岗位人员心理健康问题，提出了改进和加强核设施操纵员心理健康管理的意见和措施。

推进公众沟通。公众信心问题，是核能健康发展的瓶颈。当务之急是提高公众沟通能力。我们迎难而上，推动构建"中央督导、地方主导、企业作为、社会参与"的公众沟通机制，强化科普宣传、信息公开、公众参与和舆情应对"四位一体"工作。通过改版升级官方网站，开通官方微信公众账号，适时召开媒体解读会，在《中国环境报》设立专版，实时发布全国辐射环境监测数据，积极回应公众诉求，先后开展了福岛核事故、江门核产业园、核雾霾、内陆核电建设等舆情应对行动，保障公众知情权、参与权和监督权，维护社会稳定。制定《环境保护部核与辐射安全公众沟通工作方案》，以及核电、核技术利用、电磁辐射等领域工作指南，指导企业和各地环保部门开展公众沟通。各核电集团常态化联合开展"核电公众开放日"活动，加强与新闻媒体沟通协调。江苏省率先打造核安全公众科普网络平台。我部与辽宁省、广东省、中核集团、中广核集团联动，协调推进徐大堡、陆丰核电项目公众沟通工作，有核省份和拟建省份均认真开展了多种形式的科普宣传工作，全面推进了社会互信。

（五）坚持创新驱动，激发监管活力

坚持理论创新、思路创新、机制创新、方法创新，在创新中找方法，在创新中挖潜力，在创新中提效率。

创新监管理念。以实事求是为理论源泉，以"三严三实"为指导，以"严慎细实"为要求，全面总结固化 30 年来的理论和实践成果，受到广泛关注。完善核与辐射安全监管理论体系，明确提出核与辐射安全监管体系和监管能力"两个现代化"建设目标。连续三年举办核与辐射安全监管创新大讨论，形成理论成果 308 篇，营造了全员参与创新的良好氛围，围绕"两个现代化"目标开展讨论，取得了很好的效果。

创新监管方法。将新项目批准与老问题落实相关联，推动历史遗留问题解决。探索风险指引型核电厂监督模式，更加注重概率安全分析的应用。强化设备审评监督，监管重心前移，更加注重全过程管理，严控安全隐患。各地立足实际情况，开展多样化监管方法创新，北京市试点创建"辐射安全规范单位"，以点带面，全面促进从业单位辐射安全管理。

创新监管技术。集中优势力量成立 AP1000 联合审评组，重点跟踪国产化项目和示范

建设项目，确保审评质量。引进模拟机培训，提高监管人员对核电厂运行的了解深度。建立卫星通信系统，支撑辐射环境监测，提高航空监测能力。充分利用信息化技术，推动升级辐射监管信息系统，搭建核设备监管、人员资质管理等平台，建设办公信息化系统和视频会议系统，提高工作效率。

（六）强化基础建设，提升能力水平

在机构队伍、监管投入、软硬件设施建设等方面持续发力，为监管能力提升创造有利条件。

机构队伍持续壮大。福岛核事故后，部机关核安全由一个司扩充为三个司，部机关、地区监督站和核与辐射安全中心编制大幅增加，机关编制人数 85 人，中央本级“三司六站两中心”编制人数 1116 人，辐射环境监测技术中心实现挂牌双管，建立新一届核安全与环境专家委员会，由 148 名资深专家组成，“三位一体”的监管组织体系高效运转。地方核与辐射安全监管机构也逐步壮大，部分省级环保部门设置核安全总工程师，监管人员数量从 2011 年末的 5969 人增长到当前的 7601 人。截至目前，全国核与辐射安全监管从业人员总数达到 8617 人，基本实现了“百千万”的人员规模。监管人员培训不断强化，以核与辐射安全监管初任、中级、高级培训为基础的培训体系框架基本建立，累计组织各类监管人员资格培训班 29 期，培训 1088 人次，各类辐射环境监测人员培训和执法培训 27000 人次。

监管经费投入逐年递增。“十二五”期间，中央和地方核与辐射安全监管经费均大幅增长。中央从 2011 年的 1.5 亿元增长到 2016 年的 4.5 亿元。2010 年末，地方核与辐射安全监管财政投入为 2 亿元，2011 年大幅提升到 3.8 亿元，2015 年达到 4.2 亿元，“十二五”期间地方核与辐射安全监管财政投入累计达到 20 亿元，持续增长的经费投入有力保障了核与辐射安全监管工作的开展。

基础建设取得重要突破。习近平总书记在第四届核安全峰会上宣布，将依托核与辐射安全监管技术研发基地，帮助有需要的国家提升安全监管能力，为提高全球核电安全水平做出贡献。该项目落实建设用地 218 亩，建设规模 9 万多平方米，一期基建投资近 7.5 亿元，现已开工建设，计划 2～3 年建成。基地将成为核与辐射安全监管的技术研发中心、审评中心、信息中心，也将成为监管人才培养的摇篮。西南核与辐射安全监督站办公楼和其他地区监督站业务用房建设也取得重大突破，四川、海南、广西、福建等省份辐射环境监测机构实验室条件显著改善。中央和地方一系列核与辐射安全监管相关基础设施建成并投入使用，为全面提升监管能力提供有力支撑。

辐射环境监测、应急和反恐应急能力大幅提高。国控质量监测点位由 792 个增加到 987 个，自动监测站从 136 个增加到 161 个，辐射环境安全预警监测点由 27 个增加到 40 个，监测数据中心初步建成，国家辐射环境监测网络初具规模，监测体系日趋完善，辐射环境质量监测、监督性监测、应急监测能力得到显著提升。截至 2015 年底，广东、广西、上海、内蒙古、云南、安徽、重庆、江西等 24 个省（区、市）通过我部组织的省级辐射监测能力评估工作。在 38 座重要核设施附近建设监督性监测系统，宁夏、云南、湖南、新疆等 27 个省（区、市）建成核与辐射应急监测调度平台。以中核集团、中广核集团、国家电投为依托，组建了三支核电厂核事故场内应急支援队，基本实现全国范围内核电厂核

事故应急能力共建和资源共享。按国家反恐工作部署，组织北京、广西、云南等省份实施以反核恐为背景的辐射反恐演练，先后完成党和国家一系列重大活动辐射安保备勤任务。我部组织制定城市放废库安保标准，各省（区、市）及时收贮废旧放射源，推动提升放射源安保水平。

监测、应急队伍建设要有养兵练兵的观念，要做到随时随地都能喊得应、拉得出、打得赢，监测系统要做到有事报事，无事报平安。

（七）加强协调配合，凝聚工作合力

持续优化核与辐射安全监管体制机制，推动部门联动，促进上下互动，加强协调配合，提高质量和效益。

各有关部门紧密协作。我部与能源局、国防科工局、解放军相关部门建立了沟通协调机制，并与国防科工局就相互支持和协作签署了备忘录。牵头建立了 8 部门参加的朝核应对工作协调机制，牵头建立了 16 部门参加的核安全协调机制，联合能源局制定核电集团支援和核电厂监督性监测系统建设规范。部门之间信息沟通和协作配合更加有效顺畅。

中央与地方紧密协作。中央减排资金向地方倾斜，部分缓解了地方面临的经费紧张问题；地方积极建言献策，向部里提出改进工作的良好建议。通过挂职锻炼，发挥中央与地方人才优势，促进了人才交流。部里支援地方，完成了上海世博会、党的十八大、亚太经合组织（APEC）会议、南京青奥会等重大活动的保障任务。地方配合部里，圆满完成第三次、第四次朝鲜核试验等应急工作。

机关与派出机构、技术支持单位紧密协作。各地区监督站充分发挥“耳目”“手足”等作用，切实履行现场一线监督职责；各中心充分发挥信息收集整理、基础科技研发、审查评价等技术支持作用，整体运作更加有效。

机关各部门紧密协作。核安全三个司各司其职，统筹协调、积极配合、密切协作，定期沟通，工作衔接顺畅。部机关各司局给予核与辐射安全监管工作政策、法规、机构编制、体制、能力建设等全方位的支持，各直属单位也给予了全面的技术支持和服务保障，大力推动了监管体系有效运作。

（八）推动国际合作，共享监管经验

我们努力推动核与辐射安全国际合作，搭建多边、双边国际合作平台，积极参与、主导国际核安全机制，提高我国核安全国际话语权。

提升核安全国际影响力。积极参与核安全公约和联合公约履约工作，我本人担任《核安全公约》缔约方第五次审议大会以及福岛核事故特别会议两次大会主席，积极推动国际核能界深入研究汲取福岛核事故经验教训。刘华核安全总工程师担任国际核安全监管有效性大会主席，发挥了很好作用。参加国际原子能机构安全标准委员会会议，跟踪并参与机构标准制修订工作。成功承办国际技术支持机构大会，邀请全球 47 个国家（地区）代表参加，共享核与辐射安全监管 30 年成功经验。

服务国家外交大局。积极参与 2016 年第四届核安全峰会支持工作，牵头组织东北亚地区核安全磋商机制，推动核安全监管国际合作融入国家外交大局。

配合落实核电“走出去”战略。实施《加强核安全监管国际合作支撑核电“走出去”

工作方案》，加强与核电出口国双边合作，与巴基斯坦、罗马尼亚、南非等国家签署核安全合作协议，并认真组织落实。

加强核安全监管人员国际交流。派员赴国际原子能机构（IAEA）、经合组织核能署（NEA）等国际组织任职共 4 人次。中欧核安全合作深入开展，2015 年欧方来华专家 60 余名、举办培训班 10 次、中方参与培训 500 余人，邀请巴基斯坦、阿根廷和印度尼西亚等国家核安全监管人员来华培训。

（九）开展文化建设，增强安全意识

高度重视核与辐射安全领域文化建设，切实做到“三个文化”一起抓。

培育核安全文化。联合能源局和国防科工局发布《核安全文化政策声明》，阐明我国政府重视核安全文化的态度立场，为全行业培育核安全文化提供指南。组织开展历时一年的核安全文化宣贯推进专项行动，实现两个“全覆盖”，即覆盖全体持证单位，覆盖全体骨干人员；落实两个“零容忍”，即对弄虚作假零容忍、对违规操作零容忍。全国参与单位超过 2 万家，参与人数超过 50 万人，消除安全隐患近 2000 处。积极开展监管工作人员核安全文化培训，强化自我约束意识，提高监管人员核安全文化素养；地方环保部门利用专项行动契机开展核与辐射科普宣传；核能行业协会等组织积极开展行业研讨；中核集团、中广核集团、国家电投、中国核建、中国华能、中国一重、中国二重、哈电集团、东方电气、上海电气等骨干集团公司，认真开展了有针对性的核安全文化宣贯推进专项行动，都取得了很好的成效。

强化党建廉政文化。将党风廉政工作作为队伍建设的保底工程。深度融合党建廉政文化和核安全文化，认真开展群众路线教育实践活动、“三严三实”专题教育、“两学一做”学习教育，将“纵深防御”和“严慎细实”理念内涵拓展到党风廉政工作中，做到“四个坚持”，一是坚持“安全第一”，二是坚持底线思维，三是坚持纵深防御，四是坚持“严慎细实”。强化党组织建设，在监督检查中自觉宣读践行廉政声明，设立举报箱，开设廉政短信平台，扎实开展廉政警示教育，知廉守廉风气进一步树立，廉政意识普遍增强。

弘扬精神文化。凝练核安全精神，发扬“严慎细实”作风。构建学习型组织，提升全员政治素养和能力水平。开展核与辐射安全监管 30 年经验总结，编制局史，拍摄宣传片，传承共享 30 年文化传统，提升了全员大局意识、风险意识、规矩意识、进取意识。精神文化建设过程中，涌现了河北省环境保护厅、华东核与辐射安全监督站等一批先进典型单位，创新了一套有效手段方法，特别是西藏、宁夏、青海、贵州等西部欠发达地区和西北核与辐射安全监督站开展了以奉献精神为核心的思想文化教育，稳定了队伍，凝聚了人心，强化了“忠诚、干净、担当”意识。

总之，“十二五”以来，在党中央、国务院的坚强领导下，在部党组的正确指导下，通过全体同志的不懈努力，我国核与辐射安全监管法规制度进一步完善，体制机制进一步理顺，机构队伍进一步壮大，监管能力进一步提高，核安全文化水平进一步提升，核与辐射安全保持了良好业绩，监管体系和监管能力现代化建设不断进步，成效十分显著。在此，特向所有奋战在核与辐射安全监管战线上的同志们，表示崇高的敬意！向长期以来给予我们理解、支持和帮助的各部门、各单位，表示衷心的感谢！

二、充分认识核与辐射安全事业面临的新机遇和新挑战

“十二五”是我国核能与核技术利用事业的快速发展时期。“十三五”将继续保持快速发展的总体趋势，核设施、核材料、核技术发展需求将持续增加，核活动日益频繁，我们将面临更加严峻的安全形势和更加繁重的监管任务。党和国家对确保核安全的标准更严、要求更高，人民群众对核与辐射安全监管的诉求更多、关注更高。因此，必须加快推进我国由核能与核技术利用大国向强国转型。“十三五”是这一转型发展过程的关键时期，机遇与挑战并存。

（一）核与辐射安全监管事业面临前所未有的新机遇

一是党中央、国务院决策部署，进一步强化了核与辐射安全监管的重要地位。国家实施“五位一体”总体布局和“四个全面”战略布局，推动经济社会快速发展，对核能核技术利用的需求更大，对核与辐射安全要求更高。党中央、国务院高度重视核安全，将核安全纳入国家总体安全体系，习近平总书记两次参加核安全峰会，提出中国核安全观，强调构建核安全体系，对我国核安全工作指明方向、做出部署。作为保障国家安全的底线工程，核与辐射安全监管责任更重、地位更高、空间更大。

二是全面改革持续深入，进一步为核与辐射安全监管工作提供了有利契机。在全面深化改革的大背景下，生态文明体制改革为核与辐射安全监管体系与监管能力现代化建设创造了良好机遇。科技体制改革优化科技项目管理，为全面提高核与辐射安全监管技术和能力提供了科技支持。军民融合的快速推进为理顺我国军民核与辐射安全监管体制机制创造了条件。

三是“一带一路”和核电“走出去”战略实施，进一步扩大了核与辐射安全监管工作的国际影响。核电要“走出去”，核安全监管也要“走出去”。这是对习近平总书记提出的构建国际核安全体系的积极响应和落实，也是对国家重大战略实施的有力配合和支撑。我们与核电“走出去”目标国家建立联系，签订协议，提供监管技术支持，回应安全诉求，保障国家战略稳步实施，使中国核与辐射安全监管在国际舞台上展现良好形象和身手。

四是国家“十三五”规划的实施，进一步指明了核与辐射安全监管的发展方向。国家“十三五”规划纲要指出，要推进核设施安全改进和放射性污染防治，强化核与辐射安全监管体系和能力建设。该规划纲要提出了提升核与辐射安全保障能力的重点工程，并确立了监管体系和能力建设的工作目标，提出了加强保障能力的 7 项具体举措，目标明确，任务具体，这在历次规划纲要中属于首次，体现了国家对核与辐射安全监管工作的高度重视和细致谋划。

五是全面依法治国，进一步夯实了核与辐射安全监管的法治基础。新修订的《环境保护法》为环保工作提供了强有力的法治保障，为放射性污染防治工作提供了有力抓手。正在制定的《核安全法》，梳理了核安全领域的法律制度，出台后必将进一步为核与辐射安全工作提供坚强的法律保障。

六是国际合作日益频繁，进一步拓展了核与辐射安全监管的工作平台。经过 30 多年的努力，中国建立并参与多边、双边及区域核与辐射安全国际合作机制，开展信息交流、

技术援助及培训，成果丰硕，促进了我国及世界核与辐射安全水平的提升。国际合作的拓展与深入，为提升我国国际影响力提供了良好的机遇。国际社会的关注，也为我国核与辐射安全监管工作全面提升提供了外界推力。

（二）核与辐射安全风险不容忽视

一是核设施、放射源发生事故的风险。核电厂由于自然灾害、人为失误、设备系统故障等原因可能发生核事故。我国部分研究堆、核燃料循环设施建造时间早，运行时间长，存在安全隐患。放射源丢失等失控事件仍时有发生。国外发生核事故或者进行核试验也可能对我国造成影响。

二是放射性废物污染环境的风险。我国早期核活动遗留放射性废物亟待处置，当前核工业发展所产生的新的放射性废物也在不断积聚。中、低水平放射性固体废物处置场建设滞后，乏燃料集中贮存设施容量不足，高水平放射性废物处理和处置关键技术尚未掌握，放射性废物管理法规体系仍不完善。尤其是高、中水平放射性废液，是我国当前主要的核安全风险源之一。

三是涉核犯罪及核恐怖袭击的风险。走私或者非法买卖核材料的行为难以完全避免，丢失放射源的事件也偶有发生。不能排除恐怖组织、犯罪分子对人口密集区或重要场所发动核恐怖袭击的可能性。

四是涉核事件影响社会稳定的风险。一些别有用心的人常常利用公众“恐核”心理及“邻避效应”，对涉核事件大肆炒作，制造谣言，激化社会矛盾，造成社会恐慌。涉核事件一旦处理不当，可能影响正常的生产、生活秩序，甚至造成社会动荡。

（三）面对新机遇，迎接新挑战，必须做到“十个坚持”

核与辐射安全监管当前正处于机遇与挑战并存的战略时期。一方面，有利条件很多；另一方面，各类安全风险交织积累，各类体制机制问题亟待解决，各种矛盾集中凸显，面临全新的困难和挑战。我们能否从战略高度把握全局，从实际出发攻克难题，将决定整个事业的发展走向。当前，把握事业发展的大好机遇，积极应对核与辐射安全严峻挑战，必须继续努力发扬和切实做到“十个坚持”，这既是我们的价值观，也是我们的方法论。

一是坚持文化引领。正确的观念、认识是正确行动的前提和基础。我们高度重视核安全文化建设，发挥文化感召力、影响力和约束力，强化从业人员的法治意识、忧患意识、自律意识、协作意识。

二是坚持依法行政。始终将法治思维贯穿监管工作的全过程。坚持科学立法，不断完善核与辐射安全监管法规体系，将与安全相关的重要活动纳入依法管理的范畴，确保所有监管行为均得到法律授权。

三是坚持依靠机制。既重视人的作用，更重视机制的作用，监管活动要在发挥机制作用的基础上发挥人的作用。例如，现场监督机制，只要有监督员在现场，就能发挥作用、起到效果。

四是坚持接轨国际。立足我国实际，发挥后发优势，用“拿来主义”学习先进管理经验，借鉴优良做法，向国际先进水平看齐。从国家核安全局建局开始，就始终坚持接轨国际的原则，取得了明显效果。

五是坚持问题导向。一旦出现问题、事件，就要紧盯不放，在注重日常监督管理的同时，注重事件事故的调查处理，把事件事故作为良好契机，努力发现并解决深层次问题。

六是坚持从严管理。坚持审评从严、许可从严、监督从严、执法从严。牢固树立“严”的意识，聚焦突出问题，坚持重点突破。理性客观评判安全形势，构建监督体系，保守决策。

七是坚持持续创新。坚持创新驱动，将创新思路贯穿于监管工作的各个环节、各个方面，通过理论创新推动体制创新、机制创新、方法创新和技术创新，破解监管瓶颈问题。

八是坚持夯实基础。强化核与辐射安全监管机构队伍、基础设施建设，丰富监管手段，着力提升核与辐射安全监管综合能力，为履行监管职责提供基础保障。

九是坚持团结协作。强化团结意识、同舟共济，加强工作沟通、协调配合，倡导一家人、一件事、一条心、一股劲，努力构建坚强、和睦、充满活力的工作氛围。

十是坚持从我做起。发挥监管机构注重安全的表率作用，树立自我约束意识，凡是要求被监管方做到的，自己首先做到，以榜样力量带动全行业持续改进。同时，始终发扬抓铁有痕、踏石留印的精神，认定的事坚定不移，一抓到底，咬定青山不放松。

确保核与辐射安全，是党和人民赋予我们的神圣使命，是时代赋予我们的历史责任。我们要审时度势、戒骄戒躁，努力推进核与辐射安全监管体系和监管能力现代化建设。

三、扎实推动“十三五”核与辐射安全监管工作迈上新台阶

“十三五”是我国全面建成小康社会的决胜期，是推进结构性改革的攻坚期，是我国由核能核技术利用大国迈入强国的转型期，是实现核与辐射安全监管体系和监管能力两个现代化的关键时期。我们要认真落实习近平总书记提出的中国核安全观和国家安全战略，把思想和行动切实统一到党中央、国务院的决策部署上来。

“十三五”核与辐射安全监管的指导思想：以党的十八大和十八届三中、四中、五中全会精神为指导，紧紧围绕“五位一体”总体布局和“四个全面”战略布局，牢固树立和贯彻落实五大发展理念，全面贯彻国家安全战略，落实“理性、协调、并进”的核安全观，坚持“安全第一、质量第一”方针，践行“严慎细实”要求，以“依法治核”为根本，以风险防控为核心，以科技创新为驱动，以能力建设为支撑，落实安全责任，提升安全水平，推进放射性污染防治，加快核与辐射安全监管体系和监管能力现代化建设，进一步完善国家核安全体系，确保核与辐射安全。

“十三五”核与辐射安全监管工作的总体目标：我国核设施安全整体达到国际先进水平，辐射安全风险进一步降低，放射性污染治理取得明显进展，辐射环境质量保持良好，核安全保障能力持续提高，核安全、环境安全和公众健康得到保护。

在提高核设施安全水平方面，运行核电厂避免发生2级事件，不发生3级及以上事件和事故；在建机组质量受控；新建核电机组安全水平力争从设计上实际消除大量放射性物质释放。研究堆保持良好运行或安全停堆状态。核燃料循环设施安全稳定运行。

在提高辐射安全水平方面，放射源辐射事故年发生率进一步降低，废旧放射源实现安全收贮。早期核设施退役及环境整治稳步开展；放射性废物处理处置能力进一步提高。铀矿冶设施的退役治理和环境恢复工作稳步推进。

在提高安全保障水平方面，力争一批核安全科研成果达到世界领先水平。完成国家核

事故应急救（支）援基地建设。核设施抵御恐怖袭击和恶意破坏的能力进一步提升。我国在国际核安全领域的话语权和影响力、参与规则制定的能力显著增强。

在提高安全监管能力方面，形成与我国核能核技术利用发展水平相适应的、较为完整的核安全法规标准体系。核与辐射安全监管体系进一步完善，建成国家核与辐射安全监管技术研发基地，国家、省级、地市级三级辐射环境监测能力明显提升。

“十三五”核与辐射安全监管工作的主要任务是：

（一）完善顶层设计，强化核与辐射安全监管体系

强化核与辐射安全政策体系。进一步完善工作机制，落实中央有关部门交办的工作任务。发挥牵头单位作用，协调沟通相关成员单位，推动工作机制高效运作，确保政策和相关规划落实。深入开展核与辐射安全政策研究工作，加强监管理论创新，健全核安全政策文件体系。

强化核与辐射安全法规体系。加快《核安全法》立法进程。制定并发布实施《核与辐射安全法规制修订五年规划》，全面统筹“十三五”法规制修订工作。紧密衔接国家法律法规，全面加强地方核与辐射安全法规制修订工作。加强核安全标准顶层设计，推进一批重要核安全标准制修订和出台，不断夯实核与辐射安全监管法治基础。

强化核与辐射安全规划体系。立足国家级专项规划定位，加快编制核安全与放射性污染防治“十三五”规划，推动规划尽快报批实施。抓好规划组织实施工作，编制科研、监管能力等核与辐射安全专项规划和实施方案，形成系统的核与辐射安全规划体系。

强化核与辐射安全监管体制机制。广泛建立各部门、各单位的沟通协调机制，切实加强中央各有关部门之间，监管机构与监管对象之间的交流互动，凝聚共识，听取意见，解决问题，共同进步。强化内部协调机制，建设独立监管、部门协作、权责分明、运转高效、分工负责的核安全管理体系。加强对地方政府核与辐射安全工作指导，在立法、能力建设、人员培训等方面提供有效帮助，尤其要加强对地方环保部门开展体制改革工作的指导。稳妥推动实施省以下辐射环境保护机构监测监察执法垂直管理，确保在体制改革的过程中，避免对辐射管理、辐射监测队伍和能力造成削弱。

（二）持续安全改进，提升核能核技术安全水平

提高核设施安全水平。督促核电厂持续开展安全改进，确保核电厂运行指标保持良好。有效识别和妥善处理核电厂建造阶段重大不符合项，确保在建核电厂建造质量受控。力争新建核电机组从设计上实际消除大量放射性物质释放的可能性。严格拟建核电厂前期工作审评监督。降低研究堆和核燃料循环设施风险。落实研究堆和核燃料循环设施分类管理。加快核燃料循环设施安全隐患整改和安全改造。强化放射性物品运输活动安全监督，探索安全高效的放射性物品运输方式。提高核安全设备质量可靠性。优化核安全设备监管机制，做好重大不符合项审评，进一步加强对进口民用核安全设备审评监督及安全检验。加快经验反馈信息化平台建设，落实持证单位质量责任，督促企业质量保证体系运转有效。

降低放射源事故风险。实施放射源安全行动计划。强化放射源作业安全管理，降低放射源事故发生率，梳理排查放射源，对发现的废旧放射源，做到 100%安全收贮，处理处置城市放废库贮存的废旧放射源，提升城市放废库安保水平。健全辐射源安全管理制度。

推行简政放权，持续优化放射源和射线装置监管，实现高风险移动放射源在线监控，全面升级国家核技术利用辐射安全管理系统。

推进放射性污染防治。加快早期核设施退役及放射性废物处理处置。推动重点单位早期核设施退役，加快推进历史遗留中低放废物处理处置，开工建设 5 座中低放固体废物处置场和高放废物地下处置实验室。推进并按期完成全国核基地与核设施辐射环境现状调查与评价。保障铀矿冶及伴生放射性矿辐射环境安全。开展建设期监理，优化铀矿冶“三废”管理措施，加强环境质量和流出物监测。基本完成 2010 年前关停的铀矿冶设施的退役治理和环境恢复工作。深入开展伴生放射性矿现状调查，推进伴生矿分类管理。

（三）创新方法手段，从严开展核与辐射安全监管

完善安全审评方法体系，推进标准化审评方式。强化校核计算和试验验证，继续做好华龙一号、CAP1400 等自主设计核电堆型的安全审评。对重要的许可证申请审查，优化实行 A/B 角制度，确保审评深度和质量。对于在建和拟建核设施项目，开工前要解决的问题不能拖到开工后，装料前要解决的问题不能拖到装料后，做好重大不符合项审评以及许可证遗留项管理。严格准入条件，对核安全设备许可实行总量控制。

优化监督检查方法，提高监督检查工作的规范化，对核电厂探索开展风险指引型核安全监管模式，提高监管针对性。持续完善驻厂监督制度，提高监督效率，坚持例行检查与非例行检查相结合，保证检查频度和检查深度。进一步完善监督机制，加大监督检查力度，全面、及时发现安全隐患。完善监督管理反馈机制，实现监督经验共享。强化对地方辐射安全监管督查，层层传导压力，督促地方政府依法履责。

加强对运行事件的调查处理，针对检查中发现的问题，及时、明确、严肃向监管对象提出整改内容和时限要求。坚持对弄虚作假和违规操作“零容忍”，针对核安全设备和核技术利用领域深入开展执法检查，对违法违规事件，依法从严从重开展处罚，在行业内形成强大震慑力。

（四）坚持软硬并重，提高我国核与辐射安全监管能力

提高核与辐射安全科研能力。补足核安全科技研发短板，推动核安全科研纳入国家科研重点研发计划，加强战略性、全局性、前瞻性核安全科技问题研究，突破一批核能科技关键项目，为核与辐射安全监管提供有效支撑。

提高核与辐射安全监管能力。加强人才队伍建设，完善核安全人才培养体系，强化监督管理人员、特种工艺人员、监测应急人员等各类人员的专业培训，建立健全核安全监督和审评人员资格管理制度和培训体系。加强监管基础设施建设，建成国家核与辐射安全监管技术研发基地，着力提高中央本级审评、监管综合能力，指导地区监督站开展基础设施建设。改善监督检查和执法技术装备，提高地区监督站现场监督执法能力，加大投入，强化省级、地市级辐射环境监管能力建设。完善辐射环境质量监测体系，优化国控点、省控点网络布局，完善监测信息汇总与发布系统，加强辐射监测与应急监测质量管理。

提高核与辐射事故应急响应能力。优化整合应急指挥决策体系，提升核电集团应急支援能力，建立健全核电厂间相互支援机制。开展国家、区域、省级应急物资及专用装备能力建设。推动新建核设施单位所在省（区、市）修订完善应急预案。组织实施并加强指导

地方应急演练。

提高核安保与反恐能力。对运行核设施完成实物保护达标改造。评估分析核电厂网络信息安全风险。完善城市放射性废物库安全管理制度和安保技术要求，升级改造国家放射源库和省级城市放射性废物库安保系统。加强边境核辐射监测和处置能力。

（五）落实保障措施，为实现工作目标提供有力支撑

推进核安全文化建设。加强核与辐射安全监管队伍自身核安全文化建设。将核安全文化理念融入各项监管工作中，加强监管系统内部核安全文化交流，共同提高监管系统核安全文化水平。推动行业核安全文化建设。完善顶层设计，分领域制定推进核安全文化建设实施方案。编制系列文件，明确行业核安全文化建设要求。积极推广核安全文化建设良好实践，建立一批核安全文化建设示范单位。加强监督指导，定期开展核安全文化考核评估。

加强公众沟通。强化公众宣传，制定工作程序，建设国家与地方科普基地，加强与媒体的沟通交流，推进公众宣传常态化发展。强化信息公开，完善信息公开方案，拓宽信息公开渠道，扩大信息公开内容，加强公开信息解读。强化公众参与，制定核与辐射安全公众参与管理办法，加强建设项目公众参与。强化舆情应对，常态化监测和分析，强化人员培训，组建专家队伍，积极回应媒体和公众关切。

促进核安全国际合作。加强双边核安全国际合作。拓展与核能发达国家的合作，继续加大与欧盟的核安全合作力度。与核电出口对象国建立合作关系，支撑核电“走出去”。加强多边核安全国际合作。加强国际公约履约及谈判，加强履约成果转化。积极参与东北亚核安全国际合作机制。积极参与国际规则制定，推动建立公平、合作、共赢的国际核安全体系。

加强党风廉政建设。深入落实全面从严治党要求，巩固“三严三实”专题教育成果，扎实开展“两学一做”学习教育。积极贯彻党内法规和条例，切实履行全面从严治党主体责任和监督责任。坚持“三抓”，即抓培训教育、抓机制建设、抓监督检查；提防“三小”，即提防“小意思”、提防“小圈子”、提防“小场子”；落实“三管”，即管住嘴、管住手、管住腿；最终实现“三保”，即保“核安全”、保“廉政安全”、保“保密安全”。

一分部署，九分落实。高效履行核与辐射安全监管职责，保障“十三五”时期各项任务的有效实施，关键还在于抓好落实。确保核与辐射安全，只有进行时没有完成时，我们必须提高认识，狠抓落实，将各项工作抓深、抓细、抓具体，为实现核与辐射安全监管体系和监管能力现代化打好基础，创造条件。“十三五”任务很重，大家要增强忧患意识、紧迫意识、责任意识、使命意识，以更大的决心和信心开展工作，做好工作。

同志们，“十三五”国民经济和社会发展的蓝图已经绘就，生态文明建设和环境保护攻坚战的号角已经吹响，核与辐射安全监管事业责任重大，使命光荣！上下同欲者胜！让我们以党中央战略决策为指引，以落实部党组工作部署为准绳，紧紧围绕核与辐射安全监管“两个现代化”目标，坚定信心、统一思想，担当奉献、攻坚克难，确保核与辐射安全，为生态环境质量改善努力奋斗，为全面实现小康社会做出应有的贡献！

在第五次全国核与辐射安全监管工作会议上的总结讲话

环境保护部副部长、国家核安全局局长　李干杰

（2016 年 4 月 20 日）

同志们：

第五次全国核与辐射安全监管工作会议是在“十三五”开局之年召开的一次十分重要的会议，承前启后，继往开来，对全面落实党中央、国务院关于核安全工作部署，深入推进全国“十三五”核与辐射安全监管工作，推动我国由核能核技术利用大国迈向强国，具有重要意义。会议充分体现了党中央、国务院对核与辐射安全监管工作的高度重视，充分体现了环境保护部党组对做好核与辐射安全监管工作的坚强决心，充分体现了核与辐射安全监管系统“忠诚、干净、担当”的积极姿态。

这次会议有以下主要特点：

一是会议恰逢其时，意义重大。2016 年是全面建成小康社会决胜阶段的开局之年，是核与辐射安全监管工作经受“十二五”实践检验，创新发展的起步之年。2 月，习近平总书记主持会议，审议通过核安全相关政策。3 月，全国“两会”审议通过《国民经济和社会发展第十三个五年规划纲要》，明确了“十三五”期间核与辐射安全监管体系和监管能力建设的目标，提出了提升核与辐射安全保障能力的重点工程。4 月，习近平总书记在第四届核安全峰会上，提出构建国际核安全体系的重要主张和加强我国核安全工作的重大举措。陈吉宁部长分别主持召开了核安全协调机制会议和朝核应急环境组协调机制会议。在此背景下召开本次会议，学习贯彻习近平总书记重要指示精神，研究落实党中央、国务院决策部署，认真分析当前面临的新形势，全面总结“十二五”工作，科学规划“十三五”任务，进一步统一了思想、坚定了信心、聚焦了目标，为全面推进“十三五”核与辐射安全监管工作提供了重要保障。既是一次总结大会，又是一次动员大会。

二是会议务实高效，成果丰硕。这次会议历时一天半，时间虽然不长，但内容丰富、日程紧凑、成果丰硕，体现了我们务实高效的工作作风。这次会议，我们聆听了陈吉宁部长《加快健全监管体系，确保核与辐射安全》的重要讲话，重点研究了“十二五”核与辐射安全工作报告，讨论了“十三五”核安全与放射性污染防治规划，表彰了在朝核应急工作中的先进典型，宣贯了《公众沟通方案》，听取了 6 个单位的典型发言，书面交流了 56 家单位的“十二五”工作总结和 36 家单位的典型材料，举办了“十二五”核与辐射安全监管工作成果展。既认真总结了经验，又客观分析了形势；既科学谋划了思路，又综合部署了任务，为全面做好“十三五”工作谋好篇、布好局。

三是会议规格较高，参与广泛。参会单位和人员多，共有来自 90 个单位的 260 余名代表参加本次会议，既有全国核与辐射安全监管单位代表，也有核电集团、装备集团及行业协会代表；既有来自中央有关部门的代表，也有全国 31 个省（区、市）和解放军核与辐射安全监管单位代表；既有部机关代表，也有技术支持单位的代表。参会人员规格高，

陈吉宁部长亲自参加会议并作重要讲话，肯定了我们的工作，提出了殷切的期望。全国各省（区、市）环境保护厅（局）的分管负责同志参加了会议，部分省厅一把手也参加了会议。同时我们还邀请到能源局和国防科工局等单位代表。各部门、各单位的高度重视和广泛参与，为大会的成功召开创造了良好条件。

四是会议气氛热烈，组织有序。大家齐聚一堂、分析形势、聚焦矛盾、交流经验、建言献策、共谋发展。大会分四个小组认真学习讨论习近平总书记、陈吉宁部长讲话精神。各组围绕加强法规建设、工作机制、机构改革、监督执法、能力建设、监测应急、公众沟通等工作，结合各地实际共提出意见和建议 88 条。大家全身心投入，营造了热烈、和谐、积极向上的良好会风。会上，许多代表还重点对如何适应省以下环保机构辐射环境监测、监察、执法垂直管理新趋势表示了关切。大家纷纷表示，在会议讨论中很受教育，很受启发。

通过大家的共同努力，会议达到了既定目标，取得了显著成效，进一步增强了做好核与辐射安全监管工作的责任感、紧迫感和使命感。大家一致认为：

一要坚决贯彻党中央决策部署，落实习近平总书记重要指示批示。当前，我国核能核技术利用事业快速发展，核与辐射安全监管工作任务大幅增加，我国在核安全领域的国际地位日益突出。党中央高度重视核安全工作，做出一系列的指示批示，尤其是习近平总书记在核安全峰会上提出的中国核安全观，为我国核安全工作提供了根本遵循和行动指南。全体参会代表深受鼓舞，深感振奋，决心将习近平总书记提出的“构建核安全能力建设网络”“实施加强放射源安全行动计划”“推广国家核电安全监管体系”等重要指示细化分解为具体的规划、计划和实施方案，认真落实到各项具体工作中。

二要勇于迎接当前的机遇与挑战。党中央、国务院的高度重视、全面改革的持续深入、“一带一路”和核电“走出去”战略的制定、国家“十三五”规划纲要的实施、全面依法治国、日益频繁的国际合作，这些都为监管事业带来了良好的发展契机，对于理顺监管体制机制、夯实监管基础能力都必将起到良好的推动作用。“十三五”期间我国将继续保持快速发展的总体趋势，核设施、核材料、核技术发展需求将持续增加，核活动日益频繁，我们将面临更加严峻的安全形势和更加繁重的监管任务。党和国家对确保核与辐射安全的标准更严、要求更高，人民群众对核与辐射安全监管的诉求更多、关注更高，这些对事业的发展提出了严峻挑战，对我们把握机遇、促成发展的能力提出了更高的要求。我们必须以更强的信心和热情迎接挑战，推动核与辐射安全监管事业发展进入新阶段。

三要抓好今年的几项重点工作。第一，全力配合《核安全法》立法工作，力争今年提交全国人大常委会审议，各省（区、市）也要加快地方核与辐射安全法规制度建设。第二，编制核安全“十三五”规划，争取由国务院审批发布，各省（区、市）要按照中央和地方规划，制定和细化工作任务，推动落实。第三，落实深化改革各项任务，努力构建国家核安全监管体系。第四，加强核设施及核设备安全监管，强化核设施审评和监督，依法从严加强核安全设备监管。第五，加快全国核基地与核设施辐射环境现状调查和评价专项工作进程。第六，提升监管系统自身核安全文化水平，指导全行业开展核安全文化建设。第七，加快建设核与辐射安全监管技术研发基地，完善全国辐射环境监测网络，强化监测应急演练和能力建设，特别是朝核应急和反恐应急能力建设。第八，推动《环境保护部（国家核安全局）核与辐射安全公众沟通工作方案》的落实，大力开展公众沟通工作，加快大数据和信息化建设步伐。第九，研究制定《放射源监管行动计划》，统一标准和接口，推进高风险放射源实时监控。第十，深入开展国际合作，拓展核与辐射安全双边、多边合作平台。第十一，着力抓好党风廉政工作，抓好班子队伍建设，开展好“两学一做”学习教育，筑牢廉政防线，守住“两个底线”。

此外，会议还提出了核与辐射安全监管存在的问题及解决建议：

一是监督执法方面。当前核与辐射安全监管领域还存在法律不健全、执法资格不明确、权威性不足的问题。要加快推动《核安全法》出台，配备足够的监督人员，监督人员要取得监督执法资质，加强监督人员的业务培训。要关注电磁辐射及伴生矿污染问题，加强法规标准制定，妥善处置投诉问题。加强执法车辆、设备、人员的配备，提高执法能力。加强各部门执法协作以及中央和地方联合执法，提高执法效率。

二是体制机制方面。处理好体制改革与行政审批改革和各项业务改革的关系，要准确把握各项改革的法律依据，针对核与辐射安全监管体制机制中的矛盾和问题，统筹规划，着力推进。要配合核与辐射安全监管行政许可改革，做好相关法规的制修订工作。进一步理顺关系，明确监管事权，落实党委政府及各相关部门的责任。要明确核设施中核安全与常规安全的监管职责划分。

三是“十三五”规划方面。核安全规划要与生态环保规划等国家规划进行衔接，体现绿色发展理念，注重中央与地方工作目标与具体指标的衔接，加大对地方工作的指导。要进一步细化目标任务，特别是机构队伍、基础能力建设方面，量化重点工程。在规划的重点任务中，关注地方能力建设工程。

四是能力建设方面。当前大数据及信息化系统平台配备不足，难以满足工作需要；国家核与辐射安全监管技术研发基地内涵建设尚未落实，校核计算、试验验证能力严重不足；各省（区、市）监测、应急基础设施和装备能力严重不足；核与辐射安全监管各类人员培训能力不足，针对性不强，体系不完整，亟待加强。我们要着力加强大数据和信息化建设，加强审评、监督、监测能力建设，加强国际交流，强化人员培训，提高人员素质。

五是辐射应急方面。当前辐射监测点位不足，部分地区监测实验室及监测人员配备不足，部分应急预案之间衔接不到位，军队辐射监测网络和应急力量未纳入国家体系。要优先在重要地区及重点核设施区域增加监测点数量，加快省级辐射监测实验室建设和机构队伍建设。各级政府要强化应急演练，提升应急能力。要加大对边疆地区监测应急能力的支持力度，加强对反恐应急的指导。

六是公众沟通方面。当前政府和社会对公众沟通工作的认识不到位，重视不够，手段不多，资源不共享，合力不够。要加强公众沟通的顶层设计、体制机制和能力建设，利用大数据、新媒体构建公众沟通平台，开展公众开放日、重大政府决策听证等多种形式的活动，要明确地方环保部门公众沟通的职责与内容，推动公众参与。持续开展核安全文化建设，促进核安全文化教育常态化、通俗化、大众化。

七是垂直管理方面。当前，地方垂直管理体制尚未确定，大家都非常关心。要抓住此次生态环保体制机制改革的机遇，理顺核与辐射安全监管体制，加强地方辐射环境机构设置，强化为执法服务的监测能力。考虑核与辐射安全的特殊性，坚持省级辐射监测与常规环境监测分开管理。落实并明确改革后区县级环保部门的责任。要考虑部分省市的特殊情况，分别对待。

这些问题及建议，是来自一线最直接的情况，为我们完善规章制度、制定政策文件提供了第一手资料，会后要逐一深入研究，分类处理，大力推动问题解决。

做好核与辐射安全监管各项工作，我们还要牢牢把握六个方面的要求：

一是牢固树立“理性、协调、并进”的中国核安全观；二是始终坚持“独立、公开、法治、理性、有效”的监管原则；三是持续发扬“严慎细实”的工作作风；四是扎实践行“十个坚持”的基本经验；五是大力推进核与辐射安全系统化、科学化、法治化、精细化、信息化建设；六是认真落实“两个全覆盖，两个零容忍”。

会议已经顺利完成所有议程，即将胜利闭幕。最后我就贯彻落实会议精神提三点具体要求。

一是提高认识，确保会议精神传达到位。本次会议关系“十三五”全国核与辐射安全监管整体性、全局性工作，各单位要积极向各级政府和部门主要负责同志专题汇报会议精神，尽快组织学习，全面传达党中央、国务院关于核安全工作的决策部署，认真学习陈吉宁部长讲话精神，切实把思想和行动统一到习近平总书记提出的努力构建国家核安全体系上来，统一到全面落实核与辐射安全监管“十三五”规划目标任务上来。

二是狠抓落实，确保目标任务全面落实。各单位要围绕本次会议确定的“十三五”目标和任务，结合各地实际，制订实施计划，切实以新的认识、新的举措、新的成效来推进核与辐射安全监管工作。各单位要强化责任落实，明确各项任务完成时限及责任人。要强化督促检查，确保各项任务如期推进，确保“十三五”各项目标指标如期实现。

三是夯实基础，确保资源保障扎实有效。要落实组织保障，各级领导要高度重视核与辐射安全工作，相关负责同志要切实担负起领导责任，不断推动重点问题解决。要落实人才保障，相关单位特别是拟建核设施省份要主动协调，落实人员编制，配齐、配全人员装备。要落实经费保障，各级政府要立足当前，兼顾长远，加大经费投入，切实保障核与辐射安全监管工作的需要，努力提升监管能力。

同志们，“十三五”的蓝图已经绘就，事业发展的方向已经明确，让我们紧密团结在以习近平同志为总书记的党中央周围，紧紧围绕核与辐射安全监管“两个现代化”目标，认清新形势，研究新情况，解决新问题，坚定信心、统一思想，敢于担当、奋勇向前，为保障国家安全，保障人民生命财产安全，全面实现小康社会不懈奋斗！

环保内部情况通报

第 19 期
环境保护部办公厅　2016 年 5 月 30 日

为人民群众提供优质生态产品　为永续发展留下宝贵自然财富
——在国际生物多样性日暨中国自然保护区发展 60 周年大会上的讲话

环境保护部部长　陈吉宁
（2016 年 5 月 22 日）

尊敬的韩启德副主席，同志们，朋友们：

今天是国际生物多样性日，今年又恰逢我国自然保护区发展 60 周年，国务院七部门在此召开国际生物多样性日暨中国自然保护区发展 60 周年大会，广泛宣传生态文明建设和生物多样性保护理念和成效，系统总结我国自然保护区发展 60 年经验，明确下一阶段重点工作，很有意义。

下面，我讲两点意见。

一、60 年来我国自然保护区事业取得长足发展

自然保护区是生物多样性保护的核心区域，是维护国家生态安全的关键组成。截至目前，全球已有各类自然保护地 20.9 万个，总面积占全球陆地面积的 15.4%，成为人类文明发展不可或缺的宝贵自然财富。

我国的自然保护区事业起步于 1956 年，当年经国务院批准，建立以鼎湖山为代表的我国第一批自然保护区，揭开了我国自然保护区事业发展的序幕。改革开放以来，建立了青海三江源等一大批自然保护区，我国自然保护区进入快速发展阶段。近年来，党中央、国务院把自然保护区和生物多样性保护摆上更加重要的战略位置，成立生物多样性保护国家委员会，发布实施《生物多样性保护战略与行动计划（2011—2030 年）》。

党的十八大以来，习近平总书记对涉及自然保护区的生态破坏事件多次做出重要批示，强调务必高度重视，以坚决的态度予以整治，以实际行动遏止此类破坏生态文明的问题蔓延扩散；要扭住不放、一抓到底，不彻底解决、决不松手，确保生态环境质量得到改

善，确保绿水青山常在、各类自然生态系统安全稳定。李克强总理、张高丽副总理要求有关部门督促地方对生态环境领域存在的突出问题进行彻底整改，理顺监管机制，加强保护责任，举一反三，妥善处理好发展经济与保护环境的关系。党中央、国务院出台《关于加快推进生态文明建设的意见》《生态文明体制改革总体方案》，都对实施生物多样性保护重大工程、加强自然保护区建设与管理等提出了明确要求。这一系列重要指示和要求为我国自然保护区发展指明了前进方向，提供了强大动力。

60年来，在党中央、国务院亲切关怀下，经过各地和有关部门共同努力，我国自然保护区已初步形成布局基本合理、类型比较齐全、功能相对完善的体系，为保护生物多样性、筑牢生态安全屏障、确保生态系统安全稳定和改善生态环境质量做出重要贡献。截至目前，全国共建立自然保护区2740个，总面积147万平方千米，约占陆地国土面积的14.83%，高于世界平均水平。鼎湖山等33处保护区加入联合国“人与生物圈”保护区网络；向海等46处保护区列入国际重要湿地名录；武夷山等35处保护区成为世界遗产组成部分。全国有超过90%的陆地自然生态系统类型，约89%的国家重点保护野生动植物种类，以及大多数重要自然遗迹在自然保护区内得到保护，部分珍稀濒危物种种群逐步恢复。其中，大熊猫野生种群数量达到1800多只，受威胁等级从濒危降为易危；麋鹿曾经野外灭绝，通过建立国家级自然保护区重新引入，种群数量稳步上升，成为国际生物多样性保护成功典范。青海三江源等自然保护区的建立，对保护“中华水塔”发挥了重要作用。

这些成绩来之不易，形成的经验十分宝贵。归结起来看，做好自然保护区工作，必须做到“五个坚持”：

一是坚持政府主导部门联动。自然保护区建设是一项功在当代、利在千秋的社会公益事业，也是各级政府的重要职责所在。实践证明，各级政府发挥主导作用、环保部门统一协调、各部门齐抓共管，为推动自然保护区事业健康发展提供了有力的机制保障。

二是坚持处理好发展与保护关系。自然保护区为禁止开发区，大都处于经济欠发达地区，发展与保护的矛盾往往十分突出。必须牢固树立和自觉践行“绿水青山就是金山银山”的绿色发展理念，正确认识和处理发展与保护的关系，自觉把自然保护区事业纳入经济社会发展综合和专项规划并认真加以实施，努力实现生态效益、经济效益、社会效益共赢。这也与今年国际生物多样性日主题——“生物多样性主流化，可持续的人类生计”非常契合。

三是坚持严格执法监管。《环境保护法》等10多部法律明确了自然保护区的法律地位，有关部门发布近30个部门规章和30多项标准规范。全国有24个省（区、市）制定自然保护区管理地方法规，200多个自然保护区拥有专门管理规章。各地区、各部门依法依规开展监督，严肃查处一大批涉及自然保护区的违法活动，为遏制各种开发活动对保护区的破坏发挥了巨大作用。

四是坚持全社会共同参与。自然保护区工作离不开全社会的共同努力，尤其是社区的大力支持。据不完全统计，我国还有1200多万人居住和生活在自然保护区内。经过60年发展，许多自然保护区通过扶持发展生态旅游等特色产业，引导居民参与保护与管理工作，探索形成与当地社区共建共管、消除贫困的有效模式。开展丰富多彩的宣传教育活动，普及自然保护区科学知识，展示生态保护和建设的成就，充分发挥了自然保护区多重价值和功能。

五是坚持深入开展国际合作。自然保护区是最主要的生物多样性就地保护场所，也是开展国际合作的重要平台。通过建立姊妹保护区和跨界保护区、联合开展生物多样性保护和自然保护区国际合作与履约等形式，与联合国环境规划署、《生物多样性公约》秘书处等国际组织及欧盟、俄罗斯等地区和国家开展大量多边、双边合作，有效提高了我国自然保护区的管理水平。

自然保护区事业60年的长足发展，凝聚了广大自然保护区工作者尤其是4.5万名一线同志们的心血和汗水。他们克服生活艰苦、工作枯燥、经费短缺等困难，甘于寂寞，为自然保护区建设默默地奉献。正是他们以及和他们一样战斗在自然保护区一线同志们的辛勤努力，才换来了今天我国自然保护区的发展壮大！

刚才，大会通报表扬了为自然保护区事业付出艰辛劳动、做出重要贡献的先进集体和个人，我在这里代表环境保护部向大家表示热烈祝贺！向所有奋战在自然保护区和生物多样性保护工作一线的广大干部职工致以崇高的敬意！

二、新时期我国自然保护区建设工作的主要思路和目标任务

"十三五"时期是我国全面建成小康社会的决胜阶段。今年全国"两会"审议批准"十三五"规划纲要，明确提出"强化自然保护区建设和管理，加大典型生态系统、物种、基因和景观多样性保护力度"。在60年长足发展的基础上，进一步加强自然保护区建设与管理，既面临重要机遇，也面临不少突出的问题：一是一些地方尚未牢固树立绿色发展的理念，以牺牲保护区为代价换取一时的经济增长，盲目开发，过度开发现象依然严重。二是管理机制有待完善。多数保护区管理机构缺乏执法权，大多数地方级保护区管理机构远不能满足实际需要，管理运行经费严重缺乏。三是空间布局尚不合理。水生生物和海洋生态系统保护不足，一些生物多样性丰富地区至今未划建自然保护区，部分省份自然保护区面积比例过小。四是法制建设滞后。尚未出台专门的自然保护区法，现行《自然保护区条例》的一些规定过于原则，没有生态补偿等规定，处罚力度过低，难以发挥有效的管理和震慑作用。这些问题严重制约了自然保护区的发展，需要我们上下联动、通力合作积极采取措施加以解决。

当前和今后一个时期我国自然保护区工作的主要思路是：坚持保护优先、自然恢复的指导方针，以提高自然保护区管理水平和保护效果为主线，以防止不合理的开发利用为重点，推进自然保护区由数量规模型向质量效益型转变，保护生物多样性、生态系统服务功能和自然遗迹，保障国家生态安全，促进经济社会全面协调可持续发展，建设美丽中国。

主要目标是：基本形成符合绿色发展和生态文明理念的自然保护区管理体制机制和法规政策体系，建成类型多样、分布合理、面积适宜的自然保护区网络体系，全面提升自然保护区建设质量和管护水平。计划到2025年，全国自然保护区陆地面积占我国陆地面积的比例稳定在15%左右，使90%以上国家重点保护物种和典型生态系统类型受到就地保护。

为实现这一目标任务，我们将着力做好以下工作：

一是完善自然保护区网络。加快编制完成《全国自然保护区发展规划》，坚持以解决自然保护区法规政策不完善、保护不全面、经费投入机制不健全、管理工作相对滞后、保

护与发展矛盾日益突出、科研监测能力薄弱等问题为重点，全面提高自然保护区系统化、精细化、信息化水平。加快建设生态廊道、保护区群和保护小区，尽快弥补保护空缺，优化保护区空间布局。

二是严格监督管理和执法。深入落实习近平总书记对自然保护区的重要批示指示精神，加强涉及自然保护区建设项目环境管理。定期开展自然保护区监督检查与管理评估，严肃查处各类违法行为。抓紧评估《自然保护区条例》实施的总体情况，坚持问题导向，促进加快修订条例，积极推动自然保护区立法工作。细化保护区分类管理方式，健全保护区升降级制度。

三是深化体制机制改革。更好地把国家公园体制建设试点、自然资产产权、自然资产负债表等改革工作与自然保护区事业相结合。对各类保护地进行系统整合，形成符合国情的自然保护地分类体系和管理体制。用好中央环境保护督察巡视制度，落实好地方政府的主体责任和主管部门的管理责任。加快划定生态保护红线，确保各类各级自然保护区纳入红线。按照近日国务院办公厅印发的《关于健全生态保护补偿机制的意见》要求，着力落实生态保护补偿任务，到 2020 年，实现以自然保护区为主的禁止开发区域、重点生态功能区等重要区域的生态保护补偿全覆盖。

四是实施重大保护工程。实施生物多样性保护重大工程以及湿地保护与恢复、濒危野生动植物抢救性保护等山水林田湖生态工程，开展生物多样性调查评估、保护与减贫示范，强化自然保护区规范化建设，加快建成保护区“天地一体化”监测体系，构建生态廊道和生物多样性保护网络，提升重要生态功能区、自然保护区、生物多样性保护优先区的生态系统稳定性和生态服务功能，筑牢生态安全屏障。

五是加大社区扶持力度。推动各级政府优先安排自然保护区内及周边社区的新农村建设、农村环境综合整治等项目，增加投入，积极改善保护区社区医疗、教育、交通等公共服务设施，促进基本公共服务均等化。加强社区共管和公众参与，积极探索集体土地管理新方式。研究建立自然保护区公共监督员制度，形成“政府负主体责任，部门齐抓共管，社会全面监督”的管理格局。

同志们，站在新的历史起点上，我们要深入贯彻习近平总书记的重要批示指示精神，锐意改革创新，严格执法监管，不断攻坚克难，奋力谱写生物多样性保护和自然保护区发展新篇章，为建设美丽中国、实现中华民族永续发展做出新的更大的贡献！

谢谢大家。

环保内部情况通报

第20期

环境保护部办公厅　2016年7月6日

求实创新　服务基层
努力开创机关群众工作的新局面
——在环境保护部直属机关工会第一次会员代表大会上的讲话

环境保护部副部长　李干杰

（2016年6月27日）

各位代表、同志们：

今天，我们在这里隆重召开环境保护部直属机关工会第一次会员代表大会，对于深入贯彻落实习近平总书记在中央党的群团工作会议上的重要讲话精神，进一步做好新形势下的部直属机关工会工作，具有十分重要的意义。这是环境保护部党组织和环保干部职工的一件大事，受陈吉宁部长委托，我代表环境保护部党组向本次大会的召开表示热烈的祝贺！

近年来，环境保护部直属机关工会在部党组、直属机关党委和中央国家机关工会联合会的领导下，坚持正确政治方向，坚决贯彻党的意志和主张，充分发挥桥梁和纽带作用，围绕中心、服务大局，依法依章、从严治会，心系职工、关注民生，凝聚人心、促进和谐，为培育良好机关文化，推进环境保护事业发展做出了重要的贡献，我代表环境保护部党组对工会筹备组的同志们和各基层工会的干部职工表示真诚的感谢！刚才，中央国家机关工会联合会孔冈副主席充分肯定我部直属机关工会过去取得的工作成效，传达了中央关于加强和改进群众工作的新精神新要求，并对进一步做好工会工作提出了希望和要求，我们要在今后工作中认真贯彻落实，努力开创群众工作新局面。在这里，我就下一步推动环保部直属机关工会工作，讲三点意见。

一、保持和增强工会工作的政治性，在团结带领广大环保职工坚定信念建功立业上用实功

党的十八大以来，以习近平同志为总书记的党中央以新的理论和实践，形成了一系列治国理政的新理念新思想新战略，是夺取全面建成小康社会新胜利、加快推进社会主义现代化的科学理论指导和行动指南。各级工会组织要引导环境保护部直属机关广大干

部职工系统学习、深刻领会、统一认识，把党中央、国务院关于深化改革、促进经济社会持续健康发展的重大决策部署，尤其是关于生态文明建设和环境保护的决策部署转化为生动实践。

把学习贯彻习近平总书记重要讲话精神作为首要的政治任务。习近平总书记围绕改革发展稳定、内政外交国防和治党治国治军发表了一系列重要讲话，坚持和深化“五位一体”总体布局，提出并形成全面建成小康社会、全面深化改革、全面依法治国、全面从严治党的战略布局，强调牢固树立和贯彻落实创新、协调、绿色、开放、共享的发展理念，深刻回答了新形势下党和国家事业发展的若干重大理论和现实问题。各级工会组织和干部职工要深入学习贯彻习近平总书记重要讲话精神，牢固树立政治意识、大局意识、核心意识、看齐意识，特别是把习近平总书记关于群团工作的重要论述作为学习的重中之重，读原文、多讨论，从贯彻党的群众路线、群众观点和巩固党的执政基础、实现党的执政使命的政治高度，充分认识做好新形势下党的群众工作的重大意义、基本要求和目标任务。

把围绕生态文明建设大局和环境保护重点任务开展群众工作作为政治目标。当前，全国环境质量状况有所改善，但总体上看，我国环境保护仍滞后于经济社会发展，多阶段多领域多类型问题长期累积叠加，环境承载能力已经达到或接近上限，环境污染重、生态受损大、环境风险高，生态环境恶化趋势尚未得到根本扭转，已经成为全面建成小康社会的瓶颈问题，迫切需要我们始终坚持以改善环境质量为核心，坚决打好环境保护的持久战和攻坚战。广大环保职工要牢固树立和贯彻落实五大发展理念，坚定打好大气、水、土壤污染防治三大战役的信念和决心，把思想观念、方式方法调整到位，保证一切工作的着眼点、着力点都落在改善环境质量这个核心上。各级工会组织要紧密结合“十三五”环境保护思路和规划开展工作，一方面，组织引导环保职工理解改革、支持改革、参与改革、推进改革，促进形成最广泛的合力，争当生态文明建设生力军；另一方面，开展将绿色发展理念融入群众活动的创新实践，动员广大环保职工及其家庭带头实践绿色生活方式和消费方式，做绿色环保的先行者和传播者。

把加强党的领导作为做好群众工作的政治基础。部党组从贯彻落实全面从严治党要求的高度，提出了加强党对群团工作的领导的指示要求，部署指导这次工会换届的方案制定、候选人审查等重要环节。直属机关党委在工作规则中明确，党组织审批群团组织重要规章制度，领导群团组织建设工作，管理群团组织领导班子，协调群团组织与党政部门的关系，定期听取群团组织汇报，研究群众工作中的重大问题。各级党组织都要充分认识到新形势下做好群众工作的重要性和必要性，切实加强和改进党对工会工作的领导，把工会工作摆上重要议程，及时研究解决工会工作的重要问题，为工会开展工作提供必要的人力物力保障，支持工会依法依规开展工作，更好发挥工会在环境保护工作中的重要作用。群团组织必须自觉服从党的领导，牢固树立大局意识、纪律和规矩意识，紧紧围绕党建中心工作部署谋划群众工作，形成党群共建大格局。要根据形势变化准确把握宣传教育导向，结合群众工作特点，组织开展形式多样、生动活泼的学习教育活动，把政治思想工作融入各项群众活动全过程，把党的决策部署变成群众的自觉行动。

二、保持和增强工会工作的先进性，在推动环保队伍转变作风上求实效

加快补齐生态环境突出短板，总体改善生态环境质量，迫切需要打造一支忠诚、干净、担当，政治强、业务精、敢作为、作风正的队伍。工会作为覆盖职工最广泛、联系群众最密切、服务党建最得力的群众组织，要在带队伍、聚人心、转作风方面切实发挥优势和作用。

以制度建设和机制规范为重点，保持工会组织先进。工会的各级组织，必须自觉加强感召力和凝聚力，适应新时期的任务要求和群众需求。从基层组织入手，建立健全基层工会组织，指导基层组织如期换届，做到组织规范、会员全覆盖。从工作规则入手，完善工会规章制度体系，规范决策程序，监督实施过程，公开实施结果。从工会干部入手，强调工会主席作为第一责任人履职尽责，重要工作亲自部署，职工动态密切关注，群众活动亲身参与，并通过学习培训、经验交流、考核激励等手段，提高队伍整体素质。从工作机制入手，突出改革创新，维护职工合法权益，解决实际问题，以“互联网+群众工作”等载体，提高工会工作的实效性和吸引力。

以去除“四化”为重点，保持工会干部队伍作风先进。要强化问题意识和忧患意识，以纠正“机关化、行政化、贵族化、娱乐化”倾向为重点，结合“两学一做”学习教育总体部署，组织工会干部和职工群众中的党员积极参加学习教育，查找“四化”问题的具体表现，分析“四化”问题的严重危害，虚心听取群众意见，扎实转变工作作风，做到政治坚定、清正廉洁、团结务实、群众拥护。使“四化”现象明显减少，干部能力素质和作风明显改进，职工群众对工会满意度明显提升。

要以培育社会主义核心价值观为重点，保持环保队伍思想先进。当前环保工作挑战多、压力大、任务重，需要广大干部职工凝聚精神力量，相互团结信任，敢担当有作为。但是，一些干部职工仍然存在怕困难、躲任务，思想守旧，拖拉散漫等现象。这些问题严重影响干部队伍的凝聚力、战斗力、执行力，必须加以认真解决。各级工会组织要广泛开展岗位技能比赛和先进典型选树等活动，形成比学赶帮超的良好氛围，激发正能量，注入新活力。要将社会主义核心价值观转化为生动活泼、特色鲜明、富有成效的群众性实践，以群众喜闻乐见的形式把干部职工最广泛地组织起来、活跃起来、团结起来，以积极向上、团结和谐的文化，聚人心、带队伍，更有效地服务于营造勤政为民、风清气正、务实奋进、和谐友爱的良好从政环境。

三、保持和增强工会工作的群众性，在服务基层服务群众上出实招

服务职工群众是工会组织的立足之本，职工群众期盼什么、关心什么，工会工作就要抓住什么、推进什么。各级工会组织要自觉践行党的群众路线，坚持眼睛向下、面向基层，盯牢群众所急、党政所需、工会所能的领域，把工会建设成为职工看得到、摸得着、信得过的“职工之家”。

加强调查研究、沟通联系，建设“面对面”的“职工之家”。要高度重视、善于使用调查研究这个传统，提高调查研究水平和成效，保证调查研究经常化。各级工会组织要从

建立和完善制度入手：建立基层联系点制度，全面了解职工实际需求，及时掌握职工思想动态；建立重大事项报告制度、工会事务公开制度，主动接受群众监督；建立固定联系通道，通过服务手册、宣传媒介，力求群众工作机制开放、透明、便捷。

不断创新方法、建设平台，建设“实打实”的“职工之家”。要用改革创新的办法，有针对性地破解工会工作机制、活动方式等方面存在的问题，提高工会适应新形势的能力。环境保护部办公条件有限，工会要通过加强“职工之家”建设，尽可能为干部职工营造温馨舒适、健康和谐的环境。当前环保形势严峻，任务重压力大，工会要关心职工身体和心理健康，广泛开展文体活动和健康保护工作。新时代的职工群众的精神需求日益突出，工会要通过志愿服务、爱心公益、文化交流等喜闻乐见、便于参加的形式，推进精神文明建设。

坚持需求导向、细节入手，建设“心贴心”的“职工之家”。当前，群众的需求趋向多样化、差异化，不同岗位、不同年龄、不同性别的职工在工作、学习、生活中的需求和问题不同。工会要分类对待、细节入手，关注职工最关心、最直接、最现实的利益问题和最困难、最揪心、最忧虑的实际问题，健全帮扶机制，提高帮扶标准，扩大帮扶范围，多为群众办实事、做好事、解难事，把组织的关怀和温暖送到群众心坎上。

同志们，让我们认真学习贯彻习近平总书记系列重要讲话精神，充分发挥群众组织的独特优势，真正搭建起党组织与广大职工之间的“连心桥”，改革创新、团结拼搏、攻坚克难、真抓实干，团结引领广大职工，始终紧紧围绕生态文明体制改革，坚持以改善环境质量为核心，打好大气、水、土壤污染防治三大战役，为全面建成小康社会、建设美丽中国做出应有的贡献！

环保内部情况通报

第 21 期

环境保护部办公厅　2016 年 7 月 13 日

[编者按] 2016 年 6 月 29 日，环境保护部召开庆祝中国共产党成立 95 周年大会，表彰优秀共产党员、优秀党务工作者和先进基层党组织。部党组书记、部长陈吉宁出席大会，并按照中央“两学一做”学习教育的统一部署，做了“做‘四讲四有’党员，以优良作风推进生态环境改善”专题党课。他强调，要打造对党忠诚、个人干净、敢于担当的环保队伍，用“两学一做”学习教育的成果检验作风建设的成效，为切实推动生态环境质量改善做出新的贡献。现将讲话印发你们，请组织广大党员干部结合实际，认真学习贯彻。

做“四讲四有”党员　以优良作风推进生态环境改善

——在环境保护部庆祝中国共产党成立95周年大会上的讲话暨“两学一做”学习教育专题党课

环境保护部部长　陈吉宁

（2016年6月29日）

同志们：

今天，我们在这里庆祝建党95周年，表彰和学习先进。今天受表彰的单位和个人，是我部各级党组织和广大党员的优秀代表，是我们身边具体、鲜活的先进典型，展现了环保系统党员、干部的良好风貌，我们要向他们学习。

一是学习他们对党忠诚。深入学习领会习近平总书记系列重要讲话精神，在思想上政治上行动上与党中央保持高度一致，认真贯彻落实中央关于生态环境保护的决策部署，牢固树立政治意识、大局意识、核心意识、看齐意识，自觉围绕改善环境质量这一核心开展工作，他们以坚定的信念和扎实的作为践行着对党忠诚。

二是学习他们讲党性。以人民利益为重、以环保事业为重，勇于担当，服从组织安排，不计个人得失。面对突发环境事件冲锋在前，面对复杂环境问题勇于创新，面对改革利益调整坚决服从大局，面对身边同志需要主动伸出援手，他们用实际行动诠释了共产党员的责任与胸怀。

三是学习他们爱岗敬业。在平凡的岗位上，他们深入基层、贴近实际、求真务实，从一点一滴做起，善于把工作做深、做细、做实，是业务上的行家里手。他们具有强烈的责任感和使命感，加班加点、任劳任怨、忘我工作，是知行合一、做人做事的模范。

我们要以他们为榜样，立足本职岗位，坚定理想信念、勇于开拓创新，在环境保护工作中不断做出新的贡献。让我们再次以热烈的掌声向他们表示祝贺。

下面，按照习近平总书记关于履行抓好“两学一做”学习教育主体责任的要求和中央学习教育方案的部署，我利用今天这个机会给大家讲一次党课，也是与大家共同学习。

“两学一做”学习教育，是落实党章关于加强党员教育管理要求、面向全体党员深化党内教育的重要实践，是推动党内教育从“关键少数”向广大党员拓展、从集中性教育向经常性教育延伸的重要举措，是加强党的思想政治建设的重要部署。“两学一做”基础在学、关键在做。这几天央视有一个节目，随机找一些群众谈谈怎么认识自己身边的党员，可以看到，老百姓讲的都是具体人、具体事，大家都是通过一个个鲜活的人、一件件鲜活的事来认识我们党、认识我们的党员；反过来说，作为一名党员，只有做了什么事情才称得上是一个党员。所以，“两学一做”，基础在学，关键在做。

怎么做？按照中央的要求，就是“四讲四有”，即讲政治、有信念，讲规矩、有纪律，讲道德、有品行，讲奉献、有作为。“四讲四有”是这次“两学一做”学习教育的着眼点和落脚点，是新时期中央为合格党员划定的“基准线”，既是全面从严治党的客观要求，也是加强机关作风建设的内在体现。我们每名党员都要把“四讲四有”作为时刻对照的标准，作为立身立德、立言立行的标尺，自觉加强党性修养，自觉将其转化为优良、扎实的工作作风，做一名真正的共产党员。

一、讲政治、有信念，首先要在学习系列讲话中检验

什么叫政治？“政治”来自希腊语，古希腊的雅典人将修建在山顶的卫城称为“阿克罗波里”，简称为“波里”。“政治”一词一开始是指城邦中的公民参与统治、管理、斗争等各种公共生活行为的总和。今天“政治”包含两层含义，“政”指的是领导，“治”指的是管理。“政”是方向和主体，“治”是手段和方法，“治”是围绕着“政”进行的。“政治”是指对社会治理的行为，也是指维护统治的行为。

什么叫讲政治？这个含义比较宽，核心就是要遵守政治纪律，主要是指：一要坚持党的领导，二要坚持党的基本理论、基本路线、基本纲领、基本经验、基本要求，三要同党中央保持高度一致、自觉维护中央权威。现在有人把向中央看齐、维护中央权威，层层简化成向各级各部门领导班子看齐、维护一把手的权威，要求你必须听领导的，不听就是不讲政治，这是对讲政治的错误理解。讲政治、“看齐”，全党只有一个指向，就是以习近平同志为总书记的党中央。

为什么要讲政治？而且把讲政治、有信念放在“四讲四有”的首位？政治问题是一个方向性的问题，是一个灵魂问题。毛泽东同志曾指出，“不讲政治就等于没有灵魂”。邓小平同志在改革开放之初也明确提出，“搞现代化建设、搞经济建设必须有政治保证”。1986年他视察天津市时讲到，“改革，现代化科学技术，加上我们讲政治，威力就大多了”“到什么时候都得讲政治”。习近平总书记也讲过，当一名共产党员，首先要解决好政治合格的问题，不懂马克思主义基本原理、不学习党的创新理论、不信奉党的政治主张，不可能成为一名合格的共产党员。我们说讲政治，做政治上的明白人，就是要始终牢记我是谁、我为谁。

如何做到讲政治？有两个方面非常重要。

一要有坚定的理想信念。什么是理想？理想和信念是什么关系？理想是人的行为和活动的目的，是与奋斗目标相联系、具有实现可能性的想象。《党章》中关于理想的表述有三个提法，即“最高理想”“远大理想”和“共同理想”。《党章》总纲第一段就提出“党的最高理想和最终目标是实现共产主义”，第三段提出“中国共产党人追求的共产主义最高理想，只有在社会主义社会充分发展和高度发达的基础上才能实现”；《党章》第 34 条关于党的领导干部必须具备的基本条件中明确提出要“具有共产主义远大理想”。关于共同理想，总纲部分提出，社会主义初级阶段我们要树立“中国特色社会主义共同理想”。这表明，理想有阶段性，最高纲领是党的最终奋斗目标，就是实现共产主义的最高理想、远大理想；而在社会主义初级阶段，我们党的奋斗目标就是党的基本纲领，即建设中国特色社会主义。我们党是最高纲领与最低纲领的统一论者，基本纲领是为最高纲领服务的，是为实现最高理想奠定基础、创造条件的。

什么是信念？信念是人们对一种行为或观念的正确性、正义性的坚定认同。这种认同，产生于人们在实践中的知识和经验，以知识、经验和逻辑为基础。只有具备了信念，才能

产生坚定性和持久性，才能在困难和挫折面前保持思想和行动的定力，按照既定目标和方向走下去。我有一次问澳大利亚前总理陆克文，怎么理解领导力？领导力最重要的是什么？他回答说，人的一生起起伏伏，有顺利的时候、也有困难的时候，当遇到挫折时，往往是你的信念决定了你做什么，因为信念决定着你愿意相信什么，以及你愿意为你所相信的做多少努力。资产阶级的领导者尚且这么重视信念，作为无产阶级的党员干部，我们更要有一种执着的信念。《党章》中只有一处讲到信念，就是第 34 条要求党的领导干部必须具备“中国特色社会主义坚定信念”。这种信念，就是基于中国特色社会主义实践，在理性分析基础上得出“中国特色社会主义道路是正确的”这样一种判断和认知，是我们坚定不移地沿着这条道路走下去的精神支撑和动力源泉。

信念反映人的价值观。党员本身是一种政治身份，我们讲的信念是政治信念，不是宗教信仰、也不是文化信念。为什么宗教不是科学？因为它有很多不能自圆其说的地方。英国作家毛姆写过一本小说《刀锋》，对宗教提出质疑、挑战。他问，一个万能的、善良的上帝，为什么给世界创造了那么多的恶？党的十八大以来，我们党加快反腐步伐，查处了很多贪官。这其中有不少人一方面贪污受贿、做了很多坏事，另一方面又吃斋念佛，这也是矛盾的。佛教教人行善，如果佛保护坏人，那老百姓信他干什么？这些贪官其实什么都不信，他们心里装的只有金钱和私欲，吃斋念佛只是求得一种心理安慰，不是信仰、不是信念。

讲政治与有信念是统一的，讲政治是为了信念，有信念才能真正、自觉、持之以恒地讲政治。没有信念就不可能讲政治，是假讲政治，口是心非，可以一时、不可长远。如习近平总书记所讲，在任何情况下都要做到政治信仰不变、政治立场不移、政治方向不偏，不论担任何种职务、从事何种工作，首先要明白自己是一名在党旗下宣过誓的共产党员，要用入党誓词约束自己。

总书记还强调，“理想信念就是共产党人精神上的‘钙’；没有理想信念，理想信念不坚定，精神上就会‘缺钙’，就会得‘软骨病’”。所以说，没有信念，在各种考验面前，就不可能挺起身、站得正。在世界各政党中，中国共产党特别强调理想信念教育，这既是我们党长期革命斗争积累的宝贵精神财富，也是我们党长期建设中的重要经验总结。在战争年代，每个共产党人的理想信念都经历了血雨腥风、时时刻刻生与死的考验，这种考验是残酷的，也带来了党的纯洁性。今天，考验的形式变化了，通常不再是生与死，但标准和要求没有变，面对四大考验、四种危险，检验信念的形式成为时时刻刻的利益考验、如何使用权力的考验、各种政治思潮和意识形态侵蚀的考验，这种潜移默化的、时时事事的考验更需要旗帜鲜明、立场坚定。不忘初心，方得始终。今天，衡量一名共产党员、一名领导干部是否具有共产主义远大理想和优良的工作作风，也是有客观标准的，就是要看他能否坚持全心全意为人民服务的根本宗旨，能否吃苦在前、享受在后，能否勤奋工作、廉洁奉公，能否为理想而奋不顾身去拼搏、去奋斗，去献出自己的全部精力乃至生命。

我国正处于并长期处于社会主义初级阶段，这种长期性使得我们这一代人甚至几代人都看不到共产主义的实现，这就容易忘却或在利益选择时放弃我们的宗旨和信念。实际上，共产主义理想与信念、价值观密切相连，理想通过价值观来实践，共产主义包含的公平、正义、奉献精神、集体价值等崇高的价值，今天同样需要我们践行。理想信念不是空中楼阁，不是空话套话，它来源于对社会发展客观规律的深刻认识，是建立在对科学理论的理性认同、对历史规律的正确认识和对基本国情的准确把握之上的一种执着追求。

当前，我国经济发展正处于“三期叠加”阶段，今天的中国仍面临着长长的“问题清单”，有经济方面的问题，资源环境方面的问题，也有社会方面的问题，无一不是艰巨的课题和难啃的硬骨头。《纽约时报》有一篇文章谈到，“治理未来十年的中国，可能是全球最为艰难的工作之一”。中国共产党带领中国人民经过艰苦卓绝的斗争，推倒“三座大山”，实现民族独立；我们还能不能带领中国人民实现中华民族伟大复兴的中国梦，担负起历史赋予我们的责任，是摆在每一名党员面前的重大课题、重大考验。因此，我们需要坚定的理想信念、优良的政治品质，在复杂的政治风浪中信仰坚定、信念如磐，永葆共产党人的先进性、纯洁性，矢志不渝献身党的事业，不因西方敌对势力的反动政治思潮冲击而改变信仰，不因社会上出现的一些“噪声”“杂音”而动摇信仰，不因国家改革建设发展出现一些矛盾和问题而怀疑信仰。

二要提高政治敏锐性和政治鉴别力。在我们党建设发展的不同时期、不同阶段，讲政治有不同的内容和侧重点。抗日战争时期，正值民族危急存亡，抵抗日本帝国主义侵略、维护中华民族生存和独立是最大的政治。解放战争时期，打倒国民党反动政权，建立和平、民主、独立的新中国是最大的政治。今天，我们处在改革开放时期，坚持一个中心、两个基本点，不断解放生产力、发展生产力是最大的政治。

当前，在极其复杂的国内外环境下发展社会主义，我们要增强政治敏锐性和判断力，首先要学好习近平总书记系列重要讲话精神。党的十八大以来，习近平总书记以非凡的理论勇气、高超的政治智慧、坚韧不拔的历史担当，把握时代大趋势，顺应人民新期待，回答实践新要求，围绕改革发展稳定、内政外交国防、治党治国治军发表一系列重要讲话，形成了我们党治国理政的新理念新思想新战略，是中国特色社会主义理论体系的最新成果，是马克思主义中国化的最新成果，是指导具有许多新的历史特点的伟大斗争的鲜活的马克思主义。只有深入学习习近平总书记系列重要讲话精神，才能在当前复杂的经济社会发展进程中，把马克思主义的思想、观点和方法同中国特色社会主义建设结合起来，不断提高政治敏锐性和政治鉴别力。所以，我们要把深入学习贯彻习近平总书记系列重要讲话精神作为一项长期的重大政治任务，作为“两学一做”学习教育的重要内容，着力在深刻理解基本观点和精神实质上下功夫，在准确把握思想精髓和核心要义上下功夫，在紧密联系实际指导实践上下功夫。

对环保系统而言，特别要反复学习、深入领会习近平总书记关于生态文明建设和环境保护工作的重要论述。他多次强调“像保护眼睛一样保护生态环境，像对待生命一样对待生态环境”，把发展观、执政观、自然观内在统一起来，融入党的执政理念、发展理念，成为全党的共同意志，为今后一个时期解决生态环境问题指明了前进方向，提供了强大动力。

当前，环境保护形势极其艰巨、复杂敏感，多阶段多领域多类型环境问题长期累积叠加，环境承载能力已经达到或接近上限，环境污染重、生态受损大、环境风险高，生态环境恶化趋势尚未得到根本扭转。一方面，改革的任务也异常繁重，已经进入深水区、见效期的关键阶段。做好了，制度建设就做起来了；做不好，将会长期处在一个比较艰难的过程。另一方面，党中央、国务院高度重视环境保护工作，决心和力度是空前的，特别是将绿色发展作为五大发展理念之一，将生态文明建设深刻融入经济、政治、文化、社会建设各方面和全过程，着重解决经济发展与环境保护协调、人与自然和谐的问题，体现了党中央、国务院用硬措施应对硬挑战、加快补齐生态环境短板、提高发展质量效益的决心和信心。

环境问题不只是污染问题，也是发展问题，更是政治问题，是我们为什么发展、用什么方式发展的政治问题。正如习近平总书记曾经指出的，“经过 30 多年快速发展积累下来的环境问题进入高强度频发阶段，这既是重大经济问题，也是重大社会和政治问题。”做好环保工作，既需要搞发展的同志树立正确的政绩观，也需要环保工作者解决用什么政绩观来看待自身工作的问题。一段时期以来，环保系统存在一种急的思想，导致有些同志急于求成、好高骛远，认为标准越高越好、管的越全越好、权力越多越好。这其实也是一种形式主义、官僚主义，是一种不负责的表现，不及时加以改变就会伤害环保工作。1936 年，在取得对张国焘分裂党的政治斗争胜利之后，毛泽东同志精辟指出：“什么是政治？政治就是把支持我们的人搞的越多越好，把反对我们的人搞的越少越好。”要做好环保工作，就必须深刻领会习近平总书记关于生态文明和环境保护的重要论述，深刻认识党中央关于改革发展稳定的全局部署，深刻把握环境保护工作的形势定位和目标任务，从中央大政方针、大局大势出发，善于运用正确的工作态度和方法来开展工作，妥善处理与部门、与地方、与企业、与公众的关系，形成政府、企业、社会加强环境保护、加快绿色发展的强大合力。这就是讲政治的重要体现。

二、讲规矩、有纪律，核心要在践行党章党规中检验

讲规矩是我们党的工作传统。1940 年 1 月，毛泽东同志在出席陕甘宁边区第二届农工展览会开幕典礼时指出：“八路军有两条规矩，一条就是官兵合作，一条就是军民合作。”新形势下，习近平总书记强调，“要加强纪律建设，把守纪律讲规矩摆在更加重要的位置。”

什么是规矩？规矩既包括党章党纪国法、规章制度等成文内容，又包括党的优良传统、政治要求、道德规范等不成文内容。党章是我们立党、管党、治党的总章程，是全党最基本、最重要、最全面的行为规范。她是中国革命、建设和改革经验的总结，是我们建党的精华，集中体现了党的性质和宗旨、党的理论和路线方针政策、党的重要主张、规定了党的重要制度和体制机制。可以说，党章是全党的总规矩，讲规矩必须要从学习党章、遵守党章、贯彻党章、维护党章做起。每一名党员干部都要在自觉学习和执行党章中，加强党性修养，增强党的意识、党员意识、宗旨意识和责任意识。

在制度、法规这些硬约束上讲规矩容易，在软约束上讲规矩难，对不成文的软规矩为什么要遵守、怎么遵守，很多人不太理解，甚至认为无据可依、跟法治理念相违背。实际上，西方社会同样有很多不成文的规矩，如“政治正确”（Political Correctness），即人们日常生活中的言行，要符合占压倒性优势的舆论或习俗，尽量不冒犯少数族裔或其他弱势群体。虽然法律对此没有明文规定，但对西方社会却有很强的约束力，大家都在小心翼翼地遵守。哈佛大学前校长萨默斯（Lawrence Summers），2001 年卸任美国财长后到哈佛当了校长。他在一次内部学术会议上讲，男女在智力上是有差异的，言外之意男同志做学术研究更好一些。这句话违反了美国的政治正确，学校教授特别是女教授集体行动把他赶走了。这就是美国社会的政治。另外，在美国谈论黑人是要极其小心的，记者也不敢乱讲。所以，不成文规矩在哪儿都有。在新制度主义概念中，制度不仅包括正式、成文的制度规则，也

包括非正式、不成文但约定俗成的规矩规范，即价值信念、风俗习惯、文化传统、道德伦理、意识形态等。遵守不成文规矩，需要我们了解传统、尊重传统。环保部也有很多好的传统、好的规矩，但在实际工作中，个别时候没能执行好。例如，发文时涉及其他部委，应当先报主管部长同意，这就是一种基本的工作规矩。

讲规矩既是政治要求，也是中国传统文化对做人的要求。我们讲一个人很规矩，是对一个人人品的很高评价。《周易》晦涩难懂，但核心是三个字。第一个字是“上”，就是讲一个人不管做什么事，要不停地求上进。第二个字是“止”，就是适可而止，任何事在求上进的过程中，都要适可而止，要有规矩界限。“止”非常重要，止不住就会冲过头，就会误入歧途，甚至物极必反。第三个是其中既有“上”又有“止”的“正”字，这个正就是道。说一个人很上道，就是从“上”到“正”的过程。

讲规矩就要知晓规矩、认同规矩、遵守规矩、维护规矩，就要让规矩和制度入脑入心，明白哪些该做、哪些不该做，守规矩靠的是自觉性和坚定性，讲纪律更多靠的是制度的规范和约束力。

那么，不成文的规矩包括哪些内容？这些规矩虽说是不成文的，但并不是无据可依、无规律可循。习近平总书记讲的是党的优良传统和工作惯例。我理解，主要包括三个方面：一是我们党长期坚守、已经内化于党的宗旨和血脉的传统、作风。例如，艰苦朴素、勤俭节约，这是我们党在各个历史时期的一贯主张，所以新形势下我们依然坚决反对享乐主义、奢靡之风。二是党章党纪虽没有明文列出，但可以由党章党纪的规定推论出来的规矩，即规定中正面提倡的、其反面就是禁止的。例如，党章要求选拔干部要“坚持五湖四海、任人唯贤”，推演开来，就是坚决不能搞团团伙伙、拉帮结派，任人唯亲、排斥异己的那一套。三是随着经济社会的发展，现有制度规范不曾预料到、没有明确规则的“灰色地带”，我们不能以党章党规没有明言为借口，行违背党的宗旨、主张之实。例如，互联网的迅速发展，特别是微博、微信等私人社交平台的出现，使任何一个人的言论都可能被迅速传播、无限放大。这对党员干部的言行举止提出了新的要求，不能简单以私人朋友圈、个人观点为由信口开河、任性而为。这也是表里如一、言行一致的表现。

关于有纪律，所有的政党都有纪律要求，但纪律严明是中国共产党的特色和优势。毛泽东同志在 1941 年 9 月中央政治局扩大会议上提出了一个著名的论断：“路线是‘王道’，纪律是‘霸道’，这两者都不可少。”意思是党的建设，既要靠正确的路线方针来指导，也要靠铁的纪律来约束。1942 年普遍整风开始后，毛泽东同志又讲，身为党员，铁的纪律就非执行不可，孙行者头上套的箍是金的，共产党的纪律是铁的，比孙行者的金箍还厉害、还硬。西柏坡是我们党在农村的最后一个指挥所，同样也是严纪律、立规矩的地方。1948 年 9 月，中央政治局专门召开扩大会议，主要议题就是“军队向前进，生产长一寸，加强纪律性，革命无不胜”。即将进入北平时，在西柏坡召开的七届二中全会上，又提出了“两个务必”的要求，确定了必须遵循的“六条规定”：不做寿，不送礼，少敬酒，不拍掌，不以人名做地名，不要把中国同志同马恩列斯平列。这是党中央“进京赶考”前定下的“规矩”，这些规矩是多么具体、多么明确，多么贴近群众。

我们环保部贯彻落实中央八项规定精神也制定了具体的《实施办法》，共 24 条，现在来看，绝大部分执行的是好的，但也有个别要求制定时有点脱离实际，工作中很难落实。最近办公厅正在组织修改，希望让一些规定更符合实际情况、更符合工作需要。但要注意的是，结合实际并不等于把硬性要求改成一般性要求就行了，而是要把什么条件下、执行什么标准、做到什么程度讲清楚，要求必须是刚性的、清晰的，不能模棱两可，这样才好操作、能落地、可核查。对此我们要正确理解和认识。

规矩既然立了，就要严格执行。目前来看，我们有些单位执行中央八项规定精神还存在各种各样的问题，如超标准接待、陪餐人数超标、假报销单、超标用车用房等。这些问题看似不大，但长期忽视、纵容就会产生很大的破坏性，严格党的纪律、规矩必须从这些细小的事情做起，坚持不懈地抓起来。下面，讲几个突出问题，希望引起大家的重视。

一是交纳党费和参加组织生活问题。今年春节后，部党组要求所有党组成员每月前五天自己交党费，执行得不错。党章第一章第一条规定：年满十八岁的中国工人、农民、军人、知识分子和其他社会阶层的先进分子，承认党的纲领和章程，愿意参加党的一个组织并在其中积极工作、执行党的决议和按期交纳党费的，可以申请加入中国共产党。这是入党的条件。第一章第九条规定：党员如果没有正当理由，连续六个月不参加党的组织生活，或不交纳党费，或不做党所分配的工作，就被认为是自行脱党。这是制度要求。有些同志六个月交一次，一年交两次，这种现象过去很普遍，这就不是讲规矩。目前，还有些党员存在不按时交、不足额交的问题。这次党费收缴工作专项检查中，有一个单位从2008年至今需要补交的党费近百万元。这反映出有些党员不是自觉地认识自己的党员身份、履行党员义务。连党费都不能按要求交纳，怎么算是一个合格党员？不要小看这个事情，它是自觉性的体现。

二是“三会一课”制度执行问题。有些单位党组织“三会一课”制度执行得不好。最近中央国家机关纪工委对我部巡视整改情况进行专项检查，问我们的干部什么是“三会一课”，个别同志一脸茫然。谈起专业头头是道、谈起大政方针侃侃而谈，但对党的基本制度、基本要求和基本工作方法却知之甚少，这是宗旨意识淡薄的表现，是日常党建工作的缺失。我最近一直强调，领导干部不能仅仅是行政领导，既要抓工作、也要抓思想抓作风，既要抓业务、也要抓党的建设和队伍建设。这次“两学一做”学习教育，要把这一课补上，让它成为一个自觉的行动。

三是学习不入脑的问题。有些同志把中央的要求抽象化，把学习当成开会念文件，念完了自己都记不住，工作中依旧我行我素、天马行空、固执己见。最近，我反复强调公文质量问题。有时候中央的提法已经变了，有些同志还一成不变用着老话语。这个问题既反映工作能力，也反映了有些同志缺乏学习或是学了没有入脑，没有很好地理解中央的新精神新要求，更谈不上贯彻执行。这要引起高度重视。

四是领导干部个人有关事项报告问题。部里几次抽查干部个人事项，都会发现一些问题。虽然不能说有意遮掩甚至隐瞒不报，但至少表明在这件事情上，有的同志不够认真，程序观念淡薄，该报告的没有报告。

五是个别单位领导工作纪律淡薄问题。一些党政一把手分设的单位，两个一把手规矩意识、纪律意识淡薄，甚至存在同时你审批我出差、我审批你出差的情况，导致整个单位一段时间无人在岗负责。

六是跑风漏气问题。这个问题我强调过多次，但仍然存在，而且还比较严重。例如，部领导的一些内部重要讲话尚未公开，微信上已经传出去了；部党组的重要决策，会议纪要还没有出来，外面就传开了；一些司局到地方督查调研，还没出行，地方上打听、讲情的电话就已经来了。前段时间，办公厅印发了《关于加强环境保护工作秘密和敏感信息管控工作的通知》，明确要求一些不属于国家秘密但又不宜对外公开、在一定时间内需限定知悉范围的事项，应作为工作秘密和敏感信息加以管控。既然立了规矩，就要遵守。我再强调一次，一旦再出现跑风漏气、给部里工作造成被动的问题，将予以严肃追究。

怎么做到讲规矩、有纪律？

一要以“赤诚之心”对待组织。入党誓词里面有一句，“对党忠诚、永不叛党”。这是具体要求，不是原则要求。习近平总书记指出：“全党同志要强化党的意识，牢记自己的第一身份是共产党员，第一职责是为党工作，做到忠诚于组织，任何时候都与党同心同德”“对党绝对忠诚要害在‘绝对’两个字，就是唯一的、彻底的、无条件的、不掺任何杂质的、没有任何水分的忠诚。”在工作中，党员干部做到对党绝对忠诚，必须做到在党爱党、在党言党、在党忧党、在党为党。对党忠诚，不能高高挂起、不能抽象化，对党的各级组织在工作中存在的不足，应自觉通过组织渠道提出意见、建议，而不能抱持看客心态，“事不关己、高高挂起”；不能不分场合说风凉话，甚至冷嘲热讽，妄议中央大政方针，借机发泄不满情绪，给党的形象和工作造成负面影响；也不能以贯彻中央决策部署为名，掺杂部门和小集团利益。这个问题，在环保部门还是很突出的，特别是有些直属单位，打着环保部的旗号，在一些专业领域，兜售自己一亩三分地的产品。

二要以“敬畏之心”行使权力。大量的违法违规案例表明，没有敬畏之心，理智、信念就会让步于贪婪和对权力的迷恋。思想观念上的错误，必然会导致行为上的滑坡。主观上出问题，客观上就会有偏差；主观上出了轨，客观上就会越线。防止偏差、防止“出轨”，必须在思想上筑牢堤坝，培养和树立正确的权力观。对机关工作人员而言，权力与责任是对等的，党和人民授予了你多大的权力，你就有多大的责任。你的权力是岗位的权力，不是个人的特权。我们个别部门，特别是个别直属单位工作人员，年龄不大，地位不高，但是一身官气，习惯打着环保部的旗号，到下面、外单位，颐指气使、态度蛮横，这样的人放在重要岗位上一定出事。

三要以“责任之心”执行纪律。守纪习惯的养成必须从小事做起，没有人不敢乱过马路、却敢开车闯红灯。守纪既来自个人对规则的敬畏，也来自监督者对违纪的严格惩处。不少人认为日本社会管理好、公民素质高，其实这也是管出来的。日本法律特别爱管小事，比如对插队行为的惩罚是 100 万日元罚款加 24 小时拘留，不按规定时间投放垃圾最高可判 1000 万日元以下的罚款外加 5 年以下监禁。今天放你一马，明天要么是害你一辈子，要么是法不责众、害了一个单位甚至整个社会。守纪律不仅是个人的责任，也是各级党组织履行全面从严治党的主体责任。要牢固建立“守土有责、各负其责、履职尽责、失职追责”的完整责任链条。党的纪律是必须遵守的金规铁律，严守纪律是践行誓言的必然要求。党纪严于国法，是制度的“笼中之笼”，党员违法必先违纪。党员违反党纪，应受到纪律惩处；违反法律，则应受到法律制裁。党规党纪对党员干部提出了比国家法律对普通公民更严的纪律要求。加入了党组织，在党旗下宣过誓，就要主动舍弃一些自由和权利，放弃一些利益和要求，挑起更重要的使命、责任和担当，毕其一生践行入党时的庄严宣誓。

三、讲道德、有品行，关键要在转变机关作风中检验

党的性质决定了我们党对党员不仅有政治追求的要求，还有做人的品格和道德要求。

这与党的理想、宗旨、价值追求是一致的，是辨别真假马克思主义者的试金石。

“人生最大的资本是品行”。中华传统文化的人格理想就是君子之道。君子不是某一个人，而是一类人，是德与品俱佳的集体人格。我们讲“君子比德于玉”“君子坦荡荡，小人常戚戚”“君子喻于义，小人喻于利”“君子和而不同，小人同而不和”等，都把道德和品行作为君子的必要条件。

司马光对才与德有过精辟的论述，翻译成现代汉语是：才与德是不同的两回事，而世俗之人往往分不清，一概而论之曰贤明，于是就看错了人。所谓才，是指聪明、明察、坚强、果毅；所谓德，是指正直、公道、平和待人。才，是德的辅助，德，是才的统帅。德才兼备称之为圣人，无德无才称为愚人；德胜过才称为君子；德不如才称为小人。挑选人的方法，如果找不到圣人、君子来委任，与其得到小人，不如得到愚人。因为君子有才华和能力并用它行善；而小人持有才干却来作恶。持有才干作善事，能处处行善；而持有才干作恶事，就无恶不作了。愚人尽管想作恶，因为智慧不够，力气不胜任，好比小狗扑人，人能够抓住并制服它。小人的计谋足以发挥邪恶，力量足以逞凶施暴，就像恶虎生翼，危害难道不大吗!有德的人令人尊敬，有才的人使人喜爱；对喜爱的人容易亲近，对尊敬的人容易疏远，所以，察选人才者经常被人的才干蒙蔽而忽略了观察他的品格如何。自古至今，国家的乱臣奸佞，家族的败家浪子，因为才有余而德不足，导致家国覆亡的多了。所以，治国治家者如果能审察才与德，并且知道才与德的重要性不同，又何必担心失去人才呢！

注重道德修养，是中国做人做官的传统美德，也是我们党的优良传统。毛泽东同志在《为人民服务》中要求全党同志做“一个高尚的人，一个纯粹的人，一个有道德的人，一个脱离了低级趣味的人，一个有益于人民的人”。改革开放伊始，邓小平同志也提出了“没有共产主义道德，怎么能建设社会主义”的问题。习近平总书记也多次强调：“一个人只有明大德、守公德、严私德，其才方能用得其所。”“人而无德，行之不远。没有良好的道德品质和思想修养，即使有丰富的知识、高深的学问，也难成大器。”

其实，我们身边就有许多道德水准很高的人。他们一心为工作，从不讲条件，不伸手向组织要职位、要待遇；他们在原则问题上较真，很死板，但很专业；他们讲奉献，不在意自己的工作成果大家共享，辛辛苦苦的成绩被同事拿走；他们对同事友善，但从不在私下搬弄是非，不揣测这个人要提升、那个人要倒霉；他们不媚上，不靠揣测领导的心思来说话，他们做人不累。有人讲，这就是一个干活的人，当不了领导。但我想告诉大家，这样的人是能当领导的，而且应该放在关键位置上。

人民群众对党的认识，都来自于这样一些具体的人、具体的事，来自于每一名党员干部的言行举止和道德品行。党员干部个人品行直接影响到机关工作作风，反过来，机关的工作作风也会映射出党员干部的道德品行。当前，我们的干部队伍在这方面仍存在四个突出问题。

一是实践意识不强。在部直属机关党委开展的环保部干部职工思想状况调查中，39%的人认为所在单位部门干部队伍存在实践意识不强的问题。表现是少数党员自说自话、自干自活、自怨自艾、单打独斗；有人讲起大话一套一套，总结起来一个体系一个体系，看似阳春白雪高大上，但没有真正含义，误时误事；有人喜欢讲洋概念、新概念，但生搬硬套，只知其然，不知其所以然；有人爱好跟风，你说啥，他马上就做啥，前段我们讲排污许可证，一下子有关许可证的研究多如牛毛，你抄我的、我抄你的，浮于表面、浅尝辄止；

有人私下牢骚满腹，大事小事都能一番评论，但自己负责的事从来做不好。

二是责任意识不强。调查中有37%的同志认为这方面问题比较突出，表现为：少数党员不作为、怕担当，遇到难事首先想到的是如何推卸责任，先免责、再干事；有的人在原则问题上，把关不严、矛盾上交，一切都由领导定；有的人拖沓散漫、敷衍应付，上报的材料让专家写、借调帮忙人员写，自己不看不研究，只会画圈，一画了之，材料语句不通、错别字不断。现在报给我的材料，我都要一字一句的看，有的材料要打回去三四次。

三是创新意识不强。少数党员习惯于用已有的思想观念和方式方法来面对新的问题，工作没想法、没办法、没起色，总是把问题的原因归结为他人和基层。在调查中，59%的人认为存在这个问题。

四是质量意识不强。调查中33%的同志认为有这个问题，表现为：少数党员靠发文件发通知落实工作，能敷衍就敷衍，做一天和尚撞一天钟，缺乏部门存在感，抓工作力度不到位。我们很多时候不断重复工作，但是质量不高，例如有些公文报告，上不接天线、下不接地气，缺乏问题导向，站位不准、思路不清、措施不实，严重影响到工作质量、降低了工作水平，说到底是责任心不强的问题。

解决“四个不强”的问题，必须做好以下工作。

一要埋下身子、深入一线，开展调研。调研不是走马观花，不是蜻蜓点水，大量的一手数据和基本情况不是靠在办公室想出来的，是靠步子量出来的、靠到基层问出来的。现在环保改革任务重，要切实解决政策不落地的问题，没有捷径可走，只有真正深入基层深入一线，广泛听取各方意见，才能形成好的思路、好的办法、好的措施。最近，我们有些改革方案做得很好，就是因为不断下基层，反反复复听意见，拿出来的东西质量就高，到了上面反复的过程就少。漂在上面、不下去，在部门里踢皮球、不断讨论来讨论去，永远不可能有工作质量。什么是好？好是用实践来检验的，不是标准越高越好，不是管的越多就好，也不是包打天下就好。要建立部领导深入分管部门单位和基层调研的常态化机制；加强部领导与普通干部、青年干部和老干部的沟通交流，积极帮助解决实际困难；组织机关干部定期带着问题深入基层，特别是县、乡开展专题调研，广接地气、摸清实情、破解难题；开展基层蹲点调研成果创新大讨论活动，面对面听取基层环保干部的意见建议，说实话、谋实招、求实效。

二要牢固树立“舍我其谁”“功成不必在我”的精神。在新疆生产建设兵团的屯垦大军中，有一个在沙漠边缘深藏了60多年的英雄群体。1949年，他们为了执行一道特殊命令，走进死亡之海“塔克拉玛干”。从此，他们一生扎根他乡，把自己化作沙漠中的一片绿洲。“舍我其谁”“功成不必在我”，这就是担当精神。真正的担当不是抢来夺来的，是当大家都存在畏难情绪的时候，他却没有退缩；当大家都想懈怠、松口气的时候，他还在拼命操劳；当大家在为各自生活奔走时，他却把心思都投注在公共事业上，不为名所累、不为利所惑、不为物所役。大家要在这种精神的驱动下，为环保事业贡献力量。

三要善于提出新问题、寻找新思路、开拓新境界。习近平总书记在党的十八届五中全会上提出创新、协调、绿色、开放、共享的新发展理念，把创新放在首位，指明了我国发展的方向和要求。环保工作更加需要创新。目前我国处于三期叠加的发展阶段，很多老问题尚未解决，新的问题又不断出现，如果没有创新精神，我们很难找到突破口，很难破解当前面临的各种难题。从去年开始，我们开展了几次创新大讨论，就是要启发大家的思想，用改革创新的思路来解决环保面临的问题。创新的关键要解决两个问题：一个是创新什么，一个是怎么创新。环保系统党员干部首先要建立创新思维，不要把创新神秘化。诺基亚总裁在一次创新论坛上讲，创新就是看到不舒服的地方你要管它。一个单位的电梯停运了，很多人绕过去了，你看到后觉得不舒服，为什么这个电梯老不工作呢，你就要管它，这就叫创新。只有永不满足、追求卓越，才能有所创新、创新才能落地。同时，要注重吸取基层的经验，高手在民间，基层有很多管用的办法和措施，简单实用，很值得借鉴。我们要及时把这些创新经验吸收上来，为我们所用。

四要在一点一滴上把好“质量关”，在做实做细上下功夫。提高工作质量，关键是培育精益求精的职业精神。大家知道1万小时定律，就是把一件事情做好、做到顶尖，没有1万小时的积累是不可能的。最近，部里组织一批处级干部到井冈山进行培训，我花了半天时间，把每位同志的总结通读了一遍。有个同志体会很深，他写道：习近平总书记在考察井冈山时指出：“保持艰苦奋斗的本色，逢事想在前面，干在实处，关键时刻坚决顶起自己该顶的那片天。”如果工作图轻松，不深入不细致，浮于表面，结果必然是情况不明，心中没底，讲担当、讲顶起自己该顶的那片天，就是一句空话。勇于担当，顶起自己该顶的那片天，需要发扬艰苦奋斗的精神，深入实际调查研究，深入基层一遍一遍摸情况，去伪存真、去粗取精，把情况摸清、摸透、摸准，需要殚精竭力，根据实际情况，反复权衡，想办法出主意出政策。这位同志讲，工作要求真、求实、求美。这个“美”就是工作质量、工作作风问题。到井冈山的同志都走了挑粮小路、上了八角楼、去了黄洋界，都感到心灵震撼了、思想冲击了、灵魂净化了、理想神圣了。有些总结写得很好，但有些总结前面很激动，后面就对付、就不认真了，联系现实就是另一种心情了。我想提醒大家，上山有决心，下山更要学会坚持。作风建设是长期的、时时的，作风建设是信念与实践的统一、理想与具体的统一、关键时刻与日常表现的统一，根本上还是要知行合一。

四、讲奉献、有作为，根本要在改善环境质量中检验

奉献，是共产党员的“名片”。从选择加入中国共产党、宣誓为共产主义奋斗终生的那一刻起，我们就选择了奉献。作为，是共产党员要履行的政治“义务”和“责任”。要甘为俯首的孺子牛、拓荒的老黄牛，时刻不忘肩上扛着那份沉甸甸的责任和信任。不谈奉献难以服众，缺失作为也难以做先锋。共产党人的奉献与担当绝不仅仅意味着付出与牺牲，更意味着要树立良好的形象，意味着要增强我们的凝聚力、感召力。所以，讲奉献、有作为是党员实现人生价值、成就一番事业的基石。

这次中国生态文明奖中有几位同志的事迹很感人，是真正的“讲奉献、有作为”。有一位贵州的雷月琴同志，退休之后一心一意从事保护水的行动，一干就是30多年，她用自己的行动、奉献和坚持影响一批人，带动一大批老年志愿者来保护水资源。我去年到江苏调研，看到一个农村环保所设施简陋、条件很差，那里有一个叫何有禄的同志，调他离开环保岗位，他不离开，就愿意做环保、管环保。还有一位南京市江宁区政府副区长陆蓉，是位女同志，但巾帼不让须眉，敢于担当、敢于说不，顶住压力、坚持原则，10年来不曾为一家企业、一个人打过招呼、批过条子；有一次整治违法砂石码头，她将办公室搬到了长江边上，挂图作战、坐镇指挥，历时6个多月，将21家砂石码头和船厂全部关停整治

到位。我们就要有这种精神和劲头，敢碰硬钉子、敢啃硬骨头，才能有所作为。

经过巡视整改、落实中央八项规定精神、创新大讨论、落实作风建设责任清单等工作，部机关的作风已经有了明显转变，但仍存在一些问题，需要坚持不懈地抓下去。要在机关形成想干事、不怕干事、干事的同志受尊重的风气，形成想干事、能干事的同志得到重用的导向。这些工作作风不仅需要在“两学一做”学习教育中大力培育，而且要长期坚持。

当前，我国环境质量有所改善，但环境问题的复杂性、紧迫性和长期性没有改变。污染治理和环境质量改善的任务、环境体制机制改革的任务十分艰巨，难度前所未有。这迫切需要环保系统广大党员、干部自觉做到讲奉献、有作为，切实增强政治意识、大局意识、核心意识、看齐意识，形成想干事、能干事、干成事的生动局面，进一步把智慧和力量凝聚到生态文明建设和环境保护工作上来，以良好工作作风和精神状态开拓环境保护的新局面。

同志们，以上是我的一点认识和体会。“两学一做”学习教育正在进行时，作风建设永远在路上。环保系统广大党员、干部特别是党员领导干部要坚持从我做起，大力培育勤政有为的作风，坦荡做人、踏实干事，打造对党忠诚、个人干净、敢于担当的环保队伍，用“两学一做”学习教育的成果来检验作风建设的成效，为切实推动生态环境质量改善做出新的贡献。

环保内部情况通报

第22期

环境保护部办公厅　2016年7月18日

着力提高环保援藏工作水平
全力支持西藏构建国家生态安全屏障
——在全国环保系统“十三五”对口援藏工作会议上的讲话

环境保护部部长　陈吉宁

（2016年7月4日）

同志们：

今天，我们在拉萨召开全国环保系统对口援藏工作会议。这次会议主要任务是，深入贯彻落实习近平总书记、李克强总理等中央领导同志关于做好西藏工作的重要讲话和中央第六次西藏工作座谈会精神，总结全国环保系统“十二五”援藏工作，部署“十三五”环保援藏任务，着力提高环保援藏工作水平，全力支持西藏把高原生态环境保护好，把国家生态安全屏障建设好。

刚才，洛桑江村主席介绍了西藏“十二五”以来经济社会发展取得的巨大成就和显著进步，总结西藏“十二五”生态环境保护工作，充分肯定环保援藏工作的成效，描绘了“十三五”西藏生态环境保护的总体目标和主要任务，对环保系统进一步做好对口援藏工作提出了明确要求。我们要认真抓好落实。

近几年来，各援助省（市）讲政治、顾大局、做奉献，在政策、资金、人才等方面加大支持力度，推进西藏环保工作取得明显进展。江苏、重庆、福建、湖南等省（市）环保厅（局），以及中国环境监测总站负责同志分别交流了援藏工作经验。江苏省全力帮助拉萨市开展环保模范城市创建工作；重庆市在对口帮扶昌都市基础上，与西藏环保系统签订全面战略合作协议，加大资金、人才援助力度；福建省坚持规划先行、项目带动，突出技术援藏；湖南省集全省之力，将援藏工作深入到山南市所辖县级环保部门；中国环境监测总站帮助西藏自治区提升综合监测能力，在仪器设备、人才培养方面给予大力支持。

这里，我代表环境保护部，对西藏自治区党委、政府“十二五”以来取得的巨大成就表示热烈祝贺！向为西藏环保事业付出心血和汗水的全国环保系统援藏干部和技术人员致以亲切问候！向西藏环保战线广大干部职工致以崇高敬意！

下面，我讲几点意见。

一、认真贯彻落实党中央关于西藏生态环境保护的决策部署，深刻认识推进环保援藏工作的重要意义

2015 年 8 月召开的中央第六次西藏工作座谈会，进一步明确了西藏在国家战略全局中的重要地位，对做好新形势下西藏经济社会发展和生态环境保护做出全面部署，对各地区各部门援藏工作也提出明确要求。习近平总书记强调，青藏高原是“世界屋脊”“中华水塔”“地球第三极”，保护好青藏高原生态就是对中华民族生存和发展的最大贡献。一定要算大账、算长远账，坚持生态保护第一，绝不能以牺牲生态环境为代价发展经济。李克强总理指出，西藏要坚持把发展建立在生态安全基础上，严格生态安全底线、红线和高压线，确保国家生态安全屏障万无一失。这些重要指示，为进一步做好环保援藏工作、保护好青藏高原生态环境指明了前进方向。

（一）深入推进环保援藏工作是保持西藏长治久安的迫切需要。“治国必治边、治边先稳藏”。西藏开发建设活动和生态环境保护备受国际社会关注。尤其是达赖集团及他们背后的国际敌对势力，经常打着关心西藏生态环境保护的幌子，在国际上到处散布谣言，攻击我国政府，将西藏正常的经济建设活动污蔑成破坏西藏生态环境行为。反对分裂、维护社会和谐稳定的环境保护任务十分艰巨。“十三五”时期，西藏经济社会将进一步发展，经济活动强度加大，生态环境保护面临挑战。深入推进环保援藏工作，将预防和保护放在首要位置，帮助解决西藏生态环境保护的重点难点问题，有利于西藏地区实现长治久安。

（二）深入推进环保援藏工作是维护国家生态安全的必然要求。西藏是我国和亚洲重要的江河源区，也是维系我国乃至全球生态系统的重要屏障，生态地位极其重要，在水源涵养、水土保持、防风固沙、气候调节等方面的重要作用不可替代。如果受到损害，必然会威胁整体的国家生态安全。同时，西藏生态极其脆弱，一旦遭到破坏很难恢复。在全球

气候变暖的影响下，冰川面积正在逐年减小，局部地区草场退化、土地沙化、湿地萎缩、生物多样性减少的现象突出，生态环境挑战增大，坚持保护优先、自然恢复为主的方针更加刻不容缓。深入推进环保援藏工作，帮助提升西藏生态环境保护能力，有利于保障和维护国家生态安全。

（三）深入推进环保援藏工作是促进西藏经济社会协调发展的重要动力。良好的生态环境是西藏长远发展的重要根基。要严格按照国家主体功能区规划和生态保护红线要求，在禁止开发区，必须坚持“生态保护第一”的原则，拒绝一切与保护无关的开发建设项目。在限制开发区，把生态环境承载能力作为发展经济、开发资源的先决条件和基本依据，严格环境准入。在其他区域，也要严禁资源消耗多、污染排放高的项目落地，强化污染防治和执法监管。深入推进环保援藏工作，帮助西藏处理好保护与发展关系，推进西藏在如期实现全面建成小康社会目标中，努力做到经济社会发展与生态环境相协调。

（四）深入推进环保援藏工作是提升西藏生态环境保护水平的有效举措。中央明确要求加大对口援藏工作力度。“十二五”时期，西藏自治区组建环境保护厅，各县均设立环境保护局，强化了环境保护机构和队伍建设。但相对于“十三五”西藏环保工作的繁重任务，自治区环保系统能力建设仍比较薄弱，普遍存在人员不足、专业水平有待进一步提高、资金短缺等问题，远不能满足实际工作要求。深入推进环保援藏工作，有利于全面提升西藏环保工作水平，促进西藏环保工作与全国同步推进。

总之，西藏是特殊的边疆民族地区，做好援藏工作关系党和国家工作大局。全国环保系统必须牢固树立大局意识，深刻认识做好环保援藏工作的重要意义，坚决贯彻落实党中央、国务院关于西藏经济社会发展和生态环境保护的决策部署，确保青藏高原生态环境良好，不辜负中央的嘱托和人民的期望。

二、“十二五”全国环保系统援藏工作成效显著，有力推动西藏环境保护事业快速发展

“十二五”期间，全国环保系统认真贯彻落实中央第五次西藏工作座谈会精神，统筹安排“十二五”对口援藏工作，着力完善对口援藏机制，突出抓好生态环境保护重点工作，提升西藏环境监管能力和水平，取得显著成效。

（一）推动生态环保重点工作深入开展。推进湖泊生态环境保护、农村环境综合整治等重点工作。中央财政分别安排 1.2 亿元和 0.55 亿元专项资金，支持纳木错、羊卓雍错生态保护，开展生态修复、退化草地治理等工程项目；安排近 1 亿元资金，支持西藏 160 个行政村开展环境综合整治。加强拉鲁湿地国家级自然保护区建设，开展生物多样性调查和生态环境状况十年调查评估。指导拉萨市和林芝地区申报创建国家环保模范城市、生态区。建成西藏危险废物集中处置中心并投入使用。组织开展环境空气主要污染物来源分析研究、西藏沙化土地治理方法研究等环境科研基础工作。

（二）推动环保队伍能力不断提高。通过采取“引进来”“走出去”等多种交流途径，提升西藏环保系统人员业务水平。“十二五”期间，我部及对口援藏省（市）陆续选派 16 名援藏干部到西藏开展工作，累计选派环境监测、监察、信息、评估等领域 112 名专业技术人员进行技术援藏工作，开展监测操作技能、现场环境执法、环评审批流程等技术业务

培训，承担受援单位日常工作和专项行动任务，促进西藏环保工作规范化。21 个对口援藏省（市）环保厅（局）以及 10 多个部机关有关司局和部属单位负责同志，带队赴藏指导工作。西藏先后选派 425 人次参加我部组织的地（市）环保局长、环境监测、监察等培训，以及对口援藏省（市）组织的相关培训，有效提高了西藏环保人员业务能力和水平。

（三）推动生态环境监管能力有效提升。“十二五”期间，中央财政安排相关环保资金 1.16 亿元，对口援助省（市）环保部门援助资金约 0.35 亿元，开展环境监测、执法监管等能力建设。支持建设 7 个地（市）空气自动监测站，为 34 个县（区）环保部门配备环境执法车辆和设备，对 7 个重点县配置常规监测仪器设备，为西藏自治区配备部分辐射应急监测仪器设备。西藏自治区环境监测中心站通过国家一级站标准化建设达标验收，建成自治区固废中心业务用房。各对口省（市）帮助西藏各地（市）开展环境监测实验室建设，使这些地（市）基本具备环境执法监管能力。

（四）推动西藏经济社会发展与生态环境保护协调融合。在保护西藏生态环境前提下，支持西藏经济社会发展，帮助西藏更好地处理发展与保护关系。支持西藏加强环评能力建设，将 16 个类别 98 类建设项目全部委托或有条件委托西藏自治区环境保护厅审批。宏观上加强重大项目调控，促进西藏可持续发展，我部先后审批雅鲁藏布江中游、金沙江、澜沧江流域水电开发等重大规划，以及拉林铁路、拉洛水利枢纽、驱龙铜矿等 50 余个重大项目的环评文件，一批重大基础设施和资源开发项目顺利实施。合理确定西藏年度污染物减排目标，指导督促西藏完成好主要污染物减排任务。支持藏青工业园区建设，对西藏重大基础性和优势产业建设项目，结合实际强化总量控制工作。

三、全面落实“十三五”环保援藏工作部署，进一步提高西藏生态环境保护水平

“十三五”时期，是西藏与全国一道全面建成小康社会的决胜阶段，也是推进西藏绿色发展、加快构建国家生态安全屏障的关键时期。结合西藏自治区经济社会发展和生态环境保护的实际需求，我们考虑全国环保系统“十三五”对口援藏工作的总体思路是：全面贯彻党的十八大和十八届三中、四中、五中全会精神以及中央第六次西藏工作座谈会精神，深入贯彻习近平总书记系列重要讲话精神，坚持“五位一体”总体布局和“四个全面”战略布局，牢固树立和贯彻落实创新、协调、绿色、开放、共享的发展理念，以改善生态环境质量为核心，举全国环保系统之力，强化政策、资金、人才、技术援藏等措施，突出抓好生态环境保护重点工作，不断提升西藏环境管理系统化、科学化、法治化、精细化、信息化水平，大力推进美丽西藏建设，切实保护好雪域高原。

总体目标是：坚持预防为主、保护优先、综合治理，加快构建西藏生态安全屏障，进一步增强生态系统稳定性、完整性，确保到 2020 年西藏生态环境保持良好。把大气、水、土壤环境作为防治重点，解决突出环境问题。对口援藏工作机制更加健全有效，全区环保各领域专业人员技能普遍提升，指导完成西藏区级以下环保机构监测监察执法垂直管理改革任务，基本建成涵盖各要素和覆盖西藏全境的生态环境监测网络，基本满足维护生态安全和环境管理需求，推进西藏生态环境治理体系和治理能力现代化。

具体来讲，需要重点做好以下几项工作。

（一）加快推进生态安全屏障建设。深入实施国务院印发的《西藏生态安全屏障保护与建设规划（2008—2030 年）》和《青藏高原区域生态建设与环境保护规划（2011—2030 年）》，完成生态保护红线划定和配套政策制定，确保生态功能不下降，切实保护好“中华水塔”，维护国家生态安全。加强江河源头区、草原、河流、湖泊、湿地、天然林等保护，实施生物多样性保护战略行动计划，加强生物多样性保护优先区域监管，开展生物多样性保护与减贫试点，推进自然保护区规范化建设和管理。实行严格的环境影响评价制度，把好建设项目准入关，严禁高污染、高排放项目进入。强化资源开发中的生态环境监管，继续实行环境保护一票否决制。构建生态环境保护与建设绩效考核机制，实行与绩效考核结果相挂钩的奖惩制度，对生态保护给予重要支持。

（二）统筹解决发展中出现的局部性环境污染问题。支持西藏在发展中坚持预防为主、守住底线，分区制定环境管理和经济发展政策，建立负面清单。抓好大气、水、土壤等污染防治。在人口集中地区开展燃煤污染综合防治、机动车污染防治，确保大气环境质量持续良好。对拉萨河等重点流域，开展生态健康状况调查与评价，实施水污染综合防治工程，强化流域工业企业污染防治，确保全面达标。开展土壤环境质量调查和评估，实施老尾矿库闭库等重金属污染防治工程。深入开展农村环境综合整治。对 5000 多个村镇开展农村环境综合整治工作，建设垃圾、污水收集与处理等工程，实施农业面源污染防治，改善农牧区环境质量。

（三）大幅提高西藏生态环境监管能力。支持西藏建立健全生态环境质量动态监测预警、执法监督和应急处置体系，适应新时期环境监管工作需要。在大气、水、土壤和辐射环境监测网络建设方面，完成西藏 7 地（市）18 个国控空气质量监测站上收工作，国家全额保障上收站点建设、运行维护等经费。完成拉萨河、雅鲁藏布江上游等国家水质自动监测站建设，提升重点流域水质在线监测能力。全面布设土壤环境质量监测基础点位，将 517 个基础点位和 311 个风险点位纳入国家土壤环境质量监测网络。逐步将日喀则等 5 地（市）和亚东等 5 个边境县以及昆仑山辐射环境背景值站等 11 个站点纳入国家辐射环境自动监测网络。在环境执法能力建设方面，各对口援藏省（市）支持西藏各地（市）完善环境监察、监测仪器设备建设，逐步完善环境监管体系。推动在西藏建立生态环境遥感监测中心，利用卫星和无人机遥感手段开展生态环境质量监测。在环保监管业务用房和信息化建设方面，按照全国环保监管业务用房建设标准，推动全区环保监管业务用房建设，提升环境监管基础能力。推进西藏环境信息共享平台建设，开发环评审批、环境监测、环境监察等应用系统，实现数据共享。

（四）继续大力支持人才队伍建设。坚持物质援藏与智力援藏相结合、造血与输血相结合，采取“请进来、走出去”等方式，提高环保援藏工作针对性和实效性。加大援藏技术干部选派力度。做好我部机关选派援藏干部工作。拓展技术援藏领域，从对口援助省（市）环保部门和我部直属单位选派环境监测、辐射管理、固废管理、环境科研等领域业务骨干。做好学习和挂职锻炼工作。帮助协调西藏环保系统派员到环境保护部及直属单位、对口援助省（市）环保部门学习和挂职锻炼，每年从西藏环保系统选派 40 名工作人员进行为期一年或半年的挂职和学习，解决好挂职和学习期间生活待遇。出台环保专业人才引入计划。研究实施“中西部地区和少数民族地区生态环保人才支持计划”，每年引导若干名生态环保专业优秀毕业生到西藏工作或提供服务。通过专项培养、项目带动、联合培养等方式，每年为西藏定向培养一批紧缺专业人才。

（五）进一步加大政策扶持与技术指导力度。完善各项对口援藏政策，加强科技扶持，推动西藏生态环境保护工作顺利开展。对符合国家规划的交通、水利、能源等基础设施建设和优势产业发展等重点项目建设给予支持，加快审批进度。帮助西藏开展相关战略环评和规划环评以及重大项目环评报告技术评估、专项规划编制等工作。指导开展自治区以下环保监测监察执法机构垂直管理改革。协调财政部等有关部门，完善生态综合补偿机制，扩大国家重点生态功能区转移支付县域范围，加大对西藏禁止开发区、重点生态功能区转移支付力度。帮助西藏开展生态文明创建工作。协调相关单位开展青藏高原冰川、湖泊、生物多样性等综合性科学考察工作。

四、切实强化各项保障措施，确保环保援藏工作落到实处

环保援藏是一项政治性、政策性都很强的工作。全国环保系统必须要把思想和行动统一到中央援藏工作的大政方针上来，统一到环境保护部党组对口援藏工作具体部署和要求上来，把环保援藏工作摆上重要议事日程，带着责任、带着感情、带着祝福开展工作，把对口援藏各项任务落到实处。

一要加强组织领导。我部将积极协调国家有关部门，加大政策资金支持力度，预计 2016 年将落实农村节能减排、湖泊生态环境保护、土壤污染防治等相关环保资金 3 亿元以上，超过“十二五”资金总量的一半以上。各援助省（市）环保部门要成立对口援藏工作领导小组，主要领导负总责，分管领导具体抓，明确援藏任务和工作职责，确保对口援藏工作落到实处。

二要落实援藏规划。《全国环保系统“十三五”对口援藏规划》已印发各地，关键是推进实施。各援助省（市）要按照援藏规划，分年度确定目标任务，纳入本省（市）“十三五”对口援藏规划，项目落实到具体单位；建立规划中期评估和执行调度机制，形成规划年度调度、滚动执行、绩效评估和考核机制。我部负责的任务和项目，要分解落实到具体司（局）和部属单位。

三要严格资金项目管理。我部已印发《关于开展“十三五”环保投资项目储备库建设工作的通知》。西藏应围绕实施大气、水、土壤污染防治三大行动计划，及早谋划“十三五”防治重点工程，加强项目储备，扎实开展前期工作，强化资金监管和项目实施，真正把资金用好、项目建好。

四要突出实效突出重点。质量和效益是检验环保援藏工作的试金石和标尺。环保援藏工作既要有前瞻性和大局观，更要注重援藏项目的先导作用。援藏项目要经得起实践的检验，做到实用、适用、管用，确保长期稳定运行，不给西藏留包袱，特别是绝不能违背当地群众利益，努力赢得各族群众的拥护。

同志们，环保援藏工作使命光荣、责任重大。让我们紧密团结在以习近平同志为总书记的党中央周围，真抓实干，攻坚克难，开创环保援藏工作新局面，为建设美丽西藏、全面建成小康社会做出新的更大贡献！

环保内部情况通报

第 23 期
环境保护部办公厅　2016 年 8 月 22 日

加强学习实践提高党性修养
做“四讲四有”合格党员
——在 2016 年度核与辐射安全监管年中工作总结会上的讲话暨“两学一做”学习教育党课

环境保护部副部长、国家核安全局局长　李干杰
（2016 年 7 月 28 日）

同志们：

今年初，党中央做出重大战略部署，号召在全体党员中开展“学党章党规、学系列讲话，做合格党员”（以下简称“两学一做”）学习教育，推动党内教育从“关键少数”向广大党员拓展。中共中央办公厅印发了学习教育方案，习近平总书记亲自作了动员。部党组高度重视，陈吉宁部长也给环保系统全体党员讲了一堂党课，内容深刻生动，全体同志深受教育和启发。

在核与辐射安全监管领域，如何贯彻党中央要求，确保“两学一做”学习教育取得实效？如何落实陈吉宁部长指示，通过“两学一做”推进核与辐射安全监管工作？今天我给大家讲一次专题党课，就上述这些问题与大家交流。

一、“两学一做”学习教育是在新的历史条件下强化党建工作的必要举措，是落实全面从严治党的现实需要

中国共产党始终担负着带领全国人民实现中华民族伟大复兴的历史使命。党的十八大以来，党中央高度重视政治思想建设，坚持党要管党、从严治党，坚决抵制党内腐败和不正之风，开展了一系列党内教育活动，“两学一做”学习教育就是其中至关重要的组成部分。“两学一做”强调“学”，强调“做”，突出了学习和实践的重要性。为什么要学？为什么要做？这是开展“两学一做”学习教育必须认清的首要问题。我们要结合中国传统文

化和党的历史来深刻认识和体会。

（一）好学、务实不仅是时代要求，也是中华民族的优良传统，更是中国传统文化的价值取向

中华民族是善于学习的民族，是勇于探索的民族，在学习中继承，在实践中创新，是中华民族文化的精髓。

《论语》开篇第一句："学而时习之，不亦说乎"，指出学习新知识后，要不断地温习和练习，进而运用到实践中，才能体会其中的喜悦，领会其中的真味。明代王守仁讲道："知是行的主意，行是知的功夫。知是行之始，行是知之成"，强调了"学"和"做"的关系，指明学习是为了指导实践，实践是为了检验学习，学习和实践辩证统一。这些经典论述为我们治学、明理提供了重要的方法指南。

"纸上谈兵""草船借箭"的故事，大家都耳熟能详，只学习不实践，只能是夸夸其谈，害人害己；只有学以致用，才能把握规律，有所作为。因此，我们要充分重视学习和实践，在学习教育中只有做到真学、真做，才能学有所得，不断提高。

（二）学做结合、理论联系实际是党的优良传统和一贯要求，是党探索和坚持正确发展道路的思想武器

在 95 年的发展历程中，正是因为重视学做结合、理论联系实际，我们党确立了正确的革命路线和发展道路，最终夺取了革命胜利、巩固了执政地位。建党初期，李大钊等党的早期领导人积极学习传播马克思主义，指导中国工人运动，为党的诞生奠定了基础。土地革命时期，毛泽东同志以马克思主义理论为指导，研究中国革命实践，发表了《中国红色政权为什么可以存在？》《星星之火，可以燎原》等文章，指出了工农武装割据、农村包围城市的正确革命道路。抗日战争时期，我们党开展了延安整风运动，提出反对主观主义以整顿学风、反对宗派主义以整顿党风、反对党八股以整顿文风，毛泽东同志发表了《改造我们的学习》《整顿党的作风》《反对党八股》等理论著作，指导了整风运动的开展，这是第一次全党范围内的马克思主义思想教育运动，确立了实事求是的正确思想路线，实现了全党思想上的高度一致，为夺取抗日战争和解放战争的胜利奠定了思想基础，为党的建设积累了丰富的经验。改革开放以来，结合时代发展要求和自身承担的使命，党中央提出了"以经济建设为中心，坚持四项基本原则、坚持改革开放"的战略决策，带领全国人民走上伟大复兴之路。

正如习近平总书记在庆祝中国共产党成立 95 周年大会上所指出的："中国共产党之所以能够完成近代以来各种政治力量不可能完成的艰巨任务，就在于始终把马克思主义这一科学理论作为自己的行动指南，并坚持在实践中不断丰富和发展马克思主义。"

（三）"两学一做"学习教育是新的历史条件下党内教育的再深化和再动员，是落实全面从严治党的重要举措

政治思想教育是党建工作的重要法宝。在不同的历史阶段，有针对性地开展学习教育对党自我完善、坚持正确发展方向、保持政治优势、巩固执政地位，发挥了关键推动作用。"两学一做"不是今天的创举，有着清晰的发展脉络和历史渊源，与党的历史上历次学习

教育活动一脉相承。“两学一做”（2016 年）是进入新世纪以来党开展的第七次学习教育，之前的学习教育活动包括“三讲”教育（1998—2000 年）、保持共产党员先进性教育活动（2005—2006 年）、深入学习实践科学发展观活动（2008—2010 年）、创先争优活动（2010—2012 年）、党的群众路线教育实践活动（2013—2014 年）、“三严三实”专题教育（2015 年）。“两学一做”学习教育是党的群众路线教育实践活动和“三严三实”专题教育的延续，是全面从严治党从“关键少数”向全体党员的拓展，是对党的十八大提出的“创新基层党建”要求的有效落实，是新时期党扎根基层、深化党建工作的重要举措。

（四）开展“两学一做”学习教育是核与辐射安全监管系统坚定理想信念、增强使命意识，完善监管体系、提升监管能力的有利契机

当前，我国核能与核技术利用事业高速发展，核电建设新堆型、新技术应用种类多样，新问题层出不穷，核安全监管任务愈发繁重。“一带一路”和核电“走出去”战略实施，对核与辐射安全监管工作提出的标准更严、要求更高。我国正处于由核能与核技术利用大国向强国转型的关键时期。

党中央、国务院高度重视核安全，将核安全纳入国家总体安全体系，对核安全提出了更高要求。新形势下，核与辐射安全监管队伍要有更高的思想觉悟、更强的业务能力，才能满足党和人民的新要求新期待。开展“两学一做”学习教育是全面加强核与辐射安全监管队伍建设的有利契机，我们务必要抓住机遇，加强学习，勇于实践，强化素质，提高能力，打造一支作风好、能战斗、过得硬的核与辐射安全监管队伍。

二、“两学一做”学习教育，基础是系统深入地“学”，关键是扎扎实实地“做”，全面提升党员的党性修养

“两学一做”强调学做结合、知行合一，核心就是用学习促实践，用实践促学习。具体学什么？学到什么？做什么？做到什么？要认真思考，准确把握。

（一）“两学一做”，基础在“学”

“两学一做”学什么？党中央明确要求，就是学党章党规，学系列讲话，这是规定动作。为强化学习效果，我们还要学习经典理论，学习国际经验，这是自选动作。

要认真学习党章党规。党章是党的根本大法，是管党治党的总规矩，是党内其他规章制度的基础。学习党章，要做到逐条逐句通读党章、认真研究领会各项规定。党内法规、党的纪律是全党同志的行为规范，是全面从严治党的根本依据。要熟记《中国共产党廉洁自律准则》《中国共产党纪律处分条例》《中国共产党问责条例》等党内法规。我们要通过学习，增强党规党纪意识，自觉遵守党的制度、纪律和规矩，自觉同破坏党章党规的行为作斗争，忠诚于党，在思想上行动上始终与党中央保持高度一致。要通过学习，增强党员意识，坚定理想信念，全心全意为人民服务。

要认真学习习近平总书记系列重要讲话。习近平总书记系列重要讲话深刻回答了新时期党和国家事业发展的重大问题，是新的历史条件下我们党治国理政的行动纲领，是坚持和发展中国特色社会主义的最新理论成果，是建设中国特色社会主义事业、实现中国梦的

强大思想武器。

我们一定要认真学习、深刻领会、入脑入心，用系列讲话精神武装头脑。一要全面学。系统领会习近平总书记关于国家改革发展稳定、内政外交国防、治党治国治军的深邃思想和战略思维。二要重点学。特别要注重学习习近平总书记关于生态文明建设和环境保护的新理念新论断，深刻理解“既要绿水青山，又要金山银山，绿水青山就是金山银山”“保护生态环境就是保护生产力，改善生态环境就是发展生产力”“像对待生命一样对待生态环境”等重要论述对推进生态文明建设、实现中华民族可持续发展、建设美丽中国的现实指导意义。

要认真学习党的经典理论著作。“两学一做”学习教育开展以来，我个人重新学习了一些党的理论著作和文章，温故而知新，很有收获。《实践论》是毛泽东同志最杰出的哲学著作之一，系统阐述了认识与实践的关系，揭示了认识与实践的演进过程，就是实践、认识、再实践、再认识，循环往复，以至于无穷，为我们认识世界、改造世界提供了思想工具。《改造我们的学习》是毛泽东同志关于党的学习方法和制度的著作，讲到学习要研究现状、研究历史、研究国际革命的普遍经验，对于我们如何开展学习研究，克服主观主义，提供了正确的方法论。《党委会的工作方法》是毛泽东同志论述党的领导和工作方法的文章，是习近平总书记强调要重点学习的经典著作。这篇著作总结了十二条工作方法，其中包括“党委书记要善于当‘班长’”“要把问题摆到桌面上来”“互通情报”“不懂得和不了解的东西要问下级，不要轻易表示赞成或反对”“学会‘弹钢琴’”“要‘抓紧’”“胸中有‘数’”“安民告示”“精兵简政”“注意团结那些和自己意见不同的同志一道工作”“力戒骄傲”和“划清两种界限”。这些思想和方法历久弥新，对我们当前开展工作仍然具有极强的指导意义。

党的理论著作博大精深、营养丰富，是宝贵的思想财富。这三篇文章就是其中的典型代表，我把这三篇文章推荐给大家，希望大家认真学习，深入思考，有所体会。我们开展学习，要注重读原著，认真分析原著的思想内涵，学到理论方法，将所学所思与自己的实际工作结合起来，科学判断，及时总结，指导日常工作实践。

要认真学习国际经验。重视学习国际经验是我党克服困难、少走弯路的重要法宝。在核与辐射安全监管工作中，学习国际经验同样具有重要意义。当前，国际社会为核与辐射安全法规体系和监管制度提供了借鉴，我们要认真学习。一要学习先进的核安全监管理念。融入我国核安全法规制度，提高监管工作的有效性。我们当前建立的一套核与辐射安全监管制度，强调从严监管、全过程监督，就是这一思路的集中体现。二要学习有效的监管手段和方法。加大对风险的掌控力度。“十三五”期间，我们强调在风险指引型核安全监管模式上有所突破，就是对国际先进监管手段、方法的有益借鉴。三要注重与具体实际情况相结合。取其所长，为我所用，力戒囫囵吞枣、生搬硬套。

学习的目的在于提升理论素养、强化工作本领。习近平总书记在庆祝中国共产党成立95 周年大会上强调：“我们要教育引导广大党员、干部把学习成果转化为提升党性修养、思想境界、道德水平的精神营养，做到真学真懂真信真用。”我们一定要通过学习理论，真正将党章党规内化为自觉遵守的行为规范，用习近平总书记系列重要讲话精神武装头脑；要以党的理论指导工作实践，将实事求是、理论联系实际贯彻到底、落实到位，提升我们干事创业的能力、履职尽责的本领。

（二）“两学一做”，关键在“做”

时代是思想之母，实践是理论之源。“两学一做”既是思想认识层面的事，更是行动层面的事，认识不到位肯定做不到位，认识到了行动不落实，仍然是空对空。“两学一做”的“做”，就是强调要做“四讲四有”合格党员。

要做到讲政治、有信念。作为一名共产党员，树立共产主义的理想信念是第一位的。衡量一名共产党员是否具有坚定的理想信念，客观标准就是看他能否全心全意为人民服务，能否吃苦在前、享受在后，能否勤奋工作、廉洁奉公，能否为理想而奋不顾身地拼搏奋斗。习近平总书记指出：“我们党作为马克思主义政党，讲政治是突出的特点和优势。”理想信念是共产党人安身立命的根本，是共产党人精神上的“钙”。习近平总书记在庆祝中国共产党成立 95 周年大会上指出：“我们要把理想信念教育作为思想建设的战略任务，保持全党在理想追求上的政治定力，自觉做共产主义远大理想和中国特色社会主义共同理想的坚定信仰者、忠实实践者，在全面建成小康社会、实现中华民族伟大复兴中国梦的历史进程中充分发挥先锋模范作用。”

阎肃同志始终坚定对党忠诚的政治信念，将做党的文艺战线忠诚战士作为人生追求，矢志不渝地信党爱党跟党走，把对党的忠诚融入文艺创作，体现了铸就精品、鼓舞人民的责任担当，不懈奋斗 65 个春秋，创作了 1000 多部（首）精品佳作。这是我们学习的榜样。做到讲政治、有信念，就是要进一步坚定理想信念，坚定对中国特色社会主义事业的信心。

要做到讲规矩、有纪律。纪律严明是党的光荣传统和独特优势。严明党的纪律，首要的是严明政治纪律。习近平总书记指出：“我们党是靠革命理想和铁的纪律组织起来的马克思主义政党”。“坚持不忘初心、继续前进，就要保持党的先进性和纯洁性，着力提高执政能力和领导水平，着力增强抵御风险和拒腐防变能力，不断把党的建设新的伟大工程推向前进。”

周永康、徐才厚、令计划、苏荣等都曾是党和国家高级领导干部，严重违反党的政治纪律和政治规矩，给党和人民事业造成重大损失，极大损害党的形象，影响恶劣。我们一定要从他们身上汲取教训，自我诫勉。做到讲规矩、有纪律，就是要牢固树立规矩和纪律意识，时时刻刻反省自己的思想、言论和行为，心存敬畏、廉洁从政，守住为人做事的基准和底线，筑牢拒腐防变的防线。

要做到讲道德、有品行。保持高尚的道德理想既是中国传统文化的核心内涵，也是党性修养的基本要求。习近平总书记强调：“以德修身、以德立威、以德服众，是干部成长成才的重要因素”，要“继承和发扬中华优秀传统文化和传统美德，广泛开展社会主义核心价值观宣传教育，积极引导人们讲道德、尊道德、守道德。”

杨善洲同志是一位老革命，曾经担任云南保山地区的地委书记，他始终坚持忠诚、干净、担当的道德情操。退休后，主动放弃安享晚年的机会，扎根山区兴办林场，一干便是 20 年。带领大家造林 7 万多亩，在当地群众中塑造了良好的形象。做到讲道德、有品行，就是要牢记党的优良传统和作风，树立崇高精神追求和道德情操，坚持勤以修身、俭以养德，做到知行合一、表里如一。

要做到讲奉献、有作为。甘于奉献是共产党人的崇高品格。习近平总书记指出：“我们共产党人讲奉献，就要有一颗为党为人民矢志奋斗的心。”

李保国同志先后主持完成国家级、省级科研课题26项，举办培训班，培训农民群众9万多人，足迹踏遍太行山区，帮扶带动农村发展，受益群众10万多人。他时刻牢记共产党员身份，把事业看真、把百姓看重，教书育人、为人师表，心系太行、立志扶贫，在平凡的岗位上做出不平凡的业绩，赢得广大群众的尊敬和信任。做到讲奉献、有作为，就是要践行党的宗旨，保持公仆情怀，密切联系群众，全心全意为人民服务。

（三）“两学一做”，要高度重视突出作风问题，深挖原因，立行立改

陈吉宁部长在“四讲四有”专题党课上，突出强调了环保系统目前存在的各种问题，包括缴纳党费和参加组织生活不规范、“三会一课”制度执行不到位、学习不入脑、领导干部个人有关事项报告不实、个别单位领导工作纪律淡薄、跑风漏气等问题，这六类共性问题在核与辐射安全监管系统或多或少地存在，我们要引起重视、对号入座、切实做好整改。对于核与辐射安全监管系统当前存在的一些突出问题，必须高度警惕、深挖原因、立行立改。

一是调查研究不深不透。核与辐射安全监管是技术性很强的工作，技术更新速度很快。有的同志习惯于吃老本，学习浅尝辄止，遇事拍脑袋、靠经验，不愿埋下身子、调查研究，导致制度政策不接地气，缺乏可操作性，最终工作质量不高、成效不大。

二是规矩纪律观念不强。有的党员规矩观念淡薄，按程序、按规矩办事的意识不强；有的党员纪律观念较差，行事散漫，办文办会松松垮垮，推进工作不力。我们推行准军事化管理，就是要倡导“令行禁止、有令必行”的作风，强化规矩意识和纪律观念。

三是党的组织观念和党员意识不足。有的党员不能摆正党员身份，大局意识和组织意识不足，对一些敏感问题，缺乏保密意识，跑风漏气，造成工作的被动；有的党员对组织交办的任务有畏难情绪，缺乏攻坚克难的勇气，缺少追求卓越的精神，党员的先进表率作用难以发挥。

四是领导干部个人事项报告不实。这方面我们有过深刻的教训，去年发生过因为个人事项申报不实影响干部提拔的问题，今年也有一些不如实申报个人事项的问题，一定要高度重视、杜绝再犯。

毫无疑问，我们这支队伍总体上是好的、积极向上的，但是，这些突出问题客观存在，不容忽视。我们一定要清醒认识，深挖根源，积极纠正，不断改进。

（四）“两学一做”，要始终坚持理论联系实际，以学促做，以做践学

习近平总书记指出，“知”是基础、是前提，“行”是重点、是关键，必须以知促行、以行促知，做到知行合一。学习和实践的过程是一个螺旋式上升的过程，学习的过程也是实践的过程，要做到学习和实践相融合、两促进。在日常监管活动中，既要做好监督检查，也要注重业务学习，学习要注重形成理论成果，在监管实践中加以运用。实践要注重总结归纳，形成记录，检验理论，真正做到学用结合、知行合一，这样日复一日，长期坚持，业务能力就能不断提高，监管水平就能得到保障。我们为大家提供了大量的培训机会和广阔的实践舞台，每一个同志都要抓住机会，刻苦学习，大胆实践，将自己锤炼成为党性过硬的合格党员，锻炼成为业务能力过硬的核安全卫士。

三、“两学一做”学习教育，核心是瞄准问题“改”，根本是聚焦目标“促”，有效提升核与辐射安全监管水平

3 月初以来，“两学一做”学习教育在系统内全面铺开，各部门、各单位积极贯彻部党组部署，严格落实环境保护部“两学一做”学习教育实施方案要求，立足本部门、本单位实际，组织开展了卓有成效的学习教育活动，各有特色、成效明显。一是“规定动作”到位。各单位严格按照环境保护部“两学一做”学习教育实施方案组织学习教育，“三会一课”有序开展。我和刘华核安全总工程师也以普通党员的身份分别参加了所在党支部的党员大会，感到学习气氛热烈，沟通交流融洽，取得了很好的效果。二是“自选动作”出彩。核一司开展“两抓一强”学习实践活动，结合“两学一做”，抓质量、抓效益、强素质；核二司制定针对性党建工作计划，定期开展集中学习，鼓励全员撰写学习体会，畅谈党员责任；核三司将学习教育与“学深学透业务知识，做核与辐射安全忠诚卫士”相结合，促进党建工作和业务工作相融合。各监督站、各技术支持单位结合业务工作和单位特点，制定学习主题，开展各项活动，创新党组织生活方式，效果显著。“两学一做”学习教育不设时限、没有节点。后续，各部门、各单位还要按照党中央要求，结合实际，继续深入推进学习教育，确保取得实效。

（一）坚持问题导向，弥补薄弱环节

坚持问题导向，既是“两学一做”学习教育的统一要求，也是我们的优良传统和宝贵经验。在核与辐射安全监管工作中仍然存在一些突出问题，必须努力改正，加快解决。

一是核安全文化不强。核安全文化素养不高是当前核行业普遍存在的问题。近年来，我们开展核安全文化宣贯推进专项行动，实施“两个全覆盖”“两个零容忍”，对全行业核安全文化建设发挥了积极作用。总体来看，核安全文化建设取得了长足的进步，但发展仍不平衡，有些单位的核安全文化建设仍有欠缺，一些不按规矩、不按程序办事的不良习惯和作风仍未杜绝。同时我们也要看到，核安全监管系统内同样存在核安全文化不强的问题：不少同志谨慎保守观念欠缺，安全责任意识不强，“严慎细实”作风执行不到位，一定程度上影响了监管水平的提升。要求别人做到的自己必须首先做到，全系统要深入加强内部核安全文化建设，从自我做起，提高认识，瞄准症结，持续改进，追求卓越。

二是重点工作推进力度不足。当前，我国核安全领域仍然存在一些“老大难”问题，延续、加剧了国家核安全的风险。由于体制机制和技术制约等原因，这些问题处理进展缓慢，长期得不到解决。例如，历史遗留放射性废物处理处置进度仍不理想，成效不够明显，对此我们要创新思路，克服困难，扎实推进，争取尽快取得实质性成效。一些工作还有进一步改进和上升的空间，对此我们要强化质量意识，不能满足于既有成果，要继续扎实推动。

三是对新问题研究不够。随着社会快速发展、技术不断进步，核安全领域的新问题、新风险不断涌现。部分同志对新问题缺乏敏感性，对新形势预判不足，习惯于老思路、老办法，不求有功但求无过，难以适应新形势、新要求。长此以往，我们的工作就可能陷入被动。对此，我们要加强学习，不断研究新问题，制定新对策，化解新风险。

这些问题，我在以往的党课和会议上反复地提过、讲过，总体情况有所改善，但仍需进一步改进。各部门、各单位和各级党组织一定要对照问题，列出清单，制订计划，督促改正。

（二）强化意识观念，凝聚工作动力

习近平总书记强调，要把法治、忧患、自律、协作的意识观念贯穿到每位从业人员的思想和行动中。核与辐射安全监管队伍要认真贯彻，强化学习，提高素质，加强实践，凝聚动力。

要强化法治理念。深刻认识法律法规的重要性，对法律法规心存敬畏，养成依法办事的思想自觉和行为自觉，掌握依法监管的法律“戒尺”。立法要更准，坚持科学态度，立足国情，接轨国际，科学构建核安全顶层法规构架，努力健全法规体系。学法要更深，高标准，严要求，原原本本、扎扎实实学习国家法律法规和核安全法规标准制度，做到学深、学细、学透。宣法要更广，既面向审评监督一线，又面向持证单位和持证人员，全面加强法规宣贯，为全员知法守法奠定基础。执法要更严，强化从严意识，严格按照法律要求、法规条款开展监督检查和行政处罚，敢于较真碰硬，确保执行到位。

要强化忧患意识。核与辐射安全监管是个特殊的行业，其风险在于非常敏感，一旦出事，影响很大。我们要全面了解核安全风险，保持如履薄冰、如临深渊的审慎态度，坚持时不我与、不进则退的进取精神，强化责任落实，把本职工作落实到位，把各个环节做细、做实。因此，全体同志要时刻保持清醒头脑，强化忧患意识，加强学习实践，提高能力素质，有效防范风险，确保安全。

要强化自律能力。要敬畏规则、遵守规则，将党章党规、法律法规、制度程序作为政治学习、工作生活的准绳和规矩，时刻诫勉，勤于反省。一要“修身”。前提是不断加强学习，既要学传统文化，又要学党的文件，不断提升道德水平、政治操守和监管能力，提高自我境界。二要“戒欲”。当今社会，诱惑无处不在，如果“免疫力”不够，自律意识不强，就经不起诱惑，进而被他人利用，做出有损国家和人民的事情。要坚持利欲面前不动摇，既要杜绝主动“下水”，也要防止被“拉下水”。三要“慎微”。千里之堤，溃于蚁穴。勿以恶小而为之，对自己把握不严，一不小心，自以为是小事，很可能违法违规。要从管住小事小节做起，注重细节，珍惜形象。

要强化协作观念。充分认识团结协作的重要性，以核与辐射安全监管事业大局为核心，牢固树立“一盘棋”“一台戏”的思想，紧密团结，密切协作，形成合力。班子要坚持民主集中制，班长要负起带队伍的责任，其他班子成员要密切配合，共同构建坚强、和谐、充满活力的领导集体。在工作中，要讲政治，讲大局。要牢固树立协作观念。要多沟通，包括班子之间、部门之间、单位之间，都要密切协作。当前，核与辐射安全监管人少事多、任务繁重的问题非常突出，局机关、监督站和技术支持中心，要切实加强协作，学会“抬轿子”，需要发挥牵头作用的，要勇挑重担，积极统筹，当好“红花”；需要做好配合工作的，要摆正心态，努力作为，当好“绿叶”。只有团结协作，红花绿叶相映衬，才能不断克服阻力，凝聚强大合力，高质量完成各项工作任务，我们的事业才能不断取得更大进步。

（三）聚焦“两个现代化”，推进监管工作

当前，核与辐射安全监管的总体目标是贯彻落实中国核安全观，实现核与辐射安全监

管体系和监管能力现代化。这是我们总结 30 多年核与辐射安全监管实践经验，按照党中央对国家核安全工作部署提出的长远目标。推进“两个现代化”建设就是当前核与辐射安全监管最大的实际，确保“两学一做”学习教育取得实效，关键就在于将学习实践的成果切实转化为促进事业发展的动力，推进“两个现代化”建设，推动核与辐射安全监管事业创新发展。

我们要深入学习领会习近平总书记关于核安全工作的重要指示，“十三五”期间认真做好五个方面的工作：一要完善顶层设计，强化核与辐射安全监管体系；二要持续安全改进，提升核能核技术安全水平；三要创新方法手段，从严开展核与辐射安全监管；四要坚持软硬并重，提高我国核与辐射安全监管能力；五要落实保障措施，为实现工作目标提供有力支撑。

下半年，要结合“两学一做”学习教育，扎实推进以下八项重点任务，促进年度工作高质量完成。

第一，扎实推进《核安全法》立法。要耐心、深入细致地开展工作，确保按期、高质量完成《核安全法》立法，进一步优化提升我国核与辐射安全管理体系。

第二，扎实推进核安全相关规划编制。抓紧完成核安全“十二五”规划终期评估工作。尽快完成核安全“十三五”规划编制，争取由国务院审批发布。目前，保障能力建设规划已获批复，要以此为抓手，推动监管体系和监管能力建设。

第三，扎实推进核与辐射安全监管技术研发基地建设。基地项目已经开工，各单位要切实负起责任，重点抓好内涵建设，要高度重视、下大力气，高质量、高水平、安全平稳地建设好，力求建成精品工程、廉政工程、绿色工程。

第四，扎实推进核安全政策相关工作的落实。按照中央要求，全面落实国家核安全政策，充分发挥协调机制作用，完善风险预警机制。完善全国辐射环境监测网络，强化监测应急演练和能力建设，特别是朝核应急和反恐应急能力建设。

第五，扎实推进核与辐射安全日常监督管理工作。强化核设施审评和监督，重点加强“华龙一号”、CAP1400、AP1000 等审评工作；做好 AP1000、EPR 和高温气冷堆的调试监督；加强老旧核设施、重要核设施、放射源与废物库的监督检查。依法从严核安全设备管理。要重点关注当前不断发生的建造和运行事件，依法从严处理违法违规问题。

第六，扎实推进早期核设施退役及放射性废物处理处置。推动重点单位早期核设施退役，加快推进历史遗留中低放废物处理处置，加快全国核基地与核设施辐射环境现状调查与评价工作。

第七，扎实推进放射源监管行动计划。统一标准和接口，积极行动，科学部署，确保废旧放射源 100%收贮，重点推进高风险放射源实时监控。

第八，扎实推进国际原子能机构跟踪评估工作。积极筹备，周密安排，高质量完成国际原子能机构核安全监管综合跟踪评估。

同志们！

习近平总书记号召：“全党同志一定要不忘初心、继续前进，永远保持谦虚、谨慎、不骄、不躁的作风，永远保持艰苦奋斗的作风，勇于变革、勇于创新，永不僵化、永不停滞，继续在这场历史性考试中经受考验，努力向历史、向人民交出新的更加优异的答卷。”当前，我国国民经济和社会发展的蓝图已经绘就，生态文明建设和环境保护攻坚战的号角已经吹响，核与辐射安全监管事业责任重大，使命光荣！我们要坚决贯彻党中央关于开展“两学一做”学习教育决策部署，做到学习教育和监管实际相结合，切实强化核与辐射安全监管队伍党性修养和监管能力，高效履行确保核与辐射安全的核心使命，争做“四讲四有”合格党员和“核安全卫士”，为推动生态环境质量改善、全面建成小康社会做出应有的贡献！

谋篇开局学做改促
全力推进核与辐射安全监管工作
——在2016年度核与辐射安全监管年中工作总结会上的讲话

环境保护部核安全总工程师　刘华

（2016年7月28日）

各位同事：

下午好！今天我们全系统利用一天时间，总结上半年工作，谋划下半年安排，刚才各部门、各单位对上半年工作进行了总结，肯定了成绩、分析了形势、明确了任务，大家讲得都很好。可以看出，在党中央、国务院和部党组的坚强领导下，在陈吉宁部长、李干杰副部长的正确指导下，在“两学一做”学习教育的推动下，在全系统同志们的通力协作和不懈努力下，我们攻坚克难、扎实进取，圆满完成了上半年各项任务要求，成效显著。上午，李干杰副部长给我们讲了一堂生动、深刻的主题党课，并就进一步加强核与辐射安全监管工作提出了具体要求。会后，各部门各单位要认真学习、深刻领会、抓好落实。下面，按照会议安排，我对上半年工作进行总结，对下半年安排谈几点意见。

一、团结奋斗、协调并进，上半年工作取得显著成效

2016年是全面贯彻“五位一体”总体布局和“四个全面”战略布局、深入落实五大发展理念的关键年，是全党开展“两学一做”学习教育的主题年，是“十三五”规划的起步年，是推动落实国家核安全政策和总体国家安全观的实施年。今年上半年工作特点是形势好、大事多、任务重。核安全政策经国家安全委员会审议通过并发布实施；习近平主席在第四届核安全峰会上提出了全面加强我国核安全工作的一系列重大决策部署；在第五次全国核与辐射安全监管工作会上，陈吉宁部长提出了核与辐射安全监管体系和监管能力现代化的长期目标，李干杰副部长对“十三五”核与辐射安全监管工作顶层设计和发展规划作了全面部署。

截至今年6月，我国30台运行核电机组和19座民用研究堆安全业绩持续提升，未发生2级及以上事件；26台在建核电机组质量受控，重大不符合项得到妥善处理。17个核燃料循环设施、3座放废处置场、12万余枚放射源、13万余台射线装置、八矿一厂各矿点、

两厂三院退役治理项目安全处于受控状态，辐射环境安全总体良好。

（一）政治思想不断强化

按照党中央的部署和部党组的安排，扎实推进“两学一做”学习教育，召开局长办公会专题研究部署，将“两学一做”与日常工作同部署、同实施、同考核，贯彻“学做改促”要求，进一步统一思想、强化党性、推进工作。核一司开展“两学一做、两抓一强”活动，全面提高工作质量，被评为部机关唯一的中央国家机关先进基层党组织，并作为我部“两学一做”学习教育优秀单位代表接受了中央组织部的考察督导；核二司制定针对性的党建工作计划，推动党内教育从“关键少数”向全体党员拓展，从集中性教育向经常性教育延伸，鼓励广大党员撰写学习体会，畅谈党员责任；核三司充分发挥党小组作用，将“两学一做”学习教育常态化，促进党建工作与业务工作有机融合；华北站强化支委建设，夯实组织保障，被我部评为优秀基层党组织；西北站强化基层党组织建设，驻四〇四现场监督组被甘肃省直属机关工委评为2014—2016年度“青年文明号”；核安全中心强化青年干部队伍建设，开展“集中查摆问题、共谋解决思路”创新大讨论，举办“践行核安全文化、诠释青年人担当”英文演讲比赛等。系统内各单位全面强化政治思想建设，极大地提振了全体人员的精神，极大地增强了队伍的凝聚力和战斗力。

（二）政策研究持续深入

由我部牵头十六个部委研究制定的核安全政策经国安委审议通过并发布实施，陈吉宁部长主持召开核安全协调机制第一次会议，标志着我国正式建立了核安全最高工作协调机制，加强了核安全领域的政策研究和风险研判，完善了我国核安全顶层设计，构建了国家核安全管理体系。

组织开展了涉核领域社会风险防范与化解研究工作，全面系统地分析了涉核领域社会风险，构建了涉核社会风险防范总体设计。

落实国务院领导关于放射性废物处置能力建设的批示精神，深入研究有关问题，大力协调相关部门，积极组织企业集团，共同制定我国放射性废物管理的路线图和时间表。

在核安全政策顶层设计指导下，同步加强了核安全领域相关配套政策的研究。研究落实第四届核安全峰会后续工作，针对由我部牵头开展的加强放射源安全行动计划、推广国家核电安全监管体系等内容，认真研究形成专题工作方案。针对紧固件问题暴露出核电厂在大宗材料质量管理方面的不足，充分调研并提出大宗材料管理要求，制定紧固件入厂（场）复验指南。

（三）规划编制有序开展

创新开展核安全“十二五”规划终期评估，力求全面摸清“十二五”期间我国核安全与放射性污染状况，为科学制定“十三五”规划奠定基础。推进《核安全与放射性污染防治“十三五”规划及2025年远景目标》编制工作，并积极争取以国务院文件形式发布。

同步推进配套规划编制，完善各领域顶层设计。推动编制《“十三五”国家核安全保障能力建设规划》，有效保障核安全政策实施；编制《核与辐射安全法规体系规划》《核与辐射安全法规制修订五年计划（2016—2020年）》《核与辐射安全标准“十三五”规划》《“十三五”放射性废物管理法规标准制修订计划》，按照轻重缓急原则，分批分类指导法规标准制修订工作；编制《核与辐射安全监管业务培训指导意见》，指导系统内各单位开展培训工作；配合科技部完成《国家重点研发计划——核安全技术与先进核能重点专项实施方案》等规划编制，完善核与辐射安全科研顶层设计；开展“十三五”核与辐射安全监管能力需求研究，推进编制《“十三五”核与辐射安全监管能力建设方案》。

（四）法规标准不断完善

继续推进《核安全法》立法进程，开展核安全关联性研究，深入研究草案稿中监管体制机制等核心议题，积极向立法部门反馈我部立场，广泛争取其他部门支持，全力保障立法质量。

制定《城市放射性废物库技术防范系统要求》等法规，修订《民用核安全设备目录》《核动力厂设计安全规定》《核电厂质量保证安全规定》等法规，开展《放射性同位素与射线装置安全和防护条例》执行情况十年评价。上半年，召开法规标准审查会 2 次，审查法规标准 17 项次，报批法规 4 项、标准 7 项，认可能源行业核电标准 5 项，校核并上报福岛后暂时中止的法规 9 项。

创新法规标准建设思路，做好核安全立法工作顶层设计，针对重难点问题开展专题调研，坚持保障和平利用核能的思路，确保监管体制独立统一，落实核安全责任，强化核与辐射安全法治保障。

（五）审评监督成果显著

强化核电厂、研究堆安全监管。颁（换）发 6 台核电机组和 7 座研究堆（临界装置）的运行许可证以及 4 台机组的首次装料批准书，批复三门核电厂 3、4 号机组选址阶段环境影响评价和厂址选择审查意见书，同步推进 8 台机组厂址选择审查意见书、8 台机组建造许可证以及 5 台机组首次装料批准书的审评工作。开展秦山核电厂运行许可证延续相关监管工作，组建核电厂运行许可证执照延续项目安全审评队伍，从机械、电仪、构筑物、环评和总体 5 个方面开展专项审评。全面开展三门、海阳 AP1000 核电厂的调试监督，印发调试监督大纲、首次装料前调试监督程序以及首堆调试试验结果与预期不符合的处理管理程序等文件。

有序开展核燃料循环、放射性物品运输、放射性废物、核技术利用、铀矿冶和输变电等项目的审批，紧抓重大问题、跟踪一般问题，特事特办、急事急办，既保证安全又注重时效。颁发飞凤山运行许可等辐射许可申请 62 项，批复环评和验收 30 项，协助办理 25 项涉及核与辐射类环评机构资质审查。持续优化管理，发布《民用核燃料循环设施分类原则与基本安全要求（试行）》《放射性物品运输安全监督管理办法》，修订《射线装置分类办法》《放射性同位素与射线装置豁免管理》，开展放射性同位素与射线装置豁免管理顶层设计，编制核技术利用监督执法手册，会同卫生部门减轻医疗机构重复辐射监测负担，制定《输变电工程重大变动清单》。严肃查处厦门万禾园、甘肃天辰等核技术利用单位违法行为。

做好核安全设备许可审评监督工作。发布《民用核安全设备目录（2016 年修订）》及其解释说明，制修订《民用核安全设备监造管理要求》等 5 个管理文件，开展民用核安全设备持证单位核安全文化试点评估，完成安检专用章启用后安检新流程的优化调整。上半年共完成 47 家境内外单位核设备许可申请审查，对存在弄虚作假问题的江苏双达泵阀集团有限公司终止审查。完成 331 批次进口设备的安检审查，发现锻件性能不符合技术要求、电缆绝缘材料与注册登记不符等问题。严肃查处山东泰山核电设备有限公司、苏州东仪核电科技股份有限公司等单位弄虚作假、违规操作问题。

做好人员资质许可监督工作。召开 2 次操纵人员核委会会议，向 896 名核动力厂操纵人员和 46 名研究堆操纵人员颁发执照。完成 1167 名民用核安全设备无损检验人员的资格许可、1132 名民用核安全设备焊工焊接操作工的资格许可。查处阳江核电厂 1 号机组操纵人员违法违规问题。

各监督站和技术支持单位克服时间紧、任务重、人手缺等各种困难，严格监督审评。上半年，全系统驻厂监督 11945 人天，例行检查 569 次，非例行检查 102 次，发现问题 2061 个，开展审评 640 项，召开审评对话会 179 次。华北站组织制定《核与辐射环评机构检查监督程序》及检查记录配套文件，首次开展环评机构监督检查。华东站在宁德核电基地首次开展维修活动监督、启停堆过程监督和设备配置巡视，发现管道泄漏问题。华南站持续强化现场监督组机制建设，充分利用 OA 平台，建立日常监督检查单、项目文件共享等流程，提高监督效率。西南站在对监管区域内重点核设施的监督中发现近 50 个安全问题并严格督促整改。核安全中心推进管理创新，建立学术专业平台、校核计算平台、青年科技平台和项目采购库、计算软件库，全面提升审评工作科学化、专业化和信息化水平。核安全审评中心、苏州中心、中机生产力促进中心等也进一步强化对核电厂、研究堆和核设备等的审评和技术支持。

（六）事故事件有效处置

上半年，我们启动应急响应并成功处置事故或事件 3 起，调查处理核电厂、研究堆运行事件 29 起、建造事件和重大不符合项 12 起，收到 1 起辐射事故报告。

1 月 6 日，朝鲜开展第四次核试验，我部迅速响应，指导吉、黑、辽、鲁、沪等省市开展应急监测和技术研判工作，先后投入应急人员 728 人次，出动车辆 120 台次，圆满完成应急任务。

陈吉宁部长主持召开朝核环境组全体会议，传达学习中央领导同志重要批示精神，审议应急预案，强化环境组组织领导和协同应对机制，紧急构建了前沿指挥部和东北前沿实验室，调配 8 台高纯锗谱仪及其配套设备至前沿实验室；组织开展边境地区应急监测行动和应急拉练。

高效处置二〇二厂六氟化铀泄漏事故，迅速赴现场深入调查，开展环境监测和舆情监测；约谈集团公司及事故单位，督促汲取事件教训，排查并消除安全隐患，处理相关责任人；及时向国务院报送事故应急和调查处理情况。

针对数起核电厂取水系统堵塞事件开展专题调研，了解国内外同类事件的处理情况，及时开展经验反馈并通报各核电运营单位，同时提出管理要求。

妥善应对大连二一三所新建辐照装置舆情事件以及北京市顺义区后沙峪高压线建设项目引发的群众信访，督促做好铀矿冶关停过程中的环保工作，办理信访投诉 8 件。有效应对田湾核电厂应急待命事件、四〇四厂应急指挥中心塌陷沉降事件等。

（七）监管能力不断提升

强化国家核与辐射安全监管技术研发基地建设。取得 1 号实验楼施工许可证，正在进行 1 号实验楼的基础施工。启动 2 号实验及综合业务楼土方开挖及边坡支护施工。整合完成 6 项内涵建设项目，并纳入相关规划进行申报。

强化辐射监测能力。落实《生态环境监测网络建设方案》，编制完成大气辐射环境自动监测站设备配置标准，推进辐射环境监测网络标准样品配置，推动重要核设施外围监督性监测系统及重点地区自动站建设；加强国控网运维管理，国控自动站平均数据获取率提升至 96%。辐射环境监测技术中心编制《2016 年国家辐射环境监测网络质量保证方案》，推动标准物质配备和全国辐射环境监测人员持证上岗考核，着力提升全网监测能力。

强化应急能力。推进核与辐射应急监测调度平台建设，覆盖全国 27 个省、6 个地区监督站和 2 个中心，并为部分地级监测机构配备快速应急监测系统，基本具备视频会商等功能，初步构建了国家、省和地市三级核与辐射应急监测体系。

强化信息化能力。编制《核与辐射安全监管大数据建设顶层设计方案》，试运行核电厂经验反馈信息平台，完成民用核安全设备监管数据库系统开发需求规格书编制并组织开展数据库建设，升级国家核技术利用辐射安全监管系统，启动放射性废物管理信息系统建设。西北站整合应急平台和环保专线相关资源，推进办公自动化建设，全面提高信息化水平。

强化人员资质管理。组织召开特种工艺人员年度工作会议，首次对特种工艺人员考核中心授牌，强化考核中心的重要地位和特殊作用。优化人员资质管理行政审批流程，整合管理信息系统，提高审批效率。组织编制《国家核安全局 2016 年业务培训计划》，加强核安全设备等领域培训，上半年共培训 1252 人次。

强化舆情应对能力。举办核与辐射安全公众沟通和舆论应对专题研讨班，开展国家核安全局门户网站和官方微信 2016 年度信息报送培训，强化核与辐射安全公众沟通人才队伍建设。

（八）公众沟通全面铺开

加强顶层设计和全面指导。在第五次全国核与辐射安全监管工作会上宣贯《环境保护部（国家核安全局）公众沟通工作方案》，发布《核电项目公众沟通工作指南（试行）》，推动落实《输变电工程公众沟通工作指南（试行）》《核技术利用项目公众沟通工作指南（试行）》。

重点加强敏感重大舆情应对。朝核应急期间大力开展公众宣传，通过中央电视台等权威媒体开展深度报道，网站实时公开监测数据，微信实时发布信息，有效回应社会关切。针对“台山核电”“核雾霾”“内陆核电”等热点舆情开展专项监测，制定专项舆情预案，编制《舆情日报》120 期，妥善应对各类舆情。

加强公众宣传和科普宣传。实施“抓两头、带中间”策略，赴国防大学工作交流，系统介绍我国核安全形势和任务、挑战与对策；指导清华大学等院校开展 4 期“核安全文化校园行”活动。组织拍摄“6·5”世界环境日核与辐射安全监管宣传片，并在新华社网络电视台播放。完善国家核安全局门户网站、官方微信发布制度，上半年局网站浏览量达到

915 万次，微信浏览量达到 12 万次。东北站持续完善“东北辐射安全”微信公众号、微信群，充分发挥展示平台、工作平台的作用。

（九）国际合作全面开展

深入参与峰会筹备，参加峰会第五次协调人工作会和中美首次核安全对话，为峰会成果文件和中国主题展览提供意见和素材。我部牵头负责的核安全战略、核安全法、核安全规划、核安全文化等重要工作，在习近平主席的第四届核安全峰会讲话中得到了充分体现。

开拓中罗、中印（尼）、中捷、中阿（联酋）合作渠道，推动设立“华龙一号”工作组，在经合组织核能署“核电厂多国设计评价计划”会议上作相关报告，开展核电出口对象国国别研究、中国核安全法规翻译、国际培训及教材编制，支撑“核电走出去”战略实施。

组织召开核与辐射安全监管综合跟踪评估（IRRS Follow-up）准备会，完成自评估报告（中英文稿）编写，加强公众沟通、核安全法规标准、福岛核事故经验教训等国际研讨，支撑核与辐射安全监管。代表中国参加第四届国际核安全监管有效性大会，并担任大会主席。推进国际公约履约工作，编制完成《核安全公约》第七次中国国家报告（中英文稿）。推进双边、多边合作，与欧盟就中欧核安全合作二期项目达成一致。上半年，共有 45 个出境团组，17 个邀请来华团组，开展国际交流 178 人次。

（十）基础工作保障有力

深化体制机制改革。编制核与辐射建设项目竣工环保验收制度改革方案，梳理核设施清单及许可管理模式，研究核设施环评范围和深度、环评与验收及事中事后监管的内在协调性、地区监督站定位和授权等事宜，完善行政许可事项网上预受理和预审批平台，推动提升全系统工作质量和效率。

大力推进全国核基地和核设施放射性污染调查与评价，开展督办协调，充分发挥专家咨询作用，基本完成预期任务目标。推进“两厂三院”退役治理，督促四〇四厂水池抗震裕量评估取得进展，督促八一二厂完成第一阶段抗震加固。

推进辐射环境安全管理督查。编制《辐射环境安全管理督查工作办法》《2016 年辐射环境安全管理督查工作计划》，召开辐射环境安全管理督查年度工作启动视频会，全面部署督查工作。

强化核安全文化建设。编制《关于持续推进核安全文化建设的建议》《核安全文化建设实施方案》及相关细则，对相关单位组织开展帮扶活动。初步形成《NNSA 核安全文化特征》和《核电厂核安全文化评估大纲》，开展核安全文化建设示范基地相关工作。

强化监管项目预算全过程管理，开展预算管理人员培训，编制核与辐射安全项目预算调度管理办法，开展 2015 年监管项目绩效考评和内部审计，针对历年结余资金开展清理并约谈相关单位，全面提高资金使用效益。

加强统筹协调，系统内各单位职责更加明确，配合更加顺畅；强化技能培训，全面提高了系统内工作人员办文、办会、办事质量；在涉密工作越来越多的情况下，在各项会议、文件及日常工作中不断加强保密安全管理，严格落实保密要求，确保国家秘密安全。

尤其是在今年 4 月，我们成功组织召开第五次全国核与辐射安全监管工作会议，陈吉宁部长出席会议并讲话，李干杰副部长对核与辐射安全监管工作作了具体部署。此次会议抓住“十二五”归纳总结、“十三五”谋篇开局的时机，邀请90余家单位的260余名代表参加，大力推进了核与辐射安全监管工作；围绕法规建设、机构改革、监督执法等重点领域进行研究讨论，深入部署了“十三五”各项任务；通过中央主流媒体和网站进行会议宣传，并召开核与辐射安全监管媒体座谈会，全面提高了国家核安全监管的影响力。

同志们！上半年，我国核与辐射安全监管工作成果丰硕。这得益于部党组的坚强领导，得益于陈吉宁部长、李干杰副部长的正确指导，得益于各部门、各单位的主动担当，得益于全体同志和在座各位的不懈努力。我提议，为上半年工作取得的成就鼓掌加油！

在总结成绩的同时，我们必须保持清醒的头脑，深刻认识核安全监管事业发展的新形势新任务新要求。一是随着我国核能与核技术利用事业快速发展，核与辐射安全监管任务日趋繁重。二是随着AP1000、EPR等新设计核电厂全面进入调试阶段，技术挑战将更加艰巨。三是我国核安全形势仍很严峻，核设施发生事件或事故、朝核试验影响我国东北地区、涉核犯罪及核恐怖袭击等风险不同程度存在。四是国内外公众和媒体更加关注我国核安全监管实践，涉核舆情影响社会稳定的风险不容忽视。

我们必须清醒地认识到，我们的工作离核能与核技术利用事业快速发展的需求还有差距，离“严之又严、细之又细、慎之又慎、实之又实”的作风要求还有差距，离核与辐射安全监管体系和监管能力现代化的目标还有差距。要保持良好的安全业绩，我们必须继续坚持“安全第一、质量第一”的根本方针，继续树立法治意识、忧患意识、自律意识、协作意识，继续以攻坚克难的精神推进各项工作。

二、从严监管、精益求精，推动下半年工作提质增效

时间已过半，工作要加紧。下半年是推动各项工作落实、推动“两学一做”学习教育取得成效的关键时期。我们要始终遵循党中央、国务院的统一部署和部党组的要求，贯彻落实第五次全国核与辐射安全监管工作会议精神以及《2016年核与辐射安全监管工作要点》，深化“两学一做”学习教育，学做互进，改促并举，持之以恒，全面推进，推动2016年度各项工作任务圆满完成。李干杰副部长在上午的讲话中强调了当前必须着力推进的八项重点工作，大家务必要高度重视、抓好落实。针对下半年工作，我再强调以下几个方面：

（一）持续推进法制建设

落实国家核安全政策，充分利用工作协调机制，开展核安全预警监测及风险评估。完成核安全“十二五”规划终期评估，完成《核安全与放射性污染防治“十三五”规划及2025年远景目标》的编制工作。保障《核安全法》立法质量。报批《核动力厂设计安全规定》《核电厂质量保证安全规定》修订案，开展《放射性废物安全监督管理办法》《铀矿冶辐射防护和环境保护规定》等法规制修订。目前部分法规制修订进度偏慢，核安全中心要加大对法规制修订工作的支持力度，核一司要加强统筹协调，各部门、各单位要各负其责、密切配合。

（二）持续开展风险排查

落实国务院领导重要批示精神，召开现场会反馈二〇二厂六氟化铀泄漏事件经验教训。举一反三，开展为期 4 个月的核与辐射安全大检查，特别针对核设施、核技术利用、铀矿冶设施、核安全设备和人员资质等领域开展安全大检查，排查安全隐患并推动整改。推进涉核领域社会风险防范与化解工作，归纳梳理并分析研判各类涉核社会风险，形成有效的涉核社会风险防范化解机制，明确防范化解工作的部门职责和主要责任。做好重大事项处理处置，针对台山项目涉及的法国克鲁索锻件问题，与法国核安全局（ASN）协调共同立场，确保经受住历史考验，充分做好有关信息公开及舆情应对工作。

（三）持续落实从严监管

突出依法从严监管，完善监管体制，创新监管机制，坚持“源头严防、过程严管、后果严惩”。

坚持审评从严。完善安全审评体系，推进标准化审评方式。加强自主化设计核电厂的审评工作，继续组织好“华龙一号”、CAP1400、AP1000 后续项目建造许可证申请的技术审评。在确保安全的前提下保障有关重大项目审批进度。严把乏燃料运输容器制造质量。为军队核技术利用辐射安全监管提供技术指导。

坚持许可从严。严格核设备许可，提高准入条件，提升核设备从业单位能力。完善核设施操纵员的培训考核和管理，严格特种工艺人员的考试与审核。做好五〇四厂许可证延续审查。推动输变电工程重大变更梳理。

坚持监督从严。三门、海阳 AP1000 项目、台山 EPR 项目和高温气冷堆的调试监督是下半年工作的重中之重，要组织力量做好监督，并通过调试监督来培养力量。扩大驻厂监督范围，在重要核燃料循环设施增设常驻监督员，加大非例行安全检查频次。加强对核设施运行事件、建造事件和重大不符合项的调查处理，针对检查中发现的问题，及时、明确地向监管对象提出整改内容和时限要求。梳理处置场运行中的共性问题，并督促改进。继续开展规范核技术利用单位监督检查尺度调研。

坚持执法从严。坚持“两个零容忍”，通过行政处罚、通报批评、约谈等方式依法从严从重处罚违法违规行为。倡导地方党委、政府创新执法机制，通过开展联动执法、专项执法等提高执法有效性。继续做好一线辐射安全监管人员执法培训。

（四）持续深化行政改革

继续推进与国防科工局已签订备忘录及清单的后续工作，落实民用和军工监管职责分工，梳理监管任务，研究管理措施，移交监管项目。优化行政审批许可管理程序，推动行政许可网上受理、审批，由核一司牵头，研究进一步简化行政审批项目问题。编制《核与辐射安全监管综合管理体系手册》支持程序，推动完善相关内部制度和规章程序，提高程序化、规范化水平。

（五）持续夯实基础建设

推动国家核与辐射安全监管技术研发基地建设，稳步推进基地建设现场施工，加快推进基地建设一期项目内涵建设和二期项目申报。

落实《辐射环境监测体系建设工作方案》，升级重点核设施外围监督性监测系统，加强东北和其他重点边境地区自动站建设；全面加强国控监测网络建设和运维管理，提升国控网监测质量。

强化核与辐射事故应急、朝核应急和反核恐应急能力，强化应急培训与演练，建立健全毗邻核电厂间相互支援机制。

编制《国家核与辐射安全重点研发计划实施方案（2016—2020年）》，推动有关部门将核与辐射安全监管科研纳入国家科技计划，积极拓宽核与辐射安全科技研发资金渠道，加强重要领域科研项目管理。

推动《核与辐射安全监管大数据建设顶层设计方案》分解落实，推进核与辐射安全监管系统网络办公自动化等项目建设，继续建设和完善各类信息系统。

（六）持续强化保障能力

开展独立校核计算，继续推广应用概率安全分析技术，开展风险指引型监管的探索和研究。优化运行事件评价体系，推动经验反馈系统尽早正式运行，编制建造事件报告细则和处理程序。

推进按期完成全国核基地与核设施辐射环境现状调查与评价，实施加强放射源安全行动计划，持续推进“两厂三院”退役治理，研究放射源安全责任保险机制，组织召开2016年辐射安全监管工作座谈会。

强化辐射环境安全管理督查，在督查中重点关注朝核应对能力建设情况、辐射环境监测任务执行情况和公众沟通工作开展情况。

持续推进以法治意识、忧患意识、自律意识、协作意识为核心的核安全文化建设，有效落实《关于持续推进核安全文化建设的建议》，建立核安全文化建设示范基地，开展系统内核安全文化评估交流，完善核安全文化评估体系。

加快完善监督检查程序，尤其针对研究堆、核燃料循环设施等领域，核二司、核三司、华北站、西南站、西北站要加大工作力度、主动作为。

全面落实《核与辐射安全公众沟通工作方案》，发布《核电厂营运单位核与辐射安全信息公开指南》，修订《信息公开方案》《舆情监测和引导应急预案》，加强局门户网站、微信公众号运维管理，开展核与辐射安全监管满意度和认知调查，全面强化公共宣传、信息公开、公众参与和舆情应对。

做好国际原子能机构来华开展IRRS跟踪评估活动，宣传我国核安全监管经验与成就，提升我国核与辐射安全国际影响力。继续推动落实《加强核安全监管国际合作支撑核电“走出去”工作方案》，推进核安全法规翻译、国别报告、国际培训及教材编制。继续开展“东北亚民用核安全协商机制”的相关磋商，继续做好国际公约履约和双边、多边合作。

（七）深入开展“两学一做”，持续推进“学做改促”

持续夯实“学”这个基础，继续学好党章党规和习近平总书记系列重要讲话，用理论武装头脑、指导实践、推动工作。持续扭住“做”这个关键，坚持以知促行、知行合一，确保干在实处、走在前列，发挥先锋模范作用。持续把牢“改”这个根本，坚持边学边改、即知即改、立行立改，突出问题导向，切实解决问题。持续狠抓“促”这个实效，围绕中心、服务大局，推动承担的任务、自身的责任、领导的要求和百姓的期待落到实处。

三、提高认识、守住底线，确保核与辐射安全

确保核与辐射安全需要全体同志的共同努力，在这里，我对下半年工作提几点要求：

（一）强化思想建设，推进“两学一做”

要高度重视政治思想建设，加强理论学习，牢固树立政治意识、大局意识、核心意识、看齐意识和忠诚干净担当的意识，强化使命感、责任感和荣誉感。要深入推进“两学一做”学习教育，落实李干杰副部长“学做改促”要求，既要做好规定动作，也要做好自选动作，更要充分运用“两学一做”成果指导和促进核与辐射安全监管工作，做到同部署、齐促进、共检验。

（二）改进工作作风，创新工作方法

要弘扬“严、慎、细、实”的工作作风。一要“严”字当头，从严要求、从严监管、从严处罚，形成强大核安全监管震慑力。二要审慎稳重，坚持源头防范，把风险消除在根源；坚持保守决策，把核安全作为事业发展的前提与生命线。三要细处着眼，始终坚持质量文化要求，对影响核安全的每个环节给予必要的关注，将工作落细落小。四要“实”字托底，遵循核安全监管基本规律，掌握核安全监管实情，努力构建坚实稳固的核安全监管大厦。

要发挥创新的力量。一是创新观念，要明确安全就是最大的经济效益。尤其在核能与核技术利用事业快速发展的今天，有人“加油门”，就要有人“踩刹车”，确保安全、协调发展。二是创新思路，在人员培训、基地建设等方面充分借重行业资源、院校资源、国际资源，开辟各类合作渠道，完善工作交流制度，做到理论与实践相结合、长期与短期相结合、企业与院校相结合、国外与国内相结合。三是创新方法，如通过加强前瞻性研究来提高政策指导性，通过加强信息化建设来提高行政审批效率，通过加强现场监督来提高监督检查效果。

（三）注重统筹协调，完成重点任务

一是树立大局观念，把握核与辐射安全事业的形势、任务和发展方向，指导开展各项工作。二是学会“弹钢琴”、抓重点，对重点任务重点跟踪、重点推进、重点督办、重点问效、重点保障。列入各单位年度重点工作的，领导干部一定要亲自抓、抓得实。三是抓细抓实，保证权责一致，强化研究堆、核技术、电磁环境等分级管理，推进行政许可改革，优化简化审评流程，提高工作效率。四是局机关、各监督站、技术支持单位要加强互相支持、互相沟通、互相补台，落实好“一家人、一件事、一条心”的要求。五是加强人员交流，包括监管系统与核企业的交流，机关与各站、中心的交流，各站监督员在不同场址的交流。

（四）强化风险意识，确保“三个安全”

一是确保核与辐射安全。强化认识风险、研判风险、防范风险、化解风险的能力，推动完善核安全领域风险分析机制和防控保障体系，尤其要针对涉核社会风险加快开展防范化解工作。二是确保廉政安全。落实全面从严治党要求，巩固部巡视整改检查工作成果，提防“小意思”“小圈子”“小场子”，做到管住嘴、管住手、管住腿，营造廉洁从政氛围，切勿因小失大，影响自身进步。三是确保秘密安全。用“纵深防御”的理念和“全覆盖、零容忍”的要求推进安全保密工作，排查隐患和风险，强化软硬件投入，层层设置屏障、层层防范风险、层层确保安全。

同志们！我国核能与核技术利用事业发展从未如此之快，党中央对我们的期待和要求从未如此之高，核安全风险防范与化解的形势从未如此之严峻，核安全监管任务从未如此之繁重！大家要按照“学做改促”要求，坚持“严慎细实”作风，以饱满的热情、昂扬的斗志、顽强的作风、奉献的精神，全面推动核与辐射安全监管年度工作圆满完成，全面推进核与辐射安全监管体系和监管能力现代化，全面履行核与辐射安全监管使命！

谢谢大家！

环保内部情况通报

第 24 期

环境保护部办公厅　2016 年 9 月 5 日

在环境保护部贯彻落实座谈会精神扎实开展“两学一做”学习教育推进会上的讲话

环境保护部党组成员、副部长　李干杰

（2016 年 8 月 31 日）

同志们：

今天我们召开会议的任务是，深入学习贯彻习近平总书记重要讲话和指示批示精神，以及中央部分地区和部门“两学一做”学习教育工作座谈会、中组部和工委推进会精神，对下一步学习教育进行再动员、再部署、再推进。

开展学习教育以来，我部坚持把“学”是基础、“做”是关键、“改”是根本、“促”是实效贯穿起来，有序推进，态势良好，取得初步成效。

一是学以至深，进一步加深了对习近平总书记系列重要讲话精神的理解。部党组先后举行 11 次中心组理论学习，深入研讨，把握内涵，指导实践。部党组书记、部长陈吉宁同志深入解读习近平总书记系列重要讲话精神，带头讲授“做‘四讲四有’党员，以优良作风推进生态环境改善”专题党课，非常深刻透彻，对于加强我部学习教育和环境保护工作具有十分重要的指导意义。部系统各级党组织书记纷纷走上讲台，集中宣讲。广大党员干部撰写感言，畅谈体会。通过学习教育，进一步增强政治意识、大局意识、核心意识、看齐意识；提升战略思维、创新思维、辩证思维、底线思维，保证了生态环保各项工作顺利推进。

二是学以明纪，进一步强化了党员党章党规意识。我部开展“学党章、学党规、守纪律”党风廉政教育月活动，层层签订全面从严治党责任书，进一步明确主体责任；组织党员代表旁听案件庭审，“零距离”接受警示教育；开展廉洁自律准则和纪律处分条例网上知识竞赛，有 2 位部领导、130 多位司局级干部共 3478 人次参与答题。6 月，中央国家机关纪工委对我部开展巡视整改专项检查，各部门、各单位在逐条梳理整改措施过程中，检验党章党规学习成效，形成了学党章用党章、学党规遵党规、学党纪明党纪的良好氛围。

三是学以强基，进一步夯实了各级党组织建设。今年以来，指导 21 个直属党组织、30 个二级党支部完成换届；集中排查党员组织关系，健全管理台账；专项检查不按标准、不按时间交纳党费等问题，部领导带头严格执行党内组织生活制度，按时主动交纳党费；对 1981 名党员开展网上思想状况调查，增强基层组织建设的针对性和实效性；选举新一届直属机关工会和妇工委，为加强党群共建夯实基础；表彰了 85 名优秀共产党员、27 名优秀党务工作者和 14 个先进基层党组织，应急中心党支部被评为全国先进基层党组织，并代表中央国家机关在人民大会堂介绍先进事迹。

四是学以致用，进一步促进了环境质量改善。我部把开展系列创新大讨论作为重要自选动作，集中开展“两学一做”专题学习创新大讨论暨改革推进会，67 名司处级党员干部直面问题、创新思路、建言献策。今年 6 月以来，各部门、各单位紧紧扭住改善环境质量这个核心，蹲点调研，解剖麻雀，形成 70 余份调研报告。人事司组织系列“人事讲堂”，与部系统人事干部联学联做。中日中心以举办中心成立 20 年主题活动检验学习教育成效，受到中日双方与会人员一致认可。各环保督查中心加强学习教育，筑牢思想根基，为中央环保督察工作稳步开展提供了有力保证。

五是学以尽责，进一步提升了党务纪检工作水平。我部结合“两学一做”学习教育，举办部系统纪检干部培训班和全国环保系统精神文明建设座谈会，全系统 154 名党务纪检干部学有所思、学有所得，进一步增强党务工作能力。规财司制作 9 期主题宣传栏，编印了“应知应会”“应做应为”手册，学在日常、做在经常。西北中心、西南站、监测总站、核安全中心、规划院等单位基层党组织的学习教育做法，作为典型案例选送中央督导组。中组部派员指导核一司党日活动，给予充分肯定。我部组织 25 名直属机关党委纪委委员和专职党务干部，对各部门、各单位集中督导，有力提升了学习教育整体水平。

在肯定成绩的同时，也要清醒看到，我部学习教育仍然存在四个方面的问题：一是有的部门和单位学习教育上下一般粗，结合自身特点创造性不够，针对性、有效性不足，部署要求停留在一般号召上，缺乏推进落实的具体措施。二是各部门、各单位学习教育还不够平衡，有的学习教育浮于表面，满足于读一读、看一看，联系实际还不够紧，学与做的结合仍有差距，没有始终坚持问题导向，解决问题不够具体。三是截至目前，我部仍有 17 个直属党组织、21 个二级党支部，因班子不健全等原因未按期换届，一定程度上影响了基层党组织建设和党员的教育管理。四是少数党组织和党员存在党费缴纳历史记录丢失的现象，企事业单位感到缴纳党费基数的标准较难把握，迫切需要上级党组织加强具体指导。

下一步，深入开展“两学一做”学习教育要认真贯彻党中央决策部署，认真落实全面从严治党要求，坚持全覆盖、常态化、重创新、求实效，强化责任担当，深化工作举措，巩固和发展良好工作态势，确保取得实实在在的成效。具体而言，就是要继续在“学”“做”“改”“促”上下功夫。

一、“学”要更加深入

要把深入学习习近平总书记“七一”重要讲话作为当前的重中之重。讲话立意高远、思想深邃、内涵丰富，是一篇鼓舞人心、催人奋进的马克思主义纲领性文献。要坚持读原文、学原著、悟原理，吃透精神实质、掌握精髓要义，深刻把握“不忘初心、继续前进”的鲜明主题、基本内涵、实践要求，认清党的历史方位和光荣使命，保持“赶考”昂扬状态，永葆共产党人的奋斗精神和对人民的赤子之心。特别要反复学习、深入领会习近平总书记关于生态文明建设和环境保护工作的重要论述，深刻理解我国生态文明理论创新的历史演进和实践探索的最新要求。当前，要认真学习习近平总书记近日在青海考察时的重要指示精神，尊重自然、顺应自然、保护自然，处理好发展和保护的关系，把握生态文明建设的战略方向，做好环境保护工作。同时，要深入学习毛泽东同志《党委会的工作方法》等经典著作，提高理论水平，指导实际工作。

要把学习党章党规作为全体党员的必修课。坚持结合实例学、带着案例学，把《中国共产党问责条例》作为当前学习的重点内容。近期，直属机关党委要组织专门辅导讲座，加深学习理解，研究制定实施细则。各级党组织要把《中国共产党问责条例》与王岐山同志署名文章结合起来，开展一次专题学习，以更高的标准、更严的要求、更实的措施，把自己摆进去，以身作则、以上率下，层层传导压力，让失责必问、问责必严成为常态，真正唤醒责任意识，激发担当精神。

要认真落实学习制度，搞活学习形式。学习要明确量化要求，必须保证足够的时间和次数。各基层党支部要以“三会一课”为基本形式，党小组定期组织党员集中学习，不设党小组的以支部为单位集中学习，支部每季度围绕一个专题组织学习讨论。充分运用“环保微先锋”“支部工作 APP”等“两微一端”新载体，打造“指尖课堂”，拓宽学习渠道。充分利用环境保护部党校这一新的学习阵地，组织部分党员干部脱产学习，同时将有关课程作为广大党员学习的重要资源，进一步提升学习教育的系统性。

二、“做”要更加具体

各级党组织要认真落实中组部部署的排查党员组织关系、排查清理党代会代表和党员违纪违法未给予相应处理、检查基层党组织按期换届、专项检查党费收缴、非公有制企业和社会组织“两个覆盖”、抓党建促扶贫攻坚、抓实领导机关党员干部学习教育等 7 项基层党建重点任务。要结合实际，突出抓好以下几个方面。

要专项检查党费收缴，严守党员义务。从目前自查情况看，仍有部分党组织和党员学习不到位，对党费收缴制度的理解有偏差；有的丢失历史记录，核实党费交纳情况有困难；有的党组织尤其是企事业单位对基数标准的把握不准确。为此，各级党组织要认真学习相关政策规定，把补缴党费与加强教育结合起来，使收缴党费的过程成为增强党性观念的过程。同时，各基层党支部要通过支委会等形式，专题研究工作中遇到的实际困难，不得将问题简单推给党员个人。直属机关党委要认真做好政策解读和业务指导，针对党费收缴使用管理中存在的盲点、漏洞和薄弱环节，立规矩、建制度，把专项检查的成果巩固起来。

要狠抓基层党组织按期换届，严明组织制度。根据中组部有关要求，今年以来，我们虽然下大力推动了一批党组织完成换届，并在评选先进党组织时，对未按期换届的实行一票否决。但截至目前，我部未按期换届的党组织还比较多，仍然是影响我部党的建设的突出问题。下一步，要统筹安排、分类指导、先易后难，积极创造换届条件，加快换届进度，对具备条件的抓紧安排，按照规范程序做好换届工作。年底前，二级党支部全部完成换届，直属党组织基本完成换届。对有关基层党组织负责人进行专题培训，认真学习党章、基层党组织选举工作暂行条例和相关政策规定；建立健全按期换届提醒、延期请示报告、上级党组织到会指导等相关制度，使基层党组织换届工作规范起来、严格起来。

要集中排查组织关系，严格党员管理。摸清底数、完善档案，建立健全党员管理台账。在已经解决个别长期“失联”党员问题的基础上，要进一步认识到，我部有的党员尤其是借调、挂职干部中的党员不按规定转移组织关系的问题还比较突出，甚至存在游离于组织之外的现象，这是党员管理的重大隐患。各级党组织要高度重视，指定专人负责，建立党员组织关系管理工作责任制，将其作为党建考核的具体指标，严格执行组织关系转移相关规定，确保每一名党员都纳入有效管理。

要落实“三会一课”制度，严肃党内生活。从上半年中央国家机关纪工委巡视整改专项检查情况看，我部基层党组织落实“三会一课”制度情况还存在比较突出的问题，相当部分党支部不能按期召开党员大会、支委会和党小组会。这充分暴露了我部基层党组织建设的薄弱环节，必须下大力气予以解决。下一步，要把落实“三会一课”制度作为学习教育的重要内容，认真总结“严格组织生活”支部工作法，建立健全党内政治生活机制。各级党委及总支要定期抽查、严格考核，真正把党的组织制度落到实处、执行到位。

要专项整治“灯下黑”问题，严查隐患漏洞。习近平总书记关于解决中央和国家机关“灯下黑”的重要批示，一针见血地指出了机关党建工作中存在的突出问题。为此，中组部专门制定《关于抓严抓实中央和国家机关党员干部学习专项工作计划》，中央国家机关工委印发《中央国家机关党员学习教育“灯下黑”问题专项整治的通知》。各级党组织尤其是机关党支部要按照中央和工委统一部署，从落实基本制度入手，端正态度、实事求是，查找问题、剖析原因，严格党员日常教育管理，使党内政治生活和党的组织生活更加严肃规范，切实增强党员政治素质和党性观念，提振干事创业的精气神。

三、“改”要更加聚焦

要坚持带着问题学，针对问题改。对于“两学一做”要重点解决的问题，中央印发的学习教育方案归纳了“五个着力”，中组部印发的学习安排具体方案又作了进一步分析。全体党员要解决坚定理想信念、树立党的意识和党员意识、强化宗旨观念、践行社会主义核心价值观、在推动改革发展稳定实践中建功立业等方面存在的问题；处以上党员领导干部要解决带头坚定理想信念、带头攻坚克难敢于担当、带头落实全面从严治党责任等方面存在的问题。这是中央对学习教育解决问题的总体概括，全党都要认真对照检查，要真正把自己摆进去，切实加以整改。

要坚持结合实际，再查找、再细化。要着重围绕陈吉宁部长反复强调、部学习教育实施方案明确指出的“四个不强”突出问题，进行查摆整改。即：重点解决少数党员自说自话、自干自活、自怨自艾、单打独斗，造成出台的制度、政策不接地气等实践意识不强的突出问题；少数党员不作为、怕担当，把关不严、矛盾上交，拖沓散漫、敷衍应付等责任意识不强的突出问题；少数党员思想观念和方式方法未转变，工作没想法、没办法、没起色等创新意识不强的突出问题；少数党员靠发文件、发通知落实工作，缺乏部门存在感、抓问题力度不到位等质量意识不强的突出问题。开展学习教育以来，各级党组织针对这些问题认真整改，总体上有改善，但改得还不够有力、不够深入，实效性不够，还需要进一步下功夫、下力气。

要坚持边查边改、立行立改。各基层党支部要召开专题党员大会，对照“五个着力”“四个不强”，查摆自身问题及表现；召开专题支委会研究解决问题的具体措施、完成时限和责任人。党委、党总支要在此基础上，深入研究制定本部门、本单位的整改措施，为年底前召开“两学一做”专题民主生活会和组织生活会奠定基础，确保改好一个个具体问题、做好一件件具体工作，改有所进、改有所成。

四、“促”要更加有效

要坚持真学真做、实干有为。开展学习教育以来，各部门、各单位以学习教育有力推动了业务工作。然而，还有个别同志存在“党务工作任务繁重，影响业务工作精力”的错误认识。究其原因，在于偏离了机关党建“服务中心、建设队伍”的本质，学归学、做归做，学习教育“水上漂”，甚至出现组织生活平淡化、随意化、娱乐化的现象。为此，要进一步在“促”上下功夫、做文章，充分发挥党支部主体作用，不求整齐划一，力求突出特色，紧紧围绕推动生态环保领域改革、编制落实“十三五”环保规划以及打好大气、水、土壤污染防治三大战役等重点难点工作，细化教育措施、实化教育内容、活化教育形式，积极采取讲座式、互动式、情景式、案例式的模式，切实增强学习教育的实效性和吸引力。机关各部门要认真落实我部深入调查研究制度，每年结合重点、难点和重大任务，组织两次以上基层调研活动，蹲点调研一般不少于 7 天，各部属单位也要进一步加强调查研究工作。各级党组织要继续开展系列创新大讨论，听取一线声音，提升决策水平，精准破解难题。重点在行政审批大厅、“12369”环保热线、信访办等窗口单位实行党员挂牌上岗、亮明身份，引导党员履职尽责，在本职岗位上建功立业。

要坚持紧扣中心、分类指导。各级党组织要针对上半年党员干部思想状况调查结果，区分不同单位、不同岗位党员的工作生活特点，因地因人制宜，精准精细施策，确保学习教育紧贴党员思想实际、紧扣环保业务主题。要充分挖掘典型经验，通过《信息交流》、“环保微先锋”等载体，积极推广基层党组织的鲜活做法，强化单位之间、系统上下的学习交流。要继续坚持直属机关党委委员、纪委委员及部属单位专职党务干部分工负责的教育督导机制，采取现场督导和随机抽查等形式，重点围绕查摆整改问题和促进中心工作，开展第二次集中教育督导，层层传导压力，层层落实责任。

同志们，“两学一做”学习教育，既是全面从严治党向基层延伸的有力抓手，又是落实全面从严治党要求的具体检验。各级党组织要进一步加大“学、做、改、促”力度，努力建设一支“四讲四有”的过硬党员队伍，为建设天蓝、地绿、水净的美丽中国做出新的贡献。

环保内部情况通报

第 25 期

环境保护部办公厅　2016 年 9 月 7 日

在全国环保系统办公室主任座谈会上的讲话

环境保护部副部长　李干杰

（2016 年 9 月 1 日）

同志们：

非常高兴参加今天的全国环保系统办公室主任座谈会。距上次全国环保系统办公室主任座谈会，已有一段时间，召开这次会议非常必要。党的十八大以来，全国的生态环境保护形势发生很大变化，特别是党中央、国务院对生态文明建设和环境保护工作提出了一系列新思想新任务新要求，环境保护部围绕贯彻落实党中央、国务院重大决策部署也做出了一些新安排。从目前环境保护部和整个环保系统的工作情况来看，我们的工作状态非常繁忙、任务非常繁重、责任非常重大，因此，在这个时期，需要我们办公室的同志们，进一步了解形势、掌握情况，统一思想、明确要求，交流经验、促进工作，需要我们更加尽心尽责、齐心协力把工作做好，不辜负各方面对我们的期待和要求。

总体来讲，全国环保系统办公室的同志们，履职尽责，工作十分辛苦，在深入贯彻落实党中央、国务院和部党组决策部署，积极发挥参谋助手、统筹协调和服务保障作用，在自觉围绕中心服务大局、促进改善环境质量等方面做了大量工作。近些年来，不断改进工作方式方法，转变工作作风，提高工作质量和工作效率，为保证全国环保工作任务的按时完成做出了重要贡献。在此，我代表环境保护部党组和陈吉宁部长向参加会议的地方环保厅（局）办公室主任、机关各部门综合处处长和各派出机构、直属单位办公室主任，并通过你们向所有环保系统办公室的工作人员致以衷心的感谢和诚挚的问候！

这次会议主要任务是，深入学习贯彻党的十八大和十八届三中、四中、五中全会精神、习近平总书记和李克强总理关于做好办公室工作的重要指示批示精神、全国党委秘书长会议、全国政府秘书长和办公厅主任会议精神，结合“两学一做”学习教育深入查找我们工作上存在的短板，加强相互工作交流，研究部署下一阶段如何来完善工作机制与制度，进一步提升环保系统办公室的工作质量与效率。

今天上午，全体会议传达学习了8月29日召开的全国党委秘书长会议精神，4个省（市）环保厅（局）的办公室主任和办公厅3个处室做了大会交流发言；刚才，4个组分别介绍了分组讨论情况，汇报了讨论中提出的主要意见和建议。这些问题比较客观、实事求是，意见和建议具有针对性和可行性。会后，请办公厅认真研究大家提出的意见和建议，共同推进解决存在的突出问题，进一步提高我们的工作质量和工作效率，进一步提升我们环保系统办公室的整体能力和水平。

下面，我再谈三个方面的意见。

一、深入贯彻落实习近平总书记等中央领导同志重要指示批示精神，进一步增强做好办公室工作的使命感和责任感

党中央、国务院十分重视做好办公厅（室）工作。党的十八大以来，中央办公厅、国务院办公厅每年都分别召开全国党委秘书长会议、全国政府秘书长和办公厅主任会议，学习贯彻中央领导同志指示批示精神，研究部署、推进落实办公厅（室）工作任务。习近平总书记、李克强总理等中央领导同志先后在不同的场合对办公厅（室）工作提出要求，做出过重要指示批示。

特别是，2014年5月8日，习近平总书记百忙之中到中央办公厅调研并同中央办公厅各单位班子成员和干部职工代表座谈。座谈会上，习近平总书记对中央办公厅工作提出“五个坚持”的要求——坚持绝对忠诚的政治品格、坚持高度自觉的大局意识、坚持极端负责的工作作风、坚持无怨无悔的奉献精神、坚持廉洁自律的道德操守。“五个坚持”非常重要，是我们做好工作、履行好职责的根本要求。“五个坚持”是不可分割、相互联系的统一整体。坚持绝对忠诚的政治品格是灵魂，否则党员干部就会丢了“魂”，工作就会失去方向；坚持高度自觉的大局意识是我们做好工作的先决条件，也是工作的出发点和落脚点；坚持极端负责的工作作风、坚持无怨无悔的奉献精神是保障、是精神境界，否则工作很难做到优质高效；坚持廉洁自律的道德操守是底线，否则个人会栽跟头，单位声誉和事业发展会受到损害。

2015年12月21日，李克强总理在接见全国政府秘书长和办公厅主任会议全体代表时，对进一步做好政府系统办公厅（室）工作提出了“三点要求”，即要当好政府工作的“第一参谋助手”、当好政府工作的“大服务员”、当好政府工作的“高效督办员”。

“五个坚持”和“三点要求”，准确、系统、深刻地概括了办公厅（室）工作方向、定位、职能职责和办公厅（室）工作人员基本素质要求，是办公厅（室）最核心、最本质、最关键的特质要求。“五个坚持”和“三点要求”，为我们全面加强办公厅（室）思想、政

治、作风、业务、干部队伍等各方面建设指明了方向，是我们做好新形势下办公室工作的根本遵循。

环保系统办公室的全体同志，要深入学习、深刻领会、认真贯彻落实习近平总书记等中央领导同志关于办公厅（室）工作的重要指示批示精神，充分认识做好办公室工作的重要性，进一步增强做好办公室工作的使命感和责任感，强化政治意识、大局意识、核心意识、看齐意识。要通过学习，把贯彻习近平总书记等中央领导同志重要指示批示精神落到实处，一方面是在完善工作制度、规范运行机制方面大胆创新，努力推动办公室工作取得更大进展迈上新的台阶；另一方面是透过办公室系统的率先领跑作用，加快推进党中央、国务院重大决策部署，也包括环境保护部和各省（区、市）党委、政府的重大工作安排，在环保系统得到全面贯彻落实，取得更多更好更实的成效。

二、履职尽责，全心全意围绕中心服务大局

办公室处于部门（单位）工作运转的中枢，发挥着承上启下、协调左右、联系内外的功能。各个单位、各个部门办公室的具体职责任务有些差别，但基本职能和主体任务总体上是一致的。概括地说，办公室工作基本内容就是要办好“三件事”（办文、办会、办事）、完成好“四项任务”（参谋政务、管理事务、协调业务、公共服务）、履行好“三项基本职能”（参谋服务、综合协调、督促检查）。目前，我们有的办公室、有的工作还不平衡。环境保护工作新形势新任务，要求我们环保系统办公室必须高标准、严要求，进一步规范运行，建章立制，才能更好地履行职责，发挥应有的作用。

一是必须紧紧围绕中心服务大局。习近平总书记多次强调要增强大局意识，必须观大局、识大局。环保系统办公室在确保日常工作有效运转的同时，要进一步研究如何按照更高的要求，围绕中心任务和工作重点，更好地为环保工作大局服务。要自觉地把一切工作放在大局中谋划部署，想问题、办事情要从全局角度出发，做到胸怀大局、把握大局、服务大局。也只有这样，才能真正发挥好运行枢纽和参谋助手作用，才能真正提高办公室工作成效。

当前，环境保护处于重要的战略机遇期。党的十八大以来，党中央、国务院把生态文明建设和环境保护摆上更加重要的战略位置。习近平总书记提出一系列新理念新思想新战略。党的十八届五中全会强调牢固树立并切实贯彻创新、协调、绿色、开放、共享五大发展理念。《环境保护法》《大气污染防治法》等法律法规相继修订发布，党中央、国务院出台《关于加快推进生态文明建设的意见》《生态文明体制改革总体方案》、大气、水、土壤污染防治行动计划等一系列重要文件。这些政策措施、制度架构，是环境保护管理思路、方法和整个体系的重大变革与转型，必将对当前和今后一段时期我国生态文明建设和生态环境保护工作产生重大引领和推动作用。同时，也要看到我们工作存在的巨大挑战，相对党中央、国务院的要求，相对人民群众的期待，我们很多方面还存在明显的短板，迫切需要我们具有更强的责任感、更踏实地做好工作、付出更大的力气。

陈吉宁部长在年初召开的全国环境保护工作会议上进一步明确了以改善环境质量为核心的总要求，对做好“十三五”环境保护及其相应的发展与改革工作，尤其是总体思路、目标任务、工作重点等做了全面、系统的分析和部署。今年是环境保护工作“十三五”开

局之年，也是推进落实新时期环境治理新体系新要求的开局之年。环境管理从思路到方法、手段、具体操作等各方面都在发生根本性变化，大环保的工作格局正在逐步形成，环保责任清单、党政同责、督政等制度措施的效果逐步显现，以改善环境质量为核心统领环保工作并与项目审批、资金支持、执法监管挂钩等，努力为完成“十三五”环境质量目标任务、构建环境治理体系和治理能力现代化奠定坚实基础。办公室的同志们，必须以最短的时间、最高的效率了解、适应这个转变，紧紧抓住工作中心与工作大局，履行好参谋服务、综合协调、督促检查职能。

二是必须坚持“严慎细实”的工作标准。办公室工作服务性强，大部分工作都是按领导指令、工作规范、规章制度执行并关系全局；审核把关责任大，做得好不显山露水，但一旦出错，影响会很大；很多工作费心劳神，急事难事杂事多，综合协调任务重。办公室的工作水平，很大程度上也反映了本单位的管理水平和工作质量。对核安全监管和保密管理工作，我强调要坚持“严之又严，慎之又慎，细之又细，实之又实”的思想、态度和作风。办公室工作也必须坚持和落实“严慎细实”的工作标准，这是办公室工作的性质、特点和规律所决定的。“严慎细实”，是深入贯彻落实习近平总书记提出的“三严三实”要求，在我们具体工作领域的延伸和细化。“严”“实”本身就是“三严三实”要求，“慎”是“严”的扩展，“细”是“实”的延伸。

严，就是严密、严格、严肃。要求我们制定的工作制度、程序、规程、责任等措施要严密；制度执行和审核把关过程中要严格，讲规则、讲规矩，一切按规定办；对于出现的问题，要严肃对待，该追责的要追责。

慎，就是慎重、谨慎、稳妥。要强化底线思维，保持如临深渊、如履薄冰的态度，尽可能把各种困难和情况想全想透想在前，把各项措施和预案制定得周详完善，不想当然、不自以为是，避免造成工作失误或出现纰漏；要心有所戒，行有所止，坚持高线、坚守底线、不触红线。

细，就是细心、细致、细节。“天下难事必作于易，天下大事必作于细”“细节决定成败”。要一丝不苟、严谨细致、精益求精、注重细节。既要站位高、视野宽，又要善于从小处着眼、细处着手，不可粗枝大叶，马马虎虎，敷衍了事。

实，就是实际、实话、实事、实效。李克强总理在接见全国政府秘书长和办公厅主任会议全体代表时，要求办公厅（室）既要有宏观思维又要扑下身子承担具体操作，办务实的事、开有效的会、发管用的文。我们工作一切都要从实际出发，脚踏实地、深入实际，掌握实情、心中有数，目标任务和工作措施切合实际，工作成果要有实实在在的成效。

当然，目前我们的实际工作还或多或少地存在着这样那样的问题，如有的工作抓而不紧，敷衍了事，不能按时完成任务，有的正常文件被拖成急件，导致上级机关催办督办；有的抓而不实，以文件落实文件，工作质量不高；有的发文，程序上级级有人签字，质量上却未能层层把关，甚至出现低级错误；以及各类征求意见的文件太多过泛，等等。这都具体地说明在落实“严慎细实”的工作标准方面，我们有较大的改进空间。我想，只要我们能坚持“严慎细实”的工作标准，就能使我们的工作上一个台阶，就能让党组（委）和领导放心，就能让环保工作得到群众更大的支持。

三是必须不断加强能力建设提升工作水平。陈吉宁部长在 2016 年全国环境保护工作会议上提出要提高环境管理系统化、科学化、法治化、精细化和信息化水平。这是环保部门落实习近平总书记关于生态文明建设和环境保护新理念新思想新战略，面对新形势新挑战新任务，实现环境管理战略转型、实现环境治理体系和治理能力现代化必须完成的任务、必须达到的目标。环保系统办公室，要努力朝着这个方向去建设和发展。

要注重完善运行体系。办公室系统要结合转变政府职能和简政放权改革，按照全国政府秘书长和办公厅主任会议要求，在“简”和“优”方面下功夫，该强化的工作就强化、该整合的工作就整合，努力形成科学合理、操作规范、运转协调、简洁高效的职能和运行体系。环保系统各级办公室要进一步加强沟通、协调联动，提升整个系统的整体合力和执行力。近期，本着有利于开展工作，规范和完善工作流程，提高工作质量和效率的目的，部办公厅对自身职责进行了梳理，经部领导批准，将一些与主体职能关系不大的工作移交给了有关主管司局；对内设处室职能和人员作了整合调整。同时，对规范文件办理、会议活动管理、强化督查督办、评审考察、部（常）务会议、重要工作预部署、深入调研、突发情况报告等制度机制进行了补充完善。

要注重信息技术应用。要学习借鉴其他部门和单位的好经验好做法，在文件收发管理、保密监控、安全保卫、决策支持、移动办公等方面，改革创新、开拓思路，积极运用“大数据”和“互联网+”等信息技术手段，提高办公信息化、精细化和自动化水平，通过借力技术进步减轻工作负荷，提高服务质量和工作效率。

要注重队伍建设。要始终把学习放在突出的位置，不断提高自身思想政治、政策理论、工作业务等素养，每一位同志都要努力成为本领域、本岗位的行家里手。要重视干部培养锻炼，优化队伍结构，着力解决人员数量短缺和质量欠缺的问题。要带头贯彻落实中央八项规定精神、践行“三严三实”、开展“两学一做”，持续改进工作作风，努力塑造严谨务实、担当作为、清正廉洁的队伍形象。

三、扎实推进，力争重点工作取得新突破

目前，全国环保系统办公室总体上处在一个比较良好的工作状态，但是我们的发展建设也面临一些制约性因素，有的甚至成为我们工作的短板，需要我们上下齐心协力，共同努力克服解决。今年以来，部办公厅通过会议、培训等方式已对信访、保密、政务公开、信息化等有关工作作了安排部署。下面，结合全国环境保护的新形势、新任务和新要求，以及我们工作中存在的薄弱环节，我再着重强调近期需要重点加强的五项工作。

一是保证信息报送质量。目前，从政务信息情况来看，存在重数量轻质量、重排名轻实效，反映地方领导会议、讲话多，反映重要政策落实、基层环保现实、环保民意情况较少；日常动态信息多，综合调研类信息少；就环保谈环保多，将环保放在经济社会发展大局中考虑少等问题。大家要进一步重视组织做好信息报送工作，完善信息报送工作机制，强化考核；要站在为领导决策服务的高度，围绕环保工作中的重点、难点和热点问题选题选材，注重筛选反映新情况、新经验、新问题、新建议的信息，多报送一些综合调研类、分析研究类和苗头倾向类的信息，提高信息的针对性、时效性和准确性。要加强调查研究，对重大战略问题和前瞻性问题进行深入研究思考，拿出有说服力的调研报告，提出高质量的对策、措施和建议。

二是加快推进大数据建设。生态环境大数据建设是部党组研究确定的一项重点工作，

是实现生态环境综合决策科学化、生态环境监管精准化、生态环境公共服务便民化的重要手段。《生态环境大数据建设总体方案》和今年实施计划已经印发，确定吉林省、贵州省、江苏省、内蒙古自治区环境保护厅和武汉市、绍兴市环境保护局作为建设试点。部层面先行开展环评、监测、应急、网站和环境执法大数据建设与应用工作。各部门（单位）要积极配合开展环境数据资源整合和共享服务，推进环境数据开放；各试点单位要结合实际，抓紧编制试点工作实施方案，建立工作机制，加快组织实施务必尽早见到成效。

三是强化政务与信息公开。实行政务与信息公开，是加快法治政府、阳光政府、廉洁政府和服务型政府建设的重要内容，是满足人民群众环境知情权、参与权、监督权需要的重要途径。目前，企业环境信息公开是工作薄弱环节，公开的主要是国控、省控重点排污企业，大量企业没有公开环境信息；一些地方和部门对信息公开工作重视不够，缺乏服务意识，形式单一，工作中忽视群众参与，政策解读和回应关切不及时、不主动，造成群众对政府决策不理解、不信任，产生不满情绪。当前，频繁发生的“邻避”问题，很多都存在信息公开和互动交流不及时、不充分、不到位的原因。因此，要顺应潮流，加强能力主动作为，大力推进政务与信息公开，努力实现由告知性公开向服务性公开转变、由单向式主动公开向互动式交流公开转变、由单一信息公开向综合性政务公开转变，创新方式，完善信息公开的原则、制度、重点、载体，系统推进决策、执行、管理、服务和结果公开。

四是做好社会公共服务。坚持环保为民，积极推动解决人民群众关心的突出环境问题，切实维护人民群众环境权益，努力满足人民群众对环境改善的需要。继续做好建议提案办理。今年，我部建议提案办理工作基本按时间节点要求推进，加强与代表委员的沟通，提高办理工作质量，进展情况总体较好，现已完成办理工作。下一步，要继续抓好后续工作，做到善始善终。同时，要及时总结经验，进一步完善工作机制，争取在今年工作的基础上把明年的工作做得更好。加快环境信访分类处理。在继续做好环境信访日常工作的基础上，落实中央关于信访工作有关文件精神，加快推进依照法定途径分类处理信访问题。2015 年 8 月，我部印发《关于改革信访工作制度依照法定途径分类处理信访问题的意见》（环发〔2015〕111 号）并附《环保领域信访问题法定途径清单》，提出在环保系统改革信访工作制度、落实“法定途径优先”原则的具体方式。最显著的变化是，把群众举报企业违法排污、违法建设等行为的事项纳入行政许可、行政处罚等业务工作办理，用举报（投诉）事项答复函反馈，提示举报（投诉）人如不服调查处理决定，可以申请行政复议或者提起行政诉讼，不再适用信访复查复核程序。但仍有个别地方行动迟缓，没有把业务类事项、信访类事项分开处理，仍笼统地用信访函答复并提示群众可申请信访复查复核。希望尚未发布本级清单或实施细则的省（区、市）环保厅（局）尽快出台相关文件，指导市、县环保部门把业务类事项与信访类事项分开处理。

五是督促决策部署全面落实。千忙万忙不抓落实就是瞎忙，千招万招不抓落实就是虚招，千条万条不抓落实就是白条，落实是一切工作的归宿，是一切工作成败的关键。环保系统办公室要加强统筹协调和督查督办，突出重点和问题导向，积极协助领导抓好工作落实。

部办公厅进一步强化了重点工作督查督办，厅内成立督查工作小组，建立督查台账、信息共享、结果报告、定期通报等制度，突出重点进行督查通报、专报和快报，层层传导压力，推动了各项重点工作取得积极进展。下一步，要建立督查约谈机制，对在落实重大决策部署、重点工作等方面，存在工作拖沓、进展缓慢等情形，要约谈责任部门负责人。

另外，今年还有两项督查重点工作，请有关地区、部门和单位抓好落实。

配合国务院开展重大政策措施落实情况督查。李克强总理要求国务院每年都开展大督查，我部已连续两年接受了国务院围绕稳增长、促改革、调结构、惠民生出台的一系列政策措施落实情况开展的督查。国务院对出台的重大政策措施落实情况第三次大督查已经启动，各相关部门（单位）务必高度重视，按照国务院办公厅要求开展自查，并做好迎接国务院督查组的各项准备工作。同时，针对自查和督查发现的问题，要采取有效措施切实整改到位。

组织开展环保专项督查。按照国务院办公厅年度专项督查计划，我部今年将组织开展《环境保护法》执行情况专项督查、《大气污染防治行动计划》实施情况专项督查、《水污染防治行动计划》实施情况专项督查和京津冀地区散煤洁净化专项督查，各牵头司局及有关省级环保厅（局）办公室要按照督查方案要求认真组织落实。

在督查工作中，各牵头单位要加强沟通和协调整合，注意处理好督政督察、国务院大督查、专项督查之间的关系，尽量减少重复督查减轻地方负担。要注重督查实效，以改善环境质量为核心，改进督查方式方法，重点对环境质量下降或改善不明显的，要加大有关督查工作力度。

同志们，新时期环保事业对办公室工作提出了更高的要求，任务很重、使命光荣。让我们继续发扬环保系统办公室的优良传统，从讲政治、讲大局、讲规矩的高度出发，强化责任担当，忠于职守，开拓进取，扎实工作，凝聚力量，齐心协力为改善环境质量加快补齐生态环境短板，推进环境保护和生态文明建设做出新的更大的贡献！

环保内部情况通报

第 26 期

环境保护部办公厅　2016 年 9 月 18 日

全力做好环境监测事权上收工作

——在 2016 年全国环境监测分管厅（局）长培训班上的讲话

环境保护部副部长　翟青

（2016 年 8 月 30 日）

同志们：

为切实做好国家环境监测事权上收工作，经部党组和陈吉宁部长批准，我们专门安排

3 天时间，邀请各省级环保部门分管监测的厅（局）长、环境监测处长、站长以及运维公司的相关同志参加这次培训。主要目的是为了进一步统一思想、明确任务，确保将监测改革举措落到实处。

根据培训安排，昨天监测司和监测总站分别为大家讲解了国家环境监测“十三五”规划和空气质量监测站点社会化运行维护等内容。今天上午，又分成三个组进行座谈讨论，我参加了厅（局）长组的讨论。会上，大家围绕环境监测重点、热点、难点问题，进行了热烈的讨论，畅所欲言，建言献策。特别是就事权上收后的监测数据共享、管理责任界定、仪器设备资产管理、地方监测站职责定位等谈了很多很好的意见和建议，监测司和总站要系统梳理，认真研究，在今后的工作中采纳吸收。

就像大家在讨论中谈到的，各地对监测事权上收做了相应准备，具备一定的工作基础，但是我们更要清醒地认识到做好上收工作的艰巨性、复杂性。这次监测事权上收，涉及全国 338 个城市、1436 个国控站点，所有这些站点都在时时刻刻对全社会发布数据，哪怕是中断 1 小时或者数据异常，都会引起很大反响，社会敏感度极高。同时，上收工作又是一项艰巨复杂的系统工程，不仅涉及人员交替、设备维护、故障处理、科技研发等具体问题，还有数据审核、质量控制、信息共享、社会发布等管理制度，以及第三方运营和政府监管等方方面面，工作任务复杂繁重，若是考虑不慎、处理不好，影响将会很大，直接关系到中央相关决策部署的贯彻落实和环境保护工作的深入推进。

对此，大家务必高度重视、周密谋划、密切配合，把问题和困难想在前面，既要顺利交接，也要平稳度过交接后的磨合期，实现监测站点正常稳定运行，推动监测工作提高到新的水平。

结合大家所关心的问题，我讲三个方面的意见：

一、充分认识环境监测事权上收工作的重要意义

8 月 23 日，习近平总书记在青海省生态环境监测中心考察时指出：保护生态环境首先要摸清家底、掌握动态。要把建好用好生态环境监测网络这项基础工作做好。实施环境质量监测事权上收，是党中央、国务院就生态文明体制改革做出的一项重要部署，是落实《生态环境监测网络建设方案》的重要举措。其重要意义体现在：

一是环境质量监测事权上收是厘清中央和地方事权与支出责任的必然要求。长期以来，环境质量国控点位监测事权名义上归中央，但主要由地方省、市监测站负责运行维护，大部分运行和管理经费都是依靠地方财政保障，处于事权与支出责任不一致的状态。开展事权上收，就是将环境质量国控点位监测事权上收到中央政府，由中央财政保障其建设运行经费，由环境保护部委托监测总站直接运行管理。这样一来，中央政府建设并运行国家环境质量监测网，地方政府建设并运行地方环境质量监测网，基本实现了各级政府环境监测事权和支出责任相一致。前几天，国务院刚刚发布的《关于推进中央与地方财政事权和支出责任划分改革的指导意见》明确指出，在条件成熟时，将全国范围内环境质量监测和对全国生态具有基础性、战略性作用的生态环境保护等基本公共服务，逐步上划为中央的财政事权。因此，我们还要进一步梳理细化环境监测事权与支出责任清单，确保 2020 年实现中央与地方环境监测事权与支出责任清晰合理。

二是环境质量监测事权上收是化解行政干预的关键措施。随着国家对各地生态环境质量考核问责力度的不断加大，环境质量监测的目的除了从国家和流域、区域尺度上评价环境质量状况外，还要为考核地方党委、政府履行环境质量目标责任情况提供数据支撑。这种情况下，过去“监测在地方、考核在中央”的局面，已经完全不能适应新的形势要求。因为有些地方行政部门出于考核的压力，可能会干预环境质量监测数据，对数据的真实性和准确性造成影响。国家环境质量监测事权上收后，就从体制上实现了“国家考核、国家监测”，能够有效避免监测数据受到行政干扰，保证环保责任考核的客观公正。

三是环境质量监测事权上收是减轻基层压力和负担的有效举措。由于中央和地方事权与支出责任不清，中央只承担了国控点位少量的运行维护经费，甚至有的项目建成后没有及时安排运行经费，给地方造成了负担，特别是欠发达地区很多都是通过地方监测站“以副养主”的形式来维持国控点位运行。此外，“地方出数、考核地方”的方式，使得一些地区的监测人员，面临着难以保证客观公正的尴尬境地。事权上收后，国控站点的运行经费由中央全额保障，运行维护由总站直接组织实施，且监测数据与地方共享，这将大大减轻地方的监测经费负担，也让监测人员从左右为难、费力不讨好的境地中解脱出来。

此外，环境质量监测事权上收已积累一些经验。去年，环境保护部上收了 200 多个国控点位作为国家直管站，山东、江苏、河北、河南等省在几年前探索开展了省级空气质量监测事权上收，取得了很好的效果。事实证明这项举措是切实可行的。经过一年多来的宣传讲解，全国监测系统对监测事权上收统一了思想认识，这些都对我们推进这项工作奠定了良好的基础。

二、要把握监测事权上收工作的几个关键点

去年底，我部印发了《国家生态环境质量监测事权上收实施方案》，对事权上收的范围、方式、步骤和要求做出了总体安排。下面，我强调四点：

（一）把握上收总体要求。本次上收范围涵盖 338 个地级及以上城市的所有 1436 个城市站，自 9 月 1 日起全面启动交接工作，原则上要于 10 月底前完成，个别有特殊情况的地区，交接工作可适当顺延，但必须于 11 月底前完成。这里我要特别强调的是，各地要顾全大局，配合监测总站和运维公司做好交接工作。这次所有国控城市站点都在上收之列，不允许任何地区的任何点位以任何理由搪塞、阻挠、拖延上收。尤其要确保所有点位上收期间正常运行，仪器设备不能停、监测数据不能断。若出现因责任落实不到位等人为因素导致的监测站点停止运行、数据中断或出现大幅波动等问题，我们将严肃追究相关单位和人员的责任。

（二）明确各方职责任务。重点是落实好地方环保部门、运维单位以及监测总站等各方责任。

一是地方环保部门要做好“交”的工作。各省（区、市）环境保护厅（局）的主要任务，是组织各地市环保部门做好交接工作，要专门召开会议部署，到各点位摸清情况，制定详细的工作计划，明确责任人，周密安排部署，抓好督促落实。在省（区、市）厅（局）的组织下，地市级环保部门是运维交接工作的实施主体，要在交接前对仪器性能进行测试，确保监测仪器、辅助设备及数据采集传输设备完好并运行正常，仪器档案等相关资料齐全，

运行维护记录完整，无其他遗留问题。之后，才能与运维公司实施交接。

二是运维公司要做好“接”的工作。受监测总站委托，运维公司要对交接内容进行现场确认，对接手的设备认真检查、对仪器性能和状况进行认真测试，保证交接后设备正常运行。城市站完成交接后，运维公司按照合同要求及相关规范，全面负责站点的日常运维和质控工作，做好数据审核工作，保证数据和运维记录的真实性。在座谈讨论中，地方环保部门的同志们提到，运维公司部分人员对业务不熟，流动性大，对设备维护的及时性、管理的规范性存在一定的疑虑。各大运维公司要尽快统筹解决这些问题，否则等问题暴露出来，影响城市站的运行，将会面临更加严重的处罚。

三是监测总站要做好“管”的工作。监测总站是对国家环境监测网实施管理的第一责任人，运维公司受监测总站委托承担日常运维工作。监测总站要切实负起“管”的责任，对运维公司按照合同实施统一管理，对运维工作定期组织检查，对运维公司绩效每月考核，重点考核监测数据获取率、数据质控合格率以及运行维护工作完成情况等。如果运维单位违反相关规定或运维服务不能满足要求，特别是如果有调整数据、修改参数、改动设备、弄虚作假等行为，要依法查处并终止合同，向社会公开。

（三）要充分考虑运维交接工作中可能出现的难点问题。应该看到，将规模如此庞大的国家空气环境质量监测网络从环保系统手上委托交到社会第三方监测机构负责运维，堪称是一次重大改革。监测总站、地方环保部门和运维公司三方一定要通力合作、密切配合，全力做好运维交接工作，在制订工作计划、明确责任人员、做好工作对接等方面实现无缝衔接。

各省级环保部门要把组织做好交接工作摆上重要议事日程，加强统筹指导，进行周密部署。有关负责同志要深入一线，指导、督促地市开展交接工作，及时帮助解决好交接中出现的问题和困难。对于重大问题和情况，要及时向环境保护部和当地人民政府报告。同时，要加强宣传动员，主动向当地人民政府、环保干部职工和广大群众解释清楚，宣传中央生态文明改革举措，营造良好工作氛围，使大家清楚认识到事权上收的重要性和必要性，积极参与和支持交接工作。

监测司和监测总站要成立协调小组，及时协调解决交接工作中出现的问题。对一些可能出现的问题，要做到心中有数，提前想好应对之策。

三、做好上收的后续相关工作

监测站点完成交接后，由监测总站委托运维公司全面负责站点的日常运维和质控工作，但依然离不开地方各级环保部门的支持协作。

一是地方环保部门要继续支持配合。站点交接后，请当地环保部门共同配合，负责站房用地、安全保障、电力供应、网络通信等日常运行所必需的基础条件保障，不允许出现非正常断电、断网等情况。同时，地方环保部门也有责任和义务，每日按要求提供监测站点供电、通信和周边环境是否异常等相关情况。

二是运维公司要不断提高自身运维水平。运维合同对运维公司的人员、机构、车辆、备品备件、质控设施等都提出了明确的要求和标准，这是保证正常运维的基础条件。各运维公司要在此基础上，理顺运转机制，加大培训力度，提升人员素质，充分备足各类耗材，不断提高运维水平，保障空气质量城市站高效运行。

三是严格质量管理和数据审核。各级环保部门在紧张交接的过程中，决不能放松监测质量管理这根弦。我部将出台《“十三五”环境监测质量管理工作方案》和《环境空气自动监测质量管理工作方案》等政策措施，对质量控制工作全过程提出明确要求。各级环保部门和各运维公司要树立质量就是生命、质量就是品牌的理念，不折不扣地落实好监测要求，扎扎实实地做好质量控制工作，确保监测数据真实准确。

为督促推动交接工作，我部将组织开展专项督查，在 9 月中旬到 10 月底期间，成立 9 个协调督导组，我带 1 个组，监测司、监测总站相关人员再组成 8 个组，并邀请相关省份环保部门的分管领导参加，对各省（区、市）交接计划实施情况进行现场督导检查。同时，我们还将建立工作进展调度和情况通报制度，每周对各地交接情况进行调度，及时宣传、推广一些好的做法，对工作不到位的地区进行通报。

希望大家回去以后，认真传达落实本次培训班精神，并结合本地实际，抓紧研究制定本地区、本单位的具体工作措施，确保监测站点平稳交接、正常运行。

同志们，面对环境监测改革发展的新形势，让我们解放思想、振奋精神、抢抓机遇、开拓创新，坚决落实好党中央、国务院的决策部署，努力开创环境监测事业发展的新局面，为生态文明建设提供坚实保障！

环保内部情况通报

第 28 期

环境保护部办公厅　2016 年 9 月 26 日

在 2016 年全国自然生态保护工作会议上的讲话

环境保护部副部长　黄润秋

（2016 年 7 月 26 日）

同志们：

刚才，浙江、海南、四川、云南、吉林 5 个省就生态文明示范建设、生态保护红线及“多规合一”、自然保护区综合管理、生物多样性保护立法和生态系统保护等作了工作交流，部卫星中心汇报了上半年国家级自然保护区遥感监测情况和生态保护监控监管平台建设情况。

5 个省的工作交流和 1 个单位的情况汇报讲得都很好，介绍的做法有相当的典型意义和推广示范价值。浙江省围绕建设美丽浙江，创新理念，真抓实干，推进生态环境保护和经济发展协调统一；海南省将生态保护红线作为“多规合一”的基础，明确了生态安全的底线；四川省不断加大自然保护区的投入，自然保护区管护取得明显成效；云南省坚持“立法先行”，充分考虑多民族特色和地域特色，保护生物多样性；吉林省构建部门协调、纵横相济的工作机制，形成保护生态的大格局；卫星中心在自然保护区遥感监测方面做了大量工作，也希望卫星中心能够为环保督察提供技术支撑，使成果真正落地。听了大家的发言非常有收获、非常受启发。其他省（区、市）也都有很好的做法与经验，由于时间关系不能在会上一一交流，会后请生态司结合业务工作做好总结推广。

今年是“十三五”开局之年。这次会议的主要任务，就是认真学习贯彻习近平总书记关于生态文明建设的重要讲话精神，研究分析当前工作面临的形势，共同谋划“十三五”生态保护工作任务。下面，我谈四点意见。

一、认真学习领会习近平总书记关于生态保护的重要讲话精神

党的十八大以来，习近平总书记从中华民族永续发展的高度，对生态文明建设和生态环境保护提出一系列新理念新思想新要求，有关讲话、论述、批示达100多次。习近平总书记强调：“绿水青山就是金山银山”“良好的生态环境是最公平的公共产品，是最普惠的民生福祉”“山水林田湖是一个生命共同体”“像保护眼睛一样保护生态环境，像对待生命一样对待生态环境”；习近平总书记在推动长江经济带发展座谈会上强调：“要把修复长江生态环境摆在压倒性位置，不搞大开发，共抓大保护”。同时，习近平总书记针对青海木里煤田超采破坏植被、新疆卡拉麦里保护区“缩水”给煤矿让路、陕西秦岭山麓生态屏障违规建别墅等生态破坏问题都做出了非常具体的批示指示，要求“各地区各部门要真正从思想上重视生态文明建设，认真贯彻绿色发展、协调发展理念，落实生态安全责任制，领导同志要亲力亲为，特别是要下大力气抓破坏生态环境的典型，确保绿水青山常在，各类自然生态系统安全稳定”。对于这些生态环境遭到损害和破坏的地区，习近平总书记要求“扭住不放、一抓到底”。为此，中办、国办联合环境保护部、国土资源部等多个部委都在追踪这些案例，真正把问题扭过来，真正把整改做实，以实际行动落实习近平总书记的批示指示精神。目前，这几起生态破坏事件都在严肃整改。

习近平总书记的重要讲话和指示批示要求各地区、各部门真正从思想上重视生态文明建设，认真贯彻绿色发展、协调发展的理念，落实生态安全责任。学习习近平总书记重要讲话和指示批示精神，一方面可以使我们对发展与保护关系的理解提升一个层次，另一方面也为我们加强生态保护工作提供了遵循。

党中央、国务院先后制定出台《中共中央关于全面深化改革若干重大问题的决定》《中共中央国务院关于加快推进生态文明建设的意见》《生态文明体制改革总体方案》《国民经济和社会发展第十三个五年规划纲要》等重要文件，对生态文明建设和生态保护工作做出一系列具体部署。李克强总理对全国生态环境十年变化（2000—2010年）调查与评估结果做出批示，要求高度重视调查结果反映的全国生态安全形势严峻问题，建立健全生态保护、生态补偿、监督考核等新机制，形成发展与保护的良性互动。张高丽副总理也多次就加强生态保护提出明确要求。习近平总书记等中央领导同志的重要指示批示和党中央、国务院

的要求，充分体现了党和国家推进生态文明建设的意志和决心，为加强生态保护工作指明了方向，提供了理论指导和根本保障。生态保护工作正处于大有可为的历史机遇期，我们重点要从以下几个方面不断提高认识、推进工作。

一是在思想观念上，要树立保护也是发展的理念，抓生态也是抓发展的理念。生态兴则文明兴，生态衰则文明衰，生态环境没有替代品。习近平总书记提出坚持“两山论”和绿色发展理念，打破了简单把发展与保护对立起来的思维束缚，明确了保护与发展的关系。树立保护也是发展理念，首先，要坚持保护优先。生态环境一旦受到破坏，经济社会发展的空间和后劲也将越来越小。坚持保护优先，就是要把保护作为经济社会发展政策制定的重要考虑因素和前提，从大局、长远、整体的角度抓好生态环境保护。其次，要坚持绿色发展。生态环境问题归根到底是经济发展方式问题，处理好经济发展同生态环境保护的关系，就是要解决好人与自然和谐共生问题，就是要把绿色发展理念融入经济社会发展各方面，推进形成绿色发展方式和生活方式。

树立保护也是发展的理念，进一步明确了自然生态保护工作的目标定位。我们必须认识到，生态环境状况是生产力状况的反映，保护环境就是保护生产力，改善环境就是发展生产力，必须把自然生态保护作为推进绿色发展的一项重要内容，推动生态文明创建、生态保护红线管控、自然保护区综合管理和生物多样性保护等工作不断落到实处。

二是在方式方法上，要采用系统综合保护的手段。不同区域的生态环境紧密联系、彼此依存并相互影响，组成生态环境的各要素之间也是如此。系统保护生态环境，就是要尊重生态环境的自然客观规律，运用综合手段，注重空间协同保护，坚持常抓不懈。习近平总书记强调，山水林田湖是一个生命共同体；在生态环境保护上一定要算大账、算长远账、算整体账、算综合账，不能因小失大、顾此失彼、寅吃卯粮、急功近利。也就是说，保护生态环境，不管是在时间上、还是空间上，都必须按照系统工程思路来抓，不能“头疼医头、脚疼医脚”。

从长远来看，系统思路提供了经济发展的可持续模式，也对生态保护工作提出了要求，一方面是自然生态保护工作的方式要更加科学合理，要按照生态系统的整体性、系统性及其内在规律，理顺工作机制；另一方面是加强业务工作之间、国家和地方之间、地方与地方之间的协调联动，集中力量解决矛盾的主要方面和关键问题。从当前工作来看，尤其是要抓好生物多样性保护、自然保护区综合管理以及生态保护红线管控之间的协调联动，抓好环保模范城市创建和生态文明示范创建之间的协调联动，抓好跨行政区域生态系统的协调联动。

三是在组织保障上，要落实地方党委、政府的责任。加强自然生态保护，是地方党委、政府的重要责任。凡是地方党委、政府高度重视的，工作都抓得好。《党政领导干部生态环境损害责任追究办法（试行）》已经明确了生态环境保护工作党政同责、一岗双责的要求。落实地方党委、政府保护生态环境的责任，首先是要牢固树立生态保护红线意识。习近平总书记强调，要加强生态文明建设，划定生态保护红线，为可持续发展留足空间，为子孙后代留下天蓝地绿水清的家园。地方各级党委、政府要认识到生态保护红线就是国家生态安全的底线和生命线，一经划定，就不能逾越；一旦逾越，其他生态环境发展目标将难以实现。落实地方党委、政府责任，要求划定并严守生态保护红线，优化国土空间开发格局，实现空间用途管制，将各类开发活动限制在资源环境承载力之内，形成科学布局的生产空间、生活空间、生态空间。落实地方党委、政府责任，还要通过制度建设为地方决策套上“紧箍咒”。要严格执行《党政干部生态环境损害责任追究办法（试行）》，对造成生态环境损害负有责任的领导干部，不论是否已调离、提拔或者退休，都必须严肃追责。落实地方党委、政府责任，各地还要注重公众参与，推进信息公开，将党委、政府的责任转化为全社会的共同责任，将群众的积极性转化为保护生态环境的意识提升和行动自觉，动员全社会力量共同保护生态环境。

四是在工作方法上，要明确严格监管的要求。保护生态环境关系人民的根本利益和民族的长远发展，而严格监管是实现良好生态环境的必然要求。近年来，习近平总书记对陕西秦岭、新疆卡拉麦里等生态破坏事件做出重要批示，明确要求加强生态环境监管。落实习近平总书记要求，严格监管生态环境，是今后自然生态保护工作的重点。严格监管生态环境，重点要在“严”“实”“新”上下功夫。严，就是要加强自然生态保护方面的法治建设，实行最严格的制度，并严格执行新修订的《环境保护法》相关规定，问题一经发现，严肃查处，绝不纵容。实，就是要通过建立长效机制，确保监管取得实效，当前要用好中央环保督察这个重要手段，瞄准自然保护区内违法行为等重点，加强自然保护区监管。新，就是要创新监管方式，通过建立和完善天地一体化监测监控体系，满足自然生态监测覆盖面广、监测量大的需求，有助于发现常规监测难以发现的问题。

五是在保护成效上，要注重生态环境质量的改善。保护生态环境的重要目的就是围绕改善环境质量这个核心，为人民群众提供高质量的生态产品，包括清新的空气、洁净的水、优美的自然景观和休闲空间，这也是供给侧结构性改革的重要方面，是衡量我们工作成效的重要标准。结合当前工作实际，我们重点要看生态文明示范创建和环保模范城市创建是否取得实际效果、是否发挥示范引领作用，生态保护红线管控是否严格落实，自然保护区的质量效益是否提升，生物多样性保护尤其是物种数量和种类是否得到恢复。

改善提升生态环境质量，各地还要落实好与自然生态保护工作联系紧密的生态文明体制改革的相关任务，尤其是党政领导干部生态环境损害责任追究、编制自然资源资产负债表和领导干部自然资源资产离任审计等任务。只有不断深化改革，着力解决自然资源资产产权和国土空间开发保护等制度性问题，自然生态保护才能进一步拓展工作空间、丰富工作内容、夯实工作基础，才能进一步融入经济社会发展中。

二、“十二五”自然生态保护工作取得积极进展

“十二五”以来，各地认真贯彻落实习近平总书记系列重要讲话精神和党中央、国务院有关决策部署，把自然生态保护工作作为推进生态文明建设的重要内容，始终以区域生态环境得到有效保护和改善提升为工作目标，着力解决突出生态环境问题，不断改革创新，注重综合协调，自然生态保护工作取得积极进展。

（一）典型示范引领作用不断显现

一是各地把生态示范创建作为生态文明建设的重要载体，不断发挥创建的典型示范引领作用。目前，福建、浙江、辽宁、天津、海南、吉林、黑龙江、山东、安徽、江苏、河北、广西、四川、山西、河南、湖北等16个省（区、市）正在开展生态省建设，超过1000

多个市、县、区大力开展生态市县建设，133 个地区获得生态市、县命名，涌现了一批经济社会与资源环境协调发展的先进典型。浙江省开展“811”美丽浙江建设行动和“四边三化”建设行动，安吉县开展“两山”理论实践示范县建设。江苏省围绕“强富美高”新江苏建设，通过创建进一步深化了“环境美”内涵。为总结推广典型经验，环境保护部相继召开全国生态文明建设现场会和学习贯彻习近平总书记关于生态文明建设重要讲话精神深入推进生态省建设座谈会，推动各地不断改善生态环境质量。

二是着力强化顶层设计，不断推进典型示范提档升级。按照中央要求，环境保护部制定《国家生态文明建设示范区管理规程（试行）》和《国家生态文明建设示范县、市指标（试行）》，组织开展首届“中国生态文明奖”的评选，表彰 33 名优秀个人和 19 个先进集体，推进各地生态示范创建不断提档升级。开展生态文明理论研究和生态文明建设目标体系研究，为中央关于生态文明建设的决策部署提供技术支持。

三是大力开展试点引领，不断推进典型示范改革创新。结合地方实际，环境保护部在太湖流域等 126 个地区开展试点，积极探索生态文明建设的模式路径。广东、贵州等省市积极探索编制自然资源资产负债表和生态环境损害赔偿制度并开展相关试点，地方党政领导干部保护自然生态的责任不断强化明确。同时，我们还利用中国生态文明研究与促进会年会等活动搭建生态文明建设共建共享的平台，加强各区域、各行业之间的广泛交流。

（二）生态功能保护体系初步形成

一是逐步建立生态功能评价体系，不断夯实基础工作。环境保护部联合中科院开展全国生态环境十年变化（2000—2010 年）调查与评估，历时 3 年，动员 139 个单位、3000 多科研和管理人员，分析汇总了大量数据，工作成果得到国务院领导同志充分肯定。同时，环境保护部联合中科院根据评估成果，对 2008 年印发的《全国生态功能区划》进行了修编。我们还开展了长江流域等 45 个试点流域的生态健康评估，初步构建流域生态健康评估基本框架和指标体系。

二是探索运用系统手段，加强生态功能保护。环境保护部联合发展改革委、财政部发布《关于加强国家重点生态功能区环境保护和管理的意见》，并在宁夏、陕西、海南、重庆开展了国家重点生态功能区生态环境保护全过程管理试点工作；对国家重点生态功能区实施生态补偿，配合财政部逐年加大转移支付力度，其中 2015 年全国获得资金支持的县域个数已达 556 个，支持资金总额达 509 亿元。

三是落实重点改革任务。启动生态保护红线划定工作，在江苏、湖北、海南、重庆开展生态保护红线管控试点。推动国家公园体制研究，在浙江仙居、开化等地开展国家公园试点，配合发展改革委指导北京、吉林、黑龙江、浙江、福建、湖北、湖南、云南和青海 9 个试点省份开展国家公园试点。同时，我们还联合国家旅游局开展国家生态旅游示范区建设，制定《国家生态旅游示范区建设与运营规范》《国家生态旅游示范区管理规程》，推动天津、河北等地建立 72 个国家生态旅游示范区。

（三）生物多样性保护工作取得重要进展

一是加强机制建设。国务院成立中国生物多样性保护国家委员会，李克强总理、张高丽副总理先后担任主席，分别于 2012 年和 2014 年召开中国生物多样性保护国家委员会全体会议，审议发布了《中国生物多样性保护战略与行动计划（2011—2030 年）》，开展了“联合国生物多样性十年”系列活动。

二是全面推进生物多样性保护。完成生物多样性保护优先区域边界核定，发布了优先区域范围，优先区域得到真正落地。开展生物多样性调查评估，联合中国科学院发布《中国生物多样性红色名录》（高等植物卷、脊椎动物卷）。联合中国科学院开展生态系统和生物多样性经济学（TEEB）研究工作，列入了李克强总理和默克尔总理共同发布的《中德合作行动纲要：共塑创新》。推进生物遗传资源立法工作，制定发布《加强生物遗传资源管理国家工作方案（2014—2020 年）》。加强外来入侵物种监管，印发《关于做好自然生态系统外来入侵物种防控监督管理有关工作的通知》。

三是积极履行国际公约，推动以外促内。积极履行《生物多样性公约》及其《卡塔赫纳生物安全议定书》《名古屋议定书》，向公约秘书处递交了第 4 次和第 5 次《中国履行〈生物多样性公约〉国家报告》和第 3 次《中国履行〈卡塔赫纳生物安全议定书〉国家报告》。推动履约工作落地，上海、四川、重庆、西藏等 17 个省（区、市）已发布实施地方生物多样性保护战略与行动计划。安徽、贵州等省建立了生物多样性保护省级协调机制，吉林、陕西等省开展了生物多样性调查和评估工作。

（四）自然保护区综合管理能力不断强化

一是新建一批自然保护区。“十二五”期间新建 109 处国家级自然保护区。截至目前，全国共建成 2740 处自然保护区，总面积 147 万平方千米，约占陆地国土面积的 14.8%，其中国家级自然保护区 446 处，总面积 97 万平方千米。

二是严格自然保护区日常监管。认真贯彻落实中央领导同志针对严重破坏自然保护区生态环境事件的重要批示精神，严肃查处典型违法违规活动；环境保护部等十部门联合印发《关于进一步加强涉及自然保护区开发建设活动监督管理的通知》；建立了自然保护区“天地一体化”人类活动遥感监控和核查体系。

三是加强自然保护区综合管理。进一步严格保护区调整管理，不断完善评审机制，联合多部门开展国家级自然保护区管理评估。甘肃、浙江、吉林和内蒙古积极推动国家级自然保护区“一区一法”工作，黑龙江、宁夏等 11 个省份制定出台了地方级自然保护区调整管理制度和规定。

（五）农村和土壤环境保护工作成效明显

在今年我部内设机构调整之后，这两项工作已从生态司分别移交到水司和土壤司负责，各省份也将开展相应的职能调整。“十二五”期间，农村和土壤环境保护工作取得了显著成效。在农村环境保护方面，中央财政安排专项资金 275 亿元，在 23 个省（区、市）开展农村环境连片整治示范，支持 7 万个村庄实施环境综合整治，1 亿多农村人口直接受益，一批群众反映强烈的突出环境问题得到治理。发布《畜禽养殖污染防治条例》，推进国家有机食品基地建设，加强农业环境监管。在土壤环境保护方面，完成首次土壤污染状况调查，组织起草《土壤环境保护和综合治理行动计划》，大力推动《土壤污染防治法》立法工作。目前，“土十条”已经出台。“十二五”期间农村和土壤环境保护工作所取得的进展和成效，离不开在座各位的共同努力。今后，我们在自然生态保护工作中，要积极配合农村和土壤环境保护方面的工作，共同推进环境质量改善。

此外，我们注重宣传教育和公众参与，自然生态保护的社会影响不断延伸。每年组织实施“联合国生物多样性十年中国行动”和“国际生物多样性日”系列宣传活动，举办了200多场大型宣传活动，有200多家国内外组织机构参与，影响受众近10亿人次。积极推动生物多样性知识进课堂、进社区、进企业，普及相关知识，报道先进典型，曝光违法行为，提升公众保护生物多样性意识，营造政府引导、企业履责、社会参与的良好氛围。

同志们，“十二五”自然生态保护工作所取得的成绩和积极进展，离不开全国环保系统的上下联动，尤其是基层一线同志的默默奉献。一大批基层干部以过人的精神毅力和无畏的责任担当，谱写了自然生态保护的时代之歌。在此，我代表环境保护部向大家的辛勤付出表示衷心的感谢！通过总结回顾这五年来的工作，我也真切的感受到，这些成绩的取得，关键在于四个方面。

第一，党中央、国务院的高度重视，是我们工作不断推进的根本前提。这五年来，党中央、国务院对生态保护工作始终高度重视，尤其是党的十八大召开以来，习近平总书记等中央领导同志多次做出重要指示批示，形成了全党上下空前重视生态保护的政治氛围，地方各级党委、政府也将生态保护提上重要议事日程，我部出台的相关政策措施得到了很好的贯彻落实，极大推动了生态保护工作开展。在中央领导同志的重视支持下，国务院成立了中国生物多样性保护国家委员会，启动了生物多样性保护重大工程建设，我部的生物多样性保护工作得到有力推进。

第二，基层环保部门积极作为，是我们工作不断推进的重要支撑。工作要想取得实效，关键还在落实，重点还在基层。不少地区切实抓住生态文明示范创建这个重要载体，将其作为推动工作开展的着力点，在改善提升区域生态环境质量的同时，环保部门的人员编制、设施配备等能力建设得到加强，工作地位和重要性也得到提升。正是基层环保部门的积极作为，顺利推进了自然生态保护工作有关政策要求不断融入地方经济社会发展的大局，并得到了地方党委、政府的重视、理解与支持。

第三，始终注重求实创新，是我们工作不断推进的动力源泉。长期以来，自然生态保护工作调控手段较为单一。随着一些热点、难点问题逐渐显现，过去一些常规工作手段针对性较弱，方式方法一成不变，难以适应形势需求。这些年来，不少地区结合地方实际，注重把握其中的客观规律，不断创新方式方法，完善体制机制，形成了颇具地方特色的生态环境治理模式。同时，不少地区注重上下联动，注重部门协调，形成自然生态保护的强大合力。

第四，不断提高业务能力，是我们工作不断推进的坚实基础。业务能力是工作之本。自然生态保护量大面广，仅靠传统监管方式难以满足需求，必须注重高新技术手段的应用。随着时代进步，技术手段越来越丰富，对业务能力的要求也不断提高。我部应用环境卫星遥感技术，开展全国生态环境状况十年评估，初步解决生态环境监管量大面广等问题，为“十三五”构建天地一体化的监管体系打下基础。一些地区针对当地突出生态环境问题，应用先进技术手段加以解决，通过提升业务能力推进了重点工作开展。例如，把生态保护红线、电子地图和手机定位相结合，监管人员随时都能知道所在地是否在红线范围内，大大便利了生态红线监管。

“十二五”自然生态保护工作取得了积极进展，为下一步工作打下了良好基础。但是，我们也要清醒地认识到，当前生态保护仍然面临着十分严峻的形势，突出表现在生态环境质量问题已成为全面建成小康社会的突出短板，难以满足人民群众的期待。从我们掌握的情况看，部分地区生态系统退化严重，生物多样性下降的速度尚未得到有效遏制，破坏生态环境的行为仍然时有发生。这些问题，都需要在“十三五”加以解决。同时，生态保护工作自身也存在着一些亟待改进的问题：

第一，对保护与发展的关系理解不深入。一些地区不合理的城镇化、工业化过度占用生态空间，生态空间破碎化加剧。“十二五”期间全国自然保护区数量虽然在增加，但是总体面积在减少，大概减少了 0.3 个百分点。自然保护区不仅存在面积减少问题，有些保护区功能管理弱化，随意调整范围、功能，内部不同功能区空间管控不严格，这些情况对我们生态空间都是较大的威胁。需要尽快确定生态空间的边界，把生态保护红线划定、落实。

第二，有法不依现象严重。破坏生态环境行为屡禁不止，不仅有企业层面的违法违规，也有政府部门层面的违法违规。主要原因是保护自然的意识尚未全面树立，部分领导干部生态意识较为薄弱，企业生态保护和监管责任尚未履行到位，《环境保护法》《自然保护区管理条例》等法律法规没有得到严格执行。

第三，生态服务功能质量有所降低。我国生态环境本底脆弱，高寒高原、草原和湿地等环境敏感区、脆弱区较多，真正茂密的、一望无垠的原始森林在国土面积上占比并不大。部分地区生态退化严重，优质生态产品供给不足。生物多样性加速下降的总体趋势尚未得到有效遏制，资源过度利用、工程建设以及气候变化影响物种生存和生物资源可持续利用。尽管有些物种如大熊猫、朱鹮等的保护已取得成效，但是也有很多物种资源保护不力，如长江江豚和长江鱼类资源。此外，外来物种入侵也非常严重。

第四，技术手段落后，监管能力薄弱。统一的生态监测网络尚未建立，难以及时准确监测我国重要生态区域生态状况。生态保护科技支撑不够，生态大数据集成应用尚未发挥作用。这些监管技术手段方面我们需要继续加强提高，逐步完善。

第五，政策法规体系还不够配套，体制机制还不够健全。生态保护法律法规和标准体系尚需完善，《自然保护区条例》也有需要修订完善的地方。在体制机制方面，权责一致的统一管理体制和协调联动机制尚未建立，未能实现所有者和监管者分离、建设者与保护者区分。环境保护部和国务院其他有关部门的生态环境监管职能理论上是清晰的，但在实际操作中还存在一些问题。

针对上述问题，“十三五”时期，我们要按照系统化、科学化、法治化、精细化和信息化的要求，做好自然生态保护体制机制的宏观设计，瞄准突出问题拿出针对性解决措施，不断提升工作质量和管理效能，共同推进工作开展。

三、扎实推进“十三五”工作开展

“十三五”生态保护的总体思路是：以保障国家生态安全为总目标，划定生态保护红线并建立严格管控制度，进一步优化自然保护区布局，维护和保障国家生态空间安全；以生物多样性提升为抓手，以生态保护和建设重大工程为依托，加强重点区域生态修复；以建立天地一体化的监测管控体系和完善政策法规体系为手段，持续提高生态环境的监管和执法能力，为国土空间生态安全和生态环境质量提升提供坚实保障，不断改善和提升生态环境质量，为人民群众提供高品质的生态产品。重点是三个核心，一是空间安全，二是监管能力，三是质量提升。

关于“十三五”时期生态保护的主要目标和任务，部里组织编制了全国生态保护“十三五”规划纲要，本次会议已印发大家征求意见。我理解，“十三五”规划纲要概括起来是着力构建和完善四个体系和三个保障。

第一，要以系统保护为根本，着力构建和完善生态空间安全的保障体系。我们工作的根本目的是保护生态系统，支撑国家生存发展需求，保障国家生态安全。目前，生态安全已成为国家总体安全体系的重要组成。对此，大家一定要提高认识，树立大局意识，形成生态安全观，从政治高度认识新时期自然生态保护工作的重要意义。结合当前业务工作，加强系统保护，主要做好以下方面：

在划定和严守生态保护红线方面。这是《环境保护法》赋予我们的重要任务之一，是我们履行生态保护“指导、协调、监督”职能的重要抓手，也是生态保护监管落地的重要手段。生态保护红线不但要划在图上、落在地上，更要体现在地方干事情、作决策时有“规矩”和“边界”，也就是要有生态红线意识。落实好这项工作，直接关系到今后自然生态保护工作的空间。首先，各地要将划定并严守生态保护红线提上各级政府的重要议事日程，作为生态保护的重要工作大力推进，加强能力建设、经费保障和舆论宣传引导。其次，生态保护红线要划得实、能落地。各地要依据《生态保护红线划定技术指南》，在国家技术支持下，结合当地实际，开展科学评估，形成生态保护红线划定方案，经我部技术审核后，由省级人民政府批准发布实施。最后，生态保护红线还要守得住，可持续。我们要建立生态保护红线配套管理制度，严格准入管理，强化生态保护与修复，完善生态保护补偿机制，强化日常监管，开展定期考核。

在自然保护区综合管理方面。多年来的工作实践证明，自然保护区是保护自然生态空间和生物多样性的重要方式，今后还需要进一步加大工作力度，完善机制，让保护区在新的历史条件下发挥更大的作用。一是要优化自然保护区布局。我们将推动各地新建一批自然保护区，尤其是在自然保护区面积占比较少的省份，并重点加强水生生物和湿地类、草原生态系统类、海洋生态系统类的自然保护区建设。同时，我们将通过加强生态廊道、保护小区和保护区群建设，保护生态系统完整性，弥补保护空缺。二是健全自然保护区人类活动遥感监测制度。“十三五”期间，国家级自然保护区每年遥感监测 2 次，省级自然保护区每年遥感监测 1 次，重点区域还要加大监测频次。各省份也要加快建设省级自然保护区遥感监测中心，加强对地方级自然保护区的监控。三是加强监督执法，各级环保部门都要定期组织自然保护区专项执法检查，严肃查处违法违规活动，加强问责监督。四是夯实工作基础，各地要重点解决地方级自然保护区机构建设、编制配备、经费保障、制度建设等方面的问题，加强自然保护区能力建设，推动地方各级自然保护区开展科学考察、范围界限核准和勘界立标工作。五是开展国家级自然保护区管理评估和保护成效评价工作，针对发现的问题加以整改，促进自然保护区建设管理规范化。六是积极参与国家公园体制试点建设工作，各地要做好自然保护区建设管理与国家公园体制试点建设的衔接，在改革工作中不断加强和完善自然保护区建设管理工作。

第二，以生物多样性保护为主线，着力强化生态质量的提升，着力构建生物多样性保护与生态质量提升体系。如何定义生态质量好坏，第一个指标是覆盖率（包括植被覆盖率、林地覆盖率、湿地覆盖率等），第二个指标就是多样性（包括生态系统的多样性、物种的多样性、基因的多样性）。多样性和覆盖率两者加在一起才是衡量我们生态质量的标准。提升生物多样性是提升生态环境质量的重要内容。加强生物多样性保护，重点要实施好生物多样性保护重大工程，把它作为推动生物多样性保护的“牛鼻子”，抓好抓实。各地要充分发挥环保部门在生物多样性保护中的牵头职责和综合协调作用，尽快建立完善生物多样性保护部门协调机制，充分发挥各相关部门的积极性，争取资金支持，共办“一桌席”，各炒“一盘菜”，共同把生物多样性保护工作推上一个新台阶。“十三五”期间，环境保护部将重点开展以下六项工作，各地也要落实好相关任务，共同推进并加强协调配合。一是开展以县域为单元的全国生物多样性调查和评估，摸清家底，建立生物多样性数据库和信息平台。二是建立生物多样性观测体系，建设生物多样性综合观测站点，掌握生物多样性动态变化趋势。三是建设生物多样性保护网络。加强就地和迁地保护，强化生物多样性保护优先区域监管与保护，编制实施生物多样性保护优先区域规划，推进“一区一策”。四是加强生物遗传资源管理。推动出台《生物遗传资源获取管理条例》，建立生物遗传资源及相关传统知识获取与惠益分享制度，规范生物遗传资源获取与利用活动。加强出境监管，制定生物遗传资源出境管理名录，防止生物遗传资源流失。五是强化生物安全管理。开展转基因生物环境释放风险评价和跟踪监测，开展外来入侵物种调查和生态影响评价，加强环保用微生物菌剂环境安全监管。六是积极履行《生物多样性公约》等国际公约，继续开展《生物多样性与生态系统服务政府间科学-政策平台（IPBES）》研究工作，着力推动履约工作落地，帮助地方解决实际问题。同时，组织实施“联合国生物多样性十年中国行动”，加大宣传教育和公众参与力度，提升公众保护生物多样性意识。

第三，以天地一体化为依托，构建生态安全监测预警及评估体系。多年以来，我们在工作中一直面临着生态状况底数不清等现实困境，生态破坏难发现、难查处等突出问题一直存在。这就需要我们摸清家底，建立保护自然生态的“千里眼”“顺风耳”，使生态破坏事件无处遁形，生态破坏责任人受到严惩。一方面，我们要完善生态监测体系。我部将建立天地一体化的生态观测体系，及时掌握全国生态状况变化情况。主要包括：一是利用卫星遥感技术和无人机观测等手段，建设生态遥感观测体系，并同步建立地面生物多样性观测网络。二是充分运用大数据、互联网等技术手段，集成生态观测数据库，并纳入生态环境大数据系统，为决策提供支撑。三是推动建立统一的观测信息发布机制，发布生态系统和功能变化情况信息。另一方面，我们要建立生态监管体系。我部将建立生态保护综合监管平台，对生态保护红线内、自然保护区的开发建设活动实施监控。到 2020 年，形成天地一体化观测体系与大数据、互联网集成的综合生态安全监管体系。今年，我们还要启动2011—2015年的全国生态环境状况调查评估，这种评估将按照5年一个周期定期开展下去。

第四，以生态文明建设试点示范为载体，着力构建和完善生态文明示范创建体系。生态文明建设试点示范是推进区域生态文明建设的重要载体和抓手，是推动地方党委、政府落实“五位一体”总体布局、加强生态文明建设和生态环境保护的重要激励措施。我们一定要用好用足。一是理顺生态文明建设示范区与生态市县建设的关系。大家要认识到，两者内涵一致，只是阶段不同。生态市县是生态文明建设示范区的初期阶段，生态文明建设示范区是生态市县的提档升级。二是按照《关于全面推进生态文明建设示范区创建工作有关事项的通知》（环办〔2014〕110 号）和《关于大力推进生态文明建设示范区工作的意见》（环发〔2013〕121 号）有关要求，做好生态建设示范区向生态文明建设示范区的过渡，做好两者之间的衔接。三是做好生态文明建设示范区与环境保护模范城市的统筹协调。两者是有益的补充，各省（区、市）要根据不同的地域特点合理引导地方的创建积极性。四是注重生态文明建设示范区的平衡性，加强分类指导，为处于不同发展阶段的地区树立推进生态文明建设的标杆，中西部地区尤其要加大力度。五是改革生态文明建设示范区的申报核查方式。目前计划以三年为周期，每个周期将一定名额分配到各省（区、市）。要以生态环境质量改善为导向，统筹兼顾环保重点业务工作，明确环境保护部与省级环保部门的各自职责，简化考核流程，重在日常监督，建立配套的奖惩机制和动态调整机制，进一步规范这项工作。六是在成功举办首届中国生态文明奖的基础上，把第二届中国生态文明奖办得更有声势、更有影响。

另外，要着力构建和完善三大保障，即法律法规保障、体制机制和制度保障、科技保障。

首先，要完善法律法规保障。加快推动出台《生物遗传资源获取与惠益分享条例》，开展《自然保护区条例》后评估，推进制定《自然保护区法》，研究推进生态保护红线立法。加强相关立法协调，在自然资源类法律法规修订时，推动有关规定生态化。抓紧出台实施《自然保护区人类活动遥感监测与核查规定》，加快完善生态保护相关的评估、监管、执法的标准规范体系。

其次，要健全体制机制和制度保障。要充分发挥中国生物多样性保护国家委员会、国家级自然保护区评审委员会、生物物种资源保护部际联席会等已有机制平台的协调作用，推动制定和实施跨部门生态保护政策措施。加快建立上下联动、沟通顺畅的各级环保部门联系机制。开展国家公园体制研究及试点示范，探索建立国家公园行政管理体制。推动建立健全国土空间开发与保护制度、生态环境损害赔偿制度和生态保护补偿等制度。

最后，完善科技保障。目前生态保护的科技支撑总体来说还比较薄弱，要重视科技支撑的作用，加强生态保护基础研究和科技攻关，重点开展生物多样性与生物安全支撑技术、生态修复技术、生态系统监测评价等关键技术的研究，推动设立生态保护科技重大专项。加强国际科技合作与交流，积极引进国外先进生态保护理念、管理经验及技术手段。

四、确保 2016 年重点工作顺利完成

2016 年是“十三五”开局之年。上半年，我们按照全国环境保护工作会议部署，坚持以改善环境质量为核心，各项业务工作扎实推进，取得阶段性进展。一是推进生态文明相关制度建设和示范创建工作。在《生态文明建设目标评价考核办法》制定中，设立了 11 项环保指标；在《关于设立统一规范国家生态文明试验区的意见》中，明确了我部和发展改革委的共同牵头职能。举办首届中国生态文明奖表彰暨生态文明建设座谈会，表彰 19 个先进集体和 33 名先进个人，起到了积极的示范效果。二是起草《关于划定并严守生态保护红线的若干意见》，推进生态保护红线划定工作。完成《关于划定并严守生态保护红线的若干意见（送审稿）》，目前正在进一步修改完善。印发《关于加快推进生态保护红线划定工作的通知》，指导各省份生态保护红线划定工作。三是加快自然保护区综合监管，

查处重大生态破坏事件。部党组专题传达学习习近平总书记等中央领导关于生态保护工作的重要批示精神，提出了落实方案。受国务院委托，陈吉宁部长 6 月 30 日向第十二届全国人大常委会第二十一次会议作了《全国自然保护区建设与管理工作情况的报告》，得到全国人大常委会充分肯定。国务院批准新建 18 处、调整 6 处国家级自然保护区。查处一批自然保护区生态破坏事件。举办国家生物多样性日暨中国自然保护区发展 60 周年大会，通报表扬 42 个先进集体与 102 名先进个人。四是推进生物多样性保护重大工程。经过多方协调和多次协商，初步确立了重大工程资金预算总盘子。

2016 年下半年，环境保护部要研究制定《生态保护“十三五”规划纲要》，明确全国环保系统生态保护“十三五”工作思路和任务，进一步突出重点，强化综合评价、监控监管、信息发布、上下联动。下半年，各地要重点做好以下几方面工作。

一是推进生态文明示范建设和环保模范城市提档升级。目前，“十三五”生态创建工作的思路已经明确，下一步，我部将根据新时期环保工作形势和任务，尽快制定生态创建和创模的工作细则，尽快修订创模的部分指标，进一步明确生态创建的部分指标解释，便于地方操作。一要抓紧生态建设示范区创建工作收尾。按照部里通知明确的时间节点，只对 2014 年 12 月 31 日“关门”之前上报的申请进行技术评估和验收，在此时间之后上报的部里都不再开展后续工作。二要启动国家生态文明建设示范区创建。加强谋划统筹，按照我部分配的名额，优中选优，根据部里的安排，推荐一批地区开展创建工作。部里也将加强指导，确保通过开展创建，使这些地区环境能改善、群众能受益、经济能发展。三要注重制度建设。各省级环保部门要按照生态文明建设示范区管理规程要求，建立完善相应工作的规章制度，在严格把关的前提下确保创建质量。

在环保模范城创建方面，我们将在充分调研的基础上，形成下一步推进环保模范城的工作思路，各地要抓紧梳理过去的工作，并按照“气十条”“水十条”“土十条”的有关要求，把环境质量状况和环保公共服务水平作为重要衡量指标，推进城市环境管理工作。

二是加快完成生态保护红线划定。各地要加快生态保护红线划定工作进度。从目前我们掌握的情况看，除天津、江苏已经发布生态保护红线划定方案并组织实施外，北京、上海、浙江、福建、江西、河南、湖北、海南、陕西和青海的省级环保部门已经将方案上报省级人民政府，山东、湖南、吉林、广西的省级环保部门正准备将方案上报，工作进展较快。其中一些地方还配套制定了管理办法，“划定红线”和“守住红线”同步，加快了工作进度。今年 5 月底，我们以县域为单位，对划定情况进行了统计，统计结果和我们给出的“红线”建议方案吻合度较好，个别省份有一些差异，但差别不大。下半年，请大家抓紧推进这项工作，还没有将划定方案上报省级人民政府的地方，争取早日上报审批实施。生态保护红线划定是一项开创性的工作，是生态保护的新领域和生态监管的新抓手。我们必须抓住机遇，把这项工作做实、做大、做强，体现出“红线”的权威性。各地在划定过程中有什么困难要及时反映，部里将给予全力支持。江苏、湖北、海南、重庆和沈阳这几个试点省、市要走在前面，年底要完成试点报告。在此，我还要重点强调两个环节，一是划定方案上报前一定要通过技术审核；二是要同步形成县域红线名单。

三是继续加强自然保护区监管。各地要建立健全自然保护区相关监管制度，推动建立省级自然保护区综合监管平台，进一步加强监督检查，及时查处涉及自然保护区的违法违规活动。我部计划在第三季度召开新闻通报会，向社会公布国家级自然保护区的遥感监测情况。要继续建立健全相关制度规定，切实加强地方级自然保护区调整管理工作。要研究制定本地区“十三五”自然保护区发展规划，推动各级自然保护区规范化建设和管理，加强自然保护区科学考察，加强和完善地方级自然保护区范围界限和勘界立标工作。

四是启动全国生态保护监控平台及数据库建设。近几年来，我们逐步将卫星、无人机等现代科技手段应用于生态保护监管工作，尤其是对重点生态功能区、资源开发区和自然保护区进行常态化监管，收到了较好的效果，积累了经验。正如我在前面所讲，长期以来，生态环境监管工作以人工监管为主，监管能力有限，监管方式单一，难以形成常态。因此，迫切需要建立统一的全国生态保护监控平台和数据库，提升生态遥感监管“主动发现问题”的能力，实现由被动监管转为主动监管、应急监管转为日常监管、分散式监管转为系统性监管，提高风险早期预警能力，提高问题快速应对能力。各地要依托国家生态保护监控平台及数据库建设，加强区域生态监管基础设施建设和人员设备保障，尽快形成相应的监控能力，实现与国家监控平台和数据库的互联互通和信息共享，形成全国生态保护监管的数字和信息网络。

五是实施好生物多样性保护重大工程。2016 年，我部将启动实施生物多样性保护重大工程，主要内容包括县域生物多样性调查、生物多样性综合观测站和观测样区建设、国家级自然保护区规范化建设、生物廊道建设、迁地保护建设、生物多样性保护与减贫试点和生物多样性监控平台建设等，河北、内蒙古、黑龙江、江苏、安徽、湖北、海南、重庆、四川、贵州、云南、新疆等试点地区要配合开展好相关工作。在生物多样性保护优先区域监管方面，各地要抓紧编制优先区域保护规划，争取在 2017 年前完成，并结合本地实际情况，研究优先区域保护相关政策，推进“一区一策”。

六是启动全国生态环境变化（2011—2015 年）遥感调查评估工作。近年来，我部和中科院共同开展了第一次全国生态环境状况调查，完成了 2000—2010 年遥感调查评估，在工作能力方面具备了一定基础，各地也积累了相应的经验。做好 2011—2015 年生态环境变化遥感调查评估工作需要地方配合，在地面核查和典型区域选择等方面予以支持。希望大家坚定信心，做好准备，这项工作启动后按照统一部署，按时完成任务。

七是抓好党风廉政建设。要以“两学一做”教育为契机，加强党风廉政建设，营造风清气正的工作氛围，积极推动生态保护各项工作开展。各地尤其要转变生态保护工作方式方法，加强调查研究，善于发现问题，用更加主动积极的工作态度，切实解决过去工作中“不敢为”的问题；用更加扎实的业务功底，切实解决过去工作中“不能为”的问题。要加强执法监督，建立资金使用监督管理机制，加强工作人员党性锻炼和道德修养，筑牢廉洁从政、拒腐防变的防线。在今后的工作中，我们要始终保持干事创业、敢于担当、开拓进取的精气神，提高生态保护工作队伍的凝聚力和战斗力。

同志们，面对新形势新任务，我们要认真贯彻落实习近平总书记的系列讲话精神和党中央、国务院的各项决策部署，以高度的责任感和使命感，抓住机遇，迎接挑战，确保“十三五”生态保护工作开好局、起好步，在推动生态文明建设、弘扬绿色发展理念、改善生态环境质量、维护国家生态安全方面做出更新、更大的贡献！

环保内部情况通报

第 29 期

环境保护部办公厅　2016 年 10 月 22 日

建设“忠诚干净担当 求是求实求索”精神家园 为持续推进改善环境质量提供坚强保障

——在环境保护部党校成立暨 2016 年秋季学期处级干部进修班开学典礼上的讲话

环境保护部党组书记、部长　陈吉宁

（2016 年 10 月 9 日）

同志们：

今天，我们举行环境保护部党校成立暨 2016 年秋季学期处级干部进修班开学典礼。这是我部机关党建工作的一件大事，标志着部系统党员教育培训进一步系统化、规范化、科学化。2015 年 12 月 9 日，中共中央印发了《关于加强和改进新形势下党校工作的意见》（以下简称《意见》），《意见》指出党校事业是党的事业的重要组成部分，重视发挥党校作用是党的优良传统和政治优势，是提高党的执政能力、执政水平的重要保证。2015 年 12 月，习近平总书记在全国党校工作会议上发表重要讲话，进一步强调，实现全面建成小康社会奋斗目标、实现中华民族伟大复兴的中国梦，关键在于培养造就一支具有铁一般信仰、铁一般信念、铁一般纪律、铁一般担当的干部队伍。党校承担着为领导干部补钙壮骨、立根固本的重要任务，必须坚持党校姓党这个党校工作的根本原则，更加重视干部教育培训工作，切实做好新形势下党校工作。部党组高度重视，深入贯彻习近平总书记的讲话精神，认真落实《意见》总体部署。2015 年 12 月，部党组决定筹办环境保护部党校，并列为 2016 年的重点工作。通过 9 个多月来的工作，在中央党校中央国家机关分校的大力支持和悉心指导下，在部系统相关部门单位的紧密协作和共同努力下，今天环境保护部党校正式成立了。在此，我代表部党组向中央党校中央国家机关分校以及有关部门单位表示衷心的感谢和诚挚的问候！向部党校成立表示热烈祝贺！

从中央到地方建立党校，是我们党的一个政治优势。早在 1924 年 5 月，我们党就成立了安源党校和北京党校。1933 年 3 月在江西瑞金又成立了马克思共产主义学校，这所学校就是今天中央党校的前身。可以说，90 多年来，党校是伴随着党的事业一路走过来的。

新形势下，以习近平同志为总书记的党中央高度重视党校工作，把党校工作作为全面从严治党的内在要求，强调建立党校、办好党校，是我们党不断巩固、加强和提高自身的需要，也是党的事业不断前进和发展的需要。对于我们环保系统而言，党校培训同样具有非常重要的现实意义。当前，党的十八大将生态文明建设写进党章，纳入中国特色社会主义“五位一体”的总体布局。创新、协调、绿色、开放、共享已经成为指导经济社会建设的新的五大发展理念。环境问题不仅仅是环境问题自身，它也是政治问题、经济问题。环保工作者不仅要懂业务，更要讲政治，同时解决当前异常繁重的环境问题，也需要一支忠诚担当干净的环保队伍。只有把党的基本理论、基本路线、基本纲领、基本经验学深悟透、融会贯通，才能自觉担当、躬身践行，真正成为党的事业的忠诚信仰者、生态环保的积极推动者、中央决策的坚定执行者。办好环境保护部党校，责任重大，使命光荣。我讲四点意见：

一、坚定不忘初心的理想信念，切实增强政治意识、大局意识、核心意识、看齐意识

习近平总书记强调，党校不同于一般的学校，也不是什么兴趣俱乐部，学员到这里来不能忘了主业。党校教育的内容是多方面的，主要包括理论教育、党性教育和知识教育三个方面，其中理论教育是根本，党性教育是关键。为此，环境保护部党校必须聚焦主业，始终把加强党的理论教育和党性教育作为首要任务，通过集中学习教育补足共产党员的精神之“钙”。

要把学习习近平总书记系列重要讲话作为党校教育的重中之重。党的十八大以来，习近平总书记围绕改革发展稳定、内政外交国防、治党治国治军等方面，发表一系列重要讲话，以巨大的理论勇气和政治智慧，提出了许多富有创见的新思想、新观点、新论断、新要求。这些是马克思主义中国化的最新理论成果，是我们党治国理政的行动纲领，是我们夺取中国特色社会主义新胜利、实现中华民族伟大复兴中国梦的强大思想武器。只有深入领会精神实质，才能进一步掌握马克思主义基本理论这个“看家本领”，胸怀大局、认清大局、把握大局、推动大局。当前，重点要深入学习习近平总书记在庆祝建党 95 周年大会上的重要讲话，不忘初心、继续前进，要搞清楚我们的事业是“怎么开创的”、新的征程“怎么向前走”等一些重大问题，真正由理论上的清醒，上升为政治上的坚定。环保系统广大党员还要从习近平总书记的思想观、实践观、系统观、全球观，着重研究学习习近平总书记关于生态文明建设和环境保护的一系列新思想新战略新部署，把握重大理念、方针原则、目标任务、重点举措、制度保障，进一步认清中央对探索经济规律、社会规律、人与自然关系的认识升华，对发展理念和方式、执政理念和方式的深刻转变，努力形成环境保护部党校独具特色的办学品牌。

要把学习马克思主义基本理论作为党校教育的必修课程。习近平总书记强调，“只有学懂了马克思列宁主义、毛泽东思想、邓小平理论、‘三个代表’重要思想、科学发展观，特别是领会了贯穿其中的马克思主义立场、观点、方法，才能心明眼亮，才能深刻认识和准确把握共产党执政规律、社会主义建设规律和人类社会发展规律，才能始终坚定理想信念，才能在纷繁复杂的形势下坚持科学指导思想和正确前进方向。”党校教育要充分发挥理论武装的理论阵地作用，组织党员静下心来，踏踏实实、原原本本学习马克思主义的基

本理论，学会用其立场、观点、方法观察和解决问题，增强道路自信、理论自信、制度自信、文化自信，真正做到对马克思主义虔诚而执着、至信而深厚。

要把学习党的宗旨信仰作为党校教育的永恒主题。加强党性锻炼，说到底就是要解决好世界观、人生观、价值观这个‘总开关’问题，防止人生思想的“方向盘”失灵。永葆共产党员的先进性与纯洁性，既需要长期严格党内政治生活的磨炼，经受现实生活的考验，也需要不断加强理想信念教育的熏陶，接受宗旨信仰的洗礼，把为人民服务作为我们的人生追求、把党的事业作为我们的人生目标。为此，党校教育要把提高精神境界和道德品行作为重要目标，结合“两学一做”学习教育，学习党的章程、光荣传统和优良作风，加强社会主义核心价值观教育，引导广大党员坚守共产党人的精神家园，讲党性、重品行、作表率，在思想上政治上行动上自觉同党中央保持高度一致，做一名让党放心、让人民满意的共产党员。

二、严守从严治党的政治底线，始终把纪律规矩挺在前面

全面从严治党是对执政党建设规律的深刻把握，也是习近平总书记关于党的建设重要论述的主线。习近平总书记强调，我们要坚持党要管党、从严治党，增强党自我净化、自我完善、自我革新、自我提高能力，永不动摇信仰，永不脱离群众。他还强调，党要管党，首先是要管好干部；从严治党，关键是从严治吏。要把从严管理干部贯彻落实到干部队伍建设的全过程，坚持从严教育、从严管理、从严监督，让每一个干部都深刻懂得，当干部就必须付出更多的努力、接受更严格的约束。党校是教育培训执政骨干的学校。作为环保党员干部，来到党校学习就是要解决我们思想中存在的问题，真正领会从严治党的精神实质，入脑入心，把全面从严治党的要求切实转化为我们的自觉行动。

新形势下，落实党要管党、从严治党的任务可以说比以往任何时期都更为繁重、更为紧迫。从目前的情况看，我们环保系统总的情况是好的，但是还存在着各种各样的问题。例如，有的单位只重抓业务，不重抓党建、抓队伍，有的单位主要负责人还强调党的建设要服务于业务工作，这种情况在我们一些班子里是存在的。这些问题长期积累下来会影响我们的工作。

在进一步加强党的建设、履行主体责任和监督责任、落实中央八项规定精神等方面还有很多突出的问题和薄弱的环节。有的干部对“四风”问题的危害仍然认识不足，思想观念没有转变过来，还停留在“不敢”的层面，有的甚至依然故我、顶风违纪。个别单位违规发放津补贴、办班办会管理不规范等问题仍然存在。这更加说明，我们迫切需要不断加强党规党纪教育、法治思维教育和反腐倡廉教育。

各位学员和党员干部要深入学习习近平总书记关于全面从严治党的重要论述，特别是《习近平关于党风廉政建设和反腐败斗争论述摘编》，学习《习近平关于严明党的纪律和规矩论述摘编》等书目，要真正做到反复读、深入读，达到真学真懂真做的目的。要认真学习《中国共产党廉洁自律准则》《中国共产党纪律处分条例》和《中国共产党问责条例》，以及即将出台的《关于新形势下党内政治生活的若干准则》《中国共产党党内监督条例》等党规党纪，要弄清楚什么事情自己该做、什么事情不该做、什么事情不能做，自觉约束言行，心有所敬、言有所戒、行有所止。要带头守纪律、懂规矩，始终绷紧党的纪律规矩这根弦，持之以恒地落实中央八项规定精神，坚决纠正“四风”，从身边人身边事中吸取

经验教训，不碰红线，干干净净地做事、清清白白地做人。要拿出主人翁的精神，严格落实从严治党的主体责任，立足岗位查找廉政风险点，主动查漏补缺、建章立制，牢牢把权力关进制度的笼子里。

三、把握绿色发展的时代脉搏，持续推进改善环境质量

党中央、国务院高度重视生态环境保护。十八大以来，习近平总书记对生态文明建设和环境保护的有关重要讲话、论述、批示多达100多次。他多次强调“两山论”、强调“保护生态环境就是保护生产力、改善生态环境就是发展生产力”“像保护眼睛一样保护生态环境，像对待生命一样对待生态环境”，形成了一系列重要的论述，自觉地把我们共产党人的发展观、执政观、自然观的内在统一起来，融入到新时期我们党的执政理念、发展理念之中，成为我们全党的共同意志。党的十八届五中全会提出，要坚持创新发展、协调发展、绿色发展、开放发展、共享发展的理念，这是关系到我国发展全局的一场深刻变革。五大发展理念是具有内在联系的一个整体、一个集合体，其中绿色发展理念作为五大发展理念之一，是永续发展的必要条件和人民对美好生活追求的重要体现，着重解决的是经济发展与环境保护协调、人与自然和谐的问题，从本质上说也是我们人类探索新的发展模式的一种新的方式，为我们今后一个时期解决当前生态环境问题指明了前进的方向，提供了强大的动力。

理论是实践的先导，在绿色发展理念的引领下，党中央做出了加快补齐生态环境短板、以改善环境质量为核心、实现生态环境质量总体改善等一系列重大决策部署，这是我们每一名环保系统党员干部都要遵循的政治和大局。改善环境质量需要提高我们的认识水平、决策水平和管理水平。当前，我们一些党员干部的思想观念、工作思路、工作方法仍然停留在过去，用老办法解决新问题，工作没办法，没起色；在某种程度上，“等与看”的思想还是存在的，有的不作为，怕担当，遇到好处就想要，碰到困难躲着走，作风拖拉、精神委靡不振。有些单位还存在本位主义，总是打着小算盘，工作上不配合，谋取小利益。有的部门单位工作不认真、把关不严，文件经常出现小纰漏、小错误。这些问题都是要不得的，反映出我们的工作作风，反映出我们对党的事业高度负责的精神还不够。这些问题会拖累我们前进的步伐，阻碍我们解决所面临的复杂环保问题，所以，要不断地加强学习教育来解决，这不是能力问题，是要解决思想问题，有些一时解决不了的，最后只能通过组织调整加以解决。

各位学员和党员干部要系统学习习近平总书记关于生态环保和绿色发展的重要论述，要研读原文、吃准吃透，以此为指导，研判形势，明确思路。不要总是从自己的角度看问题，要从中央的角度看问题；要眼光向下，看地方是怎么想这个问题的。不能坐在办公室里出文件，这是脱离实际的，解决不了问题。要把“学”与“习”、“知”与“行”统一起来，深刻理解内涵、准确把握要求，紧密结合环保实际来理清我们的思路，抓住重点、推动工作。要进一步解放思想、改革创新，不囿于框框条条，不固守既有的模式，要善于用新理念新办法来应对新挑战、完成新任务。要进一步转变工作思路和方法，坚持小道理服从大道理，树立大局观念，打破本位主义。要放弃“60分万岁”的思想，追求90分，高标准、高质量要求，不断提高我们自身的能力和水平。要切实围绕改善环境质量这个核心来谋划和推动环保各项工作。要加强和改进调查研究，多到一线、基层、环境问题突出的地方驻点调研，虚心问计、接好地气，坚持问题导向，敢啃硬骨头、拿出硬措施，实实在

在地解决重点难点工作，不断推进生态环保领域的改革和发展。本期学员部分来自直属单位，同样要深入基层蹲点调研，有调查才有发言权，防止照抄照搬、不切实际，更不能不做调查研究就随意宣传发表言论和观点，避免与中央的要求和环保形势不相符。这些问题都要通过埋下身子、结合实际到一线蹲点调查来解决。

四、建设环保党员干部的教育高地，不断提升办学治校的能力和水平

环境保护部党校是环保干部教育的重要阵地，在培养造就高素质环保干部队伍中担负着重要的职责。必须按照实事求是、与时俱进、创新发展的要求，以提高办学质量为核心，在高标准、严要求基础上来探索怎样把党校办好。

坚持党校姓党。要把党的旗帜亮出来，坚持党的领导、忠诚党的事业、传播党的理论、贯彻党的路线、宣传党的政策、遵守党的纪律，党校的一切教学活动、一切办学活动，都必须围绕党中央决策部署来进行，在党爱党、在党言党、在党忧党、在党为党，始终把服务和服从于立党、兴党、强党作为我们崇高的使命和追求。

坚持质量立校。要积极探索教育规律，不断总结教学经验，提高教学管理水平，更好地体现党校特色和发挥党校政治优势。一方面，要善于借助“外脑”，包括从中央党校、国家行政学院等院校聘请著名教师，从中央纪委、中央组织部等权威部门聘请有关领导，从部系统聘请一些党性强、业务精、经验丰富的同志作兼职教师。另一方面，也要创新教学形式和方法。要学会怎么学，熟读马克思主义经典著作、党章党规和习近平总书记系列重要讲话，不断形成规律性思想认识。要着眼于发挥教师的主导作用和学员的主体作用，积极推动研究式、案例式、情景模拟式等新型教学方法，多组织讨论式的教学、启发式的教学。各部门各单位要在政治上更加关心、更加支持党校的建设，积极选派学员参加党校学习，形成各司其职、齐抓共管的良好局面，扎实推进党校工作和党校事业的发展。

坚持从严治校。从严治校是全面从严治党在党校工作中的具体体现，是对党校校风、校纪、校规的根本要求。大家在原来单位无论担任什么样的领导职务，到了党校就是学员。要做到严以治教，始终保持严谨务实的态度和作风，在党校讲台、公开场合发表观点，必须要讲纪律、守规矩，自觉向中央看齐，自觉维护中央的权威，自觉维护党校的声誉和形象。不能一说学术问题可以研究，就不顾场合口无遮拦地乱说一气，也不能为了沽名钓誉而标新立异。要做到严以治学，自觉维护秩序，杜绝自由散漫，坚持艰苦奋斗，落实中央八项规定精神。在学习中要坚持吃苦在前的精神，这样大家才有收获，这本身也符合教育规律。要把从严治校落到实处，敢抓敢管、严抓严管，严格组织生活制度，严格执行学籍、学习、考勤等制度，绝不允许任何人搞特殊。

坚持实践兴学。加强学习的根本目的是增强工作本领、提高解决实际问题的水平。我们的学员主要来自不同业务岗位，尤其需要党的理论教育，特别是提高运用马克思主义理论分析问题、解决问题的能力、应对突发事件能力、沟通协调能力、学习能力、调查研究能力、心理调适能力，掌握解决问题的思路和方法。我们的培训也不是只办好 3 个月的进修班，还要多组织一些短期的，如一周、一个月的专题研究班，对于垂直管理、环保督察等实践中遇到的热点难点问题，组织专题班深入研究。要结合作风建设，解决思想问题，切实做到教学相长、学教互助，既出人才、也出思想，一些有价值的研究成果可以提交党

组决策参考，逐渐形成“忠诚干净担当、求是求实求索”的办学风格和特色理念。

同志们，党校是培养高素质党员领导干部的摇篮。希望大家珍惜这次学习的机会，学有所思、学有所悟、学有所得，强化理论武装，提高理论素养；加强党性锻炼，提高党性修养；坚持学以致用，努力成为改善环境质量的行家里手。

最后，预祝环境保护部党校第一期处级干部进修班圆满成功！谢谢大家！

环保内部情况通报

第 30 期

环境保护部办公厅　2016 年 10 月 24 日

扎实推进生态补偿工作
促进东江流域生态环境持续改善
——在东江流域上下游横向生态补偿机制现场会上的讲话

环境保护部副部长　李干杰

（2016 年 10 月 19 日）

同志们：

今天，财政部、环境保护部在江西省召开东江流域上下游横向生态补偿机制建设现场会，这是贯彻落实党中央、国务院关于加强生态文明建设和环境保护工作的重要举措，对推动东江流域上下游做好生态补偿工作，保护和改善东江流域生态环境具有重要意义。

今年以来，经地方积极协商，福建广东汀江-韩江流域、广西广东九洲江流域、河北天津引滦入津流域等已经签署跨省流域上下游横向生态补偿协议，生态补偿试点工作全面启动。从目前上述三个流域的工作进展情况看，签署协议极大地促进了流域生态环境保护和治理，一批重点工程项目开始实施，相关工作全面提速。福建省龙岩市市委、市政府与所辖区县立下军令状，严格目标责任考核，确保汀江水环境质量达到协议目标要求；广西壮族自治区玉林市对九洲江流域畜禽养殖开展大规模清理整治；河北省唐山市和承德市对滦河上游水库网箱养渔全面清理拆围，多年难以解决的老大难问题开始得到解决。通过签署协议，上下游相关省（区、市）加强合作交流，联防联控和流域共治的良好局面初步形成。

刚才，江西省和广东省领导作了很好的表态发言，签署了东江流域上下游横向生态补偿协议，再次为全国其他流域开了好头。赣州市不等不靠，发扬革命老区精神，不断加大东江源区环境整治力度，近年来东江源水质基本稳定在Ⅲ类水质。下一步，江西和广东两省协商建立联防联控、协力治污机制，明确治理目标和措施，对促进东江流域水环境质量改善将起到更大的推动作用。下面，我讲几点意见：

第一，进一步提高认识，增强大局意识和协作意识。东江是我国具有代表性的饮用水水源型河流，除提供流域内河源、惠州等市的工农业用水之外，还是香港特别行政区以及广东省珠江三角洲经济圈广州、深圳、东莞等特大城市的重要饮用水水源，东江水质的好坏不仅事关广州、深圳、东莞三个特大城市的人民生活和经济发展，而且事关香港的繁荣和稳定，是我国名副其实的政治水、生命水和经济水。因此，相对其他三个流域而言，建立和完善东江流域横向生态补偿机制更具有典型性、重要性和紧迫性。在工作推进过程中，上下游地区应当团结一致向前看，求大同存小异，主动沟通协商，本着“成本共担、效益共享、合作共治”的原则，共同保护和治理流域生态环境。

第二，要坚持以改善环境质量为核心。质量改善是生态环境保护的根本目标，流域生态补偿以跨界断面的水质水量作为基准，以水质具体指标的改善程度为主要依据，水质只能更好、不能更差，这是基本要求。国家和江西广东两省将完善东江流域跨省界断面水环境监测网络，上收或建设国家水环境自动监测站，按照两省协议水质考核目标，实行资金补偿与考核结果挂钩。对水环境质量持续改善的，加大奖励支持力度；对水环境质量恶化的，扣减相应资金。

第三，建立联防共治机制，探索多元化补偿方式。流域是一个完整的生态系统，流域环境治理必须整体化和系统化，实施山水林田湖系统保护和治理。流域上下游地区要做好顶层设计，共同编制流域生态环境保护和治理规划或实施方案，一张蓝图绘到底。地方政府要强化组织领导，层层分解任务，明确责任分工和时限，综合施策，调动各方力量合力治污。环保部门要加强环境监管，建立跨界联合执法、环评会商、应急联动、信息共享等机制。资金补偿是重要方式，但不是全部，要发挥资金的引导作用，探索多元化补偿方式。在这方面，江西广东两省有很大的合作空间，通过下游地区珠三角产业结构转型升级的契机，采取对口协作、产业转移、共建园区、人才培训等方式实施横向补偿，提升广东河源、江西赣州等上游地区的自身发展实力，进而更好地保护生态环境。

第四，加强项目储备、实施和监管，提高项目资金效益。实施重点环保项目是改善环境质量的重要工程措施。两省生态补偿协议签署之后，中央财政将给予奖励支持，同时地方也将加大投入，如果地方已经做好项目储备，并具备开工条件，资金投入就可以形成实物量，及时发挥效益；反之，钱等项目，项目迟迟不能开工，造成资金闲置和浪费。今年上半年，环境保护部、财政部已经联合印发《关于开展水污染防治行动计划项目储备库建设的通知》，明确提出建立中央储备库和省级储备库，水污染防治相关项目实施依托储备库开展。两省特别是东江上游地区赣州市要及早谋划一批重点环保项目，提高项目储备能力，及时动态更新，形成储备一批、实施一批、更新一批。要提前做好项目可行性研究、评审、招投标、政府采购等前期准备工作，确保资金一旦批复或下达，项目即可开工实施。项目实施过程中，要加强项目资金监管和绩效评价，提高资金使用效益。

第五，加强宣传和信息公开，动员全社会参与。要加大宣传和信息公开力度，多宣传报道正面典型，积累经验及时推广，发挥示范效应，不断提升地方党委、政府和社会公众对生态补偿的认识，使“谁开发谁保护、谁受益谁补偿、谁破坏谁受罚”的意识深入人心。严格环保执法，坚决打击环境违法行为。引导全社会树立生态产品有价、保护生态人人有责的观念，营造生态文明的良好氛围。

谢谢大家。

环保内部情况通报

第31期

环境保护部办公厅　2016年10月26日

在环境保护部对口支援崇义县工作座谈会上的讲话

环境保护部副部长　李干杰

（2016年10月20日）

同志们：

非常高兴到赣州、崇义进行调研。这次到江西主要有两项任务：一是联合财政部、江西省人民政府、广东省人民政府共同签署东江流域上下游横向生态补偿协议。这个协议对东江流域特别是上游江西省生态环境保护将发挥重要作用。二是代表环境保护部和陈吉宁部长，来看望崇义县的干部群众，共同研究进一步推动对口支援崇义县各项工作。

昨天下午，调研了崇义县钨产业项目、农村环境综合整治情况和阳岭国家森林公园，刚才又听了介绍，留下了非常深刻的印象。一是崇义振兴发展再现了原中央苏区精神，集中体现在坚定信念、求真务实、艰苦奋斗、开拓进取和争创一流。二是崇义县集山区、矿区、林区、景区、库区、红区于一身的特殊地理人文风貌，魅力崇义名副其实。三是优良的生态环境。这些都是崇义振兴发展的重要禀赋、重要支撑和重要优势。

结合调研过程的一些思考，我谈几点看法和意见。

一、充分肯定振兴发展成绩

“十二五”期间，按照中央关于赣南等原中央苏区振兴发展的决策部署，在省委省政府、市委市政府的坚强领导下，崇义全县上下抢抓振兴发展历史机遇，经济社会发展取得了积极进展。主要体现在：

一是综合实力稳步增强。生产总值从38.2亿元提高到64.9亿元，年均增长10.5%，财政总收入、公共财政预算收入、城镇居民人均可支配收入、固定资产投资实现翻番。矿业、林业、食品业、旅游业四大产业加速集聚，一批精深加工项目相继投产，发展质量明显提升。

二是基础条件大幅提升。全面推进阳岭新城建设，“四纵五横”城市骨架路网拓展成型，城镇化率达41.6%，城区绿化覆盖率达42%。高速公路、农村交通、旅游文化、农田水利、全民健身等设施加快建设，所有行政村通村公路全部硬化，城乡生活条件显著改善。

三是人民生活明显改善。民生支出占财政总支出超过60%，4.2万贫困人口实现脱贫，贫困发生率由31%下降到7.1%，扶贫开发工作成效突出。完成1.14万户农村危旧土坯房改造，349户“水上漂”农户上岸搬迁安置，城乡居民人均可支配收入快速增加。

四是生态环境更加优美。全县55.75%的国土面积划入生态保护红线范围，积极推进产业生态化，铁心硬手治污，实现农村垃圾清理全覆盖，创出一批典型经验。空气、地表水稳定达标，饮用水水源地水质达标率100%，森林覆盖率高达88.3%，在江西乃至全国领先。

总体上，崇义县经济发展和环境保护齐头并进，呈现蓬勃发展态势。按照国务院部署，环境保护部从2013年开始对口支援崇义县，多次召开部长专题会研究部署帮扶事宜，从资金、项目、政策、智力、人才等方面给予全方位支持，取得积极成效。三年多累计安排崇义县环保资金近4亿元，支持实施陡水湖生态环境保护、重金属污染防治、农村环境综合整治等生态环境保护治理工程；通过部门预算安排项目，帮助崇义县开展硅产业发展可行性研究、钨冶炼行业固体废弃物污染防治、钨钼矿采选环境健康调查等，为重点产业发展提供了技术支持；选派两名同志到崇义县挂职，把崇义县作为部系统青年干部基层环保工作调研点，加强紧密联系。

二、进一步提高认识

赣南等原中央苏区为中国革命与建设做出了重大贡献和巨大牺牲，支持赣南等原中央苏区振兴发展是党中央、国务院做出的重大战略决策，具有标志性意义和示范作用。《国务院关于支持赣南等原中央苏区振兴发展的若干意见》做出了全面部署，党的十八届五中全会、中央扶贫开发工作会议等进一步指明了方向、目标和路径，为振兴发展提供了基本遵循。

一是要充分认识到振兴发展的艰巨性。实现赣南等原中央苏区振兴发展，确保与全国同步进入全面小康社会，任务十分繁重。从崇义看，经过努力，2015年城镇居民人均可支配收入达到21227元，农村居民人均可支配收入达到7633元，分别为全国平均水平的68%、67%，低于赣州市、江西省平均水平。产业发展“一矿独大”，初级产品占主导，产业转型升级难度大。在当前初级产品市场低迷情况下，一些产业经营困难，进一步加大了振兴发展的难度。此外，要看到还存在不少制约因素，在基础设施、农村公共服务和民生保障等方面差距较大，“九分山半分田半分湖泊水面和庄园”的土地资源条件制约突出。必须做好攻坚克难的思想准备，着眼长远、立足当前，采取力度更大、针对性更强的振兴发展措施。

二是进一步增强对口支援主动性。支持赣南等原中央苏区振兴发展，是一项重大的经济任务，更是一项重大的政治任务。习近平总书记在中央扶贫开发工作会议上强调，全面建成小康社会，是我们对全国人民的庄严承诺，必须实现，而且必须全面实现，没有任何讨价还价的余地，不能到了时候我们一边宣布全面建成了小康社会，另一边还有几千万人生活在扶贫标准线以下。这对赣南等原中央苏区振兴发展同样具有非常重要的指导意义，不能到了2020年还有群众住在危旧土坯房里，喝不上干净的水，不能正常用电，一些红军和革命烈士后代生活依然窘困。对口支援崇义，既是光荣使命，也是政治责任，必须按照中央决策部署把这项工作摆在重要位置持续抓好，必须主动关心支持赣州、崇义，谋划部署工作、资金项目安排、政策点示范要优先想到崇义，优先支持崇义。赣州、崇义也要主动对接，强化基础，把各项工作抓到实处。

三是协同推进保护与发展。崇义位于赣湘边界罗霄山脉东麓，属于南岭山地森林及生物多样性生态功能区，是罗霄山脉水源涵养生态功能区的核心区域，是国家重点生态功能区县，生物多样性极为丰富。这是是崇义非常独特的优势，一定要保护好，保护生态资源就是保护发展优势，改善生态环境就是发展生产力。必须牢固树立绿水青山就是金山银山的理念，探索走出一条边保护边发展的协调共赢之路。生态保护红线一经划定，就必须严格遵守，不能越雷池一步，确保耕地、空气、水环境质量只能变好、不能变差。

三、切实加大对口支援力度

为做好“十三五”工作，环境保护部组织编制了对口支援崇义县“十三五”工作实施方案，已经印给江西省环保厅、赣州市环保局和崇义征求意见，请认真组织研究，结合实际提出意见建议。下一步，经修改完善之后将印发实施，作为“十三五”对口支援崇义的基本工作指南和依据，定期调度、动态调整、督促落实。

总的原则是，赣州、崇义振兴发展中遇到的问题和困难，原则上全部予以大力支持，同时将加大协调力度，积极争取相关部委一起支持崇义振兴发展。对赣州市、崇义县各提出的四个方面期望，环境保护部将认真研究，逐步转化为实实在在的行动。“十三五”期间，将在以下五个方面进一步加大对口支援力度：

一是支持发展特色产业。支持崇义做大做强钨、锡等稀有金属冶炼等特色产业，支持产业链延伸发展。支持加强钨行业污染整治，继续推动钨冶炼行业固体废物污染防治项目研究，指导和支持章源、耀升等龙头企业制定或参与制定钨行业清洁生产系列标准。支持发展壮大生态农业产业，帮助认定一批有机农产品基地，培育野生果酒、南酸枣、有机大米等绿色食品产业。支持生态旅游示范区建设，鼓励和引导高校、科研院所、环保企业在崇义建立研发示范基地。

二是支持生态文明建设。进一步巩固和提高生态优势，加大崇义重点生态功能区转移支付力度，提高生态补偿系数，根据监测评价及考核结果奖优惩劣。指导和支持崇义制定生态文明建设示范区创建方案并启动相关工作，加快建成国家生态文明建设示范县。指导和支持崇义国家公园试点，争取齐云山国家级自然保护区纳入生物多样性专项资金的支持范围，加强自然保护区规范化建设。探索在崇义设立环保科普教育基地，指导推进生态环保教育进学校、进机关、进企业、进农村、进家庭。

三是支持生态环境保护修复。结合《水十条》实施，支持崇义流域水污染治理、饮用水水源地保护、污水管网配套和生活垃圾处理设施建设等，将陡水湖生态环境保护纳入国家项目储备库，统筹安排中央财政水污染防治专项资金给予支持。加强城乡污染协同治理，支持扩大农村环境连片整治覆盖范围，巩固垃圾治理成果，推进农村生活污水处理，探索运行维护机制。结合《土十条》实施，指导崇义开展土壤污染详查，实施一批重金属污染综合治理项目，推动扬眉江等重金属治理见成效。

四是加强科技和人才帮扶。加大县环保部门与环境保护部相关司局交流力度，安排崇义县环保部门干部到机关、相关直属单位挂职锻炼。支持崇义县企业家参与“绿色中国年度人物”评选。在崇义推广水污染治理相关技术成果，推动相关技术创新联盟在崇义落地。加大对崇义工业园区能力建设支持力度，支持创建国家生态工业园区。加大环境健康调查支持力度，建成国家环境健康监测哨点。依托崇义县，开展气候变化与环境保护协同研究，推动开展清洁发展基金项目示范。加强对崇义振兴发展、对口支援工作的宣传。

五是加大援县促市力度。支持赣州市加快推进监测、监察、宣教、应急等标准化建设，力争达到标准化建设要求。加强对赣州市环保干部培训，争取“十三五”期间赣州各县（市、区）分别有 1～2 名环保干部到环境保护部挂职（学习）锻炼。研究推荐专业技术干部到赣州挂职。加强对赣州生态示范创建业务指导，支持申报国家级生态县、国家级生态乡镇。支持指导赣州经济技术开发区、赣州高新区、龙南经济技术开发区、瑞金经济技术开发区创建国家生态工业示范园区。加大资金支持力度，重点支持东江、赣江等重点流域区域水污染防治、重金属防控区污染防治、农村环境连片综合整治等项目实施。

最后，对做好对口支援崇义县工作，我提三点希望和要求。一是加强国家、省、市、县四级协调，环境保护部突出重点、加大力度，江西省、赣州市承上启下、加强衔接，崇义要加强统筹、整合资源，共同推进振兴发展。二是务求实效，防范形式主义，坚持问题导向，把对口支援各项工作抓实抓细，不搞花拳绣腿。三是加快资金项目实施，尽快发挥效益。近年来，环境保护部、江西省对赣州、崇义支持力度不小，资金到位后要加快进度。

我相信，在党中央、国务院的正确领导下，在江西省、赣州市的支持指导下，只要我们统筹兼顾、协调推进、开拓创新、真抓实干，对口支援崇义工作就一定能够取得新的更大成效，崇义就一定能走出一条独具特色振兴发展之路，为 2020 年全面建成小康社会做出积极贡献。

环保内部情况通报

第 32 期

环境保护部办公厅　2016 年 11 月 18 日

在环境保护部直属机关团员代表大会上的讲话

环境保护部党组成员、副部长　翟青

（2016 年 11 月 4 日）

各位青年同志们：

今天，环境保护部直属机关团员代表大会在这里顺利召开，选举产生了新一届直属机关团委。首先，我代表部党组和陈吉宁部长，向本次大会的召开和新当选的团委委员们表示热烈祝贺，向参加会议的各位青年同志们表示诚挚的问候。

刚才，伍翔同志代表新当选的委员作了表态发言，表示要坚定理想信念，坚持服务大局，认真抓好团委自身建设，引导青年团员积极投身环保事业发展，充分表达了新一届团委的信心和决心，讲得很好。

下面，就做好团委和青年工作，我讲几点意见：

一、充分认识做好青年工作的重大意义

（一）充分认识做好青年工作对于党和国家发展的重大意义

党的十八大以来，党中央高度重视青年工作，做出一系列重要决策部署。习近平总书记多次出席青年活动，并发表重要讲话，深刻阐述了做好青年工作的重要性和紧迫性。

2013 年 6 月，习近平总书记在同团中央领导班子成员谈话时指出，代表广大青年、赢得广大青年、依靠广大青年，是我们党不断从胜利走向胜利的重要保证。共青团要紧跟党走在时代前列、走在青年前列，紧紧围绕党和国家工作大局找准工作切入点、结合点、着力点，充分发挥广大青年生力军作用，团结带领广大青年在实现中华民族伟大复兴的征途中续写新的光荣。2014 年 5 月，习近平总书记在与北大师生座谈时进一步强调，青年的价值取向决定了未来整个社会的价值取向，而青年又处在价值观形成和确立的关键时期，抓好这一时期的价值观形成十分重要。为此，习近平总书记明确指出，广大青年在党的领导下，要勇做走在时代前列的奋进者、开拓者、奉献者。这些重要讲话，为我们做好新时期青年工作提供了根本遵循、政治保证和精神动力，也为青年同志的成长、发展指明了方向。

（二）充分认识做好青年工作对于环保事业发展的重大意义

部党组非常重视青年工作，把青年同志的成长作为环保事业发展的重要组成部分。尤其是党组书记陈吉宁同志，十分关心青年同志的成长进步。去年 12 月，吉宁部长赴人事司征求意见，专门听取科级干部的发言，要求认真研究青年干部成长问题。在近两年的创新大讨论活动中，吉宁部长特别提出请科处级同志发言，并认真听取 15 名青年同志的意见建议，与大家平等地交流讨论。对于青年同志“走基层、接地气、转作风”形成的培训成果集，吉宁部长仔细阅读，甚至亲自动笔修改。吉宁部长对这次会议非常重视，指示要关心大家，特别要关心同志们思想、工作、生活中遇到的一些实际困难，并要求各相关司局认真研究、推进解决。

（三）部党组关心领导下的青年工作取得积极成效

近年来，在部党组的领导下，在上级团组织的指导下，直属机关团委坚持围绕中心、服务大局，扎实推进青年工作，取得积极成效，部党组给予了充分肯定。

从 2010 年起，团委每年开展不同主题的基层实践，组织青年团员 300 余人次进一线、住农村，举办与各部门和单位间交流学习活动近 50 场次，为大家的学习进步创造条件。围绕环境保护重点工作，团委联合相关部门组成青年调研团，开展“大气十条”“环境保

护法实施”等主题活动，赴河北等地现场考察，撰写调研报告，形成学习心得，促进青年干部业务能力不断提高。围绕贯彻落实中央八项规定精神，从 2013 年起开设青年廉政课堂，举办巡讲活动 7 次，听众超过 500 人次，强化了青年干部清白做人、健康成长的意识，全面提升了综合素质。还有许多青年同志立足岗位，创先争优，做出了突出成绩。规财司综合处、人事司体改处、应急办值守处、污防司固体处、办公厅部长办等 6 个集体先后荣获中央国家机关“青年文明号”称号。生态司团支部、中日中心团委、外经办团委等团组织获得了中央国家机关“五四红旗团组织”的称号。监测总站邢冠华同志、核安全中心毋琦同志荣获团中央和人社部联合表彰的“全国青年岗位能手”称号。一批青年同志荣获中央国家机关“优秀共青团干部”和“优秀共青团员”的称号。还有更多的同志在自己的工作岗位上默默奉献、辛勤工作，为环保事业发展做出了积极贡献。

做好青年工作，对党和国家的事业发展，对环保工作的深入开展都意义重大。党中央及部党组都高度重视青年工作，各级团组织要不断提高思想认识，切实增强做好青年工作的责任感和使命感。

二、扎实推进新形势下的青年工作

青年工作是党的事业重要组成部分，也是推动环保事业发展的一项基础性工作。我部各级团组织要在各级党组织的领导下，进一步研究加强青年工作，充分调动青年同志的积极性、主动性和创造性。

（一）要进一步坚定做好工作的信心

当前，我国正处在改革发展的重要阶段。党的十八大提出“两个一百年”的奋斗目标，习近平总书记提出实现中华民族伟大复兴的中国梦，描绘了国家富强，民族振兴，人民幸福的美好前景。党中央、国务院把环境保护摆在了更加突出的位置，将生态文明建设纳入“五位一体”的总体布局，先后发布《中共中央 国务院关于加快推进生态文明建设的意见》《生态文明体制改革总体方案》和“十三五”规划纲要，制定实施“大气十条”“水十条”“土十条”等重大政策，颁布施行新修订的《环境保护法》《大气污染防治法》等法规，推动落实环境保护党政同责、一岗双责，生态环境损害责任终身追究等重大改革措施。各级政府和环保部门不断加大工作力度，都为环保工作深入开展创造了有利条件。我国环保事业正处于大有作为的重要战略机遇期。

同时，也要清醒认识到，当前的环境保护形势依然十分严峻，解决环境问题具有长期性、复杂性和艰巨性。环境问题的形成是长期积累的过程，解决这些问题要付出长期努力。无论中国还是西方发达国家，都需要时间、需要空间，需要一个历史过程。有很多环境问题、科学问题、技术问题还在探索过程中，这是历史规律。就像治理雾霾，需要坚持不懈地持续努力，一蹴而就是不可能的。

尽管情况复杂、困难重重、任务艰巨，但都不会阻碍我们去努力、去思索、去实践，更不会阻碍我们最终实现成功。今天的环保事业处在一个大发展的年代，我相信这一定会成为青年同志成长进步的历史性机遇，将为青年同志发挥才智提供更大、更广阔的舞台。全体同志，特别是青年同志，一定要增强为实现我们远大目标而奋斗的责任感和使命感。

（二）要围绕中心、服务大局开展工作

各级团组织要紧紧围绕党中央和部党组的工作部署，扎扎实实推进各项重点工作，积极引导青年在各自岗位上建功立业。发挥青年同志有冲劲、有闯劲、有后劲的优势，鼓励他们在工作中研究问题、分析问题，大胆的建言献策。积极支持青年勇于争先，主动请缨，保持旺盛的工作热情与锐气，不断做出工作成绩。密切关注青年思想、学习、生活、工作方面的需求，发挥好党和青年之间桥梁和纽带作用。要引导青年同志们增强政治意识、大局意识、核心意识、看齐意识，不折不扣地落实部党组的决策部署，扎实做好本职工作。

同时，必须把团的工作置于党的领导下，积极主动配合党组织扎实开展“两学一做”学习教育，全面从严治团；配合党组织加强党风廉政建设，持续深入开展青年团员遵纪守规、健康成长教育；配合党组织联系青年团员，不断加强基层青年组织建设，提高团组织的吸引力和凝聚力，扩大团组织工作有效覆盖面。

（三）要改革创新工作方式方法

今年 8 月 2 日，中央办公厅印发《共青团中央改革方案》，要求把推进共青团改革作为全面从严治党的一部分，作为焕发共青团生机活力的重要举措，并强调要有序推进改革，以保持和增强政治性、先进性、群众性为基本原则，以去除行政化、机关化、贵族化和娱乐化为导向，以提高战斗力、凝聚力和扩大有效覆盖面为目标，切实做好青年工作。

直属机关团委要认真研究落实好中央关于推进共青团改革的要求，在改进工作方式方法、拓展有效覆盖面、调动青年积极性上下功夫。微信是近年来出现的很有效的信息交换平台，有助于交流工作、共享信息、解答困惑、解决难题，已经在督查、监测等专项工作中充分利用、取得实效。要善于运用网络、微信等新媒体开展工作，探索建立青年工作微信交流群，开展思想状况调查和读书学习等活动。不仅仅抽专门的时间、去专门的场所来开展活动，要通过新媒体平台使大家在工作和生活的空闲时间，随时随地参与活动，提高青年工作与青年同志学习工作生活的融合度。同时，要组织富有思想内涵、青年喜闻乐见的活动，用青年的语言和方式与大家平等交流，增强青年工作的感染力、吸引力和凝聚力。每年坚持开展演讲比赛等学术交流活动，提供青年展示自己的平台，让青年同志有更多机会上台说，让领导干部坐在台下听，鼓励青年同志讲思路、讲成果，而且要把大家的研究成果充分地利用起来、传播出去、影响开来，充分调动大家研究问题、思考问题的积极性，并将这些活动长期坚持下去。

三、对青年同志提出几点希望

目前，部直属机关共有 40 岁以下青年 2785 人，占全体职工数的 64%，在生态环保各领域都承担着重要工作，希望青年同志们按照习近平总书记 “勤学、修德、明辨、笃实”的要求，在工作中学习本领、丰富经验，在实践中锤炼品格、改进作风，尽快担当起环保事业的重任。

（一）扎实做事，加强实践锻炼

青年同志处在成长成才的上升期，有着大好机遇，关键是要迈稳步子、久久为功，把工作压力作为磨炼自己的机遇，从点点滴滴做起，从每一项具体工作做起，脚踏实地，把小事当作大事干，一步一个脚印往前走。在座的都是中央国家机关青年干部，中央国家机关的工作性质决定了国家政策始于你们工作实践，青年同志的工作水平和工作质量直接影响国家政策的最终效果。青年同志在设计工作思路时要重点考虑三点，一是政策措施是否符合国情，符合东南西北中各地方的实际情况。二是政策措施是否能落实下去。让地方同志看得懂、能落实、可操作。三是如何抓好政策落实。不抓落实，政策等于放空。文件出台后，印发仅仅是开始，更要把抓政策落实放在工作中的重要位置，做到习近平总书记要求的“要坚决抓住不放，一抓到底，不彻底解决，绝不松手”。

（二）勤学求索，夯实成长基础

要发挥年轻人优势，勤于学习、敏于求知。既要术业有专攻，认真学习业务，更要坚定理想信念，认真学习党的先进理论，要学会从历史和发展的角度看问题，树立起正确的人生观、价值观和世界观。平时既要学习理论知识，又要多到一线、基层和环境问题突出的地方蹲点调研，学习实践经验；既要博览群书，又要虚心向身边人学、向老同志学，不断完善自己、发展自己。

（三）清白做人，把准人生航向

青年人朝气蓬勃，未来道路更加漫长，要在人生的道路上找准定位，严守基本准则，特别是作为公务人员，要在制定政策、处理公务、协调事务的过程中，进一步培养树立按纪律办事、按规矩做事，慎用权力的思想意识，把纪律和规矩挺在前面，成为学习、工作、生活的航向标。

同志们，做好青年工作责任重大、使命光荣，希望新一届直属机关团委带领各级青年团组织，团结广大青年团员，锐意进取、扎实工作，为环保事业发展和生态文明建设做出应有的贡献，创造新的业绩。

谢谢大家！

环保内部情况通报

第 33 期

环境保护部办公厅　2016 年 11 月 21 日

深入贯彻中央新部署新要求新举措
为新疆社会稳定和长治久安提供环保支撑

——在全国环保系统“十三五”对口支援新疆工作会议上的讲话

环境保护部部长　陈吉宁

（2016 年 11 月 8 日）

同志们：

这次会议的主要任务是，全面贯彻党的十八大和十八届三中、四中、五中、六中全会精神，深入贯彻习近平总书记系列重要讲话精神和治国理政新理念新思想新战略，进一步落实第二次中央新疆工作座谈会要求，总结全国环保系统“十二五”援疆工作，部署“十三五”环保援疆任务，全力支持新疆加强生态环境保护，坚决维护新疆社会稳定和实现长治久安。

刚才，雪克来提·扎克尔主席代表自治区和兵团介绍了经济社会发展和环保工作情况，河北、江苏、安徽和环境保护部人事司、中国环境科学研究院、中国环境监测总站分别交流了对口援疆工作的经验和体会，听了很受启发，对做好“十三五”环保援疆工作更加充满信心。我代表环境保护部，向长期以来大力支持环保工作的自治区党委、政府和兵团党委表示衷心感谢！向全国环保系统援疆干部和技术人员致以崇高敬意！向辛勤工作在环保战线的新疆各族干部职工致以亲切慰问！

下面，我讲几点意见。

一、深入贯彻落实习近平总书记对新疆工作的重要指示，充分认识做好环保援疆工作重要性紧迫性

党的十八大以来，以习近平同志为核心的党中央高度重视新疆工作。习近平总书记亲自主持中央政治局常委会研究新疆工作，多次对新疆工作做出重要指示。2014 年 4 月，习近平总书记到新疆考察时指出，做好新疆工作事关全国大局，决不仅仅是新疆一个地区的

事情，而是全党全国的事。全党都要站在战略和全局高度来认识新疆工作的重要性，多算大账，少算小账，特别要多算政治账、战略账，少算经济账、眼前账，加大对口援疆工作力度，完善对口援疆工作机制，共同努力，实现新疆社会稳定和长治久安。在第二次中央新疆工作座谈会上，习近平总书记强调，新疆工作在党和国家工作全局中具有特殊重要的战略地位；做好新疆工作是全党全国的大事，必须从战略全局高度，谋长远之策，行固本之举，建久安之势，成长治之业。李克强总理指出，做好新疆工作，要更加重视保护环境，生态环境保护与经济发展同等重要。中共中央、国务院印发《关于进一步维护新疆社会稳定和实现长治久安的意见》，对新时期新疆工作做出全面部署。中央去年召开第五次全国对口支援新疆工作会议，进一步明确了工作目标和重点。这为我们做好环保援疆工作指明了方向和遵循。

（一）做好环保援疆工作是维护新疆社会稳定和实现长治久安的内在要求。习近平总书记指出，良好生态环境是最普惠的民生福祉。天蓝、地绿、水净是新疆各族人民群众的殷切期盼。生态环境问题既是民生问题，也是社会问题，还是政治问题。国际敌对势力、新疆分裂势力经常打着关心新疆生态环境保护的幌子，到处散播谣言，经常把新疆正常的开发建设活动污蔑成生态环境破坏行为，生态环境保护在反对分裂、维护社会稳定中的任务十分艰巨。“十三五”时期，新疆经济社会还将加快发展，生态环境保护压力进一步加大。做好环保援疆工作，支持新疆解决好生态环境问题，对实现社会稳定和长治久安具有重要意义。

（二）做好环保援疆工作是保障国家生态安全的有力举措。新疆是我国重要的生态安全屏障，是我国生物多样性保护的关键区域，同时区域内生态环境既脆弱又敏感，人地矛盾突出，水资源时空分布不均，生态系统功能稳定性差，一旦遭到破坏难以恢复，即便能够恢复也代价过大。多年来，新疆在绿洲面积不断扩展的同时，生态环境问题也日益凸显，保护和发展的矛盾突出。做好环保援疆工作，支持新疆强化生态空间管控，从源头预防环境污染和生态破坏，有利于维护国家生态安全。

（三）做好环保援疆工作是加快丝绸之路经济带建设的重要支撑。丝绸之路经济带建设是党中央做出的重大战略决策，事关国家发展全局。新疆是丝绸之路经济带的核心区域，生态环境问题会对邻国关系、国际形象产生重要影响。做好环保援疆工作，支持新疆平衡处理好保护和发展关系，切实走绿色发展之路，有利于推进丝绸之路经济带建设。

（四）做好环保援疆工作是推进新疆环境治理体系和治理能力现代化的迫切需要。“十二五”以来，新疆环境治理能力有所提升，但由于起步晚、底子薄，环境监管能力建设仍然滞后，生态环保参与综合决策的体制机制有待进一步完善。做好环保援疆工作，着力提高新疆环境管理系统化、科学化、法治化、精细化和信息化水平，有利于推进治理体系现代化。

全国环保系统必须把思想和行动统一到以习近平同志为核心的党中央关于维护新疆社会稳定和实现长治久安的决策部署上来，牢固树立政治意识、大局意识、核心意识、看齐意识，深刻认识做好环保援疆工作的重要意义，从政治上认识、战略上推进、长远上把握，敢于担当、勇于行动、善于作为，努力开创环保援疆工作新局面。

二、"十二五"环保援疆工作成效明显

"十二五"期间，全国环保系统认真贯彻落实党中央关于新疆工作的一系列决策部署，先后印发《全国环保系统"十二五"对口援疆规划》《贯彻落实第二次中央新疆工作座谈会精神支持新疆加强生态环境保护的实施细则》，强化组织协调，全力给予支持，推动环保援疆工作取得明显成效。

一是健全对口援疆工作机制。及时将 48 项环保援疆任务分解落实到各援疆省市、机关各有关部门，建立季度调度机制，定期向中央新疆办报告进展情况。19 个援疆省市环保部门与新疆地州市（师）、县市（团场）结成对子。环境保护部积极协调，就新疆经济社会发展重大问题向国务院提出政策建议，部机关各部门结合职能分工，对新疆环保工作予以特殊关心和倾斜。

二是促进新疆环境与经济协调发展。维护协调好新疆发展的后劲和韧性至关重要。将新疆纳入西部大开发重点区域和行业发展战略环评范围，共审查新疆矿区、轨道交通、流域开发规划环评 13 项，促进能源产业、基础设施、流域开发与生态环境保护相协调。积极支持新疆重大项目建设，及时批复 67 个重大项目环评文件，促进新疆高速公路、铁路等基础设施建设和"三基地一通道"战略实施。支持新疆试点编制分类指导、分区管理的环境功能区划，优化国土功能布局。督促新疆加大污染减排力度，及时预警通报，控制污染物快速增长态势，圆满完成"十二五"减排任务。

三是支持强化生态保护和建设。按照国家重点生态功能区转移支付要求，支持新疆 29 个县市纳入转移支付范围，2015 年规模达到 29 亿元。新建布尔根河狸等 4 个国家级自然保护区，把库姆塔格区等 4 个区域纳入生物多样性保护优先区域，将 17.7%的国土面积划为生态保护红线区。评估显示，绿洲生态环境质量有所改善，沙化土地扩张趋势得到初步遏制。

四是实施一批重点环境治理工程。"十二五"期间中央财政累计安排环保专项资金 23 亿元。协调有关部委支持《乌鲁木齐市大气污染防治建设项目规划》实施。把博斯腾湖、喀纳斯湖、赛里木湖纳入全国良好湖泊生态环境保护试点。把新疆纳入全国农村环境连片整治示范，实施饮用水水源保护和污水、垃圾处理工程，1800 多个村庄环境得到治理。积极支持重金属污染防治、可可托海工矿区生态环境恢复治理。

五是提升环境管理能力。支持 91 个基层环保业务用房基本建成或投入使用，建成 44 个环境空气自动监测站，建成 996 套污染源在线监控设施。自治区环境监测总站和乌鲁木齐市环境监测站已具备地表水 109 项指标分析能力，兵团环境监测中心站具备地表水 77 项指标分析能力。支持新疆加强科研能力建设，建立第一家国家环境保护工程技术中心。选派 13 名部机关和部属单位优秀干部到新疆挂职锻炼，组织选派 5 批、169 名业务骨干到新疆及兵团进行为期 8 个月的技术援疆。新疆同步选派 5 批、120 名基层环保专业技术人员到对口援疆省（市）学习培训。累积开展基层民族干部考察培训、党政领导干部环保专题培训及专项业务培训近 2000 人次。

各有关援疆省市讲大局、讲感情，按照援疆规划确定的任务，多渠道落实援助资金 7400 多万元，支持自治区和兵团建设业务用房。河北、江苏、安徽等省份力度最大，其他各省

份也尽力而为。这些资金、人才支持来之不易，充分体现了全国环保系统互助支持的优良传统。

三、全面落实“十三五”援疆工作部署

“十三五”是新疆全面建成小康社会的决胜阶段，也是加快补齐生态环境短板、实现安疆富民的关键阶段。“十三五”环保援疆工作总的考虑是，紧紧围绕实现新疆社会稳定和长治久安总目标，进一步完善环保援疆工作机制，强化政策、人才、技术、资金支持，到 2020 年，新疆大气、水、土壤等重点领域的污染防治和生态保护任务得到有效落实，环保监管能力显著提升，环保人才队伍建设得到加强，突出环境问题得到逐步解决，生态环境恶化的趋势得到基本遏制，环境风险得到有效控制，环境质量进一步改善。《全国环保系统“十三五”对口援疆规划》已印发实施，环境保护部机关各部门、各直属单位、各援疆省（市）环保厅（局）和自治区、兵团环保部门要加强衔接，抓好落实。要以环保援疆为契机，重点抓好以下工作。

一是严守生态保护红线。这是规范发展空间、保证发展质量、促进民生改善的根本举措。新疆的一切开发建设活动，要始终坚持生态保护第一，坚决守住生态保护底线。中央全面深化改革领导小组已经审议通过《关于划定并严守生态保护红线的指导意见》，希望新疆不折不扣落实，走在全国前列。去年以来，通过遥感监测、实地核查，发现新疆在自然保护区开发建设监管上还存在薄弱环节，有关单位要加大技术支持和能力支撑力度。对已经划定的自然保护区，要严格依法依规监管。在准入方面，以“三线一单”为手段，加快战略环评和规划环评落地，严格生态空间管控。

二是加强重点区域污染治理。加快乌鲁木齐-昌吉-石河子城市群联防联控和综合治理，支持开展环境空气质量预警预报、塔里木盆地南缘区域沙尘对空气质量影响及对策研究等工作。加强博斯腾湖、赛里木湖、乌鲁木齐河湖、乌伦古湖等湖库生态环境保护和生态修复，加强伊犁河、额尔齐斯河、额敏河等跨国界河流水污染防治与调查评估，加强重点饮用水水源保护，提高水质达标率。支持农村环境综合整治，改善农村人居环境。加强资源开发利用中的土壤污染防控与恢复治理，治理可可托海独立矿区尾矿库。

三是防范环境风险。开展区域环境风险调查与评估，对饮用水水源地、中哈界河等重点流域尾矿库、城市放射性废物库、输油气管道沿线以及其他重大环境风险企业等采取有效防控措施，提高应对各类突发环境事件的处置能力。加强放射源和铀矿冶监管，支持开展城市放射性废物清库工作，提高核与辐射环境风险防控能力。

四是严格环境监管执法。深入落实《环境保护法》，完善环境网格化监管，开展联合执法、区域执法、交叉执法，集中查处一批突出环境违法案件。结合违规建设项目清理，提高工业污染源达标排放水平，防范污染转移，扭转超标排放、生态破坏等突出问题。加强对矿产资源开发的环境监管，坚决取缔违法矿山、矿点开采。开展环境保护督察，落实地方政府环境保护主体责任。

五是加强环保能力建设。完善新疆水、大气、土壤、辐射、生态等国家生态环境监测网络，加快生态环境监测事权上收。建设环境监察执法平台，配备移动执法系统。建设跨界河流环境风险预警平台，加强中哈界河水环境监测预警能力建设。推动大数据应用，继

续完善污染源自动监控平台。积极协调推动新疆 82 个地（州、师）和县（区、团）环保部门环境监管业务用房建设。建设生态环境观测研究站和自治区生态遥感监测中心，完善辐射环境监测网络。

兵团在新疆环保工作中具有重要位置。积极协调有关部门，明确中央财政对兵团环保投入的渠道，加大中央财政环保专项资金对兵团支持力度，推动实施农村环境综合整治、土壤污染防治、环保监管能力建设等相关项目。

环保援疆工作是一项光荣而繁重的政治任务。各援疆省市、机关各部门以及直属单位要按照中央新疆工作部署和要求，认真、深入、细致、持续地抓好落实，确保各项任务落地见效。在此，我提三点要求。

一要加强组织领导。主要领导要亲自抓，定期听取援疆工作汇报，研究部署重点工作，确保援疆工作力度不减。援疆省市环保厅、机关各部门“一把手”一届任期内至少去一次新疆，具体负责援疆工作的同志每年要去一次新疆，实地协调指导援疆工作。要积极争取同级党委、政府，以及发改、财政和各地援疆工作前方指挥部等部门支持，调动各方积极性。

二要强化监督管理。对援疆项目要加强监管、检查、审计，确保资金安全、项目安全、干部安全。从“十二五”项目看，存在着重复申请资金、前期工作不到位，重申请、轻管理等现象。自治区环保厅、兵团环保局要加强监管，对口支援双方要将环保援疆项目纳入项目检查、绩效评价范畴。

三要完善工作机制。对口支援双方要加强联动、互通有无、密切联系，多串门、多走动。这既是落实环保援疆工作的具体任务，也是增进民族感情的重要举措。自治区、兵团要发挥主体作用，当好桥梁和纽带，主动协调，把援疆省市和地州市（师）、县市（团场）衔接起来。各援疆省市要创新思路，加大力度。机关各部门要主动关心新疆工作，在新疆多抓一些试点示范、多给一些倾斜指导。规财司要抓好统筹协调，加强跟踪调度和督查监管，及时向部党组报告情况。对在环保援疆工作涌现出来的典型单位和个人，要大力宣传鼓励，成为环保工作的文化。

同志们，让我们更加紧密地团结在以习近平同志为核心的党中央周围，坚定不移贯彻落实中央新疆工作决策部署，攻坚克难，真抓实干，努力开创环保援疆工作新局面，为实现新疆社会稳定和长治久安做出新的更大贡献！

环保内部情况通报

第 34 期
环境保护部办公厅　2016 年 12 月 31 日

凝心聚力深化改革
奋力开创环境影响评价工作新局面
——在全国环境影响评价工作会议上的讲话

环境保护部副部长　黄润秋
（2016 年 12 月 14 日）

同志们：

这次会议的主要任务，就是深入学习贯彻习近平总书记系列重要讲话精神，坚持稳中求进的工作总基调，立足“十三五”发展大局和环保中心工作，总结“十二五”以来工作进展，分析环评改革面临的新形势、新机遇、新挑战，明确深化环评改革的总体要求，安排下一步重点工作。

党的十八大以来，以习近平同志为核心的党中央把生态文明建设和环境保护摆在更加重要的战略位置，做出了系统全面的重大决策部署。《关于加快推进生态文明建设的意见》《生态文明体制改革总体方案》《国民经济和社会发展第十三个五年规划纲要》（以下简称《“十三五”规划纲要》）等纲领性文件对生态环保工作进行了顶层设计，《关于省以下环保机构监测监察执法垂直管理制度改革试点工作的指导意见》《“十三五”生态环境保护规划》等一系列重要文件相继出台，强调要以改善环境质量为核心，实行最严格的环境保护制度，对包括环评在内的现行环保管理体制进行重大调整。

习近平总书记对生态文明建设和环境保护提出一系列新理念新思想新战略。其中，绿水青山就是金山银山的“两山论”和绿色发展理念最为重要、影响长远。习近平总书记指出“绿色发展既是理念又是举措，务必政策到位、落实到位”，要求“划定生态保护红线，为可持续发展留足空间，为子孙后代留下天蓝地绿水清的家园”，并强调“在生态环境保护问题上，就是要不能越雷池一步，否则就应该受到惩罚。”今年以来，习近平总书记就绿色发展发表重要讲话时指出“生态环境没有替代品，用之不觉，失之难存”“生态环境保护和生态文明建设，是我国持续发展最为重要的基础”，要求“坚定不移推进绿色发展，谋求更佳质量效益”，明确“我们不能欠子孙债，一定要履行好责任，为千秋万代负责，要有这种责任担当”。这是对我们环保人的殷切期望和嘱托。近日，习近平总书记做出重要指示强调，生态文明建设是“五位一体”总体布局和“四个全面”战略布局的重要内容。各地区各部门要切实贯彻新发展理念，树立“绿水青山就是金山银山”的强烈意识，努力走向社会主义生态文明新时代。

习近平总书记的系列重要讲话，为做好环评工作指明了根本方向，提供了强大动力。推进环评改革，必须深入学习贯彻习近平总书记系列重要讲话精神，按照党中央、国务院关于生态文明建设的决策部署和顶层设计来谋划实施。部党组对环评改革工作高度重视，陈吉宁部长多次强调，环评制度只能加强，不能削弱；要加快推进环评制度改革，围绕“划框子、定规则、查落实”三个环节，让环评回归本意，真正发挥在源头预防上的关键作用。这是对环评工作路线图的总体设计，也是做好下一阶段环评工作的基本原则。李干杰同志抓得很实，奠定了基础，铺就了路子。“十三五”已经开局，我们要围绕如何进一步认识、理解、做好环评改革工作，把陈吉宁部长制定的路线图、确定的工作原则和基调推动好，落实好。

刚才，江苏、海南、浙江、广西、山东、宁夏六省（区）环保部门和部评估中心的负责同志分别介绍了有关工作情况，大家讲得都很好。浙江有效化解环境风险，防范“邻避效应”；海南开展“多规合一”，加强国土空间开发管控；江苏、宁夏简政放权，创新方式推动战略和规划环评“落地”；广西推进环评审批信息联网报送，加大公参力度；山东加大力度清理违法违规项目，务求整改实效；部评估中心做好大数据等方面的开发和应用。他们所谈的都是下一步要重点抓的事情，对做好新时期环评工作具有重要示范和借鉴意义。因时间关系，不可能请更多的同志发言，希望大家在今天下午的讨论中充分交流。环评司要认真做好记录，梳理总结好各地的做法经验和大家的意见建议，在下一步工作中落实。

下面，我讲五个方面的内容：

一、认真履职尽责，“十二五”以来环评工作取得积极进展

五年多来，各级环保部门深入贯彻党中央、国务院有关决策部署，按照部党组要求，主动调整管理思路，加快创新体制机制，深度聚焦简政放权和职能转变，推动环评工作取得了新突破、新成绩、新进展。体现在以下八个方面：

（一）法治建设取得突破

新修改的《环境影响评价法》（以下简称《环评法》）发布实施。今年 7 月，全国人大常委会审议通过了关于修改《环评法》的决定，这是继新《环境保护法》（以下简称《环保法》）颁布实施后，环境保护立法的又一重大突破。新《环评法》要求，规划草案必须按照规划环评结论和审查意见进行修改完善，规划环评要作为项目环评的依据，大大强化了规划环评的约束作用，这是修改取得的最重要成果；取消水土保持、行业预审等前置审批，将环境影响登记表由审批制改为备案制，极大地提高了环评效率，降低了社会成本和行政成本；加大对环评违法行为的处罚力度，规定对“未批先建”项目处投资额 1%～5%的罚款，对环保黑户重拳出击，被称为“环保史上最严罚则”，将极大地打击和遏制违法

行为。与此同时，《建设项目环境保护管理条例》（以下简称《条例》）修订取得重要进展，修订草案已上报国务院。《条例》修订草案把强化“三同时”管理作为核心任务，细化了“三同时”监管内容，取消了环保验收行政许可和试生产审批，建立了建设单位、环评机构、环保部门以及相关部门各司其职、各负其责的工作体系。与新《环评法》相配套，我部发布了《建设项目环境影响登记表备案管理办法》。各地也积极推进法规体系建设，广东修订《广东省建设项目环境保护管理条例》，北京、天津等地在制定本地区《大气污染防治条例》时进一步强化了环评的要求。

（二）制度建设取得新进展

印发《关于以改善环境质量为核心加强环境影响评价管理的通知》，强化生态保护红线、环境质量底线、资源利用上线和环境准入负面清单（以下简称“三线一单”）约束作用，建立项目环评审批与规划环评、现有项目环境管理、区域环境质量联动的“三挂钩”机制，从严格建设项目全过程管理、深化信息公开和公众参与、加强相关科普宣传上“三管齐下”维护群众的环境权益。制定了《关于规划环境影响评价加强空间管制、总量管控和环境准入的指导意见（试行）》《关于加强规划环境影响评价与建设项目环境影响评价联动工作的意见》，发布了《建设项目环境保护事中事后监督管理办法（试行）》《建设项目环境影响后评价管理办法（试行）》《建设项目环境影响评价区域限批管理办法（试行）》和《关于进一步加强环境影响评价违法项目责任追究的通知》，这一系列规范性文件对环评法律法规的实施起到了重要的保障作用。与发展改革、国土资源、交通运输、水利、农业、能源等部门建立了合作机制，联合推动相关领域重大规划环评。发布《关于开展规划环境影响评价会商的指导意见（试行）》，在环境问题较为突出的区域、流域实行规划环评会商，推进环境污染联防联控。山西、宁夏等 20 多个省（区、市）政府在相关文件中强化了规划环评要求。新疆积极探索规划的跟踪评价。厦门推动将规划环评纳入全市“多规合一”平台。青岛加强规划环评和项目环评的联动机制。

（三）简政放权成效显著

我部建立了建设项目环评、验收及环评资质申报系统，实现外网申报、网上受理，还与国家投资项目在线审批监管平台对接，实现“项目全覆盖、审批全流程、管理全方位”。2013 年底以来，我部分两次共下放了 57 项建设项目的环评审批权限，其中政府核准目录规定的所有下放事项，都已全部同步下放；此外，还进一步将环境影响较小的高速公路、汽车、大型主题公园等 9 项国家核准项目的环评审批权限下放至省级环保部门。全国 32 个省级环保部门中有 28 个发布了新的分级审批规定。修订《建设项目环境影响评价技术导则 总纲》，为环评优化和精简做好技术引导。修订《建设项目环境影响评价分类管理名录》，将 13 类项目由编制环境影响报告书降为编制报告表或填报登记表。开展产业园区规划环评清单式管理试点，以管住宏观为前提深化简政放权，推进园区建设项目环评审批制度改革。我部还采取提前介入、超前服务等措施，大大缩短了环评审批时间。今年以来，项目审批平均用时 32 天，比 2014 年少 14 天，比法定时限提前 28 天；验收平均用时 22 天，比 2014 年少 7 天，比法定时限提前 8 天。我部验收的项目不再要求申请单位提供验收报告，改由政府购买服务。陕西、黑龙江等省也积极协调财政部门安排验收调查监测经费，减轻企业负担。广东、江西、甘肃等 14 个省份积极探索登记表备案制，深圳率先推进网上备案，企业即来即办。海南开展园区环评审批改革试点。吉林实行重大投资项目环评审批“直通车”制度。云南建立重点项目环评动态管理和联络员制度。沈阳对重点项目进行“一对一”帮扶指导。这些做法在简政放权方面起到了很好的带动作用。

（四）战略和规划环评地位日显突出

完成了西部大开发和中部地区战略环评，启动了京津冀、长三角、珠三角地区战略环评。完成长江干线航道、全国公路网等一批重大规划环评，各省级环保部门完成 2000 多项。通过水电规划环评，减少了 25 个梯级布设，对优化大江大河的开发，尤其是生态环境敏感区、脆弱区的流域梯级开发起到了很好的作用，多保留 1170 多千米天然河段，天然河段保留率从 37.4%提高到 71.3%。通过沿海港口规划环评，避让自然保护区 34 处，取消规划岸线 173 千米，减少围填海面积 224 平方千米。通过轨道交通规划环评，对北京、上海等数十个城市的 86 段线路选线、69 段线路敷设方式和 49 处停车场、车辆段选址提出优化调整建议。内蒙古开展了自治区“十二五”国民经济社会发展战略环评。河南、宁波等地完成了行政区域内工业园区规划环评，安徽省环保厅联合发展改革、住房建设、科技、商务等部门，对开发区规划环评工作进行全面排查。江苏完成了连云港市战略环评，探索区域污染物行业排放总量管理模式，加强战略环评与城市、土地、基础设施、产业等规划衔接，以环境保护优化区域发展。西安、成都、大连、济南等地将规划环评结论及审查意见作为项目审批的重要依据。

（五）项目环评稳步推进

“十二五”期间，部、省两级环保部门共审批项目环评文件 38000 多个，对 1800 多个不符合条件的项目不予审批。加强行业管理，目前已发布火电、石化、煤炭、水泥等 14 个行业环评审批原则，交通等 9 个行业验收指南以及水电等 9 个行业项目重大变动清单。国家审批的大型水电工程通过环评增加环保投资 20 多亿元，占环保总投资 7.6%。10 年前还难被接受的生态流量下泄、鱼类栖息地保护、过鱼设施以及鱼类增殖放养等环保措施，今天已经成为行业共识。针对火电行业发展出现的布局中心“西移”新动向，调整环评审批政策，促进区域削减二氧化硫、氮氧化物和烟尘分别约 38 万吨/年、45 万吨/年和 18 万吨/年，分别是新建火电项目排放总量的 1.67 倍、1.73 倍和 2.91 倍，为推动有关地区大气环境质量改善做出了重要贡献。“十二五”期间，我部完成验收 1037 项，不予验收 50 项，各省级环保部门完成验收 14000 多项，各环保督查中心及地方环境监察机构在“三同时”监管和验收现场检查中发挥了重要作用。辽宁、陕西等 27 个省（区、市）和新疆生产建设兵团的 5000 多个项目相继开展环境监理工作。西藏矿产资源等重大建设项目环评文件需报自治区人民政府审定。青海严控小水电项目。南京对六合红山化工园区实施限批，倒逼产业调整转型。重庆出台实施差异化环保准入政策，引导产业合理布局。浙江出台生活垃圾焚烧、化学原料药、废纸造纸等 15 个重点产业环境准入指导意见。福建推行自贸区企业信用机制，“一处失信、处处受限”。湖南把项目现场监管作为环保日常执法的重要内容。长春建立项目环评审批监管信息库。

（六）队伍建设不断强化

全国现有地市级以上评估机构172家，其中国家级1家、省级32家、地市级139家。2015年，部评估中心完成评估任务278项，省级评估机构共完成5631项，在技术支持保障方面扮演着越来越重要的角色。修订实施《建设项目环境影响评价资质管理办法》，全国现有环评机构984家，其中甲级机构181家；环评工程师19700人，比“十一五”末增长了90%，基本上翻了一番。强化环评诚信体系建设，全面公开资质受理、审查、审批信息和环评机构及从业人员信息，鼓励公众举报违法违规行为，充分发挥社会监督作用。不断加大环评机构监督管理和责任追究力度，全国环保系统开展了为期三年的环评机构专项执法检查，“十二五”以来累计对质量低下、存在出借资质或人员“挂靠”等问题的301家机构和239名环评技术人员予以严肃处理并记入诚信记录，情节恶劣的一律清除出环评队伍。贵州对在省内开展环评工作的92家机构进行了年度考核，将不合格的4家机构列入黑名单。四川对引用虚假监测报告、致使环评文件失实的环评机构处以合同金额三倍的罚款。

（七）以“一网一库一平台”为重点的环评信息化建设开始起步

“一网”，就是全国环评审批信息联网。在各级环保部门的共同努力下，已经初步纵向连通。截至目前，全国32个省级、428个地市级环保部门通过环保专网交换平台或FTP方式实现了建设项目环评审批和环保验收信息每周报送。其中，北京、辽宁、安徽、湖南、重庆、四川等实现了省、地市两级审批信息实时报送。广西开通了三级环保审批信息系统。上海实现了市、区两级环评管理信息平台的统一。哈尔滨推进环评行政审批系统和咨询平台智能化建设。“一库”，就是环评基础数据库。已经收录了16个重点行业3000多项环评技术指标、50多万条国家级环评业务数据以及全国重点污染源在线监测数据、全国气象数据等，形成了环评“支撑数据”“业务数据”“管理数据”三大库群。“一平台”，就是智慧环评监管平台。已开展了环境质量模型法规化与标准化建设，初步具备了各要素环境影响数值模拟云计算能力，开展了各要素环境影响预测结果的技术校核，集数据处理、查询、可视化表达、模拟分析、对比分析、信息共享服务等功能于一体。建设成果在多个省市和行业得到了应用，仅标准化的气象数据、地表参数等模型基础数据的在线服务就达上万次，极大地解决了全国环评机构“数据不规范”“数据获取难”等问题。

（八）党风廉政建设进一步强化

狠抓中央巡视整改落实，扎实开展“三严三实”专题教育和“两学一做”学习教育，完善权力运行监控体系，改革工作体制机制，自觉遵守中央八项规定精神，党风廉政建设取得了积极成果。针对中央巡视组反馈意见中提出的环评领域六方面问题，各级环保部门从体制机制、监督管理上找原因，把从严惩处、建章立制贯穿整改的始终。制定《关于严格廉洁自律、禁止违规插手环评审批的规定》《环境影响评价机构资质管理廉政规定》，切实扎紧了制度的“笼子”。全面实施《全国环保系统环评机构脱钩工作方案》，2015年底，部属8家环评机构率先完成脱钩；截至目前，地方环保系统的350家环评机构中，已有337家完成脱钩，对其余13家机构，将在这个月底注销资质，并向社会公开，届时脱钩任务将全部如期完成。加大信息公开，印发了《建设项目环境影响评价政府信息公开指南（试行）》和《建设项目环境影响评价信息公开机制方案》，各级环保部门做到了项目环评、环保验收和环评资质三项行政许可从受理到审批结果全方位、全过程、全内容信息公开，把环评的所有责权都置于“阳光”下接受监督。武汉市环保局被列为国务院重大建设项目批准和实施领域政府信息公开试点单位。

同时，各地认真贯彻《环保法》，对“未批先建”“擅自变更”的环评违法项目开展清理整顿，取得阶段性成果。山东、湖北等地实施“淘汰关闭一批、整顿规范一批、完善备案一批”政策。河北对已建成钢铁项目开展环境核查认定和备案工作。在防控环境风险方面，各级环保部门迎难而上，配合政府相关部门妥善应对涉环保群体性事件和环境舆情，广州、杭州等地积极探索“邻避”项目处置经验，对维护社会稳定发挥了积极作用。

总结“十二五”以来的工作，成绩来之不易，这是党中央、国务院英明决策和部党组正确领导的结果，是全国环评工作者共同努力的结果，也是社会各界大力支持的结果。各级环保部门、部机关各司局、各督查中心和有关直属单位付出了巨大而艰辛的努力。在此，我代表环境保护部向大家表示衷心的感谢！

五年来，我们不断探索，真抓实干，经受了严峻考验，获得了深刻启示，积累了宝贵经验。

一是必须坚持依法环评。环评是一项法律制度。依法环评是要严守的底线，也是工作的根本遵循。这几年，各级环保部门坚持依法环评，公正执法，不断完善规章制度，既体现实体公正，又体现程序公正，维护了环评制度的权威性。

二是必须坚持科学环评。环评本身就是一门科学。科学环评，就是尊重实际情况，保持客观态度，抓住问题关键，用科学的方法确保数据真实、模式正确、预测准确，做到措施可行、风险可控、结论可信。各级环保部门做了大量工作，科学评估，严格把关，环评管理和技术的能力水平不断提升。

三是必须坚持公开环评。环评是维护公众环境权益的最有效平台。把环评置于阳光下，维护了广大群众的知情权、参与权和监督权，也规范了环保部门的行政行为，是最好的“防腐剂”。各级环保部门不断强化信息公开，使环评管理全过程接受社会监督，环评信息公开走在了政府部门的前列。

四是必须坚持廉洁环评。廉洁是环评制度的生命线，也是广大环评工作者的生命线。各级环保部门进一步加大反腐倡廉力度，倡导廉政文化，推进惩防体系建设，特别是以中央巡视整改为契机，扎紧廉政制度围栏，最大限度约束权力运行，清除寻租空间，清正廉洁日益成为环评工作者的自觉操守。

五是必须坚持高效环评。高效是环评工作永恒的追求。这是转变政府职能的需要，检验着简政放权的成效。各级环保部门加大改革力度，优化审查程序，创新管理机制，改进工作方法，环评工作效率和制度有效性进一步提高。

五年来的实践表明，各级环保部门深刻把握环评管理内在要求，依法、科学、公开、廉洁、高效地开展环评工作，不断加强理论学习，积极提高业务水平，学以致用，知行合一，真抓实干，勇于创新，全力推进环评改革破冰，一些长期制约环评事业发展的深层次矛盾和问题正在逐步破解，环评事业发展的生机不断迸发、活力不断增强。但对照党中央、国务院的要求，对照改善环境质量的任务，对照人民群众的环境诉求和热切期盼，环评工作还存在一些不足，主要表现在以下五个方面：

第一，战略和规划环评“落地”难，支撑宏观决策的力度还不够。本来，战略和规划环评应该具有很强的指导性、约束性。但由于机制不健全，其作用未能很好发挥。一些地方和部门的认识和职责履行还不到位，在重大发展决策中对战略和规划环评成果应用不充分。有的仅仅把规划环评当作项目环评的“敲门砖”，是为了把项目装到规划的“笼子”里。如前一阵中央环保督察发现，有的地方在开发建设中未充分考虑战略环评要求，有的规划未依法开展环评依然得到批复，有的地方产业园区违反规划环评要求引进项目。

第二，项目环评背负太多，管理边界和责任边界模糊，“未批先建”现象依然存在。项目环评聚焦不够，内容过于庞杂，承担了过多应由其他部门负责的职能，也增加了企业负担和社会成本。同时，项目环评违法问题依然存在，如对某个省的环保督察中发现，在新《环保法》实施后，该省2016年重点建设项目中，仍有55个“未批先建”。

第三，公众参与存在定位不清、主体不明、方式不实等问题，部分公众参与流于形式。有的把公众参与简单地理解为征求公众同意不同意项目建设的程序，而未将其作为问计于民、提高和改善环评工作质量的过程。有的把环境问题和其他利益诉求混杂在一起，有的参与人群代表性不够。在方式上，有的介入时间晚，且仅是简单填表，无法全面反映公众意见；更有的甚至弄虚作假。环评相关的信访、行政复议和诉讼案件中，有相当部分涉及公众参与造假的问题。

第四，“重审批轻监管”现象仍存在，事中事后监管的机制不完善。事中事后监管既有机制不健全的问题，也有基础不牢的问题。项目环评、“三同时”监督与后续验收管理的衔接不畅，监管职责尚未完全理顺，容易出现重复监管或“监管真空”，存在“管得着的看不见，看得见的管不着”现象。在监管中，对大数据等先进手段的运用不够，监管效率也有待提升。

第五，一些地方对上级下放的环评审批事项存在接不住、管不好的问题。有的是由于行政干预，顶不住压力，不该批的也批，乱作为；或者该管的不管，不作为。有的是工作量明显增加，但环评管理和技术评估力量薄弱，“心有余而力不足”，影响工作质量和效率。在督察等工作中，地方对此反映很多。怎么接得住、管得好，与队伍建设关系非常大，这是个大的问题，待会我再讲。还有的就是刚才说的，由于环评边界不清，履职不到位，不同层级之间相互推，都不愿管。

这些问题的存在，影响了环评的公信力，阻碍了环评有效性的发挥。我们决不能讳疾忌医，必须直面问题，着力从制度机制上找原因，用改革的办法加快推进问题的解决。

二、深入学习贯彻习近平总书记系列重要讲话精神，找准新时期环评制度的坐标定位

“十三五”时期是全面建成小康社会、实现第一个百年奋斗目标的决胜期，是实现环境质量总体改善的攻坚期，也是转变政府职能的关键期。当前，环境问题与经济社会问题相互交织、愈加复杂，环保工作三大战役全面铺开，环评工作面临的挑战多、压力大、任务重，社会关注度高。刚刚发布的《“十三五”生态环境保护规划》把环评改革作为生态环境治理基础制度改革的重要内容，做出了系统安排。“明者因时而变，知者随事而制。”

我们必须着眼于时代的大背景，紧紧围绕改善环境质量这个核心，准确把握新时期环评工作的坐标定位，下决心转变工作方式和管理模式，用改革激发环评制度的活力，用改革倍增环评制度的效力，用改革回应社会的关切。对此，要从五个方面来认识：

（一）改革环评制度，是新时期加快转变政府职能的迫切需要

习近平总书记强调，深化经济体制改革，核心是处理好政府和市场关系，使市场在资源配置中起决定性作用和更好发挥政府作用。李克强总理指出，要持之以恒进行政府自我革命，以壮士断腕精神把“放管服”改革向纵深推进。环评是政府履行环境管理职责的重要手段。今年 5 月，国务院常务会议明确，在进一步简化投资项目报建审批方面，要保留涉及环保等方面的法定审批事项。10 月的国务院常务会议强调，对环境影响大、风险高的项目要严格环评审批。但这并不意味着环评制度无须改革，而是要通过改革，进一步强化这一制度。按照国家统一部署，转变政府职能的步伐正在加快。推进环评的简政放权已成为环保部门转变职能的一项重点工作。

推进简政放权，环评需要在纵、横两方面进行探索。在纵向，面对环评管理权力下放、任务下沉、重心下移这“三下”的态势，要探索如何优化职能配置，合理界定各级环保部门的环评管理职责，健全监督机制，着力加强不同层级的联动配合，做到全国一盘棋，确保环评审批权放得下、接得住、管得好，把纵向搞顺，这是一项艰巨任务。在横向，着眼于为环保中心工作提供支持，探索推进环评与其他环境管理制度的衔接和协同，形成合力。特别是要落实《控制污染物排放许可制实施方案》，与排污许可制做好充分衔接。改善环境质量需要诸多制度共同发力，这当中，环评是个基础，环评是管预防的，有很多制度与环评密切相关，要衔接好，实现从污染预防到污染治理和排放控制的全过程监管。

（二）改革环评制度，是新时期落实绿色发展理念的必然要求

环评是个很有力的工具，能够促进产业绿色发展，倒逼产业升级改造。在经济发展新常态下，环境承载能力已经达到或接近上限，多阶段多领域多类型问题长期累积叠加，生态环境越来越成为经济发展的重大制约因素。生态环境问题归根到底是经济发展方式问题，生态环境状况是生产力状况的反映。要保持经济平稳健康发展，必须处理好发展和保护的关系。就是要按照习近平总书记强调的，加快推动生产方式绿色化，构建科技含量高、资源消耗低、环境污染少的产业结构和生产方式，大幅提高经济绿色化程度，加快发展绿色产业，形成经济社会发展新的增长点。李克强总理指出，要着力调整优化产业结构，积极发展生态环境友好型的发展新动能，坚决淘汰落后产能。应当说，保护和发展并不矛盾，不是说为了发展就必须舍弃保护，或者说保护就可以作为不发展的理由，不是这回事。发展是硬道理，要实现“两个一百年”奋斗目标，让国家越来越富强，人民生活越来越美好，不发展怎么行？但发展不能是高排放、高污染的发展，必须靠转型，实现资源低消耗、污染低排放的绿色发展，这样的发展和保护是协调统一的关系，而不是对立关系。环评与各类开发建设决策和具体活动直接相关，处在发展与保护矛盾交织的第一线。地方也好、部门也好，在推动发展方面，环保的第一关就是环评，我们在第一线，面临的问题就是怎么实现发展与保护的协调统一。要通过加强环评工作来推动经济转型升级，来推动结构的优化，包括推动技术本身的升级换代。

为此，就是要通过制定严格的准入条件、实行区域限批等手段，推动企业实现技术、工艺的绿色化，提升产业绿色化水平，倒逼高污染企业、环保违规企业的淘汰退出，减少能源资源消耗，促使企业培育竞争新优势。就是要落实国家关于化解产能过剩的部署，强化环境硬约束，严禁新增低端落后产能项目；特别是在生态环境敏感度高的欠发达地区，要切实防范过剩和落后产能项目“改头换面”搞跨地区的污染转移。中西部地区这几年承接产业转移的积极性比较高，希望通过以上项目方式带动地方经济发展。但是我们不能要那些表观的、面子上的GDP，要严把环评关。

（三）改革环评制度，是新时期坚持以改善环境质量为核心的重要举措

习近平总书记深刻指出：“小康全面不全面，生态环境质量是关键”。生态环境一旦受到破坏，经济社会发展的空间和后劲也将越来越小。《“十三五”规划纲要》把“生态环境质量总体改善”确立为全面建成小康社会的重要目标。在国合会 2016 年年会上，张高丽副总理强调，要加快形成人与自然和谐发展的现代化建设新格局，确保 2020 年生态环境质量总体改善。打好大气、水、土壤污染防治三大战役，确保环境质量“只能更好、不能变坏”，是“十三五”时期的重要任务。改善环境质量，“防”是第一位的，而环评就是管预防的。在三大战役开展过程中，必须用足用好环评制度，始终把源头预防放到重要位置。三个“十条”着眼于改善环境质量，突出强调要强化环评管理措施、严格环境准入，提出了一系列明确要求。为此，必须把源头预防的要求体现和落实到环评的各个方面、各个环节。

发挥环评预防作用，就要进一步明确地方政府、相关部门、环保部门和企业各自在环评方面的责任，建立责任追究机制，把源头预防的压力传导到各个责任主体。特别是要落实《“十三五”生态环境保护规划》，突出抓好战略和规划环评的“落地”，“划框子、定规则、查落实”，把空间管制、总量管控和环境准入等要求转化为区域开发和保护的刚性约束。要以地方环保垂直管理制度改革为契机，完善监管体制，为切实管住、管好提供有力的体制保障。要加强基础研究、完善技术体系，从战略、规划和项目不同层面深入研究各类开发建设行为与环境质量的关系，加快各类技术导则和技术规范的制修订，提高环评工作的针对性。

（四）改革环评制度，是新时期全面参与宏观决策的关键之举

环评是环境保护参与经济社会发展宏观决策的重要抓手，要提升环境保护在决策中的地位，必须通过改革更充分地发挥环评的作用。国土空间是经济社会发展和生态环境保护的载体，空间治理正日益成为宏观调控，特别是区域调控的重要组成。张高丽副总理强调，要强化主体功能定位，加快优化国土空间开发格局。当前，区域性环境污染和生态破坏问题越来越突出。要解决这一问题，必须建立空间治理体系，以资源环境承载能力为基础，按照主体功能定位来合理控制区域、流域的开发强度，来进行空间管控，从源头上解决无序开发、过度开发、分散开发导致的生态空间占用过多、生态破坏、环境污染集中等问题。在这项工作中，环保具有重要的战略地位。如何规划好、规范好空间开发，给子孙后代留下优美的环境和足够的生态空间，需要环评来把关。按照中央统一部署，“多规合一”和空间规划编制工作正在紧锣密鼓地开展，我部是这两项工作的牵头部门之一，而环评正日

益成为我们参与宏观决策的主要工具。

空间治理的一项重要内容，就是分析区域环境承载能力，明确哪些地方还有多大环境容量，确定需要严格保护的生态空间，将相应的空间管制要求作为区域空间开发的底线和项目环评审批决策的依据，强化开发边界管制，保护好“绿水青山”。大家知道，主体功能区规划很实，既落实到了具体区域上，又落实到了开发内容上，其中关于产业准入、生态环境保护、资源开发利用等要求是相互配套的。《“十三五”生态环境保护规划》明确提出，要以主体功能区规划为基础，规范完善生态环境空间管控、生态环境承载力调控、环境质量底线控制、战略环评与规划环评刚性约束等环境引导和管控要求，制定落实“三线一单”的技术规范，强化“多规合一”的生态环境支持。这就需要抓住契机，开展区域国土空间环境评价，从整体上把握区域国土空间的环境属性，以“三线一单”为抓手，加强空间开发的环境管控。区域国土空间环境评价可以作为参与“多规合一”的平台，可以作为战略和规划环评的支撑，是环保部门参与宏观调控的基础性工作。这将是环评工作方式和管理模式的重大转变，是环评发展史上具有深远意义的变革。通过这项工作，完善空间开发管控制度，把环保的理念和要求落到开发区域和开发内容上，将会使“三线一单”真正成为空间开发的重要依据。也就是说，一个区域该不该开发，开发到什么程度，不能靠拍胸脯、拍脑袋，而要取决于生态保护红线，取决于环境质量底线，取决于资源利用上线，取决于环境准入负面清单。

（五）改革环评制度，是新时期维护公众环境权益的现实需要

随着社会利益关系的调整，维护公众的合法环境权益，正日益成为环评工作的职责所在。当前，人民群众的环境权益意识越来越强，环境诉求日益复杂。同时，由于社会利益格局多元化，由环境风险等问题引发的“邻避”现象也时有发生。近期，一些地方的垃圾焚烧发电、输变电等项目引发的群体性事件就是典型。如果处置不当，不但影响经济发展和产业升级，甚至可能引发社会问题、政治问题。中央领导同志对此高度重视，今年以来多次做出重要批示。深化信息公开和公众参与，维护公众合法环境权益，防范和化解环境风险，是环评工作分内之事。可以说，愿不愿干，是对我们大局观念、大局意识的检验；能不能干好，则是对我们能力和水平的检验。

环评是新建项目环境准入的关口，直接关系着公众对各类开发建设的环境知情权、参与权、监督权和表达权。要实行全过程、全覆盖的建设项目环评信息公开机制。没有什么不能曝光的，如果遮遮掩掩，反而会让群众不理解，乃至有不满情绪。因此，要让群众像扫二维码一样对建设项目环境影响信息清清楚楚、一览无余。要下大力改进公众参与方式，进一步健全科学民主决策的工作机制，对涉及群众切身环境权益的规划、项目，要畅通渠道，广泛听取利益相关方的意见。对于存在环境风险的化工、石化等项目，要严格督促企业履行主体责任，强化风险防控措施的落实。同时，对一些环境影响大、社会关注度高的规划和项目，要关注舆情动态，积极引导，及时回应社会关切。

刚才，我讲了新时期环评制度的坐标定位，可以概括为“一体四维”。一体，即一个总体定位，就是“环评是从源头预防环境污染和生态破坏，改善环境质量的关键制度”。四维，即四个维度，从推动绿色发展的维度看，环评是经济结构调整的“助推器”；从创新和完善宏观调控的维度看，环评是环境保护参与宏观决策的“主渠道”；从推进简政放

权的维度看，环评是环保部门职能转变的“先行者”；从防范环境风险的维度看，环评是群众合法环境权益的“维护者”。“一体四维”统一于改善环境质量这个核心，是时代赋予环评工作的新使命。

三、准确把握改革的实质，深入领会“十三五”环评改革内涵

在广泛调研、座谈和征求意见的基础上，我部印发了《“十三五”环境影响评价改革实施方案》（以下简称《方案》）。部党组对此高度重视，陈吉宁部长在创新大讨论时亲自部署《方案》制定，两次组织审议讨论，多次做出重要指示。在起草过程中，各地环保部门、部机关有关司局提了很多宝贵的意见和建议，最终形成的《方案》凝聚了大家的智慧和共识。《方案》坚持问题导向，针对普遍反映的突出问题，加快工作方式和管理模式转变，对“十三五”环评改革做出了全面安排和部署。《方案》抓住“放、管、服”三统一、突出三个着力点、聚焦四大改革板块、实施四项重点举措，涵盖了战略、规划、项目环评全过程，涉及 46 项具体改革任务，既是环评制度改革总体设计的路线图，也是一份操作性很强的施工图。要从五个方面来领会其内涵和实质：

（一）《方案》基于“放、管、服”三统一，明确环评改革的总体方向

简政放权、放管结合、优化服务是环评制度改革的关键。为此，必须在放权上求实效、在监管上求创新、在服务上求提升。

在放上，要体现“简”与“减”两方面。“简”就是要大力简化程序、简便手续，主要包括下放审批权限，便于企业就近办理；优化审批流程，公开办事进展，提升服务水平。“减”就是要做减法，减少审批事项，减少与其他部门的职能交叉，厘清项目环评的管理边界。如《方案》提出，环评管理的重点要把握选址选线环境论证、环境影响预测和环境风险防控等方面，剥离市场主体自主决策的内容以及依法由其他部门负责的事项。

在管上，要把更多力量放在提高环评管理的质量上。管什么，管质量！事前，要管住决策的源头，主要指通过“划框子”，用生态保护红线、环境质量底线、资源利用上线把空间管制、排污总量及开发强度上的管控、准入管理要求做实做细，强化战略、规划环评的“落地”。这是环评管理战略性转型的重要举措。事中，要管住程序，防止人为简化程序，杜绝“人情审批”；要管住审批的尺度，提高环保措施的针对性和可操作性，严防审批的随意性。事后，要利用大数据创新“三同时”管理，落实属地管理责任，明确建设单位的主体责任，严查项目环评违法，也包括对环评机构的进一步严格管理。要综合使用约谈、限批、上收审批权等措施，提升过程监管的效果和权威性。

在服上，要重点服务政府和相关部门决策、服务企业合法经营。要充分利用“一网一库一平台”提升环评服务管理水平。要改变工作方式，超前服务，提高环评审批效率；通过强化项目环评与规划环评联动管理、营造公平公开的环评技术市场等举措，减少建设单位办理相关事项的时间和成本，服务诚信企业做大做强。

（二）《方案》突出管理模式改革的三个着力点，明确环评改革的路径

推进环评管理模式改革，要牢牢抓住三个着力点：

一是在程序上不断优化。已经取消了试生产审批，水土保持审查和部门预审等前置条件，非重特大项目核准与环评审批由“串联”改“并联”，还将取消竣工环保验收行政许可。优化程序是简政放权的重要保障，将极大提高环评审批效率。

二是在管理上不断规范。根据新《环评法》要求，已经把建设项目环境影响登记表改为备案制，可以减轻环评审批 50%左右的任务量；还要通过分类管理名录的修订，压缩需要编制报告书的项目范围，并通过技术导则重构，去掉环评不该管、也管不了的内容。规范管理是环评改革成效的倍增器和集中体现，将从根本上推动环评制度回归源头预防的本意。

三是在打击弄虚作假上不断加力。这是强化监管的重要目的和手段。就是要对环评文件严重失实、公众参与造假、建设单位不落实环保措施等弄虚作假行为，加大问责和处罚。为此，要推进全国环评审批信息联网，开展环评模型标准化和法规化建设，建设智慧环评监管平台，利用大数据提高环评监管水平。同时，加大信息公开力度，改革公众参与办法。

（三）《方案》聚焦四大板块，明确环评改革的主要领域

战略规划环评、建设项目环评、事中事后监管、信息公开和公众参与是改革的四大领域。

一是在战略和规划环评领域要划好框子。我前面讲了，要把“三线一单”和国土空间管控有机结合到一起，这个想法怎么实施，还要靠做好战略和规划环评。当前，战略、规划环评“落地”难，宏观管理要求难以形成刚性约束，这固然有地方政府或部门认识不到位的问题、规划体系本身的缺陷问题，很重要的还在于环评的“框子”没有划准划实。《方案》要求要在这方面多下功夫，创新工作平台和技术方法，明确区域发展定位、生态功能定位和准入条件，优化空间布局，调控环境容量，以固化的“三线一单”对区域国土空间的保护和发展提出刚性要求。

二是在项目环评领域要定准规则。《方案》提出要重构技术导则，建立规划环评、项目环评、要素和专题导则体系，明确项目环评管理的边界。对于排放污染物的项目要核清污染物排放强度，算清基于环境质量的污染物允许排放量，明确环境风险防范措施，用完善的“规则”规范环评边界，增强环评的针对性和有效性。

三是在事中事后监管领域要严查落实。《方案》提出要充分利用大数据等技术手段提高监管能力，提高环评管理水平，精准打击环评违法，确保环保要求落实到位。这里的事中事后监管，既包括项目环评文件批准后对建设单位落实环境保护措施情况的监管，也包括上级环保部门对下级环保部门履行职责，特别是执行“放、管、服”情况的监督，更广义的还包括对地方政府及其有关部门执行环评制度情况的督察。

四是在信息公开和公众参与领域要讲规范。《方案》提出要提高公众参与的有效性，信息公开是基础，是保障。要准确把握公众参与的定位，畅通公众意见表达的渠道，把充分听取和吸收公众意见作为提高环评文件编制质量的手段，而不能将公众参与异化，更不能演化为公众表达各种与环境无关的其他利益诉求的平台。《方案》还提出要建立社会诚信体系，对公参弄虚作假行为加大惩处力度。

总的来说，刚才讲的四大板块改革，就是体现陈吉宁部长提出的划框子、定规则、查落实。

（四）《方案》抓住“四个三”，明确环评改革的重要举措

第一，强化“三线一单”硬约束，保障战略和规划环评“落地”。用“三线一单”“划框子”，是“底线思维”在环评领域的创新应用。“线”可以框住空间和开发强度，“单”可以规范行为。落实“三线一单”，一要抓工作平台，二要抓技术方法。

区域国土空间环境评价是个新的重要平台，是针对具体的行政区，对国土空间环境属性进行评价，制定实施“三线一单”，推进优化空间布局、控制环境污染和生态破坏，有效配置资源，提高参与综合决策的能力。过去环保部门在这方面开展了一些工作，如战略环评、规划环评、城市环境保护总体规划、新区环境评估等，但没有形成有机的整体。陈吉宁部长明确要求对现有工作进行整合，形成“一个进口、一个出口、一个平台、一个名称”。区域国土空间环境评价就是按这“四个一”的要求，对有关工作进行整合的工作平台。对上作为环保部门参与空间规划、“多规合一”的重要切入点，对下作为落实地方政府对环境质量负总责的重要抓手，对我们自己作为战略和规划环评的依据，解决战略环评的指导、约束不具体，以及规划环评赶不上规划变化、被动“跟着规划走”的突出问题。这是一项新工作，我们要增强改革的自觉，不为原有思维定式、知识视野和工作机制所限，解放思想，把区域国土空间环境评价抓成参与综合决策的拳头产品。

在技术方法上，要抓紧制定“三线一单”技术规范，建立相关约束机制。总的考虑是按生态保护红线划定技术规范，把国土空间中最重要、最有价值的生态空间划出来，严格保护；坚守大气、水、土壤等环境质量“只能更好、不能变坏”的基本要求，科学确定区域污染物排放总量限值和区域环境质量要求；按自然资源资产保值增值要求，明确自然资源消耗的“天花板”，严格消耗强度控制，保障自然资源开发“不超载”。配套制定区域环境准入负面清单，把不能干的事、不能进的项目明确下来，实施差别化环境准入管理，推进在发展中优布局、调结构、转方式。

第二，建立完善“三挂钩”联动机制，服务环保中心工作。《方案》提出要建立项目环评与规划环评、现有项目环境管理、区域环境质量三者的联动机制，即“三挂钩”，推动环评审批从减缓单一项目的不利影响，向促进区域环境质量总体改善转变。项目环评要以此更有效地与规划环评联动，对不落实规划环评要求的，要采取限制性措施，戳在其痛处；更有效地强化行业环境管理，督促企业对现有项目环境问题加强整治；更有效地推动区域环境质量改善，踩在政府关心问题的“点”上。

第三，落实“三管齐下”措施，切实维护群众环境权益。发挥环保部门在维护社会稳定中的作用，可以提升环保部门的地位。“三管齐下”是新时期环保部门化解环境风险的职责所在。要及时发现和查处环境违法行为，现有项目管好了，都能规范达标排放，才能让社会对环保充满信心，环保部门说话才有号召力。这是避免“塔西佗陷阱”，进一步增强环评和环保公信力的基础。要加强信息公开。同时，还要创新宣传方式，让环保科普“上山下乡”，用“请进来，走出去”的方式，让广大人民群众近距离感受一些行业环境保护的成功范例，增强信心。拿垃圾处理来说，技术上没问题，但是有的企业确实在细节上、管理上做得差。怎么样让老百姓有信心？就要做示范。这件事做好了，很多风险是可以化解的。没做好，就是企业的责任，不是技术不行，是细节没做好、管理没做好。

第四，狠抓“三级联网”和大数据建设，从根本上改变事中事后环评管理模式。大数

据、“互联网+”等智能技术已成为推进环境治理体系现代化的重要手段。要加强数据综合应用和集成分析，为事中事后监管提供有力支撑。环保部门必须适应历史潮流，通过全国环评审批信息联网构建环评大数据，建设智慧环评监管平台，这是整个环评管理系统化、科学化、法治化、精细化、信息化建设的一个标志性工程，必将带来环评管理模式的深刻变革。一是显著提升环境影响模拟分析水平和风险预测能力，解决累积性影响难题，有利于环评的科学、高效决策；二是构建时空一体化的空间管控能力，对不符合环保要求的建设活动早发现、早处理，擦亮监管的眼睛，倍增监管的效能，有利于及时、精准地加强事中事后监管；三是更准确地进行环境影响预警和环境经济形势分析，给地方政府以及环保部门留出缓冲时间，而不是到了已经突破资源环境承载上限时去踩急刹车，有利于更有针对性地协调区域保护与发展的关系；四是可以随机调取环评审批情况、复核环评文件质量，规范环评审批行为，提高环评审批质量。

（五）做到“三个注重”，坚定环评改革的信心和决心

《方案》印发以来，很多地区已经自觉进行了传达、学习，结合本地区实际开展了若干改革工作。但是，也有个别地方存在畏难情绪，等、靠、要；有的甚至不管不顾，突破法律底线盲目改革。不改不行，突破底线更不行。要警惕这两种倾向，切实做到充满信心，坚定决心，胸怀大局，不忘担当，尽职尽责推进环评改革。

一是注重全国一盘棋协同推进改革。环评改革这场大戏，各级环保部门都是主角。《方案》提出的各项任务措施，是全国环保改革的重要组成部分。各级环保部门都要对号入座，齐心协力、共克难关。

二是注重依法有序推进改革。改革既不是“法律禁地”，更不是“法外之地”，绝不能靠所谓“良性违法”来推动改革。实际上，我们一直在通过立法引领改革、授权改革、确认改革成果，《环保法》《环评法》是新近修订的，《建设项目环境保护管理条例》也即将修订出台，都充分体现了改革的思路和要求。法律法规不但没有制约环评改革的步伐，反而引领着改革的方向、保护着改革的成果、预留了改革的空间。法律法规是我们改革的重要保障。要严格依法推进环评改革，坚持法无授权不可为，一切改革都要于法有据，法律不保护违法的改革。请大家回去以后，对本地区已出台的环评改革政策、要求进行认真梳理，凡是与法律法规冲突的要全面清理。改革要不碰底线，不犯方向性错误，大家共同守法、护法。

三是注重勇于担当推进改革。改革关头勇者胜，气可鼓而不可泄。改革从来都伴随着思想碰撞、利益冲突，也从来不会一帆风顺，一蹴而就。环评改革也一样，不可能一朝一夕就达到理想的状态，在改革中，可能会出现这样那样的困难。如何面对，考验的是勇气、显示的是能力、体现的是担当。各级环保部门要敢于啃硬骨头、涉险滩，把环评改革不断推向前进。

借这个机会，我谈一谈环评队伍的信心问题。从近期调研座谈了解的情况看，总体上，全国环评队伍对于环评制度是有信心的，大家对事业保持着一股昂扬向上、奋发有为的精神风貌，这是主流，值得肯定。但也有些同志存在模糊的认识。例如，有的同志说，环评公信力不够，在环保中心工作中有淡出的趋势；有的同志表示，经济下行压力大，有领导干部把环评当做“绊脚石”，环评工做出力不讨好，处于尴尬境地；还有的同志反映，环

评与其他环保基础制度难融合，制度与制度之间协调难，工作中有“受气”的感觉，感觉比较迷茫，等等。应该说，这些认识是片面的，甚至是不对的。当前，环境保护正处于负重前行的关键期，环评也处于深化改革的转型期，由“破”到“立”还有个过程。更何况，前一阵，社会上对环评制度有这样那样的说法，虽然这些人有的是道听途说、信口开河，有的是一知半解、似懂非懂，还有的纯粹是跑江湖的在乱说、“博眼球”，但所产生的负面影响不容忽视。

大家应该有信心，对环评工作，从党中央、国务院到部机关，都强调要加强。陈吉宁部长多次指示，要通过改革，加大环评工作的力度，提高有效性，使环评工作更好成为环境管理制度中重要的、不可分割的组成部分。在各项环境管理制度中，环评制度具有基础性，环评工作是前沿性、引领性、战略性的一项工作。我们一定要把握好大的趋势，保持清醒头脑，千万不能被别人忽悠了，一定要保持定力，按《方案》确定的改革方向，埋头苦干，干出业绩。

四、坚持科学、严谨、规范的态度，推动环评工作全面迈上新台阶

环评改革的方向和任务都已经明确，关键在于落实。为此，必须牢牢把握三个关键词，就是科学、严谨、规范。

第一，要坚持科学的态度。在相当程度上，环评是依赖于技术的一项管理制度。我到环保部工作时间不长，感觉与其他部门相比，环保是技术管理+行政管理。我们行政管理的基础就是技术管理。因此，无论是工作机制的构建，技术体系的创新，还是规划环评的审查，项目环评的评估、审批，环评机构准入，等等，都要实事求是，一切从实际出发，尊重事物的客观性，务实工作。

第二，要坚持严谨的态度。严谨反映的是工作作风，归纳起来就是要认真。有人说，失败是成功之母；但我认为，认真才是成功之母。从小事做起，从一点一滴做起，才能聚沙成塔。毫无疑问，对环评工作，认真是第一位的，一丝不苟、精益求精，是做好环评工作的准则。环评工作不仅要公平公正，还要审慎严谨，要经得起社会、实践和历史的检验。做事严谨，经得起检验，就必须把提高工作质量放到首要位置。要形成认真严谨的工作作风和工作机制，在各项改革试点以及项目环评分级分类管理、公众参与等重要规章和文件的制（修）订过程中，要深入实际、深入基层摸情况，反复研究；在规划环评审查、项目环评管理和事中事后监管等日常工作中，要把事情做细、做实。

第三，要坚持规范的态度。环评是一项法律制度。法律的生命力在于实施，法律的权威也在于实施。实施好环评制度，关键在于规范。环评领域存在的有法不依、执法不严等问题，从另一个角度看，就是制度实施不规范。坚持规范的态度，要通过健全工作机制、修订环评导则等方式进一步明晰环评的职责和边界所在，使环评从内容到形式、从行为到程序、从决策到执行的全方位上更好地适应法治的要求；要做到履职尽责，对工作敢于担当作为，奋发有为，对自己从严要求，自觉廉洁自律；要做到失职必须追责，特别是用好环境保护督察这个“利器”，督促有关地方对规划“未评先批”、项目“未批先建”等违法行为的责任人严肃追责。

科学、严谨、规范的态度，与我们“十二五”以来坚持的依法、科学、公开、廉洁、

高效的环评管理要求是一致的。今后一段时期，坚持科学、严谨、规范的态度，就是要着重围绕《方案》和新《环评法》的落实，做好六个方面的工作：

（一）以新《环评法》宣贯为重点，继续深化环评法治建设

一要大力宣传贯彻新《环评法》。修改一部法律的难度是很大的，新《环评法》来之不易，一定要落实好。《环评法》进一步提升了规划环评的地位，我们要抓住机遇，强化规划环评对项目环评的刚性约束。各省级环保部门要按照“三个一批”的要求，按期完成历史遗留的“未批先建”环评违法项目清理。从明年 1 月 1 日起，对未完成清理任务的“未批先建”项目，要依法严肃查处。对新出现的“未批先建”项目，要抓典型，严格按照《环评法》的要求进行处理。

二要在《建设项目环境保护管理条例》修订发布后抓好落实。《条例》草案对不予审批的情形做出了明确的规定，对强化“三同时”制度做了细化规定。各地要对“久拖不验”的项目抓紧分类处理。对违规长期不开展竣工环保验收、且不能达标排放的项目，要依法予以查处；对拒不执行的要实行“按日计罚”。对环境污染严重、环境风险隐患突出、治理无望的项目，要依法责令关停。

三要修订出台新的《建设项目环境影响评价分类管理名录》。修订工作正在向社会公开征求意见。对机械、电子、市政基础设施等行业，由于其环境影响程度和影响范围相对较小、环境保护措施也相对成熟，要适当降低其环评类别。其他行业中环境影响较小，以及改扩建后污染物的产生量和排放量减少，或环境影响增加不大的建设项目，也要合理确定环评分类的等级。

四要执行好《建设项目环境影响登记表备案管理办法》。该《办法》从明年 1 月 1 日起实施，除涉密项目外，其余登记表一律实行网上备案管理，对备案项目不得增设或变相增加审查程序。我部已经开发了统一的备案系统，明天下午，还要对省级环保部门的环评处长做专门培训。各省级环保部门要抓紧指导市、县环保部门实施。环评司和评估中心要加强对地方备案工作的监督指导，及时调整完善备案系统，并对备案制的实施效果进行跟踪评价。

（二）以制定实施“三线一单”为重点，着力推进区域国土空间环境评价

一是研究制定“三线一单”技术规范。结合生态保护红线管控、“水十条”考核办法、环保约束性指标管理、自然资源资产管理等方面的最新政策，明确相关的技术要求。技术规范要边制定、边完善，特别是要在战略和规划环评中做好应用。

二是制定《区域国土空间环境评价工作实施方案》。明确指导思想、原则、目标和任务，通过开展试点，边试边完善，逐步建立相应的工作程序、管理模式。各地要积极探索，鼓励有条件的地级市先干起来，在实践中去推动工作，完善思路。要主动参与“多规合一”及空间规划编制工作，发挥好基础性支撑作用。

（三）以强化成果应用为重点，推动战略和规划环评“落地”

一要继续深化战略环评。要完成京津冀、长三角、珠三角地区战略环评工作，并针对重点城市、重点区域做好成果转化工作，为推动三大地区经济环境协调发展、改善区域环

境质量提供依据。以“共抓大保护，不搞大开发”为指导，开展长江经济带战略环评工作，安排好长江经济带产业园区（特别是化工石化园区）规划环境影响跟踪评价与核查。同时，加快推进京津冀地区环评综合改革试点工作。

二要加强重点领域规划环评。深化城市、流域、新区、产业园区、交通、矿产资源开发等重点领域规划环评工作，不断完善部门沟通协调工作机制，更好发挥规划环评对于规划草案优化调整以及审批决策的支撑作用。完成产业园区规划环评清单式管理试点，对实践证明行之有效的经验，要加以推广。加强对规划环评技术机构的培训指导，采取综合措施，切实提升规划环评工作质量。

（四）以健全“三挂钩”机制为重点，严格项目环评管理

一要围绕“三挂钩”加快规范完善重点行业项目环评管理。各地要大胆探索实践，聚焦本地区的突出环境问题，细化相关措施，使这项改革更加精准地对接改善区域环境质量的实际需要。同时，要把“三挂钩”的要求细化落实到具体行业中。我部将围绕贯彻落实三个“十条”以及生态保护政策等要求，抓紧制定完善重点行业环评管理政策。省级环保部门要在此基础上进一步细化完善相关行业管理政策，让“三挂钩”落地。

二要严格项目环境准入。根据《政府核准的投资项目目录》调整情况，我部将同步对环评审批权限进行调整，各地要做好衔接。各省级环保部门要全面梳理、分析本地区近年来环评审批权限调整后的情况，对市、县环评管理加强指导。上级不仅是监督，对发现的问题督促整改，更重要的是要加强指导，预防、避免出现不必要的问题。要从严从紧控制“两高一资”、低水平重复建设和产能过剩项目建设。对现代煤化工产业，要按照环境准入条件，推动其有序发展。对水利、铁路等重大基础设施建设项目，要提前做好技术准备，主动对接，提前介入，做好工作。

三要深化建设项目公众参与和信息公开。要推动地方政府及有关部门依法公开相关规划和项目选址的信息，在项目开工建设前期充分听取公众意见。督促建设单位认真履行信息公开主体责任，完整准确地公开建设项目环评信息，建立公众意见收集、采纳和反馈机制。对建设单位未依法公开征求公众意见，或者对未采纳的内容不予解释说明的，要责令其改正。同时，稳步推进《环境影响评价公众参与暂行办法》的修订，健全公众参与机制。

（五）以创新机制手段为重点，加强事中事后监管

一是健全监管机制。建立环评、“三同时”和排污许可衔接的管理机制。针对验收行政许可取消、调整为企业自验一事，要研究制定建设项目竣工环境保护验收办法，进一步强化建设单位的环保“三同时”主体责任，规范企业验收的程序、内容、标准及信息公开等要求。项目环评审批必须对事中事后监管提出明确要求，作为后续监管的前提依据。与“双随机”相结合，探索分类监管，根据项目所在区域环境敏感性、项目环境影响、环境风险以及保护目标情况等，确定监管等级，对重点项目、项目的重点内容、重点时段进行重点监管。全面落实《建设项目环境保护事中事后监督管理办法（试行）》，强化建设项目环境保护的属地管理。

二是加速推进环评信息联网，运用大数据手段加强“智慧监管”。各地要加快系统对接，明年全国环评审批信息联网要到县，并做到实时报送，要加强报送信息的分析应用和

共享。同时，要研究规划环评审查信息联网报送。抓紧开发环评智能监管平台，实现全国环评审批智能化分析统计、预测预警、质量校核和信息公开。依托生态环境大数据项目成果，在接入环境监测数据的基础上，构建全国环境质量数据库，借助战略环评和规划环评成果，形成全国范围的“三线一单”数据库。要开展建设项目环境影响报告书质量智能化一次性校验，实现重点项目在选址、环境准入、影响预测等方面的智能化分析。初步形成环评法规模型体系，加强环评风险基础信息和评价预测能力建设。

三是继续推进环境影响后评价。每年组织一批长期性、累积性和不确定性环境影响突出，有重大环境风险或者穿越重要生态环境敏感区的重大项目开展后评价，改进和完善环境保护措施，并反馈环评审批。制定后评价技术导则总纲及采掘、水利水电等行业导则。关于项目建设过程中的环境管理，鼓励各地继续探索，着眼于推进建设单位落实“三同时”主体责任，研究下一步工作思路。

（六）以提升履职能力为重点，强化队伍建设和技术支撑

一要建立健全督查机制，使环评审批“放得下、接得住、管得好”。部、省两级环保部门要加强对基层环评管理的督查，做好指导、培训、支持和监督；对环评把关不严、工作质量不过关的地方，要视情况采取约谈、限批等手段。在垂直管理制度改革中，要统筹考虑市、县环评管理职责的优化调整，项目多、管理任务重的地方，可以探索采取由市级环保部门委托审批的方式，由派出机构承担部分项目环评的审批职责。同时，要明确上下级环保部门随机抽查监管和日常监管的事权划分，强化市级环保部门和其派出机构属地监管的职能。

二要推进技术评估队伍建设。推进政府购买服务的评估市场化机制建设，进一步加强国家和省两级评估机构对基层重大项目环评审批的技术支持。要结合环评审批事项下放，积极稳妥推进地市级评估机构建设。地市这一级的任务很重，要着力加强其评估队伍能力，特别是科研能力，部、省两级要做好支持、协调工作。要力争在环评基础性问题及关键技术研究上取得一些成绩，同时加强环评领域前沿科学国际合作研究，引进国际先进技术方法并开展本地化应用。部评估中心要利用大数据，智能化开展全国建设项目环评文件技术复核工作，重点是对照“三线一单”“三挂钩”等要求，抓环评文件质量。

三要严格环评机构管理。各级环保部门对环评机构违法违规行为要严肃处理，形成上下齐抓共管的监管机制。在环评文件受理审查中，如果发现有质量低劣或者弄虚作假等问题，要对环评机构和人员进行双重责任追究。对完成脱钩的机构，要加强监督检查，确保全部、彻底、干净摘掉红顶，绝不允许任何形式的“假脱钩”。相关信息要及时向社会公布，自觉接受公众监督。同时，充分发挥环评行业组织的服务、自律、协调、引领作用，引导环评机构提高工作质量和水平。

四要完善技术规范体系。尽快制定一批重点行业的污染源源强技术核算指南，为环评制度与排污许可制度的衔接提供技术支持。推进规划环评导则制修订，在技术层面实现规划环评与项目环评的联动。在环评导则制修订中要充分体现“三线一单”管理的思路，明确相关技术要求。

五、全面落实从严治党要求，持之以恒抓好环评党建工作

一要深入开展“两学一做”学习教育。这是摆在我们面前的一项重大政治任务。各级环保部门要坚决贯彻中央部署，扎实抓好学习教育，使全国环评队伍进一步坚定理想信念，强化政治意识、大局意识、核心意识、看齐意识，更加自觉地在思想上政治上行动上与以习近平同志为核心的党中央保持高度一致。要把学习教育同环评工作任务紧密结合起来，着重把握“学、做、改、促”四点要求。坚持“学”是基础，在环评工作中学而信、学而用、学而行；坚持“做”是关键，以知促行、知行合一，干出实实在在的工作业绩；坚持“改”是根本，针对环评工作中存在的突出问题，用改革破解工作中存在的难题；坚持“促”是实效，把推进环评改革、加强源头预防的实际成效作为学习教育的检验标尺，做到两手抓、两促进，防止“两张皮”。

二要着力抓好党风廉政建设。廉洁自律是不可逾越的底线，一定要绷紧这根弦，始终把加强环评党风廉政建设作为保底工程，严格遵守中央八项规定精神，全面落实从严治党的各项要求。在这方面，大事不能出，小事也不能出。小到每年填干部个人事项报告表都不能出问题，也要重视。环评讲究一个源头预防，在环评工作中的廉政建设也要抓早抓小，抓预防。抓早就是“治未病”，悬崖勒马收缰晚，船到江心补漏迟。要做到两抓，一要抓思想建设，用法制宣传教育人、用先进典型感染人、用反面典型警示人。中纪委拍的《永远在路上》发人深省，一个个贪官形象可耻可恨又可怜，但痛悔为时已晚。我们身边的案例也有不少，一定要引以为戒。二要抓机制建设，要不断完善环评领域党风廉政责任清单，切实加强环评权力运行监控，继续加大信息公开，有效防控廉政风险，形成拒腐防变长效机制。抓小就是防微杜渐，老百姓都知道毛毛细雨湿衣裳，点点私心毁名节。要做到两防，在八小时之内，严禁借着评审收“小意思”、借着出差占“小便宜”、在用权和谋私之间搞“小动作”；在八小时之外，不要交“小兄弟”、混“小圈子”、搞“小爱好”，不给别人一点拉拢的由头、不给自己留半点贪腐的念头。现在廉政要求已经常态化了，刚才说的这些事，只要有一丝一毫的表现，就一定会被发现、被处理。因此，在任何情况下，大家都要保持警醒。

三要进一步转变作风。作风建设永远在路上，只有进行时，没有完成时。要坚持锲而不舍、驰而不息，发扬钉钉子精神，持续提升素质能力和改进工作作风。要健全环评审批人员行为规范，优化内部程序，加强行风建设。要坚持以上率下，部、省两级环评管理队伍要带好头。对“四风”问题，一旦发现苗头就必须穷追猛打、除恶务尽，以铁的纪律强化队伍的作风建设。

同志们，环境影响评价“十三五”的蓝图已经绘就，方向已经明确。只要上下团结一致、凝心聚力，心往一处想，劲往一处使，就一定能把工作做好。让我们紧密团结在以习近平同志为核心的党中央周围，进一步统一思想，坚定信心，勇于担当，汇聚深化改革的强大动力，推动环境影响评价工作全面跃上新台阶，为改善环境质量、推进生态文明建设做出新的、更大的贡献！

谢谢大家！

七、综合办公类

关于印发《生态环境大数据建设总体方案》的通知

环办厅〔2016〕23号

各省、自治区、直辖市环境保护厅（局），机关各部门，各派出机构、直属单位：

为贯彻落实《国务院关于印发促进大数据发展行动纲要的通知》（国发〔2015〕50号）精神，积极开展生态环境大数据建设与应用工作，我部组织编制了《生态环境大数据建设总体方案》。现印发给你们，请遵照执行。

生态环境大数据建设总体方案

大数据是以容量大、类型多、存取速度快、应用价值高为主要特征的数据集合，正快速发展为对数量巨大、来源分散、格式多样的数据进行采集、存储和关联分析，从中发现新知识、创造新价值、提升新能力的新一代信息技术和服务业态。全面推进大数据发展和应用，加快建设数据强国，已经成为我国的国家战略。

党中央、国务院高度重视大数据在推进生态文明建设中的地位和作用。习近平总书记明确指出，要推进全国生态环境监测数据联网共享，开展生态环境大数据分析。李克强总理强调，要在环保等重点领域引入大数据监管，主动查究违法违规行为。国务院《促进大数据发展行动纲要》等文件要求推动政府信息系统和公共数据互联共享，促进大数据在各行业创新应用；运用现代信息技术加强政府公共服务和市场监管，推动简政放权和政府职能转变；构建“互联网+”绿色生态，实现生态环境数据互联互通和开放共享。陈吉宁部长要求，大数据、“互联网+”等信息技术已成为推进环境治理体系和治理能力现代化的重要手段，要加强生态环境大数据综合应用和集成分析，为生态环境保护科学决策提供有力支撑。

目前，环境信息化存在体制机制不顺，基础设施和系统建设分散，应用“烟囱”和数据“孤岛”林立，业务协同和信息资源开发利用水平低，综合支撑和公众服务能力弱等突出问题，难以适应和满足新时期生态环境保护工作需求。

为落实党中央、国务院决策部署和部党组要求，充分运用大数据、云计算等现代信息技术手段，全面提高生态环境保护综合决策、监管治理和公共服务水平，加快转变环境管理方式和工作方式，制定本方案。

一、总体要求

（一）指导思想

深入贯彻党的十八大、十八届三中、四中、五中全会精神和习近平总书记系列重要讲话精神，按照党中央、国务院决策部署，以改善环境质量为核心，加强顶层设计和统筹协调，完善制度标准体系，统一基础设施建设，推动信息资源整合互联和数据开放共享，促进业务协同，推进大数据建设和应用，保障数据安全。通过生态环境大数据发展和应用，推进环境管理转型，提升生态环境治理能力，为实现生态环境质量总体改善目标提供有力支撑。

（二）基本原则

顶层设计、应用导向。围绕生态环境治理体系和治理能力现代化开展大数据顶层设计，顶层设计开放、创新应用全面、基础架构灵活，不断适应生态环境管理新形势、新任务和新要求。

开放共享、强化应用。统筹整合内外部数据资源，边整合边应用，推动数据资源开放共享。鼓励业务创新、管理创新和模式创新，逐步形成生态环境大数据应用新格局。

健全规范、保障安全。建立生态环境大数据管理工作机制，健全大数据标准规范体系，保障数据准确性、一致性和真实性，强化运维管理和安全防护，保障信息安全。

分步实施、重点突破。大数据建设既要有阶段性，也要有重点突破。先在环境影响评价、环境监测、环境应急、环境信息服务等方面实现突破。

（三）总体架构

生态环境大数据总体架构为“一个机制、两套体系、三个平台”。一个机制即生态环境大数据管理工作机制，两套体系即组织保障和标准规范体系、统一运维和信息安全体系，三个平台即大数据环保云平台、大数据管理平台和大数据应用平台。如下图所示：

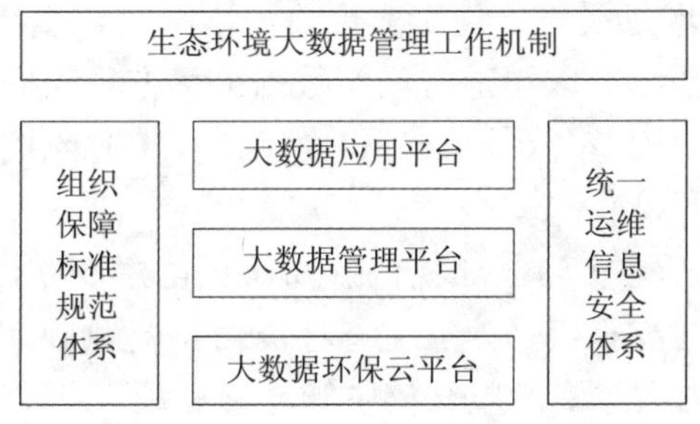

生态环境大数据建设总体架构图

一个机制：生态环境大数据管理工作机制包括数据共享开放、业务协同等工作机制，以及生态环境大数据科学决策、精准监管和公共服务等创新应用机制，促进大数据形成和应用。

两套体系：组织保障和标准规范体系为大数据建设提供组织机构、人才资金及标准规范等体制保障；统一运维和信息安全体系为大数据系统提供稳定运行与安全可靠等技术保障。

三个平台：生态环境大数据平台分为基础设施层、数据资源层和业务应用层。其中，大数据环保云平台是集约化建设的 IT 基础设施层，为大数据处理和应用提供统一基础支撑服务；大数据管理平台是数据资源层，为大数据应用提供统一数据采集、分析和处理等支撑服务；大数据应用平台是业务应用层，为大数据在各领域的应用提供综合服务。

（四）主要目标

通过生态环境大数据建设和应用，在未来五年实现以下目标：

实现生态环境综合决策科学化。将大数据作为支撑生态环境管理科学决策的重要手段，实现“用数据决策”。利用大数据支撑环境形势综合研判、环境政策措施制定、环境风险预测预警、重点工作会商评估，提高生态环境综合治理科学化水平，提升环境保护参与经济发展与宏观调控的能力。

实现生态环境监管精准化。充分运用大数据提高环境监管能力，助力简政放权，健全事中事后监管机制，实现“用数据管理”。利用大数据支撑法治、信用、社会等监管手段，提高生态环境监管的主动性、准确性和有效性。

实现生态环境公共服务便民化。运用大数据创新政府服务理念和服务方式，实现“用数据服务”。利用大数据支撑生态环境信息公开、网上一体化办事和综合信息服务，建立公平普惠、便捷高效的生态环境公共服务体系，提高公共服务共建能力和共享水平，发挥生态环境数据资源对人民群众生产、生活和经济社会活动的服务作用。

二、主要任务

（一）推进数据资源全面整合共享

提升数据资源获取能力。加强生态环境数据资源规划，明确数据资源采集责任，建立数据采集责任目录，避免重复采集，逐步实现“一次采集，多次应用”。利用物联网、移动互联网等新技术，拓宽数据获取渠道，创新数据采集方式，提高对大气、水、土壤、生态、核与辐射等多种环境要素及各种污染源全面感知和实时监控能力。基于环保云规范数据传输，确保数据及时上报和信息安全。

加强数据资源整合。严格实施《环境保护部信息化建设项目管理暂行办法》，统筹信息化项目建设管理，破除数据孤岛。建立生态环境信息资源目录体系，利用信息资源目录体系管理系统，实现系统内数据资源整合集中和动态更新，建设生态环境质量、环境污染、自然生态、核与辐射等国家生态环境基础数据库。通过政府数据统一共享交换平台接入国家人口基础信息库、法人单位资源库、自然资源和空间地理基础库等其他国家基础数据资源。拓展吸纳相关部委、行业协会、大型国企和互联网关联数据，形成环境信息资源中心，实现数据互联互通。

推动数据资源共享服务。明确各部门数据共享的范围边界和使用方式，厘清各部门数据管理及共享的义务和权力，制定数据资源共享管理办法，编制数据资源共享目录，重点推动生态环境质量、环境监管、环境执法、环境应急等数据共享。基于环境保护业务专网建设生态环境数据资源共享平台，提供灵活多样的数据检索服务，形成向平台直接获取为主、部门间数据交换获取为辅的数据共享机制，研发生态环境数据产品，提高数据共享的管理和服务水平。

推进生态环境数据开放。建立生态环境数据开放目录，制订数据开放计划，明确数据开放和维护责任。优先推动向社会开放大气、水、土壤、海洋等生态环境质量监测数据，区域、流域、行业等污染物排放数据，核与辐射、固体废物等风险源数据以及化学品对环境损害的风险评估数据，重要生态功能区、自然保护区、生物多样性保护优先区等自然生态数据，环境违法、处罚等监察执法数据。依托环境保护部政府网站建设生态环境数据开放平台，提高数据开放的规范性和权威性。

（二）加强生态环境科学决策

提升宏观决策水平。建立全景式生态环境形势研判模式，加强生态环境质量、污染源、污染物、环境承载力等数据的关联分析和综合研判，强化经济社会、基础地理、气象水文和互联网等数据资源融合利用和信息服务，为政策法规、规划计划、标准规范等制定提供信息支持，支撑生态保护红线、总量红线和准入红线的科学制定。利用跨部门、跨区域的数据资源，支撑大气、水和土壤三大行动计划实施和工作会商，定量化、可视化评估实施成效，服务京津冀等重点区域联防联控，支撑区域化环境管理与创新。开展环境保护工作进展、计划实施、资金执行、成果绩效等动态监控和评估，支持构建以环境质量改善为核心的专业化、精细化的环境管理体系，提高管理决策预见性、针对性和时效性。

提高环境应急处置能力。运用大数据、云计算等现代信息技术手段，快速搜集和处理涉及环境风险、环保举报、突发环境事件、社会舆论等海量数据，综合利用环保、交通、水利、海洋、安监、气象等部门的环境风险源、危险化学品及其运输、水文气象等数据，开展大数据统计分析，构建大数据分析模型，建设基于空间地理信息系统的环境应急大数据应用，提升应急指挥、处置决策等能力。

加强环境舆情监测和政策引导。建立互联网大数据舆情监测系统，针对环境保护重大政策、建设项目环评、污染事故等热点问题，对互联网信息进行自动抓取、主题检索、专题聚焦，为管理部门提供舆情分析报告，把握事件态势，正确引导舆论。

（三）创新生态环境监管模式

提高科学应对雾霾能力。加强全国雾霾监测数据整合，重点整合 2013 年以来雾霾监测历史数据，同步集成气象、遥感、排放清单、城市源解析和环境执法数据，形成雾霾案例知识库。开展雾霾预测预警大数据分析与应用，支撑雾霾提前发布、应急预案制定、预案执行和监察执法，为雾霾形势研判和应对提供信息服务和技术支撑，提升科学预霾防霾水平。

推动环评统一监管。建立环境影响评价数据标准、共享机制，建设全国环境影响评价管理信息系统，提升环评统计分析、预测预警能力，推动环评监管事前审批向事中和事后监管转变，实现全国环境影响评价数据“一本账”的管理模式。

增强监测预警能力。加快生态环境监测信息传输网络与大数据平台建设，加强生态环境监测数据资源开发与应用，开展大数据关联分析，拓展社会化监测信息采集和融合应用，支撑生态环境质量现状精细化分析和实时可视化表达，提高源解析精度，增强生态环境质量趋势分析和预警能力，为生态环境保护决策、管理和执法提供数据支持。

创新监察执法方式。利用环境违法举报、互联网采集等环境信息采集渠道，结合企业的工商、税务、质检、工信、认证等信息，开展大数据分析，精确打击企业未批先建、偷排漏排、超标排放等违法行为，预警企业违法风险，支撑环境监察执法从被动响应向主动查究违法行为转变，实现排污企业的差别化、精准化和精细化管理。

开展环境督察监管。研究制定绿色发展指标体系，构建自然资源资产负债表，建立健全政府环境评价考核方法和流程，建立生态环境损害评估方法，为地方领导干部自然资源资产离任审计制度、企业赔偿制度、生态补偿机制、责任追究制度的执行和落实提供数据和技术支撑。

强化环境监管手段。建立全国统一的实时在线环境监控系统，实现生态环境质量、重大污染源、生态状况监测监控全覆盖。采集和发布饮用水水源地、城市黑臭水体、城市扬尘、土壤污染场地、核与辐射等信息，强化企业排污信息公开，利用“互联网+”方式整合企业信息。

建立“一证式”污染源管理模式。以排污许可证制度为核心，利用排污许可证“证载”内容，支撑排污许可和环境标准、环境监测、环境统计、环评、总量控制、排污收费（环境税）、许可证监管等制度有效衔接，建立唯一的固定污染源信息名录库，对污染源进行统一编码管理，实现污染源排放信息整合共享，有效推进协同治理，开启“一证式”污染源管理新模式。

加强环境信用监管。综合运用信息化手段，在环保行政许可、建设项目环境管理、环境检查执法、环保专项资金管理、环保科技项目立项、环保评先创优等工作流程中，嵌入企业环境信用信息调用和信用状况审核环节。对不同环境信用状况的企业进行分类监管，对环境信用状况良好的企业予以优先支持，加强对失信的约束和惩戒。探索在环境管理中试行企业信用报告和信用承诺制度。

推进生态保护监管。强化卫星遥感、无人机、物联网和调查统计等技术的综合应用，提升自然生态天地一体化监测能力。加强自然生态数据的集成分析，实现对重点生态功能区、生态保护红线、生物多样性保护优先区、自然保护区的监测评估、预测预警、监察执法，支撑生态保护区域联防联控。

保障核与辐射安全。进一步加强核与辐射安全信息标准化建设，提高联网数据共享交换和获取率，不断增强数据汇聚和关联分析能力，推动核设施、核安全设备、核技术利用、核与辐射安全相关关键岗位人员资质及核活动等的联网审查审批，全面实现对核与辐射安全风险的实时管控和预警，提高核与辐射安全监管决策科学化和信息化水平，保障我国的核与辐射安全。

增强社会环境监管能力。通过采集和集成多源异构环保举报数据，实现智能化环保举报感知、异常探测，发掘环保举报需求，智能化分析举报情景，动态生成和调整环保举报管理进程，实现全国环保举报工作协同、有序、高效管理。

开展环保党建大数据应用。加强环保党建信息采集、管理和分析应用，为各级党委提供高效、准确、及时的信息资源和管理手段，开发党建管理应用系统及其APP客户端，支撑党员干部管理、党务信息公开、党建工作动态、党规党纪执行、“两个责任”落实，提高党建工作科学化水平。

（四）完善生态环境公共服务

全面推进网上办事服务。整合集成建设项目环评、危险废物越境转移核准、自然保护区建立和调整等行政许可审批系统和信息，建立网上审批数据资源库，构建“一站式”办事平台。建设电子政务办事大厅，形成网上服务与实体大厅服务、线上服务与线下服务相结合的一体化服务模式，实现统一受理、同步审查、信息共享、透明公开。通过国家统一的政府数据共享交换平台，加强行政审批数据跨部门共享，支撑并联审批，不断优化办事流程，提高办事便捷性。

提升信息公开服务质量。加强信息公开渠道建设，通过政府网站、官方微博微信等基于互联网的信息平台建设，提高信息公开的质量和时效。积极做好主动公开工作，满足公众环境信息需求。完善信息公开督促和审查机制，规范信息发布和解读，传递全面、准确、权威信息。不断扩充部长信箱、12369环保热线、微博微信等政民互动渠道，及时回应公众意见、建议和举报，加大公众参与力度。

拓展政府综合服务能力。以优化提升民生服务、激发社会活力、促进大数据应用市场化为重点，建立生态环境综合服务平台，充分利用行业和社会数据，研发环境质量、环境健康、环境认证、环境信用、绿色生产等方面的信息产品，提供有效便捷的全方位信息服务。推动传统公共服务数据与移动互联网等数据的汇聚整合，开发各类便民应用，优化公共资源配置。

（五）统筹建设大数据平台

建设大数据环保云平台。加强大数据基础设施技术架构、空间布局、建设模式、服务方式、制度保障等方面的顶层设计和统筹布局，实施网络资源、计算资源、存储资源、安全资源的集约建设、集中管理、整体运维，以“一朵云”模式建设环保云平台。实施业务系统环保云平台部署，保障信息安全。推动同城备份和异地灾备中心建设。

建设大数据管理平台。大数据管理平台是数据资源传输交换、存储管理和分析处理的平台，为大数据应用提供统一的数据支撑服务。主要实现数据传输交换、管理监控、共享开放、分析挖掘等基本功能，支撑分布式计算、流式数据处理、大数据关联分析、趋势分析、空间分析，支撑大数据产品研发和应用。

建设大数据应用平台。运用大数据新理念、新技术、新方法，开展生态环境综合决策、环境监管和公共服务等创新应用，为生态环境决策和管理提供服务。

（六）推动大数据试点

开展地方大数据应用试点。根据地方特点，选择有代表性的省、市开展生态环境大数据创新应用，探索应用模式，推动试点成果的推广和实施。

三、保障措施

（一）完善组织实施机制

成立生态环境大数据建设领导小组及其办公室，建立大数据发展和应用统筹协调机制，明确各单位职责分工和工作要求，形成协同配合、全面推进的工作格局。整合优化环境信息化队伍，加强大数据相关基础和应用研究以及人才培养。规范信息化项目管理，充分利用环境保护业务专网等基础设施，严格项目立项审批和验收，加大资金投入，保障大数据建设相关任务顺利开展。

（二）健全数据管理制度

建立健全生态环境数据管理制度，明确各级各部门的数据责任、义务与使用权限，合理界定业务数据的使用方式与范围，规范数据采集、存储、共享和应用，保障数据一致性、准确性和权威性。制定环境信息资源管理和数据贡献考核评估办法，促进数据在风险可控原则下最大程度共享和开放。

（三）建立标准规范体系

加强大数据标准规范研究，结合大数据主要建设任务，重点推进生态环境数据整合集成、传输交换、共享开放、应用支撑、数据质量与信息安全等方面标准规范的制定和实施。

（四）实施统一运维管理

落实生态环境大数据运行管理制度，规范运行维护流程，形成较为完善的运行维护管理体系。加强大数据运行保障、监控预警能力建设，依托专业化运维队伍，对网络、计算、存储、基础软件、安全设备等大数据基础设施实施统一运维，实现系统快速部署更新、资源合理高效调度、网络实时动态监控和安全稳定可靠，有效降低运维经费成本，提高运维服务质量和水平。

（五）强化信息安全保障

建立集中统一的信息安全保障机制，明确数据采集、传输、存储、使用、开放等各环节的信息安全范围边界、责任主体和具体要求。落实信息安全等级保护、分级保护等国家信息安全制度，开展信息安全等级测评、风险评估、安全防范、应急处置等工作。加强网络安全建设，构建环保云安全管理中心，增强大数据环保云基础设施、数据资源和应用系统等的安全保障能力。

环境保护部办公厅
2016 年 3 月 7 日

关于印发《环境保护部2016年政务公开工作实施方案》的通知

环办厅〔2016〕59号

机关各部门，各派出机构、直属单位：

《环境保护部2016年政务公开工作实施方案》已报部领导同意，现印发给你们，请结合工作实际认真贯彻落实。

附件：环境保护部2016年政务公开工作实施方案

环境保护部办公厅
2016年5月30日

附件

环境保护部2016年政务公开工作实施方案

为全面推进新形势下环境保护政务公开，提升国家环境治理能力，增强环保部门公信力、执行力，保障人民群众环境保护知情权、参与权、表达权、监督权，根据《国务院办公厅关于印发2016年政务公开工作要点的通知》（国办发〔2016〕19号）要求，结合我部实际，制定我部2016年政务公开工作实施方案。

一、指导思想

紧紧围绕党中央、国务院重大决策部署和公众关切，深入贯彻中共中央办公厅、国务院办公厅《关于全面推进政务公开工作的意见》（中办发〔2016〕8号）和《政府信息公开条例》，按照部党组工作部署，认真落实国务院办公厅《2016年政务公开工作要点》有关要求，坚持以公开为常态、不公开为例外，细化政务公开工作任务，推进行政决策公开、执行公开、管理公开、服务公开和结果公开，推动简政放权、放管结合、优化服务改革，激发市场活力和社会创造力，不断提高环境管理系统化、科学化、法治化、精细化和信息化水平。

二、基本原则

以改善环境质量为核心，积极回应人民群众期盼关切，大力推进环境保护政务公开工作，以公开促落实，以公开促规范，以公开促服务。

坚持依法公开。以法律法规和相关政策为依据，推进环境保护政务公开工作，依法依规明确政务公开的主体、内容、标准、方式、程序，加快推进权力清单、责任清单、负面清单公开。

坚持便民快捷。认真践行全心全意为人民服务的宗旨，把政务和信息公开作为维护公众权益、方便公众生产生活的重要途径，减少信息封闭带来的负面影响，切实做到及时、准确、全面公开政务和政府信息。

坚持上下联动。推动全国环保系统上下联动、协同用力、层层推进环境信息公开，做到横向全覆盖，纵向全连接，形成环境信息公开的整体效应。

坚持改革创新。注重公开工作的精细化、可操作性，务求公开实效，让群众看得见、听得懂、能监督。以社会需求为导向，以新闻媒体为载体，推进“互联网+政务”，扩大公众参与，促进政府有效施政。

三、主要任务

（一）推进权力清单、责任清单公开。做好行政审批项目取消、下放、保留事项的公开工作，重点公开保留的中央指定地方实施的行政许可事项清单，以及清理规范后保留为部行政审批受理条件的中介服务事项清单。（人事司牵头，会同相关司局落实）

（二）推进环境监察执法公开透明。围绕加强事中事后监管，依法公开随机抽查事项清单，明确抽查依据、主体、内容、方式等，及时公布抽查结果和查处情况，实行“阳光执法”。环境监察执法机构根据事权和职能，按照突出重点、依法有序、准确便民的原则，梳理并公布各级环境监察执法机构职责权限、执法依据、执法流程等，规范行政裁量，促进执法公平公正。（环监局负责落实）按照发展改革委统一工作部署安排，完善企业环境信用信息共享，促进“信用中国”建设，推动信用信息互联共享。（政法司牵头落实）

（三）推进政务服务公开。把实体行政审批服务大厅与网上办事大厅结合起来，推动政务服务向网上办理延伸，逐步实现服务事项在线咨询、网上办理、电子监察。编制完善项目服务指南，简化优化办事流程，研究出台行政审批窗口服务行为规范，让群众办事更明白、更舒心。推进公共企事业单位办事公开，制定完善具体办法，组织编制公共服务事项目录，公开服务指南，方便企业和群众办事。（办公厅牵头负责，会同相关司局落实）

（四）推进环境经济政策公开透明。以稳定市场预期为目标，加大稳增长、促改革、调结构、惠民生、防风险等方面的政策公开力度，及时公布环保支持“双创”、培育发展新动能、改造提升传统动能、深挖内需潜力、优化产业结构、扩大对外开放等方面的政策措施，扩大传播范围，提高环境经济政策的知晓度。对公开的重大政策，要分专题进行梳理汇总，通过在部政府网站开设专栏、设立微博微信专题、出版政策及解读汇编等方式集中发布，增强公开的系统性、针对性、可读性。（政法司牵头落实）

（五）推进市场准入负面清单公开。积极配合国务院有关部门做好市场准入负面清单试点情况的公开工作，涉及负面清单调整时，要健全公众参与、专家论证和政府决定相结合的决策机制。（政法司牵头，会同有关司局落实）

（六）推进政府投资的重大建设项目信息公开。在政府投资的重大建设项目环境影响评价文件编制中，建设单位应按照有关法律法规公开项目建设环境影响、主要环保措施等相关信息，做好公众参与工作。向环保主管部门报批前依法公开环评文件全本，环保部门受理后，应向社会公开受理、审查、审批等相关信息。（环评司牵头落实）配合国务院有关部门做好公共资源配置领域、减税降费、国有企业运营监管方面的信息公开。（涉及相关职能的司局配合落实）

（七）积极推进决策公开。研究探索建立利益相关方、公众、专家、媒体等列席政府有关会议制度，增强决策透明度。积极推行重大决策预公开，扩大公众参与，对社会关注度高的决策事项，除依法应当保密外，在决策前应向社会公开相关信息，并及时反馈意见采纳情况。决策做出后，按照规定及时公开议定事项和相关文件。（出台政策的业务司局牵头落实）研究推进环境保护重大民生决策事项民意调查制度。（宣教司牵头，会同政法司及有关司局落实）

（八）推进政策执行和落实情况公开。围绕政府工作报告、发展规划提出的重要事项，特别是党中央、国务院部署的改革任务、民生举措，细化公开执行措施、实施步骤、责任分工、监督方式等，实事求是公布进展和完成情况。（各业务司局负责落实）推动做好督查和审计发现问题及整改落实情况的公开，对贯彻落实环保政策措施中不作为、慢作为、乱作为的问责情况要向社会公开，加大对督查发现问题及整改落实、奖惩情况的公开力度。深化审计结果公告及整改情况的公开，以公开推动审计问题的整改，促进重大政策措施有效落实。[涉督查事宜办公厅会同环监局（督查事项）、督察办（约谈、区域限批等）落实，涉审计事宜规财司牵头落实] 深入推进预决算公开，除涉密信息外，部门预决算支出应当公开到功能分类项级科目，一般公共预算基本支出细化公开到经济分类款级科目。（规财司牵头落实）

（九）推进环境保护政府信息主动公开。

1. 全国重点区域及主要城市空气质量预报信息。2016 年 1 月 1 日起，全面开展空气质量预测预报工作，正式向社会发布空气质量预测预报信息，内容包括：重点区域未来 5 天形势、省（区、市）未来 3 天形势、重点城市未来 24 小时、48 小时空气质量预报，城市空气质量指数范围、空气质量级别及首要污染物，对人体健康的影响和建议措施等。（监测司牵头落实）

2. 全国地级及以上城市集中式生活饮用水水源水质监测信息。贯彻落实新修订的《环境保护法》和《水污染防治行动计划》，进一步推进集中式生活饮用水水源水质监测信息公开工作。2016 年 1 月起，按照《全国集中式生活饮用水水源水质监测信息公开方案》（环办监测〔2016〕3 号），要求地级及以上城市通过网站、地方主流媒体等公开渠道按月公开集中式生活饮用水水源水质监测信息。会同国务院有关部门公开供水厂出水、用户水龙头水质等饮水安全状况信息。（监测司牵头负责，并协调住房和城乡建设部、水利部、卫生计生委及时公开相关信息）

3. 土壤污染防治领域信息。围绕《土壤污染防治行动计划》实施工作，做好信息发

布和政策解读，及时回应社会关切。（土壤司牵头落实）

4. 自然生态保护信息。按程序及时公布国家级自然保护区晋升、调整和面积、范围等信息。按程序公开国家生态文明建设示范区相关信息。（生态司牵头落实）

5. 建设项目环境影响评价信息。落实《建设项目环境影响评价信息公开指南（试行）》，环境保护主管部门应全面公开建设项目环评、竣工环保验收、环评资质的受理、审查、审批政府信息，全本公开环评文件，全文公开批复文件。（环评司牵头，会同核二、核三司落实）

6. 污染减排信息。按照《“十二五”主要污染物总量减排考核办法》要求，报国务院审定后，向全社会公开 2015 年度及“十二五”全国主要污染物总量减排考核结果。（规财司牵头落实）及时公开环境统计年报信息，编辑出版《2015 年中国环境统计年报》，配合《中国环境统计年鉴 2016》的编辑出版。“六·五”前，通过《2015 中国环境状况公报》向社会公布全国主要污染物排放情况。（监测司牵头落实）

7. 重点排污单位信息。推进重点排污单位全面公开基础信息、排污信息、防治污染设施建设运行情况、环评及其他环保行政许可情况、突发环境事件应急预案以及其他应当公开的环境信息等。（环监局牵头落实）

8. 环境监管执法信息。继续推进国家重点监控企业污染源监督性监测和企业自行监测信息公开，督促地方环保部门加快推进重点排污单位环境信息公开工作。（监测司牵头落实）公开大气污染防治专项督查情况。公开全国秸秆焚烧卫星遥感监测信息和饮用水水源保护区、长江经济带等重大生态环境专项执法督查信息。定期公开重点案件督办、挂牌督办案件和重点案件后督察情况信息。公开环境保护部行政处罚、排污收费和污染源自动监控管理等相关信息。（环监局牵头，会同相关司局落实）

9. 突发环境事件信息。加强重特大突发环境事件信息公开，及时公开应对情况及调查结果。公开群众举报投诉重点环境问题处理情况。依据《突发环境事件应急管理办法》（环境保护部令　第 34 号），督导县级以上地方环境保护主管部门在职责范围内向社会公开有关企业事业单位突发环境事件应急预案备案信息。依法依规明确回应主体，落实责任，确保在应对重特大突发环境事件及社会热点事件时不失声、不缺位。重特大或敏感突发环境事件发生后，应督促指导地方政府及时公开信息，我部适时发布新闻通稿。针对涉及突发环境事件的各种虚假不实信息，要督促指导地方政府迅速澄清事实，消除不良影响。（应急中心牵头，会同宣教司落实）。

10. 核与辐射安全监管信息。宣贯《环境保护部（国家核安全局）核与辐射安全公众沟通工作方案》，全面推进和落实公众沟通工作。做好民用核安全设备及核安全相关人员资质监管信息公开工作。公开核电厂和民用研究堆核安全监管信息。做好核与辐射相关建设项目环境影响评价和竣工环保验收三阶段（受理、拟批复、批复）信息的及时公开。实时发布全国辐射环境监测自动站监测数据。（核一司、核二司、核三司牵头落实）

（十）积极稳妥做好依申请信息公开。依法依规做好依申请信息公开，申请公开的政府信息属于主动公开的，应当告知申请人获取信息的方式和途径。申请公开的政府信息属于依申请公开的，应当根据实际情况及时予以书面答复。在处理内容比较敏感、答复难度较大、社会效应预期复杂的申请时，牵头部门组织好协调会商。加强对依申请公开答复情况的评议，推动行政机关更好满足申请人需求。（办公厅牵头，会同各司局落实）稳慎做

好依申请公开行政复议和行政诉讼，防范恶意炒作。（政法司牵头落实）

（十一）主动做好政策解读。出台重要政策，牵头司局应将文件和解读方案一并报批（联合国务院其他部门出台文件时，文件起草部门负责报批解读方案），相关解读材料应于文件公开后3个工作日内在部政府网站和媒体发布。对涉及面广、社会关注度高的法规政策和重大措施，由相关业务司局协调部主要负责人通过参加新闻发布会、接受访谈、发表文章等方式带头宣讲政策，解疑释惑，传递权威信息，年底前部主要负责人解读重要政策措施不少于1次。加强环境保护专家库建设，为专家学者了解政策信息提供便利，更好地发挥专家解读政策的作用。针对不同社会群体，采取不同传播策略，注重运用各级各类新闻媒体，特别要重视发挥主流媒体及其新媒体“定向定调”作用，及时全面准确解读政策，增进社会认同。（宣教司牵头，会同有关业务司局落实）

（十二）积极回应社会关切。加强政务舆情监测工作，扩大舆情收集范围，及时了解各方关切，有针对性地做好回应工作。对涉及环保的重要政务舆情、媒体关切等热点问题，要认真研判处置，及时借助媒体、网站等渠道发布准确权威信息，讲清事实真相、有关政策措施、处置结果等，认真回应关切。（宣教司牵头落实）

（十三）充分发挥媒体作用。善于运用媒体发布信息、解读政策、引领舆论、推动工作。对重要会议活动、重大决策部署、经济运行和社会发展重要动态等方面信息，要统筹运用媒体做好发布工作。重要信息、重大政策发布后，要注重运用主流媒体及其新媒体在重要版面、重要位置、重要时段及时报道解读。出台重大决策部署，要通过主动向媒体提供素材，召开媒体通气会，推荐掌握相关政策、熟悉相关领域业务的专家学者接受访谈等方式，做好发布解读工作。畅通媒体采访渠道，创造条件安排中央和地方主流媒体及其新媒体负责人列席有关重要决策会议。注重加强政策解读的国际传播，扩大政策信息的覆盖面和影响力。（宣教司牵头，会同有关司局落实）

（十四）提高政务公开工作制度化标准化水平。加快推进《环境信息公开办法（试行）》修订工作，做好配套内容的修改完善。（办公厅牵头落实）及时公开部门规章和政策性文件清理结果，对涉及公民、法人或其他组织权利和义务的规范性文件，都要按政府信息公开要求和程序予以公布。（政法司牵头，会同办公厅及有关司局落实）

（十五）提高政务公开工作信息化集中化水平。督导各地贯彻落实《环境保护主管部门网站建设与维护技术导则》，规范各级网站建设。加快推进部政府网站升级改版工作，发挥好政府网站信息公开第一平台作用。加强政府网站数据库建设，着力完善搜索查询功能，方便公众获取信息。加强各级环保部门网站之间的协调联动，强化与中央和地方主要新闻媒体及新闻网站、重点商业网站的联动，充分运用新媒体手段拓宽信息传播渠道。办好政府公报，着力提升规章、规范性文件的发布质量和时效，并做好网上发布工作，发挥好标准文本的指导和服务作用。（办公厅牵头落实）

（十六）提高政务公开队伍专业化理论化水平。制定业务培训计划，精心安排培训科目和内容，分级分层组织实施，力争3年内将全国环保系统从事政务公开工作人员轮训一遍。年内部计划组织省级环境保护厅（局）、计划单列市和省会城市环境保护局政务公开工作人员培训。督导省级环保部门加强对地市、县级政务公开人员的培训。（人事司牵头，会同办公厅落实）

四、组织保障

（一）强化组织领导

成立部政府信息与政务公开领导小组及其办公室，明确职责要求。各部门、各单位要高度重视政府信息与政务公开工作，在领导小组统一领导下，做好政务公开工作，明确分管领导，配齐配强政务公开工作人员，建立健全协调机制，切实抓好工作落实。（办公厅牵头负责，业务司局按职责落实并归口指导直属单位）

（二）加强经费保障

适当增加政务公开工作经费，逐步通过引入第三方机构对政务公开质量和效果进行评估，进一步推进政务公开工作。鼓励通过引进社会资源、购买服务等方式，提升政务公开专业化水平。（规财司牵头落实）

（三）加大考核监督力度

认真贯彻落实部领导关于政务信息公开批示要求，加大信息公开力度，研究解决我部信息公开方面存在的问题，力争尽快见到成效，取得较大进步。强化政务公开工作考核评估，把政务公开工作纳入绩效考核体系，加大分值权重，所占分值权重不低于 4%。年底前对省级环保部门落实政务公开情况进行检查。（办公厅牵头落实）

（四）完善激励问责机制

对政务公开工作落实好的部门，按照有关规定予以表彰；对公开工作落实不到位的部门，予以通报批评；对违反政务公开有关规定、不履行公开义务或公开不应当公开事项，并造成严重影响的，依法依规严肃追究责任。（办公厅牵头落实）

各部门、各单位要对照工作任务，结合自身实际，认真抓好贯彻落实。机关各部门要加强对派出机构、直属单位的归口指导，落实情况要及时跟踪问效，部办公厅视情检查落实情况。

关于转发《江苏省分类处理环境信访诉求问题法定途径清单》的函

环办厅函〔2016〕119 号

各省、自治区、直辖市环境保护厅（局）：

为深入推进信访工作制度改革，把信访纳入法治化轨道，江苏省环境保护厅结合实际，制定了《江苏省分类处理环境信访诉求问题法定途径清单》，内容比较全面，有特色、有创新，现转发给你们供参考。请结合本地实际，抓紧制定本地区法定途径清单，把中央信访改革要求落到实处。

附件：关于印发《江苏省分类处理环境信访诉求问题法定途径清单》的通知（苏环发〔2016〕1号）

环境保护部办公厅
2016年1月19日

附件

关于印发《江苏省分类处理环境信访诉求问题法定途径清单》的通知

苏环发〔2016〕1号

各市、县（市、区）环保局：

为贯彻中央和省委、省政府关于信访制度改革精神，落实环保部《关于改革信访工作制度依照法定途径分类处理信访问题的意见》（环发〔2015〕111号），厘清环境信访受理范围，规范信访工作秩序，提高环境信访工作法治化水平，结合我省实际，我厅制定了《江苏省分类处理环境信访诉求问题法定途径清单》，已经厅务会审议，并报省信访联席会议办公室、省政府法制办公室会审同意，现予印发，并对我省依照法定途径分类处理环境信访诉求问题提出如下意见。

一、统一思想认识，积极推进环境信访制度改革

党的十八届三中、四中、五中全会从全面推进依法治国的战略高度提出强化法律途径在维护群众权益、化解社会矛盾中的权威地位，引导和支持群众理性表达诉求、依法维护权益，逐步把信访纳入法治化轨道。近年来的信访工作实践表明，深化信访制度改革需要法治定向，信访法治化是破解信访难题的必然选择。群众提出诉求时，只要现行法律对诉求的处理途径已经做出规定的，就应当通过既有的法定途径解决问题，而不能以信访程序代替法律程序。

长期以来，我省环境信访工作存在着投诉与信访不分、法定渠道不畅、合法信访与违法信访及非访不清、受理范围宽泛、群众信访不信法、信上不信下、以访施压牟利敛财、司法机关做出判决后继续闹访、借环境举报投诉排斥和打击同行、甚至存在将举报投诉作为发泄个人私愤的手段等问题，严重制约着我省环境信访工作有序推进，严重影响着群众

合法权益的维护。因此，扎实推进依照法定途径分类处理环境信访问题，是贯彻落实党中央、国务院和省委、省政府关于信访制度改革的重大举措，是攻克环境信访工作难点、推进环境信访工作有序开展的必然要求，也是推进“法治江苏”建设的重要内容。

依照法定途径分类处理环境信访问题，有利于厘清各行政部门、行政部门内部各层级、行政部门与司法机关之间的职责分工，增强职能部门依法行政意识，引导群众理性维权，维护信访秩序；有利于落实各级环保部门责任，提高环境监管效率和质量；有利于及时就地解决群众反映的环境信访问题，将矛盾纠纷化解在基层；有利于转变部分群众存在的信访不信法、信上不信下的观念，推进信访工作法治化改革势在必行。

二、准确把握信访问题属性，分类导入法定途径处理

综合群众反映对象、具体诉求以及法律法规授权等因素，经过梳理，将环保部门面对的信访问题分为环保业务类、复议诉讼类、环境信访类和非环保部门职能类。各单位要坚持法定职责必须为、法无授权不可为的原则，根据当地政府“三定”方案及工作分工，准确把握各类信访问题的属性，分类导入法定途径处理。

（一）环保业务类

1．群众举报企事业单位和其他生产经营者存在环境违法行为，违反“三同时”制度，中介机构不规范，申请调解环境污染损害纠纷，要求公开政府信息，应环境保护部门公示邀请提供违法线索或提出工作建议等属环保业务类事项。主要特征是，举报投诉的对象是排污企业、项目建设单位、中介机构等。实际是为环境执法、许可等业务工作提供线索。举报投诉对象（或者纠纷另一方）不是《信访条例》第十四条规定的机构和人员，不适用信访处理程序，而应当适用环境保护法律法规规定的业务工作程序办理。此类举报投诉事项不得按信访程序办理，防止剥夺举报投诉人法定的复议诉讼权利。

2．分类导入法定途径：对环保业务类事项，由负有直接监督管理职责的环境保护部门导入行政执法、行政许可、行政调解、信息公开等途径处理。对举报企事业单位和其他生产经营者违法排污、违反“三同时”等环境管理制度的，由负有环境监管执法职责的部门开展调查，对违反环境监管规定的，结合行政许可工作处理；对涉嫌环境违法的，结合行政处罚工作处理；反映中介机构未按规范、标准从事监测、评价业务的，由负责所涉案件调查处理、所涉项目行政许可的环境保护部门纳入业务工作处理；要求排污单位赔偿环境污染损失的，由当地环境保护部门导入行政调解途径办理；可以通过公开信息解疑释惑的，由制作信息的环境保护部门主动或依申请公开信息。

3．答复（告知）：对环保业务类事项，仅举报企事业单位环境违法行为，举报人无具体环境权益诉求的，由具体承办部门用“举报事项答复函”向举报人反馈调查处理结果；在举报企事业单位环境违法行为的同时，有具体环境权益诉求的，用“投诉事项答复函”向投诉人反馈调查处理结果；对申请调解环境污染损害纠纷的事项，用“调解纪要”或者“调解答复函”反馈结果。通过电话、网络、微信、走访等渠道举报投诉的，可以通过原渠道以及回访、座谈会等方式反馈结果。

举报（投诉）人不服答复意见继续举报（投诉）的，由做出原调查处理意见的环境保

护部门书面告知其可以依照《行政复议法》《行政诉讼法》《侵权责任法》等法律法规的规定，就导致环境污染损害的排污行为提起民事诉讼，或者就引发纠纷的具体行政行为申请行政复议或者提起行政诉讼。

（二）复议诉讼类

1．群众与企业发生环境民事纠纷，经当地环境保护等部门调查处理、调解后，未达成协议，或者达成协议后反悔；与环境保护部门发生行政纠纷，经调查处理后，诉求人仍坚持变更、撤销引发纠纷的原具体行政行为；已经进入诉讼、行政复议程序等属复议诉讼类事项。主要特征是，对环境保护部门做出的具有法律效力的行政许可、行政处罚等行政行为不服，或者对行政复议机关、司法机关做出的决定、判决（裁定）不服，要求变更或撤销；或者要求排污单位赔偿损失；或者主张国家赔偿等。这类事项，只能通过行政复议、行政诉讼、民事诉讼等法定程序对原行政行为进行审查，得出维持、变更或者撤销的结论，或者对环境污染损害纠纷做出判决。

2．分类导入法定途径：对复议诉讼类事项，由做出行政许可、行政处罚、行政调解等具体行政行为的环境保护部门，告知诉求人依法申请行政复议或者提起诉讼。

3．答复（告知）：对复议诉讼类事项，用“复议诉讼事项告知函”告知。

（三）环境信访类

1．群众对各级环境保护部门及其工作人员的职务行为反映情况，提出建议、意见的事项。主要特征是，反映对象为环境保护部门（含派出机构、直属单位）或其工作人员。一般是对已反映的环保业务类事项处理结果不满，请求上级督促责任单位改正、补救，或者对环境保护部门体制机制、治理规划、办事制度、工作成效，或者工作人员工作方法、作风等方面有意见，建议环境保护部门改进的事项。这类事项符合《信访条例》第十四条规定，适用信访处理程序办理。

2．分类导入法定途径：对环境信访类事项，由有权处理的环境保护部门按照《信访条例》规定的程序办理。对申诉求决、检举类事项，由被反映单位上一级环境保护部门调查核实，或者由其责成被反映单位自行调查核实并报告结果，由调查核实的环境保护部门答复信访人。对检举环保工作人员违反党纪政纪的事项，按干部管理权限转行政监察部门。对属于本部门职能、符合政策法规、具备实施条件的建议予以采纳。

3．答复（告知）：对环境信访类事项，用“信访事项答复函”答复，并提示信访人申请复查复核的权利。

（四）非环保部门职能类

1．群众从“大环保”概念出发，为市容环境卫生、野生动植物保护、水土保持、河湖管理、节水节能节地、淘汰落后产能等工作提供违法线索、提出请求或者意见建议，对资源综合利用、发展新能源和“环保”型产品提出建议等属非环保部门职能类事项。这些事项与保护环境有关系，但不属于环境保护部门职能，依法应当由其他负有环境保护监督管理职责的部门核查，确定适用何种程序处理。另外，鉴定、推广环境治理技术或设备等事项不属于政府职能，属于市场调节范畴。

2．分类导入法定途径：对非环保部门职能类事项，引导群众向当地主管部门、政府信访机构反映，并说明理由。群众反映“大环保”问题的同时，反映有部分属于环境保护部门职能内容的，负有直接监督管理职责的环境保护部门应当受理该部分内容。对技术（设备）论证（鉴定）、专利转让、推广等非政府职能的事项，引导群众按市场机制寻求合作。

3．答复（告知）：通过群众举报原渠道告知投诉人通过法定途径向相关部门投诉。

三、抓好关键环节，坚持法定途径优先

（一）制订本地区的“法定途径清单”。各级环境保护部门要根据国家和地方法律法规以及本级政府部门的“三定”方案，结合本部门权力、责任清单，对信访诉求问题进行梳理分类，在当地政府的领导和信访、法制部门的指导下，对本地区多发问题进一步细化，制订符合本地区特点的“法定途径清单”，在媒体上发布、宣传，在信访接待场所公布、发放。

（二）坚持法定途径优先。对群众反映属于环境保护部门职能的环保业务类、复议诉讼类的事项，优先导入法定途径办理。把适用信访处理程序的事项限定在《信访条例》第十四条规定的范围内，防止环保业务类、复议诉讼类事项“倒流”进信访途径。对应该导入或已经导入司法程序的举报投诉，环保部门不再受理。对非环保部门职能类的信访问题，市县环保部门接到此类事项后，要及时引导群众向当地有管辖权的部门反映，或按本级政府规定程序转送同级主管部门。

（三）加强部门协调联动。各级环保部门要加强内部沟通，做好各环节之间的衔接配合，确保群众反映的环保业务类、复议诉讼类、环境信访类事项，有人受理，有人查处，防止“挂空挡”现象；对省环保厅许可的事项，省厅各相关处室局、直属单位要积极会同当地环保部门进行分类处理；对非省厅许可的事项，按照“属地管理、分级负责，谁主管、谁负责”的原则，由属地环保部门及时就地进行分类处理；对非环保部门职能类事项，要加强与本级党委、政府信访部门及其他职能部门的协调联系，建立沟通反馈机制，充分利用国家信访信息系统，做好通过法定途径分类处理信访投诉请求工作；对涉及多部门、疑难复杂的信访投诉请求，可报请同级信访工作联席会议协调处理，与相关部门共同做好判定、引导和相关处理工作。

（四）加强和改进环境污染纠纷行政调解工作。深刻认识和理解新形势下加强行政调解工作的重要性和必要性，建立健全行政调解和人民调解、司法调解等多元调解机制，充分发挥行政调解的主力作用，确保调解工作规范有序，高效运行。对群众自愿要求申请环保部门对污染纠纷进行行政调解的，在合法、平等的原则上，切实发挥环境行政调解优势，有效化解矛盾，解决争议。

（五）加强和改进行政复议工作。依据《行政复议法》和《行政复议法实施条例》，各级环保部门行政复议机关要加强对行政复议工作的领导和队伍建设，配齐配强行政复议工作力量，规范行政复议程序，简化申请手续，建立完善听证、回避、公开以及权利告知等制度，注重运用调解方式结案，提高行政复议办案质量，提升行政复议的社会公信力，把更多的行政争议纳入行政复议渠道，凡是符合受理条件的，必须受理。

（六）加强环境执法和项目审批许可工作。对举报投诉的环保业务类事项，环境执法

人员要按照“三不（不定时间、不打招呼、不听汇报）、三直（直奔现场、直接督查、直接曝光）”的要求，建立从现场检查、处理处罚、问题整改、后续督察到信息公开的完整执法链，实现执法闭环，确保存在问题解决到位，消除重复举报投诉。项目审批许可要切实落实好群众参与环节，真正把与项目利益相关的群众作为调查对象，坚决杜绝群众参与环节造假和“图形式、走过场”的行为，降低环境举报投诉的概率。

（七）加强政府信息公开，积极回应社会关切。办理部门要坚持信息公开，按照“谁办理、谁答复、谁公开、谁负责”的原则，依据相关规定，做好答复（告知）和信息公开工作。对群众普遍关注、媒体曝光或经多次处理回复仍不息诉罢访的，负责调查处理的环境保护部门在不泄露国家秘密、当事人隐私、商业秘密的前提下（但诉求人提出具体诉求，环保部门在解决其诉求过程中无法保密的除外），可以向基层政府、街道、村委会举行诉求听证，或者将调查处理结果在媒体上公布，接受公众监督。

（八）遵守法定办理期限。除法律法规另有规定外，各类环境信访问题应当自受理之日起60日内办结，情况复杂的，经本机关负责人批准可延长至90日内办结。一时不能完全查清、处理到位的，可以分步向信访诉求人通报办理进展。

（九）深入做好宣传引导。依照法定途径分类处理信访投诉请求，是新形势下规范信访工作的新举措。各级环保部门要通过门户网站、召开新闻发布会、媒体通气会等方式向社会公开法定途径分类处理清单，在接待场所印制宣传手册，张贴分类处理工作流程图，增加工作透明度，提高公众知晓率，营造有利于工作开展的舆论氛围，逐渐形成社会共识。同时，要加强干部培训，环保工作人员要破除长期形成的惯性思维，运用法治思维和法治方式处理各类信访问题，积极引导群众通过法律程序、运用法律手段解决诉求，推动形成办事依法、遇事找法、解决问题用法、化解社会矛盾纠纷靠法的良好环境。

（十）依法处理环境信访活动中的违法行为。各级环保部门要按照省高级人民法院、省人民检察院、省公安厅关于依法处理信访活动中违法犯罪行为的指导意见要求，运用法治思维和法治方式依法解决越级上访问题，依法处理环境信访活动中的违法问题，切实维护公共社会秩序和信访秩序。坚持以事实为依据，以法律为准绳，教育和处罚相结合的原则，坚持依照法定途径分类处理环境信访问题。对缠访、闹访、无理访和越级上访等扰乱、破坏正常办公秩序的，经劝阻、教育、批评无效的，及时通知当地公安部门依法处理；经劝阻、教育无效仍滞留信访接待场所或有在机关办公场所周围非法聚集等行为的，及时通知信访人户籍所在地公安部门依法处理。

四、加强组织保障，确保工作取得实效

（一）加强环境信访机构建设。信访工作是党和政府的一项重要工作，是构建社会主义和谐社会的基础性工作。环境信访问题是环境保护工作的“晴雨表”，是环境污染问题是否严重的“风向标、试金石”，是环保部门了解社情民意、掌握环境违法线索的重要渠道。我省国土面积小、化工和制造业企业多、经济发展快，加之乡村企业布局不合理，环境信访量呈逐年上升态势，且始终在高位运行，基层环境信访机构建设和人员配备严重滞后与新形势下信访工作要求之间的矛盾日益突出。为适应当前环境信访工作法制化的新形势、新情况，在各级环保部门内应当设立环境信访工作机构，配齐配强信访工作人员，打

通环境信访工作的“最后一公里”，破解环境信访工作瓶颈，解决人员“小马拉大车、人少事情多”的尴尬局面，切实保障依照法定途径分类处理信访问题的工作顺利开展。

（二）打造“阳光信访”信息平台。加大网上受理环境信访的宣传和推进力度，把网上信访打造成群众提出投诉请求、反映意见建议的主渠道。依托环保部环境信访信息系统、12369环境举报电话和环保微信举报平台，建设具有江苏特点的环境信访信息系统，实现业务流程标准化、处理过程透明化、统计分析智能化，实现办理过程和结果可查询、可跟踪、可督办、可评价，并与国家信访信息系统互联互通，数据共享，切实把来信、来访、来电、网上投诉举报等不同形式反映的信访事项，统一纳入“江苏环境信访信息系统”流转，实现对所有形式的信访全覆盖。

（三）切实落实领导干部接访下访包案制度。认真执行《关于及时就地解决环境信访突出问题提高群众满意度的意见》（苏环办〔2014〕162号）要求，严格落实领导干部信访工作“一岗双责”，落实好领导干部接访、下访和包案制度。在坚持公开定点定时接访的同时，采取重点约访、专题接访、带案下访、下基层接访、领导包案、包片等方式，注重实效，解决问题。环保系统领导干部对于分管领域内的重大疑难信访事项要亲自包案，对分管领域内的信访突出问题要亲自牵头专项治理，对信访工作局面被动的地区要亲自调度指导。各级环保部门领导干部接访下访包案情况，应当提前公示，方便群众信访，接受社会监督。

（四）加强教育培训。环保部门工作人员对分类处理工作的认识、理解和掌握是落实此项工作的关键。各地要加强干部培训，采取举办培训班、开展专题讲座等方式，教育工作人员准确把握分类处理工作要求，增强主动性和自觉性，提高运用法治思维和法治方式分类处理环境信访问题的能力，确保工作落到实处、见到实效。

（五）加强督导检查。各级环保部门要依据本《通知》，有计划地组织实施并抓好落实，要加强对下级部门的指导，对工作落实不到位，办事不合理或工作人员行为不规范的，应当督促有关部门、人员及时进行整改。省环保厅将依照法定途径分类处理环境信访诉求问题的工作纳入督查考核范围，重点考核分类处置、依法办理等情况。同时结合我省实际，将环境信访机构建设、人员配备情况一并纳入考核。

（六）改革环境信访工作考核制度。结合党的“三严三实”教育活动，依据《江苏省分类处理环境信访诉求问题法定途径清单》，改革环境信访工作考核办法，规范信访数据统计方法。

各级环保部门要注意研究新问题新情况，不断完善本地区“法定途径清单”和工作程序，及时向省厅提出深化信访制度改革的意见建议。

本通知自印发之日起施行。省环保厅之前有关信访文件中规定、要求与本通知不一致的，以本通知为准。

附件：1．江苏省分类处理环境信访诉求问题法定途径清单（略）

2．江苏省依照法定途径分类处理环境信访诉求问题流程图（略）

江苏省环境保护厅

2016年1月7日

关于印发《2015年度省级环保厅（局）政府网站绩效评估报告》的通知

环办厅函〔2016〕203号

各省、自治区、直辖市环境保护厅（局）：

为加强全国环保系统政府网站建设的规范性、科学性，促进环保系统政府网站整体质量提升，2015年11月1日至30日，我部组织开展了省级环保厅（局）政府网站绩效评估。现将评估报告（见附件）印发给你们，请根据评估结果和有关建议，结合本省（区、市）实际，进一步加以改进完善，不断提高政府网站建设管理水平。

附件：2015年度省级环保厅（局）政府网站绩效评估报告

环境保护部办公厅

2016年1月27日

附件

2015年度省级环保厅（局）政府网站绩效评估报告

（环境保护部　2016年1月）

一、基本情况

为促进全国环保系统政府网站工作的规范性、科学性，提升环保系统政府网站工作整体水平，环境保护部继续积极引导、以评促建，利用绩效评估手段，推动环保系统政府网站建设与管理。2015年10月，印发《关于开展2015年度省级环保厅（局）政府网站绩效评估工作的通知》（环办函〔2015〕1623号），并委托环境保护部信息中心连续九年开展省级环保厅（局）政府网站绩效评估工作。

这次评估于2015年11月启动，历时1个月。评估范围涵盖31个省、自治区、直辖市环保厅（局）政府网站。评估指标保持以往评估指标体系框架，以信息公开、在线服务、政民互动三大功能定位为主，同时本着一手促建设，一手促管理的原则，继续设置网站建设和管理指标项，从栏目设置与功能服务、制度建设以及网站安全等方面进行评测，推动各地网站建设与管理工作发展，保障网站正常运行。评估继续关注网站特色功能，新增“上下联动”指标，目的是促进各地环保厅（局）与部政府网站信息共享和互动。

评估采取网络访问、用户体验、安全扫描和专家评议相结合的方式进行。其中，网络访问指对于“信息公开”指标，组织信息技术专家与环保专家登录各地网站，对照评估指标体系进行打分并根据各地提交的网站建设报告进行人工核查。用户体验是指对于“在线服务”“政民互动”以及网站建设与管理部分指标，组织信息技术专家登录各地网站，模拟用户进行体验并对照评估指标体系逐项进行打分。安全扫描指对于“网站安全”指标，委托信息安全服务机构对各地网站进行安全扫描并根据扫描结果进行打分。专家评议指对于“特色服务”“上下联动”指标和网站各项制度建设情况，由不少于 5 名专家组成专家评审委员会，根据各地上报内容，在专家评审会上进行综合评议。

评估结果显示，2015 年省级环保厅（局）政府网站工作与时俱进，各地努力适应环保工作发展的形势和要求，重视网站建设与管理，积极利用新技术提升网站服务能力和服务水平，较好地迎合了用户需求。信息公开的广度和深度进一步增强，信息发布量大，内容充实，重点信息公开要求得到进一步落实。网站在线办事服务功能整体水平较高，政民互动效果明显提升。网站安全防护体系建设、安全防护手段得到加强。12 个省级网站实施改版，升级后页面设计简约。

通过评估，也发现了政府网站建设与管理工作中还存在的一些问题，如部分网站管理制度建设滞后，缺乏运维保障；部分网站长期忽视安全防护体系建设，网站存在安全风险；一些网站运行维护管理不到位，信息更新不及时、不全面，影响网站权威性和影响力。这些问题需要在下一步工作中予以重视，及时整改，加以弥补。

二、评估结果及分析

（一）综合分析与评价

在参评的 31 个省级环保厅（局）政府网站中，湖北、浙江和广东三省表现出色，综合绩效得分率超过 80%。北京市、上海市、江苏省、山东省、河南省、重庆市、陕西省位列前十（按行政区划排序），综合绩效得分率在 77%以上。天津市、河北省、内蒙古自治区、安徽省、福建省、湖南省、广西壮族自治区、海南省、四川省、贵州省、云南省、青海省综合绩效得分率在 70%以上。除西藏自治区外，山西省、辽宁省、吉林省、黑龙江省、江西省、甘肃省、宁夏回族自治区、新疆维吾尔自治区综合绩效得分率在 64%以上。

湖北省综合绩效得分率为 86%，列第一位。网站信息公开、在线服务、政民互动、网站建设和管理、上下联动和特色服务得分都进入前十。2015 年网站优化了栏目设置和页面设计，内容更新及时。网站信息公开得分率高，信息公开契合重点信息公开以及评估内容要求。网站制度体系较为完善，上下联动工作开展情况好。

浙江省综合绩效得分率为 82%。网站页面设计简洁醒目，公众服务功能突出。公众互动渠道畅通，互动交流实现在线查询、处理跟踪等功能，用户体验度高。网民关注的环境空气质量等信息的发布，形式直观，获取便利。

广东省综合绩效得分率为 81%。网站功能建设及制度建设等基础性工作成绩突出，效果显著。网站呈现的信息服务形式多种多样，覆盖面广。“图说环保”等专题形式直观简洁地向公众传达了环保政策法规、污染治理措施等信息，体现了网站的亲和力、吸引力，获得公众好评。

在参评的 31 个省级环保厅（局）政府网站中，山东省、安徽省、内蒙古自治区、海南省相对于其他省（区、市）进步显著。

山东省综合绩效得分率超过 78%，政民互动和上下联动指标得分较为领先。2015 年，山东调整栏目设置，优化网站设计，网站页面更为简洁，栏目设置更具针对性，信息更新更为及时，在线服务更重实效。在互动交流版块，网站创造性地开辟了网上信访平台，整合全省信访资源处理投诉问题，极大提高了环境信访办结效率。截至 11 月底，网上信访平台共处理网上环境投诉 3551 条，且回复质量高，公众满意度好。

安徽省综合绩效得分率超过 76%，其中在线服务和特色服务分项得分都进入前十。2015 年，安徽省对门户网站进行了升级改版，对界面风格、栏目架构进行优化调整，深度整合网站信息公开，依据重点信息公开要求设置栏目。测评中，信息公开、政民互动、网站建设与管理指标得分显著提高。此外，安徽省环保厅被安徽省政府列为安徽省权力清单平台建设试点单位，所有权力事项均开通网上在线办理。因此，2015 年安徽省环保厅网站在线服务得分提高较快。

内蒙古自治区综合绩效得分超过 74%。网站通过改版突出了在线办事查询和场景式服务大厅功能，以专题栏目形式公开了内蒙古环境监测数据、内蒙古空气质量实时数据和污染源环境监管信息，新接入了污染源环境监管信息公开系统，接受公众监督，环境信息主动公开力度进一步加大。

海南省生态环境保护厅于 2015 年 7 月建站，信息公开、在线服务、政民互动功能建设情况较好。其中在线服务功能表现卓越，用户体验感受良好。

西藏自治区环保厅政府网站仍处于起步建设阶段，在网站功能建设、信息公开与服务，政民互动等方面还存在较大差距，综合绩效得分率低于 30%。

整体情况看，参评的 31 个省级环保厅（局）政府网站的综合绩效平均得分率为 72%，得分高于平均分的省份有 19 个，占比超过 61%。西藏自治区环保厅网站未达到及格分，且远低于其他省（区、市）网站绩效得分。除西藏外，综合绩效最高分与最低分之间相差 22 分，各省份网站建设水平虽有差距，但与上年相比呈缩小趋势。在政府网站的三大核心功能中，信息公开和政民互动平均得分率均比上年略有提升。

信息公开平均得分率为 80%，得分高于平均分的省份有 22 个。其中湖北省得分率最高，为 87%。其他分别是北京市、天津市、河北省、内蒙古自治区、辽宁省、黑龙江省、上海市、江苏省、浙江省、福建省、安徽省、江西省、山东省、河南省、湖南省、广东省、广西壮族自治区、重庆市、贵州省、云南省、陕西省，表明省级网站重视政府信息的发布工作，信息发布力度大、发布及时。

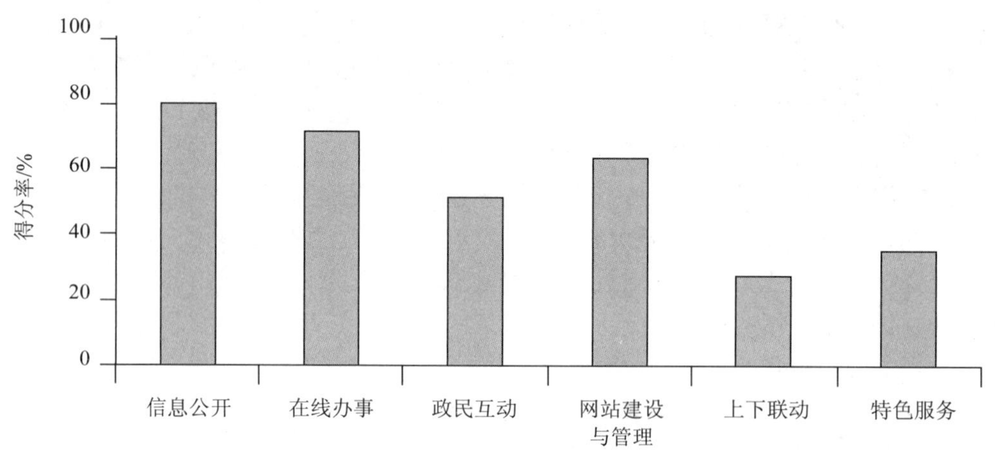

图 1　2015 年省级环保厅（局）政府网站绩效一级指标平均得分情况

在线服务方面，31 个省级网站平均得分率为 74%，广东省占据领先地位，得分率为 95%。包括广东省在内，北京市、河北省、山西省、上海市、江苏省、浙江省、福建省、江西省、湖北省、湖南省、广西壮族自治区、海南省、重庆市、四川省、陕西省、青海省和新疆维吾尔自治区等 18 个省（区、市）得分率在平均值以上。除西藏自治区外，30 个省级网站现已具备较高水平的在线服务能力，注重办事资源整合，根据用户类型和用户需求，不断提高服务水平。

政民互动方面，31 个省级网站平均得分率为 53%，得分高于平均分的省份有 16 个。尚有部分网站未设立相关互动渠道，一些已设立互动渠道的网站不能及时有效维护，对公众关注问题的反馈率低，对于热点问题不能及时发声，达不到应有的互动效果。上海、浙江、福建、湖北、山东等省（市）表现突出，得分率超过 73%。此外，北京市、天津市、河北省、吉林省、江苏省、安徽省、湖南省、广东省、广西壮族自治区、重庆市、四川省、青海省等 12 个省份得分率均超过平均值。

网站建设与管理平均得分率为 64%，得分高于平均分的省份有 15 个。湖北省、甘肃省、河北省、内蒙古自治区、新疆维吾尔自治区、浙江省等省（区）在制度建设、等保备案、网站安全体系建设方面得分较高，网站管理工作取得较大成效。其他省份包括北京市、吉林省、上海市、福建省、河南省、广东省、重庆市、贵州省、青海省得分超过平均分。从整体来看，各地网站建设与管理方面得分率普遍不高，与实际工作需求有很大差距，下一步还有很多工作要做，需要引起管理部门重视，进一步加大管理力度。

各省份环保厅（局）政府网站在栏目设置与功能建设方面的表现依然较好，平均得分率为 79%。内蒙古自治区、上海市、福建省、广东省、湖南省、重庆市、新疆维吾尔自治区等获得较高的认可度。

特色服务方面，平均得分率为 35%。各地网站特色服务功能虽然增多，并且用户体验效果较好，但一些功能特色消失，逐步成为具有普遍意义的功能。江苏省处于领先地位，内蒙古自治区、上海市、浙江省、安徽省、湖北省、广东省、重庆市、四川省、云南省、陕西省和青海省得分超过平均值。

上下联动平均得分率为 28%，天津市、山西省、吉林省、河北省、福建省、山东省、河南省、湖北省、湖南省、广西壮族自治区、重庆市、四川省、贵州省、云南省、陕西省、甘肃省、宁夏回族自治区和青海省得分相对较高，2015 年与部网站保持良好互动。

（二）信息公开情况分析

本次评估信息公开指标满分为 60 分，31 个省份平均绩效得分为 48.0，平均得分率为 80%。有 22 个省份信息公开情况较好，此项综合绩效得分超过平均分。北京市、河北省、黑龙江省、上海市、浙江省、福建省、山东省、河南省、湖北省、广西壮族自治区、重庆市、贵州省、陕西省得分率在 85%以上。

基本信息公开相对成熟，概况信息、新闻动态以及政策法规等平均得分率接近 90%。环境规划信息、环境统计信息得分率略低，分别为 67%和 72%。其他如环境标准信息、财政资金信息和人事任免信息等平均得分率分别为 78%、83%和 82%，公开情况较好。

重点信息公开中，环境质量信息公开情况最好。“六五”期间，除西藏自治区外，其余省份全部发布了本省（区、市）2014 年环境状况公报。湖南省每月发布一次环境状况信息。除个别省份，绝大多数网站都能及时发布行政区内水质信息。空气质量信息发布全覆盖，31 个网站行政区内重点城市空气质量新标准六项指标监测数据和空气质量指数（AQI）值信息均能及时发布更新。

建设项目环评信息公开继续保持力度大、时效强的状态，各地网站能够按照一定时限要求，主动公开建设项目环境影响评价报告书（表）的完整信息。环境影响评价相关法律、法规、规章及管理程序信息的平均得分率为 78%；建设项目环境影响评价文件受理情况及环境影响报告书（表）完整信息发布的平均得分率为 89%；建设项目拟审批意见以及审批决定信息公开平均得分率为 91%；建设项目竣工验收受理、拟验收意见以及验收决定信息公开得分率为 86%；环境影响评价资质审批过程以及环评机构基本情况信息公开平均得分率为 78%。

针对污染源监管八大类信息公开，大部分省份根据《污染源环境监管信息公开目录（第一批）》文件要求，建设相应的栏目和内容，信息丰富，更新及时。

国家重点监控企业信息重点评估本省（区、市）国家重点监控企业监督性监测年度报告以及企业自行监测信息发布情况，平均绩效得分率为 79%。

污染源监测信息包括三项评估要点，其中重点污染源基本信息平均得分率为 83%，国控重点企业污染源监督性监测结果信息平均绩效得分率为 87%，未开展污染源监督性监测的原因平均得分率为 66%。

总量控制信息包含三项评估要点，整体平均得分率为 74%。其中国家重点监控企业名单 88%，省级重点监控企业名单 73%，排污许可证发放情况 60%。

污染防治涉及强制性清洁生产审核企业名单、清洁生产审核情况、固体废物审批结果、危废督查考核不达标以及违法违规情况、废弃电器电子产品处理企业情况、重金属污染防控重点企业名单等内容，整体平均得分率为 70%。

排污费征收主要评估季度排污费征收信息公开情况，平均绩效得分率为 82%。

监察执法主要考察挂牌督办、国家重点监控企业废水、废气自动监控情况，整体平均绩效得分率 73%。

行政处罚指标评估要求各地网站公开行政处罚决定文件、限期改正决定及不执行处罚决定的企业名单，整体平均绩效得分率为 66%。

环境应急指标包括四项评估要点，整体绩效平均得分率为 69%。其中，突发环境事件应急预案公开发布情况较好，得分率为 85%。发生重大、特大突发环境事件的企业名单得分率为 59%，突发事件应对情况得分率为 68%，突发事件等级划分及应急预案备案情况得分率为 63%。

自然生态信息指标测评发布自然保护区及生态示范创建等信息的情况，平均得分率为 81%。

核与辐射安全监管信息的发布情况整体较好，绩效平均得分率超过 84%，比上年有较大幅度提升。

专题专栏建设指标主要考察本年度环保重点工作专题专栏建设情况，一些省份专题内容紧扣环保重点工作，图文并茂，得分率较高，平均绩效得分率为 73%。

此外，在信息公开保障方面，除西藏自治区外，30 个省级网站全部开设依申请公开渠道，信息公开目录建设及更新情况整体绩效达到 85%，公开指南和公开年报发布情况绩效超过 90%。

本次评估，信息公开指标中仅有一项平均得分率在及格线以下，为 59.5%。行政处罚的评估要点“直接做出的环境违法行为限期改正决定及不执行处罚决定的企业名单”栏目信息公开内容相应较少，公开效果相应较差。“本省（区、市）危险废物规范化管理督查考核不达标的企业名单、违法违规行为或不合格的指标”绩效平均得分率为 60%。

（三）在线服务情况分析

在线服务指标满分 15 分，31 个省份平均得分 11.1 分，平均得分率为 74%，广东省得分率最高为 95%。此次评估重点考察了在线服务的整体特性，包括服务全面性、人性化以及规范性，考察服务事项是否全面涵盖本部门的业务范围，是否能够顺应用户需求或习惯提供导航和办事资源，是否按照统一格式全面提供办事指南以及是否具有可查询功能等。北京市、上海市、江苏省、浙江省、安徽省、广东省、湖北省、海南省、重庆市、四川省等在线服务事项全面，人性化特征明显，办事指南同其他办事资源整合为办事用户提供了方便，获得了很高的认可度。

北京市、天津市、河北省、山西省、内蒙古自治区、辽宁省、吉林省、黑龙江省、上海市、江苏省、浙江省、安徽省、福建省、江西省、山东省、河南省、湖北省、湖南省、广东省、广西壮族自治区、海南省、重庆市、四川省、贵州省、云南省、陕西省、甘肃省、青海省、宁夏回族自治区、新疆维吾尔自治区 30 个省份办事能力强，界面友好。行政许可事项网上办理功能完善、有实效。“建设项目环境影响评价审批”和“建设项目竣工环境保护验收”的在线办理率达到 100%。对于在线办事所需的办事指南、表格下载、在线申报、状态查询和结果反馈等流程整合程度高，服务一体化能力强，企业和公众网上办事体验良好。

在线服务制度保障平均得分率较低，仅为 59%，办事的保障能力方面还存在一定的短板，制度建设需要进一步加强。

（四）政民互动情况分析

本次评估关注咨询投诉、征集意见以及在线交流 3 种互动类型，重点考察网站政民互动渠道建设情况、回应反馈情况以及反馈内容的质量，包括对热点环境问题的回应以及政策解读与分析。从互动的质量和数量测评政民互动的实现效果，同时考察咨询投诉处理与反馈制度的制定情况。

该项指标满分为 15 分，平均得分为 7.94 分，平均得分率仅为 53%，网站政民互动的整体水平有待提升。各地政府网站政民互动发展水平仍然不平衡，栏目建设情况参差不齐，橄榄球现象依然十分明显。湖北省得分率最高为 78%。有 7 个省（市）包括北京市、上海市、浙江省、福建省、山东省、湖北省、广东省政民互动整体水平处于领先地位，平均得分率在 70%以上；有 5 个省（市）包括吉林省、江苏省、安徽省、湖南省、重庆市平均得分率高于 60%；有 7 个省（区、市）包括天津市、河北省、广西壮族自治区、四川省、云南省、陕西省和青海省平均得分率高于 50%；西藏自治区没有开设互动渠道，网上政民互动工作基本空白。

政民互动指标重点考察网站政民互动渠道建设情况、回应反馈情况以及反馈内容的质量，包括对热点环境问题的回应以及政策解读与分析。各地咨询投诉、征集意见、在线交流栏目建设情况较好，对于信件处理与反馈的更新数量与质量较上年有较大提升。其中湖北省、山东省、浙江省、上海市、福建省、北京市、广东省、河北省、重庆市咨询投诉反馈数量超过 500 条，最高多达 3600 余条，反馈质量较好，获得较高认可度。

从单项指标来看，在线咨询栏目建设和工作开展情况较好，平均得分率为 62%。各地对于网上信件处理与反馈的更新较为及时，反馈数量较上年有较大提升。投诉举报处理结果反馈质量的评测，平均得分率为 55%，北京市、浙江省认可度最高。

政民互动制度保障情况持续改善，平均得分率为 66%。除西藏自治区外，其他 30 个省份均出台了政民互动相关制度或相关条款，其中上海市、浙江省、广东省、湖北省制度保障体系相对完善。

网上调查开展情况相对较好，平均得分率为 58%。除西藏自治区外，其他 30 个省份全部开设网上调查栏目。部分省份网上调查数量较以往有所增加，调查结果公布形式更加多样化。民意征集栏目平均得分率 32%，各地栏目建设仍有较大提升空间。各地通过网站征集网民意见次数比较少，网站缺乏对征集意见结果的反馈。

直播访谈平均得分率为 51%，整体水平较上年有所提升。对于回应关切和政策解读指标，各地栏目建设情况仍不理想，平均得分率仅为 34%和 46%。

（五）网站建设与管理

网站建设重点测评网站栏目设置与功能服务带给用户的体验效果。网站管理关注制度建设以及安全防护。该项指标满分为 6 分，平均得分率为 64%。其中，制度建设指标平均得分率为 84%。2015 年网站管理和运行维护制度体系越来越完善，各地通过制度保障较好地落实了网站建设与运维责任。云南省、广东省出台的网站管理办法和制度内容全面翔实。浙江省、安徽省、湖北省以及广西壮族自治区等省（区）制度建设走在前列，也有个别省份没有提交相关制度报告。

评估显示，2015 年各地在网站栏目设置与功能服务方面做了大量工作，天津、山西、内蒙古、辽宁、黑龙江、安徽、福建、广东、重庆、贵州、陕西、甘肃 12 个省（区、市）开展了网站改版工作。河北、浙江、山东、湖北、四川、云南、青海、宁夏、新疆 9 个省（区）进行了网站栏目调整。从用户的角度出发调整栏目设置和界面风格，设计理念更加人性化，栏目精简，布局清晰。各地立足不断扩展用户覆盖面满足不同用户需求，积极利用新技术提升网站服务能力和服务水平。

网站安全管理不断加强，各地先期已经开展了网站信息系统安全等级保护定级、评审、备案、整改等工作。评估期间，组织对 31 个网站进行了安全扫描。结果显示，甘肃省情况最好，网站没有发现高、中风险漏洞。河北省、河南省、湖北省、广东省、重庆市、贵州省以及新疆维吾尔自治区 7 个网站没有发现高风险漏洞，但存在中风险漏洞。其余 23 个省级网站均不同程度存在高风险漏洞，网站安全防护工作没有做到位。

（六）上下联动情况分析

该指标结合开展上下联动的具体措施，主要测评 2015 年各地网站向部网站报送工作动态的数量和质量，目的是推动系统内部纵向信息资源共享进程。该项指标满分 2 分，平均得分率为 28%。河南省报送数量最多，达 846 条；山东省其次，报送 548 条；重庆市、青海省、云南省、陕西省、吉林省报送数量达 400 条以上。上下联动平均得分率为 28%，天津市、山西省、吉林省、河北省、福建省、山东省、河南省、湖北省、湖南省、广西壮族自治区、重庆市、四川省、贵州省、云南省、陕西省、甘肃省、宁夏回族自治区、青海省等得分相对较高，2015 年与部网站保持了良好的互动。

（七）特色服务情况分析

该指标主要测评“信息公开”“在线服务”“政民互动”指标以外的，网站有特色的功能建设、技术应用。根据特色功能的服务特色、服务功能以及技术实现方式等进行打分评判，满分为 2 分。各省份平均得分为 0.7 分，平均得分率为 35%。江苏省、浙江省、湖北省、广东省、重庆市、四川省、云南省、青海省等网站特色服务开展情况较好，特色功能涉及的技术和应用覆盖面广，得分率在 50%以上。

2009 年起，“特色服务”指标被纳入省级环保厅（局）政府网站绩效评估指标体系，目的是引导、鼓励网站服务功能拓展和技术应用创新。从近年来实践看，对各地网站发展起到了一定的引导与示范作用。

2009 年开始出现的典型特色服务事项，如场景式导航服务、网站手机版、地理信息系统（GIS）查询服务等已逐步发展成为各地网站普遍具备的功能。

2012 年，细颗粒物（$PM_{2.5}$）监测数据引起广泛关注，北京、河北、江苏、浙江和广东等 5 省（市）率先在网站开设了相关数据的发布平台。到 2015 年，此项服务成为各地网站必备的功能。

2010 年出现首例特色功能“官方微博”。到 2015 年，微博、微信等新媒体信息发布形式已发展到 17 例，覆盖面达到 55%。有的网站提供“二维码”扫描功能，可以方便公众利用掌上手机终端，浏览环保焦点新闻、污染举报、空气质量状况等信息。

2015 年，更多省（区、市）实现网站特色功能创新。网站围绕公众关心的空气质量信息及网上办事等开展移动端服务，推出了我的 $PM_{2.5}$ 手机 APP，人人环保 APP，空气质量 APP 以及环境保护 APP 等面向移动端的服务，并且在数据层面与网站进行了整合。

除 AQI 等数据发布外，一些省份实现了空气质量的预报、污染天气的预警功能。如重庆市网站推出的空气质量预报功能，从用户体验角度出发，采用了极具亲和力的卡通人物表情及服饰配合进行空气质量预报预警，不仅有利于环保部门预判环境空气质量发展趋势，提高大气污染防治的预见性和针对性，进一步改善空气质量，也方便了市民提前预知次日空气质量，合理安排生活出行，切实维护群众健康和环境权益。此外，开设“内容订阅”“无障碍浏览”等功能的网站数量增加。湖北省期刊在线阅读功能及即时在线交流功能独树一帜。

三、结论与建议

（一）主要结论

2015 年省级环保厅（局）政府网站建设与时俱进，各地持续优化建设模式，依托新技术应用助力服务理念的实现，服务体系、表现形式进一步突破创新。网站管理保障网站良性运转，满足了社会公众日益增长的需求。

1. 各地网站继续深化信息公开，信息发布的及时性、全面性进一步增强。基本信息公开全面、有时效，重点信息公开贯彻落实较好，重点领域信息公开成效明显。多数网站集中加大了对建设项目环评、污染源监管信息等公众关注的热点环境信息的公开力度。污染源环境监管信息公开要求进一步得到落实，空气质量、水环境质量监测信息的公开全面普及。

2. 网站在线服务覆盖面略有提升，在线办事功能日臻完善，服务一体化程度达到较高水准。部分省份网站不仅建设网上办事大厅，还通过场景服务和移动端为公众提供更直观、准确的在线服务。政民互动效果日益提升，智能化交流平台作用突显。各省份继续整合在线咨询投诉渠道，明确网上投诉以及在线咨询答复期限，注重反馈效率，咨询投诉答复数量和质量进一步提升。

3. 网站设计体现以用户为中心理念，风格趋向简约、有亲和力。2015 年各地在网站栏目设置与功能服务方面做了大量工作，多个网站改版，从用户的角度出发调整栏目设置和界面风格，设计理念更加人性化，栏目实用，布局合理，用户体验良好。

4. 网站安全防护体系需进一步完善。虽然大部分省、直辖市、自治区都建立了较完备的网站安全等级管理制度，开展了网站信息系统安全等级保护定级、评审、备案、整改等工作，但网站还不同程度存在风险漏洞，面临安全威胁，网站安全防护工作需要加强。

5. 各地立足不断扩展用户覆盖面以及不同用户类型，积极利用新技术，促使网站服务能力和服务水平得到较大提升，较好地迎合了用户应用需求。但特色服务创新减弱，2015 年特色功能多继承之前的功能服务，与时俱进的特色服务仍需要进一步突破、创新。

（二）建议

一是继续加大网站环境信息公开力度。不断完善信息内容支撑体系，做好政策解读以及社会热点回应，提高网站应对突发环境事件以及重污染天气的舆论引导能力。同时应继续创新在线服务模式，精准感知用户需求，建立基于智能感知的“一站式”公共服务平台，寻求大数据网站应用的新突破和新发展。继续加强网站安全管理，提高网站安全防护能力，确保网站安全稳定运行。

二是开展“指尖上的公众服务”，实现从传统单一媒介平台为主向立体化多功能平台转型，促进政务信息公开及传播。努力提供面向主要社交媒体的信息分享服务，加强手机、平板电脑等移动终端应用服务，积极利用微博、微信等新技术新应用传播政府网站内容，方便公众及时获取政府信息。

三是主动适应环境保护工作的新形势，进一步强化服务理念，提高对社会公众需求的响应水平。网站功能建设应向智能化发展，通过运用先进的技术手段，能够有效、敏锐感知公众需求，学习电子商务模式，提供个性化主动推送的服务，确保公众能够及时、准确获取政府网站资源，体现政府亲民形象，提高网站互联网影响力、亲和力和群众满意度。

关于开展2016年度省级环保厅（局）政府网站绩效评估工作的通知

环办厅函〔2016〕1834号

各省、自治区、直辖市环境保护厅（局）：

为深化环保系统政务公开，加强环保系统政府网站建设与管理，我部计划于2016年11月开展2016年度省级环保厅（局）政府网站绩效评估工作。现将有关事项通知如下：

一、评估范围

各省、自治区、直辖市环保厅（局）政府网站。

二、评估方式

采取网络访问、用户体验、人工核查、安全扫描和专家评议相结合的方式进行评估。

1．网络访问。对全部“信息公开”和“网站建设与管理”下的“功能服务”指标，

组织不少于10名信息技术专家与环保专家登录各地网站，对照评估指标体系进行打分。（见附件1）

2．用户体验。对“办事服务”“互动交流”和“回应关切”指标，组织不少于5名信息技术专家登录各地网站，模拟用户进行体验并对照评估指标体系进行打分。

3．人工核查。对“上下联动”和“网站建设与管理”下的“等保备案”“体系建设”指标，组织不少于2名信息技术专家根据各地上报材料进行人工核查打分。

4．安全扫描。对“网站建设与管理”下的“安全扫描”指标，聘请信息安全服务机构对各地网站进行安全扫描，并根据扫描结果进行打分。

5．专家评议。对“特色服务”指标，由不少于5名专家组成专家评审委员会，根据各地上报内容，在专家评审会上进行综合评议。

三、评估时间

2016年11月1日至30日，采集相关数据进行评估。

四、其他事项

请各地认真编写《2016年度省级环保厅（局）政府网站建设情况报告》（见附件2），于2016年10月31日前将内容一致的纸质文件（以邮戳时间为准）和电子版文件报送我部。

联系人：环境保护部办公厅　许福成

电　话：（010）66556694

联系人：环境保护部信息中心　符春艳、陈煜欣

电　话：（010）84665785、84665825

传　真：（010）84665833

E-mail：survey@mep.gov.cn

邮寄地址：北京市朝阳区育慧南路1号信息中心网站室

邮政编码：100029

附件：1．2016年度省级环保厅（局）政府网站绩效评估指标体系及评分细则

2．2016年度省级环保厅（局）政府网站建设情况对照表（略）

环境保护部办公厅

2016年10月17日

附件 1

2016 年度省级环保厅（局）政府网站绩效评估指标体系及评分细则

一级指标		二级指标		三级指标		
指标名称	分值	指标名称	分值	指标名称	分值	评估要点
信息公开	55	基本信息公开	15	概况信息	1	是否发布本单位机构职责、领导简历、分管工作信息，分值 1
				新闻动态	2	是否发布本省（区、市）重点工作、动态、要闻等信息并及时更新，分值 2
				法律法规	2	是否发布国家环保法律法规和地方法规规章，分值 2
				环境规划	2	是否发布本省（区、市）“十三五”规划编制相关信息，分值 2
				统计信息	2	是否发布本省（区、市）环境统计年报、统计公报，分值 2
				环境标准	2	是否发布国家环境保护标准和地方标准，分值 2
				财政资金	2	是否发布本部门采购与招投标信息，分值 1
						是否发布本部门预算、决算信息，分值 1
				人事任免	2	是否发布干部任免信息、公务员考录及工作人员招考信息，分值 2
		重点信息公开	35	环境质量	5	是否在“六五”期间及时发布本省（区、市）环境状况公报，分值 1
						是否发布本省（区、市）水质信息，分值 2
						是否发布本省（区、市）重点城市空气质量新标准六项指标监测数据和 AQI 值信息（$PM_{2.5}$ 发布），分值 2
				土壤污染防治信息	2	本省（区、市）土壤污染防治信息，分值 2
				自然生态保护信息	2	本省（区、市）自然保护区、生态示范创建等信息，分值 2
				建设项目环评信息	5	本省（区、市）环境影响评价相关法律、法规、规章及管理程序信息，分值 1
						本省（区、市）建设项目环境影响评价文件受理情况及环境影响报告书（表）全本信息，分值 1

一级指标		二级指标		三级指标		
指标名称	分值	指标名称	分值	指标名称	分值	评估要点
信息公开	55	重点信息公开	35	建设项目环评信息	5	本省（区、市）建设项目环境影响评价文件拟做出的审批意见公开情况、做出的审批决定信息及审批文件全文公开情况，分值 1 本省（区、市）建设项目竣工环境保护验收申请受理情况、拟做出的验收意见、做出的验收决定信息及验收审批文件全文信息，分值 1 本省（区、市）建设项目环境影响评价资质受理情况、审查情况、批准的建设项目环境影响评价资质、环境影响评价机构基本情况、业绩及人员信息，分值 1
				排污费征收	2	本省（区、市）排污费征收的项目、依据、标准和程序、季度排污费征收情况、排污费征收减、免、缓情况，分值 2
				国家重点监控企业信息	3	本省（区、市）国家重点监控企业名单，分值 1 本省（区、市）国家重点监控企业监督性监测年度报告，分值 1 本省（区、市）国家重点监控企业自行监测信息，分值 1
				污染源监测	3	本省（区、市）重点污染源基本信息，分值 1 本省（区、市）国家重点监控企业污染源监督性监测结果信息，分值 1 本省（区、市）国家重点监控企业未开展污染源监督性监测的原因，分值 1
				监察执法	3	本省（区、市）挂牌督办情况，分值 1 本省（区、市）国家重点监控企业废水自动监控情况，分值 1 本省（区、市）国家重点监控企业废气自动监控情况，分值 1
				行政处罚	2	本省（区、市）直接做出的处罚决定文件全文，分值 2
				环境应急	2	本省（区、市）环保部门突发环境事件应急预案，分值 1 本省（区、市）发生重大、特大突发环境事件的企业名单，分值 1
				核与辐射安全监管信息	2	本省（区、市）核与辐射安全监管相关信息，分值 2
				专题专栏	4	本省（区、市）环保重点工作专题专栏建设情况，分值 4
		信息公开保障	3	信息公开目录	2	信息公开目录建设及更新情况，分值 2
				公开指南和年报	1	公开指南和年报发布情况，分值 1
		依申请公开	2	渠道建设	1	开设在线受理渠道，分值 1
				应用实效	1	通过网站提交申请公开的数量和办结率率，分值 1

一级指标		二级指标		三级指标		
指标名称	分值	指标名称	分值	指标名称	分值	评估要点
办事服务	10	便民服务	2	—	2	结合本部门年度重点工作和公众的关注重点，提供便民服务情况，分值 2
		行政许可	8	办事指南	1	本部门所承担行政许可事项的办事指南公开情况，分值 1
				表格下载	1	本部门所承担行政许可事项中相关表格下载的公开情况，分值 1
				在线申报	6	本部门所承担行政许可事项的在线申报、在线查询与反馈情况，分值 6
互动交流	15	咨询投诉	12	在线咨询	6	信件处理与反馈的质量，分值 3
						信件处理与反馈的更新情况，分值 3
				投诉举报	6	投诉内容与投诉处理结果反馈的质量，分值 3
						投诉内容与投诉处理结果反馈的更新情况，分值 3
互动交流	15	征集意见	3	民意征集	3	围绕本部门重点工作开展意见征集的次数，分值 1
						对公众意见的处理与反馈情况，分值 2
回应关切	5	政策解读	3	—	3	对重要政策、重大决策进行解读的次数和效果，分值 3
		直播访谈	2	—	2	直播访谈的质量和数量，如是否提供文字直播、访谈现场图片或视频等，分值 2
网站建设与管理	7	功能服务	2	—	2	提供网站检索、导航、订阅、无障碍浏览等功能，分值 2
		网站安全	5	等保备案	1	网站信息系统安全等级保护定级、评审、备案及整改情况，分值 1
				体系建设	2	网页防篡改、域名防劫持、网站防攻击以及密码技术、身份认证、访问控制、安全审计等为主要措施的网站安全防护体系建设情况，分值 2
				安全扫描	2	环境保护部信息中心于 11 月 1—30 日对省级网站进行安全扫描，分值 2
上下联动	3	—	—	—	3	向部网站提交工作动态的数量和质量，分值 3
特色服务	5	—	—	—	5	“信息公开”“在线服务”“政民互动”指标以外的，有特色的功能建设、技术应用情况，分值 5

八、政策法规

关于《环境保护法》（2014 年修订）第六十一条适用有关问题的复函

环政法函〔2016〕6 号

湖北省环境保护厅：

你厅《关于对新修订的〈中华人民共和国环境保护法〉第六十一条适用有关法律问题的请示》（鄂环保文〔2015〕33 号）收悉。对地方环保部门在适用该条文过程中遇到的具体问题，经征求全国人大常委会法制工作委员会意见，现函复如下：

一、关于执法主体

2014 年修订的《环境保护法》（以下简称新《环境保护法》）第六十一条是在修订后新增加的条款。对于“未批先建”的行政处罚，此前在单行法层面已有《环境影响评价法》第三十一条做出了规定。对于执法主体，新《环境保护法》做出了新的规定，将《环境影响评价法》第三十一条规定的“有权审批该项目环境影响评价文件的环境保护行政主管部门”，修改为“负有环境保护监督管理职责的部门”。

根据新法优于旧法的规则，我们认为：

第一，新《环境保护法》第六十一条规定的执法主体不限于环保部门，还包括其他负有环境保护监督管理职责的部门，如海洋行政主管部门。

第二，环保部门作为执法主体的，新《环境保护法》第六十一条规定的执法主体，已不限于《环境影响评价法》第三十一条规定的“有权审批该项目环境影响评价文件的环境保护行政主管部门”，而是应当包括涉案违法建设项目所在地的县级以上各级环保部门。

在环境执法实践中，两个以上环保部门都有管辖权的环境行政处罚案件，根据《环境行政处罚办法》第十八条的规定，由“最先发现或者最先接到举报的环境保护主管部门管辖。”

下级环保部门认为其管辖的案件重大、疑难或者实施处罚有困难的，根据《环境行政处罚办法》第二十条的规定，“可以报请上一级环境保护主管部门指定管辖。”

立案处罚的环保部门在决定立案处罚的同时，应当将立案情况通报其他有处罚权的各级环保部门。

二、关于罚款数额

新《环境保护法》第六十一条对罚款数额未做出具体规定。在这种情况下，我们认为，可以根据《环境影响评价法》第三十一条的规定，罚款额度为“5 万元以上 20 万元以下”。

三、关于“未批先建项目”是否适用“限期补办手续”的问题

《环境影响评价法》第三十一条规定，建设单位未依法报批建设项目环境影响评价文件，擅自开工建设的，由环保部门责令停止建设，限期补办手续；逾期不补办手续的，可以处以罚款。

新《环境保护法》第六十一条规定，建设单位未依法提交建设项目环境影响评价文件或者环境影响评价文件未经批准，擅自开工建设的，由负有环境保护监督管理职责的部门责令停止建设，处以罚款，并可以责令恢复原状。

根据新法优于旧法的规则，我们认为：对“未批先建项目”，应当适用新《环境保护法》规定的处罚措施，不再适用《环境影响评价法》第三十一条有关“限期补办手续”的规定。

四、关于新法实施前已经擅自开工建设的项目的法律适用

建设单位未依法提交建设项目环境影响评价文件或者环境影响评价文件未经批准，在 2015 年 1 月 1 日前已经擅自开工建设，并于 2015 年 1 月 1 日之后仍然进行建设的，立案查处的环保部门应当根据新《环境保护法》第六十一条的规定责令停止建设，处以罚款，并可以责令恢复原状；被责令停止建设，拒不执行，尚不构成犯罪的，除依照有关法律法规规定予以处罚外，应当根据新《环境保护法》第六十三条第一项的规定将案件移送公安机关处以拘留。

对已经建成投产或者使用的前述类型的违法建设项目，立案查处的环保部门应当按照全国人大常委会法制工作委员会《关于建设项目环境管理有关法律适用问题的答复意见》（法工委复〔2007〕2 号）确定的法律适用原则，分别做出相应的处罚。即对违反环评制度的行为，依据新《环境保护法》和《环境影响评价法》做出相应处罚；同时，对违反“三同时”制度的行为，依据《水污染防治法》《固体废物污染环境防治法》《环境噪声污染防治法》《放射性污染防治法》《建设项目环境保护管理条例》等现行法律法规做出相应处罚。

地方各级环保部门在执行过程中，如遇到问题，或有相关意见建议，请及时向我部反映。

特此函复。

环境保护部

2016 年 1 月 8 日

关于污染源在线监测数据与现场监测数据不一致时证据适用问题的复函

环政法函〔2016〕98号

天津市环境保护局：

你局《关于对污染源在线监测数据与现场监测数据不一致应当如何适用的请示》（津环保法报〔2016〕37号）收悉。经研究，现函复如下：

根据《污染源自动监控管理办法》（原国家环境保护总局令　第28号）和《关于印发〈国家监控企业污染源自动监测数据有效性审核办法〉和〈国家重点监控企业污染源自动监测设备监督考核规程〉的通知》（环发〔2009〕88号）等相关规定，现场监测可视为对企业在线监测设备进行的比对监测。若同一时段的现场监测数据与经过有效性审核的在线监测数据不一致，现场监测数据符合法定的监测标准和监测方法的，以该现场监测数据作为优先证据使用。

特此函复。

环境保护部

2016年5月13日

关于逃避监管违法排污情形认定有关问题的复函

环政法函〔2016〕219号

广东省环境保护厅：

你厅《关于逃避监管非法排放污染物情形认定有关问题的请示》（粤环报〔2016〕68号）收悉。经研究，现函复如下：

新修订的《环境保护法》以及《环境保护主管部门实施按日连续处罚办法》《环境保护主管部门实施查封、扣押办法》《环境保护主管部门实施限制生产、停产整治办法》《行政主管部门移送适用行政拘留环境违法案件暂行办法》等配套文件，均明确规定了“通过暗管、渗井、渗坑、灌注或者篡改、伪造监测数据，或者不正常运行防治污染设施等逃避监管的方式违法排放污染物”的行为应当承担的法律责任。根据上述规定，对你厅请示问题的法律适用，提出以下意见：

一、企业事业单位和其他生产经营者通过暗管、渗井、渗坑、灌注或者不正常运行防治污染设施等逃避监管的方式违法排放污染物，均应依法查处。排放污染物的建设项目是否通过环境影响评价审批和竣工环境保护验收，不影响对逃避监管违法排污行为性质的认定，但可以作为判定违法情节轻重的因素予以考虑。

二、企业事业单位和其他生产经营者未配套建设防治污染设施，直接排放污染物的，不属于“通过不正常运行防治污染设施逃避监管的方式违法排放污染物”的情形。《行政主管部门移送适用行政拘留环境违法案件暂行办法》第五条规定：“通过暗管、渗井、渗坑、灌注等逃避监管的方式违法排放污染物，是指通过暗管、渗井、渗坑、灌注等不经法定排放口排放污染物等逃避监管的方式违法排放污染物。”据此，如果排污单位未配套建设防治污染设施，直接排放污染物的行为符合“通过暗管、渗井、渗坑、灌注等逃避监管的方式违法排放污染物”的构成要件的，可以依照相关规定查处。

特此函复。

环境保护部

2016 年 10 月 27 日

关于印发《环境损害鉴定评估推荐机构名录（第二批）》的通知

环办政法〔2016〕10 号

各省、自治区、直辖市环境保护厅（局），环境保护部各派出机构、直属单位：

为贯彻党的十八大和十八届三中全会关于“实行最严格的损害赔偿制度、责任追究制度”的精神，落实《生态环境损害赔偿制度改革试点方案》有关环境损害鉴定评估机构建设要求，充分发挥环境损害鉴定评估对环境司法、环境监督管理、生态环境损害赔偿磋商等工作的技术支撑作用，满足社会对环境损害鉴定评估的需要，在各省级环境保护部门推荐和环境损害鉴定评估机构自荐的基础上，现将环保系统内第二批环境损害鉴定评估推荐机构名录印发给你们，供各级环境保护部门在公民、法人或者其他组织需要环境保护部门推荐环境损害鉴定评估机构时参考。

特此通知。

附件：环境损害鉴定评估推荐机构名录（第二批）

环境保护部办公厅
2016年2月4日

附件

环境损害鉴定评估推荐机构名录
（第二批）

序号	机构名称	协作单位
1	中国环境科学研究院	无
2	环境保护部南京环境科学研究所	无
3	北京市环境保护科学研究院	无
4	山西省环境污染损害司法鉴定中心	无
5	辽宁省环境科学研究院	无
6	黑龙江省环境科学研究院	无
7	上海市环境科学研究院	无
8	江苏省环境科学研究院	无
9	福建省环境科学研究院	福建历思司法鉴定所
10	河南省环境保护科学研究院	无
11	湖北省环境科学研究院	无
12	广西环境监测中心站	无
13	四川省环境保护科学研究院	无
14	贵州省环境科学研究设计院	无
15	甘肃省环境科学设计研究院	无
16	新疆环境保护科学研究院	无
17	绍兴市环境监测中心站	绍兴市环保科技服务中心

关于印发《生态环境损害鉴定评估技术指南　总纲》和《生态环境损害鉴定评估技术指南　损害调查》的通知

环办政法〔2016〕67号

各省、自治区、直辖市环境保护厅（局），机关各部门，各派出机构、直属单位，各环境损害鉴定评估试点单位，各环境损害鉴定评估推荐机构：

为规范生态环境损害鉴定评估工作，我部组织制定了《生态环境损害鉴定评估技术指南 总纲》（见附件1）和《生态环境损害鉴定评估技术指南 损害调查》（见附件2），现予印发，供在开展生态环境损害鉴定评估有关工作中参照执行。

附件：1．生态环境损害鉴定评估技术指南 总纲（略）

2．生态环境损害鉴定评估技术指南 损害调查（略）

环境保护部办公厅

2016年6月29日

关于转发江苏省根据环境信用评价等级实行差别电价、污水处理收费政策性文件的函

环办政法函〔2016〕810号

各省、自治区、直辖市环境保护厅（局），副省级城市环境保护局：

近年来，为贯彻落实党中央、国务院关于推进社会信用体系建设的部署要求，我部先后会同发展改革委、人民银行、银监会等有关部门，出台并实施了《企业环境信用评价办法（试行）》《关于加强企业环境信用体系建设的指导意见》，着力构建环境保护“守信激励、失信惩戒”机制。

地方各级环保部门主动联合相关部门，推动形成企业环境守法信用评价，以及企业环境信用信息部门共享、联合奖惩机制，在促进企业自觉守法、创新环保监管方式方面，取得了积极进展。

2015年12月14日，江苏省环境保护厅联合省物价局，印发了《关于根据环保信用评价等级试行差别电价有关问题的通知》（苏价工〔2015〕335号，见附件1，以下简称《差别电价通知》），对年度环境信用评价结果为“红色”“黑色”等级的高污染企业实行差别电价政策，主要内容是：对“红色”等级企业，用电价格在现行基础上每千瓦时加价0.05元；对“黑色”等级企业，用电价格在现行基础上每千瓦时加价0.1元。

2016年2月3日，江苏省环境保护厅联合省财政厅、物价局、住房和城乡建设厅、水利厅，印发了《关于印发江苏省污水处理费征收使用管理实施办法的通知》（苏财规〔2016〕5号，见附件2，以下简称《污水处理费通知》），鼓励有条件的地区，按照环保部门开展的企业环境信用评价等级，分档制定污水处理收费标准，主要内容为：对“红色”等级企业，污水处理费加收标准不低于0.6元/米^3；对“黑色”等级及连续两次以上被评为“红色”等级企业，污水处理费加收标准不低于1.0元/米^3。

江苏省印发的《差别电价通知》和《污水处理费通知》，在企业环境信用评价的基础上，运用价格手段，合理提升了高污染企业的经济成本。这将有利于促进企业诚信守法，正常运行环保设施，稳定达标排放，自觉履行各项环保法定义务，从而有利于逐步扭转“环境违法成本低”的不合理局面。江苏省环境保护厅主动联合有关部门，积极运用价格手段的做法，是对环境经济政策的有益探索，是对高污染企业生产经营活动事中事后监管方式的大胆创新，值得各地方学习借鉴。

现将江苏省印发的《差别电价通知》和《污水处理费通知》，转发给你们。请各地环保部门加强与有关部门的联动配合，建立健全企业环境信用机制，探索符合本地区实际的联合惩戒措施，加大对环保失信企业的经济制约力度，充分发挥环境经济政策的积极作用。

附件：1. 省物价局、省环保厅关于根据环保信用评价等级试行差别电价有关问题的通知（苏价工〔2015〕335 号）

2. 关于印发江苏省污水处理费征收使用管理实施办法的通知（苏财规〔2016〕5 号）

环境保护部办公厅

2016 年 5 月 3 日

附件 1

省物价局　省环保厅关于根据环保信用评价级试行差别电价有关问题的通知

苏价工〔2015〕335 号

各市、县（市、区）物价局（发改委、发改局）、环保局，省电力公司：

为发挥价格杠杆对高污染行业的抑制作用，完善环境保护“守信激励、失信惩戒”机制，推进环保信用体系建设，促进经济发展方式转变和结构调整，根据国家发展改革委关于差别电价管理的相关规定及环保部《企业环境信用评价办法（试行）》、《江苏省企业环保信用评价及信用管理暂行办法》（苏环规〔2013〕1 号）等，明确根据环保信用评价对部分高污染企业试行差别电价政策，现将有关事项通知如下：

一、试行差别电价政策。对我省纳入环保信用评价范围内的年度环保信用评价结果等级定为红色、黑色的部分高污染企业试行差别电价政策，用电价格在现行价格基础上每千瓦时加价 0.05 元和 0.10 元。

二、建立差别电价动态管理机制。根据相关办法，各地环保局按照“分级管理”原则，组织实施辖区内企业环保信用评价。省级环保部门负责审核国控重点污染源企业环保信用评价结果及动态修复结果，各市县负责辖区重点污染源企业的环保信用评价并通过政府网站等方式公开评价结果，同时上报省级环保部门，由省级环保部门统一函告省级价格主管部门。省级价格主管部门根据公开发布的企业环保信用评价结果会同省级环保部门下发执行文件。环保信用评价结果等级定为红色、黑色的企业主动实施有效整改，并由省级环保部门核实修改其评价结果后，函告省级价格主管部门。由省级价格主管部门根据函告情况会同省级环保部门发文停止执行差别电价。

三、强化政策实施与监督检查。省级电网企业应提供必要的企业用电数据，根据省级价格及行业主管部门公布的企业名单和电价标准，按照抄见电量收取加价电费，并及时足额上缴财政专户；各地环保部门应根据相关要求，按照职责分工，加强对高污染企业环保信用的甄别认定与动态更新工作，确保差别电价政策落实到位；各地价格主管部门应配合环保部门加强对辖区内政策落实情况的监督检查。

四、本通知自 2016 年 1 月 1 日起执行。

江苏省物价局
江苏省环境保护厅
2015 年 12 月 14 日

附件 2

关于印发江苏省污水处理费征收使用管理实施办法的通知

苏财规〔2016〕5 号

各市、县财政局、物价局（发改委、发改局）、建设局、水利局、环保局：

根据《财政部　国家发展改革委　住房和城乡建设部关于印发〈污水处理费征收使用管理办法〉的通知》（财税〔2014〕151 号）以及《关于制定和调整污水处理收费标准等有关问题的通知》（发改价格〔2015〕119 号）等文件要求，我们研究制定了《江苏省污水处理费征收使用管理实施办法》。现印发给你们，请遵照执行。

附件：江苏省污水处理费征收使用管理实施办法

江苏省财政厅
江苏省物价局
江苏省住房和城乡建设厅
江苏省水利厅
江苏省环境保护厅
2016 年 2 月 2 日

附件

江苏省污水处理费征收使用管理实施办法

为进一步规范实施污水处理费收费政策，强化征收使用管理，切实保障污水处理设施建设和运行，落实国务院《城镇排水与污水处理条例》等规定，根据《财政部　国家发展改革委　住房和城乡建设部关于印发〈污水处理费征收使用管理办法〉的通知》（财税〔2014〕151 号）以及《关于制定和调整污水处理收费标准等有关问题的通知》（发改价格〔2015〕119 号）等文件要求，制定本实施办法。

一、指导思想、基本原则

（一）指导思想

以党的十八大以及十八届三中、四中、五中全会精神为指导，按照江苏省生态文明建设的总体要求，坚持污染者付费、遵循市场经济规律和促进污染减排的原则，完善我省污水处理费征收、使用和管理体系，积极引入市场机制，加快推进污水处理投资主体多元化、运营主体企业化、运行监管规范化，促进污水处理行业健康发展。

（二）基本原则

1. 城市供水价格与污水处理费统筹协调的原则。将调整污水处理费与理顺水价结构相结合，充分发挥污水处理费的调节作用，促进节水减排。

2. 污染者付费、多排污多付费的原则。科学确定污水处理费征收范围，合理制定污水处理费标准，建立差别化污水处理费征收机制，保障污水处理设施正常运营。

3. 城乡统筹、同步发展的原则。在完善、规范城市污水处理费征收使用管理的同时，全面开征建制镇污水处理费，逐步建立城乡统筹的污水处理费收费体系，努力营造良好的城镇水环境。

4. 运行优先、泥水并重的原则。污水处理费优先用于污水处理设施运行和污泥规范化处理处置，保障污染减排成效。

二、进一步完善污水处理费收费管理体系

（一）进一步明确污水处理费征收范围

向城镇排水与污水处理设施排放污水、废水的单位和个人，应当缴纳污水处理费。

（二）全面开征城镇污水处理费

为确保建制镇污水处理设施正常稳定运行，充分发挥污染减排效益，全省应全面开征

建制镇（含乡及涉农街道，下同）污水处理费，收费标准原则上要满足建制镇污水处理设施正常运行。同时，要全面开征自备水源用户污水处理费。

（三）规范污水处理费收费计量

污水处理费一般按缴纳义务人的用水量计征。用水量按下列方式核定：（一）使用公共供水的单位和个人，其用水量以水表显示的量值为准。（二）使用自备水源的单位和个人已安装计量设备的，其用水量以计量设备显示的量值为准；未安装计量设备或者计量设备不能正常使用的，其用水量按取水设施额定流量每日运转 24 小时计算。

因大量蒸发、蒸腾造成排水量明显低于用水量，且排水口已安装自动在线监测设施等计量设备的，经县级以上地方城镇排水与污水处理主管部门（以下称城镇排水主管部门）认定并公示后，按国家相关标准换算为用水量计征污水处理费。对产品以水为主要原料的企业，仍按其用水量计征污水处理费。

建设施工临时排水、基坑疏干排水已安装排水计量设备的，按计量设备显示的量值计征污水处理费；未安装排水计量设备或者计量设备不能正常使用的，按施工规模定额征收污水处理费或按取水设施额定流量每日运转 24 小时计征污水处理费。

（四）合理制定和调整污水处理费标准

污水处理费收费标准应满足支付污水收集、处理和污泥处理处置运行成本及合理收益的需要。各地要加强污水处理成本监审工作，综合考虑当地城镇排水与污水处理设施的运行、维护成本和企业、居民的承受能力等因素，合理制定和调整污水处理费收费标准。

到 2016 年底前，苏南地区县以上城市污水处理费平均收费标准应调整到 1.5～2.0 元/米^3，苏中、苏北地区县以上城市污水处理费平均收费标准应调整到 1.2～1.6 元/米^3；建制镇污水处理收费标准按照苏南地区、其他地区分别平均不低于 0.6 元/米^3、0.4 元/米^{3}征收，具体标准由各市、县物价部门会同财政部门制定。

自备水源用户按照用水性质，与自来水用户执行相同的污水处理费收费标准。单位或个人自建污水处理设施，污水处理后全部回用，或处理后水质符合国家规定的排向自然水体的水质标准，且未向城镇排水与污水处理设施排水的，不缴纳污水处理费；仍向城镇排水与污水处理设施排水的，应当足额缴纳污水处理费。使用再生水的，免征污水处理费。

（五）全面实行差别化污水处理收费政策

全面实行差别化污水处理收费政策，充分发挥污水处理费收费政策对产业结构优化调整的促进作用。各地要坚持多排污多付费原则，按照非居民用户高于居民用户、重污染行业高于一般行业的原则分类制定污水处理费收费标准，进一步拉大重污染企业与其他企业污水处理费的差距。

各地环保部门应加大对重污染行业（化工、医药、钢铁、印染、造纸、电镀等行业）的监管力度。鼓励有条件地区可逐步按照环保部门开展的企业环保信用评价等级分档制定收费标准，建立动态调整机制，对被评为“红色”等级企业污水处理费加收标准不低于 0.6 元/米^3；对被评为“黑色”等级及连续两次（含）以上被评为“红色”等级企业污水处理费加收标准不低于 1.0 元/米^3；对暂不具备按企业环保信用评价等级实行差别化政策的地区仍按重污染行业污水处理费高于一般工商业 1.5 倍征收。各地城镇排水主管部门会同财政、物价等根据环保部门每年向社会公布的上一年度企业环保信用评价结果，明确执行差别化收费政策的企业具体名单、污水处理费加收标准及执行起止时间；差别化收费政策执行期限为一年，下一年度企业环保信用评价结果达到“黄色”等级以上后，停止执行差别水价。加收的污水处理费由征收单位全部缴入同级财政，不得挪作他用。

对超过国家或行业有关污水排入城镇下水道水质标准的排水户，应限期整改，整改期间的污水原则上不得接入污水管网。对于城镇污水处理设施具备相应处理能力的污水，整改期间经城镇排水主管部门批准可以接入，但其排水户应根据超标排放污水中主要污染物情况，加价不低于 50%缴纳污水处理费，具体标准由城镇排水主管部门根据实际确定。

（六）适当提高污泥处理处置费用

各地要坚持“泥水并重”的原则，在污水处理费中专项安排污泥处理处置费用，苏南地区原则上不低于 0.3 元/米^3、其他地区原则上不低于 0.2 元/米^3，确有特殊情况的地区，可根据当地实际安排污泥处理处置费用，确保城镇污水处理厂污泥得到规范处理处置，杜绝二次污染。

（七）明确园区及开发区工业污水处理收费政策

对开发区、工业园区等集中处理工业污水范围明确、污水排入专属排污管网，委托专业污水处理企业处理达到城镇污水处理厂接管标准的，由专业污水处理企业与排污企业另行协商确定污水委托处理收费标准。经处理达到接管标准后排入城镇污水处理厂进一步处理的，排污企业仍需缴纳城镇污水处理费。

三、全面加强污水处理费征收管理工作

（一）强化自备水源用户污水处理费征收工作

自备水源用户污水处理费可由城镇排水主管部门收取，也可委托水利、税务等有关部门一并收取。各级政府要明确自备水源用户污水处理费具体责任征收单位和征收方式，建立污水处理费征收长效机制。自备水源用户应按月向污水处理费征收单位报送自备水取用量报表。征收单位要严格按照收费标准足额计收自备水源用户的污水处理费，不得擅自减免、缓征污水处理费，确保应收尽收。根据城镇排水主管部门的认定，凡自备水源用户污水处理费收缴率低于 50%的地区，其污水处理设施建设相关奖补资金不予安排。

（二）加强污水处理费上缴工作

各地要加强污水处理费征缴工作，应按月及时足额上缴同级国库。征收单位收取污水处理费时应使用省级财政部门统一印制的财政票据，并按要求向财政、城镇排水主管部门报送污水处理费征收报表，严禁坐收坐支、截留、挤占和挪用污水处理费。财政及城镇排水主管部门应当定期或不定期核查征收单位账目，对存在的问题应责成及时整改到位。

四、规范污水处理费使用管理

（一）合理确定污水处理费使用范围

污水处理费支出在符合国家规定的前提下，优先用于污水处理设施的运行维护和污泥处理处置，不得挪作他用。实施城乡统筹区域供水的地区，建制镇污水处理费可由公共供水企业一并收取，全额用于相应建制镇污水处理设施运行和建设。严禁由于设施建设需求挤占运行和维护所需经费的行为。征收的污水处理费不能保障城镇排水与污水处理设施正常运营的，地方财政应当给予补贴。城镇排水主管部门委托公共供水企业或其他单位代征污水处理费的，由地方财政从污水处理费支出预算中支付代征手续费，具体办法由同级财政部门会同有关部门制定。

（二）强化污水处理费使用管理

污水处理费属政府非税收入，各地要建立健全污水处理费征收、使用监督管理制度，建立污水处理费征收使用管理信息系统，强化污水处理费监管。各级财政部门应将污水处理费纳入地方财政政府性基金预算管理，并按财政国库管理制度有关规定拨付资金，保障污水处理设施正常运行。

县级以上地方财政部门对城镇排水与污水处理服务费支出（包括污水处理费安排的支出和财政补贴资金）实行预决算管理。城镇排水主管部门应当根据城镇排水与污水处理设施的建设、运行和污泥处理处置情况，编制年度城镇排水与污水处理服务费支出预算，经同级财政部门审核后，纳入同级财政预算报经批准后执行。城镇排水主管部门应当根据城镇排水与污水处理服务费支出预算执行情况编制年度决算，经同级财政部门审核后，纳入同级财政决算。县级以上地方财政部门会同城镇排水主管部门可以将城镇排水与污水处理服务费支出纳入中长期财政规划管理，加强预算控制，保障政府购买服务合同有效执行。

（三）规范核定污水处理设施运营服务费

各级城镇排水主管部门是核定污水处理设施运营服务费的主体，要按照《江苏省污水集中处理设施环境保护监督管理办法》要求，根据日常监管和考核情况以及行业主管部门的监督检查结果，核定运营服务费；未达到出水水量、水质等相关要求的，可以按照相关规定或特许经营协议，相应核减污水处理运营服务费。

五、进一步加强征收管理工作的组织领导

（一）强化政府责任

科学制定收费政策，完善收费体系，加强征收、使用监管是各级政府重要职责。各级政府要加强对污水处理费征收、使用管理工作的领导，明确本地区污水处理费（尤其是自备水源用户污水处理费）的征收责任部门，及时协调、解决征收、使用过程中的问题，切

实加大对污水处理费的征收力度。要建立行之有效的污水处理费的征收、使用管理体系，切实强化污水处理费征收、使用工作的监管，确保污水处理费应收尽收、专款专用。

（二）加强运行管理

各地要建立污水处理设施运营服务费与污水处理水量、水质相挂钩的制度，提高污水处理设施运行质量。要推行市场化运营，引入竞争机制，促进污水处理企业加强管理，降低成本，提高处理效率和水平。同时，要拓宽和创新融资渠道，鼓励各类社会资金参与投资和经营，并在有条件的地区开展污水处理费收费权质押试点，加快推进城镇污水处理行业产业化发展。各地要切实推进城镇污水处理厂尾水再生利用，节约水资源，进一步促进污染减排，并按照保本微利的原则确定尾水再生利用收费标准。

（三）加强部门协作

各地财政、建设、水利、环保、物价等部门要各司其职，做好污水处理费征收和使用管理相关工作。城镇排水主管部门要做好污水处理费征收工作，并根据污水处理企业实际处理水量、水质，核定污水处理设施运营服务费；水行政主管部门要配合做好自备水源用户污水处理费征收工作，按要求向城镇排水主管部门提供自备水源用户清单和取水量；环保部门要加强对污水处理设施的监督检查；物价部门要加强污水处理成本监审，合理制定和调整污水处理费收费标准；财政部门要加强污水处理费的征收、使用和管理的监督检查。

（四）强化监督检查

各地要加强污水处理费征收、使用的监督检查，完善监督管理制度，加快城镇排水监管机构、队伍和能力建设，保障日常监督管理经费，强化污水处理设施运营质量的日常监管和考核，确保污水处理设施正常运行。对违反本办法规定的单位和个人，依照《财政违法行为处罚处分条例》、《违反行政事业性收费和罚没收入收支两条线管理规定行政处分暂行规定》等国家有关规定追究法律责任；涉嫌犯罪的，依法移送司法机关处理。

（五）推进信息公开

县级以上人民政府及相关部门应当按照《城镇排水与污水处理条例》的要求，定期将污水处理费的征收、使用情况向社会公开。同时，要加强污水处理收费制度的宣传，正确引导社会舆论，增进社会共识，及时回应社会关切，为污水处理收费政策的贯彻落实营造良好的社会氛围。

本办法自印发之日起实施，各部门在各自职责范围内负责解释。除国家另有规定外，原有文件涉及污水处理费征收使用管理规定与本办法不一致的，均以本办法为准。同时废止苏价工〔1997〕326 号，苏价工〔1998〕214 号，苏价工〔1998〕221 号，苏价工〔1998〕379 号、苏财综〔1998〕173 号，苏价工〔1999〕398 号，苏价工〔2000〕322 号，苏价工〔2002〕44 号，苏价工函〔2002〕54 号，苏价工〔2002〕261 号，苏价工〔2003〕44 号，苏价工函〔2005〕28 号，苏价工〔2005〕399 号，苏财综〔2005〕104 号，苏价工〔2008〕126 号、苏财综〔2008〕27 号文件。

关于成立环境保护部环境损害鉴定评估专家委员会的通知

环办政法函〔2016〕1311号

各省、自治区、直辖市环境保护厅（局），新疆生产建设兵团环境保护局，机关各部门，各派出机构、直属单位：

为充分发挥专家在环境损害鉴定评估相关重大问题研究、咨询中的作用，我部决定聘请有关专家、学者，成立环境保护部环境损害鉴定评估专家委员会（以下简称专家委员会）。现将有关事项通知如下：

一、专家委员会的主要职责

（一）对环境损害鉴定评估工作发展规划、重要政策法规、标准制定等提供咨询和建议；

（二）参与环境损害鉴定评估推荐机构审核；

（三）为重大环境损害案件的鉴定评估提供咨询和专家意见；

（四）环境保护部委托的其他事项。

二、专家委员会的人员组成

专家委员会由环境损害鉴定评估领域有突出成绩的环境、法律、经济、农业、林业、水利等专业的专家、学者组成，共76人（名单见附件），其中，主任委员1人、副主任委员4人。

专家委员会下设秘书处，负责专家委员会的协调与管理。秘书处设在环境保护部政策法规司。环境保护部政策法规司委托环境保护部环境规划院环境风险与损害鉴定评估研究中心开展秘书处日常工作。

请各有关单位积极支持配合，为专家委员会开展相关工作创造良好条件。

特此通知。

附件：环境保护部环境损害鉴定评估专家委员会专家名单

环境保护部办公厅

2016年7月15日

附件

环境保护部环境损害鉴定评估专家委员会专家名单

序号	姓名	单位	职务/职称	聘任职务
1	从斌	中国工程院	院士	主任委员
2	王金南	环境保护部环境规划院	副院长兼总工/研究员	副主任委员
3	李发生	中国环境科学研究院	总工程师/研究员	副主任委员
4	王灿发	中国政法大学	教授	副主任委员
5	许强	成都理工大学地质灾害防治与地质环境保护国家重点实验室	常务副主任/教授	副主任委员

（以下组内顾问、委员按姓氏笔画排列）

序 号	姓名	单　位	职务/职称	聘任职务
		顾问组		
6	刘文清	中国科学院安徽光学精密机械研究所	院士（环境监测）	顾问
7	孙佑海	天津大学法学院	研究员（环境法学）	顾问
8	沈敏	司法部司法鉴定科学技术研究所	研究员（司法鉴定）	顾问
9	张偲	中国科学院南海海洋研究所	院士（海洋生态学）	顾问
10	贺克斌	清华大学环境学院	院士（大气环境）	顾问
11	侯立安	火箭军后勤科学技术研究所	院士（水环境）	顾问
12	陶澍	北京大学城市与环境学院	院士（环境毒理学）	顾问
		污染物性质组		
13	王子健	中国科学院生态环境研究中心	研究员	委员（组长）
14	王琪	中国环境科学研究院	研究员	委员
15	石利利	环境保护部南京环境科学研究所	研究员	委员
16	吕怡兵	中国环境监测总站	正高级工程师	委员
17	陈玖斌	中国科学院地球化学研究所	研究员	委员
18	黄业茹	国家环境分析测试中心	研究员	委员
19	韩静磊	环境保护部华南环境科学研究所	研究员	委员
		环境空气组		
20	王书肖	清华大学环境学院	教授	委员（组长）
21	王自发	中国科学院大气物理研究所	研究员	委员
22	毛洪钧	南开大学环境科学与工程学院	教授	委员
23	李玉浸	农业部环境保护科研监测所	教授级高工	委员
24	杨志敏	西南大学资源环境学院	教授	委员
25	邵敏	北京大学环境科学与工程学院	教授	委员
26	贺泓	中国科学院生态环境研究中心	教授	委员
27	阚海东	复旦大学公共卫生学院	教授	委员
		地表水环境组		
28	吴丰昌	中国环境科学研究院	研究员	委员（组长）
29	刘新会	北京师范大学环境学院	教授	委员

序 号	姓名	单　位	职务/职称	聘任职务
30	杜强	中国水利水电科学研究院	研究员	委员
31	李喜青	北京大学城市与环境学院	教授	委员
32	杨柳燕	南京大学环境学院	教授	委员
33	沈新强	中国水产科学研究院东海水产研究所	研究员	委员
34	张晓健	清华大学环境学院	教授	委员
35	单保庆	中国科学院生态环境研究中心	研究员	委员
36	胡洪营	清华大学环境学院	教授	委员
土壤与地下水环境组				
37	李广贺	清华大学环境学院	教授	委员（组长）
38	孙继朝	中国地质科学院	研究员	委员
39	陈同斌	中国科学院地理科学与资源研究所	研究员	委员
40	林玉锁	环境保护部南京环境科学研究所	研究员	委员
41	郑春苗	北京大学水资源研究中心	教授	委员
42	胡清	南方科技大学环境科学与工程学院	教授	委员
43	姜林	北京市环境保护科学研究院	研究员	委员
44	骆永明	中国科学院烟台海岸带研究所	研究员	委员
45	谢辉	环境保护部环境规划院	研究员	委员
海洋与海岸带环境组				
46	丁平兴	华东师范大学河口海岸学国家重点实验室	教授	委员（组长）
47	王保栋	国家海洋局第一海洋研究所	研究员	委员
48	刘东艳	中国科学院烟台海岸带研究所	研究员	委员
49	张远	中国环境科学研究院	研究员	委员
50	陈彬	国家海洋局第三海洋研究所	研究员	委员
51	陈全振	国家海洋局第二海洋研究所	研究员	委员
52	周青	国家海洋局北海环境监测中心	研究员	委员
生态系统功能组				
53	李俊生	中国环境科学研究院	研究员	委员（组长）
54	任景明	环境保护部环境工程评估中心	副总工程师	委员
55	宋延龄	中国科学院动物研究所	研究员	委员
56	郑元润	中国科学院植物研究所	研究员	委员
57	唐小平	国家林业局调查规划设计院	研究员	委员
58	黄艺	北京大学环境科学与工程学院	教授	委员
59	雷光春	北京林业大学自然保护区学院	教授	委员
物理环境损害组				
60	周宜开	华中科技大学同济公共卫生学院	教授	委员（组长）
61	刘占旗	中国辐射防护研究院	研究员	委员
62	牟振波	西藏农牧科学院水产科学研究所	研究员	委员
63	李孝宽	北京市劳动保护科学研究所	研究员	委员
64	周连碧	北京矿冶研究总院	研究员	委员
65	徐建京	中海油天津化工研究设计院	研究员	委员
66	袭著革	中国人民解放军军事医学科学院	研究员	委员
环境与生态经济组				
67	张世秋	北京大学环境科学与工程学院	教授	委员（组长）

序 号	姓名	单　位	职务/职称	聘任职务
68	毛显强	北京师范大学环境学院	教授	委员
69	张天柱	清华大学环境学院	教授	委员
70	於方	环境保护部环境规划院	研究员	委员
71	谢高地	中国科学院地理科学与资源研究所	研究员	委员
72	戴广翠	国家林业局经济发展研究中心	研究员	委员
环境法组				
73	汪劲	北京大学法学院	教授	委员（组长）
74	王明远	清华大学法学院	教授	委员
75	李艳芳	中国人民大学法学院	教授	委员
76	张梓太	复旦大学法学院	教授	委员

九、规划与财务

关于开展“十三五”环保投资项目储备库建设工作的通知

环办规财〔2016〕26号

各省、自治区、直辖市环境保护厅（局），计划单列市环境保护局，新疆生产建设兵团环境保护局：

为推进《大气污染防治行动计划》（国发〔2013〕37号）、《水污染防治行动计划》（国发〔2015〕17号）、即将出台的《土壤污染防治行动计划》以及国家和地方“十三五”生态环境保护规划等实施，加强环保资金项目储备，提高资金使用效益，做好“十三五”环保投资项目储备库（以下简称项目库）建设工作，现将有关事项通知如下：

一、工作目标和原则

（一）工作目标

围绕实施大气、水、土壤污染防治三大行动计划，加强顶层设计，及早谋划“十三五”环境治理的重点工程项目，建立完善各级环保项目库，提高项目储备能力。建立项目动态调整机制，全面反映项目立项和实施情况，保障环境保护重点工作任务顺利完成。提前做好项目可行性研究、评审、招投标、政府采购等前期准备工作，确保资金到位后，项目能够及时开工建设，提高资金使用效益。

（二）基本原则

统筹规划，突出重点。各地应按照本行政区域经济社会发展和环境保护相关规划，结合项目实施基础，统筹安排重大环境保护项目实施。入库项目应以解决本行政区域突出环境问题为重点，优先考虑纳入国家相关规划和计划的重大工程项目。

分级建设，择优支持。区分中央与地方事权，按中央项目库和省级项目库进行分级建设和管理。地方项目库建设以省级环保部门为主，自行组织申报和审核；中央项目库由我部建设和管理，项目来源于各省级项目库。未纳入项目库中的项目，中央资金原则上不予支持。

合理排序，动态管理。入库项目应根据项目前期工作基础和实施进展情况，按照轻重缓急、择优遴选的原则进行合理排序，对延续项目和当年未安排的项目实行滚动管理。项目库信息要及时进行更新，补充符合相关要求的项目，同时调出不再符合储备范围、无法实施的项目，形成建成一批、淘汰一批、充实一批的良性循环机制。

二、项目库建设程序

（一）建设省级项目库。各省（区、市）应结合落实大气、水、土壤等污染防治行动计划以及“十三五”生态环境保护规划等，组织开展省级项目库建设，经过项目谋划、编制项目总体实施方案、申请或征集项目入库、专家评审、入库储存等环节，最终形成省级项目库项目清单；未通过审核的项目应及时反馈申报单位。具体流程可由各省（区、市）自行确定。

（二）建设中央项目库。各省（区、市）对已纳入省级项目库的项目进行择优筛选，拟申请中央资金支持的项目汇总报送我部。我部组织对各省（区、市）报送的项目进行审核，符合入库条件的纳入中央项目库，并将相关信息及时反馈各省（区、市）。

（三）分类建设项目库。根据各环保项目特点，分别设立大气、水、土壤、重金属及危险废物污染防治、工业污染源全面达标排放、环境监管能力建设等不同类型项目库（项目清单见附件）。其中，水污染防治项目库建设按照《环境保护部、财政部关于开展水污染防治行动计划项目储备库建设的通知》（环规财〔2016〕17 号）执行。

三、工作要求

（一）按季度更新项目库信息。各地要高度重视“十三五”项目库建设，尽快制定工作方案，明确项目库建设的管理和技术支持单位，确定工作负责人和联系人。做好本地区项目储备和相关项目的方案编制、审核和报送工作，按照动态调整的储备机制，每季度对入库项目进行更新。同时，项目库建设应结合三年滚动投资规划，做好与相关部门的工作衔接，定期协商调度。

（二）加快推进项目前期工作。各地应积极推进项目谋划、前期准备、方案批复、开工建设等各阶段工作，尽早开展具体工程项目可行性研究、初步设计、招投标等前期工作，为项目及早开工创造条件，提高项目资金的使用效率。

（三）加强绩效考评。项目库建设成效将作为项目投资安排、监督检查、绩效评价的重要参考依据。我部建立激励约束机制，对项目储备质量好的省份，商财政部给予一定的项目前期经费奖励，总结推广好经验、好做法；对项目储备质量差的省份，将进行通报批评，并减少安排相关环保资金。

（四）请各省（区、市）环境保护厅（局）于 2016 年 4 月 15 日前将省级项目库建设情况及相关环保项目报送中央项目库（电子邮箱：touzichu@mep.gov.cn）。

附件：环保投资项目储备库清单（略）

环境保护部办公厅

2016 年 3 月 15 日

关于公布第九届中华宝钢环境奖评选结果的通知

环办规财函〔2016〕1619号

国务院各有关部门办公厅（室），各省、自治区、直辖市和计划单列市环境保护厅（局）：

为深入贯彻落实党的十八大和十八届三中、四中、五中全会精神，大力推进生态文明建设，我部联合全国人大环境与资源保护委员会、全国政协人口资源环境委员会等十家部门和单位共同开展了第九届中华宝钢环境奖评选表彰活动。

第九届中华宝钢环境奖评选围绕“推进生态文明，引领绿色发展”主题，在城镇环境、环境管理、企业环保、生态保护和环保宣教五个方面评选出中华宝钢环境奖5名，分别获得50万元奖金、奖杯和证书；中华宝钢环境优秀奖19名，分别获得10万元奖金、奖杯和证书。

现将第九届中华宝钢环境奖组织委员会公告（见附件）印发给你们，请对该项工作继续给予支持。

联系人：武书芳、高梦冉、魏雪静

电话：（010）67116615、67112884

传真：（010）67118190、67112884

邮箱：cepf714@126.com

附件：第九届中华宝钢环境奖组织委员会公告

环境保护部办公厅

2016年9月8日

附件

第九届中华宝钢环境奖组织委员会公告

为贯彻落实党的十八大和十八届三中、四中、五中全会精神，提高生态文明水平，促进我国环境保护事业的发展，表彰和奖励在我国环境保护事业中爱岗敬业、扎实工作、无私奉献的先进集体和优秀个人，依据《中华宝钢环境奖评选与奖励办法》，以“推进生态文明，引领绿色发展”为评选主题，本着公开、公正、公平原则，在各有关部门、各级环境保护部门和社会各界推荐的基础上，经中华宝钢环境奖评选委员会严格评选，中华宝钢环境奖组织委员会审查批准，评选出第九届中华宝钢环境奖获奖者 5 名、中华宝钢环境优秀奖获奖者 19 名。现将评选结果予公布：

一、第九届中华宝钢环境奖获奖者

城镇环境类：山东省威海市
环境管理类：甘肃省兰州市环境保护局
企业环保类：卡特彼勒再制造工业（上海）有限公司
生态保护类：云南省森林公安局
环保宣教类：江苏省环保宣教中心
以上获奖者分别获 50 万元奖金、奖杯和证书。

二、第九届中华宝钢环境优秀奖获奖者（排名不分先后）

城镇环境类：江苏省昆山市锦溪镇
江苏省南京市江宁区谷里街道
海南省琼中黎族苗族自治县什运乡
湖北省宜昌市远安县洋坪镇
环境管理类：湖北省天门市岳口镇健康村民委员会
次喜白宗（西藏自治区环境监察总队办事员）
国家税务总局所得税司
潘家华（中国社会科学院城市发展与环境研究所所长）
企业环保类：百胜（中国）投资有限公司必胜客品牌
江苏一夫科技股份有限公司
首钢京唐钢铁联合有限责任公司
生态保护类：万晓白（吉林省通榆县环保志愿者协会秘书长）
四川省国土资源厅地质环境处
牟正文（大连虎平岛斑海豹养护基地董事长）
西藏自治区潘得巴协会
环保宣教类：朱红军（南方周末报社编委、总编助理）
杜少中（中国传媒大学健康与环境传播研究所所长）
武汉大兴路小学
曹荣安（原中国工商银行金华分行职工）
以上获奖者分别获 10 万元奖金、奖杯和证书。

十、行政体制改革与人事工作

关于向曲格平等13780名同志颁发长期从事环保工作纪念章的通报

环人事〔2016〕76号

各省、自治区、直辖市环境保护厅（局），新疆生产建设兵团环境保护局，机关各部门，各派出机构、直属单位：

保护环境是我国的基本国策。几十年来，全国环保系统广大干部职工恪尽职守，勤奋工作，努力奉献，几代环保工作者接续奋斗，为守护绿水青山、改善环境质量做出了应有的贡献。中国环保事业的发展，凝聚着一批又一批环保工作者的辛劳与汗水。

为充分肯定他们长期扎根环保事业、坚守环保岗位、推进环保工作的职业精神和积极贡献，进一步增强全国环保系统广大干部职工的职业荣誉感和自豪感，激发干事创业活力，更好地为改善环境质量贡献力量，根据《关于印发〈颁发长期从事环保工作纪念章实施办法〉的通知》（环办人事〔2016〕1号），环境保护部决定，向长期从事环保工作的曲格平等13780名同志颁发纪念章。其中，向11376人颁发从事环保工作三十年纪念章，向在艰苦地区工作的2404人颁发从事环保工作20年纪念章。

环保工作任务艰巨、责任重大、使命光荣。希望全国环保系统广大干部职工继续解放思想，改革创新，凝心聚力，爱岗敬业，着力改善环境质量，加快补齐生态环境短板，为全面建成小康社会、实现中华民族伟大复兴的中国梦做出新的更大贡献。

附件：1．颁发从事环保工作三十年纪念章人员名单（略）

2．颁发从事环保工作二十年纪念章人员名单（略）

环境保护部

2016年6月13日

关于分别授予陈吕军等118名同志国家环境保护专业技术领军人才和青年拔尖人才称号的决定

环人事〔2016〕113号

各省、自治区、直辖市环境保护厅（局），新疆生产建设兵团环境保护局，机关各部门，各派出机构、直属单位，各有关单位：

为贯彻落实《生态环境保护人才发展中长期规划（2010—2020年）》，加强高层次人才培养，根据《环境保护部专业技术领军人才和青年拔尖人才选拔培养办法（试行）》，我部组织开展了第二批国家环境保护专业技术领军人才和青年拔尖人才的选拔工作。经组织申报、资格审查、专家评审、结果公示并报部人才工作领导小组审定，决定授予陈吕军等40名同志“国家环境保护专业技术领军人才”称号，授予蔡博峰等78名同志“国家环境保护专业技术青年拔尖人才”称号。

创新是应对生态环境挑战的利器，是走向可持续发展未来的重要途径。希望获得称号的同志以此为新起点，戒骄戒躁、再接再厉，大力弘扬创新、奉献、团队精神，勇攀科学技术高峰，为改善环境质量做出更大贡献。人才是创新的根基，是创新的核心要素。全国环保系统要深入贯彻落实习近平总书记关于人才工作的重要指示精神，坚持聚天下英才而用之，树立强烈的人才意识，深化人才发展体制机制改革，不断增强人才活力，为补齐生态环境短板、实现生态环境质量总体改善提供重要的人才支撑、智力支撑、创新支撑。

附件：第二批国家环境保护专业技术领军人才和青年拔尖人才入选名单

环境保护部

2016年8月26日

附件

第二批国家环境保护专业技术领军人才和青年拔尖人才入选名单

（按姓名拼音排序）

一、国家环境保护专业技术领军人才（共40名）

陈吕军　　清华大学环境学院研究员

伏晴艳（女）　上海市环境监测中心副主任、教授级高级工程师
付　强　　　　中国环境监测总站质量管理室主任、研究员
胡冠九（女）　江苏省环境监测中心副主任、研究员级高级工程师
胡　敏（女）　北京大学环境科学与工程学院教授
黄　锐（女）　中电远达环保重庆科技分公司副总经理、正高级工程师
黄　炜　　　　福建龙净环保股份有限公司总经理、教授级高级工程师
黄业茹（女）　中日友好环境保护中心分析测试中心主任、研究员
贾立敏　　　　北控水务集团有限公司技术总监、研究员
江　栋　　　　广东新大禹环境科技股份有限公司副总经理兼总工程师、研究员
降林华（女）　中国环境科学研究院重金属清洁生产工程中心研究员
李国刚　　　　中日友好环境保护中心副主任、研究员
李金惠　　　　清华大学环境学院教授
李开明　　　　环境保护部华南环境科学研究所副所长、研究员
厉　青（女）　环境保护部卫星环境应用中心大气遥感部主任、研究员
廖志民　　　　江西金达莱环保股份有限公司董事长、教授级高级工程师
刘　标　　　　环境保护部南京环境科学研究所自然保护与生物多样性研究中心研究员
刘新华　　　　环境保护部核与辐射安全中心放射部主任、研究员
刘　毅　　　　清华大学环境学院党委书记、教授
卢学强　　　　天津市环境保护科学研究院副院长、正高级工程师
潘　蓉（女）　环境保护部核与辐射安全中心厂址与土建部主任、研究员
钱　江　　　　安徽蓝盾光电子股份有限公司董事长、正高级工程师
乔琦（女）　　中国环境科学研究院副总工程师、研究员
邵　敏　　　　北京大学环境科学与工程学院副院长、教授
沈　建　　　　中国环境出版集团有限公司副总经理、高级工程师
滕彦国　　　　北京师范大学水科学研究院党总支书记、教授
王书肖（女）　清华大学环境学院教授
邬　雄　　　　中国电力科学研究院监测中心主任、教授级高级工程师
徐建明　　　　浙江大学水土资源与环境研究所所长、教授
姚　群　　　　中钢集团天澄环保科技股份公司副总经理、教授级高级工程师
于建国　　　　华东理工大学化工过程风险评价与控制重点实验室主任、教授
于云江　　　　环境保护部华南环境科学研究所副所长、研究员
於　方（女）　环境保护部环境规划院环境风险与损害鉴定评估研究中心研究员
俞汉青　　　　中国科学技术大学化学系教授
张大伟　　　　北京市环境保护监测中心主任、研究员
张金松　　　　深圳市水务（集团）有限公司总工程师、教授级高级工程师
张　益　　　　上海市环境工程设计科学研究院董事长、教授级高级工程师
张云飞　　　　珠海云洲智能科技有限公司首席执行官、“千人计划”专家
钟流举　　　　广东省环境监测中心副主任、教授级高级工程师
周国梅（女）　中国-东盟环境保护合作中心副主任、研究员

二、国家环境保护专业技术青年拔尖人才（共 78 名）

蔡博峰	环境保护部环境规划院环境风险与损害鉴定评估研究中心研究员
蔡喜运	大连理工大学环境学院教授
曹铭昌	环境保护部南京环境科学研究所自然保护与气候变化响应研究中心副研究员
陈　楠（女）	湖北省环境监测中心站大气环境监测室高级工程师
楚宝临	中国环境监测总站质量管理室高级工程师
楚文海	同济大学环境学院水处理消毒副产物控制研究所副所长、副研究员
但智钢	中国环境科学研究院清洁生产中心副研究员
邓　力（女）	重庆市环境监测中心现场监测一室主任、正高级 工程师
丁　峰	环境保护部环境工程评估中心环境影响数值模拟研究部正高级工程师
丁有钱	中国原子能科学研究院研究室主任、研究员
杜　兵	中日友好环境保护中心分析测试中心高级工程师
段玉森	上海市环境监测中心大气室主任、高级工程师
贺　涛	环境保护部华南环境科学研究所城市生态环境研究中心研究员
侯红勋	安徽国祯环保节能科技股份公司总工程师、研究员
蒋靖坤	清华大学环境学院副教授
焦艳鹏	重庆大学法学院教授
靖剑平	环境保护部核与辐射安全中心核与辐射安全研究所高级工程师
鞠　勇	中国电力科学研究院直流电磁室主任、高级工程师
雷　宇	环境保护部环境规划院大气环境规划部副主任、研究员
李　炳	清华大学深圳研究生院副教授
李海东	环境保护部南京环境科学研究所生态保护与气候变化响应研究中心副研究员
李　辉	华东理工大学资源与环境工程系副教授
廖海清	中国环境科学研究院水环境研究所研究员
刘晨明	中国科学院过程工程研究所湿法冶金清洁生产技术国家工程实验室研究员
刘　海	重庆三峰卡万塔环境产业有限公司研究部部长、高级工程师
刘海江	中国环境监测总站土壤环境监测室高级工程师
刘晶昊	中国城市建设研究院有限公司总工程师、教授级高级工程师
刘晓曼（女）	环境保护部卫星环境应用中心生态环境遥感部高级工程师
陆克定	北京大学环境科学与工程学院研究员
潘丽梅（女）	韶关市雅鲁环保实业有限公司研发中心主任、高级工程师
裴　冰	上海市环境监测中心污染源室副主任、高级工程师
齐　飞	北京林业大学环境与工程学院教授
齐剑英	环境保护部华南环境科学研究所华南环境监测分析中心研究员

秦迪岚（女）　湖南省环境监测中心站副总工程师、高级工程师
邵　亮　辽宁省环境监测实验中心室主任、教授级高级工程师
师华定　中国环境科学研究院环境安全研究所研究员
苏　婧（女）　中国环境科学研究院水环境研究所副研究员
孙文静（女）　内蒙古环境监测中心站质量控制室主任、高级工程师
汤光华　国电科学技术研究院技术总监、高级工程师
陶　俊　环境保护部华南环境科学研究所区域环境大气与污染防治研究中心高级工程师
滕　曼（女）　中国环境监测总站质量管理室高级工程师
童美萍（女）　北京大学环境科学与工程学院研究员
汪龙眠　环境保护部南京环境科学研究所流域生态保护与水污染防治研究中心副研究员
王国庆　环境保护部南京环境科学研究所土壤污染防治研究中心副研究员
王建春　福建龙净环保股份有限公司烟气净化研究院院长、高级工程师
王俊安　北京桑德环境工程有限公司技术总监、高级工程师
王先良　中国疾病预防控制中心环境与健康相关安全所主任、副研究员
王雪蕾（女）　环境保护部卫星环境应用中心水环境遥感部研究员
王振兴　环境保护部华南环境科学研究所环境工程技术中心高级工程师
魏　丽（女）　北京高能时代环境技术股份有限公司总经理兼总工程师、高级工程师
魏新渝（女）　环境保护部核与辐射安全中心辐射防护与环境影响评估部高级工程师
温俊明　浙江博世华环保科技有限公司副总经理、高级工程师
温宗国　清华大学环境学院特聘研究员
毋　琦　环境保护部核与辐射安全中心进口核安全设备注册检验办公室高级工程师
吴　敏　武汉凯迪电力环保有限公司设计部副部长、高级工程师
吴志军　北京大学环境科学与工程学院研究员
伍　灵（女）　中电远达环保重庆科技分公司研发主管、高级工程师
谢志宜　广东省环境监测中心重点实验室副主任、高级工程师
徐海涛　南京宇行环保科技有限公司总经理、研究员
徐　琦（女）　中国环境报社新闻部主任、主任记者
许丹宇　天津市环境保护科学研究院研发中心副主任、正高级工程师
薛银刚　江苏省常州市环境监测中心综合信息室副主任、高级工程师
闫大海　中国环境科学研究院固体废物污染控制技术研究所研究员
杨懂艳（女）　北京市环境保护监测中心分析实验室副主任、高级工程师
杨　洁　上海市环境科学研究院固体废物与土壤环境研究所高级工程师
岳东北　清华大学环境学院研究员
岳　涛　北京市劳动保护科学研究所大气污染控制研究室主任、副研究员
张蓓蓓（女）　江苏省环境监测中心有机室主管、高级工程师
张利飞　中日友好环境保护中心分析测试中心副研究员

张列宇　　　中国环境科学研究院水环境研究所研究员
张文杰（女）　中国环境科学研究院大气环境研究所研究员
张晓岭　　　重庆市环境监测中心分析室副主任、正高级工程师
张自力　　　浙江省环境监测中心生态监测与评价研究所高级工程师
章　涵　　　浙江菲达环保科技股份有限公司技术中心副主任、高级工程师
赵小学　　　河南省济源市环境监测站济源市重金属监测与污染治理重点实验室工程师
郑　祥　　　中国人民大学环境学院教授
周志恩（女）　重庆市环境科学研究院大气环境研究所所长、正高级工程师
左嘉旭　　　环境保护部核与辐射安全中心核与辐射安全研究所高级工程师

关于印发《颁发长期从事环保工作纪念章实施办法》的通知

环办人事〔2016〕1号

各省、自治区、直辖市环境保护厅（局），新疆生产建设兵团环境保护局，辽河凌河保护区管理局，机关各部门，各派出机构、直属单位：

为贯彻落实《关于加强基层环保人才队伍建设的意见》（环发〔2014〕170号），鼓励环保工作人员热爱环保事业，弘扬环保精神，增强职业荣誉感和自豪感，环境保护部决定在全国环保系统建立长期从事环保工作荣誉制度。现将《颁发长期从事环保工作纪念章实施办法》（见附件）印发给你们，请遵照执行。

附件：颁发长期从事环保工作纪念章实施办法

环境保护部办公厅
2016年1月4日

附件

颁发长期从事环保工作纪念章实施办法

第一条　为鼓励环保工作人员热爱环保事业，弘扬环保精神，增强职业荣誉感和自豪感，根据《关于加强基层环保人才队伍建设的意见》要求，特制定本办法。

第二条 在每年环境日前后，以环境保护部名义，向在各级环保部门及其所属单位工作满 30 年的在职和离退休人员颁发从事环保工作三十年纪念章。

常年在高海拔、边远等艰苦地区从事环保工作满 20 年的，可以先颁发从事环保工作二十年纪念章。艰苦地区具体范围由省级环保部门依据有关政策确定，并报环境保护部备案。

第三条 从事环保工作年限计算时点为每年 6 月。

在职期间经组织选派参加脱产培训、挂职借调的时间和离退休后实岗返聘的工作时间可以累计计算。在环保系统外其他单位从事环保工作的时间可以累计计算。年度考核结果为不合格的，当年从事环保工作时间不计算。

第四条 各级环保部门及其所属单位人事部门负责提出本单位符合颁发长期从事环保工作纪念章人员名单，由所在单位推荐并逐级上报，经省级环保部门审批后，报环境保护部核定。

第五条 各级环保部门及其所属单位受环境保护部委托，向本单位符合条件的人员颁发长期从事环保工作纪念章。

各级环保部门及其所属单位可视情况举行纪念章颁发仪式，颁发仪式应庄重简朴，不得铺张浪费。

第六条 纪念章由环境保护部负责制作，实行编号管理。

第七条 对已获得同一类型纪念章的人员，不重复颁发。

正在接受组织调查或受党纪、政纪处分的人员，暂不颁发纪念章。解除调查或处分期满的人员，符合条件的可以颁发纪念章。

第八条 各级环保部门及其所属单位应严格审核，认真把关。对通过提供虚假环保工作经历获得纪念章的，一经查实，由推荐单位负责收回，逐级向环境保护部报告并交回纪念章。情节严重的，环境保护部将在一定范围内通报批评。

第九条 本办法由环境保护部行政体制与人事司负责解释。

第十条 本办法自 2016 年 1 月 4 日起施行。

关于公布第一批全国环境保护优秀培训教材评选结果的通知

环办人事〔2016〕2 号

各省、自治区、直辖市环境保护厅（局），新疆生产建设兵团环境保护局，辽河凌河保护区管理局，机关各部门，各派出机构、直属单位：

为贯彻落实《干部教育培训工作条例》，加强新形势下环保业务培训基础能力建设，促进优质培训资源的培育和共享，提高培训实效，根据《全国环境保护优秀培训教材评选办法》，环境保护部组织开展了第一批全国环境保护优秀培训教材评选工作，确定《美丽中国——生态文明建设五讲》等 27 种教材为第一批全国环境保护优秀培训教材，现予以公布（见附件）。

这批教材从不同侧面较好体现了我国生态文明建设和环境保护工作的理论成果、实践成果，具有较强的指导性、针对性和实用性，是提高环保系统干部业务技能和综合素质的重要载体。全国环保系统要进一步提高认识，根据干部培养和实际工作需要，在举办培训、干部选学等工作中用好这批教材。要更加重视教材建设，结合实际，突出特色，积极培育开发更多优秀教材。

教材使用过程中的意见建议，请及时与环境保护部行政体制与人事司联系。

联系电话：（010）66556804

附件：第一批全国环境保护优秀培训教材名单

环境保护部办公厅

2016 年 1 月 4 日

附件

第一批全国环境保护优秀培训教材名单

序号	教材名称	作者	出版社	版次	字数
1	美丽中国——生态文明建设五讲	贾峰　主编	人民出版社	2013 年 9 月第 1 版	151 千字
2	环境法与环境执法（第三版）	朴光洙　主编	中国环境出版社	2015 年 4 月第 3 版	811 千字
3	环境规划学	王金南、蒋洪强　等		2014 年 11 月第 1 版	1312 千字
4	工业污染核算（第二版）	毛应淮　主编		2014 年 12 月第 1 版	582 千字
5	环境信息技术与统计分析（新 1 版）	胡振华、杨婵　主编	武汉理工大学出版社	2014 年 8 月第 1 版	420 千字
6	中小企业环保设备运行管理手册	赵旭德、胡风林　主编	中国环境科学出版社	2012 年 6 月第 1 版	550 千字
7	环境影响评价（新 1 版）	李庄　主编	武汉理工大学出版社	2015 年 10 月第 1 版	575 千字
8	重金属污染项目环境监理	李世义　主编	河南科学技术出版社	2015 年 1 月第 1 版	600 千字
9	建设工程环境监理	谢武、郑轶荣、石昌智	中国环境出版社	2015 年 5 月第 1 版	284 千字
10	建设项目环境监理	鲍建军、王伯铎、张建国　主编	陕西科学技术出版社	2012 年 12 月第 1 版	650 千字

序号	教材名称		作者	出版社	版次	字数
11	全国环境监测培训系列教材	环境监测标准与技术规范检索指南（2014 年版）	环境保护部环境监测司　编	中国环境出版社	2013 年 12 月第 1 版	1360 千字
		分析测试技术	中国环境监测总站　编		2013 年 11 月第 1 版	445 千字
		应急监测技术	中国环境监测总站　编		2013 年 12 月第 1 版	544 千字
		物理环境监测技术	中国环境监测总站　编		2013 年 12 月第 1 版	194 千字
		环境监测质量管理技术	中国环境监测总站　编		2014 年 6 月第 1 版	228 千字
		环境空气质量监测技术	中国环境监测总站　编		2013 年 12 月第 1 版	300 千字
		恶臭监测技术	天津市环境监测中心、中国环境监测总站　编		2013 年 12 月第 1 版	82 千字
		二噁英分析技术	中国环境监测总站　编		2014 年 4 月第 1 版	154 千字
		水环境监测技术	中国环境监测总站　编		2014 年 3 月第 1 版	388 千字
		近岸海域环境监测技术	中国环境监测总站　编		2013 年 10 月第 1 版	610 千字
		土壤环境监测技术	中国环境监测总站　编		2013 年 12 月第 1 版	296 千字
		生态环境监测技术	中国环境监测总站　编		2014 年 5 月第 1 版	440 千字
		生态环境遥感监测技术	环境保护部卫星环境应用中心、中国环境监测总站　编		2013 年 12 月第 1 版	350 千字
12	环境监测（新 1 版）		梁红、李理　主编	武汉理工大学出版社	2015 年 5 月第 1 版	486 千字
13	环境监测技能训练与考核教程（第二版）		石碧清　主编	中国环境出版社	2015 年 9 月第 1 版	460 千字
14	同呼吸共奋斗——大气污染防治知识读本		方降龙　主编		2014 年 5 月第 1 版	108 千字
15	噪声控制技术（新 1 版）		高红武　主编	武汉理工大学出版社	2014 年 8 月第 1 版	320 千字
16	持久性有机污染物及其防治		耿世刚　主编	中国环境出版社	2014 年 11 月第 1 版	290 千字
17	中国外来入侵生物		徐海根、强胜　主编	科学出版社	2011 年 9 月第 1 版	1360 千字
18	农村面源污染控制及环境保护		宋秀杰　等著	化学工业出版社	2011 年 4 月第 1 版	360 千字
19	辐射安全与防护管理手册		毛亚虹　编著	中国环境出版社	2014 年 9 月第 1 版	389 千字

序号	教材名称		作者	出版社	版次	字数
20	工业辐射防护		封章林　主编	中国环境出版社	2015 年 3 月第 1 版	388 千字
21	全国环境监察培训系列教材	环境监察（第三版）	环境保护部环境监察局　编		2009 年 6 月第 3 版	630 千字
		污染源环境监察	环境保护部环境监察局　编		2012 年 4 月第 1 版	600 千字
		生态环境监察	环境保护部环境监察局　编		2012 年 4 月第 1 版	660 千字
		环境行政处罚	环境保护部环境监察局　编		2012 年 4 月第 1 版	600 千字
		环境典型案例分析与执法要点解析	环境保护部环境监察局　编		2012 年 4 月第 1 版	450 千字
22	Environment and Development		董世魁、刘之杰、武晓宇　著		2014 年 12 月第 1 版	335 千字
23	公众参与环境保护：实践探索和路径选择		朱狄敏　著		2015 年 11 月第 1 版	190 千字
24	城市居民环保知识读本		卢春中　主编	浙江科学技术出版社	2011 年 6 月第 1 版	75 千字
25	突发环境事件典型案例选编（第二辑）		环境保护部环境应急指挥领导小组办公室　编	中国环境出版社	2015 年 5 月第 1 版	590 千字
26	环境应急监测技术与实用		徐广华　主编		2012 年 9 月第 1 版	480 千字
27	环境污染事件应急处理技术		吕小明　主编		2012 年 7 月第 1 版	312 千字

关于开展中西部地区环保系统技术援助工作的通知

环办人事〔2016〕98 号

各省、自治区、直辖市环境保护厅（局），新疆生产建设兵团环境保护局，机关各部门，各派出机构、直属单位：

为贯彻落实《生态环境保护人才发展中长期规划（2010—2020 年）》和《关于加强基层环保人才队伍建设的意见》，进一步加强中西部地区特别是艰苦边远地区基层环保人才队伍建设，我部在“十三五”期间，组织全国环保系统开展中西部地区环保技术援助工作，通过建立健全部属单位和东部地区环保系统与中西部地区环保系统的人才双向交流机制，加快中西部地区环保人才队伍建设，为改善环境质量提供更加有力的人才保障。现将有关事项通知如下：

一、援助方式

（一）专家援助。中西部地区环保系统（以下简称受援单位）根据工作需要，研究提出申请专家援助的需求，经省级环保部门审核后形成需求清单，环境保护部派出机构、直属单位或东部地区环保系统（以下简称支援单位）根据需求清单选派相关领域业务水平较高、实践经验丰富的专家，采取现场或远程指导、到受援单位挂职、科研项目合作等方式开展技术援助。

（二）进修培养。受援单位根据工作需要，研究提出申请派出进修的人员，经省级环保部门审核后形成进修人员名单，支援单位根据进修人员名单确定相关部门或单位接收进修人员，通过“一帮一、结对子”的形式，指定业务导师，采取专题培训、跟班工作、参与科研项目等方式开展进修培养。

二、援助原则

（一）坚持问题导向。受援单位要认真分析本单位环保工作和人才队伍建设存在的突出问题，有计划、有步骤地提出技术援助需求，需求要明确，问题要聚焦。支援单位要积极响应需求，选派专业对口、经验丰富、善于解决实际问题的专家开展技术援助。援助的具体形式和时间可根据解决问题的实际需要确定。

（二）坚持突出重点。技术援助工作坚持重点面向中西部地区基层环保单位和一线工作岗位，重点解决中西部地区当前比较薄弱的监测、监察等业务领域的具体问题，重点围绕尽快提高中西部地区基层和一线环保工作人员的实际工作能力和业务素质开展技术援助。

（三）坚持注重实效。技术援助工作要注重工作质量和效率，不求大而全，通过形式多样、精准有效的技术援助，尽快提高受援单位的“造血”功能，打牢持续提高工作质量的基础。要加强援助工作评估，及时总结经验，不断改进工作，持续提高质量。

三、人员条件

（一）援助专家

1．政治坚定，思想素质好，作风端正；

2．年龄一般不超过 55 周岁，身心健康，能较好地适应受援单位所在地的自然条件和风俗习惯；

3．专业技术人员一般应具有高级职称，管理人员一般应担任副主任科员或八级职员及以上职务；

4．从事环保工作时间一般不少于 5 年，业务熟练，沟通和表达能力较强。

（二）进修人员

1．政治坚定，思想素质好，作风端正；

2．年龄一般不超过 45 周岁，身心健康，能较好地适应接收单位所在地的自然条件和风俗习惯；

3．所在单位的业务骨干或重点培养对象；

4．从事环保工作时间一般不少于 2 年，有一定的业务基础，学习愿望强烈。

（三）业务导师

1．政治坚定，思想素质好，作风端正；

2．年龄一般不超过 58 周岁，身心健康；

3．专业技术人员应具有高级职称，管理人员应担任主任科员或七级职员及以上职务；

4．从事环保工作时间一般不少于 10 年，业务熟练，沟通和表达能力较强。

四、工作方式

我部每半年集中组织开展一次技术援助，其他时间由受援单位和支援单位双方自行协商开展。技术援助采取信息化手段开展申报、对接、管理等工作。各单位通过“环境保护部电子政务信息交换平台”（http：//10.100.250.8），点击“中西部地区环保技术援助”图标，进入中西部地区环保技术援助管理系统（以下简称技术援助系统）进行相关操作。具体程序如下：

（一）申报需求

受援单位申报需求分两种类型：申请专家援助、申请派出进修培养。各单位进入技术援助系统首页即可发起申报。根据要求填写完申报需求信息后，提交省级环保部门进行审核。

（二）审核需求

受援单位所在地的省级环保部门负责审核本地区的受援需求，通过技术援助系统首页的“待审核”栏目，可以查看本地区各受援单位提交的申请，点击申请专家援助或申请派出进修培养的数目进入审核列表。

专家援助审核列表按受援业务分类显示，派出进修培养审核列表按派出人员分别显示，审核工作包括查看、修改、退回、同意发布等操作。

（三）响应需求

经省级环保部门审核同意发布，根据受援单位申报需求时设定的公开类型，通过技术援助系统向相应的支援单位范围推送需求申请。

支援单位进入技术援助系统首页后，在“待响应”栏目中查看本单位可以响应的需求。根据本单位的实际情况，完成响应操作。

（四）指派需求

支援单位所在地的省级环保部门通过技术援助系统首页的“待指派”栏目，根据本地区各支援单位的响应情况，统筹协调安排，确认并指派相关支援单位向受援单位反馈具体的援助信息。

（五）反馈需求

根据省级环保部门的指派，支援单位通过技术援助系统首页的“待反馈”栏目，对援助需求进行逐个反馈。

反馈技术援助申请时，应根据本单位响应的业务和人数，进行选派。如果选派的专家与需求的业务领域和人数存在较大差异，应补充说明情况；反馈派出进修培养申请时，应填写接收进修人员的具体安排信息。

（六）对接需求

受援单位通过技术援助系统首页的“待确认”栏目，查看支援单位对需求的反馈信息，经沟通并完成确认操作后，即视为双方达成一致，完成需求对接。

（七）派出专家或接收进修人员

根据已对接的需求，支援单位安排专家开展专家援助工作，或安排业务导师并做好接收进修人员的准备，受援单位安排进修人员，或做好迎接专家的准备。

五、工作职责

（一）受援单位职责

1．实事求是地提出技术援助申请，需求描述要具体。

2．主动关心援助专家，为其提供工作、生活和安全保障，为援助专家出具援助期间各方面表现的鉴定材料。

3．加强与支援单位联系，及时沟通反馈援助专家有关情况，了解掌握进修人员有关情况。

4．合理选派进修人员，落实进修人员的相关待遇保障，承担进修期间的食宿、交通等费用。

（二）支援单位职责

1．积极响应技术援助申请，选派援助专家或指定业务导师。

2．援助专家在前往受援单位开展援助工作期间，为其正常发放工资，享受同类同级干部的各项福利待遇，承担援助期间的食宿、交通等费用。

3．主动关心进修人员，为其提供工作、生活和安全保障，为进修人员出具进修培养期间各方面表现的鉴定材料。承担来自西藏、青海、新疆、兵团等地区进修人员的食宿费用。

4．加强与受援单位联系，及时沟通反馈进修人员有关情况，了解掌握援助专家有关情况。

5．在绩效考核、年度考核中，对开展技术援助的援助专家和业务导师的工作予以充分考虑和合理评价。

（三）援助专家职责

1．认真研究援助需求，采取适合实际情况的援助方式，积极主动为受援单位提供技术援助。

2．主动融入受援单位，自觉遵守受援单位各项规章制度。

3．援助工作力求实效，日常生活不向受援单位提特殊要求。

4．援助工作期间和结束后，及时向所在单位汇报援助工作情况，提出相关建议。

（四）进修人员职责

1．进修前做好充分准备，在本单位有关人员和支援单位业务导师的指导下，认真制定进修计划。

2．主动融入支援单位，自觉遵守支援单位各项规章制度。

3．珍惜机会，刻苦钻研，进修培养力求实效，日常生活不向支援单位提特殊要求。

4．进修期间和结束后，及时向所在单位汇报进修培养情况，提交进修总结报告，提出相关建议。

（五）业务导师职责

1．积极指导进修人员制定进修计划，完成进修任务。

2．主动关心进修人员工作、生活情况，及时协调解决实际困难。

3．客观、准确评价进修人员进修培养期间的表现，撰写鉴定材料。

六、激励保障

（一）对工作实效显著、表现突出的援助专家和业务导师，我部每年在全国环保系统予以通报表扬，在有关媒体上进行宣传，所在单位在职务晋升、职称评聘、评选表彰等方面给予优先考虑。

（二）对较好地完成技术援助工作的援助专家和业务导师，我部将其纳入全国环保系统专家库，列为各级环保部门开展有关工作的技术支持力量。

（三）援助专家在赴受援单位援助和进修人员在支援单位进修期间，执行差旅费相关规定，并由所在单位购买意外伤害险。援助或进修时间较长的，要落实异地医疗保险等保障。前往西藏、青海、新疆、兵团等地区开展对口支援的援助专家，援助时间超过 1 个月的，由所在单位另外按月发放技术援藏（青）补贴每月 2000 元，技术援疆补贴每月 800 元，或按所在地区、单位相关规定执行。

七、其他事项

（一）2016 年我部集中组织一次技术援助。请中西部地区各省级环保部门于 2016 年 10 月 28 日前，提交已审核的本地区申请专家援助和申请派出进修培养的需求。请部属单位和东部地区各省级环保部门于 2016 年 11 月 11 日前组织落实支援单位响应需求并完成指派和反馈需求工作。专家援助和进修培训工作根据双方约定时间开展。

（二）使用“中西部地区环保技术援助管理系统”时，如果查询不到相关人员或者人员信息不准确，应先进入“全国环保系统组织机构和人才资源统计系统”中进行补登或修改。

八、联系人及联系方式

（一）政策咨询

联系人：环境保护部行政体制与人事司　孙峰

电话：（010）66556190

传真：（010）66556189

（二）系统平台技术咨询

联系人：环境保护部信息中心　沈磊　温鑫

电话：（010）66556748，66556083

环境保护部办公厅

2016 年 10 月 17 日

关于公布第一批国家环境保护培训基地名单的通知

环办人事〔2016〕113 号

各省、自治区、直辖市环境保护厅（局），新疆生产建设兵团环境保护局，机关各部门，各派出机构、直属单位，各有关单位：

为贯彻落实《干部教育培训工作条例》，加强新形势下环保培训基础能力建设，培育专业化环保培训机构，提高培训实效，经组织推荐和综合评议，环境保护部决定在中国环境监测总站等 46 个单位设立第一批国家环境保护培训基地，其中实训基地 20 个，现场教学点 6 个，培训院校 20 个。现予以公布（见附件）。

国家环境保护培训基地是开展环保干部人才培训的重要场所和基础条件。使用好国家环境保护培训基地，对进一步提升环保干部人才队伍建设水平具有重要作用。全国环保系统要进一步提高认识，根据工作需要和培训主题，优先考虑在国家环境保护培训基地举办相关培训，支持国家环境保护培训基地健康发展。

获准设立国家环境保护培训基地的单位，要主动服务以改善环境质量为核心的环境管理工作，积极承担环保培训任务，深入研究培训需求，开发更有针对性和实效性的培训项目和培训课程，建设专兼职结合的高水平师资队伍，不断完善培训场所设备，建立健全培训管理规章制度，进一步凝练培训优势和特色。

国家环境保护培训基地实行动态管理，根据工作需要和培训实施情况，每年更新一次。有关国家环境保护培训基地建设与使用中的意见建议，请及时与环境保护部行政体制与人事司联系。

联系电话：（010）66556804

附件：第一批国家环境保护培训基地名单

环境保护部办公厅

2016 年 12 月 21 日

附件

第一批国家环境保护培训基地名单

序号	单位名称	基地类型	地点	重点业务领域	联系人	联系电话
1-1	中国环境监测总站	实训基地	北京市朝阳区	环境监测	徐琳	010-84943013
1-2	国家环境分析测试中心	实训基地	北京市朝阳区	有机污染物监测	刘爱民	010-84665758
1-3	中山大学	实训基地	广州市番禺区	环境空气质量监测	徐伟嘉	020-84114212
1-4	湖北理工学院	实训基地	湖北省黄石市	环境监测	刘先利	0714-6368937
1-5	广东省环境保护职业技术学校	实训基地	广州市天河区	环境监测	白丹丹	020-85520297
1-6	广东环境保护工程职业学院	实训基地	广东省佛山市	环境监测	黄玲	0757-81773172
1-7	华东交通大学	实训基地	南昌市青山湖区	生活污水处理	胡锋平	0791-87046022
1-8	西华大学	实训基地	成都市金牛区	机动车排放检测	王永忠	028-87720540
1-9	南京工业大学	实训基地	南京市浦口区	化工园区环境污染整治	刘安康	025-58139652
1-10	北京市劳动保护科学研究所	实训基地	北京市西城区	噪声与振动控制	秦勤	010-63524188
1-11	上海城市环境噪声控制工程技术研究中心	实训基地	上海市徐汇区	噪声与振动控制	陈虹芮	021-64085119
1-12	医疗废物管理与处置环保培训基地（上海）	实训基地	上海市嘉定区	医疗废物管理与处置	徐洋	021-24011545
1-13	环境保护部核与辐射安全中心	实训基地	北京市海淀区	全范围验证模拟机培训	王青松	010-88842525
1-14	环境保护部辐射环境监测技术中心（浙江省辐射环境监测站）	实训基地	杭州市西湖区	辐射环境监测，辐射安全与防护	范雪瑾	0571-28916883
1-15	江苏省辐射防护协会	实训基地	南京市建邺区	辐射环境监测，核与辐射应急监测	何丹丹	025-87717610
1-16	中核四〇四有限公司	实训基地	甘肃省嘉峪关市	乏燃料后处理	张坤	0937-6762891
1-17	国核电站运行服务技术有限公司	实训基地	上海市闵行区	民用核安全设备无损检验	钱红蕾	021-33326882
1-18	中国广核集团中广核运营培训中心	实训基地	深圳市大鹏新区	核电技术	俞霭冬	0755-84473214
1-19	上海中广核核电技术产业研发中心	实训基地	上海市闵行区	辐射监测与防护，应急管理	刘向平	021-23503919
1-20	中国科学院近代物理研究所	实训基地	兰州市城关区	辐射防护基础理论知识，核辐射监测	苏有武	0931-4969578
2-1	中国-东盟环保技术和产业合作示范基地（宜兴）	现场教学点	江苏省无锡市	污染治理技术和产业	季夏	0510-87077305

序号	单位名称	基地类型	地点	重点业务领域	联系人	联系电话
2-2	深圳市深港产学研环保工程技术股份有限公司	现场教学点	深圳市南山区	水体生态修复技术	刘小彬	0755-33207108
2-3	航天凯天环保科技股份有限公司	现场教学点	长沙市经济技术开发区	大气污染防治，重金属污染治理	喻春艳	0731-82879059
2-4	长沙华时捷环保科技发展股份有限公司	现场教学点	长沙市高新开发区	重金属废水治理	李英杰	0731-88807789
2-5	国环危险废物处置工程技术（天津）有限公司	现场教学点	天津市经济开发区	危险废物处理与资源化	伉沛崧	022-28569868
2-6	荆门市格林美新材料有限公司	现场教学点	湖北省荆门市	电子废物处理与资源化	鲁习金	0724-2499168
3-1	清华大学	培训院校	北京市海淀区	有害化学品和危险废物管理	李金惠	010-62794351
				辐射环境监测，辐射安全与防护	张辉	010-62797089
3-2	重庆大学	培训院校	重庆市沙坪坝区	固体废物处理与资源化	汤维新	023-65118133
3-3	上海第二工业大学	培训院校	上海市浦东新区	电子废物处理与资源化	王景伟	021-50214986
3-4	哈尔滨工业大学	培训院校	哈尔滨市南岗区	城市水资源与水环境管理	刘冬梅	0451-86283008
3-5	南昌大学	培训院校	南昌市红谷滩新区	湖泊水环境管理	杨慧	0791-83969583
3-6	四川农业大学	培训院校	成都市温江区	农村环境保护	徐小逊	028-86293119
3-7	复旦大学	培训院校	上海市徐汇区	环境健康	阚海东	021-54237908
3-8	核工业研究生部	培训院校	北京市房山区	核燃料循环，核电基础，核与辐射监管	章超	010-69357811
3-9	南华大学	培训院校	湖南省衡阳市	辐射环境监测，辐射安全与防护	邱小平	0734-8282251
3-10	苏州大学	培训院校	江苏省苏州市	辐射安全与防护	涂彧	0512-65882615
3-11	四川大学	培训院校	成都市武侯区	辐射探测与测量，辐射剂量与防护	梁勇飞	028-85412258
3-12	中国辐射防护研究院	培训院校	太原市小店区	辐射安全与防护，核应急与核安全，环境医学	卢金祥	0351-2203442
3-13	武汉工程大学	培训院校	武汉市洪山区	环境监察执法	张宗良	027-87992186
3-14	南京大学	培训院校	南京市鼓楼区	环境应急管理	华娟	025-86266805
3-15	中共重庆市委党校	培训院校	重庆市九龙坡区	生态文明建设	王桂林	023-68591424
3-16	北京林业大学	培训院校	北京市海淀区	生态文明建设	林震	010-62338076
3-17	内蒙古师范大学	培训院校	呼和浩特市赛罕区	可持续发展与环境教育	魏智勇	0471-4391980
3-18	长沙环境保护职业技术学院	培训院校	长沙市雨花区	环保培训	胡献舟	0731-85622931

序号	单位名称	基地类型	地点	重点业务领域	联系人	联系电话
3-19	河北环境工程学院	培训院校	河北省秦皇岛市	环保培训	杜卫	0335-7523101
3-20	环境保护部北京会议与培训基地（环境保护部党校）	培训院校	北京市海淀区	环保培训	刘继元	010-58719700

关于印发《环境保护部 2016 年度培训计划》的通知

环办人事函〔2016〕345 号

各省、自治区、直辖市环境保护厅（局），解放军环境保护局，新疆生产建设兵团环境保护局，辽河凌河保护区管理局，机关各部门，各派出机构、直属单位：

为深入贯彻落实党的十八大和十八届三中、四中、五中全会精神，以及 2016 年全国环境保护工作会议精神，努力建设高素质的环保干部队伍，加快推进环境质量改善，我部制定了《环境保护部 2016 年度培训计划》，现印发给你们，请结合实际，认真落实。

培训主办和承办单位要认真贯彻中央关于改进工作作风、密切联系群众“八项规定”精神，加强学风建设；严格执行《中央和国家机关培训费管理办法》等规定，严肃培训财经纪律；按照《环境保护部干部培训管理办法》，认真做好培训管理，及时开展质量评估，切实提高培训实效。

面向环保系统举办的培训，由各级环保部门负责组织学员参加。面向社会举办的培训，由各地区各单位根据工作需要，自主决定是否派人参加。培训经费来源为预算内经费的，培训费（含食宿费）由主办单位承担。各项培训计划的详细安排以培训班具体通知为准。

联系电话：（010）66556804

附件：环境保护部 2016 年度培训计划

环境保护部办公厅

2016 年 2 月 25 日

附件

环境保护部2016年度培训计划

一、面向全国的培训班次

序号	培训班名称	期数	培训内容	培训对象	人数	天数	培训时间	培训地点	主办单位	承办单位	经费来源	联系人及电话
1	中央环保督察人员岗位培训班	1	开展中央环保督察工作应知应会内容	各地区拟参加2016年中央环保督察工作的人员	150	3	3月	北京	督察办（筹）	无	预算内经费	张磊 66556470
2	生态文明体制改革与党委政府环保责任专题研究班	1	五大发展理念和习近平总书记系列讲话精神，生态文明体制改革“1+6”系列文件等政策解读与案例分析	县级市党委、政府主要负责人	45	9	5月	北京大学	中央组织部环境保护部	人事司宣教中心北京大学	预算内经费	王菁菁 84631438
3	西部地区党政领导干部环境保护专题培训班	1	五大发展理念和习近平总书记系列讲话精神，生态文明建设、生态环境保护管理体制改革、环境保护优化经济发展的理论与实践	西藏、甘肃、青海、宁夏、新疆和新疆生产建设兵团县处级以上分管环保工作的党政领导干部	120	10	7月	北戴河中心	人事司	宣教中心	预算内经费	刘汝琪 84631438
4	国家生态文明建设示范区培训班	1	国家生态文明建设示范区指标、管理规程、规划编制指南等问题解读	各省级环保部门有关人员，部分市县环保部门有关人员	100	4	4月	北安河基地	生态司	无	预算内经费	李君 66556331

序号	培训班名称	期数	培训内容	培训对象	人数	天数	培训时间	培训地点	主办单位	承办单位	经费来源	联系人及电话
5	国家环境保护“十三五”规划宣贯班	3	解读国家环境保护“十三五”规划，研讨规划实施	各省级环保部门规划处、规划院负责规划编制的行政人员与技术骨干	50	3	12 月	北安河基地	规财司	环境规划院	预算内经费	王倩 13810722061
6					50	3		西安				
7					50	3		昆明				
8	全国环保厅局长研讨班	1	“十三五”环保工作思路与任务，环保机构垂直管理的制度与实践	各省级环保部门有关负责人员、各计划单列市和副省级城市环保部门主要负责人	50	6	6 月	中国职工之家（北京）	人事司	宣教中心	预算内经费	王菁菁 84631438
9	环境损害评估技术培训班	1	环境损害评估技术	环保、司法部门从事环境损害评估工作相关人员	150	3	6 月	北京	政法司	环境规划院	预算内经费	齐霁 18618136117
10	环境损害赔偿技术培训班	1	环境损害赔偿技术	环保、司法部门从事环境损害赔偿工作相关人员	120	3	9 月	北京	政法司	环境规划院	预算内经费	齐霁 18618136117
11	生态环境大数据建设与应用培训班	1	生态环境大数据建设与应用	各省级和副省级环保部门环境信息化工作人员	100	4	6 月	贵阳	办公厅	无	预算内经费	詹志明 66556040
12	重点生态功能区保护与生态保护红线管控培训班	1	全国生态功能区划修编；重点生态功能区保护与管理；生态保护红线管控措施	各有关省级环保部门生态保护相关人员	120	3	6 月	北安河基地	生态司	环境规划院、南京环境科学研究所	预算内经费	张文国 66556309
13	大气污染物排放清单编制培训班	2	解读大气污染物元排放清单编制的具体要求、工作流程、数据格式	各相关省级、地市级环境保护部门清单编制相关负责人	100	3	8 月	四川都江堰	监测司	中国环境监测总站	预算内经费	海颖 66556829
14					100	3	8 月	长沙环保学院				

序号	培训班名称	期数	培训内容	培训对象	人数	天数	培训时间	培训地点	主办单位	承办单位	经费来源	联系人及电话
15	环境空气颗粒物来源解析技术培训班	1	污染源采样、颗粒物组分分析技术 CMB 和 PMF 模型运算等	各省级、地市级环境监测机构相关技术人员	100	3	6月	兴城中心	监测司	中国环境监测总站	预算内经费	海颖 66556829
16	低浓度颗粒物手工监测培训班	1	固定污染源低浓度颗粒物手工监测各环节，包括预处理、称量、现场监测及质控手段	承担相关监测任务地方监测站技术人员	80	4	10月	兴城中心	监测司	中国环境监测总站	预算内经费	石杰 84943147
17	重污染过程快速源解析监测技术培训班	1	应用多技术手段快速解析、判断重污染天气条件下污染来源等	相关省级监测站、重点城市监测站相关技术人员	80	4	4月	长沙环保学院	监测司	中国环境监测总站	预算内经费	石杰 84943147
18	全国环境空气质量预报培训班	1	环境空气质量预报基础知识和一般方法；先进省市预报业务和能力建设实践经验；国内外相关高校、科研院所最新科研成果等	各省、自治区、直辖市、省会城市和计划单列市环境监测中心（站）空气质量预报预警技术人员	100	4	5月	兴城中心	监测司	中国环境监测总站	预算内经费	石杰 84943147
19	环境空气质量预报预警技术实训班	3	区域和城市预报预警体系建设、机构建设工作机制、业务流程预报预警业务平台建设方法、建设项目管理；预报预警方法技术、经验介绍、案例分析等	各省、自治区、直辖市、省会城市和计划单列市环境监测中心（站）空气质量预报预警技术人员	20	11	4月	承担实训任务的环境监测站	监测司	中国环境监测总站	预算内经费	
20					20	11	6月					
21					20	11	9月					

序号	培训班名称	期数	培训内容	培训对象	人数	天数	培训时间	培训地点	主办单位	承办单位	经费来源	联系人及电话
22	水污染防治领域政府和社会资本合作培训班	1	水污染防治领域政府和社会资本合作项目推介、实施方案编制、推进政策制定等	各省级环保部门相关人员	150	2	2季度	北安河基地	规财司	环境规划院	预算内经费	陈鹏 84947738
23	地下水基础环境状况调查评估培训班	1	2016年全国地下水基础环境状况调查工作技术培训及2016年实施方案编制培训	各省级环保部门及其技术单位有关人员	150	2	5月	北安河基地	污防司	环境规划院	预算内经费	刘伟江 13520050376
24	重点行业主要水污染物减排技术培训班	1	造纸、印染、制糖、氮肥等重点行业主要污染物减排技术及污水处理中央控制系统建设与维护	各省级、部分重点城市环保部门及环保部各督查中心相关人员	150	2	6月	重庆	总量司	环境规划院	预算内经费	张文静 15810102051
25	土壤环境管理与污染防治技术培训班	1	土壤环境管理政策、法规，污染防治技术、案例等	各省级环保部门相关人员	120	3	3季度	北戴河中心	生态司	南京环境科学研究所	预算内经费	魏彦昌 66556599
26	重金属污染综合防治“十三五”规划编制培训班	2	规划编制方法、编制技术要求、编制内容以及规划目标指标	各省级环保部门及规划编制技术单位相关人员；重点区域环境保护局及规划编制技术单位相关人员	80	2	3月	北安河基地	污防司	环境规划院	预算内经费	杨丽阎 84915105
27					80	2	4月	北安河基地				
28	“十三五”重金属规划实施考核培训班	1	“十三五”规划内容宣贯和实施培训；实施考核培训，包括考核原则与方法、考核形式等内容	各省级环保部门规划实施管理人员及环保部督查中心有关人员	100	2	7月	长沙环保学院	污防司	环境规划院	预算内经费	杨丽阎 84915105

序号	培训班名称	期数	培训内容	培训对象	人数	天数	培训时间	培训地点	主办单位	承办单位	经费来源	联系人及电话
29	危险废物处置设施监管培训班	2	危险废物焚烧等处置设施相关的废物收集、分析、运营、污染防治措施和事故应急等内容	各省级、地市级环保部门、环保部各督查中心固体废物管理人员	20	5	7月	上海工业区	污防司	清华大学/巴塞尔公约亚太区域中心		
30					20	5	9月	江苏经济开发区				
31	固体废物管理培训班	1	污染防治形势、危险废物、电子废物、进口废物、污染场地环境管理等相关内容	各省级、部分地市级环保部门固体废物管理处长	140	4	7月	北戴河中心	污防司	固管中心	预算内经费	薛军 84634223
32	化学品环境管理培训班	1	化学品环境管理工作最新要求及进展，研讨地方化学品环境管理工作	地方环保部门化学品管理相关人员	125	3	9月	长沙环保学院	污防司	无	预算内经费	赵娜娜 66556259
33	持久性有机污染物（POPs）统计报表制度培训班	1	POPs统计报表制度实施方案、POPs统计报表填报要求与主要问题分析等	地方环保部门负责组织实施POPs统计报表制度的管理和技术人员	150	3	3月	长沙环保学院	污防司	环境保护对外合作中心	预算内经费	高新华 82268966
34	污染场地环境管理培训班	1	场地污染防治形势，相关政策，法规和环境管理要求	各省级和部分地市级环保部门污染场地管理人员	50	4	5月	湖南	污防司	固管中心	预算内经费	张俊丽 84665573
35	废弃电器电子产品环境管理和补贴审核工作培训班	1	废弃电器电子产品回收处理环境管理和基金补贴审核技术、管理政策和信息系统使用	各省级、部分地市级环保部门业务人员	150	4	6月	珠海	污防司	固管中心	预算内经费	宋鑫 84665534

序号	培训班名称	期数	培训内容	培训对象	人数	天数	培训时间	培训地点	主办单位	承办单位	经费来源	联系人及电话
36	全国乡镇领导干部农村环保培训班	1	农村环保形势与任务、农村环境综合整治项目实施与管理、农村生态文明示范建设标准及经验交流	获得“以奖促治”资金支持的乡镇领导干部，有关市、县环保部门“以奖促治”项目管理人员，各省级生态示范建设管理人员	100	4	5月	长沙环保学院	生态司人事司	环境发展中心	预算内经费	马宇飞 66556338
37	生物多样性保护战略与行动计划研讨班	1	推动省级生物多样性保护战略与行动计划的发布与实施	各省级环保部门生物多样性保护相关人员	60	3	3季度	南京	生态司	南京环境科学研究所	预算内经费	童文君 66556330
38	生物多样性保护管理培训班	1	生物多样性保护优先区域规划编制指南，物种资源管理技术培训	各省级环保部门及技术单位有关管理与技术人员，试点省份、保护区有关人员	150	4	3季度	北戴河中心	生态司	无	预算内经费	彭慧芳 66556308
39	自然保护区管理培训班	1	自然保护区建设和管理相关业务工作	各省级环保部门生态处工作人员以及新建国家级自然保护区管理局工作人员	90	3	5月	云南	生态司	中国环境科学研究院	预算内经费	张晔 66556313
40	环保系统政府信息公开培训班	1	政府信息公开业务知识	全国环保系统政府信息公开工作人员	160	4	5月	长沙环保学院	办公厅	无	预算内经费	许福成 66556694
41	环保系统政务信息培训班	1	环保政务信息工作理论、工作方法和实践技巧等	各省级和副省级环保部门、部系统政务信息直报点环境保护局政务信息工作人员	170	4	6月	长沙环保学院	办公厅	无	预算内经费	汤振怡 66556637
42	环保系统档案人员继续教育培训班	1	贯彻学习贯彻《环境保护档案管理办法》及环保档案管理专业知识	各省级环保部门档案管理人员	60	4	3季度	长沙环保学院	办公厅	无	预算内经费	李敏君 66556028

序号	培训班名称	期数	培训内容	培训对象	人数	天数	培训时间	培训地点	主办单位	承办单位	经费来源	联系人及电话
43	环境信访培训班	1	环境信访业务	各省级和部分地市级环保部门信访工作人员	160	4	7月	南京	办公厅	无	预算内经费	胡明 66556025
44	环境信访疑难纠纷化解培训班	3	重点信访案件分析、积案化解经验交流等	各省级、部分地市级环保部门分管领导及信访机构负责人	90	3	5月	北安河基地	办公厅	无		
45					80	4	8月	北戴河中心	办公厅	无		
46					80	3	9月	昆明	办公厅	无		
47	生物多样性专项资金培训班	1	生物多样性专项资金申请及资金管理细则	环保系统国家级自然保护区相关人员	40	2	4季度	北安河基地	规财司	环境规划院	预算内经费	潘哲 84948771
48	环境功能区划宣贯与技术培训班	1	解读全国环境功能区划	全国环保系统规划财务处及技术支撑单位相关人员	100	2	3月	北安河基地	规财司	环境规划院	预算内经费	张箫 84949863
49	环境司法解释培训班	1	“两高”环境污染形势犯罪司法解释修订、环境公益诉讼等最新司法解释解读	各省级、部分市、县级环保部门相关人员，地方公检法机关相关人员	200	4	2季度	长沙环保学院	政法司	无	预算内经费	朱军琴 66556934
50	新法律法规培训班	1	全面解读新制（修）订出台的法律、法规和规章的内容	各省级、部分地市级环保部门相关人员	120	5	3季度	兴城中心	政法司	无	预算内经费	朱军琴 66556935
51	环境经济政策培训班	1	环境经济政策理论与实践	地方环保部门、科研机构环境经济政策相关人员	120	6	5月	北戴河中心	政法司	无	预算内经费	何杨捷 66556951
52	第32期环境法制岗位培训班	1	环境保护依法行政、环境执法等内容	县级以上地方环保部门法制机构工作人员、部机关有关部门工作	100	7	2季度	广西	政法司	无	预算内经费	杨晓婉 66556962

序号	培训班名称	期数	培训内容	培训对象	人数	天数	培训时间	培训地点	主办单位	承办单位	经费来源	联系人及电话
				人员								
53	第33期环境法制岗位培训班	1	环境保护依法行政、环境执法等内容	县级以上地方环保部门法制机构工作人员、部机关有关部门工作人员	100	7	7月	北戴河中心	政法司	无	预算内经费	杨晓婉 66556962
54	环保科研成果应用培训班	1	环保科研成果应用的政策和方法	各副省级以上城市环保部门、技术单位管理与技术人员	150	4	3季度	北京	科技司	无	预算内经费	陈胜 66556209
55	环保标准专题培训班	4	新发布重点环保标准及其配套标准规范；国家环保标准项目工作要点	全国环保系统相关管理或技术人员，国家环保标准项目承担单位相关人员	150	4	1季度	北安河基地	科技司	环境工程评估中心	预算内经费	李华忠 52931005
56					150	4	2季度	长沙环保学院				
57					150	3	2季度	济南				
58					150	4	3季度	北戴河中心				
59	水专项“十二五”课题验收级会计师事务所财务验收审计培训班	1	水专项验收细则、示范工程第三方评估、财务验收重点、财务审计程序集要点等	水专项“十二五”课题负责人、财务负责人，承担课题财务验收的会计事务所相关人员	300	4	2季度	北安河基地	科技司	水专项办	预算内经费	钱玲 84665922 王素霞 84665923
60	水专项经费管理培训班	1	专项资金相关管理办法，专项经费使用管理相关规定和要求	水专项四主题2015年立项课题的课题负责人、课题财务人员、课题承担单位财务部门负责人	150	3	3季度	北戴河中心	科技司	水专项办	预算内经费	王素霞 84665923
61	“全国重点地区环境与健康专项调查”专题技术培训班	1	专项调查的技术方法	16个省份环保和卫生计生系统技术单位负责人、技术骨干、技术指导专家	120	3	7月	呼和浩特	科技司	华南环境科学研究所政研中心	预算内经费	胡国成 18902269816 索文宇 84665774

序号	培训班名称	期数	培训内容	培训对象	人数	天数	培训时间	培训地点	主办单位	承办单位	经费来源	联系人及电话
62	“全国重点地区环境与健康专项调查”数据统计分析培训班	1	专项调查的数据统计分析方法	地方环保、卫生计生系统技术骨干	100	3	12 月	北安河基地	科技司	华南环境科学研究所政研中心	预算内经费	郭庶 13021210273 索文宇 84665774
63	“环境与健康风险哨点监测”技术培训班	1	哨点监测实施方案、实验室分析、数据传输与上报等	参与哨点监测的技术单位负责人及技术骨干	80	3	3 月	南京	科技司	华南环境科学研究所政研中心	预算内经费	胡国成 18902269816 索文宇 84665774
64	“全国重点地区环境与健康专项调查”数据管理培训班	1	专项调查的数据管理方法	项目参与单位相关人员	50	3	4 月	江苏	科技司	政研中心	预算内经费	索文宇 84665774
65	环境统计管理培训班	1	环境统计管理业务	各省级环保部门统计工作人员	70	3	5 月	南昌	总量司	无	预算内经费	董文福 66556879
66	主要污染物减排集中核算培训班	2	2015 年度、2016 年度上半年主要污染物减排数据集中核算业务	各省级环保部门、环保部各督查中心及相关央企总量减排业务人员	100	12	1 月	北安河基地	总量司	无	预算内经费	卢璐 66556865
67							7 月	北安河基地				卢璐 66556865
68	第二次全国污染源普查前期准备培训班	1	第二次全国污染源普查前期准备工作业务	各省级环保部门相关人员	80	3	9 月	兴城中心	总量司	无	预算内经费	董文福 66556879
69	“十三五”减排核查核算细则培训班	1	“十三五”减排核查核算细则的主要内容、技术方法、注意要点与基本原则	各省级、部分重点城市环保部门及环保部各督查中心相关人员	150	2	9 月	浙江	总量司	环境规划院	预算内经费	张文静 15810102051
70	“十三五”减排培训班	1	“十三五”减排工作思路与要求	各省级环保部门及其技术单位相关人员	150	2	12 月	中环学院	总量司	环境规划院	预算内经费	钟悦之 84911587
71	2016 年减排培训班	1	2016 年减排重点工作及核查要点	各省级环保部门总量减排核查人员	150	2	5 月	重庆	总量司	环境规划院	预算内经费	钟悦之 84911587

<table>
<tr><th>序号</th><th>培训班名称</th><th>期数</th><th>培训内容</th><th>培训对象</th><th>人数</th><th>天数</th><th>培训时间</th><th>培训地点</th><th>主办单位</th><th>承办单位</th><th>经费来源</th><th>联系人及电话</th></tr>
<tr><td>72</td><td rowspan="7">环境影响评价管理人员培训班</td><td rowspan="7">7</td><td rowspan="7">环评审批改革总体思路和要求、规划环评管理、重点行业环境影响审批原则、竣工环境保护验收管理以及建设项目环境影响评价资质管理等内容</td><td>省市两级环保部门环评管理人员</td><td>120</td><td>4</td><td>6 月</td><td>北戴河中心</td><td rowspan="7">环评司</td><td rowspan="7">环境工程评估中心</td><td rowspan="2">预算内经费</td><td>应利 66556408</td></tr>
<tr><td>73</td><td>省市两级环保部门环评管理人员</td><td>120</td><td>4</td><td>9 月</td><td>北安河基地</td><td>应利 66556408</td></tr>
<tr><td>74</td><td>省市两级环保部门相关管理人员、环保部各督查中心、环境工程评估中心和中国环境监测总站相关人员</td><td>120</td><td>4</td><td>8 月</td><td>北安河基地</td><td>预算内经费</td><td>潘英姿 66556430</td></tr>
<tr><td>75</td><td>各级环保系统及相关部门从事规划环评管理的人员</td><td>120</td><td>5</td><td>5 月</td><td>重庆</td><td rowspan="2">预算内经费</td><td>周海丽 66556652</td></tr>
<tr><td>76</td><td>各级环保系统及相关部门从事规划环评管理的人员</td><td>120</td><td>5</td><td>7 月</td><td>北戴河中心</td><td>周海丽 66556652</td></tr>
<tr><td>77</td><td>各级环保部门环评管理人员和技术评估单位人员</td><td>120</td><td>4</td><td>5 月</td><td>北安河基地</td><td rowspan="2">预算内经费</td><td>李忠华 84915327</td></tr>
<tr><td>78</td><td>各级环保部门环评管理人员和技术评估单位人员</td><td>120</td><td>4</td><td>9 月</td><td>兴城中心</td><td>李忠华 84915327</td></tr>
<tr><td>79</td><td rowspan="2">环境监测管理人员培训班</td><td rowspan="2">2</td><td rowspan="2">当前全国环境监测形势与任务，环境监测政策制度解读</td><td>各省级环保部门分管负责人、部分地级环保部门监测工作负责人</td><td>100</td><td>3</td><td>10 月</td><td>福建</td><td>监测司</td><td>中国环境监测总站</td><td rowspan="2">预算内经费</td><td rowspan="2">海颖 66556829</td></tr>
<tr><td>80</td><td>各省级环保部门监测处负责人、省级环境监测机构负责人、部分地级环保部门监测工作负责人</td><td>100</td><td>3</td><td>5 月</td><td>部属基地</td><td>监测司</td><td>中国环境监测总站</td></tr>
</table>

序号	培训班名称	期数	培训内容	培训对象	人数	天数	培训时间	培训地点	主办单位	承办单位	经费来源	联系人及电话
81	环境监测站站长培训班	2	事权上收后环境监测工作开展与组织形式；环境空气、水、土壤环境监测网络建设新任务；环境空气水环境质量预报预警技术；重污染天气下环境监测工作要点；大气污染物来源解析工作要点；新形势下质量管理工作主要任务与要点	各省级环保部门和重点城市环境监测站主要负责人、	100	4	4月	北安河基地	监测司	中国环境监测总站	预算内经费	石杰 84943147
82							10月	上海				
83	环境监测质量管理培训班	1	事权上收后环境监测质量管理工作；质量管理技术；国家监测网质量控制与质量保证	各省级环境监测站质量管理工作负责人员	50	4	5月	北戴河中心	监测司	中国环境监测总站	预算内经费	石杰 84943147
84	污染源监测培训班	1	污染源监测管理制度体系及相关要求	各省级环保部门工作负责人及技术人员	100	3	7月	哈尔滨	监测司	中国环境监测总站	预算内经费	邢核 66556823
85	国家环境空气直管站监测数据审核培训班	1	国家环境空气网监测数据有效性要求；空气监测自动数据审核技术要求等	承担国家环境空气直管站数据审核报送的国家网成员单位和委托单位人员	60	4	5月	北安河基地	监测司	中国环境监测总站	预算内经费	石杰 84943147
86	实验室分析专项技术实训班	1	有机物监测、重金属监测、生物监测、环境健康、二噁英监测等	相关省级、地市级监测站实验室分析测试技术人员	20	3～6个月	3—12月	中国环境监测总站	监测司	中国环境监测总站	预算内经费	石杰 84943147

序号	培训班名称	期数	培训内容	培训对象	人数	天数	培训时间	培训地点	主办单位	承办单位	经费来源	联系人及电话
87	环境空气背景站监测技术实训班	1	背景站配备仪器的操作、运行及质量保证和控制方法；数据审核要求	国家环境空气背景站监测技术人员	30	6	7月	北安河基地	监测司	中国环境监测总站	预算内经费	石杰 84943147
88	新建国家环境空气区域站监测技术培训班	1	国家空气区域站常规监测仪器的原理、操作和运行；质量保证和控制方法与技术	新建国家环境空气监测区域站相关技术人员	100	4	8月	兴城中心	监测司	中国环境监测总站	预算内经费	石杰 84943147
89	空气自动监测技术上岗考核培训班	1	环境空气质量自动监测系统；大气细颗粒物$PM_{2.5}$的手工监测；空气自动监测标准规范及监测技术通用知识；气态污染物及颗粒物基础知识；空气自动监测系统运行维护、数据采集及传输相关知识；质量保证相关知识等及现场考核	系统内国家网成员单位空气自动监测技术人员	80	3	6月	北戴河中心	监测司	中国环境监测总站	预算内经费	石杰 84943147
90	地表水自动监测技术培训班	1	国家地表水自动监测站运行管理制度；在线监测仪器原理、操作规程、故障诊断与处理方法；系统控制与传输等	新建国家地表水自动监测站托管站和部分已建国家水站托管站技术人员	100	4	9月	长沙环保学院	监测司	中国环境监测总站	预算内经费	石杰 84943147

序号	培训班名称	期数	培训内容	培训对象	人数	天数	培训时间	培训地点	主办单位	承办单位	经费来源	联系人及电话
91	近岸海域相关水监测质控技术培训班	1	近岸海域相关水监测质控情况介绍；现场采样质控要求及注意问题；实验室自控和他控；比对监测；实验室外部质控	近岸海域网相关省站、分站（中心站）、地市监测站质控及监测分析人员	100	4	8月	兴城中心	监测司	中国环境监测总站	预算内经费	石杰 84943147
92	全国土壤环境监测技术培训班	1	土壤环境监测工作方案和质控方案；土壤监测技术与评价方法；土壤环境监测相关的技术前沿等	各省级监测站、部分地市级监测站土壤环境监测技术人员	80	4	4月	北安河基地	监测司	中国环境监测总站	预算内经费	石杰 84943147
93	生态环境监测与评价技术培训班	1	生态环境监测技术；生态环境质量评价方法；生态环境监测相关技术前沿等	各省级监测站、部分地市级监测站生态环境监测技术人员	80	4	6月	北戴河中心	监测司	中国环境监测总站	预算内经费	石杰 84943147
94	国家重点生态功能区县域生态环境质量考核培训班	1	县域生态考核相关政策及实施方案解读，数据填报、审核软件培训	各有关省级环保部门工作负责人及相关人员	300	3	9月	武汉	监测司	中国环境监测总站	预算内经费	邢核 66556823
95	环境应急监测培训班	1	环境应急监测管理体系，全国环境应急监测演练方案解读	各省级环保部门工作负责人及相关人员	100	3	4月	南昌	监测司	中国环境监测总站	预算内经费	邢核 66556823
96	应急监测技术培训班	1	应急监测案例分析；应急监测应对思路和工作流程；应急预案；有机物、重金属应急监测分析技术	相关省级、地市级环境应急监测技术人员	80	4	3月	北安河基地	监测司	中国环境监测总站	预算内经费	石杰 84943147

<table>
<tr><th>序号</th><th>培训班名称</th><th>期数</th><th>培训内容</th><th>培训对象</th><th>人数</th><th>天数</th><th>培训时间</th><th>培训地点</th><th>主办单位</th><th>承办单位</th><th>经费来源</th><th>联系人及电话</th></tr>
<tr><td>97</td><td>石化类建设项目环境保护竣工验收培训班</td><td>1</td><td>石化类建设项目相关废气、废水监测、数据分析等</td><td>进入部验收监测单位库成员单位相关技术人员</td><td>50</td><td>4</td><td>6 月</td><td>兴城中心</td><td>监测司</td><td>中国环境监测总站</td><td>预算内经费</td><td>石杰 84943147</td></tr>
<tr><td>98</td><td>机场项目环境保护竣工验收培训班</td><td>1</td><td>机场项目相关噪声监测、数据分析等</td><td>进入部验收监测单位库成员单位相关技术人员</td><td>50</td><td>4</td><td>7 月</td><td>北戴河中心</td><td>监测司</td><td>中国环境监测总站</td><td>预算内经费</td><td>石杰 84943147</td></tr>
<tr><td>99</td><td>辐射安全监管高级培训班</td><td>1</td><td>辐射安全监管实务，典型案例分析，核与辐射安全监管工作中的难点和热点问题及应对</td><td>部机关有关司局、各监督站、技术支持单位司处级干部，各省级环保部门分管领导、主要核设施所在地市环保部门负责人</td><td>40</td><td>12</td><td>6 月</td><td>北京</td><td>核一司</td><td>中央党校</td><td>预算内经费</td><td>王磊 66103054</td></tr>
<tr><td>100</td><td>辐射安全监管中级培训班</td><td>1</td><td>辐射安全监管实务、实习操作，典型案例分析等</td><td>核与辐射安全监管系统中层管理人员和业务骨干</td><td>40</td><td>22</td><td>5 月</td><td>北京</td><td>核一司</td><td>核工业研究生部</td><td>预算内经费</td><td>王磊 66103054</td></tr>
<tr><td>101</td><td rowspan="2">辐射环境监测管理骨干班</td><td rowspan="2">2</td><td rowspan="2">辐射监测工作经验交流，质量保证工作经验交流，辐射环境监测技术新进展，辐射环境监测面临的机遇与挑战</td><td>各省级辐射环境监测（监督）机构、核与辐射安全中心、辐射环境监测技术</td><td>40</td><td>5</td><td>3 月</td><td>长沙环保学院</td><td rowspan="2">核一司</td><td>核与辐射安全中心</td><td rowspan="2">预算内经费</td><td>马磊 66556841</td></tr>
<tr><td>102</td><td>中心实验室及质量保证部门负责人；环保部各监督站监测相关人员</td><td>40</td><td>5</td><td>10 月</td><td>四川锦屏基地</td><td>清华大学</td><td>马磊 66556841</td></tr>
<tr><td>103</td><td>放射性同位素进出口规范管理培训班</td><td>1</td><td>规范放射性同位素进出口相关业务办理；对进出口业务办理中相关经验进行总结</td><td>持有辐射安全许可证和进出口放射性同位素资质单位负责申报办理放射性同位素进出口业务的相关人员</td><td>60</td><td>3</td><td>3 月</td><td>北安河基地</td><td>核三司</td><td>无</td><td>预算内经费</td><td>唐桢 66556387</td></tr>
</table>

序号	培训班名称	期数	培训内容	培训对象	人数	天数	培训时间	培训地点	主办单位	承办单位	经费来源	联系人及电话
104	国家核技术利用辐射安全监管系统试运行管理员培训班	1	熟悉升级的国家核技术利用辐射安全监管系统功能使用；对数据完整性和准确性测定	各省份和部分地市“国家核技术利用辐射安全监管系统”数据管理员，环保部各监督站、核与辐射安全中心有关人员	100	5	11月	广东	核三司	广东省环境保护职业技术学校	预算内经费	邹冰 66556386
105	核技术利用辐射安全执法审批培训班	2	核技术利用项目审批、辐射安全实务、监督检查、执法，以及相关典型案例	各省级环保部门核技术利用辐射安全监管人员，辐射站负责核技术利用项目监督检查科（室）负责人，环保部各监督站、核与辐射安全中心相关人员	70	5	5月	苏州	核三司	苏州大学	预算内经费	邹冰 66556387
106			国家核安全局核安全文化手册，核技术利用领域辐射安全监管法规，辐射事故事件典型案例	各省级环保部门核技术利用辐射安全监管人员，解放军环境保护局核技术利用辐射安全监管人员，环保部各监督站核技术利用监督员，核与辐射安全中心相关人员	150	5	7月	兴城中心		无	预算内经费	李雪琴 66103089
107	核基地与核设施辐射环境现状调查与评价专项检测和评价技术培训班	1	专项检测、评价有关规范	专项参与单位相关人员	80	3	2季度	兴城中心	核三司	辐射环境监测技术中心中国辐射防护研究院	预算内经费	彭浩 66556399

序号	培训班名称	期数	培训内容	培训对象	人数	天数	培训时间	培训地点	主办单位	承办单位	经费来源	联系人及电话
108	核基地与核设施辐射环境现状调查与评价专项质保与比对培训班	1	专项质保、比对工作培训与结果反馈	专项参与单位、核设施营运单位相关人员	80	3	4季度	太原	核三司	中国原子能科学研究院	预算内经费	彭浩 66556399
109	放射性废物安全管理宣贯培训班	1	放射性废物管理有关政策、法规、标准	环保部各监督站、各省级环保部门、核设施营运单位相关人员	80	4	3季度	甘肃嘉峪关	核三司	核与辐射安全中心	预算内经费	彭浩 66556399
110	铀矿冶环境法规标准培训班	1	铀矿冶环境法规标准	环保部各监督站铀矿冶监督员和相关企业环保负责人	80	4	7月	北戴河中心	核三司	核与辐射安全中心	预算内经费	杨春 66556836 王勉 66103086
111	电磁环境监管培训班	1	电磁环境法规标准	各省级环保部门电磁环境监管人员和相关企业环保负责人	80	4	9月	兴城中心	核三司	辐射环境监测技术中心	预算内经费	吕浩 66556835 胡豪 66556833
112	核燃料循环前端设施安全监督管理培训班	1	铀纯化转化、铀浓缩和元件制造设施的有关安全法规标准	铀纯化转化、铀浓缩、元件制造设施的持证单位、设计院所、审评监督机构有关人员	50	4	7月	北戴河中心	核三司	核与辐射安全中心	预算内经费	马文娟 66556381
113	核燃料循环后端设施核安全监督管理培训班	1	乏燃料离堆贮存设施、乏燃料后处理设施的有关安全法规标准	乏燃料离堆贮存设施、乏燃料后处理设施的持证单位、设计院所、评审监督机构有关人员	50	4	10月	湖南衡阳	核三司	南华大学	预算内经费	马文娟 66556381
114	放射性物品运输安全管理培训班	1	放射性物品运输安全管理条例、放射性物品运输安全监督实施办法宣贯等	运输托运人，省级环保部门相关人员	60	4	5月	中环学院	核三司	机械院	预算内经费	马文娟 66556381

序号	培训班名称	期数	培训内容	培训对象	人数	天数	培训时间	培训地点	主办单位	承办单位	经费来源	联系人及电话
115	环境监察干部岗位培训班	18	环境监察概论、生态环境监察、排污收费与排污登记、廉洁执法警示教育、环境监察执法等	各省级环境监察机构干部、地市级环境监察机构负责人和县区级环境监察机构主要负责人	2000	8	2月	重庆	环监局	宣教中心	预算内经费	郑懿 66556435
116							3月	部属基地				
117							3月	广西				
118							4月	云南				
119							4月	部属基地				
120							5月	部属基地				
121							5月	浙江				
122							5月	部属基地				
123							6月	内蒙古				
124							7月	部属基地				
125							7月	黑龙江				
126							8月	部属基地				
127							9月	甘肃				
128							9月	部属基地				
129							10月	部属基地				
130							10月	宁夏				
131							10月	部属基地				
132							10月	山西				
133	环境监察执法管理高级研修班	1	环境管理、经济、文化等拓展类课程	各省级环保部门执法工作负责人，省级环境监察机构负责人	40	7	5月	北京大学	环监局	西尔环境教育	其他	郑懿 66556436
134	环境执法专业化人才培训班	1	污染源环境监察等执法专业课程	各省级、部分地市级有关业务骨干	40	7	9月	部属基地	环监局	西尔环境教育	其他	郑懿 66556437

序号	培训班名称	期数	培训内容	培训对象	人数	天数	培训时间	培训地点	主办单位	承办单位	经费来源	联系人及电话
135	援藏环境监察干部岗位培训班	1	环境监察概论、生态环境监察、排污收费与排污登记、环境监察执法等	西藏自治区内省级环境监察机构干部、地市级环境监察机构负责人和县区级环境监察机构主要负责人	100	5	6月	西藏	环监局	宣教中心	预算内经费	郑懿 66556435
136	环境监察干部远程岗位培训班	1	新《环境保护法》及其配套文件、污染源环境监察、廉洁执法警示教育等	具有环境保护相关专业背景，省级环境监察机构干部、地市级和区县级环境监察机构负责人	300	1	11月	远程网络培训2-3个考区	环监局	宣教中心西尔环境教育	预算内经费	郑懿 66556435
137	环境行政处罚案卷评查培训班	1	环境行政处罚案卷评查，典型案例分析等	各省级法制部门和环境监察部门负责人员	60	3	10月	江苏	环监局	无	预算内经费	李铮 66556466
138	重点污染源自动监控业务培训班	2	自动监控业务知识	全国污染源自动监控工作负责人及业务骨干	120	4	3月	湖北	环监局	无	预算内经费	刘伟 66556440
139						4	9月	兴城中心	环监局	无		刘伟 66556440
140	排污申报与排污费征收培训班	2	排污费业务知识	各省级环境监察机构负责排污费征收和排污申报核定工作的领导及具体工作人员	120	4	1月	南京	环监局	无	预算内经费	王玉宏 66556439
141						4	9月	兴城中心	环监局	无		王玉宏 66556439
142	生态和农村环境监察培训班	1	生态和农村领域环境监察业务	各省级环境监察机构生态和农村环境监察工作主管领导和工作人员，环保部各督查中心分管领导和工作人员	80	4	2月	山东	环监局	无	预算内经费	肖静 66556474
143	环境宣传教育研讨班	1	研讨“十三五”环保宣教规划，学习环保业务，研讨宣教业务工作	各省级环保部门宣教工作负责人、宣教处或宣教中心负责人，部宣教直属单位负责人员	140	3	1季度	北京	宣教司	无	预算内经费	张士霞 66556056

序号	培训班名称	期数	培训内容	培训对象	人数	天数	培训时间	培训地点	主办单位	承办单位	经费来源	联系人及电话
144	环境宣传教育岗位培训班	1	环保政策、相关法规，宣教工作知识和技能	各省级、部分地市级环保宣教工作人员	100	4	4季度	广州	宣教司	宣教中心	预算内经费	黄瀞漪 66556058
145	环境新闻发言人培训班	2	新闻发布技巧等	各省级环保部门新闻发言人及分管负责人、部机关各部门负责人和宣教直属单位主要负责人	100	5	7月	重庆	宣教司	无	预算内经费	汪震宇 66556054
146	环境新闻发言人培训班	2	新闻发布技巧等	部分环境热点地区地市级环保局新闻发言人、宣教部门及业务部门负责人	100	5	4季度	北安河基地	宣教司	无	预算内经费	汪震宇 66556054
147	环保社会组织培训班	1	环保政策法规，环保社会组织能力建设	国内主要环保社会组织负责人	70	3	2季度	武汉	宣教司	记协	预算内经费	黄瀞漪 66556058
148	环境应急管理岗位培训班	1	环境风险管理、重污染天气应急、信息报送、突发环境事件应急处置、事件调查和责任追究、突发环境事件污染损害评估等	各省级、地市级环境应急管理工作人员	150	7	2季度	北戴河中心	应急中心	宣教中心	预算内经费	陈怡 66556981
149	“12369”环保举报业务培训班	1	环境信访形势分析、受理范围的界定、职能交叉问题解决方法、“12369”环保举报热线接听工作技巧、微信举报工作任务要求	各省级、地市级环保部门从事“12369”举报热线和微信举报的工作人员	150	4	2季度	长沙环保学院	应急中心	宣教中心	预算内经费	李小婧 66556463

序号	培训班名称	期数	培训内容	培训对象	人数	天数	培训时间	培训地点	主办单位	承办单位	经费来源	联系人及电话
150	突发环境事件信息报告专题培训班	2	全国突发环境事件形势分析、突发环境事件应对和信息报告中出现的问题、突发环境事件典型案例、各地突发环境事件信息报告工作经验等	各省级环保部门、环保部各督查中心的环境应急管理机构负责人和工作人员	85	4	4月	北安河基地	应急中心	无	预算内经费	杨岚 66556456
151					85	4	10月	武汉	应急中心	无	预算内经费	杨岚 66556456
152	全国环保系统纪检监察培训班	2	学习贯彻党的十八届五中全会、中央纪委六次全会和国务院第四次廉政工作会议精神研讨交流深化“三转”聚焦主业主责，强化监督执纪问责，把纪律挺在前面，运用好“四种形态”，用纪律管住全体党员、盯紧“关键少数”，切实加强自身建设，树立纪检监察干部忠诚干净担当的良好形象	各省级环保部门监察室主，任，部属单位纪委书记（纪检组长）	80	7	3季度	北戴河中心	纪检组	无	预算内经费	刘启 66556581
153				各省级环保部门纪检干部，部属单位从事纪检工作干部	120	7	3季度	北安河基地	纪检组	无	预算内经费	刘启 66556581
154	国家环保专业技术领军人才和青年拔尖人才研修班	2	理想信念和国情教育，环保工作形式与任务，创新思维，科研管理，团队建设	国家环保专业技术领军人才和青年拔尖人才入选者	30	5	4月	中国环境科学研究院	人事司	中国环境科学研究院宣教中心	预算内经费	孙文春 84915201
155					50		7月	北戴河中心	人事司	宣教中心	预算内经费	惠捷 84631438

序号	培训班名称	期数	培训内容	培训对象	人数	天数	培训时间	培训地点	主办单位	承办单位	经费来源	联系人及电话
156	全国地市级环保局长研讨班	2	环保重点难点工作研讨	地市级环保部门负责人	200	7	7月	贵州省委组织部组织人事干部学院（贵阳）	人事司	宣教中心	预算内经费	王菁菁 84631438
157						7	9月	北戴河中心	人事司	宣教中心		王菁菁 84631438
158	全国地市级环保局长岗位培训班	2	岗位应知应会内容	地市级环保部门负责人	160	12	4月	长沙环保学院	人事司	宣教中心	预算内经费	王菁菁 84631438
159						12	8月	中环学院	人事司	宣教中心		王菁菁 84631438
160	全国县级环保局长岗位培训班	2	岗位应知应会内容	县区级环保部门主要负责人	3000	8	7月	北安河基地200人，网络直播2800人	人事司	宣教中心	预算内经费	范雪丽 84631438
161						8	10月		人事司			范雪丽 84631438
162	全国环保系统人事工作培训班	1	组织人事重要会议和文件精神解读，人事工作理论与实践	省级环保部门、各部属单位人事部门负责人	70	5	3月	福建省委党校（福州）	人事司	宣教中心	预算内经费	惠捷 84631438
163	全国环保系统培训管理培训班	1	《干部教育培训工作条例》解读，环保干部培训工作思路与方法	各省级环保部门、部机关各部门、各部属单位培训管理和实施人员	50	7	3月	海关总署党校（上海）	人事司	宣教中心	预算内经费	刘汝琪 84631438
164	全国环保系统党务干部培训班	1	总结工作、交流经验、部署工作	全国环保系统党务干部	100	4	4季度	天津	机关党委	无	预算内经费	余剑伟 66556560

二、面向部系统的培训班次

序号	培训班名称	期数	培训内容	培训对象	人数	天数	培训时间	培训地点	主办单位	承办单位	经费来源	联系人及电话
1	中央环保督察工作专题研讨班	1	中央环保督察工作相关制度、做法、经验	环保部各督查中心有关人员	100	2	4季度	北京	督察办（筹）	无	预算内经费	张磊 66556470
2	监管人员核电厂模拟机操作培训班	2	核电厂运行知识和模拟机操作技能培训	部机关及环保部各监督站相关人员	16	30	8月	北安河基地	核二司	核与辐射安全中心	预算内经费	殷德健 66556842
3					16	30	10月	北安河基地	核二司	核与辐射安全中心	预算内经费	殷德健 66556842
4	核电厂、研究堆评审和监督实务培训班	1	核电厂和研究堆评审原则和方法、监督要求和方法等知识	部机关及环保部各监督站、核与辐射安全中心、技术支持单位相关人员	60	5	7月	北戴河中心	核二司	核与辐射安全中心	预算内经费	殷德健 66556842
5	核电厂调试与监督实务培训班	1	核电厂调试及其监督方法、工具等知识	部机关及环保部各监督站、核与辐射安全中心、技术支持单位相关人员	80	5	4月	长沙环保学院	核二司	核与辐射安全中心	预算内经费	严天文 66556373
6	安全保卫业务培训班	1	安全保卫业务	部机关各部门，各派出机构、直属单位安保有关人员	100	4	4月	井冈山	办公厅	无	预算内经费	李广柱 66556012
7	档案培训班	1	贯彻落实《环境保护档案管理办法》，学习环保档案管理专业知识	部机关各部门，各派出机构、直属单位办公室主任及档案管理人员	75	4	2季度	四川雅安	办公厅	无	预算内经费	李敏君 66556028
8	保密机要干部培训班	1	国家保密局规定内容	部机关各部门，各派出机构、直属单位保密机要干部	70	3	2季度	哈尔滨	办公厅	无	预算内经费	曹金庆 66556023
9	建议提案办理培训班	1	建议提案办理工作的相关内容	部机关各有关部门建议提案办理联络员及承办人员	40	3	2季度	北戴河中心	办公厅	无	预算内经费	别志奇 66556016
10	公共机构节能培训班	1	节能政策、管理制度、技术标准	直属单位及派出机构节能相关管理人员	100	4	7月	兴城中心	机关服务中心	无	预算内经费	朱铭 66556766

序号	培训班名称	期数	培训内容	培训对象	人数	天数	培训时间	培训地点	主办单位	承办单位	经费来源	联系人及电话
11	财务管理培训班	1	财务管理	各直属单位财务人员	120	3	2 季度	北安河基地	规财司	无	预算内经费	杜思思 66556571
12	外事管理工作培训班	1	中央及环保部有关外事管理文件解读及执行情况通报	部机关各部门和各派出机构、直属单位相关人员	60	1	1 季度	北京	国际司	无	预算内经费	贾海平 66556498
13	“互联网+”环境传播策略系列培训班	3	新媒体的特征和发展趋势，环境传播策略等	部机关、派出机构和在京直属单位主要负责人，宣教直属单位的负责人、部分业务处处长	200	10	9 月	北安河基地	宣教司	无	预算内经费	汪震宇 66556054
14						10			宣教司	无		
15						10			宣教司	无		
16	处级干部任职培训班	1	岗位应知应会内容	部机关和各派出机构处级干部	50	7	5 月	国家税务总局党校（扬州）	人事司	宣教中心	预算内经费	范雪丽 84631438
17	部机关和派出机构处级干部专题培训班	2	理想信念和国情教育，生态文明建设理论与实践	部机关、派出机构处级干部	80	7	4 月	江西干部学院（井冈山）	人事司	宣教中心	预算内经费	惠婕 84631438
18						7	6 月	红旗渠干部学院（林州）	人事司	宣教中心	预算内经费	惠婕 84631438
19	部直属单位处级干部专题培训班	3	理想信念和国情教育，生态文明建设理论与实践	部直属单位处级干部	120	9	3 月	中国延安干部学院	人事司	中国环境监测总站	其他	李林楠 84943027
20						7	6 月	红旗渠干部学院（林州）	人事司	核与辐射安全中心		苏红霞 82205670
21						7	10 月	福建古田党员干部教育基地	人事司	环境规划院		王夏娇 84918615
22	青年干部专题培训班	2	理想信念和国情教育，调研与沟通能力，基层环保工作实践	部系统青年干部	80	17	4 月	北安河基地，重庆、云南	人事司机关党委	宣教中心	预算内经费	范雪丽 84631438
23							8 月	北安河基地西藏、新疆		宣教中心		范雪丽 84631438

序号	培训班名称	期数	培训内容	培训对象	人数	天数	培训时间	培训地点	主办单位	承办单位	经费来源	联系人及电话
24	新录用人员初任培训班	1	岗位应知应会内容	部系统2016年新录用人员	110	6	9月	北安河基地	人事司	宣教中心	其他	惠捷 84631438
25	到部机关挂职和学习锻炼人员岗位培训班	2	岗位应知应会内容	2016年到部机关挂职和学习锻炼人员	120	5	5月	北安河基地	人事司	宣教中心	预算内经费	刘汝琪 84631438
26							11月	北安河基地	人事司	宣教中心		刘汝琪 84631438
27	国际职员后备干部外语能力培训班	1	外语听说读写	部系统国际职员后备干部	20	20	3月至7月	部机关	人事司 国际司	宣教中心	预算内经费	王菁菁 84631438
28	直属机关离退休工作人员培训班	1	老干部工作	部机关离退休支部书记委员，各派出机构、直属单位老干部工作人员	50	4	9月	北戴河中心	人事司	无	预算内经费	王告 66556193
29	直属机关纪检干部培训班	1	纪检业务工作	直属机关纪检干部	100	4	2季度	北戴河中心	机关党委	无	预算内经费	陆海生 66556557
30	入党积极分子培训班	1	入党积极分子应学内容	直属机关入党积极分子	60	5	2季度	北安河基地	机关党委	无	预算内经费	陆海生 66556557
31	直属机关党内统计培训班	1	党员管理信息系统统计工作要求	直属机关党务干部	50	3	2季度	中环学院	机关党委	无	预算内经费	陆海生 66556557
32	直属机关工会、妇女干部培训班	1	工会妇女干部工作	直属机关工会、妇女干部	60	4	3季度	兴城中心	机关党委	无	预算内经费	温文 66556553

注：培训地点中北安河基地指环境保护部北京会议与培训基地，兴城中心指全国环境保护职工疗养院，北戴河中心指国环北戴河环境技术交流中心，长沙学院指长沙环境保护职业技术学院，中环学院指中国环境管理干部学院。

关于开展首次颁发长期从事环保工作纪念章活动的通知

环办人事函〔2016〕416号

各省、自治区、直辖市环境保护厅（局），新疆生产建设兵团环境保护局，辽河凌河保护区管理局，各派出机构、直属单位：

为鼓励环保系统工作人员热爱环保事业，弘扬环保精神，增强职业荣誉感和自豪感，我部印发了《颁发长期从事环保工作纪念章实施办法》（环办人事〔2016〕1号，以下简称《办法》），自2016年起，每年在全国环保系统开展一次颁发长期从事环保工作纪念章（以下简称纪念章）活动。现将首次颁发纪念章活动有关事项通知如下：

各级环保部门及其所属单位负责统计本地区，本单位在职工作人员和离退休人员中符合颁发纪念章条件的人员，自2016年3月28日起，使用“环境保护部电子政务信息交换平台”（http：//10.100.250.8）的人才统计系统填报《长期从事环保工作人员登记表》（见附件），将该表打印并加盖本单位公章后报上级环保部门审核，电子数据通过人才统计系统报上级环保部门审核汇总。《长期从事环保工作人员登记表》有关个人信息与人才统计系统相关联，请结合2015年度全国环保系统人才资源统计工作，及时更新本单位人才基础信息。

环境保护部各派出机构、直属单位请于2016年4月15日前完成本单位长期从事环保工作人员的填报工作，将有关材料和数据提交我部。

各省级环保部门请于4月30日前完成本地区环保系统长期从事环保工作人员的审核工作，将有关材料和数据提交我部。如有申请从事环保工作二十年纪念章的，应同时提供明确艰苦地区具体范围的正式文件。

联系人及联系方式：

环境保护部人事司　宋华用

电话：（010）66556805

平台技术支持 胡昊

电话：（010）66556733

附件：长期从事环保工作人员登记表（略）

环境保护部办公厅

2016年3月4日

十一、科技标准

关于国家环境保护危险废物处置工程技术（重庆）中心等4家国家环境保护工程技术中心通过验收的通知

环科技函〔2016〕1号

各有关国家环境保护工程技术中心及依托单位：

按照《国家环境保护工程技术中心管理办法》的有关规定，我部先后组织专家组对国家环境保护危险废物处置工程技术（重庆）中心等4家工程技术中心（基本信息见附件）进行了验收。

经审核，国家环境保护危险废物处置工程技术（重庆）中心等4家工程技术中心建设工作完成了《可行性研究报告》中确定的各项任务，达到了预期目标。经研究，同意以上4家工程技术中心通过验收。

请按照《国家环境保护工程技术中心管理办法》有关规定，在已有工作的基础上，根据国家环境保护工作的技术需求，加强产学研结合和新技术的研发、应用，充分发挥工程技术中心对国家环境管理和环境治理的技术支撑作用。

附件：通过验收的4家国家环境保护工程技术中心基本信息

环境保护部

2016年1月4日

附件

通过验收的4家国家环境保护工程技术中心基本信息

序号	名称	工程技术中心主任	依 托 单 位
1	国家环境保护危险废物处置工程技术（重庆）中心	倪 刚	新中天环保股份有限公司

序号	名称	工程技术中心主任	依 托 单 位
2	国家环境保护纺织工业污染防治工程技术中心	柳建设	东华大学
3	国家环境保护燃煤大气污染控制工程技术中心	高 翔	浙江大学
4	国家环境保护钢铁工业污染防治工程技术中心	岳清瑞	中冶建筑研究总院有限公司

关于同意国家环境保护重金属污染监测重点实验室通过验收的通知

环科技函〔2016〕30号

湖南省环境监测中心站：

按照《国家环境保护重点实验室管理办法》有关规定，你站向我部报送了《国家环境保护重金属污染监测重点实验室建设总结报告》。2015年8月，我部对依托你站建设的国家环境保护重金属污染监测重点实验室（以下简称实验室）进行了验收。

我部认为，该实验室完成了《国家环境保护重金属污染监测重点实验室建设计划任务书》确定的建设任务。建设期内，实验室面向国家重金属污染防治的技术要求，围绕重金属污染监测技术研究与标准化，重金属形态检测和生物有效性研究、重金属污染监测新技术研发与应用示范等方向开展了研究，创新了不同环境介质重金属监测分析方法，有效支撑了国家重金属污染综合防治管理工作。同时，实验室软硬件设施进一步完善，管理制度健全，形成了结构合理、稳定高效的科研团队，建立了“开放、流动、联合、竞争”的运行机制，达到了验收要求。经研究，我部同意该实验室通过验收。

请你站按照《国家环境保护重点实验室管理办法》有关规定，在现有工作基础上，围绕国家环境保护重点任务，进一步集聚人才，加强与有关单位的科研合作，注重科学研究与环境管理的结合，更好地为国家重金属污染防治环境管理提供技术支撑。

附件：国家环境保护重金属污染监测重点实验室名称、主任和依托单位

环境保护部

2016年2月18日

附件

国家环境保护重金属污染监测重点实验室名称、主任和依托单位

名称	实验室主任	依托单位
国家环境保护重金属污染监测重点实验室	罗岳平	湖南省环境监测中心站

关于执行《炼焦化学工业污染物排放标准》有关问题的复函

环科技函〔2016〕66号

江苏省环境保护厅：

你厅《关于执行炼焦化学工业污染物排放标准有关问题的请示》（苏环办〔2016〕39号）收悉。经研究，现函复如下：

焦化企业产生的污染物成分复杂，废水毒性较大。《炼焦化学工业污染物排放标准》（GB 16171—2012）4.1.5条的主要目的是防止洗煤、熄焦和高炉冲渣等过程中水污染物转移扩散至大气中，造成大气污染。凡用于洗煤、熄焦和高炉冲渣等过程的废水水质均应符合《炼焦化学工业污染物排放标准》（GB 16171—2012）4.1.5的规定，包括熄焦循环水。

特此函复。

环境保护部

2016年4月8日

关于同意国家环境保护环境规划与政策模拟重点实验室通过验收的通知

环科技函〔2016〕97号

环境保护部环境规划院：

按照《国家环境保护重点实验室管理办法》（环发〔2004〕138号）有关规定，你院向

我部报送了《国家环境保护环境规划与政策模拟重点实验室建设总结报告》。2016 年 3 月，我部对依托你院建设的国家环境保护环境规划与政策模拟重点实验室（以下简称实验室）进行了验收。

我部认为，实验室完成了《国家环境保护环境规划与政策模拟重点实验室建设计划任务书》确定的建设任务。建设期内，实验室围绕环境经济形势分析与预测、环境规划情景模拟分析和环境规划政策模拟分析等方向开展科学研究，进一步创新了环境规划与政策制定基础理论方法，突破了环境规划与政策制定若干关键技术，引进和培养了多名技术骨干，有效支撑了国家环境保护规划与政策研究等工作。同时，实验室软硬件设施进一步完善，管理制度不断健全，形成了结构合理、稳定高效的科研团队，建立了“开放、流动、联合、竞争”的运行机制，达到了验收要求。经研究，我部同意实验室通过验收。

请你院按照《国家环境保护重点实验室管理办法》的有关规定，在现有工作基础上，围绕国家环境保护重点任务，进一步集聚人才，加强与有关单位的科研合作，注重科学研究与环境管理的结合，更好地为国家环境规划与政策制定等工作提供支撑。

附件：重点实验室名称、主任和依托单位

环境保护部

2016 年 5 月 13 日

附件

重点实验室名称、主任和依托单位

重点实验室名称	实验室主任	依　托　单　位
国家环境保护环境规划与政策模拟重点实验室	王金南	环境保护部环境规划院

关于同意福建龙净环保股份有限公司开展国家环境保护电力工业烟尘治理工程技术中心建设的函

环科技函〔2016〕118 号

福建龙净环保股份有限公司：

你公司报送的《国家环境保护电力工业烟尘治理工程技术中心建设可行性研究报告》

（以下简称《可研报告》）收悉。该工程技术中心建设符合我部对电力工业烟尘污染控制和相关治理技术研发需要，以及我部《国家环境保护工程技术中心管理办法》的有关规定，《可研报告》已通过专家论证。经研究，同意以你公司为依托单位，建设国家环境保护电力工业烟尘治理工程技术中心（以下简称中心）。

中心的主要任务是：根据电力工业烟尘治理行业特点，以我国电力工业大气污染物控制、改善大气环境质量为目标，突破大气污染物减排、协同控制和系统集成技术，有效解决当前电力工业大气污染问题，推动电力工业向清洁、绿色方向发展。

中心建设期为两年。请按照《可研报告》中提出的建设内容和建设目标，关注本领域技术发展动态，开展技术研发和创新活动，提高技术创新和成果转化能力，抓紧落实资金投入，按期完成中心的各项建设任务。同时按照《国家环境保护工程技术中心管理办法》的规定和要求，履行中心相应的责任和义务，按时向我部提交《工程技术中心建设情况年度报告》，并及时报告建设期间的重大事项。

环境保护部

2016 年 6 月 1 日

关于同意建设国家环境保护环境污染健康风险评价重点实验室的复函

环科技函〔2016〕184 号

环境保护部华南环境科学研究所：

你单位报送的《国家环境保护环境污染健康风险评价重点实验室建设计划任务书》（以下简称《计划任务书》）收悉。依据我部组织专家论证的结果，经研究，现同意以你单位为依托，建设国家环境保护环境污染健康风险评价重点实验室。

重点实验室建设任务是面向我国建立、健全环境与健康风险评估制度和实现风险管理的重大需求，针对重点区域（流域）、重点行业和重点污染物环境健康风险，开展环境污染危害识别与暴露评估技术、环境污染物剂量-反应关系构建技术、环境健康风险评价技术研究，发展适合我国国情的环境污染健康风险评价理论方法和技术体系。同时，以重点实验室为学术交流与合作平台，培养一批优秀的创新型骨干人才和青年拔尖人才，为我国环境健康风险管理与控制及其相关标准、规范、技术导则的构建提供技术支撑，最终建成环境污染健康风险评价与风险管理研究平台和人才培养基地。

重点实验室建设期两年。请你单位按照《国家环境保护重点实验室管理办法》的有关规定，围绕《计划任务书》中提出的建设目标和建设内容，建立“开放、流动、联合、竞争”的运行模式，落实资金投入，按期完成重点实验室的各项建设任务。在建设期间，若遇重大事项，及时向我部汇报，并按时提交《重点实验室建设情况年度报告》。

特此函复。

环境保护部

2016 年 9 月 11 日

关于同意国家环境保护大气物理模拟与污染控制重点实验室通过验收的通知

环科技函〔2016〕260 号

国电环境保护研究院：

按照《国家环境保护重点实验室管理办法》（环发〔2004〕138 号）有关规定，你院向我部报送了《国家环境保护大气物理模拟与污染控制重点实验室建设总结报告》。2016 年 11 月，我部对依托你院建设的国家环境保护大气物理模拟与污染控制重点实验室（以下简称实验室）进行了验收。

我部认为，实验室完成了《国家环境保护大气物理模拟与污染控制重点实验室建设计划任务书》确定的建设任务。建设期内，实验室围绕环境风洞物理模拟、大气环境数值模拟及大气污染控制技术等方向开展科学研究，针对我国区域大气污染防治、燃煤污染物控制等问题，在煤电科学布局、中长期环保战略、烟气超低排放关键技术、火电环保技术政策研究等方面取得了一批创新性的理论及应用成果，引进和培养了多名技术骨干，有效支撑了国家大气环境管理决策等工作。同时，实验室软硬件设施进一步完善，管理制度不断健全，形成了结构合理、稳定高效的科研团队，建立了“开放、流动、联合、竞争”的运行机制，达到了验收要求。经研究，我部同意实验室通过验收。

请你院按照《国家环境保护重点实验室管理办法》的有关规定，在现有工作基础上，围绕国家环境保护重点任务，进一步集聚人才，加强与有关单位的科研合作，注重科学研究与环境管理的结合，更好地为国家大气环境管理与污染防治等工作提供支撑。

附件：重点实验室名称、主任和依托单位

环境保护部

2016 年 12 月 24 日

附件

重点实验室名称、主任和依托单位

重点实验室名称	实验室主任	依 托 单 位
国家环境保护大气物理模拟与污染控制重点实验室	刘建民	国电环境保护研究院

关于发布《二氧化碳捕集、利用与封存环境风险评估技术指南（试行）》的通知

环办科技〔2016〕64 号

各省、自治区、直辖市环境保护厅（局），计划单列市环境保护局，各直属单位，有关企业，有关行业协会：

为贯彻落实《关于加强碳捕集、利用和封存试验示范项目环境保护工作的通知》（环办〔2013〕101 号）要求，规范和指导二氧化碳捕集、利用与封存项目的环境风险评估工作，我部制定了《二氧化碳捕集、利用与封存环境风险评估技术指南（试行）》，现予发布，供各相关方参照实行。

附件：二氧化碳捕集、利用与封存环境风险评估技术指南（试行）（略）

环境保护部办公厅
2016 年 6 月 20 日

关于印发《国家污染物排放标准实施评估工作指南（试行）》的通知

环办科技〔2016〕94 号

各污染物排放标准实施评估项目承担单位：

为规范和指导国家污染物排放标准实施评估工作，全面了解国家污染物排放标准执行

情况，掌握标准实施的环境效益、经济成本、达标技术和达标率，持续提升标准的科学性和可操作性，我部制定了《国家污染物排放标准实施评估工作指南（试行）》。现印发给你们，请参照执行。

附件：国家污染物排放标准实施评估工作指南（试行）（略）

环境保护部办公厅
2016年9月29日

关于通报2014年度环保公益性行业科研专项项目中期检查结果的函

环办科技函〔2016〕112号

各2014年度环保公益性行业科研专项项目承担单位：

根据《公益性行业科研专项经费管理暂行办法》（环办〔2007〕53号）、《环保科研项目绩效考评管理暂行办法》和《环保科研人员信用管理暂行办法》（环科函〔2009〕24号）的有关规定，我部组织开展了2014年度环保公益性行业科研专项经费项目的中期检查工作，对项目任务完成情况和经费执行管理情况进行绩效考评。

检查结果表明，2014年度公益项目总体执行情况良好，绝大部分项目按照项目任务书要求完成了阶段性研究任务和考核指标。截至2015年9月30日，项目共形成各类技术标准、规范、导则、指南等90项（其中23项已发布或进入发布程序），提交政策建议43项，获得应用证明22项，申请专利44项，完成专著5部，发表论文309篇。部分项目产出明显，阶段性成果已被我部和各级环境保护主管部门采纳并应用，为环境管理工作提供了科学依据和决策支持。项目承担单位能够做到专款专用，单独核算，专项经费使用基本规范。

检查也发现，个别项目材料准备过于简单、材料信息不全，对项目执行没有给予足够重视。个别项目组织不力，导致进展滞后。部分项目成果总结凝练不够，未能及时转化为政策建议、咨询报告等可应用的管理成果，对环境管理的科技支撑不足。部分项目专项经费执行率偏低，存在科目归集不正确、支出不够合理和合同不够规范等问题。

为强化全过程管理，现决定对“外来入侵动植物分级控制与管理研究”等7个阶段产出明显、成果得到应用、绩效考评为优秀的项目（见附件）予以通报表扬，项目负责人科技信用等级评定为优；对研究进展缓慢、财务执行偏慢、产出与管理不够紧密、绩效考评为中的“国家环境监测网空气自动监测（$PM_{2.5}$、O_3）质量保证与质量控制技术体系研究与示范”项目给予通报批评（见附件），项目负责人科技信用等级降为中，并约谈督办，限期整改。希望受到表扬的项目承担单位和负责人再接再厉，进一步取得更多更好的成果支撑环境管理；受到批评的项目承担单位和负责人要尽快进行整改，并在1个月内将整改结果由项目第一承担单位法定代表人签字后正式行文报送我部。对整改不力的项目，拟将项目负责人科技信用等级降为差，并限制项目负责人及项目承担单位3年内环保科技项目的申报资格。

现将2014年度环保公益性行业科研专项项目中期检查结果予以通报（见附件），请各有关单位高度重视项目管理，切实强化法人责任，按照中期检查专家组意见与存在问题及时进行整改，举一反三开展自查自纠，监督项目按计划执行，规范经费使用，加强项目产出，及时将有关成果上报我部，确保项目成果能够为我国环境管理提供支撑。

附件：2014年度环保公益性行业科研专项中期检查结果

环境保护部办公厅

2016年1月18日

附件

2014年度环保公益性行业科研专项中期检查结果

序号	项目编号	项目名称	项目承担单位	项目负责人	综合评分	项目绩效考评结果	项目负责人科技信用等级
1	201409061	外来入侵动植物分级控制与管理研究	环境保护部南京环境科学研究所、中国农业科学院植物保护研究所、中国科学院植物研究所、南京农业大学	徐海根	94.25	优	优
2	201409013	国六阶段机动车尾气细颗粒物的粒数和质量排放限值研究	中国环境科学研究院、中国汽车技术研究中心、清华大学、北京理工大学	胡京南	91.72	优	优
3	201409008	长三角大气质量改善与综合管理关键技术研究	上海市环境科学研究院、上海市环境监测中心、南京大学、浙江大学、复旦大学、中国环境科学研究院、浙江省环境科学研究院	陈长虹	91.17	优	优
4	201409005	北京地区大气臭氧污染特征、发展态势和控制途径研究	北京市环境保护监测中心、北京大学、北京市环境保护科学研究院、中国环境科学研究院	张大伟	90.88	优	优
5	201409036	海南三沙市主要岛屿及近岸生态系统脆弱性与保护战略研究	环境保护部华南环境科学研究所、海南省环境科学研究院、环境保护部卫星环境应用中心、海南省海洋开发规划设计研究院	岳建华	90.78	优	优

序号	项目编号	项目名称	项目承担单位	项目负责人	综合评分	项目绩效考评结果	项目负责人科技信用等级
6	201409016	工业涂装污染源挥发性有机物排放特征及防治对策研究	环境保护部环境规划院、中国涂料工业协会、北京市环境保护科学研究院、中日友好环境保护中心、中国科学院生态环境研究中心	杨金田	90.75	优	优
7	201409055	重要生态功能区退化生态系统修复模式研究与应用示范	环境保护部南京环境科学研究所、中国环境监测总站、中国科学院生态环境研究中心、南京信息工程大学	高吉喜	90.50	优	优
8	201409041	现行土壤环境质量标准中镉元素标准值的合理性论证	环境保护部南京环境科学研究所、中国科学院南京土壤研究所、南京农业大学	王国庆	89.71	良	良
9	201409006	首都机场区域大气污染物排放特征及其对周边空气质量的影响研究	北京工业大学、中国科学院合肥物质科学研究院、北京市环境保护监测中心、中国民用航空华北地区空中交通管理局、环境保护部环境工程评估中心	程水源	89.50	良	良
10	2014090100	基于遥感技术的沿海港口总体规划环评生态承载力评价方法研究	环境保护部环境工程评估中心、中国环境科学研究院、交通运输部规划研究院、环境保护部卫星环境应用中心	崔书红	89.50	良	良
11	201409047	污染场地修复工程监理与验收程序及方法研究	中国环境科学研究院、北京市环境保护研究院、轻工业环境保护研究所、上海市环境科学研究院	杜晓明	89.50	良	良
12	201409030	地下水污染监控预警与事故应急技术体系研究	中国环境科学研究院、中国科学院大学、环境保护部环境工程评估中心、北京市水文总站、中节能大地环境修复有限公司、吉林大学	李翔	89.14	良	良
13	201409037	我国主要重金属水质基准制定技术与方法研究	中国环境科学研究院、中国科学院生态环境研究中心、中国科学院水生生物研究所、华东理工大学、台州学院	吴丰昌	89.00	良	良
14	201409001	京津冀城市大气边界层过程对重污染形成的影响研究	中国科学院大气物理研究所、北京大学、中国环境监测总站、天津市气象科学研究所	王自发	89.00	良	良
15	201409080	室内空气细颗粒物污染和健康风险评价及控制对策研究	中国人民解放军第二炮兵工程大学、环境保护部华南环境科学研究所、清华大学、北京航空航天大学	侯立安	88.17	良	良
16	201409009	珠三角区域空气质量达标管理关键支撑技术研究	广东省环境监测中心、北京大学、中国环境监测总站、中山大学、环境保护部华南环境科学研究所	钟流举	87.71	良	良

序号	项目编号	项目名称	项目承担单位	项目负责人	综合评分	项目绩效考评结果	项目负责人科技信用等级
17	201409003	京津冀区域城市大气细颗粒物实时源解析技术研究及应用	中国环境科学研究院、南开大学、北京市环境保护监测中心、北京工业大学	高健	87.67	良	良
18	201409002	京津冀细颗粒物相互输送及对空气质量的影响研究	清华大学、北京大学、北京工业大学、北京市环境保护监测中心、天津市环境监测中心、河北省环境监测中心站、中国科学院合肥物质科学研究院	王书肖	87.63	良	良
19	201309016	我国南部、西南部空气污染物跨界输送及应对战略研究	中国环境科学研究院、中国环境监测总站、北京大学、中国科学院大气物理研究所	孟凡	87.38	良	良
20	201409007	河北省重点城市细颗粒物空气质量持续改善与管理技术研究	河北省环境科学研究院、河北省环境监测中心站、北京工业大学、中国环境科学研究院、环境保护部环境规划院	冯海波	87.00	良	良
21	201409040	水体沉积物毒性鉴别与生物测试标准方法体系研究	环境保护部南京环境科学研究所、南京大学、北京师范大学、南京中医药大学	韩志华	86.86	良	良
22	201409081	典型区域细颗粒物污染特征与人群健康风险预警指标体系研究	环境保护部华南环境科学研究所、北京大学、华中科技大学、环境保护部南京环境科学研究所、山西医科大学	彭晓武	86.71	良	良
23	201409029	地下水环境质量基准、标准制定的方法和关键技术预研究	中国环境科学研究院、中国地质科学院水文地质环境地质研究所、中国地质大学（北京）、中国科学院生态环境研究中心	刘琰	86.67	良	良
24	201409044	农用地土壤环境质量评估与等级划分及优先保护区域确定技术研究	环境保护部南京环境科学研究所、环境保护部环境规划院、中国科学院地理科学与资源研究所、中国科学院南京土壤研究所	单艳红	86.57	良	良
25	201409022	大气重金属的污染特征、迁移输送及标准限值研究	中国环境科学研究院、复旦大学、北京师范大学、环境保护部华南环境科学研究所、北京工业大学	张文杰	86.00	良	良
26	201409019	典型化工园区挥发性有机物排放特征及控制对策研究	华南理工大学、中国环境科学研究院、上海市环境监测中心、北京航空航天大学、江苏省环境科学研究院、天津大学	叶代启	85.50	良	良
27	201409004	京津冀区域道路交通扬尘检测及排放量核查核算方法研究	南开大学、天津市环境保护科学研究院、河北科技大学、中国矿业大学（北京）、北京市环境保护科学研究院	姬亚芹	85.42	良	良

序号	项目编号	项目名称	项目承担单位	项目负责人	综合评分	项目绩效考评结果	项目负责人科技信用等级
28	201309018	工业锅炉及钢铁等涉汞行业大气汞防治技术与管理政策研究	中国环境科学研究院、中国科学院过程工程研究所、浙江大学、华北电力大学、北京市劳动保护科学研究所	刘宇	85.00	良	良
29	201409042	土壤重金属铅和镉生物有效性评价方法研究	贵州省环境科学研究设计院、环境保护部南京环境科学研究所、中国科学院南京土壤研究所、北京科技大学	董泽琴	85.00	良	良
30	201409027	黑碳气溶胶对灰霾天气和区域气候的影响及控制研究	中国环境科学研究院、清华大学、中国气象科学研究院、中国科学院大气物理研究所、南京信息工程大学	师华定	84.88	良	良
31	201409023	钢铁行业烟粉尘排放特性及监控技术研究	东北大学、中冶建筑研究总院有限公司	蔡九菊	84.13	良	良
32	201409010	中原经济区大气细颗粒物来源及控制研究	郑州大学、河南省环境监测中心站、中国环境科学研究院、北京大学、郑州市环境监测站	张瑞芹	84.00	良	良
33	201409014	固定污染源烟气细粒子监测技术方法与规范研究	中国环境科学研究院、北京市环境保护监测中心、天津市环境监测中心、南开大学	韩斌	82.75	良	良
34	201409021	车载诊断和油气回收系统在机动车排放监管中的应用研究	中国环境科学研究院、中国汽车技术研究中心、北京市机动车排放管理中心、清华大学	岳欣	82.71	良	良
35	201409017	餐饮业挥发性有机物和颗粒物排放特征及污染控制对策研究	北京市环境保护科学研究院、清华大学、中国科学院大学、上海市环境科学研究院、深圳市环境监测站	潘涛	82.63	良	良
36	201409073	重点环境管理危险化学品环境释放和转移数量估算标准化方法研究	环境保护部化学品登记中心、国家环境分析测试中心、中国石油和化学工业联合会	孙锦业	81.86	良	良
37	201409012	非道路机械尾气细颗粒物排放清单和减排途径研究	四川大学、华南理工大学、上海市环境科学研究院、四川省环境保护科学研究院、中国环境科学研究院	张凯山	80.57	良	良
38	201409011	国家环境监测网空气自动监测（$PM_{2.5}$、O_3）质量保证与质量控制技术体系研究与示范	中国环境监测总站、北京大学、中国科学院合肥物质科学研究院、中日友好环境保护中心	楚宝临	78.67	中	中

注：1．根据《环保科研项目绩效考评管理暂行办法》有关规定：100≥优≥90，90＞良≥80，80＞中≥60，60＞差≥0，良是基本要求。

2．根据《环保科研人员信用管理暂行办法》有关规定：绩效考评为优，项目负责人科技信用等级为优；绩效考评为中，项目负责人科技信用等级为中。

3．各项目按照绩效考评分数由高到低排序。

关于开展2016年度环境保护科学技术奖项目申报的通知

环办科技函〔2016〕291号

各省、自治区、直辖市环境保护厅（局），解放军环境保护局，新疆生产建设兵团环境保护局，辽河凌河保护区管理局，部相关直属单位，国家环境保护重点实验室和工程技术中心，各有关单位：

为推动我国环境保护科学技术研究工作，奖励在环保科研活动中做出突出贡献的单位和个人，促进环保科技成果转化，选拔优秀环保科技项目，根据《环境保护科学技术奖励办法》（以下简称《奖励办法》）的有关规定，我部决定开展2016年度环境保护科学技术奖申报工作。现将有关事宜通知如下：

一、请各单位登录环境保护部网站，在科技标准司/科技奖励/管理情况栏目下查询《环境保护科学技术奖励办法》（http：//kjs.mep.gov.cn/kjghzc/200704/t20070402_102352.htm），按照《奖励办法》和本通知的有关要求，组织开展2016年度环境保护科学技术奖申报工作。科普类项目推荐评审请参照《关于环境保护科学技术奖（科普类）推荐评审的说明》进行申报，相关文件下载（http：//www.chinacses.org/cn/zh_hjkp/hbkxjsj.html）。

二、网上申报：请申报单位登录“环境保护科学技术奖申报系统“（http：//pj.chinacses.org.cn/），按照系统中“填写说明”的有关要求，认真填写申报《环境保护科学技术奖推荐书》及相关附件，要求填报内容真实、完整、可靠，文字描述准确、客观。

三、书面材料申报：请将完成网上申报后生成的推荐书加盖推荐单位公章，并和相关附件一式两套装订成册（研究报告可单独成册）、加盖组织推荐单位公章的推荐项目汇总表2份邮寄到中国环境科学学会学术交流部。

科技类项目相关附件包括：(1)2013年12月31日前完成的第三方技术评价证明材料，包括项目验收文件、评审文件、鉴定文件、已授权专利或国家相关部门的技术检测报告等，其中有一项符合时间要求即可；（2）成果应用证明；（3）项目研究报告。

科普类项目相关附件包括：(1)由出版社出具的作品发行时间(2013年12月31日前)、数量、再版次数的证明；（2）科普作品被公开引用或应用证明；（3）科普作品质量的证明；（4）有助于科普作品评审的其他证明材料。科普类成果除推荐书主件和附件外，还应提交3套科普作品。

四、申报截止日期：网上申报截止日期为2016年4月30日，书面材料报送截止日期为2016年5月15日（以邮寄日期为准）。

五、其他事项

材料寄送地址：北京市海淀区红联南村54号中国环境科学学会学术交流部，邮编：100082。

联系人：环境保护部科技标准司　陈胜 禹军
中国环境科学学会 姜艳萍
电话：（010）66556209　62210730　62211765（科普类）　13121957606
传真：（010）62259894
电子邮件：kejijiang@126.com

环境保护部办公厅
2016年2月18日

关于推荐挥发性有机物污染防治先进技术的通知

环办科技函〔2016〕375号

各省、自治区、直辖市环境保护厅（局），各直属单位，各国家环境保护工程技术中心、全国性行业组织及有关单位：

为落实党中央、国务院对大气污染防治工作的要求，贯彻实施《大气污染防治行动计划》等政策文件，我部决定征集和筛选一批挥发性有机物（VOCs）污染防治先进技术，编制《国家先进污染防治示范技术名录（挥发性有机物污染防治领域）》和《国家鼓励发展的环境保护技术目录（挥发性有机物污染防治领域）》，为各地VOCs污染防治工作提供技术指导。为做好目录编制工作，请针对重点领域，按照推荐要求认真组织先进技术的推荐工作。

一、重点领域

（一）石油炼制、石油化工、煤化工等含VOCs物料生产行业的VOCs污染防治技术；

（二）油墨、涂料、胶粘剂、农药等以含VOCs物料为原料生产含VOCs产品行业的VOCs污染防治技术；

（三）包装印刷、汽车制造、家具制造、船舶制造、电子、制鞋等含VOCs产品使用过程中的VOCs污染防治技术；

（四）原油成品油码头、储油库、油罐车、加油站等油品和溶剂储运销环节的油气和VOCs污染防治技术；

（五）建筑装饰装修、服装干洗、餐饮等服务业产生的VOCs污染防治技术。

二、推荐要求

（一）符合国家环境保护相关政策；

（二）污染治理效果明显，主要技术、经济指标具有先进性；

（三）技术持有单位为依法注册、经营的单位，技术知识产权清晰，不涉及产权纠纷；

（四）至少已有一个国内工程应用案例；

（五）在行业内尚未达到广泛应用，具有发展潜力；全行业普及率在 80%以上的技术不再推荐。

三、报送方式

请推荐单位组织申报单位认真填写申报表（见附件 1），并按照要求（见附件 2）编写技术报告，于 2016 年 4 月 18 日（以邮戳日期为准）前将申报表和技术报告（胶装成册、一式两份）加盖推荐单位公章后寄送至中国环境保护产业协会，同时将申报材料电子件（附件 1 和附件 2 均要求为 Word 文档）打包发送至联系人邮箱，邮件题目格式要求为“2016VOC+技术名称+申报单位名称”。

四、联系人及联系方式

（一）环境保护部科技标准司　李磊　王泽林

电话：（010）66556222，（010）66556221

（二）中国环境保护产业协会　尚光旭　刘媛

电话：（010）51555002（兼传真）

邮寄地址：北京市西城区扣钟北里甲四楼 507 室，100037

电子邮箱：zhxjsml2020@163.com

附件：1．2016 年先进挥发性有机物污染防治技术申报表（略）

　　　2．技术报告编写要求（略）

环境保护部办公厅

2016 年 2 月 29 日

关于做好部分批准建设国家生态工业示范园区后续管理工作的通知

环办科技函〔2016〕618号

各有关园区：

根据《国家生态工业示范园区管理办法》（环发〔2015〕167号）（以下简称《管理办法》）的有关规定，经国家生态工业示范园区建设协调领导小组办公室（以下简称领导小组办公室）研究决定，批准建设已满5年但尚未提出验收申请的工业园区（名单见附件），达到验收标准的可于2016年6月30日前（以寄出邮戳时间为准）按照《管理办法》提出验收申请。创建行业类国家生态工业示范园区的按照《行业类生态工业园区标准（试行）》（HJ/T 273—2006）验收，创建综合类国家生态工业示范园区的按照《综合类生态工业园区标准》（HJ 274—2009）验收。验收申请材料需经园区所在地省级环境保护主管部门会同省级商务、科技主管部门审查同意后，报领导小组办公室。

请有关园区抓紧推进相关工作，逾期未提出验收申请的视为创建未完成，将不再列入建设园区名单。

联系人：环境保护部科技标准司　冷飞　刘方正

电话：（010）66556217、66556219

地址：北京市西城区西直门南小街115号

邮编：100035

附件：批准建设满5年但尚未提出验收申请的工业园区名单

环境保护部办公厅

2016年4月5日

附件

批准建设满5年但尚未提出验收申请的工业园区名单

序号	建设单位名称	批建文号	批建时间
1	国家生态工业（制糖）示范园区-贵港	环函〔2001〕170号	2001年8月14日
2	南海国家生态工业建设示范园区暨华南环保科技产业园	环函〔2001〕293号	2001年11月29日

序号	建设单位名称	批建文号	批建时间
3	包头国家生态工业（铝业）建设示范园区	环函〔2003〕102号	2003年4月18日
4	长沙黄兴国家生态工业建设示范园区	环函〔2003〕115号	2003年4月29日
5	山东鲁北企业集团	环函〔2003〕324号	2003年11月18日
6	抚顺矿业集团有限责任公司	环函〔2004〕113号	2004年4月26日
7	大连经济技术开发区	环函〔2004〕114号	2004年4月26日
8	贵阳市开阳磷煤化工（国家）生态工业示范基地	环函〔2004〕418号	2004年11月22日
9	郑州市上街区生态工业示范园区	环函〔2005〕144号	2005年4月21日
10	包头钢铁生态工业园	环函〔2005〕536号	2005年12月8日
11	山西安泰集团	环函〔2006〕198号	2006年5月18日
12	绍兴袍江工业区	环函〔2006〕481号	2006年12月4日
13	昆明高新技术产业开发区	环发〔2008〕75号	2008年8月25日
14	萧山经济技术开发区	环发〔2009〕3号	2009年1月7日
15	重庆永川港桥工业园	环发〔2010〕129号	2010年11月4日
16	合肥经济技术开发区	环发〔2010〕129号	2010年11月4日
17	株洲高新技术产业开发区	环发〔2010〕149号	2010年12月25日
18	太原经济技术开发区	环发〔2011〕46号	2011年4月2日
19	南昌经济技术开发区	环发〔2011〕46号	2011年4月2日

关于开展2016年环保科研院所和监测中心（站）公众开放活动的通知

环办科技函〔2016〕638号

各省、自治区、直辖市环境保护厅（局），副省级城市环境保护局，各有关直属单位：

为落实《关于进一步加强环境保护科学技术普及工作的意见》（环发〔2015〕66号）中关于推进环保科技资源开放的要求，充分利用环保科研院所和监测中心（站）的自身科技资源在环境科学传播中发挥专业优势，逐步建立和完善面向社会的定期开放制度，根据2016年国家科技活动周工作的统一部署，我部决定于2016年科技活动周和世界环境日期间开展环保科研院所和监测中心（站）开放活动（具体活动方案详见附件1）。现请你单位组织有条件的科研院所和监测中心（站）积极参加公众开放活动，并于2016年4月15日前将推荐函报送我部科技标准司，活动回执表电子版报送中国环境科学学会（见附件2）。

联系人：环境保护部科技标准司　刘晓伟　禹军

电　话：（010）66556211，66556206（兼传真）

中国环境科学学会　杨勇　陈永梅

（010）62211765，62210711（兼传真）

电子邮箱：hbkp365@163.com
通信地址：北京市西城区西直门南小街 115 号环境保护部
北京市海淀区红联南村 54 号 612 室中国环境科学学会

附件：1．2016 年环保科研院所和监测中心（站）公众开放活动方案
2．2016 年开放活动回执表（略）

环境保护部办公厅
2016 年 4 月 8 日

附件 1

2016 年环保科研院所和监测中心（站）公众开放活动方案

一、参与单位

各省（区、市）、各副省级城市具备条件的环保科研院所和监测中心（站），具备条件的部直属单位。

二、活动主题

环保科技，惠及民生。

三、活动时间

全国科技活动周至世界环境日期间（2016 年 5 月 14 日至 6 月 10 日），开放单位自行安排具体的开放时间。

四、参考活动内容

1．组织公众参观研究试验装置、监测分析设备等环保科研资源，面向公众开展丰富多彩的科普活动，使公众体验和理解环保科技，激发创新创造热情。

2．围绕社会关注的环保热点，通过各种形式解读生态文明建设、环境保护政策法规、大气污染防治行动计划、水污染防治行动计划以及土壤污染、垃圾处理、电磁辐射、噪声、农药残留、重金属污染以及当地突出的环境问题等防治知识，彰显特色和专长，组织开展通俗易懂、参与互动性强的科普活动。

3. 向公众讲述环保科研选题、探索过程背后的故事，传播创新创造思维、科学反思和生态文明理念，弘扬科学精神和倡导环保行为。

4. 结合本单位实际，展示和传播最新环保科研成果、技术、装备等。

五、参与活动形式

1. 参观和展览：组织实验室、监测站、观测站开放，举办科学实验、科研成果展览。

2. 专家报告：组织院士、学术带头人、管理专家等科研人员根据公众需求和社会热点开展科普报告和互动交流。

3. 咨询：组织科技咨询、招生与就业咨询等。

4. 写作：组织专家就当前环保热点撰写科普文章。

5. 宣传：组织媒体走进环保科研院所，介绍环保科技创新成就。

6. 其他：创新开展的其他活动形式。

六、进度安排

时间	主要事项
4—5 月初	活动筹备，组建活动负责团队
	招募志愿者
5 月中上旬	邀请媒体宣传
	发动周边学校师生、社区居民、社会大众报名
5 月中下旬至 6 月上旬	组织开展活动，同期宣传报道
6 月中下旬	活动总结

七、其他事项

1. 各省、自治区、直辖市环境保护厅（局），副省级城市环境保护局负责推荐本行政区域有条件的环保科研院所和监测中心（站）参加此次公众开放活动，并于 2015 年 4 月 15 日前将推荐函报送我部科技标准司。各直属单位可直接推荐。

2. 中国环境科学学会负责整体活动宣传，协助开放单位制订活动方案和实施，在志愿者征集、公众招募等方面给予指导，并可将优秀活动成果择优推送到主流媒体、中国环保科普资源网及微博、微信上展示和传播。

3. 各环保科研院所、监测中心（站）等科研机构负责本单位开放活动的方案制订和活动实施，同中国环境科学学会积极沟通和交流，做好本单位开放活动的宣传。为了保障参与活动的公众规模，各参与单位可通过大众媒体、单位网站、微信、微博等途径公开召集公众参与，同时向周边社区、学校定向邀请。

参与单位需填写《2016 年开放活动回执表》（见附件 2），并于 2016 年 4 月 15 日前报送中国环境科学学会，整体活动方案将在中国环保科普资源网开放活动专题页面（http：//www.hbkp365.com/ztym/yskf）集中展示和宣传。

4．请各开放单位精心策划组织，确保活动质量和安全，注重参与和互动，加强活动的宣传和报道，活动结束后进行全面总结，于 2016 年 6 月 30 日前将活动总结和 5 张以上活动照片报送中国环境科学学会。

关于开展 2016 年度国家环保科技成果登记工作的通知

环办科技函〔2016〕865 号

各省、自治区、直辖市环境保护厅（局），新疆生产建设兵团环境保护局，解放军环境保护局，辽河凌河保护区管理局，各直属科研单位，各国家环境保护重点实验室、工程技术中心：

根据《科技成果登记办法》（国科发计字〔2000〕542 号）和《环保科技成果登记办法实施细则》（环发〔2001〕111 号）有关规定，我部拟开展 2016 年度国家环保科技成果登记工作。现将有关事项通知如下：

一、登记范围

（一）由我部主持或者组织的各级、各类科技计划和科技项目（含专项）产生的科技成果。

（二）申报环境保护科学技术奖的项目，应在我部进行登记。

（三）鼓励国务院各部门、企事业单位和地方各级环保部门组织的各类科技计划项目产生的环保科技成果在我部进行登记。

（四）为推动国家科技人才战略、标准战略、专利战略实施，各级环境标准与专利技术成果可在我部进行成果登记。

二、环保科技成果登记应报送的材料

（一）《科技成果登记表（基础理论、软科学类成果）》或《科技成果登记表（应用技术类成果）》一份，封面加盖成果第一完成单位公章。

（二）技术评价证明（专利证书、鉴定证书、评审证书、验收证书、标准文本等）复印件一份。

（三）光盘一张，光盘内容包括：

1．《科技成果登记表》电子版本。

2．使用国家科技成果登记系统 V8.0 版本简易版的导出文件。

3．成果登记申报单位通信地址、联系人、联系方式的电子文本。

《科技成果登记表》和国家科技成果登记系统 V8.0 版本简易版可从国家科技成果网（www.nast.org.cn）成果登记下载区下载。

三、经我部审查准予登记的科技成果，将按年度在我部网站和环境保护科学技术研究成果公报上公布，成果登记者可申请完成单位成果证书和成果完成者证书（每年只发放当年 10 月 31 日前登记的成果证书）。

四、我部委托中国环境科学研究院承办 2016 年度环保科技成果登记工作。

联系人：中国环境科学研究院　陈晨

环境保护部科技标准司　刘海波

电话：（010）84913890，66556210

传真：（010）84913890

E-mail：clove8807@163.com

邮编：100012

通信地址：北京市安定门外大羊坊 8 号中国环境科学研究院科技处

环境保护部办公厅

2016 年 5 月 12 日

关于发布国家环境保护工程技术中心运行绩效评价结果的通知

环办科技函〔2016〕906 号

各国家环境保护工程技术中心：

为贯彻落实《国家环境保护工程技术中心管理办法》（环函〔2015〕299 号）的有关规定，提升国家环境保护工程技术中心运行管理水平，更好地发挥其作为环保技术创新和产业发展平台的支撑作用，我部于 2016 年上半年开展了国家环境保护工程技术中心运行绩效评价工作。现将对正式运行超过 3 年的 14 家工程技术中心绩效评价结果（见附件）予以公布。

请各工程技术中心认真看待评价结果，积极查找差距和不足，努力提升运行绩效水平和支撑能力。评价结果为差的工程技术中心，请自本通知印发之日起六个月内进行全面整改，整改到期后如仍未达到《国家环境保护工程技术中心管理办法》相关要求，将取消其国家环境保护工程技术中心名称。

附件：国家环境保护工程技术中心运行绩效评价结果（2016）

环境保护部办公厅

2016 年 5 月 17 日

附件

国家环境保护工程技术中心运行绩效评价结果（2016）

序号	工程技术中心名称	依托单位	评价结论
1	有色金属工业污染控制工程技术中心	中南大学、湖南省环境保护科学研究院	良
2	城市噪声与振动控制工程技术中心	北京市劳动保护科学研究所	良
3	危险废物处置工程技术（沈阳）中心	沈阳环境科学研究院	良
4	有机化工废水处理与资源化工程技术中心	江苏南大环保科技有限公司	良
5	矿山固体废物处理与处置工程技术中心	中钢集团马鞍山矿山研究院有限公司	良
6	工业烟气控制工程技术中心	中钢集团天澄环保科技股份有限公司	良
7	工业废水污染控制工程技术（北京）中心	北京市环境保护科学研究院	中
8	清洁煤炭与矿区生态恢复工程技术中心	中国矿业大学	中
9	膜分离工程技术中心	蓝星环境工程有限公司	中
10	水污染控制工程技术（浙江）中心	浙江省环境保护科学设计研究院	中
11	制药废水污染控制工程技术中心	河北省环境科学研究院、华北制药集团环境保护研究所、河北科技大学	中
12	工业资源循环利用工程技术中心	云南亚太环境工程设计研究有限公司、昆明理工大学	中
13	电子电镀废水处理与资源化工程技术中心	江西金达莱环保股份有限公司	中
14	农业废弃物综合利用工程技术中心	大连市环境科学设计研究院	差

关于征集2017年度国家环境保护标准计划项目承担单位的通知

环办科技函〔2016〕1103号

各省、自治区、直辖市环境保护厅（局），新疆生产建设兵团环境保护局，辽河凌河保护区管理局，环境保护部各直属单位，各国家环境保护重点实验室和工程技术中心，有关高校和科研院所：

为适应国家经济社会发展和环境保护工作需要，进一步完善国家环境保护标准体系，根据《国家环境保护标准制修订项目计划管理办法》（环办〔2010〕86号）和中央财政资金管理有关规定，我部决定开展2017年度国家环境保护标准计划项目承担单位征集工作。现将有关事项通知如下：

一、申报要求

（一）申报单位具有与申报项目相关的技术能力，项目参与人员熟悉国家环境保护政策、法律、法规和标准体系。

（二）申报单位具备独立法人资格、独立银行账户和健全的财务制度。

（三）承担监测方法标准的单位应通过计量认证或获得国家实验室认可，已经建立并实行了较为完备的监测工作质量保证和质量控制制度，具备开展标准验证工作所必需的条件，包括技术人员和仪器、设备、试剂等实验条件，能够按时、按要求完成标准验证工作，保证验证结果客观、真实。

（四）保证高质量完成标准项目任务和项目相关材料（如编制说明、评估报告、体系设计报告等）的编写工作，标准文本和编制说明能达到出版要求。

（五）承担过国家环保标准项目工作的单位及拟担任标准项目负责人的人员，没有出现过在未办理项目变更、调整事宜的情况下，擅自拖延或中止项目，无故不按时完成工作任务的情况。

（六）项目执行期限一般为 2～3 年，经费预算根据项目任务实事求是申报；同一单位不得有多个团队申报同一项目；正在承担标准项目 10 项以上（含 10 项）的单位（环境保护部所属正司级单位以二级单位计），或者正在承担标准项目 2 项以上（含 2 项）的个人，2017 年原则上不得申报新项目。

不符合上述规定的申请视为无效申请，不参与评审。

二、承担单位征集和确定方式

标准项目承担单位采用公开征集、自愿申报、择优选取的方式确定。请项目申报单位对照 2017 年度国家环境保护标准计划项目指南（见附件 1），填写申报表（见附件 2），并于 2016 年 6 月 26 日前将申报表的纸质文件（一式三份）和电子文件反馈我部科技标准司。申报表将由科技标准司统一分送各分管业务司，由分管业务司组织申报单位答辩，经专家质询和论证，择优确定项目承担单位（答辩时间初步定于 6 月 26 日—7 月 1 日期间，地点另行通知，请提前准备 10～15 分钟汇报演示材料，着重介绍对拟申报项目的理解、拟采取的技术路线和准备开展的主要工作、相关科研及标准工作经验、人员安排及经费预算）。

若某项目所有申报单位均不能达到承担该项目的要求，根据专家评审结果，可撤销该项目。

三、申报材料的编制与报送要求

（一）按照环保标准制修订和评估工作的最新要求，排放标准应充分调研、实测企业污染物的实际排放水平，科学论证污染物项目与限值，加强标准实施的环境效益和经济、技术成本分析以及达标率测算，在污染物排放（控制）标准、标准实施评估项目申报材料中应充分体现上述内容，详述技术路线、工作内容与资金需求（其他项目参照此要求执行）。

（二）按照资金预算管理要求，请细化项目工作经费的使用方案（如开展调研和测试工作的次数和数量等）。

（三）申报材料的电子件请发送到联系人电子邮箱，纸质文件请邮寄至指定的联系人，不接受当面报送材料。

（四）电子邮件标题和邮寄材料信封请注明“2017 年度国家环境保护标准项目申报”，申报表电子文件名统一为“项目序号-项目名称-申报单位名称-归口管理业务司”。

四、联系人及联系方式

联系人：环境保护部科技标准司　范真真　李晓弢

通信地址：北京市西直门南小街 115 号

邮政编码：100035

电话：（010）66556216，66556215

电子邮箱：biaozhun2016@126.com

附件：1．2017 年度国家环境保护标准计划项目指南

　　　2．国家环境保护标准项目申报表（略）

环境保护部办公厅

2016 年 6 月 16 日

附件 1

2017 年度国家环境保护标准计划项目指南

序号	子项目名称	完成时限（年）	分管业务司	备注
一、标准制修订				
（一）污染物排放（控制）标准				
1	1.集装箱制造业大气污染物排放标准	2019	大气司	
2	2.铝型材行业污染物排放标准	2019	大气司	
（二）环境监测规范				
1. 环境监测分析方法标准				
3	1.土壤和沉积物　醛酮醚类的测定　顶空-气相色谱/质谱法	2018	监测司	配套《土壤环境质量标准》
4	2.土壤和沉积物　铜、铅、锌、铬、镍等重金属的测定　火焰原子分光光度法	2018	监测司	修订《土壤质量　镍的测定　火焰原子分光光度法》（GB/T 17139—1997）、《土壤质量　铬的测定　火焰原子分光光度法》（HJ 491—2009）、《土壤质量　铅镉的测定　KI-MIBK 萃取火焰原子吸收分光光度法》(GB/T 17140—1997)

序号	子项目名称	完成时限（年）	分管业务司	备注
5	3.土壤和沉积物　铜、铅、锌、铬、镉、镍等重金属的测定　石墨炉原子吸收法	2018	监测司	修订《土壤质量　铅镉的测定　石墨炉原子吸收法》（GB/T 17141—1997）
6	4.环境空气　颗粒物中有机碳和元素碳的测定　热光分析法	2018	大气司、监测司	支撑颗粒物源解析重点工作
7	5.土壤和沉积物　重金属元素的测定　电感耦合等离子体质谱(ICP-MS)法	2018	监测司	
8	6.固定污染源　废气二氧化硫的测定　紫外吸收法	2018	监测司	
9	7.固定污染源　废气氮氧化物的测定　紫外吸收法	2018	监测司	
10	8.环境空气　挥发性有机物的测定　便携式气相色谱-质谱法	2018	监测司	
11	9.水质　pH 值的测定　玻璃电极法（修订 GB 6920—86）	2018	监测司	
12	10.土壤和沉积物　重金属元素的测定　便携式 X 射线荧光光谱法	2018	监测司	
13	11.土壤和沉积物　二噁英类的测定　同位素稀释气相色谱串联质谱法	2018	监测司	
14	12.固体废物　二噁英类的测定　同位素稀释气相色谱串联质谱法	2018	监测司	
15	13.固定污染源废气　多氯萘的测定　气相色谱-三重四极杆质谱法	2018	监测司	
16	14.环境空气和废气　溴代二噁英的测定　同位素稀释高分辨气相色谱-高分辨质谱法	2018	监测司	
2. 环境监测技术规范				
17	1.环境空气质量数值预报技术规范	2018	监测司	
18	2.环境空气质量自动监测系统数据采集、传输技术规范	2018	监测司	
19	3.环境空气质量监测数据编码技术规范	2018	监测司	
20	4.固定污染源废气　$PM_{2.5}$ 和 PM_{10} 的测定　稀释通道采样技术规范	2018	监测司、大气司	支撑颗粒物源解析重点工作
21	5.国家环境监测网环境空气颗粒物（PM_{10}、$PM_{2.5}$）自动监测手工比对现场核查技术规定	2018	监测司	
22	6.国家环境监测网环境空气臭氧自动监测现场比对核查技术规定	2018	监测司	
23	7.环境空气臭氧自动监测二级校准技术规范	2018	监测司	
24	8.突发环境事件应急监测技术规范（修订 HJ 589—2010）	2018	监测司	
25	9.近岸海域环境监测技术规范（修订 HJ 442—2008）	2018	监测司	
26	10.环境空气　颗粒物组分连续监测技术指南	2018	监测司	
27	11.环境空气和废气　恶臭气体在线监测技术规范	2018	监测司	

序号	子项目名称	完成时限（年）	分管业务司	备注
28	12.地表水无人船水质监测技术规范	2018	监测司	
29	13.细颗粒物（$PM_{2.5}$）卫星遥感监测应用技术指南	2018	监测司	
30	14.固体废物填埋场防渗层完整性检测技术规范-电法检测	2018	监测司、土壤司	
（三）环境基础类标准				
31	环境监测　分析方法标准制修订技术导则（修订 HJ 168—2010）	2018	科技司	
（四）环境管理规范				
1. 配套排污许可证制度标准				
32	1.石化工业排污许可相关技术规范	2018	大气司	
33	2.印染工业排污许可相关技术规范	2018	水司	
34	3.焦化工业排污许可相关技术规范	2018	大气司	
35	4.化肥工业排污许可相关技术规范	2018	水司	
36	5.锅炉工业排污许可相关技术规范	2018	大气司	
37	6.有色金属工业排污许可相关技术规范	2018	大气司	包括再生有色行业
38	7.制药工业排污许可相关技术规范	2018	水司	
39	8.制革工业排污许可相关技术规范	2018	水司	
40	9.电镀工业排污许可相关技术规范	2018	水司	
41	10.钢铁行业排污许可相关技术规范	2017	大气司	
42	11.水泥行业排污许可相关技术规范	2017	大气司	
43	12.平板玻璃行业排污许可相关技术规范	2018	大气司	
2. 水环境管理相关标准				
44	1.地下水环境背景值确定技术导则	2018	水司	
45	2.地下水污染监控预警与事故应急技术指南	2018	水司	
46	3.饮用水水源地风险源名录编制技术指南	2018	水司	
3. 大气环境管理相关标准				
47	1.大气颗粒物快速动态源解析技术规范	2018	大气司、监测司	
48	2.大气环境超级站建设与运营标准	2018	大气司、监测司	
4. 环境生态保护标准				
49	1.生物多样性观测技术导则　植物多样性观测固定样地的设置	2018	生态司	
50	2.自然保护区保护有效性评价标准	2018	生态司	
51	3.自然保护区保护成效评价指标体系	2018	生态司	
52	4.自然保护区生态环境质量动态监测技术导则	2018	生态司	
53	5.自然保护区外来入侵植物监测技术导则	2018	生态司	
54	6.转基因植物对野生近缘种影响的评估技术规范	2018	生态司	
55	7.抗虫转基因植物对生物多样性影响评价技术规划	2018	生态司	
56	8.生态保护红线保护成效评估技术指南	2018	生态司	

序号	子项目名称	完成时限（年）	分管业务司	备注
57	9.生态保护红线监管技术指南	2018	生态司	
58	10.生物多样性遥感调查与观测技术指南	2018	生态司	
5. 环境健康标准				
59	环境污染物暴露评估技术指南	2018	科技司	
6. 核与电磁辐射环境保护标准				
60	1.环境空气气溶胶中γ放射性核素的测定γ能谱法	2018	核一司	
61	2.放射性废物体和废物包的特性鉴定	2018	核三司	
二、标准实施评估				
62～68	1.钢铁系列排放标准（7 项）实施评估	2018	科技司	
69	2.《淀粉工业水污染物排放标准》（GB 25461—2010）实施评估	2018	科技司	
70	3.《酵母工业水污染物排放标准》（GB 25462—2010）实施评估	2018	科技司	
71	4.《制糖工业水污染物排放标准》（GB 21909—2008）实施评估	2018	科技司	
72	5.《电池工业污染物排放标准》（GB 30484—2013）实施评估	2018	科技司	

关于开展环境服务业财务统计工作的通知

环办科技函〔2016〕1160 号

各省、自治区、直辖市环境保护厅（局），新疆生产建设兵团环境保护局：

按照《国务院办公厅转发统计局关于加强和完善服务业统计工作意见的通知》（国办发〔2011〕42 号）和国家统计局《部门服务业财务统计报表制度（试行）》（2015 年统计年报）要求，我部将继续开展环境服务业财务统计工作。经国家统计局批准（国统制〔2016〕60 号），现将《环境服务业财务统计制度》印发给你们（见附件 1），请做好组织实施工作。现就有关事项通知如下：

一、《环境服务业财务统计制度》有效期为 2 年，2015—2017 年度环境服务业财务统计均执行本制度。

二、我部监测司归口管理环境统计工作，科技司会同生态司、规财司开展环境服务业财务统计工作。技术支持单位为中国环境保护产业协会。

三、请各地将环境服务业财务统计工作纳入年度工作计划，并落实工作机构、人员、经费等保障条件，按相关要求开展工作。

四、请各地填写环境服务业财务统计工作管理机构和技术支持机构情况登记表（见附件2），并于2016年7月10日前发送至邮箱：1930038143@qq.com。

五、拟于2016年7月下旬开展环境服务业财务统计技术培训，具体培训事宜另行通知。

六、环境服务业财务统计系统将于2016年7月21日上线，请各地于2016年9月2日前将本地区2015年度环境服务业财务统计数据报送我部，同时提供加盖各地区环保主管部门公章的纸质文件。自2017年起，请各地于每年3月31日前向我部报送年度统计数据和提供纸质文件。

七、联系人及联系方式

联系人：环境保护部科技标准司　吕奔

电话：（010）66556220

地址：北京市西城区西直门南小街115号

邮编：100035

联系人：中国环境保护产业协会　柴蔚舒　李宝娟

电话：（010）51555015

地址：北京市西城区扣钟北里甲四楼

邮编：100037

附件：1．环境服务业财务统计制度（略）

2．环境服务业财务统计工作管理机构和技术支持机构情况登记表（略）

环境保护部办公厅

2016年6月23日

关于通报2012年度环保公益性行业科研专项项目验收结果的函

环办科技函〔2016〕1229号

各2012年度环保公益性行业科研专项项目承担单位：

根据《公益性行业科研专项经费管理暂行办法》（环办〔2007〕53号）、《公益性行业科研专项经费环保项目验收规范（试行）》（环科函〔2011〕1号）、《关于进一步加强环保公益性行业科研专项经费项目验收工作的补充通知》（环科函〔2011〕17号）和《环保科研人员信用管理暂行办法》（环科函〔2009〕24号）的有关规定，我部组织开展了2012年度环保公益性行业科研专项项目验收工作，对48个项目任务完成情况和经费使用情况进行评价。验收结果表明，项目总体完成情况良好，48个项目均按照项目任务书要求完成了研究任务和考核指标，专项经费使用较合理，项目成果丰富，为我部中心工作和重点任务提供了重要的科技支撑。

为奖优惩劣，加强项目管理，现决定对“典型黑炭气溶胶源排放特征及控制对策研究”等 16 个产出明显、创新性较强、成果得到应用、总体评价为优的项目提出表扬，项目负责人信用等级评定为优。

希望受表扬的项目单位和负责人再接再厉，继续深化成果应用，做好成果的宣传与普及工作。

请各单位学习借鉴受表扬项目承担单位和负责人的先进经验和做法，进一步加强项目监督管理，规范经费使用，强化项目产出与应用，做好成果凝练、宣传与科学普及工作，切实发挥科研成果对环境管理的支撑作用。

附件：2012 年度环保公益性行业科研专项项目验收结果

环境保护部办公厅

2016 年 7 月 5 日

附件

2012 年度环保公益性行业科研专项项目验收结果

序号	项目编号	项目名称	项目承担单位	项目负责人	业务评分	财务评分	综合评分	总体评价	项目负责人信用等级
1	201209007	典型黑炭气溶胶源排放特征及控制对策研究	清华大学、中国环境科学研究院、中国科学院地球环境研究所、北京航空航天大学、上海市环境科学研究院	贺克斌	95.57	88.00	93.30	优秀	优
2	201209002	移动源氮氧化物总量控制与监管技术体系研究	中国环境科学研究院、清华大学、北京理工大学	鲍晓峰	94.07	90.00	93.17	优秀	优
3	201209022	固体废物处置设施环境安全评价技术研究	清华大学、中国环境科学研究院、中国科学院地理科学与资源研究所、环境保护部华南环境科学研究所、天津市环境保护科学研究院、中天环保集团有限公司、甘肃省环境科学设计研究院、浙江大学	王洪涛	94.75	88.67	93.09	优秀	优
4	201209027	我国国土生态安全格局构建关键技术与保护战略研究	环境保护部南京环境科学研究所、中国环境科学研究院、中国科学院生态环境研究中心、中国科学院植物研究所、中国科学院动物研究所、北京大学、河北师范大学	高吉喜	95.00	88.00	92.90	优秀	优

序号	项目编号	项目名称	项目承担单位	项目负责人	业务评分	财务评分	综合评分	总体评价	项目负责人信用等级
5	201209028	国家级自然保护区保护成效评估与规范化建设关键技术研究	中国环境科学研究院、环境保护部南京环境科学研究所、中南林业科技大学、中国科学院地理科学与资源研究所、中国科学院植物研究所、北京大学	李俊生	94.38	87.67	92.55	优秀	优
6	201209009	重金属排放总量核算和环境统计技术研究	环境保护部环境规划院、环境保护部环境工程评估中心、中国环境科学研究院、中国环境监测总站、北京矿冶研究总院、湖南省环境保护科学研究院、中国寰球工程公司、深圳职业技术学院、湖南省环境监测站	万军	93.07	90.00	92.15	优秀	优
7	201209046	环境健康风险评估基本数据集与信息共享关键技术研究	中日友好环境保护中心、中国环境科学学会、中国疾病预防控制中心、中国医学科学院基础医学研究所	王建生	92.25	91.33	92.00	优秀	优
8	201209041	放射性物品运输安全监管体系研究	环境保护部核与辐射安全中心、中机生产力促进中心、中国核电工程有限公司	刘新华	93.00	89.00	91.91	优秀	优
9	201209013	有色金属采选重点行业（钴镍锡锑）重金属污染控制与管理支撑技术研究	北京矿冶研究总院、中国矿业大学（北京）、北京师范大学、中国环境科学研究院、环境保护部环境规划院、北京科技大学	赵志龙	90.92	93.00	91.44	优秀	优
10	201209020	二噁英 BAT/BEP 导则与增列 POPs 评估研究	环境保护部环境保护对外合作中心、中国环境科学研究院、北京大学、清华大学、中国科学院高能物理研究所	丁琼	91.71	89.00	91.11	优秀	优
11	20120908	我国大气污染健康影响前瞻性队列调查的关键技术、方法与应用研究	复旦大学、中国环境监测总站、环境保护部华南环境科学研究所、中国疾病预防控制中心环境与健康相关产品安全所、北京中医药大学、华中科技大学	阚海东	92.94	86.00	91.05	优秀	优
12	201209056	新能源产业（太阳能电池板）环境影响与管理研究	中国环境科学研究院、中国科学院电工研究所、中国可再生能源学会、北京国环清华环境工程设计研究院有限公司	乔琦	90.71	90.00	90.56	优秀	优

序号	项目编号	项目名称	项目承担单位	项目负责人	业务评分	财务评分	综合评分	总体评价	项目负责人信用等级
13	201209015	汞污染控制谈判支撑关键技术与对策研究	中国环境科学研究院、环境保护部环境保护对外合作中心、清华大学、中日友好环境保护中心、环境保护部化学品登记中心	朱雪梅	90.13	91.50	90.40	优秀	优
14	201209016	高关注新型POPs监测方法与POPs监测新技术研发	中国环境监测总站、江苏省环境监测中心、重庆市环境监测中心、宁波市环境监测中心、中国科学院生态环境研究中心、中国科学院大连化学物理研究所、南京大学	付强	91.50	87.00	90.38	优秀	优
15	201209048	环境污染应急处置技术筛选和评估研究	哈尔滨工业大学、环境保护部华南环境科学研究所、中国环境科学研究院、北京林业大学、大连理工大学、国环危险废物处置工程技术（天津）有限公司	王鹏	92.83	85.00	90.22	优秀	优
16	201209003	基于大气污染物总量优化减排的污染源分级技术研究	北京工业大学、清华大学、中国环境科学研究院、北京市环境保护科学研究院	程水源	91.17	87.00	90.13	优秀	优
17	201209001	国家大气污染物总量减排管理技术体系研究	环境保护部环境规划院、清华大学、中国环境科学研究院、南京大学、上海市环境科学研究院、国电环境保护研究院	王金南	91.63	85.00	89.82	良好	良
18	201209025	煤化工残渣处置和利用过程的环境风险控制技术研究	沈阳环境科学研究院、北京科技大学、中国矿业大学（北京）、中日友好环境保护中心、山西省生态环境研究中心	黄相国	89.71	90.00	89.80	良好	良
19	201209052	国家重点污染物环保标准簇框架设计及示范研究	中国环境科学研究院、天津市环境保护科学研究院、浙江省环境保护科学设计研究院、中国轻工业清洁生产中心、环境保护部环境保护对外合作中心	武雪芳	89.67	90.00	89.75	良好	良
20	201209023	工业窑炉共处置危险废物环境风险控制技术研究	中国环境科学研究院、中国中材国际工程股份有限公司、中国钢研科技集团有限公司、浙江大学	王琪	92.14	83.00	89.40	良好	良

序号	项目编号	项目名称	项目承担单位	项目负责人	业务评分	财务评分	综合评分	总体评价	项目负责人信用等级
21	201209033	高寒荒漠区国家级自然保护区生态监测与综合管理研究	北京师范大学、新疆巴音郭楞蒙古自治州阿尔金山国家级自然保护区管理局、环境保护部卫星环境应用中心	董世魁	89.71	88.67	89.40	良好	良
22	201209017	持久性有机污染物监测质量控制与质量保证产品的研发	中日友好环境保护中心、中国环境监测总站、浙江省环境监测中心	封跃鹏	90.29	85.00	89.11	良好	良
23	201209053	再生水回灌对地下水污染风险评估与管理体系	清华大学、中国环境科学研究院、中国地质大学(北京)、北京城市排水集团有限责任公司、北京市水利科学研究所、北京国环清华环境工程设计研究院有限公司	刘翔	89.50	88.33	89.11	良好	良
24	201209032	西藏地区生态承载力与可持续发展模式研究	环境保护部南京环境科学研究所、西藏自治区环境科学研究所、中国科学院成都山地灾害与环境研究所、中国环境科学研究院、北京师范大学、环境保护部卫星环境应用中心	沈渭寿	89.38	88.00	89.10	良好	良
25	201209031	气候变化下我国生物多样性保护优先区脆弱性评估与保护对策研究	中国环境科学研究院、北京大学、中日友好环境保护中心、环境保护部华南环境科学研究所	吴晓莆	90.00	85.67	88.70	良好	良
26	201209036	坝上地区有机食品开发与生物多样性保护研究	环境保护部南京环境科学研究所、红松洼国家级自然保护区管理处、承德泓辉双合淀粉有限公司、围场满族蒙古族自治县环境保护局、隆化县环境保护局、隆化县茅荆坝自然保护区管理处	张纪兵	88.86	88.00	88.60	良好	良
27	20120926	生活垃圾焚烧飞灰资源化与处置的环境安全评价研究	上海大学、同济大学、上海固体废物处置中心、上海固体废物管理中心	钱光人	89.13	86.00	88.27	良好	良
28	201209043	基于中长期生态环境风险的战略环境评价方法体系研究	清华大学、北京清华城市规划设计研究院	刘毅	88.38	86.00	87.73	良好	良

序号	项目编号	项目名称	项目承担单位	项目负责人	业务评分	财务评分	综合评分	总体评价	项目负责人信用等级
29	201209030	我国土壤环境功能区划方法与关键技术研究	环境保护部南京环境科学研究所、中国科学院南京土壤研究所、中国科学院地理科学与资源研究所、中国科学院沈阳应用生态研究所	林玉锁	87.56	87.33	87.50	良好	良
30	201209012	典型地区稀土开发与生产环境风险评估与监管技术研究	中国环境科学研究院、中日友好环境保护中心、中国恩菲工程技术有限公司、中国科学院地理科学与资源研究所、中国科学院高能物理研究所、包头稀土研究院、包头市环境监测站、北京林业大学	廖海清	88.86	84.00	87.40	良好	良
31	201209037	污染减排的科技贡献度与科技减排国家行动方案研究	环境保护部环境规划院、北京师范大学、北京化工大学	蒋洪强	88.00	85.00	87.10	良好	良
32	201209029	不同类型建设工程生态环境影响定量评价技术和方法	中国科学院生态环境研究中心、环境保护部南京环境科学研究所、北京师范大学	陈利顶	87.75	85.00	87.00	良好	良
33	201209055	环保产业发展模式分析及绩效性指标体系设计	中国环境保护产业协会、清华大学、中国人民大学	李宝娟	85.71	90.00	87.00	良好	良
34	201209039	可持续生产和消费促进国家生态文明建设的机制与方案研究	清华大学、中日友好环境保护中心、山东大学	温宗国	86.29	88.00	86.80	良好	良
35	201209054	生态系统管理方式下的环境管理体制研究	中日友好环境保护中心、中国科学院科技政策与管理科学研究所、北京师范大学、中国人民大学、环境保护部环境规划院	殷培红	86.13	88.00	86.64	良好	良
36	201209024	微生物制药菌渣处置和利用过程环境风险控制技术研究	哈尔滨工业大学、黑龙江省危险废物管理中心、华北制药集团环境保护研究所、环境保护部南京环境科学研究所、北京林业大学	刘惠玲	86.29	87.00	86.50	良好	良
37	201209014	再生金属行业重金属污染评价与防控技术研究	中国环境科学研究院、湖南有色金属研究院、清华大学、中国资源综合利用协会、北京矿冶研究总院	李艳萍	86.07	88.00	86.50	良好	良

序号	项目编号	项目名称	项目承担单位	项目负责人	业务评分	财务评分	综合评分	总体评价	项目负责人信用等级
38	201209005	钢铁行业多污染物协同控制技术与管理方案研究	中国科学院过程工程研究所、中国环境科学研究院、北京航空航天大学、上海宝钢工业检测公司	朱廷钰	86.33	86.00	86.22	良好	良
39	201209021	殡葬行业污染控制与环境管理技术体系研究	民政部一零一研究所、中日友好环境保护中心、环境保护部环境保护对外合作中心、哈尔滨工程大学	肖成龙	86.43	85.67	86.20	良好	良
40	201209051	光污染环境监测技术与质量评价体系研究	环境保护部华南环境科学研究所、东北大学	彭晓春	85.25	86.67	85.64	良好	良
41	201209040	中国沿海核电建设场址地震海啸危险性分析	环境保护部核与辐射安全中心、中国地震局地球物理研究所、中国地震局工程力学研究所	潘蓉	85.38	85.00	85.27	良好	良
42	201209044	新疆跨越式发展的生态环境风险防控关键技术研究	环境保护部环境规划院、中国环境科学研究院、新疆环境保护科学研究院、中国科学院新疆生态与地理研究所、新疆建设兵团环境科学研究所	饶胜	85.33	85.00	85.22	良好	良
43	201209019	重点行业二噁英类等多种UP-POPs成因与排放特征研究	中国科学院生态环境研究中心、中日友好环境保护中心、环境保护部华南环境科学研究所	刘文彬	86.00	82.00	85.11	良好	良
44	201209034	干旱沙漠自然保护区生态稳定性评估与社会服务功能研究	兰州大学、宁夏沙坡头国家级自然保护区管理局	王乃昂	85.83	83.67	85.11	良好	良
45	201209006	水泥行业多污染物协同控制技术与管理方案研究	安徽省环境科学研究院、合肥水泥研究设计院、安徽海螺集团有限责任公司	郑志侠	84.67	85.00	84.78	良好	良
46	201209050	烟气连续监测系统全过程质控规范体系研究	中国环境监测总站、湖北省环境监测中心站、上海市环境监测中心	王强	84.43	83.67	84.20	良好	良
47	201209038	基于分区管理的生态文明建设指标体系和绩效评估方法研究	中国生态文明研究与促进会、环境保护部环境规划院、环境保护部华南环境科学研究所、同济大学、中国环境科学研究院、江苏省环境科学研究院、贵州省环境监测中心站	祝光耀	81.75	83.00	82.09	良好	良

序号	项目编号	项目名称	项目承担单位	项目负责人	业务评分	财务评分	综合评分	总体评价	项目负责人信用等级
48	201209018	环境空气中POPs被动采样监测技术开发与示范研究	北京大学、中国科学院广州地球化学研究所、环境保护部华南环境科学研究所、广东省环境监测中心	陶澍	82.20	81.00	81.86	良好	良

注：1．综合评分计算方法：取验收会议全部到场专家打分平均值。

2．总体评价按照综合评分数判定：100≥优秀≥90，90＞良好≥80，80＞一般≥60，良好是基本要求。

3．各项目按照综合评分数由高到低排序。

关于同意开展第五批环境服务业试点的通知

环办科技函〔2016〕1245号

各省、自治区、直辖市环境保护厅（局），新疆生产建设兵团环境保护局，各试点项目执行单位：

为进一步推进环境服务业发展，提升环境服务业水平，促进环保产业发展，根据《环保服务业试点工作管理办法（试行）》（环办函〔2014〕491号，以下简称《管理办法》），我部对河北省环境保护厅等单位推荐上报的第五批环境服务业试点项目进行了审核。经研究，同意“北运河香河段生态综合整治PPP项目”等23个项目作为第五批环境服务业试点项目开展试点工作，期限为2～3年（见附件）。

请试点项目执行单位和推荐单位认真贯彻落实国家有关环境服务业发展要求和《管理办法》规定，在试点项目开展过程中紧密结合当地环境服务实际需求，积极探索创新环境服务业发展新模式和新机制，着重提高环境服务质量和效能，推动环境质量改善。同时，各试点项目执行单位应及时向我部报送试点项目年度进展情况报告和试点总结报告。

附件：试点项目名单

环境保护部办公厅

2016年7月6日

附件

试点项目名单

序号	项目名称	项目内容	项目执行单位	项目推荐单位	期限
1	北运河香河段生态综合整治PPP试点项目	探索非经营性环境治理项目的PPP模式，解决区域环境治理PPP项目运作模式、绩效评估、融资模式、项目监管中遇到的问题	中信国安（香河）环境工程有限公司	河北省环境保护厅	2016—2018年
2	农村环保基础设施第三方托管PPP试点项目	建立常州市新北区农村环保基础设施建设、维修与运营PPP模式，旨在开放农村环保设施建设运营市场，提高投资运行效率，明确政府管理职能，完善环保项目监督机制	常州市新北区环境保护局	江苏省环境保护厅	2016—2018年
3	贵州草海生态保护和综合治理PPP试点项目	开展贵州草海生态保护和综合治理PPP项目，围绕内源治理、截污控源、草海湿地保护和水利建设等四个方面开展工作，建立流域环境综合治理和生态保护的PPP模式	贵州草海国家级自然保护区管理委员会	贵州省环境保护厅	2016—2018年
4	农村生活垃圾处理PPP模式试点项目	在广西南宁等市的农村生活处理领域引入PPP模式，整合政府付费、项目捆绑、资源组合开发等多种回报模式，降低政府环境污染治理成本，建立“村收集-镇转运-就近处理”的新型环卫体系，创新农村生活垃圾处理方式	广西鸿生源环保股份有限公司	广西壮族自治区环境保护厅	2016—2018年
5	宁波新福钛白粉有限公司废酸及酸性废水第三方综合治理试点项目	通过第三方投资、建设、运营的治理模式为宁波新福钛白粉有限公司提供废酸及废水的综合治理服务，为钛白粉行业污染治理提供示范，并推动相关国家标准的制定	宁波新福钛白粉有限公司	浙江省环境保护厅	2015—2017年
6	广西壮族自治区来宾市环境服务业试点项目	开展来宾电厂脱硫、脱硝、除尘等第三方大气污染治理服务，完成河南工业园和高新区供热管网建设，制定大气污染第三方治理及热能集中供应服务标准与定价机制，推动园区企业清洁化改造；推出“互联网+”清洁生产技术创新服务平台，提升区域内综合环境服务能力	广西壮族自治区来宾市人民政府	广西壮族自治区环境保护厅	2016—2018年
7	纺织业污染治理社会化服务（第三方）委托运营试点项目	依托现有嘉兴市王江泾镇丝织科技园区太平污水处理站为纺织业企业提供污染治理第三方运营服务，提升纺织行业排水水质，扩大污水回用范围	杭州友创环境工程技术有限公司	浙江省环境保护厅	2016—2018年
8	新疆石河子开发区化工新材料产业园污水处理第三方服务试点项目	建设石河子开发区化工新材料产业园污水处理及再生回用工程、石河子北工业园区印染污水处理及再生利用工程，提供工业园区污水处理及再生回用水厂EPC项目建设、托管运营与回用水利用、协助工业园区监管排污企业一站式系统化的服务	新疆德蓝股份有限公司	新疆维吾尔自治区环境保护厅	2015—2017年

序号	项目名称	项目内容	项目执行单位	项目推荐单位	期限
9	江苏淮安工业园区环境服务业试点项目	委托第三方建设运行园区电镀废水综合处理设施，以环境PPP模式开展古盐河综合整治与生态公园三期工程建设，探索依据减排量和环境质量改善效果付费的机制	江苏淮安工业园区管理委员会	江苏省环境保护厅	2016—2018年
10	湖南景翌环保工业污染领域第三方治理模式试点项目	构建“园企合作平台”，共建环境服务机制，推出环境服务整体打包服务，总结探索一套可考核的服务标准与收费标准，降低排污企业的环保成本	湖南景翌湘台环保高新技术开发有限公司	湖南省环境保护厅	2015—2017年
11	河北中煤旭阳焦化有限公司污水处理设施第三方运营试点项目	明确委托方和运营方环保责任，细化焦化企业内部管理制度，完善行业废水质量控制体系，建立第三方治理依效付费体系，探索可大规模推广的焦化行业第三方治理与运行服务模式	河北协同环保科技股份有限公司	河北省环境保护厅	2015—2016年
12	重庆建桥工业区A区废水处理第三方治理试点项目	改造重庆建桥园区A区废水处理站，建立工业园区、企业工业废水第三方治理运营管理模式，探索废水处理服务费计价与付费模式，制定第三方治理综合评价标准，构建第三方治理信息平台	重庆建桥园区管委会/重庆清禧环保科技有限公司	重庆市环境保护局	2016—2017年
13	燃煤烟气污染物治理第三方运营服务试点项目	依托漳电大唐塔山发电有限公司脱硫、湿电运维等项目，以环保企业客户反馈、人才发展、技术能力、服务质量保证体系等评价内容为重点，起草编制《燃煤烟气污染物治理第三方运营服务评价企业标准》	北京国能中电节能环保技术股份有限公司	山西省环境保护厅	2016—2018年
14	无锡惠山区玉祁街道农村生活垃圾无害化处理试点项目	建立农村生活垃圾处理的环境合同绩效服务模式，以无害化、分散式处理的服务方式，降低垃圾运输距离，优化垃圾收运、处置成本结构	中信利百川环保科技江苏有限公司	江苏省环境保护厅	2016—2018年
15	浙江浙企投资环保产业基金试点项目	建立浙江浙企环保产业基金，以地区、园区为单位，组织环保企业集群融资，开展环境基础设施等优质资产证券化，试行排污权、收费权、购买服务协议质（抵）押等担保贷款模式	浙江浙企投资管理有限公司	浙江省环境保护厅	2016—2018年
16	环评公共参与网络互动平台试点项目	构建环评公共参与网络互动平台，实现建设单位环评信息全过程公开，建立公众与建设单位在环境问题上的沟通渠道，协助企业完成环评要求的公众参与工作	烟台智达信息科技有限公司	山东省环境保护厅	2016—2017年
17	优蚁-“互联网+”环保综合服务试点项目	构建具备环境服务（环评、监测、咨询、治理等）、环境电商、互联网金融等多种功能的综合性第三方环境服务平台，实现排污企业与环保企业O2O模式创新	广东绿联互联网科技有限公司	广东省环境保护厅	2015—2017年
18	“互联网+恩施州”污染源废水监测及监管信息服务试点项目	构建互联网+污染源监控大数据服务平台，为监管部门提供污染源监管即时服务，为企业提供排污监控设施控制云服务，为公众提供信息公开互动化服务	武汉巨正环保科技有限公司	湖北省环境保护厅	2016—2018年

序号	项目名称	项目内容	项目执行单位	项目推荐单位	期限
19	环保“互联网+回收”环境服务业试点项目	建设“阿拉”环保移动端服务平台、浦东新区电子废弃物智慧社区服务平台，实现线下自助回收与上门回收服务，形成线上投废、线下回收的电子再生资源收集模式	上海金桥再生资源市场经营管理公司	上海市环境保护局	2016—2018 年
20	基于“互联网+”的黄山风景区生态环境监测网络构建试点项目	构建服务于黄山景区管理部门、运营单位和游客三方的生态环境大数据综合应用平台，实现景区生态环境质量实时监测及信息化管理，优化景区综合管理和生态旅游体验	黄山风景区管委会/复凌科技上海有限公司	安徽省环境保护厅	2016—2017 年
21	“互联网+环保服务”（排污监管辅助服务+排污企业环保顾问服务）试点	以物联网、云计算、大数据分析等为技术支撑，建立企业废水排放监控与数据分析平台，实现面向政府排污监管辅助、面向企业提供环保顾问的双向服务功能	广东柯内特监控科技有限公司	广东省环境保护厅	2015—2016 年
22	金循环再生资源电子商务交易结算平台试点项目	建设废旧金属循环利用综合网络平台，实现标准化加工、仓储物流、金融服务等服务线上线下结合	四川金循环电子商务有限公司	四川省环境保护厅	2016—2018 年
23	环境监测全过程质量管理系统平台（省级）试点项目	依托湖南省环境监测站，建立环境监测全过程质量管理系统平台，实现省市县级环境监测站数据的联网、管理和统计，为环境监测垂直管理改革、监测业务流程优化提供技术支撑	水木天地长沙节能科技有限公司	湖南省环境保护厅	2016—2017 年

关于征集 2017 年度国家环境技术管理项目承担单位的通知

环办科技函〔2016〕1291 号

各省、自治区、直辖市环境保护厅（局），新疆生产建设兵团环境保护局，环境保护部各直属单位，各国家环境保护重点实验室和工程技术中心，有关高校和科研院所：

为适应国家环境保护管理工作需要，进一步完善国家环境技术管理体系，根据环境技术管理项目立项计划和中央财政资金管理有关规定，我部决定开展 2017 年度国家环境技术管理项目承担单位征集工作。现将有关事项通知如下：

一、申报要求

（一）申报单位具有与申报项目相关的技术能力，项目参与人员熟悉国家环境保护和污染防治相关技术、政策、法律、法规和标准体系。

（二）申报单位具备独立法人资格、独立银行账户和健全的财务制度。

（三）保证高质量完成项目任务和项目相关材料的编写工作，指南文本和编制说明能达到发布要求。

（四）承担过国家环境技术管理项目工作的单位及拟担任项目负责人的人员，没有出现过在未办理项目变更、调整事宜的情况下，擅自拖延或中止项目，无故不按时完成工作任务的情况。

（五）项目执行期限 1 年，经费预算根据项目任务实事求是申报，同一单位不得有多个团队申报同一项目。

不符合上述规定的申请视为无效申请，不参与评审。

二、承担单位征集和确定方式

项目承担单位采用公开征集、自愿申报、择优选取的方式确定。请项目申报单位对照 2017 年度国家环境技术管理项目申报指南（见附件 1），填写申报表（见附件 2），编写实施方案，并于 2016 年 7 月 19 日前（以收到邮戳日期为准）将申报表的纸质文件（一式三份）和电子文件反馈我部科技标准司。科技标准司将组织申报单位答辩，经专家质询和论证，择优确定项目承担单位（答辩时间初步定于 7 月 20 日，地点另行通知，请提前准备 20～30 分钟汇报演示材料）。

若某项目所有申报单位均不能达到承担该项目的要求，根据专家评审结果，可撤销该项目。

三、申报材料的编制与报送要求

（一）按照环境技术文件制修订工作要求，技术指南编制应充分调研、收集企业污染物的实际排放水平、治理设施实际处理效率等资料，科学确定污染物项目与限值，进行指南实施的环境经济效益分析。在项目申报材料中应详述技术路线、工作内容与资金需求。

（二）按照资金预算管理要求，需细化项目工作经费的使用方案。

（三）申报材料的电子件请发送到联系人电子邮箱，纸质文件请邮寄至指定的联系人。

（四）电子邮件标题和邮寄材料信封请注明“2017 年度国家环境技术管理项目申报”，申报表电子文件名统一为“项目名称-申报单位名称”。

四、联系人及联系方式

联系人：环境保护部科技标准司　周鹏

通信地址：北京市西城区西直门南小街115号
邮政编码：100035
电话：（010）66556217，13911343084
电子邮箱：chan.yechu@mep.gov.cn

附件：1．2017年度国家环境技术管理项目申报指南
2．项目申报表（略）
3．项目技术指南编制实施方案（大纲）（略）

环境保护部办公厅
2016年7月13日

附件1

2017年度国家环境技术管理项目申报指南

根据《国家环境技术管理体系建设规划》（环发〔2007〕150号）和我部当前及“十三五”工作重点部署，按照全面推进、重点突出的原则，我部编制了《2017年度国家环境技术管理项目申报指南》，确定以下研究方向作为2017年度国家环境保护技术项目的重点研究内容：

一、火电厂污染防治技术指南

（一）目标

编制《火电厂污染防治可行技术指南》，聚焦燃煤发电，以烟气治理为重点，兼顾废水、固体废物、噪声等污染物治理，掌握行业污染物排放与控制水平以及控制技术发展现状，结合环境管理战略转型的要求，提出引领该行业未来污染防治技术的发展方向，指出火电厂未来应重点控制的污染物（或污染因子）及其预期性要求，为火电行业执行大气污染物超低排放等更加严格的控制要求及实施排污许可证制度提供支撑。

（二）主要考核指标

1.《火电厂污染防治技术指南》
2.《火电厂污染防治技术指南编制说明》

（三）主要研究内容

1．全面梳理火电厂污染防治技术发展现状

调研火电厂重点企业生产工艺、污染现状、污染防治技术现状，聚焦燃煤发电，全面分析市场现有废气、废水、固体废物、噪声等污染物控制技术在研发、应用等方面存在的问题，总结治理技术发展现状及趋势。

2．研究提出火电厂污染物控制技术发展要求

运用科学统计分析方法对火电厂废气、废水、噪声、固体废物等污染防治技术原理、特点及适应性等进行研究，重点针对大气污染物超低排放、多污染物控制等更加严格的要求，提出引领未来控制技术发展的预期性要求，并指出可行技术的技术要求。

3．研究提出火电厂烟气超低排放可行技术路线

紧密结合排污许可证制度顶层设计，开展典型案例研究，提出清晰、可行的火电厂污染防治全过程控制技术路线，以大气污染控制为重点，研究烟气污染物超低排放可行技术路线的基本原则，提出污染防治可行技术组合，列出其技术特点、适用范围、条件等。

4．配合开展指南宣贯及典型案例筛选工作

配合管理部门开展指南文件宣传、解读及培训工作；进一步根据可行技术及技术组合的应用情况筛选典型案例。

二、造纸行业污染防治技术指南

（一）目标

编制《造纸行业污染防治技术指南》，以污水治理为重点，兼顾废气、固体废物、噪声等污染物治理，系统分析造纸行业污染产生过程、主要的资源能源消耗水平、污染防治技术及进展，提出适应现有技术、经济发展水平、满足现有环境管理要求，而且已在造纸行业得到应用的污染防治工艺和技术，并提出主要技术参数及可达到的污染防治效果，为造纸行业指明污染防治的技术方向和路线，为满足污染排放控制及实施排污许可证制度提供支撑。

（二）主要考核指标

1．《造纸行业污染防治技术指南》

2．《造纸行业污染防治技术指南编制说明》

（三）主要研究内容

1．全面梳理造纸行业污染防治技术发展现状

调研各类型造纸企业的产排污水平、污染防治与管理现状，全面分析该行业在资源能源消耗、污染物控制方面在研发、应用等方面存在的问题，总结污染防治的技术进展及发展趋势，筛选各类型造纸企业的污染防治可行技术。

2．研究提出造纸行业污染物控制技术发展要求

系统分析研究造纸厂废水、废气、固体废物、噪声等污染防治技术原理、特点及适应性，重点针对造纸行业清洁生产、多污染物控制等更加严格的环保要求，提出引领未来控制技术发展的预期性要求，并指出可行技术的技术要求。

3．研究提出造纸行业污染控制技术路线

紧密结合排污许可证制度顶层设计，开展典型案例研究，提出清晰、可行的造纸厂污染防治全过程控制技术路线，以水污染控制为重点，研究多污染物控制技术路线的基本原则，提出污染防治技术组合，并列出其技术特点、适用范围、条件等。

4．配合开展指南宣贯及典型案例筛选工作

配合管理部门开展指南文件宣传、解读及培训工作；进一步根据可行技术及技术组合的应用情况筛选典型案例。

关于公布国家环境保护工程技术中心名单的函

环办科技函〔2016〕2248号

各国家环境保护工程技术中心：

2016年5月，我部印发了《关于发布国家环境保护工程技术中心运行绩效评价结果的通知》（环办科技函〔2016〕906号），公布了国家环境保护工程技术中心绩效评价结果。根据《国家环境保护工程技术中心管理办法》，现将最新国家环境保护工程技术中心名单（见附件）予以公布。

附件：国家环境保护工程技术中心名单

环境保护部办公厅

2016年12月12日

附件

国家环境保护工程技术中心名单

一、通过验收并命名的工程技术中心

序号	工程技术中心名称	依托单位	批准文号	批准时间
1	工业烟气控制工程技术中心	中钢集团天澄环保科技股份有限公司	环发〔2002〕125号	2002年9月3日
2	矿山固体废物处理与处置工程技术中心	中钢集团马鞍山矿山研究院有限公司	环发〔2002〕125号	2002年9月3日
3	工业废水污染控制工程技术（北京）中心	北京市环境保护科学研究院	环发〔2002〕125号	2002年9月3日

序号	工程技术中心名称	依托单位	批准文号	批准时间
4	危险废物处置工程技术（沈阳）中心	沈阳环境科学研究院	环发〔2002〕125 号	2002 年 9 月 3 日
5	制药废水污染控制工程技术中心	河北省环境科学研究院、河北华药环境保护研究所有限公司、河北科技大学	环函〔2004〕370 号	2004 年 10 月 22 日
6	水污染控制工程技术（浙江）中心	浙江省环境保护科学设计研究院	环函〔2004〕370 号	2004 年 10 月 22 日
7	清洁煤炭与矿区生态恢复工程技术中心	中国矿业大学	环函〔2007〕26 号	2007 年 1 月 18 日
8	有色金属工业污染控制工程技术中心	中南大学、湖南省环境保护科学研究院	环函〔2009〕38 号	2009 年 2 月 13 日
9	工业资源循环利用工程技术中心	亚太环保股份有限公司、昆明理工大学	环函〔2010〕62 号	2010 年 2 月 10 日
10	膜分离工程技术中心	蓝星环境工程有限公司	环函〔2010〕203 号	2010 年 7 月 13 日
11	电子电镀废水处理与资源化工程技术中心	江西金达莱环保股份有限公司	环函〔2010〕309 号	2010 年 10 月 13 日
12	城市噪声与振动控制工程技术中心	北京市劳动保护科学研究所	环函〔2011〕250 号	2011 年 9 月 8 日
13	有机化工废水处理与资源化工程技术中心	江苏南大环保科技有限公司	环函〔2012〕100 号	2012 年 5 月 2 日
14	道路交通噪声控制工程技术中心	交通运输部公路科学研究院	环函〔2014〕4 号	2014 年 1 月 15 日
15	工业污染源监控工程技术中心	太原罗克佳华工业有限公司	环函〔2015〕4 号	2015 年 1 月 12 日
16	危险废物处置工程技术（天津）中心	国环危险废物处置工程技术（天津）有限公司	环函〔2015〕4 号	2015 年 1 月 12 日
17	污泥处理处置与资源化工程技术中心	北京京城环保股份有限公司	环函〔2015〕25 号	2015 年 2 月 16 日
18	废弃电器电子产品回收信息化与处置工程技术中心	上海金桥（集团）有限公司	环函〔2015〕25 号	2015 年 2 月 16 日
19	危险废物处置工程技术（重庆）中心	中天环保产业（集团）有限公司	环科技函〔2016〕1 号	2016 年 1 月 4 日
20	钢铁工业污染防治工程技术中心	中冶建筑研究总院有限公司	环科技函〔2016〕1 号	2016 年 1 月 4 日
21	纺织工业污染防治工程技术中心	东华大学	环科技函〔2016〕1 号	2016 年 1 月 4 日
22	燃煤大气污染控制工程技术中心	浙江大学	环科技函〔2016〕1 号	2016 年 1 月 4 日
23	膜生物反应器与污水资源化工程技术中心	北京碧水源科技股份有限公司	环科技函〔2016〕299 号	2016 年 11 月 14 日
24	干旱寒冷地区村镇生活污水处理与资源化工程技术中心	辽宁省环境科学研究院	环科技函〔2016〕299 号	2016 年 11 月 14 日
25	监测仪器工程技术中心	聚光科技（杭州）股份有限公司	环科技函〔2016〕299 号	2016 年 11 月 14 日

二、在建工程技术中心

序号	工程技术中心名称	依托单位	批准文号	批准时间
1	技术管理与评估工程技术中心	清华大学	环函〔2010〕229号	2010年7月27日
2	垃圾焚烧处理与资源化工程技术中心	重庆三峰环境产业集团有限公司	环函〔2011〕41号	2011年3月2日
3	燃煤工业锅炉节能与污染控制工程技术中心	山西蓝天环保设备有限公司	环函〔2011〕324号	2011年11月28日
4	特种膜工程技术中心	江苏金山环保科技有限公司	环函〔2012〕96号	2012年4月26日
5	城市土壤污染控制与修复工程技术中心	上海市环境科学研究院	环函〔2013〕39号	2013年3月12日
6	工业炉窑烟气脱硝工程技术中心	江苏科行环保科技有限公司	环函〔2013〕73号	2013年4月19日
7	畜禽养殖污染防治工程技术中心	青岛天人环境股份有限公司	环函〔2013〕73号	2013年4月19日
8	工业污染场地及地下水修复工程技术中心	中国节能环保集团公司	环函〔2013〕192号	2013年8月23日
9	汞污染防治工程技术中心	中国科学院北京综合研究中心	环函〔2014〕36号	2014年2月25日
10	物联网技术研究应用（无锡）工程技术中心	无锡高科物联网科技发展有限公司	环函〔2014〕130号	2014年7月4日
11	工业副产石膏资源化利用工程技术中心	江苏一夫科技股份有限公司	环函〔2014〕231号	2014年10月23日
12	创面生态修复工程技术中心	路域生态工程有限公司	环函〔2014〕231号	2014年10月23日
13	石油化工和煤化工废水处理与资源化工程技术中心	新疆德蓝股份有限公司	环函〔2015〕12号	2015年1月26日
14	乡镇生活垃圾处理处置工程技术中心	湖南现代环境科技有限公司	环函〔2015〕87号	2015年4月21日
15	铅酸蓄电池生产和回收再生污染防治工程技术中心	超威电源有限公司	环函〔2015〕87号	2015年4月21日
16	石油石化行业挥发性有机物污染控制工程技术中心	海湾环境科技（北京）股份有限公司	环函〔2015〕177号	2015年7月24日
17	电力工业烟尘治理工程技术中心	福建龙净环保股份有限公司	环科技函〔2016〕118号	2016年6月2日

十二、水环境管理

关于印发《排污许可证管理暂行规定》的通知

环水体〔2016〕186号

各省、自治区、直辖市环境保护厅（局），新疆生产建设兵团环境保护局：

为贯彻落实《控制污染物排放许可制实施方案》（国办发〔2016〕81号），规范排污许可证申请、审核、发放、管理等程序，我部组织编制了《排污许可证管理暂行规定》。现印发给你们，请遵照执行。各地可根据《排污许可证管理暂行规定》，进一步细化管理程序和要求，制定本地实施细则。

特此通知。

附件：排污许可证管理暂行规定

环境保护部

2016年12月23日

附件

排污许可证管理暂行规定

第一章　总　则

第一条　为规范排污许可证管理，根据《中华人民共和国环境保护法》《中华人民共和国水污染防治法》《中华人民共和国大气污染防治法》《中华人民共和国行政许可法》等法律规定和《国务院办公厅关于印发控制污染物排放许可制实施方案的通知》（国办发〔2016〕81号），制定本规定。

第二条　排污许可证的申请、核发、实施、监管等行为，适用本规定。

第三条 本规定所称排污许可，是指环境保护主管部门依排污单位的申请和承诺，通过发放排污许可证法律文书形式，依法依规规范和限制排污单位排污行为并明确环境管理要求，依据排污许可证对排污单位实施监管执法的环境管理制度。

本规定所称排污单位特指纳入排污许可分类管理名录的企业事业单位和其他生产经营者。

第四条 下列排污单位应当实行排污许可管理：

（一）排放工业废气或者排放国家规定的有毒有害大气污染物的企业事业单位。

（二）集中供热设施的燃煤热源生产运营单位。

（三）直接或间接向水体排放工业废水和医疗污水的企业事业单位。

（四）城镇或工业污水集中处理设施的运营单位。

（五）依法应当实行排污许可管理的其他排污单位。

环境保护部按行业制定并公布排污许可分类管理名录，分批分步骤推进排污许可证管理。排污单位应当在名录规定的时限内持证排污，禁止无证排污或不按证排污。

第五条 环境保护部根据污染物产生量、排放量和环境危害程度的不同，在排污许可分类管理名录中规定对不同行业或同一行业的不同类型排污单位实行排污许可差异化管理。对污染物产生量和排放量较小、环境危害程度较低的排污单位实行排污许可简化管理，简化管理的内容包括申请材料、信息公开、自行监测、台账记录、执行报告的具体要求。

第六条 对排污单位排放水污染物、大气污染物的各类排污行为实行综合许可管理。排污单位申请并领取一个排污许可证，同一法人单位或其他组织所有，位于不同地点的排污单位，应当分别申请和领取排污许可证；不同法人单位或其他组织所有的排污单位，应当分别申请和领取排污许可证。

第七条 环境保护部负责全国排污许可制度的统一监督管理，制定相关政策、标准、规范，指导地方实施排污许可制度。

省、自治区、直辖市环境保护主管部门负责本行政区域排污许可制度的组织实施和监督。县级环境保护主管部门负责实施简化管理的排污许可证核发工作，其余的排污许可证原则上由地（市）级环境保护主管部门负责核发。地方性法规另有规定的从其规定。

按照国家有关规定，县级环境保护主管部门被调整为市级环境保护主管部门派出分局的，由市级环境保护主管部门组织所属派出分局实施排污许可证核发管理。

第八条 环境保护部负责建设、运行、维护、管理国家排污许可证管理信息平台，各地现有的排污许可证管理信息平台应实现数据的逐步接入。环境保护部在统一社会信用代码基础上，通过国家排污许可证管理信息平台对全国的排污许可证实行统一编码。排污许可证申请、受理、审核、发放、变更、延续、注销、撤销、遗失补办应当在国家排污许可证管理信息平台上进行。排污许可证的执行、监管执法、社会监督等信息应当在国家排污许可证管理信息平台上记录。

第二章 排污许可证内容

第九条 排污许可证由正本和副本构成，正本载明基本信息，副本载明基本信息、许可事项、管理要求等信息。

第十条 下列许可事项应当在排污许可证副本中载明：

（一）排污口位置和数量、排放方式、排放去向等。

（二）排放污染物种类、许可排放浓度、许可排放量。

（三）法律法规规定的其他许可事项。

对实行排污许可简化管理的排污单位，许可事项可只包括（一）以及（二）中的排放污染物种类、许可排放浓度。

核发机关根据污染物排放标准、总量控制指标、环境影响评价文件及批复要求等，依法合理确定排放污染物种类、浓度及排放量。

对新改扩建项目的排污单位，环境保护主管部门对上述内容进行许可时应当将环境影响评价文件及批复的相关要求作为重要依据。

排污单位承诺执行更加严格的排放浓度和排放量并为此享受国家或地方优惠政策的，应当将更加严格的排放浓度和排放量在副本中载明。

地方人民政府制定的环境质量限期达标规划、重污染天气应对措施中，对排污单位污染物排放有特别要求的，应当在排污许可证副本中载明。

第十一条　下列环境管理要求应当在排污许可证副本中载明：

（一）污染防治设施运行、维护，无组织排放控制等环境保护措施要求。

（二）自行监测方案、台账记录、执行报告等要求。

（三）排污单位自行监测、执行报告等信息公开要求。

（四）法律法规规定的其他事项。

对实行排污许可简化管理的可作适当简化。

第十二条　排污许可证正本和副本应载明排污单位名称、注册地址、法定代表人或者实际负责人、生产经营场所地址、行业类别、组织机构代码、统一社会信用代码等排污单位基本信息，以及排污许可证有效期限、发证机关、发证日期、证书编号和二维码等信息。

排污许可证副本还应载明主要生产装置、主要产品及产能、主要原辅材料、产排污环节、污染防治设施、排污权有偿使用和交易等信息。对实行排污许可简化管理的可作适当简化。

各地可根据管理需求在排污许可证副本载明其他信息。

第三章　申请与核发

第十三条　省级环境保护主管部门可以根据环境保护部确定的期限等要求，确定本行政区域具体的申请时限、核发机关、申请程序等相关事项，并向社会公告。

第十四条　现有排污单位应当在规定的期限内向具有排污许可证核发权限的核发机关申请领取排污许可证。

新建项目的排污单位应当在投入生产或使用并产生实际排污行为之前申请领取排污许可证。

第十五条　环境保护部制定排污许可证申请与核发技术规范，排污单位依法按照排污许可证申请与核发技术规范提交排污许可申请，申报排放污染物种类、排放浓度等，测算并申报污染物排放量。

第十六条　排污单位在申请排污许可证前，应当将主要申请内容，包括排污单位基本信息、拟申请的许可事项、产排污环节、污染防治设施，通过国家排污许可证管理信息平台或者其他规定途径等便于公众知晓的方式向社会公开。公开时间不得少于5日。对实行排污许可简化管理的排污单位，可不进行申请前信息公开。

第十七条 排污单位应当在国家排污许可证管理信息平台上填报并提交排污许可证申请，同时向有核发权限的环境保护主管部门提交通过平台印制的书面申请材料。排污单位对申请材料的真实性、合法性、完整性负法律责任。申请材料应当包括：

（一）排污许可证申请表，主要内容包括：排污单位基本信息，主要生产装置，废气、废水等产排污环节和污染防治设施，申请的排污口位置和数量、排放方式、排放去向、排放污染物种类、排放浓度和排放量、执行的排放标准。排污许可证申请表格式见附件。

（二）有排污单位法定代表人或者实际负责人签字或盖章的承诺书。主要承诺内容包括：对申请材料真实性、合法性、完整性负法律责任；按排污许可证的要求控制污染物排放；按照相关标准规范开展自行监测、台账记录；按时提交执行报告并及时公开相关信息等。

（三）排污单位按照有关要求进行排污口和监测孔规范化设置的情况说明。

（四）建设项目环境影响评价批复文号，或按照《国务院办公厅关于加强环境监管执法的通知》（国办发〔2014〕56号）要求，经地方政府依法处理、整顿规范并符合要求的相关证明材料。

（五）城镇污水集中处理设施还应提供纳污范围、纳污企业名单、管网布置、最终排放去向等材料。

（六）法律法规规定的其他材料。

对实行排污许可简化管理的排污单位，上述材料可适当简化。

第十八条 核发机关收到排污单位提交的申请材料后，对材料的完整性、规范性进行审查，按照下列情形分别做出处理：

（一）依本规定不需要取得排污许可证的，应当即时告知排污单位不需要办理。

（二）不属于本行政机关职权范围的，应当即时做出不予受理的决定，并告知排污单位有核发权限的机关。

（三）申请材料不齐全的，应当当场或在五日内出具一次性告知单，告知排污单位需要补充的全部材料。逾期不告知的，自收到申请材料之日起即为受理。

（四）申请材料不符合规定的，应当当场或在五日内出具一次性告知单，告知排污单位需要改正的全部内容。可以当场改正的，应当允许排污单位当场改正。逾期不告知的，自收到申请材料之日起即为受理。

（五）属于本行政机关职权范围，申请材料齐全、符合规定，或者排污单位按要求提交全部补正申请材料的，应当受理。

核发机关应当在国家排污许可证管理信息平台上做出受理或者不予受理排污许可申请的决定，同时向排污单位出具加盖本行政机关专用印章和注明日期的受理单或不予受理告知单。

第十九条 核发机关根据排污单位申请材料和承诺，对满足下列条件的排污单位核发排污许可证，对申请材料中存在疑问的，可开展现场核查。

（一）不属于国家或地方政府明确规定予以淘汰或取缔的。

（二）不位于饮用水水源保护区等法律法规明确规定禁止建设区域内。

（三）有符合国家或地方要求的污染防治设施或污染物处理能力。

（四）申请的排放浓度符合国家或地方规定的相关标准和要求，排放量符合排污许可证申请与核发技术规范的要求。

（五）申请表中填写的自行监测方案、执行报告上报频次、信息公开方案符合相关技术规范要求。

（六）对新改扩建项目的排污单位，还应满足环境影响评价文件及其批复的相关要求，如果是通过污染物排放等量或减量替代削减获得总量指标的，还应审核被替代削减的排污单位排污许可证变更情况。

（七）排污口设置符合国家或地方的要求。

（八）法律法规规定的其他要求。

核发机关根据审核结果，自受理申请之日起二十日内做出是否准予许可的决定。二十日内不能做出决定的，经本行政机关负责人批准，可以延长十日，并将延长期限理由告知排污单位。依法需要听证、检验、检测和专家评审的，所需时间不计算在本规定的期限内。行政机关应当将所需时间书面告知申请人。

核发机关做出准予许可决定的，须向国家排污许可管理信息平台提交审核结果材料并申请获取全国统一的排污许可证编码。

核发机关应自做出许可决定起十日内，向排污单位发放加盖本行政机关印章的排污许可证，并在国家排污许可证管理信息平台上进行公告；做出不予许可决定的，核发机关应当出具不予许可书面决定书，书面告知排污单位不予许可的理由以及享有依法申请行政复议或提请行政诉讼的权利，并在国家排污许可证管理信息平台上进行公告。

第二十条　在排污许可证有效期内，下列事项发生变化的，排污单位应当在规定时间内向原核发机关提出变更排污许可证的申请。

（一）排污单位名称、注册地址、法定代表人或者实际负责人等正本中载明的基本信息发生变更之日起二十日内。

（二）第十条中许可事项发生变更之日前二十日内。

（三）排污单位在原场址内实施新改扩建项目应当开展环境影响评价的，在通过环境影响评价审批或者备案后，产生实际排污行为之前二十日内。

（四）国家或地方实施新污染物排放标准的，核发机关应主动通知排污单位进行变更，排污单位在接到通知后二十日内申请变更。

（五）政府相关文件或与其他企业达成协议，进行区域替代实现减量排放的，应在文件或协议规定时限内提出变更申请。

（六）需要进行变更的其他情形。

第二十一条　申请变更排污许可证的，应当提交下列申请材料：

（一）排污许可证申请表。

（二）排污许可证正本、副本复印件。

（三）与变更排污许可事项有关的其他材料。

排污单位应当书面承诺对变更申请材料的真实性、合法性、完整性负法律责任以及严格执行变更后排污许可证的规定。

第二十二条　核发机关应当对变更申请材料进行审查。同意变更的，在副本中载明变更内容并加盖本行政机关印章，发证日期和有效期与原证书一致。

发生第二十条第一项变更的，核发机关应当自受理变更申请之日起十日内做出变更决定，并换发排污许可证正本。发生其他变更的，核发机关应当自受理变更申请之日起二十日内做出变更许可决定。

第二十三条 排污许可证有效期届满后需要继续排放污染物的，排污单位应当在有效期届满前三十日向原核发机关提出延续申请。

第二十四条 申请延续排污许可证的，应当提交下列材料：

（一）排污许可证申请表。

（二）排污许可证正本、副本复印件。

（三）与延续排污许可事项有关的其他材料。

第二十五条 核发机关应当对延续申请材料进行审查。同意延续的，应当自受理延续申请之日起二十日内做出延续许可决定，向排污单位发放加盖本行政机关印章的排污许可证，并在国家排污许可证管理信息平台上进行公告，同时收回原排污许可证正本、副本。

第二十六条 有下列情形之一的，排污许可证核发机关或其上级机关，可以撤销排污许可决定并及时在国家排污许可证管理信息平台上进行公告。

（一）超越法定职权核发排污许可证的。

（二）违反法定程序核发排污许可证的。

（三）核发机关工作人员滥用职权、玩忽职守核发排污许可证的。

（四）对不具备申请资格或者不符合法定条件的申请人准予行政许可的。

（五）排污单位以欺骗、贿赂等不正当手段取得排污许可证的。

（六）依法可以撤销排污许可决定的其他情形。

第二十七条 有下列情形之一的，核发机关应当依法办理排污许可证的注销手续并及时在国家排污许可证管理信息平台上进行公告。

（一）排污许可证有效期届满，未延续的。

（二）排污单位被依法终止不再排放污染物的。

（三）法律规定应当注销的其他情形。

第二十八条 排污许可证发生遗失、损毁的，排污单位应当在三十日内向原核发机关申请补领排污许可证，遗失排污许可证的还应同时提交遗失声明，损毁排污许可证的还应同时交回被损毁的许可证。核发机关应当在收到补领申请后十日内补发排污许可证，并及时在国家排污许可证管理信息平台上进行公告。

第二十九条 排污许可证自发证之日起生效。按本规定首次发放的排污许可证有效期为三年，延续换发排污许可证有效期为五年。

第三十条 禁止涂改、伪造排污许可证。禁止以出租、出借、买卖或其他方式转让排污许可证。排污单位应当在生产经营场所内方便公众监督的位置悬挂排污许可证正本。

第三十一条 环境保护主管部门实施排污许可不得收取费用。

第四章 实施与监管

第三十二条 排污单位应当严格执行排污许可证的规定，遵守下列要求：

（一）排污口位置和数量、排放方式、排放去向、排放污染物种类、排放浓度和排放量、执行的排放标准等符合排污许可证的规定，不得私设暗管或以其他方式逃避监管。

（二）落实重污染天气应急管控措施、遵守法律规定的最新环境保护要求等。

（三）按排污许可证规定的监测点位、监测因子、监测频次和相关监测技术规范开展自行监测并公开。

（四）按规范进行台账记录，主要内容包括生产信息、燃料、原辅材料使用情况、污染防治设施运行记录、监测数据等。

（五）按排污许可证规定，定期在国家排污许可证管理信息平台填报信息，编制排污许可证执行报告，及时报送有核发权的环境保护主管部门并公开，执行报告主要内容包括生产信息、污染防治设施运行情况、污染物按证排放情况等。

（六）法律法规规定的其他义务。

第三十三条　环境保护主管部门应依据排污许可证对排污单位排放污染物行为进行监管执法，检查许可事项的落实情况，审核排污单位台账记录和许可证执行报告，检查污染防治设施运行、自行监测、信息公开等排污许可证管理要求的执行情况。

对投诉举报多、有严重违法违规记录等情况的排污单位，要提高抽查比例；对实行排污许可简化管理的排污单位以及环保诚信度高、无违法违规记录的排污单位，可减少检查频次。

在国家排污许可证管理信息平台上公布监督检查情况，对检查中发现违反排污许可证行为的，应记入企业信用信息公示系统。

环境保护主管部门可通过政府购买服务的方式，委托第三方机构对排污单位的台账记录和执行报告进行审核，提出审核意见，作为环境保护主管部门监督检查的依据。

第三十四条　上级环境保护主管部门可采取随机抽查的方式对具有核发权限的下级环境保护管理部门的排污许可证核发情况进行监督检查和指导。

对违规发放的排污许可证，上级环境保护主管部门可根据本规定撤销许可，并责令改正；对于下级环境保护主管部门违反规定发放排污许可证，情节特别严重的，由上级环境保护主管部门撤销违规发放的排污许可证并责令整改，对直接负责核发的主管人员和其他直接责任人员依法给予行政处分。

第三十五条　鼓励社会公众、新闻媒体等对排污单位的排污行为进行监督。排污单位应及时公开信息，畅通与公众沟通的渠道，自觉接受公众监督。公民、法人和其他组织发现违反本规定行为的，有权向环境保护主管部门举报。接受举报的环境保护主管部门应当依法调查处理，并按有关规定对调查结果予以反馈，同时为举报人保密。

第三十六条　除涉及国家机密或商业秘密之外，排污单位应当按本规定第十一条第（三）项规定，及时在国家排污许可证管理信息平台上公开相关信息；环境保护主管部门应当在国家排污许可管理信息平台公开排污许可监督管理和执法信息。

国家排污许可证管理信息平台应当公布排污许可的管理服务指南和相关配套文件。管理服务指南应当列明排污许可证办理流程、办理时限、所需的申请材料、受理方式、审核要求等内容。

第五章　附　则

第三十七条　在本规定实施前依据地方性法规核发的排污许可证仍然有效。原核发机关应当在国家排污许可证管理信息平台填报数据，获取排污许可证编码。

对于其他仍在有效期内的排污许可证，持证排污单位应按照《国务院办公厅关于印发控制污染物排放许可制实施方案的通知》（国办发〔2016〕81 号）和本规定，向具有核发权限的机关申请核发排污许可证。

附：1．承诺书（样本）（略）
2．排污许可证申请表（试行）（略）
3．排污许可证（样本）（略）

关于开展火电、造纸行业和京津冀试点城市高架源排污许可证管理工作的通知

环水体〔2016〕189 号

各省、自治区、直辖市环境保护厅（局），新疆生产建设兵团环境保护局：

根据《控制污染物排放许可制实施方案》（国办发〔2016〕81 号）的要求，各地应立即启动火电、造纸行业排污许可证管理工作。同时，为推动京津冀地区大气污染防治工作，我部决定京津冀部分城市试点开展高架源排污许可证管理工作。现将有关事项通知如下：

一、工作目标

2017 年 6 月 30 日前，完成火电、造纸行业企业排污许可证申请与核发工作，依证开展环境监管执法；京津冀重点区域大气污染传输通道上 1+2 重点城市（北京市、保定市、廊坊市）完成钢铁、水泥高架源排污许可证申请与核发试点工作。从 2017 年 7 月 1 日起，现有相关企业必须持证排污，并按规定建立自行监测、信息公开、记录台账及定期报告制度。

二、发证范围

火电行业排污许可证发放范围为执行《火电厂大气污染物排放标准》（GB 13223）的火电机组所在企业，以及有自备电厂的企业，其中自备电厂所在企业仅包括执行 GB 13223 标准的设施（蒸汽仅用于供热且不发电的锅炉除外）。造纸行业排污许可证发放范围为所有制浆企业、造纸企业、浆纸联合企业，以及列入 2015 年环境统计口径范围内的纸制品企业（其他应当纳入排污许可管理的纸制品企业排污许可证核发工作最迟于 2020 年前完成）。钢铁、水泥行业排污许可证发放范围为试点城市内含有炼焦、烧结、球团、炼铁、炼钢、轧钢等两项及以上工序的钢铁联合企业，含熟料生产工艺的水泥制造企业和独立粉磨站企业。独立粉磨站企业可以简化排污许可证内容和相应的自行监测、台账管理要求等。

三、工作任务

（一）做好实施准备

省级环保部门负责行政区域内排污许可证核发与管理的组织实施，可以根据环境保护部确定的期限等要求，确定本行政区域具体的申请时限、核发机关、申请程序等相关事项，向社会公告并报我部备案；组织指导地级、县级环保部门开展行业排污许可证核发。有核发权的地方环保部门要尽快开展企业调查摸底，明确排污许可证核发目标任务和实施计划。各地要依托全国排污许可证管理信息平台开展排污许可证的核发与管理工作，地方环保部门已有的排污许可证管理信息平台应当按照国家统一规范，做好数据对接。

（二）指导企业申报

有核发权的环保部门，要按照《排污许可证管理暂行规定》和行业排污许可证申请与核发技术规范（见附件 1 和附件 2，以下简称技术规范），指导企业确定和计算申请排放污染物种类、浓度和排放量等许可事项，制定自行监测等方案，按规定开展申请前信息公开并提交《排污许可证申领信息公开情况说明表（试行）》（见附件 3），在全国排污许可证管理信息平台（公众端网址：http://permit.mep.gov.cn）上填报《排污许可证申请表（试行）》，签署《承诺书》并在规定期限内到核发机关申请排污许可证。

在指导企业申报过程中，要把握如下要求。一是对于大气污染物，要以生产设施或排放口为单位申请许可排放限值；对于水污染物，要按照排放口申请许可排放限值。二是企业可根据《固定污染源（水、大气）编码规则（试行）》（见附件 4，以下简称编码规则）填报相关设施，也可采用企业内部现有设施编码进行填报。全国排污许可证管理信息平台将按照编码规则对企业主要生产设施、治理设施、排放口进行统一编码并与企业填报的内部现有设施编码建立对应关系，各级环保部门应当使用固定污染源统一编码进行管理。三是对本行业技术规范未作规定、国家和地方排放标准有明确要求的，要按照相关标准填报。四是地方环保部门可根据改善环境质量的要求，依据地方法律法规及标准规范，增加对污染物排放的管理要求并在排污许可证中载明，包括地方依法、依规制定的限期达标规划、重污染天气应急预案，以及为落实《京津冀大气污染防治强化措施（2016—2017 年）》制定的冬防措施等文件中的污染排放控制相关要求等内容。

（三）规范审查核发

有核发权的环保部门，要按规定在全国排污许可证管理信息平台（管理端网址：http://10.102.33.30：8080/permit/login.jsp）上，审核企业申请材料的合规性和完整性。按照《排污许可证管理暂行规定》的程序和排污许可证样本，核发全国统一编码的排污许可证。2015 年 1 月 1 日前建成投产的项目，要按照现有污染源管理，其余项目按照新增污染源管理。

（四）集成管理要求

对已核发排污许可证的企业，各级环保部门要将对企业废水、废气排放环境监督管理要求集成到对排污许可证执行情况的统一监管上。新增污染源环评文件及批复文件中与污染物排放相关的内容须纳入排污许可证，排污许可证执行情况是环境影响后评价中污染排放相关内容的重要依据。在实施污染物排放总量控制时，排污许可证规定的许可排放量即为企业的污染物排放总量控制指标，总量核算应当采用排污许可证执行过程中的实际排放量。经核定的企业排污许可证实际排放量是环保部门征收排污费及企业报送环境统计数据的唯一依据。污染排放数据核算方法与排污许可证规定不一致的，应当及时废止。

（五）强化环境监管

地方各级环保部门应当根据行政区域内火电、造纸企业分布情况，制定监管计划，尽早开展排污许可证执行情况监督检查，重点检查公众投诉多的企业；2017 年下半年应当对火电、造纸企业无证排污行为集中开展监管执法。要督促企业按照排污许可证要求运行维护污染治理设施、开展自行监测、做好台账记录，按期上报排污许可证执行情况，确保按证排污。环保部门应当公开检查结果、执法监测结果、处罚结论等监管信息，鼓励社会公众、媒体等参与监督。

四、保障措施

（一）严格落实责任

各级环保部门要按照《控制污染物排放许可制实施方案》及相关规定以及本通知的要求，落实各级责任，确保各项工作有序推进。对企业按期申报，环保部门未能按期完成排污许可证核发工作的，应当加大督办力度。从 2017 年下半年起，各地火电、造纸行业排污许可证管理工作情况将纳入中央环保督察范围。

（二）加强培训宣传

我部组织开展国家层面的培训，培训对象包括省级、地（市）级及县级环保部门、各环保督查中心、大型火电、造纸、钢铁、水泥企业及其他相关企业。各地要尽快组织开展行政区域内相关部门和企业的培训，通过多种渠道向企业、公众宣传排污许可证实施要求。

（三）及时报送信息

省级环保部门应当于 2016 年 12 月底前，将行政区域内火电、造纸行业排污许可证实施工作准备情况报送我部。我部将自 2017 年 1 月起，每月公布各省（区、市）火电、造纸行业排污许可证申请与核发情况。

附件：1．火电行业排污许可证申请与核发技术规范（略）
2．造纸行业排污许可证申请与核发技术规范（略）
3．排污许可证申领信息公开情况说明表（试行）（略）
4．固定污染源（水、大气）编码规则（试行）

环境保护部
2016年12月27日

附件4

固定污染源（水、大气）编码规则
（试行）

一、适用范围

本规范规定了固定污染源排污许可管理的排污许可证、生产设施、治理设施、排放口的编码规则。

本规范适用于与排污许可有关的固定污染源管理的信息处理与信息交换。其他固定污染源管理也可参照使用。

二、赋予代码的对象

本规范赋予代码的对象包括：排污许可制下固定污染源及其定义范畴的生产设施、污染治理设施、排放口等。

三、编码原则

（一）唯一性

保证赋码对象的唯一性，一个代码唯一标识一个赋码对象。

（二）稳定性

统一代码一经赋予，在其主体存续期间，主体信息即使发生任何变化，统一代码均保持不变。

（三）兼容性

与现有国家相关编码标准、现行各业务数据库中使用的编码规则等相衔接，体现环境管理工作的标准性、科学性和延续性。

四、排污许可编码

根据排污许可编码原则，建立排污许可编码体系框架，如图 1 所示。

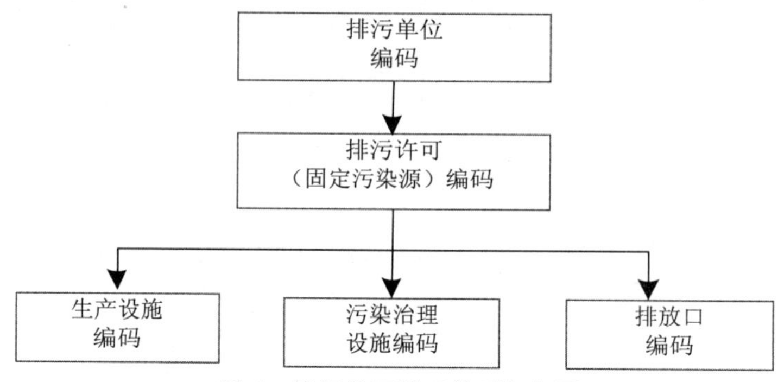

图 1 排污许可编码体系框架图

固定污染源排污许可编码体系由固定污染源编码、生产设施编码、污染治理设施编码、排放口编码共同组成。固定污染源编码与生产设施编码一起构成该生产设施全国唯一编码，固定污染源与污染治理设施编码一起构成该治理设施的全国唯一编码，固定污染源与排放口编码一起构成该排污口的全国唯一编码。

（一）固定污染源编码

固定污染源编码分为主码和副码。

固定污染源主码，也称为排污许可证代码，主要起到唯一标识该排污许可证唯一责任单位的作用。排污许可证代码由三部分组成，如图 2 所示。

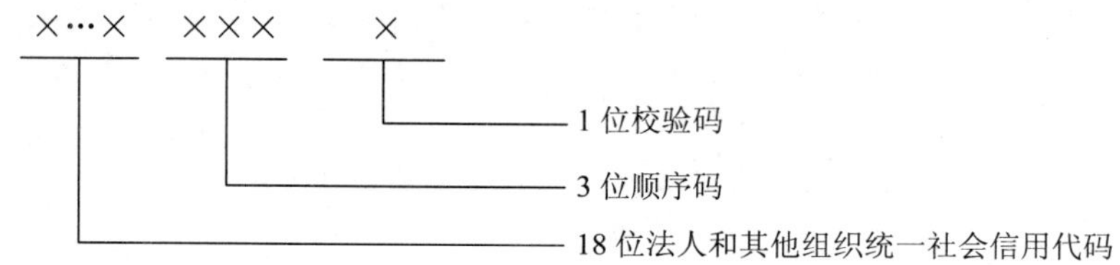

图 2 排污许可证代码结构图

第一部分（第 1～18 位）：排污单位统一社会信用代码，参照《法人和其他组织统一社会信用代码编码规则》（GB 32100）。若排污单位既无统一社会信用代码也无组织机构代码，使用“H9”、许可证核发机关行政区划码（6 位阿拉伯数字）、“0000”、同一许可证核发机关行政区划码内统一的顺序码（5 位阿拉伯数字）以及 1 位英文字母码（a～z，除 o 与 i 之外的 24 个小写英文字母）共 18 位表示。若排污单位无统一社会信用代码但有组织机构代码，使用“H9”、许可证核发机关行政区划码（6 位阿拉伯数字）、9 位组织机构代码以及 1 位英文字母码（a～z，除 o 与 i 之外的 24 个小写英文字母）共 18 位表示。其中，许可证核发机关行政区划码参照《中华人民共和国行政区划代码》（GB/T 2260）。

第二部分（第 19～21 位）：同一个统一社会信用代码单位的不同固定污染源的顺序号，

使用 3 位阿拉伯数字表示，满足赋码唯一性。

第三部分（第 22 位）：校验码，使用 1 位阿拉伯数字或字母表示。

固定污染源副码，也称为排污许可证副码，主要用于区分同一个排污许可证代码下污染源所属行业，当一个固定污染源包含两个及以上行业类别时，副码也对应为多个。排污许可证副码用 4 位行业类别代码标识，结构图如图 3 所示。

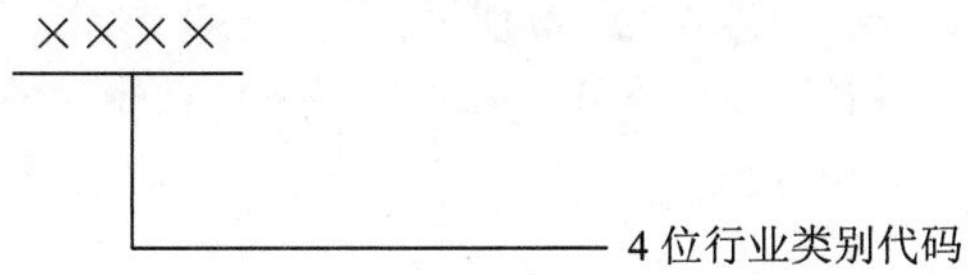

图 3 排污许可证副码结构图

第一部分（第 1～4 位）：行业类别代码，由 4 位数字组成，参照《排污许可分类管理名录》中行业类别代码，名录中没有的，参照《国民经济行业分类》（GB/T 4754）中行业类别代码。

（二）生产设施编码

生产设施代码组成如图 4 所示，代码总体上由生产设施标识码和流水顺序码 2 部分共 6 位字母和数字混合组成。

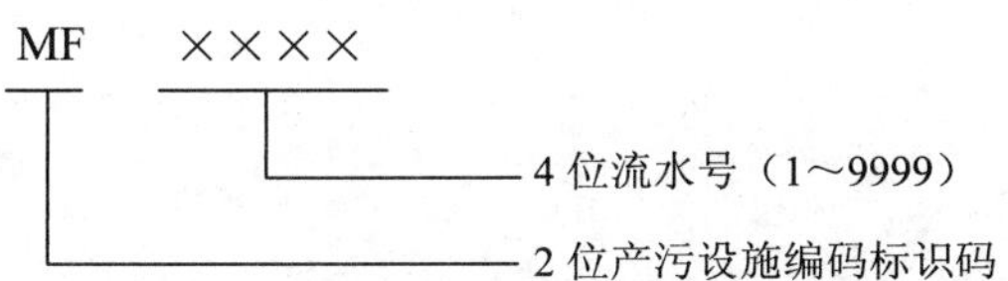

图 4 生产设备/设施代码结构图

第一部分（第 1～2 位）：生产设备/设施的编码标识，使用 2 位字母 MF（英文 manufacture facility 的首位字母）表示。

第二部分（第 3～6 位）：全单位统一的生产设备/设施流水顺序码，使用 4 位阿拉伯数字。

使用时固定污染源代码与生产设施代码一起构成该生产设施的全国唯一代码。

（三）治理设施编码

治理设施代码组成如图 5 所示，代码由标识码、环境要素标识符和流水顺序码 3 个部分共 5 位字母和数字混合组成。

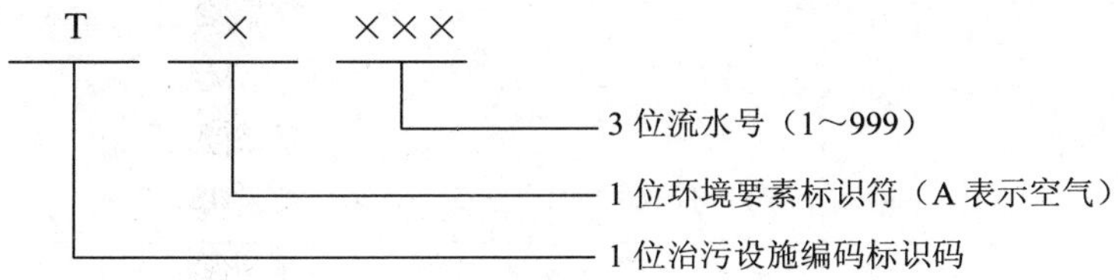

图 5 治理设施代码结构图

第一部分（第 1 位）：治理设施的编码标识，使用 1 位字母 T（英文 treatment 治污的首位字母）。

第二部分（第 2 位）：环境要素标识符，使用 1 位英文字母（英文 Air 首位字母 A 表示空气，英文 Water 首位字母 W 表示水，英文 Noise 首位字母 N 表示噪声，英文 SolidWaste 首位字母 S 表示固体废物）表示。

第三部分（第 3～5 位）：全单位统一的治理设施流水顺序码，使用 3 位阿拉伯数字。

使用时固定污染源代码与治理设施代码一起构成该治理设施全国唯一代码。

（四）排放口编码

排放口代码组成如图 6 所示，代码由标识码、排放口类别代码和流水顺序码 3 个部分共 5 位字母和数字混合组成。

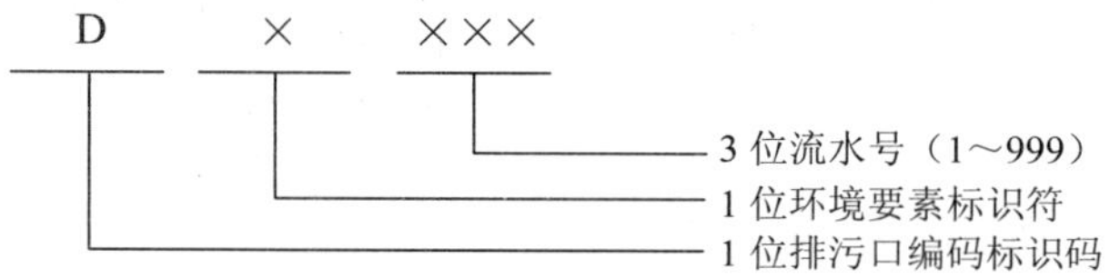

图 6　排污口代码结构图

第一部分（第 1 位）：排污口的编码标识，使用 1 位英文字母 D（Discharge outlet 排污）表示。

第二部分（第 2 位）：环境要素标识符，使用 1 位英文字母（A 表示空气，W 表示水）表示。

第三部分（第 3～5 位）：全单位统一的排污口流水顺序码，使用 3 位阿拉伯数字。

使用时固定污染源代码与排放口代码一起构成该排放口全国唯一代码。

附录 A

（资料性附录）

排污许可代码示例

假设某钢铁联合有限责任公司统一社会信用代码为 911302307808371268，根据《国民经济行业分类》、《排污许可分类管理名录》，该企业可能包含炼铁（含烧结、球团）3110、炼钢 3120、自备火力发电 4411、炼焦 2520，则其排污许可证代码为 911302307808371268001P，排污许可证副码为多个，分别为 3110、3120、4411、2520，如附图 1、附图 2 所示。

附图 1　排污许可证代码：911302307808371268001P

1～18	19	20	21	22
911302307808371268	0	0	1	P
排位单位统一社会信用代码	排污单位统一的顺序码			校验码

附图 2　排污许可证副码分别为：3110、3120、4411、2520

1	2	3	4
3	1	1	0
行业类别代码			
炼铁（含烧结、球团）			

1	2	3	4
3	1	2	0
行业类别代码			
炼钢			

1	2	3	4
4	4	1	1
行业类别代码			
火力发电			

1	2	3	4
2	5	2	0
行业类别代码			
炼焦			

附录 B

（资料性附录）

排污许可其他代码示例

某钢铁联合有限责任公司炼铁行业某生产设施代码为 MF0001，如附图 3 所示；该设施全国唯一代码为 91130230780837126800lP3110MF0001，如附图 4 所示。

附图 3　某生产设施编码

1	2	3	4	5	6
M	F	0	0	0	1
生产设施标识码		全单位统一的生产设施流水顺号			
生产设施标识码		第 1 号生产设施			

附图 4　某生产设施全国唯一编码

1～22	23～26	27	28	29	30	31	32
91130230780837126800lP	3110	M	F	0	0	0	1
排污许可证代码	排污许可证副码	生产设施标识码		全单位统一的生产设施流水顺号			
某钢铁联合有限责任公司	炼铁行业	生产设施标		第 1 号生产设施			

某钢铁联合有限责任公司炼铁行业某废气治理设施代码为 TA0001，如附图 5 所示；该设施全国唯一代码为 91130230780837126800lP3110TA0001，如附图 6 所示。

附图 5　某废气治理设施代码：TA0001

1	2	3	4	5
T	A	0	0	1
治理设施标识码	环境要素编码	按环境要素分的治理设施流水顺号		
治理设施标识码	空气	第 1 号空气治理设施		

附图 6　某污染治理设施全国唯一代码

1～22	23～26	27	28	29	30	31
911302307808371268001P	3110	T	A	0	0	1
排污许可证代码	排污许可证副码	治理设施标识码	环境要素编码	按环境要素分的治理设施流水顺号		
某钢铁联合有限责任公司	炼铁行业	治理设施标识码	空气	第 1 号空气治理设施		

某钢铁联合有限责任公司炼铁行业某废水排放口代码为 DW001，如附图 7 所示；该排放口全国唯一代码为 911302307808371268001P3110DW001，如附图 8 所示。

附图 7　某废水排放口代码：DW001

1	2	3	4	5
D	W	0	0	1
排污口标识码	环境要素编码	按环境要素分的排污口流水号		
排污口标识码	废水	第 1 号废水排位口		

附图 8　该废水排放口全国唯一代码

1～22	23～26	27	28	29	30	31
911302307808371268001P	3110	D	W	0	0	1
排污许可证代码	排污许可证副码	排放口标识码	环境要素编码	按环境要素分的排污口流水号		
某钢铁联合有限责任公司	炼铁行业	排放口标识码	废水	第 1 号废水排位口		

关于印发《重点流域水污染防治“十三五”规划编制技术大纲》的函

环办污防函〔2016〕107 号

各省、自治区、直辖市人民政府办公厅，发展改革委、科技部、工业和信息化部、财政部、国土资源部、住房和城乡建设部、交通运输部、水利部、农业部、卫生计生委、南水北调办、三峡办综合司（办公厅）：

为贯彻落实《水污染防治行动计划》的要求，做好《重点流域水污染防治“十三五”规划》（以下简称《重点流域规划》）编制工作，我部会同发展改革委、水利部等部门编制了《重点流域水污染防治“十三五”规划编制技术大纲》（以下简称《技术大纲》）。经商有关部门同意，现将《技术大纲》（见附件）印送给你们。请各省（区、市）和相关部门按照《重点流域规划》编制部署，组织本省（区、市）、本部门有关人员，做好规划编制的配合工作。

附件：重点流域水污染防治“十三五”规划编制技术大纲

环境保护部办公厅
2016 年 1 月 18 日

附件

重点流域水污染防治“十三五”规划编制技术大纲

规划编制总体组　2016 年 1 月

为贯彻落实《水污染防治行动计划》（国发〔2015〕17 号，以下简称《水十条》）的要求，推进《重点流域水污染防治“十三五”规划》（以下简称《“十三五”规划》）编制工作，根据《重点流域水污染防治“十三五”规划编制工作方案》（环办函〔2015〕1781 号，以下简称《工作方案》），制定本技术大纲，用于指导各省、自治区、直辖市《“十三五”规划》编制工作。

一、总论

（一）编制背景

党中央、国务院高度重视水污染防治工作。“九五”以来，国家先后将淮河、辽河、海河、太湖、巢湖、滇池、三峡库区及其上游、松花江、黄河中上游、丹江口库区及上游、长江中下游 11 个流域列为水污染防治重点流域，连续实施了重点流域水污染防治四个五年规划，水污染防治工作取得积极成效。

根据国控断面（点位）监测数据，2014 年全国地表水水质总体为轻度污染，Ⅰ～Ⅲ类水质断面（点位）占 63.2%，劣Ⅴ类占 9.2%；与 2006 年相比，Ⅰ～Ⅲ类水质断面（点位）比例提高了 25.0 个百分点，劣Ⅴ类水质断面（点位）比例降低了 21.1 个百分点；与 2010 年相比，Ⅰ～Ⅲ类水质断面（点位）比例提高了 8.8 个百分点，劣Ⅴ类水质断面（点位）比例降低了 7.5 个百分点。

与 2020 年全面建成小康社会的环境要求和人民群众不断增长的环境需求相比，“十三五”期间水污染防治工作仍然十分艰巨、形势依然严峻，需要在四个五年规划实施基础上统筹打好持久战和攻坚战。从空间上看，大江大河水质改善明显，但与群众生活关系密切的支流、城市水体等“小河小沟”改善不明显甚至恶化，需要“大小并重”统筹推进；从类型上看，全国水质呈总体改善趋势，但部分良好水体有所恶化，部分水体仍为劣Ⅴ类，局部近岸海域污染严重，需要突出狠抓“好差”两头；从污染指标来看，实施总量控制的化学需氧量、氨氮等指标改善明显，但总磷、总氮等指标污染日益突出，持久性有机污染物等指标未得到控制，需要以改善环境质量为核心实施差别化、精细化的精准治理；从问题来看，水资源开发利用强度大，水生态空间挤占严重，产业结构偏重、空间布局不合理等因素导致环境风险高、水污染事件频发，政策和机制还有不少薄弱环节，保障水环境安全压力大，需要系统治理、综合施策。

近年来，党中央、国务院对生态文明建设和环境保护提出了一系列新理念新思想新战略，出台发布了《关于加快推进生态文明建设的意见》《生态文明体制改革总体方案》《水十条》等一系列重大决策，为“十三五”期间做好重点流域水污染防治工作带来了新的历史机遇。重点流域水污染防治规划的编制和实施，必须深入贯彻习近平总书记系列重要讲话精神，全面贯彻落实党中央、国务院的重大决策部署，牢固树立创新、协调、绿色、开放、共享五大发展理念，遵循中国特色社会主义“五位一体”总布局，紧紧围绕“四个全面”战略布局，协同推动新型工业化、城镇化、信息化、农业现代化和绿色化，以改善环境质量为核心，加大环境污染治理力度，实施多污染物协同治理，实施最严格的环境保护制度，将《水十条》变为施工图，加快补齐生态环境短板。

（二）编制依据

除《中华人民共和国水污染防治法》等法律法规、《生态文明体制改革总体方案》等规范性文件、《地表水环境质量标准》（GB 3838—2002）等标准和技术规范外，规划编制要充分参照以下依据：

《水污染防治行动计划》；

各省、自治区、直辖市水污染防治目标责任书；

各省、自治区、直辖市水污染防治工作方案；

《水污染防治工作方案编制技术指南》（环办函〔2015〕1232 号）；

《水体达标方案编制技术指南（试行）》（环办函〔2015〕1711 号）。

（三）规划范围与时限

根据《水十条》要求，规划范围为长江、黄河、珠江、松花江、淮河、海河、辽河等七大流域，并结合《水十条》实施各省、自治区、直辖市目标责任书要求，适当兼顾浙闽片河流、西南诸河、西北诸河以及入海河流、近岸海域①等水质改善任务安排。

规划时限为 2016—2020 年。

（四）编制思路

目前《水十条》实施工作已经全面展开，结合各省、自治区、直辖市水污染防治目标责任书签订工作，通过与各地反复研究对接，目前全国已经初步确定了 1900 余个控制断面及其目标指标要求（纳入各省、自治区、直辖市水污染防治目标责任书）、划分了约 1800 余个控制单元，基本完成了流域水生态环境功能分区管理体系构建；各省、自治区、直辖市，各地市都已经开始编制并将报批本行政区的水污染防治工作方案，确定“十三五”期

①近岸海域是指与沿海省、自治区、直辖市行政区域内的大陆海岸、岛屿、群岛相毗连，《中华人民共和国领海及毗连区法》规定的领海外部界限向陆一侧的海域。渤海的近岸海域，为自沿岸低潮线向海一侧 12 海里以内的海域。

间需要改善、重点治理的河流清单；有关部委分头落实《水十条》，已经或即将形成相关的专项工作方案、计划、政策、措施，各项任务安排相继出台。

在这三方面的工作基础上，与以前重点流域规划不同，《“十三五”规划》重在进一步落实好《水十条》，自下而上与自上而下相结合，深化流域“分区、分级、分类”管理，以控制单元差别化、精细化、科学化的治污方案为核心，实现流域、饮用水、地下水、黑臭水体、近岸海域等各类水体的统筹，务求因地制宜、可达可行（如图 1 所示）。

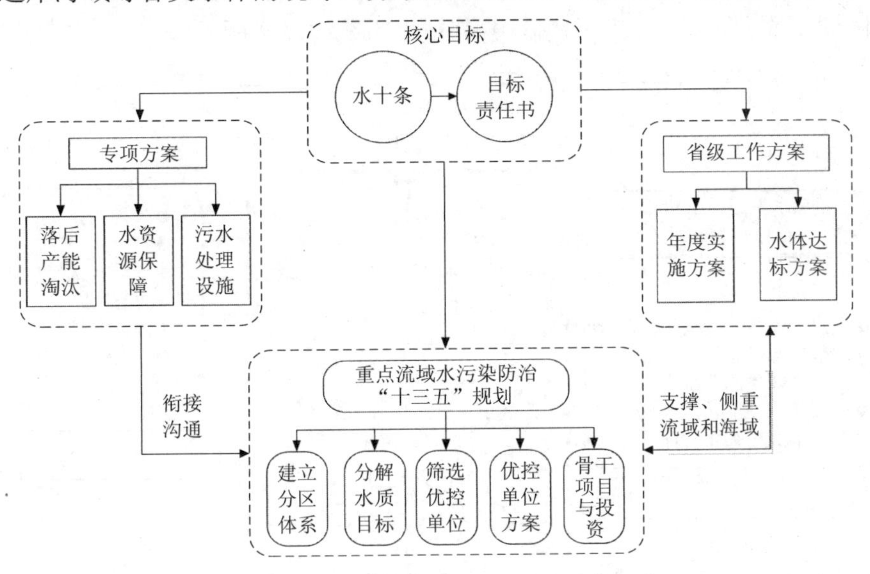

图 1　《“十三五”规划》编制思路图

总体而言，《“十三五”规划》编制思路上将进一步突出以下重点：

一是突出控制单元精细化管理。按照“分区、分级、分类”的思路，衔接水（环境）功能区划，结合相关科研成果和《水十条》“建立流域水生态环境功能分区管理体系”的明确要求，在《重点流域水污染防治规划（2011—2015 年）》（以下简称《“十二五”规划》）“流域-控制区-控制单元”三级分区管理体系的基础上进一步深化，建立由流域（一级区）、水生态控制区（二级区）、控制单元（三级区）构成的流域水生态环境功能分区管理体系，进一步做实空间分区分类差别化管理的规划思路，形成全国地表水环境统一管理的基本框架。将控制单元作为分析环境问题、落实《水十条》各项任务措施、统筹各类水体防治要求的基本空间单位，提升水环境精细化管理水平。

二是突出水环境质量改善核心。自上而下将《水十条》关于流域和区域、近岸海域等水质目标要求落地、细化，自下而上搞好质量目标可达性分析和输入响应分析，主抓“好差两头”，围绕水环境质量改善目标设计和实施各项任务措施，落实地方政府环境质量责任，充分发挥地方政府积极性和主动性。

三是突出重点单元。在一般普适性要求的基础上，筛选优先控制单元和重点海区，聚焦任务，因地制宜明确任务措施，编制优先控制单元污染防治方案和重点海区污染防治方案，加强与发改、国土、住建、水利、农业等部门专项规划衔接，集中力量保护和改善一批水体的水质。

四是突出骨干工程。以水质改善目标导向和重点单元问题导向为主，兼顾《水十条》

治污减排重点任务要求，充分考虑经济技术可行性，分类型和地区筛选一批骨干工程项目，统筹集成好《水十条》实施过程中形成的系列成果，强调国家导向、国家事权，明确投资方向、抓手，创新融资政策，实施系统治理，支撑本地区水质目标实现。

根据《工作方案》，《“十三五”规划》编制的流程是：国家和地方上下联动，自下而上按控制单元污染防治方案、省级流域规划（如××省××流域水污染防治“十三五”规划）、各大流域和近岸海域规划、全国总体规划的顺序逐级汇总，确保各层级目标任务上下衔接、协调一致。《“十三五”规划》编制技术路线如图 2 所示。

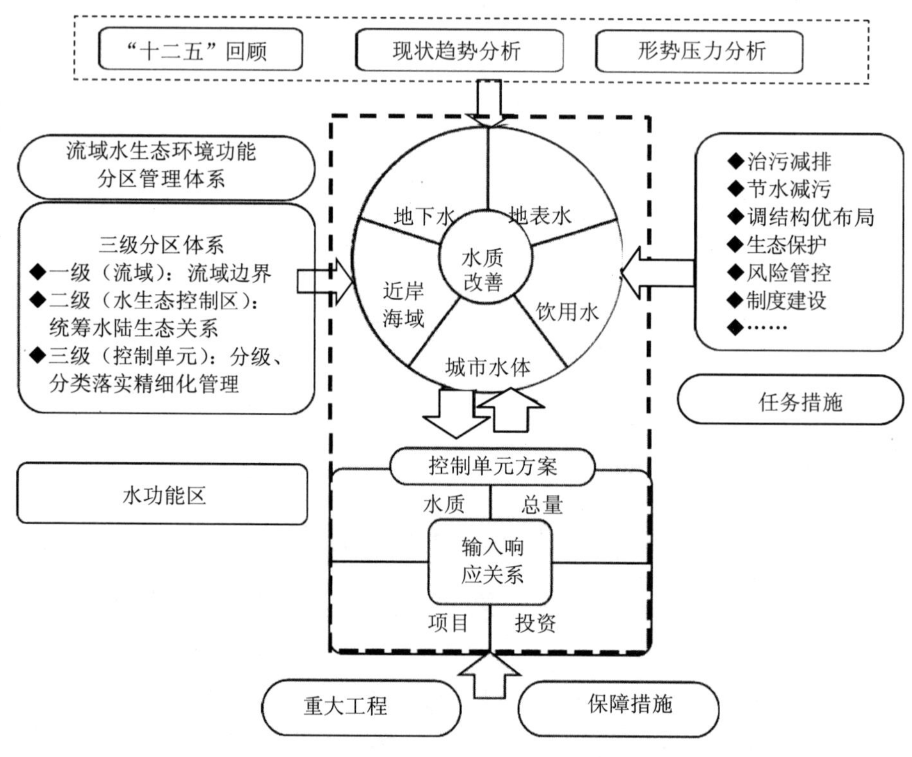

图 2　《“十三五”规划》编制技术路线图

（五）编制原则

1．质量主线，分区细化

以水环境质量改善为主线，以流域水生态环境功能分区管理体系为框架，以规划编制推动《水十条》目标任务的细化分解，明确分流域、分区域的质量改善清单和目标，落实地方政府环境质量改善责任。建立流域统筹设计、区域细化落实的编制体系，将数据梳理、问题分析、措施设计等细化到具体单元，实施网格化精细管理。

2．因地制宜，系统治理

以解决实际问题为导向，查找分析原因、科学确定目标、研究提出对策，淡化常规性、一般性任务要求，突出针对性、差异性和可操作性任务要求，制定因地制宜的综合治理方案。坚持水环境、水资源和水生态，地表地下，陆域水域，流域海域，点源与非点源，工程措施与非工程措施统筹的系统思维，构建多措并举、协调推进的格局。

3．上下联动，多方合力

加强组织协调，明确部门责任，强化目标要求，鼓励地方及有关部门根据各自实际情况创新实践，充分发挥地方自主能动性。国家层面，衔接国务院各有关部门专项规划，自上而下制定统一技术方法，强化区划与重点单元识别、治污减排输入响应等专题的技术方法指导。地方层面，注重问题、水体、目标、任务、责任等清单的落实，明确治污路径。重点区域和重点问题注重地方与国家联动，群策群力。

4．信息公开，公众参与

把听取公众意见、非政府组织（NGO）参与作为规划编制工作的重要环节，治理方案、达标进程等要听取社会公众意见和建议，定期公布《"十三五"规划》编制的阶段性成果、工作进展，率先公布环境质量目标和规划内容，接受公众和社会监督，多渠道引入社会公众参与决策。

二、规划编制主要工作

（一）建立流域水生态环境功能分区管理体系

本项工作是《水十条》具体要求，国家层面自上而下统一开展，地方自下而上对接细化落地，上下结合形成覆盖各流域的分区成果。流域水生态环境功能分区管理体系包括流域、水生态控制区、控制单元三个层级，是在《"十二五"规划》"流域-控制区-控制单元"三级分区管理体系基础上的深化，控制区层级进一步强化生态系统管理思想，控制单元层级进一步精细化落地并作为治污减排、输入响应、排污许可的基本管理单元。

其中，流域层级强调统筹设计、总体把握，主要把握水污染防治的宏观布局，明确流域水污染防治重点和方向，协调流域内上下游、左右岸及各行政区的防治工作。

水生态控制区与《"十二五"规划》中的控制区（主要作用是落实省级政府治污责任）相对应，在发挥控制区层级对推进区域统筹、促进水生态系统恢复的作用方面进行了深化。水生态控制区是在区域（中观指导）尺度上统筹考虑水生态系统完整性而划定的分区，在流域层级（宏观统筹）与控制单元层级（操作层级）之间承上启下，根据流域生态系统分异特征自上而下、控制单元自下而上归集两者相互结合最终确定。按照水陆统筹的原则，根据气候、地质、地貌、土地利用、土壤类型等要素以及水生态系统空间分布格局，确定不同区域的主要生态特征，明确区域主要生态服务功能，提出管理要求，指引协调控制区内的生态环境保护工作。

控制单元层级是与《"十二五"规划》概念一致，但更为精细的水陆融合单元，是综合污染防治科学性和行政管理便利性的空间实体，是流域水生态环境功能分区管理体系最核心的组成部分，主要是为在可操作的、责任落实、空间落地的尺度上建立污染源和水质间的输入响应关系，因地制宜地实施精细化、差别化管理，落实总量控制、环评审批、排污许可与交易等环境管理措施。控制单元划分与水功能区、水环境功能区及其陆上排污口、污染源衔接，以乡镇为最小行政单位并保证流域的完整性，在不打破自然水系前提下，以控制断面为节点，组合同一汇水范围的行政单位而成。《"十二五"规划》中的控制单元以区县为最小行政单位，而《"十三五"规划》以乡镇为最小行政单位，控制单元的数量也大幅增加。控制单元划分的初步结果如表 1 所示。

表 1　控制单元划分初步结果统计表

省份	规划断面个数		控制单元个数	省份	规划断面个数		控制单元个数
	"十三五"	"十二五"			"十三五"	"十二五"	
北京	20	7	15	山东	87	42	71
天津	20	4	15	河南	91	41	107
河北	77	33	76	湖北	111	12	105
山西	55	23	51	湖南	63	10	63
内蒙古	48	25	48	重庆	31	10	30
辽宁	86	20	86	四川	96	26	76
吉林	51	14	47	云南	92	39	112
黑龙江	76	19	67	陕西	44	9	43
上海	20	2	14	甘肃	36	9	34
江苏	95	28	98	青海	19	5	11
浙江	84	—	84	宁夏	13	5	12
安徽	97	35	90	新疆	79	—	79
福建	54	0	52	西藏	19	—	19
江西	79	8	58	贵州	48	4	48
广东	113	—	113	广西	54	4	54
海南	10	—	10	—	—	—	—

借鉴《"十二五"规划》编制工作经验，在《"十三五"规划》编制过程中，以流域为单位，环保部门专家代表与水利部门专家代表共同开展控制单元与水功能区边界、目标等属性的对接工作，确定生态控制区范围及其生态功能。

各地直接使用国家层面的成果，并可根据工作需要，参考附 5 中的控制单元划分方法，在控制单元的基础上进一步细化，科学确定控制断面，编制优先控制单元实施方案，确保治污减排、质量改善要求落地。

（二）分析水环境形势

以控制单元为基本空间单位，将 2010—2014 年水质、水污染物排放、水资源、水生态、经济社会发展等相关数据进行归集，结合各地水污染防治工作方案编制工作，全面分析水环境现状、问题及形势。

1．水生态环境状况

按照《地表水环境质量评价办法（试行）》（环办〔2011〕22 号）进行地表水水质评价。按照《海水水质标准》（GB 3097—1997）进行近岸海域水质评价。评价对象除地表水控制断面外，还包括地表水饮用水水源地。分析近年来各控制单元水质变化趋势以及超标污染指标变化情况，识别水质不达标控制单元及主要超标因子，有条件的地区按照《水体达标方案编制技术指南》（试行）开展深入测算。

参考《流域生态健康评估技术指南（试行）》（环办函〔2013〕320 号）、《湖泊生态安全调查与评估技术指南（试行）》（环办〔2014〕111 号）等，对含有国家和省级重要物种保护区、自然保护区的区域，江河源头、现状水质达到或优于III类的江河湖库、现状水质达到或优于二类的近岸海域，以及珍稀濒危水生生物、重要水产种质资源以及产卵场、索饵场、越冬场、洄游通道等重要渔业水域进行生态健康状况评估，识别需要强化生态保护的控制单元。

2．主要污染物排放

全面调查工业、城镇生活、农业农村、船舶港口（需要的地区）等污染源排放以及风险源情况，以地市为单位收集环境统计数据，按控制单元分析废水、化学需氧量（COD）、氨氮、总磷、重金属等排放量变化趋势，工业、城镇生活、农业等不同来源贡献率的变化，以及不同工业行业排污比重等信息，分析污染治理水平。结合水环境质量分析结果，重点关注水质恶化或超标的控制单元及主要超标因子所对应的污染物排放情况。

近岸海域规划范围除需进行上述调查内容以外，还需对污染入海河流和直排源的水质和污染负荷状况、海洋污染源负荷（水产养殖、船舶等）进行调查。

3．评估《“十二五”规划》实施情况

《“十二五”规划》涉及的省、自治区、直辖市，开展《“十二五”规划》实施情况评估，重在总结问题和经验。评估内容和要求见附 2。

4．“十三五”水污染防治形势

收集人口及城镇人口数据，分析城镇化发展趋势；收集 GDP 及一、二、三产数据，分析产业结构变化趋势；收集各工业行业的产值、产品产量等数据，分析工业产业结构变化趋势；收集耕地、林地、草地、建筑用地等数据，分析土地利用结构变化，总结各控制单元的资源特征及演变规律。水质恶化或超标、环境风险突出的控制单元还应深入分析工业行业结构和布局的合理性。

结合国家深化改革、依法治国、加快生态文明建设、健全生态环境保护制度等一系列重大决策以及各地“十三五”国民经济与社会发展规划等相关成果，分析“十三五”水环境保护面临的压力、机遇与挑战。

（三）明确规划总体要求

各流域全面贯彻党的十八大和十八届二中、三中、四中、五中全会精神，以《水十条》为指导纲领，根据各省、自治区、直辖市《水污染防治目标责任书》，衔接各省、自治区、直辖市水污染防治工作方案，明确规划的指导思想、基本原则，科学确定水环境质量目标。

流域规划各类水体水质目标应以各省、自治区、直辖市与国家签订的目标责任书为基础，按照以控制单元统筹饮用水、地表水、地下水、城市水体、近岸海域等各类水体污染防治的思路，适当补充黑臭水体、重要的市县控制断面、重要水源地监测点位等。对于水质良好、具有生态保护功能的可研究提出相应的水生态保护目标要求，衔接《全国水资源综合规划》，提出生态流量等控制目标。各省、自治区、直辖市规划目标按照流域进行分列，并注意处理好上下游水质目标衔接问题。重要的控制单元无常规监测断面的，要提出增设控制断面要求。

目标确定遵循以下原则：一是遵照水质反退化原则，规划目标原则上不低于水质现状值。二是以《全国重要江河湖泊水功能区划（2011—2030 年）》、各地水环境功能区划等为重要依据，断面水质目标充分衔接水（环境）功能区目标。现状水质高于水（环境）功能区目标的，目标按照现状水质类别考虑；五年规划难以达到水（环境）功能区目标，需要进行分析解释，明确阶段性目标。三是结合区域社会经济发展、污染减排潜力以及断面近几年水质变化情况，科学确定规划断面水质目标。四是衔接国务院已批复的相关规划中的断面水质目标。五是达到地方政府承诺的环境目标要求，如创模、生态市建设等。六是兼顾生态环境可达、经济技术可行。

（四）编制优先控制单元污染防治方案

1．优先控制单元筛选与分类

筛选确定优先控制单元。对控制单元进行综合分析，识别水环境问题，可按以下几方面考虑筛选优先控制单元：一是现状水质不达标的单元；二是含有国家或省级自然保护区的单元；三是维系流域区域水生态安全格局、大部分水体具有饮用水等重要功能的单元；四是环境风险高，易发突发事件的单元。优先控制单元筛选不限于上述四个方面，但筛选出的优先控制单元要有充分的理由。各地筛选结果经流域组、总体组审核后，统筹确定《“十三五”规划》的优先控制单元，作为“十三五”期间水污染防治工作的主攻方向。

优先控制单元分为水质维护型和水质改善型两类。以《水十条》目标责任书作为主要依据，现状水质不达标的单元纳入水质改善型优先控制单元。其余以保护敏感水体和重要物种、保障饮用水等重要使用功能、防范水环境风险（含未来重大工程带来的水质恶化风险）等为主要方向的优先控制单元纳入水质维护型优先控制单元。

2．优先控制单元污染防治方案编制

水质改善型单元方案编制实施一区一策的差别化精准治理。在控制单元污染防治方案研究编制与可达性分析过程中，要特别重视控制单元内污染源-（排污口）-水体的输入响应关系分析，重点针对水体主要污染因子和优先控制污染物等，找准问题根源，提高任务措施的精准性和针对性。同时，还应突出措施的综合性和任务的可操作性。一是控源减污，以企事业单位废水稳定达标排放为前提，结合水环境质量改善需求及水污染治理的技术经济可行性，提出排污单位污染物削减要求。二是节水及再生水利用，通过工业、农业、生活全方位节水及非常规水源的开发使用，提高水资源重复利用率控制用水总量，减轻污染负荷。三是生态拦截及深度处理，通过人工湿地等措施进一步减少进入水体的污染物量。四是增加生态流量，通过优化调度，在时间、空间两个维度进行水资源的有效配置，进一步强化水的环境属性，增加环境容量。

水质维护型单元方案总体编制思路是在确保水质不降低类别的前提下，坚持问题导向、重点突出的原则，结合水生态环境状况变化趋势，针对生态保护特定需求（如敏感水体和重要物种保护、风险防控、功能保障等）及主要问题提出措施。

总体组后续将在充分借鉴《水体达标方案编制技术指南（试行）》等已有成果的基础上，出台专门的优先控制单元筛选、分类及污染防治方案编制技术要求。

（五）编制近岸海域污染防治方案

1．重点海区筛选

沿海各地对近岸海域分区进行综合分析，对近岸海域分区的水质现状进行评估，并参考近岸海域分区生态敏感性以及其他需要加以重点保护的需求，筛选重点海区，经近岸海域组、总体组审核后作为《“十三五”规划》的重点海区。

重点海区可以分为三类，第一类是沿海城市陆域污染控制与海区水质有显著响应关系，即通过沿海城市陆域污染控制，海区水质预期有明显改善的，称为水质改善型海区。第二类是沿海城市和外海输入影响较大，仅仅通过沿海城市陆域污染控制改善近岸海域水质较为困难，称为水质维护型海区（Ⅰ）。第三类是海区水质受沿海城市、大江大河流域上游输入以及受外海输入三者共同影响，仅仅通过沿海城市陆域污染控制难以支撑近岸海域水质改善的，称为水质维护型海区（Ⅱ）。

2．近岸海域污染防治规划编制

对于入海河流整治。首先，入海河流整治方案与重点流域控制单元污染防治方案相衔接，已纳入优先控制单元的入海河流按照流域规划要求执行，但需要增加总磷、总氮目标要求；没有纳入流域规划的入海河流，按照消灭劣Ⅴ类和总氮、总磷控制的要求制定方案。

对于水质改善型海区。按照水质目标管理技术方法，开展陆域污染物排放量、入海量以及水产养殖排放的调查，建立污染物排放与海区水质之间的响应关系，综合考虑污染源可控性、环境目标可达性，科学制定流域和区域的污染控制措施，确保重点海区水质有所改善。

对于水质维护型海区（Ⅰ、Ⅱ）。严控海区污染物增量，加强沿海城市污染源达标排放治理、水产养殖污染源的治理以及上游河流通量的控制，并注重海区生态修复和风险防范，确保近岸海域海水水质不下降。

总体组后续将出台近岸海域污染防治规划编制技术指南。

（六）筛选规划项目

《“十三五”规划》主要根据优先控制单元和重点海区强化保护与治理的需求，筛选对水质改善和维护效益显著、前期工作充分的项目作为规划骨干工程项目。骨干工程项目筛选指南详见附3。

各地在筛选骨干工程项目时要特别关注项目建设的必要性和经济技术可行性，以水质达标为基本判断标准，合理确定项目工艺、建设规模、执行排放标准等要素，提前谋划项目运营机制，切实发挥骨干工程项目对改善水环境质量的效益，坚决避免不顾实际情况、片面追求高新工艺、高排放标准等情况。

（七）制度政策保障措施

各地根据《关于加快推进生态文明建设的意见》《党政领导干部生态环境损害责任追究办法（试行）》《生态文明体制改革总体方案》等文件精神，结合国务院有关部门落实《水十条》的配套政策措施，从组织实施、资金来源、技术应用等方面提出推进规划实施的措施。

三、工作成果

（一）地方提交成果

1．优先控制单元和重点海区污染防治方案

2．省级规划文本

按照技术大纲要求，结合地方实际情况，按照省套流域的方式，编制完成地方《“十三五”规划》文本，通过国家相关部门组织专家进行审查后上报，规划文本要内容翔实、文字简练、层次清楚。

为便于方案、规划审查和流域汇总工作，各地在提交上述成果的同时，需要提交必要的基础数据，包括：

（1）2010—2015 年规划断面逐月水质监测数据；

（2）2010—2015 年近岸海域逐次水质监测数据；

（3）2010—2015 年入海河流和直排口逐月水质监测数据同时，填报附 4 中的调查表。

（二）总体工作成果

在各地规划基础上，结合各部门相关规划内容及研究成果，各流域组统筹集成，总体组进一步汇总形成全国《“十三五”规划》。

四、时间安排

根据《工作方案》，细化安排相关工作，详见表 2。

表 2　《“十三五”规划》编制工作时间安排表

工作阶段	具体日期	重要事项	责任主体
技术准备，文件下发	2015 年 11 月 15 日之前	下发《重点流域水污染防治“十三五”规划编制工作方案》	领导小组办公室（污防司）
	2015 年 11 月 25 日之前	召开《重点流域水污染防治“十三五”规划编制技术大纲》（含《重点流域水污染防治“十二五”规划实施情况调查与评估技术指南》《骨干工程项目设计和筛选技术指南》）专家论证会	总体专家组
	2016 年 1 月 30 日之前	下发《重点流域水污染防治“十三五”规划编制技术大纲》	领导小组办公室（污防司）
部署落实，培训对接	2015 年 12 月 5 日之前	完成控制单元划分对接，确定控制单元范围（具体乡镇），完成近岸海域海区划分，完成重点海区筛选和对接，确定重点海区水质目标	总体专家组
	2016 年 1 月 30 日之前	召开《重点流域优先控制单元污染防治方案编制指南》《近岸海域污染防治规划编制技术指南》专家论证会	总体专家组
	2015 年 2 月 15 日之前	下发《重点流域优先控制单元污染防治方案编制指南》《近岸海域污染防治规划编制技术指南》	领导小组办公室（污防司）
	2016 年 2 月 28 日之前	开展相关技术培训工作	总体专家组
省市为主，上下联动	2016 年 1 月 30 日之前	地方筛选优先控制单元，按照下发技术文件要求开展相关工作，提交《“十二五”规划》实施情况评估报告	地方（流域组指导）
	2016 年 2 月底前	各地完成优先控制单元污染防治方案、重点海区防治方案及省级规划初稿编制工作，形成规划骨干工程项目清单	地方（流域组指导）
	2016 年 3 月 15 日之前	完成优先控制单元污染防治方案、重点海区防治方案及省级规划初稿审查工作	重点任务组（流域组）
	2016 年 3 月 20 日之前	各地提交修改后的优先控制单元污染防治方案、重点海区防治方案及省级规划	地方
	2016 年 3 月 30 日之前	完成与水功能区目标对接工作	重点任务组（流域组）
	2016 年 4 月 10 日之前	各流域组完成流域规划编制工作	重点任务组（流域组）

工作阶段	具体日期	重要事项	责任主体
初步汇总，修改完善	2016年4月25日之前	形成《重点流域水污染防治规划（2016—2020年）》（初稿）	总体专家组
	2016年5月20日之前	进一步开展调研、对接、修改完善等工作，形成《重点流域水污染防治规划（2016—2020年）》（征求意见稿）	总体专家组
	2016年5月30日之前	印发《重点流域水污染防治规划（2016—2020年）》（征求意见稿），征求各部门与地方意见	领导小组办公室（污防司）
	2016年7月15日之前	根据各方意见修改，形成《重点流域水污染防治规划（2016—2020年）》（专家论证稿），组织专家论证	领导小组办公室（污防司）
部门会签，上报批复	2016年7月30日之前	根据专家意见修改完善，形成《重点流域水污染防治规划（2016—2020年）》（报批稿）	总体专家组
	2016年8月10日之前	形成《重点流域水污染防治规划（2016—2020年）》（报批稿），会签各部门	领导小组办公室（污防司）
	2016年9月30日之前	各部门完成会签	领导小组办公室（污防司）
	2016年10月15日之前	将《重点流域水污染防治规划（2016—2020年）》（报批稿）上报国务院批复	领导小组办公室（污防司）

注：责任主体详见《关于印发重点流域水污染防治“十三五”规划编制工作领导小组、办公室、总体组和重点任务组组成人员名单的函》（环办函〔2015〕1236号）。

附1：省级规划编写提纲（建议稿）（略）

附2：重点流域水污染防治“十二五”规划实施情况调查与评估技术指南（略）

附3：骨干工程项目筛选指南（略）

附4：调查表（略）

附5：控制单元划分方法（略）

关于《炼焦化学工业污染物排放标准》（GB 16171—2012）有关问题的复函

环办水体函〔2016〕1451号

河北省环境保护厅：

你厅《关于〈炼焦化学工业污染物排放标准〉（GB 16171—2012）有关问题的请示》（冀环科函〔2016〕593号）收悉。经研究，现函复如下：

《炼焦化学工业污染物排放标准》（GB 16171—2012）中规定的焦化废水污染物中氰化物排放浓度限值，是指《水质　氰化物的测定　容量法和分光光度法》（HJ 484—2009）中规定的易释放氰化物的排放浓度限值。

环境保护部办公厅

2016年8月3日

十三、大气环境管理

关于积极发挥环境保护作用 促进供给侧结构性改革的指导意见

环大气〔2016〕45号

各省、自治区、直辖市环境保护厅（局），机关各部门，各派出机构、直属单位，新疆生产建设兵团环境保护局，解放军环境保护局：

推进供给侧结构性改革是党中央、国务院做出的重大决策部署，是我国“十三五”时期的发展主线，对于提高社会生产力水平，不断满足人民日益增长的物质文化和生态环境需要具有十分重要的意义。当前，供给侧结构性改革的重点是去产能、去库存、去杠杆、降成本、补短板，环境保护应该在推进重点工作中充分发挥积极作用。

各级环保部门要全面贯彻党的十八大和十八届三中、四中、五中全会精神，深入落实习近平总书记系列重要讲话精神，按照“五位一体”总体布局和“四个全面”战略布局，牢固树立创新、协调、绿色、开放、共享的发展理念，加大生态文明建设和环境保护力度，打好大气、水、土壤污染防治三大战役，积极促进经济结构转型升级，提高经济发展质量和效益，为人民群众提供更多优质生态产品，推动形成人与自然和谐发展的现代化建设新格局。

一、强化环境硬约束，推动去除落后和过剩产能

去产能是供给侧结构性改革的首要任务。要明确重点任务，加大环境监管力度，积极促进淘汰落后产能和化解过剩产能。要突出抓好钢铁、煤炭行业环境保护综合整治，具体工作我部将会同有关部门另行安排部署。

（一）加快清理整顿违法违规建设项目。全面清理整顿违法违规建设项目，是国务院确定并要求各省级人民政府于2016年底前完成的一项重点任务。

各省级环保部门要按照省级人民政府的安排，督促下级人民政府加快推进违法违规建设项目清理工作。尚未全面完成建设项目排查的，要在2016年5月底前限时完成排查任务，列出违法违规建设项目清单。已完成排查任务的，要学习借鉴山东、江苏、山西、湖

南等省份清理整顿工作经验，对违法违规建设项目“淘汰关闭一批、整顿规范一批、完善备案一批”。

各省级环保部门应当对下级人民政府清理整顿工作进行监督检查，按月调度情况并对市、县工作情况开展抽查，从2016年5月开始，每月10日前将进展情况报送我部。对于推进工作不力的，要及时以书面形式向省级人民政府报告，并切实加大督办力度。我部将适时对各地清理整顿情况开展督查。

（二）推进取缔“十小”等污染严重企业。取缔“十小”企业是《水污染防治行动计划》确定并要求各省级人民政府于2016年底前完成的重点工作。

各省级环保部门要会同有关部门，督促下级人民政府在对造纸、制革、印染、染料、炼焦、炼硫、炼砷、炼油、电镀、农药10个行业全面排查的基础上，对于装备水平低、环保设施差、污染严重的小型工业企业，要依据国家有关法规、政策和当地环境质量状况，确定“十小”企业名单并全部予以取缔。对于其他行业污染严重、达标无望的小企业，也要依法实施取缔。取缔情况应通过当地主要媒体向社会公开。各省级环保部门要加强对下级人民政府取缔工作情况的监督。

（三）加速淘汰黄标车和老旧车。2016年全国要淘汰380万辆黄标车和老旧车，到2017年底基本淘汰全国范围的黄标车。各地环保部门要认真总结近年来黄标车和老旧车淘汰工作经验，积极协调配合公安、交通运输等部门，建立黄标车及老旧车辆信息台账，制订淘汰计划，层层分解落实淘汰任务。

各地要坚持行政约束与经济激励并举，推动出台高污染车辆限行法规，依法划定限行、禁行区域和时段并严格执行。认真落实国家已明确的补贴政策，加大对提前淘汰的黄标车尤其是大型客货车、出租车、公交车补贴力度，积极支持新能源车和节能环保车辆发展。

要研究制定便民服务措施。通过报纸、网络等多种形式公告淘汰黄标车和老旧车所需的各种手续材料，开辟绿色通道，设立多部门联合服务窗口，简化流程，提供报废、补贴、换新车一站式服务。对于即将达到强制报废和强制注销要求的车辆，要通过电话、短信、公告等方式提前告知车主按期办理报废手续。

要建立和完善多部门会商制度，定期召开工作协调会，调度进展情况，及时解决突出问题，确保淘汰工作有序开展。我部将每月调度各地工作进展情况并向社会通报。

二、严格环境准入，促进提高新增产能质量

通过提高环境准入门槛，促进新增产能更优，新增产品更加环境友好，不断满足全社会日益增加的对高质量产品和服务的需求。

（四）优化新增产能布局和结构。加快开展京津冀、长三角、珠三角和长江经济带等地区战略环评，研究提出“生态保护红线、排污总量上限、环境准入底线”，为编制和实施城乡建设、产业升级和经济社会发展等规划提供指导。

加强规划环评与建设项目环评联动。全面开展产业园区、公路铁路及轨道交通、港口航道、矿产资源开发、水利水电开发等重点领域规划环评。对于重点领域相关规划未依法开展环评的，不得受理其建设项目环评文件。对于已依法开展规划环评的，要将规划环评结论及审查意见作为项目环评审批的重要依据。

严禁新增低端落后产能。各地在制定产业市场准入负面清单时，要充分考虑当地环境质量状况，严格控制超出本地资源环境承载力的新增产能，防范过剩和落后产能跨地区转移。国家明令禁止审批的项目，各地必须严格执行。

鼓励发展优质产能。对于产品升级换代、工艺技术改造、环境综合整治、城乡污染治理、新兴产业以及环保产业等建设项目给予大力支持。2016 年底前，完成建设项目环评分类调整。其中，对于基本没有环境影响的项目，取消环评审批。对于环境影响较小的，实行备案管理。对于其他项目，开辟绿色通道，简化审批程序，缩短审批周期。

（五）促进企业加快升级改造。各地应综合考虑环境质量、发展状况、治理技术、经济成本、管理能力等因素，科学合理制定地方污染物排放标准，充分发挥环境标准引领企业升级改造和倒逼产业结构调整的作用。环境质量超标地区，要根据环境质量改善目标和进程，制定并实施分阶段逐步加严的地方标准。严格实施工业污染源全面达标计划，推动企业升级改造。对于提前达到下阶段更严排放标准的，鼓励各地采取贴息、以奖代补等方式支持企业提标改造。

推动燃煤、车用油品、船用燃料油、石油焦、生物质燃料、涂料、烟花爆竹以及锅炉等产品标准的制修订，增加有害物质控制和大气环境保护要求，为社会提供更多的环境友好型产品。

（六）严格监督劣质煤炭的生产使用。北方省份尤其是采暖期易出现空气重污染的地区，要加快协调制定以环保指标为主要内容的、严于国家标准的地方煤炭质量标准。加大对煤炭使用企业的检查力度，对燃用煤炭不符合质量标准的，依法处罚。

各地要高度关注城乡结合部、农村地区的取暖用煤、生活用煤、蔬菜大棚用煤，在秋冬储煤、用煤季节，要协调配合煤炭质量监督、工商等部门加大抽查和督查力度，严厉打击企业送检样品和实际使用不一致等弄虚作假行为。

三、落实环境治理任务，推动环保产业发展

大气、水、土壤污染防治三大战役提出了明确的环境质量改善目标和污染治理任务，为环保产业扩大产业规模、优化产业结构、提高技术水平和市场化程度提供了大好机遇。环保产业发展也将为实现环境质量改善目标提供有力支撑。

（七）扩大有效市场需求。按照“十三五”环境质量改善目标和大气、水、土壤污染防治要求，各地环保部门要会同有关部门认真研究本地区环境保护重点任务和治理需求，重点围绕大气污染防治行动计划、水污染防治行动计划和土壤污染防治，推动实施一批环境基础设施建设、工业污染治理、环境综合整治等工程项目。

各地要向社会公开工程项目清单等信息，全面废止妨碍形成统一开放环保市场和公平竞争的规定和做法，积极研究政策措施，建立完善投融资平台，推动多元治理模式，主动引导社会各界参与污染治理。

（八）积极推进政府和社会资本合作（PPP）模式。国家将在全国范围内组织建立环境保护 PPP 中央项目储备库，并向社会推介优质项目。中央财政专项资金、国家专项建设基金、开发性金融资金、中央拨付的各类环保资金等将优先支持环境保护 PPP 项目的实施。各地要高度重视并结合环境质量改善目标和治理任务的需要，紧紧围绕环境基础设施建

设、区域环境综合整治等，建立重点推介项目库，上报一批、实施一批、储备一批。会同有关部门建立 PPP 项目绿色通道、部门联批联审一站式服务，制定支持性政策措施，确保高质量 PPP 项目的顺利实施。

（九）鼓励发展环境服务业。坚持污染者付费、损害者担责的原则，不断完善环境治理社会化、专业化服务管理制度。建立健全第三方运营服务标准、管理规范、绩效评估和激励机制，鼓励工业污染源治理第三方运营。

推进环境咨询服务业发展，鼓励有条件的工业园区聘请第三方专业环保服务公司作为“环保管家”，向园区提供监测、监理、环保设施建设运营、污染治理等一体化环保服务和解决方案。开展环境监测服务社会化试点，大力推进环境监测服务主体多元化和服务方式多样化。

在城镇污水处理、生活垃圾处理、危险废物处理处置、烟气脱硫脱硝除尘、工业污染治理、区域环境综合整治、城市黑臭水体治理、土壤污染治理与修复等领域，鼓励发展集投资融资、系统设计、设备成套、工程施工、调试运行、维护管理等一体化的环保服务总承包和环境治理特许经营模式。

各地要加快落实发展改革委、财政部、住房和城乡建设部已经明确的污水处理收费标准调整政策，使收费标准能补偿污水处理和污泥处置设施的运营成本并合理盈利。通过合理制定和调整污水处理收费标准，形成合理预期，吸引更多社会资本以特许经营、政府购买服务、股权合作等方式，积极参与污水处理设施投资建设和运营服务。

（十）规范环境服务市场。严格依法监管环境服务市场，对于故意不正常使用防治污染设施超标排污的、伪造或篡改监测监控数据的，不仅要追究排污单位的主体责任，还要依法追究负有责任的建设和运营单位责任，并列入失信企业名单，推动其他部门和社会组织依法依规给予联合惩戒。对于环境监测机构在监测服务中存在弄虚作假行为的，也要依法追究责任，向社会公开，并限制其参与政府购买环境监测服务或政府委托项目。

（十一）推广先进适用技术和生态化治理技术。定期发布《国家先进污染防治示范技术名录》，建立信息共享平台，及时向社会公布有关技术信息。充分发挥行业协会作用，组织开展散煤治理、黑臭水体整治、挥发性有机物（VOCs）治理、污染地块和土壤修复等领域先进适用技术的经验交流和试点示范，为企业提高治污效率、降低治污成本提供指导。环保专项资金中，要安排一定的比例支持环保新技术、新工艺、新产品的示范应用。

（十二）大力推动治污工程生态化。各地要立足本地实际，遵循自然规律，把治污工程建设与生态修复、景观营造有机结合，在有效治污的同时，打造出更多的环境友好型生态空间。

在黑臭水体治理、河流湖泊治污改造、污水和垃圾处理、排污口设置、农村环境连片整治等领域，要采取自然生态化的设计理念，因地制宜地开展湿地、公园、绿地、生态涵养区等建设。特别是在城市河道污染治理中，要摒弃河道“三面光”模式，最大限度减少岸坡、地面硬化，尽可能多采用原生乡土物种建设本地生境。

四、推进创新驱动，完善支持政策

创新环境保护政策，坚持逆向约束和正向激励并重，增强市场主体环境保护内生动力，推动建设资源节约型、环境友好型产业体系。

（十三）推行环保领跑者制度。选择生产和使用量大、减排潜力大、标准完善、绿色供应链管理先进、环境友好替代技术成熟的产品，组织实施产品环保领跑者制度。国家制定环保领跑者标准和统一标识，发布环保领跑者产品名单，给予名誉奖励和政策激励。遴选工作委托第三方机构开展。要加强跟踪调查，对出现产品质量不合格的，公开撤销标识，并追缴补贴。

在钢铁、煤炭、电力、化工、建材、造纸、有色、铅蓄电池等行业，选择标杆企业，研究建立企业环保“领跑者”制度。

（十四）推进以绿色生产、绿色采购和绿色消费为重点的绿色供应链环境管理。研究制定政策支持措施和标准规范，促进生态产品和绿色产品生产，加快构建绿色供应链产业体系。要以政府、企业绿色采购和公众绿色消费为引导，利用市场杠杆效应，带动产业链上下游采取节能环保措施，从全产业链进行绿色化改造，降低污染排放和环境影响，促进企业绿色转型升级。

鼓励各地学习借鉴上海、天津、深圳、东莞等地工作经验，选择排污量大、产业链长、绿色转型潜力大的行业、工业园区，充分发挥链主企业和龙头企业牵头作用，组织推行绿色供应链环境管理试点。鼓励互联网电商推行有各自特色的绿色供应链环境管理，引导有机食品生产和供应，推进绿色消费。

（十五）实施差别化排污收费政策。各级环保部门要充分发挥排污收费经济杠杆作用，协调完善排污收费政策，调动企业治污减排积极性。

全面落实差别化排污收费政策。企业超标或超总量排放污染物的，除依法实施其他处罚外，还要加一倍征收排污费。同时存在超标和超总量排污的，加两倍征收排污费。企业生产工艺装备或产品属于淘汰类的，要加一倍征收排污费。企业污染物排放浓度低于排放限值50%以上的，减半征收排污费。研究增加排污收费种类，推动对挥发性有机物和施工扬尘等征收排污费。

鼓励各地研究制定季节性、区域性排污收费政策。在采暖季适当提高主要大气污染物排污费征收标准，引导有条件的企业“错季”生产。京津冀、长三角等重点区域内的排污费征收标准应大幅提升并逐步统一。

（十六）加强企业环境信用体系建设。各级环保部门要全面落实国务院关于推进社会信用体系建设的部署和要求，加快建立企业环保守信激励、失信惩戒机制，强化部门协同监管、联合惩戒。

建立弘扬和激励诚信行为机制。引导和支持行业协会开展企业自律、绿色升级转型等活动。对环境信用记录好、信用评级高的诚信企业，每年可集中进行宣传报道，并在日常检查、专项检查活动中适当减少检查频次，降低抽检率。

健全约束和惩戒失信行为机制。依法依规加强对环保失信行为的行政约束和惩戒，对存在违法违规记录等失信主体，从严、从细审核环境影响评价等行政许可审批项目，加大执法抽查频次和抽检比例，限制申请财政资金支持的项目。加强对环保失信行为的市场性约束和惩戒，及时公开披露其相关信息，协助征信机构纳入信用记录和信用报告，引导银行、证券、保险等金融机构对其提高贷款利率和保险费率，限制提供贷款、保荐、保险等服务。

加强部门联动。各级环保部门要将企业的环保守信和失信行为，及时向社会公开，并向同级发展改革、财政、工业和信息化、工商、贸易、银监、证监、税务等部门通报，最大限度发挥守信联合奖励和失信联合惩戒作用，使守信者处处受益，失信者时时受限。

（十七）完善环境监管执法机制。全面推行“双随机”制度。对企业的日常监管执法，采取随机抽取检查对象、随机选派执法检查人员方式开展。市、县两级环保部门要在建立完善监管企业信息库基础上，科学合理确定抽查比例和频次。

要将依法严惩违法行为、加大信息公开作为“双随机”制度的核心。对于偷排偷放、非法排放有毒有害污染物、非法处置危险废物、故意不正常使用防治污染设施超标排污、伪造或篡改环境监测数据等恶意环境违法行为，要加大惩处力度，依法实施按日计罚、限产停产、查封扣押等措施，并向社会公开执法监管情况、违法违规单位及其法定代表人名单等信息。对造成重大环境污染事件、存在恶意环境违法行为等涉嫌环境违法犯罪的，在移交移送司法机关追究刑事责任的同时，要支持社会组织依法提起公益诉讼，维护和保障公平竞争的市场环境。

（十八）严格监督检查。加大对环境质量改善不力地区环境监管执法情况的监督检查力度，督促其严格监管执法、依法处罚违法行为。

对于环境违法违规案件查处较少且环境质量一段时期得不到有效改善的地市，我部将适时进行函询，要求相关地市政府说明情况。对于环境保护工作不够有力且环境质量一段时期不升反降的地市，我部将公开约谈当地政府主要负责人，责成加大环境保护力度，推进整改工作。

环境保护部

2016 年 4 月 14 日

关于执行《锅炉大气污染物排放标准》（GB 13271—2014）有关问题的复函

环大气函〔2016〕172 号

广东省环境保护厅：

你厅《对执行〈锅炉大气污染物排放标准〉（GB 13271—2014）有关问题的请示》（粤环报〔2016〕38 号）收悉。经研究，现函复如下：

一、对于新建锅炉，必须满足《锅炉大气污染物排放标准》（GB 13271—2014）中烟囱最低允许高度限值要求。

二、对于在用锅炉，考虑到《锅炉大气污染物排放标准》（GB 13271—2014）污染物排放限值较过去已明显加严，且随着燃煤锅炉淘汰工作的深入开展，燃煤小锅炉的数量将大规模压减。因此，对于在用锅炉烟囱高度达不到规定的情形，仍应按照锅炉大气污染物排放标准》（GB 13271—2014）规定的污染物排放限值执行。地方有更严格要求的，按地方标准执行。

特此函复。

环境保护部

2016 年 8 月 22 日

关于扎实做好今冬明春大气污染防治工作的通知

环办大气〔2016〕101 号

各省、自治区、直辖市人民政府办公厅：

为贯彻落实《大气污染防治行动计划》（以下简称《大气十条》），做好今冬明春大气污染防治工作，不断改善环境空气质量，切实保障人民群众身体健康，现将有关事项通知如下：

一、充分认识做好今冬明春大气污染防治工作的紧迫性

冬春季节是我国大气污染最为突出的时期。中国工程院发布的《〈大气污染防治行动计划〉实施情况中期评估报告》显示，冬季重污染对全年细颗粒物（$PM_{2.5}$）平均浓度有明显的拉升作用。京津冀、长三角和珠三角区域内所有重点城市 $PM_{2.5}$ 冬季高值对全年均值的贡献达 35%左右；2013—2015 年，$PM_{2.5}$ 重污染天气对北京和石家庄 $PM_{2.5}$ 年均值的贡献分别高达 38.7%和 65.3%。

根据气象数据显示，2016 年冬季可能发生弱的拉尼娜事件，导致湿度偏大，静稳天气增多，特别是华北地区将可能发生持续多日的静稳天气。这些气候特征不利于空气扩散，容易形成污染积聚，极易形成重污染天气。2016 年 9 月下旬以来，受不利气象条件影响，京津冀及周边地区已经出现多次重污染天气过程，发生时间早、频次高、范围大，对人民群众生产生活造成不利影响，引起社会各界的广泛关注。

最新空气质量监测数据显示，一些省份完成 2016 年度《大气十条》目标和环境空气质量约束性指标压力巨大。截至 2016 年 9 月，个别省份颗粒物浓度同比上升、优良天数比例同比下降，另有个别省份环境空气质量虽有所改善，但改善幅度低于年度目标要求。今冬明春的工作成效不仅决定能否完成年度任务，也对《大气十条》能否圆满收官起到关键作用。因此必须正确认识当前大气污染防治工作面临的严峻形势，进一步统一思想，提高认识，坚持问题导向，早作部署，狠抓落实，切实做好今冬明春大气污染防治工作和重

污染天气应对工作。

二、坚决打好今冬明春大气污染防治攻坚战

为加强今冬明春大气污染治理工作，确保完成环境空气质量改善目标，各地要严格落实大气污染防治措施，着力做好以下几项工作：

（一）加强督查督办。各地要结合本地空气质量现状，根据2016年度《大气十条》颗粒物浓度下降任务和“十三五”未达标城市$PM_{2.5}$平均浓度下降、空气优良天数比例提高等环境空气质量约束性指标任务完成情况，逐月调度每个地市环境空气质量变化情况。对于改善幅度低于年度目标的城市和地区，要加大督查督办力度，采取约谈、社会公开等方式，督促采取针对性更强的措施，提高治理效果，切实降低大气污染物平均浓度，提高优良天数比例。

（二）确保工业企业达标排放。按照火电、钢铁、水泥、平板玻璃等重点行业限期治理方案要求，加快重点行业环保提标改造步伐。尽量将设备检修维护时间安排在供暖期，减少冬季污染排放。加大涉气企业排查力度，强化对火电、钢铁等重点排污企业的监管，督促企业达标排放。

（三）加快燃煤污染治理进度。加大煤质管控力度，坚决取缔非法售煤网点，严厉打击销售劣质煤的行为。加大燃煤锅炉治理力度，加快集中供热工程建设，对列入2016年计划燃煤机组超低排放改造和燃煤锅炉改燃气关停任务的，力争在供暖季前完成。加大燃煤设施监管力度，确保环保设施高效运行。科学合理设置冬季居民集中供热启动方案，避免集中供热启动和不利气象条件叠加形成重污染天气。京津冀及周边地区要加快散煤清洁能源替代工作进度，对没有完成散煤清洁能源替代的地区，要落实优质燃煤替代工作。

（四）实行工业错峰生产。积极组织北方地区开展水泥行业错峰生产，严格按照工业和信息化部、环境保护部印发的《关于进一步做好水泥错峰生产的通知》（工信部联原〔2016〕351号）要求的错峰生产时间执行。京津冀传输通道各城市对电力、铸造、砖瓦窑行业实施错峰生产调控：对于铸造行业，纳入工业和信息化部铸造企业准入公告的企业，原则上于2017年1月1日至2月28日错峰停产，其他铸造企业于2016年11月15日至2017年3月15日错峰停产；对于煤电行业，未达到超低排放水平的煤电机组，原则上于2016年11月15日至2017年3月15日错峰停产；焦化、锅炉等行业达不到排放标准要求的，一律停产整治。

（五）强化机动车等移动源污染防治。积极采取鼓励和限制性措施，推进黄标车和老旧车加快淘汰，确保完成国务院2016年确定的380万辆淘汰任务。加大重型柴油车和非道路移动机械、船舶污染治理力度，开展重型载货车辆联合执法检查，推进城市依法划定并公布禁止使用高排放非道路移动机械区域，严厉查处违法超标排放行为。对在道路上行驶的机动车，加大监督抽测力度，依法处罚超标车辆并督促及时维修。加快机动车排污监控平台联网建设，2016年底前，京津冀及周边地区、长三角、珠三角等重点区域要率先实现国家、省、市三级联网。

（六）提高面源管理精细化水平。严格执行施工工地和道路扬尘控制措施，做好工业渣场扬尘监管，防止风蚀起尘。加强渣土运输车辆管理，确保物料运输车辆遮盖封闭，严查道路遗撒和乱倾乱倒行为。严查露天烧烤，流动烧烤摊要入店经营或集中经营，室内烧

烤需配备油烟净化设施，并进行清理维护以确保正常运行。严控焚烧垃圾及面源污染，控制焚烧生活垃圾、枯枝烂叶及燃煤“冒黑烟”等行为。倡导减少烟花爆竹燃放，节日期间用好临时性限制燃放措施，减轻燃放造成的污染影响。

（七）强化环境执法监管。组织开展冬季大气污染防治执法检查，对集中供热企业达标排放、扬尘污染管控、燃煤小锅炉淘汰、散乱污企业聚集群整治等情况进行重点督查，每月公布一批不能达标的企业名单。对仍不能达标的企业，要立即责令停产整治，依法按上限处罚。重污染天气应急响应启动时，对本行政区域内城市应急预案启动、预警发布及各项响应措施落实情况进行督查。

三、妥善应对重污染天气

重污染天气对全年空气质量改善影响巨大，要把重污染天气应对作为大气污染防治工作的重中之重，切实减轻重污染影响。

（一）着力提高预测预报的准确性。各地要全面加强环境监测人员业务培训和基础能力建设，规范预报程序，减少系统性误差，提高预报准确性。细化空气质量应急预警程序的启动和结束条件、信息发布方式和途径，做好 24 小时、48 小时预报和未来 3 天或一周空气质量变化趋势预报，预报等级统一按照上限执行。重污染天气发生时，及时准确地发布预警信息。同时，要做好新闻宣传工作，组织好专家解读，提醒公众做好卫生防护，及时回应舆论热点。

（二）着力提高应急预案的可操作性。做好应急预案修订工作，突出应急预案的针对性和可操作性。明确污染物应急减排比例，制定各级别预警减排力度底线，大幅提高结构减排的比重，通过依法实施重污染企业停产的方式将污染峰值降下来。细化减排措施，明确各级别减排措施的具体工艺流程和停限产设备，同时实施动态更新。企业要按照应急预案要求，明确停产的具体流程。各省（区、市）要在供暖季前，对本行政区域内城市应急预案进行评估检查，确保应急措施可操作、可核查、可计量。

（三）着力提高应急联动的同步性。重点区域要强化重污染天气预警会商及应急联动机制，提高区域联合应对能力。2016 年率先在京津冀及周边地区启动应急联动工作，我部将组织有关专家和地方集中开展空气质量预测预报会商，并根据会商结果向各地推送差异化的重污染天气预警建议，明确地方政府应急启动时间和级别，加强区域联动，精准指导各地启动减排措施，取得环境效益的最大化。

（四）着力提高应急管控的针对性。强化重污染天气应对的实时评估，实现精确打击，推动应对工作由过去“大水漫灌式”的减排方式转变为精准减排。供暖季期间，各地对每一次重污染天气同步开展保障效果评估，追因溯源，科学评价措施实施效果，根据污染组分和气象变化，及时提出防控建议，调整污染防控重点，优化督查方向。

我部将组织开展 2016 年冬季大气污染防治专项督查，重点督查各地落实《大气十条》情况和涉气排污单位贯彻执行《大气污染防治法》情况。重污染天气发生时，选取重点城市重点督查预警发布、应急预案的启动及各项响应措施的落实情况。对大气污染防治工作落实不到位、未能有效应对重污染天气、空气质量恶化趋势明显的，将采取约谈、区域限批、挂牌督办等措施。已发布冬季大气污染防治有关文件的省（区、市），请于 2016 年 11

月 15 日前将有关文件报我部。

环境保护部办公厅
2016 年 10 月 28 日

关于报送 2015 年度环境噪声污染防治工作总结的通知

环办大气函〔2016〕639 号

各省、自治区、直辖市环境保护厅（局），新疆生产建设兵团环境保护局：

为进一步做好噪声污染防治工作，全面、客观反映我国环境噪声状况，总结环境噪声污染防治工作经验，提高各地区环境噪声管理水平，请你厅（局）按照《2015 年度环境噪声污染防治工作总结编写提纲》（见附件 1）要求，组织编写 2015 年度环境噪声污染防治工作总结，填写《2015 年度环境噪声污染防治工作主要数据表》（见附件 2），同时上报省级环境噪声污染防治工作联系人（见附件 3），并于 2016 年 5 月 10 日前反馈，电子文档发送至联系人邮箱。

联系人：环境保护部大气司　周游
　　　　中国环境监测总站　汪赟
电话：（010）66556879，84929716
传真：（010）66556879，84923324
邮箱：wangyun@cnemc.cn

附件：1．2015 年度环境噪声污染防治工作总结编写提纲
　　　2．2015 年度环境噪声污染防治工作主要数据表（略）
　　　3．省级环境噪声污染防治工作联系人（略）

环境保护部办公厅
2016 年 4 月 11 日

附件 1

2015 年度环境噪声污染防治工作总结编写提纲

一、环境噪声现状，包括总体噪声水平、道路交通噪声现状、声环境功能区达标情况

及环境噪声污染投诉情况等；

二、2015 年环境噪声污染防治工作情况，包括地方制定的噪声污染防治规范性文件、噪声达标区建设、信访督办、绿色护考、噪声科研、监管能力建设、噪声自动监测等情况；

三、2015 年环境噪声污染防治经验总结；

四、环境噪声监督管理上存在的问题和建议；

五、2016 年环境噪声污染防治工作计划。

关于报送供给侧结构性改革和钢铁煤炭行业化解过剩产能工作进展情况的函

环办大气函〔2016〕1589 号

各省、自治区、直辖市环境保护厅（局），新疆生产建设兵团环境保护局：

为贯彻落实党中央、国务院推进供给侧结构性改革、化解钢铁煤炭行业过剩产能的系列决策部署，我部印发了《关于积极发挥环境保护作用促进供给侧结构性改革的指导意见》和《关于支持钢铁煤炭行业化解过剩产能实现脱困发展的意见》，明确了有关环境保护的工作要求。为扎实推进文件要求的各项工作，请你厅（局）组织报送相关工作进展情况。现将有关要求通知如下：

一、供给侧结构性改革和钢铁煤炭行业化解过剩产能相关工作开展情况，主要内容包括已出台的配套文件，部门分工等工作部署等。

二、钢铁行业环保专项执法行动中发现的违法违规或不达标企业，以及整改落实情况。

三、关于在促进供给侧结构性改革、支持钢铁煤炭行业化解过剩产能过程中，积极发挥环境保护作用的相关意见及建议。

上述情况请形成书面材料，并于 2016 年 9 月 9 日前报送我部。

联系人：环境保护部大气司　卢璐

电话：（010）66556865

电子邮箱：lu.lu@mep.gov.cn

环境保护部办公厅

2016 年 9 月 2 日

关于高污染燃料禁燃区管理有关问题的复函

环办大气函〔2016〕1609号

山东省环境保护厅：

你厅《关于高污染燃料禁燃区管理有关问题的请示》（鲁环发〔2016〕140号）收悉。经研究，现函复如下：

新修订的《大气污染防治法》第三十八条规定："城市人民政府可以划定并公布高污染燃料禁燃区，并根据大气环境质量改善要求，逐步扩大高污染燃料禁燃区范围。高污染燃料的目录由国务院环境保护主管部门确定。""在禁燃区内，禁止销售、燃用高污染燃料；禁止新建、扩建燃用高污染燃料的设施，已建成的，应当在城市人民政府规定的期限内改用天然气、页岩气、液化石油气、电或者其他清洁能源。"

根据上述规定，在划定的高污染燃料禁燃区内，已建成的燃用高污染燃料的设施，均应当按照城市人民政府确定的期限，改用清洁能源。

特此函复。

环境保护部办公厅

2016年9月7日

关于报送2016年度环境噪声污染防治工作总结的通知

环办大气函〔2016〕2366号

各省、自治区、直辖市环境保护厅（局），新疆生产建设兵团环境保护局：

为进一步做好噪声污染防治工作，提高各地区环境噪声管理水平，总结环境噪声污染防治工作经验，促进声环境质量全面改善，请你厅（局）按照《2016年度环境噪声污染防治工作总结编写提纲》（见附件1），组织编写2016年度环境噪声污染防治工作总结，填写《2016年度环境噪声污染防治工作主要数据表》（见附件2），同时上报省级环境噪声污染防治工作联系人（见附件3），并于2017年2月24日前反馈，电子文档发送至联系人邮箱。

联系人：环境保护部大气司　周游
　　　　中国环境监测总站　汪赟
电话：（010）66556879，84943130
传真：（010）66556879，84949063
邮箱：wangyun@cnemc.cn

附件：1．2016年度环境噪声污染防治工作总结编写提纲
　　　2．2016年度环境噪声污染防治工作主要数据表（略）
　　　3．省级环境噪声污染防治工作联系人（略）

环境保护部办公厅
2016年12月29日

附件1

2016年度环境噪声污染防治工作总结编写提纲

一、声环境质量现状，包括声环境功能区达标情况、城市区域声环境总体水平、道路交通噪声现状等。

二、2016年环境噪声污染防治工作情况。

（一）地方发布的噪声污染防治法规标准和规章文件。

（二）环境噪声污染投诉及处理。

1．噪声投诉数量及办结率，在总环境投诉中所占比例，噪声投诉热点。

2．各级环保“12369”、公安“110”、城建“12319”举报热线的噪声污染投诉信息共享机制建立情况，部门联动情况。

3．环境噪声投诉及处理典型案例。

（三）重点领域噪声污染防治。

1．交通噪声污染防治情况：《地面交通噪声污染防治技术政策》落实情况，包括噪声敏感建筑物集中区域（以下简称敏感区）的高架路、快速路、高速公路、城市轨道等道路两边隔声屏障建设，禁鸣、限行、限速等措施；城市市区铁路道口平交改立交建设情况；高铁在城市市区内运行的噪声控制情况；机场周边噪声污染防治工作。

2．施工噪声污染防治情况：施工噪声超标排放行为查处情况；施工噪声排放申报管理情况，城市建筑施工环保公告制度落实情况；限定施工作业时间及夜间施工审批情况；采用噪声自动监测系统对建筑施工进行实时监督情况；鼓励使用低噪声施工设备和工艺情况等。

3．社会生活噪声污染防治情况：社会生活噪声管理及查处情况，包括商业经营活动在室外使用音响器材；加工、维修、餐饮、娱乐、健身、超市及其他商业服务业噪声污染；

冷却塔、电梯间、水泵房和空调器等配套服务设施造成的噪声污染；敏感区内的文体活动和室内娱乐活动等；绿色护考工作情况。

4．工业企业噪声污染防治情况：工业企业噪声排放超标扰民行为查处情况；敏感区内工业企业噪声排放达标情况，敏感区内噪声排放超标企业关停、搬迁和治理情况；乡村地区工业企业噪声污染防治开展情况。

（四）噪声排放源监督管理。

1．新建噪声源的基本信息、环评和验收情况及噪声污染防治费用。

2．重点噪声源监管情况：已确定的本地区交通、建筑施工、社会生活和工业等领域的重点噪声排放源单位数量及达标情况。

3．噪声污染源限期治理数量及治理投资金额。

（五）城乡声环境质量管理。

1．声环境功能区划分及调整情况：声环境功能区划分及调整时间、覆盖面积及占总建成区面积比例；声环境功能区是否在环保部门网站公开，是否在街道、社区明显位置设置有声环境功能区类别标识牌。

2．噪声敏感区管理：是否明确敏感区范围和管理措施；是否将室内声环境检测纳入新建建筑竣工环保验收；是否实施建筑声环境质量状况告知制度，联合物业单位参与声环境管理。

3．城市声环境不达标区噪声削减计划制定及实施情况。

4．风景名胜区、自然防护区等地声环境管理情况。

5．乡村声环境质量管理情况。

（六）开展评估检查：各城市环保部门是否定期开展噪声污染防治工作的评估，发布噪声污染防治报告；各省级环保部门是否每年组织相关部门对行政区域内城市声环境质量、噪声污染防治规划的制定和实施情况进行检查，并向社会通报检查结果。

（七）监管能力建设：声环境质量监测网络建设情况，重点噪声源自动监测情况，噪声自动监测站点建设情况，人员情况。

（八）促进公众参与：噪声污染防治相关信息宣传，“6·5”环境日宣传，噪声违法曝光等。

（九）噪声科研。

三、2016 年环境噪声污染防治经验总结，侧重城市噪声管理工作经验。已开展噪声地图工作的城市需要提供相关材料，包括开展时间、进展、范围、应用情况，存在问题及相关建议。

四、环境噪声监督管理上存在的问题和建议。

五、2017 年环境噪声污染防治工作计划。

十四、土壤环境管理

关于修改《关于做好下放危险废物经营许可证审批工作的通知》部分条款的通知

环办土壤函〔2016〕1804号

各省、自治区、直辖市环境保护厅（局），新疆生产建设兵团环境保护局：

为落实《国务院关于第一批取消62项中央指定地方实施行政审批事项的决定》（国发〔2015〕57号）的要求，我部于2016年4月发布了《关于环境保护主管部门不再进行建设项目试生产审批的公告》（环境保护部公告 2016年第29号），要求省、市、县级环境保护主管部门不再进行建设项目试生产审批。为做好新建危险废物利用处置项目试生产期间危险废物经营许可工作，我部决定对《关于做好下放危险废物经营许可证审批工作的通知》（环办函〔2014〕551号，以下简称《通知》）有关条款进行修改。现将有关事项通知如下：

一、删除《通知》"三、严格许可证审批（二）"技术审查"第3条中"对列入《全国危险废物和医疗废物处置设施建设规划》的项目，应当通过建设项目竣工总体验收"的规定。

二、将《通知》"附件2：有关证明材料的说明"第四条"（五）环境影响评价文件的复印件；环境保护设施竣工验收意见的复印件"，修改为"（五）已通过建设项目竣工环境保护验收的项目，应提供环境影响评价文件及批复复印件、试运行报告和建设项目竣工环境保护验收意见的复印件；新建成且未验收的项目，应提供环境影响评价文件及批复复印件和试运行计划（含环境保护设施试运行计划）"。

三、删除《通知》"附件2：有关证明材料的说明"第四条中 "（八）新建危险废物焚烧炉，应提供试焚烧方案及期限（一般不得超过一年）以及试焚烧结果的报告"。

四、修改对照表（见附件）。

五、本通知自印发之日起实施，环境保护部办公厅《关于危险废物利用处置建设项目试运行期间危险废物经营许可有关问题的复函》（环办函〔2012〕146号）同时废止。

附件：修改对照表

环境保护部办公厅

2016年10月11日

附件

修 改 对 照 表

修改条款	环办函〔2014〕551号	本通知
三、严格许可证审批（二）“技术审查”第3条中	对列入《全国危险废物和医疗废物处置设施建设规划》的项目，应当通过建设项目竣工总体验收	本句删除
附件2：“有关证明材料的说明”第四条（五）	环境影响评价文件的复印件；环境保护设施竣工验收意见的复印件	已通过建设项目竣工环境保护验收的项目，应提供环境影响评价文件及批复复印件、试运行报告和建设项目竣工环境保护验收意见的复印件；新建成且未验收的项目，应提供环境影响评价文件及批复复印件和试运行计划（含环境保护设施试运行计划）
附件2：“有关证明材料的说明”第四条（八）	新建危险废物焚烧炉，应提供试焚烧方案及期限（一般不得超过一年）以及试焚烧结果的报告	本条删除

十五、环境评价

关于印发《“十三五”环境影响评价改革实施方案》的通知

环环评〔2016〕95 号

各省、自治区、直辖市环境保护厅（局），新疆生产建设兵团环境保护局：

为充分发挥环境影响评价从源头预防环境污染和生态破坏的作用，推动实现“十三五”绿色发展和改善生态环境质量总体目标，我部研究制定了《“十三五”环境影响评价改革实施方案》，现印发给你们，请认真贯彻实施。

附件：“十三五”环境影响评价改革实施方案

环境保护部

2016 年 7 月 15 日

附件

“十三五”环境影响评价改革实施方案

为充分发挥环境影响评价从源头预防环境污染和生态破坏的作用，推动实现“十三五”绿色发展和改善生态环境质量总体目标，制定本方案。

一、总体思路

（一）指导思想

以改善环境质量为核心，以全面提高环评有效性为主线，以创新体制机制为动力，以“生态保护红线、环境质量底线、资源利用上线和环境准入负面清单”（以下简称“三线一单”）为手段，强化空间、总量、准入环境管理，划框子、定规则、查落实、强基础，不断改进和完善依法、科学、公开、廉洁、高效的环评管理体系。

（二）主要原则

坚持与相关重大改革任务相统筹。与排污许可制相融合，实现制度关联、目标措施一体。适应省以下环保机构监测监察执法垂直管理制度改革，调整优化分级审批和监管职责。落实行政审批改革和政府职能转变要求，统筹“放管服”。

坚持构建全链条无缝衔接预防体系。明确战略环评、规划环评、项目环评的定位、功能、相互关系和工作机制。战略环评重在协调区域或跨区域发展环境问题，划定红线，为“多规合一”和规划环评提供基础。规划环评重在优化行业的布局、规模、结构，拟定负面清单，指导项目环境准入。项目环评重在落实环境质量目标管理要求，优化环保措施，强化环境风险防控，做好与排污许可的衔接。

坚持问题导向补短板。针对规划环评落地难、项目环评“虚胖”、违法建设现象多发、“三同时”执行力不高、环评机构和人员水平参差不齐、公众参与不到位、不同层级环评管理沟通协调不够、基础支撑薄弱等问题，抓住基础性根本性原因，在重点领域取得实质性突破，加快形成科学合理、规范刚性的体制机制，强化落实执行。

坚持相关方共同参与共同落实。按照“党政同责”“一岗双责”要求，督促地方党委、政府和有关部门落实环保责任。落实建设单位的环保主体责任。提高各级环保部门管理能力，强化事中事后监管。深化环评信息公开，引导公众依法有序参与。鼓励支持各地区根据本方案，探索符合本地实际的环评改革措施。

（三）工作目标

制度日臻完善。源头严防、过程严管、违法严惩的环评管理制度更加完善，全社会环评守法意识不断提高，环评违法责任追究机制不断健全，规划“未评先批”“评而不用”、项目“未批先建”现象得到有效遏制，项目环评分类管理和分级审批更加科学，环评、“三同时”与排污许可管理有效衔接，夯实环评的制度基础。

机制更加合理。“三线一单”的管理机制逐步建立，规划环评和项目环评联动管理得到深化和规范，地方环评审批和监管能力不断提高，环评信息公开机制进一步强化，环评诚信体系不断完善，夯实环评的管理基础。

效能显著提高。战略和规划环评顶层设计更加完善，约束性得到加强，环评预警体系初步建立，基于环境容量和生态红线的开发建设预警开始发挥作用。项目环评管理重点进一步聚焦，“三同时”主体责任更加明确，排污许可普遍实施，夯实环评的执行基础。

保障科学有力。环评大数据系统初步建立，环评基础研究取得显著进展，导则规范体系进一步完善，评估队伍能力进一步提升，行业协会作用充分发挥，环评机构和人员管理更加规范，夯实环评的技术基础。

二、推动战略和规划环评“落地”

（四）推进战略环境评价

深入开展战略环评工作。制定落实“三线一单”的技术规范。完成京津冀、长三角、珠三角等三大地区战略环评，组织开展长江经济带和“一带一路”战略环评。完成连云港、鄂尔多斯等市域环评示范工作。

强化战略环评应用。健全成果应用落实机制，将生态保护红线作为空间管制要求，将环境质量底线和资源利用上线作为容量管控和环境准入要求。各级环保部门在编制有关区域和流域生态环保规划时，应充分吸收战略环评成果，强化生态空间保护，优化产业布局、规模、结构。

开展政策环境评价试点。完成新型城镇化、发展转型等重大政策环评试点研究，初步建立政策制定机关为主体、有关方面和专家充分参与的政策环评机制及技术框架体系。

（五）强化规划环境影响评价

强化规划环评的约束和指导作用。不断强化“三线一单”在优布局、控规模、调结构、促转型中的作用，以及对项目环境准入的强制约束作用。积极参与“多规合一”、京津冀空间规划编制。深入开展城市、新区等规划环评。开展流域综合规划环评，确定开发边界和开发强度。完成长江经济带重点产业园区规划环境影响跟踪评价与核查。健全与发展改革、工业和信息化、国土资源、城乡住房建设、交通运输、水利等部门协同推进规划环评机制。

推行规划环评清单式管理。根据改善环境质量目标，制定空间开发规划的生态空间清单和限制开发区域的用途管制清单。制定产业开发规划的产业、工艺环境准入清单。实现重点产业园区规划环评全覆盖，强化清单式管理。

严格规划环评违法责任追究。适时组织规划环评结论及审查意见落实情况核查，将地方政府及其有关部门规划环评工作开展情况纳入环境保护督察。研究建立规划环评违法责任调查移交机制，配合相关部门依法严肃追究有关党政领导干部责任。

强化规划环评公众参与。完善公众参与机制，落实规划编制机关主体责任，提高部门及专家参与的程度和水平，发挥媒体舆论科学引导作用。完善规划环评会商机制，对可能产生跨界环境影响的重大规划，指导规划编制机关实施跨行政区域环境影响会商，强化区域联防联控。

加强规划环评与项目环评联动。依法将规划环评作为规划所包含项目环评文件审批的刚性约束。对已采纳规划环评要求的规划所包含的建设项目，简化相应环评内容。对高质量完成规划环评、各类管理清单清晰可行的产业园区，试点降低园区内部分行业项目环评文件的类别。项目环评中发现规划实施造成重大不利环境影响的，应及时反馈规划编制机关。

三、提高建设项目环评效能

（六）改革管理方式

突出管理重点。重点把握选址选线环境论证、环境影响预测和环境风险防控等方面，剥离市场主体自主决策的内容以及依法由其他部门负责的事项。环评与选址意见、用地预审、水土保持等实施并联审批。涉及自然保护区、饮用水水源保护区、风景名胜区等法定保护区域的项目，在符合法律法规规定的前提下，不将主管部门意见作为环评审批的前置。对环境影响登记表实行告知性备案管理。

科学调整分级分类管理。合理划分审批权限，环境保护部主要负责审批涉及跨省（区、市）、可能产生重大环境影响或存在重大环境风险的建设项目环评文件；省级环保部门应结合垂直管理改革要求和地方承接能力，依法划分行政区域内环评分级审批权限。动态调整分类管理名录。对未列入分类管理名录且环境影响或环境风险较大的新兴产业，由省级环保部门确定其环评分类，报环境保护部备案；对未列入分类管理名录的其他项目，无需履行环评手续。

加强环评信息直报和监督指导。建立全国环评审批信息联网系统。强化环保部门环评管理联动。支持基层提高环评审批和监管能力，及时督促建设单位解决项目建设、运行中出现的环境问题。研究环评信息与建设单位环境信用以及其他企业信用信息连通。

（七）严格项目管理

提升环评管理人员综合素质。开展省、市、县三级环评工作人员轮训，优先安排西部地区轮训。建立全国性和区域性环评管理研讨平台，定期开展专题性、行业性业务交流。制定环评领域党风廉政责任清单，完善廉洁自律制度，严格执行环评权力运行监控机制。

优化环评审批。修订《国家环境保护总局建设项目环境影响评价文件审批程序规定》。建立健全国家、省、市三级环评审批原则框架体系。更新和补充项目环评重大变动清单。制定重点行业环境准入条件。

严格环境准入。在项目环评中建立“三线一单”约束机制，强化准入管理。建立项目环评审批与规划环评、现有项目环境管理、区域环境质量联动机制，强化改善环境质量目标管理。细化污染物排放方式、浓度和排放量，严格建设项目污染物排放要求。严格高能耗、高物耗、高水耗和产能过剩、低水平重复建设项目，以及涉及危险化学品、重金属和其他具有重大环境风险建设项目的环评审批。

开展关停、搬迁企业环境风险评估。对排放重金属、持久性有机污染物、危险废物、“致癌、致畸、致突变”化学污染物的有色金属冶炼、石油加工、化工、焦化、电镀、制革等重点企业，研究开展企业关停、搬迁的环境风险评估。

（八）提高公众参与有效性

探索更为有效和可操作的公众参与模式。制定《建设项目环境影响评价公众参与办法》，明确建设单位的主体责任。建立公参意见采纳反馈机制。将公参意见作为完善和强化建设项目环保措施的重要手段。加大惩处公参弄虚作假。建设单位编制公众参与说明，与环境影响报告书一并公开。

落实建设单位环评信息公开主体责任。推进建设项目选址、建设、运营全过程环境信息公开，建设项目环境影响报告书（表）相关信息和审批后环保措施落实情况公开。强化建设单位“三同时”信息公开制度。

强化环评宣传和舆论引导。建立反应迅速、组织科学、运转高效的环评媒体沟通和舆情应对机制。推动企业、行业组织落实社会环境责任，加强与社区和公众的良性互动。广泛利用权威媒体和有影响力的新媒体等信息渠道，正面、科学加强舆论引导。发挥专家学者作用，通过既接地气又专业准确的讲解、实验演示、国内外对比等方式，答疑解惑。

积极化解环境社会风险。建立政府、部门、企业环境社会风险预防和化解机制。指导地方政府加强舆情研判和处置。环保部门应严格依法环评管理，加大环境违法查处力度。建设单位应畅通环评公众参与渠道，保障公众依法有序行使环境保护知情权、参与权和监督权。

四、不断强化事中事后监管

（九）创新“三同时”管理

取消环保竣工验收行政许可。建立环评、“三同时”和排污许可衔接的管理机制。对建设项目环评文件及其批复中污染物排放控制有关要求，在排污许可证中载明。将企业落实“三同时”作为申领排污许可证的前提。鼓励建设单位委托具备相应技术条件的第三方机构开展建设期环境监理。建设项目在投入生产或者使用前，建设单位应当依据环评文件及其审批意见，委托第三方机构编制建设项目环境保护设施竣工验收报告，向社会公开并向环保部门备案。

强化环境影响后评价。对长期性、累积性和不确定性环境影响突出，有重大环境风险或者穿越重要生态环境敏感区的重大项目，应开展环境影响后评价，落实建设项目后续环境管理。

（十）落实监管责任

强化属地管理及环保层级监督。落实《建设项目环境保护事中事后监督管理办法》，强化建设项目环境保护的属地管理，加强核设施等特殊领域中央政府直接监管。属地环保部门要按随机抽查制度要求，对“三同时”执行情况开展现场核查，对建设项目运营期环保要求落实情况进行监督检查，对发现的环境违法行为依法处罚。

严肃查处项目环评违法行为。按照国务院办公厅《关于加强环境监管执法的通知》完成违法违规建设项目清理，加大监管力度，坚决遏制新的“未批先建”违法行为，对违法项目严格依法处罚，建立投诉举报的快速响应和公开处理机制。对不符合环境准入要求或已造成严重环境污染和生态破坏的违法项目，责令恢复原状。督促地方政府和部门落实承诺事项。公开曝光查处的典型违法案例，配合有关部门严肃追究有关责任人员违法违纪责任。

五、开展重大环境影响预警

（十一）建立预警体系

建立基于大数据的环境影响预警体系。完善全国环评基础数据库。建设“智慧环评”综合监管平台，开发环评质量校核、分析统计、预测预警、信息公开、诚信记录等功能。研究制定预警指标体系、预警模型和技术方法，探索建立环境数据与经济社会发展数据以及土地、城市等空间管理数据的集成应用机制，实现“三线一单”监督性监测和预警。

（十二）开展预警试点

开展区域环境影响预警试点。以改善环境质量为目标，开展区域环境容量匡算和预警。开展长江经济带和京津冀协同发展战略环境影响预警。开展典型重点开发区域和优化开发区域资源环境承载预警试点。开展典型限制开发区域和禁止开发区域空间红线预警。

六、深化政府信息公开

（十三）健全环评政府信息公开机制

建立以各级环保部门政府网站为主渠道的环评政府信息公开机制。全面公开环评文件、申请受理情况、审查或审批意见。公开项目环评以及环评机构和人员有关违法违规及处罚情况，有关信息纳入环境诚信管理体系，并与银行、证券、保险、商务等部门联动。定期开展环评政府信息公开督察工作。

推动相关政府信息公开。推动地方政府和有关部门公开区域污染物削减和其他环保承诺落实情况，公开规划环评落实情况。推进规划编制和审批机关主动开展规划环评信息公开，编制重大敏感规划的环评信息公开预案。

七、营造公平公开的环评技术服务市场

（十四）规范环评市场秩序

推进环评技术服务市场化进程。加快完成环保系统环评机构脱钩，确保 2016 年年底前全部完成，到期未完成的一律取消资质。完成其他事业单位环评体制改革，资质到期后不予延续。

健全统一开放的环评市场。清理地方环保部门设置准入条件、限制外埠环评机构在本地承接环评业务等不当管理方式。支持行业协会等社会组织加强对环评机构和人员的行业自律管理。严厉打击出租、出借资质等扰乱市场秩序的违法行为。

（十五）强化环评机构和人员管理

严格环评资质管理。完善环评机构工作能力、人员专业结构等准入要求，改革环评工程师职业资格管理，研究提出以强化环评文件质量为重点的环评机构准入条件。支持环评机构做大做强，走专业化、规模化发展道路。建立健全退出机制，完善环评机构随机抽查制度和省级环保部门年度检查制度。强化质量监管，对环评文件质量低劣的，实行环评机构和人员双重责任追究。

加强诚信体系建设。制定《全国环评机构和环评工程师诚信管理办法》。在“智慧环评”综合监管平台中建立全国统一的环评机构和环评工程师诚信管理系统，将各级环保部门监管中发现的环评机构及人员违法违规行为和处罚情况及时纳入诚信记录，并向社会公开。对在多地出现不良诚信记录的环评机构和人员，限制或禁止从业范围从当地扩大至全国。

八、夯实技术支撑

（十六）优化技术导则体系

加强环评技术导则体系顶层设计。建立以改善环境质量为核心的源强、要素、专题技术导则体系。修订《环境影响评价技术导则 总纲》《规划环境影响评价技术导则 总纲》。建立技术导则实施效果评估与反馈机制，定期对现行技术导则的适用性、有效性、可操作性进行跟踪评估，并开展滚动修订。

（十七）加强技术评估队伍建设

发挥技术评估重要作用。编制环境影响报告书（表）的建设项目应开展技术评估。加强环评专家队伍建设，实现国家和地方专家库共享。改进技术评估方式、方法，完善专家随机抽取机制，建立专家信用档案。将技术评估相关事项纳入政府购买服务范围。

（十八）加大基础性科研力度

加强环评重大宏观政策、基础理论及技术方法研究。强化国家环评重点实验室能力建设。开展环境影响评价模型标准化建设。开展涉及改善环境质量的环评基础性问题及关键技术研究。加强环评领域前沿科学国际合作研究。引进国际先进环评技术方法并开展本地化应用。

广泛动员社会科研力量参与环评研究。强化人才培养机制，打造具有创新力和影响力的环评科研团队。联合技术能力强、研究基础好的高校和科研院所，建立国家环评技术研发和应用创新平台，全面推进环评技术创新、能力建设和应用示范工作。

关于以改善环境质量为核心加强环境影响评价管理的通知

环环评〔2016〕150 号

各省、自治区、直辖市环境保护厅（局），新疆生产建设兵团环境保护局：

为适应以改善环境质量为核心的环境管理要求，切实加强环境影响评价（以下简称环评）管理，落实“生态保护红线、环境质量底线、资源利用上线和环境准入负面清单”（以下简称“三线一单”）约束，建立项目环评审批与规划环评、现有项目环境管理、区域环境质量联动机制（以下简称“三挂钩”机制），更好地发挥环评制度从源头防范环境污染和生态破坏的作用，加快推进改善环境质量，现就有关事项通知如下：

一、强化“三线一单”约束作用

（一）生态保护红线是生态空间范围内具有特殊重要生态功能必须实行强制性严格保护的区域。相关规划环评应将生态空间管控作为重要内容，规划区域涉及生态保护红线的，在规划环评结论和审查意见中应落实生态保护红线的管理要求，提出相应对策措施。除受自然条件限制、确实无法避让的铁路、公路、航道、防洪、管道、干渠、通信、输变电等重要基础设施项目外，在生态保护红线范围内，严控各类开发建设活动，依法不予审批新建工业项目和矿产开发项目的环评文件。

（二）环境质量底线是国家和地方设置的大气、水和土壤环境质量目标，也是改善环境质量的基准线。有关规划环评应落实区域环境质量目标管理要求，提出区域或者行业污染物排放总量管控建议以及优化区域或行业发展布局、结构和规模的对策措施。项目环评应对照区域环境质量目标，深入分析预测项目建设对环境质量的影响，强化污染防治措施和污染物排放控制要求。

（三）资源是环境的载体，资源利用上线是各地区能源、水、土地等资源消耗不得突破的“天花板”。相关规划环评应依据有关资源利用上线，对规划实施以及规划内项目的资源开发利用，区分不同行业，从能源资源开发等量或减量替代、开采方式和规模控制、利用效率和保护措施等方面提出建议，为规划编制和审批决策提供重要依据。

（四）环境准入负面清单是基于生态保护红线、环境质量底线和资源利用上线，以清单方式列出的禁止、限制等差别化环境准入条件和要求。要在规划环评清单式管理试点的基础上，从布局选址、资源利用效率、资源配置方式等方面入手，制定环境准入负面清单，充分发挥负面清单对产业发展和项目准入的指导和约束作用。

二、建立“三挂钩”机制

（五）加强规划环评与建设项目环评联动。规划环评要探索清单式管理，在结论和审查意见中明确“三线一单”相关管控要求，并推动将管控要求纳入规划。规划环评要作为规划所包含项目环评的重要依据，对于不符合规划环评结论及审查意见的项目环评，依法不予审批。规划所包含项目的环评内容，应当根据规划环评结论和审查意见予以简化。

（六）建立项目环评审批与现有项目环境管理联动机制。对于现有同类型项目环境污染或生态破坏严重、环境违法违规现象多发，致使环境容量接近或超过承载能力的地区，在现有问题整改到位前，依法暂停审批该地区同类行业的项目环评文件。改建、扩建和技术改造项目，应对现有工程的环境保护措施及效果进行全面梳理；如现有工程已经造成明显环境问题，应提出有效的整改方案和“以新带老”措施。

（七）建立项目环评审批与区域环境质量联动机制。对环境质量现状超标的地区，项目拟采取的措施不能满足区域环境质量改善目标管理要求的，依法不予审批其环评文件。对未达到环境质量目标考核要求的地区，除民生项目与节能减排项目外，依法暂停审批该地区新增排放相应重点污染物的项目环评文件。严格控制在优先保护类耕地集中区域新建有色金属冶炼、石油加工、化工、焦化、电镀、制革等项目。

三、多措并举清理和查处环保违法违规项目

（八）各省级环保部门要落实“三个一批”（淘汰关闭一批、整顿规范一批、完善备案一批）的要求，加大“未批先建”项目清理工作的力度。要定期开展督查检查，确保 2016 年 12 月 31 日前全部完成清理工作。从 2017 年 1 月 1 日起，对“未批先建”项目，要严格依法予以处罚。对“久拖不验”的项目，要研究制定措施予以解决，对造成严重环境污染或生态破坏的项目，要依法予以查处；对拒不执行的要依法实施“按日计罚”。

四、“三管齐下”切实维护群众的环境权益

（九）严格建设项目全过程管理。加强对在建和已建重点项目的事中事后监管，严格依法查处和纠正建设项目违法违规行为，督促建设单位认真执行环保“三同时”制度。对建设项目环境保护监督管理信息和处罚信息要及时公开，强化对环保严重失信企业的惩戒机制，建立健全建设单位环保诚信档案和黑名单制度。

（十）深化信息公开和公众参与。推动地方政府及有关部门依法公开相关规划和项目选址等信息，在项目前期工作阶段充分听取公众意见。督促建设单位认真履行信息公开主体责任，完整客观地公开建设项目环评和验收信息，依法开展公众参与，建立公众意见收集、采纳和反馈机制。对建设单位在项目环评中未依法公开征求公众意见，或者对意见采纳情况未依法予以说明的，应当责成建设单位改正。

（十一）加强建设项目环境保护相关科普宣传。推动地方政府及有关部门、建设单位创新宣传方式，让建设项目环境保护知识进学校、进社区、进家庭。鼓励建设单位用“请

进来、走出去”的方式，让广大人民群众切身感受建设项目环境保护的成功范例，增进了解和信任。对本地区出现的建设项目相关环境敏感突发事件，要协同有关部门主动发声，及时回应社会关切。

以改善环境质量为核心加强环评管理，是深化环评制度改革的重要举措，是今后相当一段时期环评领域的重点任务。各级环保部门要切实提高认识，高度重视，加强领导，明确责任，强化能力建设，抓好落实，创新管理的方式方法，不断把环评工作推向新的阶段。

环境保护部

2016年10月26日

关于规划环境影响评价加强空间管制、总量管控和环境准入的指导意见（试行）

环办环评〔2016〕14号

各省、自治区、直辖市环境保护厅（局），新疆生产建设兵团环境保护局：

按照《关于加快推进生态文明建设的意见》《生态文明体制改革总体方案》的总体部署，根据《环境保护法》《环境影响评价法》《规划环境影响评价条例》等规定，为进一步提升规划环境影响评价（以下简称规划环评）质量，充分发挥规划环评优化空间开发布局、推进区域（流域）环境质量改善以及推动产业转型升级的作用，现就规划环评加强空间管制、总量管控和环境准入，提出以下指导意见。

一、总体要求和适用范围

（一）规划环评应充分发挥优化空间开发布局、推进区域（流域）环境质量改善以及推动产业转型升级的作用，并在执行相关技术导则和技术规范的基础上，将空间管制、总量管控和环境准入作为评价成果的重要内容。

（二）加强空间管制，是指在明确并保护生态空间的前提下，提出优化生产空间和生活空间的意见和要求，推进构建有利于环境保护的国土空间开发格局。加强总量管控，是指应以推进环境质量改善为目标，明确区域（流域）及重点行业污染物排放总量上限，作为调控区域内产业规模和开发强度的依据。加强环境准入，是指在符合空间管制和总量管控要求的基础上，提出区域（流域）产业发展的环境准入条件，推动产业转型升级和绿色发展。

（三）规划环评工作要尽早介入规划编制，并将空间管制、总量管控和环境准入成果充分融入规划编制、决策和实施的全过程，切实发挥优化规划目标定位、功能分区、产业布局、开发规模和结构的作用，推进区域（流域）环境质量改善，维护生态安全。

（四）本指导意见适用于具有明确空间范围并涉及具体开发建设行为的规划环评。其他规划环评可根据规划特点有针对性地执行本指导意见的有关规定；区域战略环境评价可参照执行。

二、强化空间管制，优化空间开发格局

（五）规划环评应结合区域特征，从维护生态系统完整性的角度，识别并确定需要严格保护的生态空间，作为区域空间开发的底线，并据此优化相关生产空间和生活空间布局，强化开发边界管制。当生产、生活空间与生态空间发生冲突时，按照“优先保障生态空间，合理安排生活空间，集约利用生产空间”的原则，对规划空间布局提出优化调整意见，以保障生态空间性质不转换、面积不减少、功能不降低。

（六）应在生态空间明确的基础上，结合环境质量目标及环境风险防范要求，对规划提出的生产空间、生活空间布局的环境合理性进行论证，基于环境影响的范围和程度，对生产空间和生活空间布局提出优化调整建议，避免或减缓生产活动对人居环境和人群健康的不利影响。

（七）应在全面分析区域生态重要性和生态敏感性空间分布规律的基础上，结合区域经济发展规划、土地利用规划、城乡规划、生态环境保护规划等综合确定生态空间，并与全国和省级主体功能区规划、生态功能区划、水生态环境功能区划、生物多样性保护优先区域保护规划、自然保护区发展规划等相协调。生态空间应包括重点生态功能区、生态敏感区、生态脆弱区、生物多样性保护优先区和自然保护区等法定禁止开发区域，以及其他对维持生态系统结构和功能具有重要意义的区域。

（八）规划区域已经划定生态保护红线的，应将生态保护红线区作为生态空间的核心部分。同时，应根据规划特点、区域生态敏感性和环境保护要求，将其他需要重点保护的区域一并纳入生态空间。规划区域尚未划定生态保护红线的，要提出禁止开发和重点保护的生态空间，为划定生态保护红线提供参考依据。

（九）规划环评的空间管制成果，应包括生态空间分布图和优化后的生活空间、生产空间分布图，生产、生活、生态空间及其组成区块开发管制总图，以及其他必要的支撑性图件。有关图件应配套编制空间区块说明表，详细说明各空间区块的地理位置、面积、现状、保护对象、准入要求和管制措施等。

三、严格总量管控，推进环境质量改善

（十）根据规划区域及上下游、下风向等周边地区环境质量现状和目标，考虑气象条件、水文条件等相关因素，按照最不利条件分析并预留一定的安全余量，提出区域（流域）污染物排放总量控制上限的建议，作为区域（流域）污染物排放总量管控限值。综合分析环境质量改善目标、排放现状、减排成本和技术可行性，确定区域污染物排放总量削减的阶段性目标。

（十一）根据国家、地方环境质量改善目标及相关行业污染控制要求，结合现状环境污染特征和突出环境问题，确定纳入排放总量管控的主要污染物。一般应包括化学需氧量、

氨氮、总磷/磷酸盐等水污染因子，二氧化硫、氮氧化物、挥发性有机物、烟粉尘等大气污染因子，以及其他与区域突出环境问题密切相关的主要特征污染因子。

（十二）针对重点控制污染物，逐一估算每个区域（流域）控制单元内各项污染物的总量管控限值。根据流域特征、水文情势、水质监测和断面设置等划定适当的水体控制单元；水体控制单元应与已有水（环境）功能区、水生态环境功能区相衔接。根据区域大气传输扩散条件、自然地形、土地利用和地表覆盖等划定适当的大气污染控制单元。估算污染物排放总量管控限值，应综合考虑污染源排放强度和特征、最不利排放位置、污染治理设施运行状况，以及环境监测水平、污染物排放监管能力等；还应选择较小的时间尺度开展估算，有条件的可采用以天为单位提出污染物排放总量管控限值。

（十三）综合考虑污染排放量、排放强度、特征污染物以及规划主导产业等，确定区域内纳入总量管控的重点行业。基于行业生产工艺水平、污染控制技术水平以及技术进步、污染控制成本等，筛选最佳适用技术（BAT），分析和测算重点行业的减排潜力。根据重点行业污染排放基数、减排潜力和技术经济等因素，提出该行业的污染物排放总量管控要求。

（十四）当区域环境质量现状超标或重点行业污染物排放已超出总量管控要求时，应根据环境质量改善目标，提出区域或者行业污染物减排任务，推动制定污染物减排方案以及加快淘汰落后产能、促进产业结构调整、提升技术工艺、加强节能节水控污等措施。必要时，可提出暂缓区域内新增相关污染物排放项目建设等建议，控制行业发展规模，推动环境质量改善。

（十五）对于区域（流域）内的产业发展，在满足环境质量目标的前提下，可以赋予地方在具体建设项目污染物排放总量分配上的主动权。在产业技术水平提高、清洁生产水平提高、区域污染治理水平提高的情况下，产业发展规模可以在污染物排放总量不突破上限的情况下适当扩大。

（十六）当规划区域环境目标、产业结构和生产力布局以及水文、气象条件等发生重大变化时，应动态调整区域行业污染物总量管控要求，结合规划和规划环评的修编或者跟踪评价对区域能够承载的污染物排放总量重新进行估算，不断完善相关总量管控要求。

四、明确环境准入，推动产业转型升级

（十七）在综合考虑规划空间管制要求、环境质量现状和目标等因素的基础上，论证区域产业发展定位的环境合理性，提出环境准入负面清单和差别化环境准入条件，发挥对规划编制、产业发展和建设项目环境准入的指导作用。

（十八）根据区域资源禀赋和生态环境保护要求，选取单位面积（单位产值）的水耗、能耗、污染物排放量、环境风险等一项或多项指标，作为制定规划区域行业环境准入负面清单的否定性指标并确定其限值。如果规划拟发展的行业不满足上述指标的要求，应将其直接列入环境准入负面清单，禁止规划建设。

（十九）建立包括环境影响、资源消耗强度、土地利用效率、经济社会贡献等指标在内的评价指标体系，对重点行业进行综合评价。对规划区域资源环境影响突出、经济社会贡献偏小的行业原则上应列入禁止准入类。限制准入类行业应进一步结合区域环境保护目

标和要求、资源环境承载能力、产业现状等确定。

（二十）根据环境保护政策规划、总量管控要求、清洁生产标准等，明确应限制或禁止的生产工艺或产品清单。通过列表的方式，提出规划范围内禁止准入及限制准入的行业清单、工艺清单、产品清单等环境负面清单，并说明清单制定的主要依据、标准和参考指标。

（二十一）当区域（流域）环境质量现状超标时，应在推动落实污染物减排方案的同时，根据环境质量改善目标，针对超标因子涉及的行业、工艺、产品等，提出更加严格的环境准入要求。

环境保护部办公厅
2016 年 2 月 24 日

关于废止《关于进一步推进建设项目环境监理试点工作的通知》的通知

环办环评〔2016〕32 号

各省、自治区、直辖市环境保护厅（局），新疆生产建设兵团环境保护局，环境保护部各环境保护督查中心：

目前，建设项目环境监理试点工作已结束，经研究决定，废止 2012 年 1 月 10 日发布的《关于进一步推进建设项目环境监理试点工作的通知》（环办〔2012〕5 号）。

特此通知。

环境保护部办公厅
2016 年 4 月 7 日

关于印发水泥制造等七个行业建设项目环境影响评价文件审批原则的通知

环办环评〔2016〕114号

各省、自治区、直辖市环境保护厅（局），新疆生产建设兵团环境保护局：

为进一步规范建设项目环境影响评价文件审批，统一管理尺度，我部组织编制了水泥制造、煤炭采选、汽车整车制造、铁路、制药、水利（引调水工程）、航道等七个行业建设项目环境影响评价文件审批原则（试行）。现印发给你们，请参照执行。国家环境保护政策和环境管理要求如有调整，建设项目环境影响评价文件审批按新的规定执行。

附件：1．水泥制造建设项目环境影响评价文件审批原则（试行）
2．煤炭采选建设项目环境影响评价文件审批原则（试行）
3．汽车整车制造建设项目环境影响评价文件审批原则（试行）
4．铁路建设项目环境影响评价文件审批原则（试行）
5．制药建设项目环境影响评价文件审批原则（试行）
6．水利建设项目（引调水工程）环境影响评价文件审批原则（试行）
7．航道建设项目环境影响评价文件审批原则（试行）

环境保护部办公厅

2016年12月24日

附件1

水泥制造建设项目环境影响评价文件审批原则

（试行）

第一条 本原则适用于水泥制造（包括水泥熟料制造以及配套石灰岩矿山开采）建设项目环境影响评价文件的审批。对不增加水泥熟料产能的节能减排、环保升级改造建设项目可参照执行，相关要求可适当简化。

第二条 项目符合环境保护相关法律法规和政策要求，符合落后产能淘汰、产能等量或减量置换以及煤炭减量替代等相关要求，不予批准未按期完成淘汰任务地区的项目。不予批准新建 2000 吨/日以下熟料新型干法水泥生产线和 60 万吨/年以下水泥粉磨站。

新建、扩建水泥熟料制造建设项目应配套设计开采年限不低于 30 年的石灰岩资源，利用工业废渣等替代石灰岩资源项目应说明替代资源的可行性、可靠性。

第三条 项目符合国家和地方的主体功能区规划、环境保护规划、产业发展规划、城市总体规划、土地利用规划、环境功能区划、生态保护红线、生物多样性保护优先区域规划等的相关要求，符合相关区域或产业规划环评要求。水泥熟料建设项目配套的石灰岩矿应符合区域矿产资源开发利用规划。

不予批准选址在自然保护区、风景名胜区、饮用水水源保护区、永久基本农田等法律法规禁止建设区域的项目，不予批准选址在城市建成区、地级及以上城市市辖区内的新建、扩建项目（规划工业区除外）。新建、扩建项目不得位于城镇和集中居民区全年最大频率风向的上风侧。

水泥窑协同处置固体废物项目规划选址及设施、运行技术要求还应符合《水泥窑协同处置固体废物污染控制标准》（GB 30485）、《水泥窑协同处置工业废物设计规范》（GB 50634）、《水泥窑协同处置固体废物环境保护技术规范》（HJ 662）等要求。

第四条 新建、扩建水泥熟料建设项目应采用清洁生产技术、工艺和设备，单位产品水泥（熟料）综合能耗、物耗、水耗、资源综合利用和污染物产生量等指标应符合清洁生产领先企业要求。水泥熟料生产建设项目应配置余热回收利用装置。

第五条 主要污染物排放总量满足国家和地方相关要求。暂停审批未完成环境质量改善目标地区新增重点污染物排放的项目。

第六条 对有组织、无组织废气进行控制与治理。产尘物料贮存、输送采取封闭措施；矿石破碎、原料烘干、原料均化、生料粉磨、煤粉制备、水泥粉磨、包装等工序及原料库、燃料库、熟料库、水泥库等各产尘环节配套建设除尘设施；水泥窑及窑尾余热利用系统（窑尾）、冷却机（窑头）同步建设先进高效的除尘设施；水泥窑采用低氮氧化物燃烧、分解炉分级燃烧、烟气脱硝装置等一种或多种组合技术降氮。对二氧化硫排放超标的，应采取污染防治措施。

水泥窑协同处置固体废物项目的固体废物贮存、预处理等设施产生的废气以及旁路放风废气应进行有效控制与治理，符合《水泥窑协同处置固体废物污染控制标准》（GB 30485）、《水泥窑协同处置固体废物环境保护技术规范》（HJ 662）要求。

第七条 按照“清污分流、雨污分流、分类收集、分质处理”原则，设立完善的废水收集、处理、回用系统，提高水循环利用率，减少废水外排量。

水泥窑协同处置固体废物项目产生的渗滤液、车辆清洗废水以及其他废水等应进行收集处理，外排废水应达标排放。根据环境保护目标敏感程度、水文地质条件等，采取分区防渗等措施有效防范地下水污染。

第八条 按照“减量化、资源化、无害化”原则，对窑灰、灰渣、收集的粉尘、滤袋、废旧耐火砖、废石等固体废物立足综合利用，采取有效措施提高综合利用率。一般工业固体废物和危险废物贮存和处理处置应符合相关污染控制技术规范、标准及环境管理要求。

水泥窑协同处置固体废物项目窑灰排放等还应满足《水泥窑协同处置固体废物污染控制标准》（GB 30485）、《水泥窑协同处置固体废物环境保护技术规范》（HJ 662）要求。

第九条 生料磨、煤磨、水泥磨、破碎机、风机、空压机等应优先选用低噪声设备，优化厂区平面布置，采取隔声、消声、减振等措施有效控制噪声影响。矿山开采应优先采用低噪声、低振动的爆破技术。

第十条 废气排放符合《水泥工业大气污染物排放标准》（GB 4915）、《水泥窑协同处置固体废物污染控制标准》（GB 30485）、《恶臭污染物排放标准》（GB 14554）等要求。废水排放符合《污水综合排放标准》（GB 8978）要求。厂界噪声符合《工业企业厂界环境噪声排放标准》（GB 12348）要求。固体废物贮存、处置的设施、场所满足《一般工业固体废物贮存、处置场污染控制标准》（GB 18599）和《危险废物贮存污染控制标准》（GB 18597）及其修改单要求。

大气污染防治重点区域的项目，满足污染物特别排放限值要求。所在地区有地方污染物排放标准的，按其规定从严执行。

第十一条 结合当地生态功能区划要求，按照“边开采、边恢复”的原则，分施工期、运行期和闭矿期制定石灰岩矿山、废石场等生态环境保护方案，明确生态恢复目标，提出合理可行的生态保护、恢复、补偿与重建措施，控制和减缓对生态环境的影响。

第十二条 提出了有效的环境风险防范措施及突发环境事件应急预案编制要求，纳入区域突发环境事件应急联动机制。水泥窑协同处置危险废物项目应对危险废物暂存、预处理等风险源进行识别、评价并提出有效的风险防范措施。

第十三条 改、扩建项目应全面梳理现有工程存在的环保问题并明确限期整改要求，相关依托工程需进一步优化的，应提出“以新带老”方案。

第十四条 关注细颗粒物及其主要前体物、氟化物、汞的环境影响，水泥窑协同处置固体废物项目还应关注正常排放和非正常排放下的氯化氢、氟化氢、重金属、二噁英等的环境影响。实行错峰生产的地区，在环境影响分析预测中应予以考虑。新建、扩建项目选址布局应满足环境防护距离要求，并提出环境防护距离内禁止布局新建环境敏感目标等规划控制要求；改建项目应进一步采取措施，降低环境影响。

第十五条 提出了项目实施后的环境管理要求，制订施工期和运行期废气、废水、噪声、生态以及周边环境质量的自行监测计划，明确网点布设、监测因子、监测频次和信息公开等要求。按照环境监测管理规定和技术规范要求设置永久采样口、采样测试平台，按规范设置污染物排放口、固体废物贮存（处置）场，安装污染物排放自动监测系统并与环保部门联网。

水泥窑协同处置固体废物项目的污染源监测要求还应符合《水泥窑协同处置固体废物污染控制标准》（GB 30485）要求，并开展环境空气、地表水、地下水、土壤中重金属、二噁英等的背景值监测及后续跟踪监测。

第十六条 按相关规定开展了信息公开和公众参与。

第十七条 环境影响评价文件编制规范，符合资质管理规定和环评技术标准要求。

附件 2

煤炭采选建设项目环境影响评价文件审批原则

（试行）

第一条 本原则适用于煤炭采选工程建设项目环境影响评价文件的审批。

第二条 项目符合环境保护相关法律法规和政策要求，符合煤炭行业化解过剩产能相关要求，新建煤矿应同步建设配套的煤炭洗选设施。特殊和稀缺煤开发利用应符合《特殊和稀缺煤类开发利用管理暂行规定》要求。

第三条 项目符合所在煤炭矿区总体规划、规划环评及其审查意见的相关要求，符合项目所在区域生态保护红线要求。

井（矿）田开采范围、各类占地范围不得涉及自然保护区、风景名胜区、饮用水水源保护区等法律法规明令禁止采矿和占用的区域。

第四条 新建、改扩建项目应满足《清洁生产标准 煤炭采选业》（HJ 446）要求。主要污染物排放总量满足国家和地方相关要求。

第五条 对井工开采项目的沉陷区及临时排矸场、露天开采项目的采掘场及排土场，应明确生态恢复目标，提出施工期、运行期、闭矿期合理可行的生态保护与恢复措施。对受煤炭开采影响的居民住宅、地面重要基础设施等环境保护目标，应提出相应的保护措施。

第六条 煤炭开采可能对自然保护区、风景名胜区、饮用水水源保护区的重要环境敏感目标造成不利影响的，应提出禁止开采、限制开采、充填开采等保护措施；涉及其他敏感区域保护目标的，应明确提出设置禁采区、限采区、限高开采、充填开采、条带开采等措施。

煤炭开采对具有供水意义的含水层、集中式与分散式供水水源的地下水资源可能造成影响的，应提出保水采煤等措施并制定长期供水替代方案；对地下水水质可能造成污染影响的应提出防渗等污染防治措施。

第七条 项目应配套建设矿井（坑）水、生活污水、生产废水处理设施，处理后的废水应立足综合利用，生活污水、生产废水等原则上不得外排。选煤厂煤泥水应实现闭路循环，工业场地初期雨水应收集处理。无法全部综合利用的废水，应满足相关排放标准要求后排放。

第八条 煤矸石等固体废物应优先综合利用，明确煤矸石综合利用途径和处置方式，满足《煤矸石综合利用管理办法》相关要求。暂不具备综合利用条件的，排至临时矸石堆放场（库）储存，储存规模不超过 3 年储矸量，且必须有后续综合利用方案。临时矸石堆放场（库）选址、建设和运行应满足《一般工业固体废物贮存、处置场污染控制标准》（GB 18599）要求。

第九条 煤矿地面储、装、运及生产系统各产尘环节应采取有效抑尘措施。涉及环境敏感区或区域颗粒物超标地区的项目，应封闭储煤，厂界无组织排放满足相关标准要求。优先采用依托热源、水源热泵、气源热泵、清洁能源等供热形式，确需建设燃煤锅炉的，应符合《大气污染防治行动计划》等相关要求，采取高效烟气脱硫、脱硝和除尘措施，并安装烟气在线监测系统，污染物排放应满足相关排放标准要求。

高浓度瓦斯禁止排放，应配套建设瓦斯利用设施或提出瓦斯综合利用方案；积极开展低浓度瓦斯综合利用工作，鼓励风排瓦斯综合利用。瓦斯排放应满足《煤层气（煤矿瓦斯）排放标准（暂行）》要求。

第十条 选择低噪声设备、优化场地布局并采取隔声、消声、减振等措施有效控制噪声影响，厂界噪声应满足《工业企业厂界环境噪声排放标准》（GB 12348）要求。

第十一条 改、扩建（兼并重组）项目应全面梳理现有工程存在的环保问题，提出“以新带老”整改方案。

第十二条 制订了生态、地下水、地表水等环境要素的跟踪监测计划，明确监测网点的布设、监测因子、监测频次和信息公开等要求，提出了采煤沉陷区长期地表岩移观测要求，提出了有效的环境风险防范措施及突发环境事件应急预案编制要求，纳入区域突发环境事件应急联动机制。

第十三条 涉及放射性污染影响的煤炭采选项目，参照《矿产资源开发利用辐射环境监督管理名录》（第一批）中石煤行业相关要求，原煤、产品煤、矸石或其他残留物铀（钍）系单个核素含量超过 1 贝可/克（1Bq/g）的项目，应开展辐射环境污染评价。开采高砷、高铝煤矿等项目，提出了产品煤去向及环境管理要求。

第十四条 按相关规定开展了信息公开和公众参与。

第十五条 环境影响评价文件编制规范，符合资质管理规定和环评技术标准要求。

附件 3

汽车整车制造建设项目环境影响评价文件审批原则

（试行）

第一条 本原则适用于汽车整车制造及电动汽车除电池生产之外的建设项目环境影响评价文件的审批。具有完整涂装工艺（含前处理、喷漆、烘干等）的改装汽车、车身零部件建设项目可参照执行。

第二条 项目符合环境保护相关法律法规和政策要求。原则上不再审批传统燃油汽车生产新设企业的项目。

第三条 项目符合国家和地方的主体功能区规划、环境保护规划、产业发展规划、城市总体规划、土地利用规划、环境功能区划、生态保护红线、生物多样性保护优先区域规划等的相关要求。新建项目原则上应位于产业园区内，并符合园区规划及规划环评要求。

不予批准选址在自然保护区、风景名胜区、饮用水水源保护区、永久基本农田等法律法规明令禁止建设区域的项目。

第四条 采用资源回收率高、污染物产生量小的清洁生产技术、工艺和设备，原材料指标及单位产品的物耗、能耗、水耗、资源综合利用和污染物产生量等指标达到国内清洁生产先进水平。

大气污染防治重点区域内新建、扩建汽车项目，水性涂料等低挥发性有机物含量涂料占总涂料使用量比例不低于80%；改建项目水性、高固分、粉末、紫外光固化涂料等低挥发性有机物含量涂料的使用比例达到50%以上。项目生产过程中使用涂料的有害物质含量应符合《汽车涂料中有害物质限量》（GB 24409）和《环境标志产品技术要求　水性涂料》（HJ 2537）等要求。

第五条　主要污染物排放总量满足国家和地方相关要求。暂停审批未完成环境质量改善目标地区新增重点污染物排放的项目。

第六条　对废气进行收集、控制与处理，减少无组织排放。有机溶剂等液态化学品的储存、运输采取密闭措施。焊接车间弧焊设备采用焊接烟尘收集净化装置。涂装车间采用集中自动输调漆系统并密闭作业，喷漆室、流平室及烘干室采取封闭措施控制无组织排放；喷漆室配备高效漆雾净化装置，流平室、烘干室以及使用溶剂型涂料的喷漆室、调漆间等应配备高效有机废气净化装置。总装车间补漆室配套有机废气净化设施，整车检测下线工位设汽车尾气收集装置。

发动机缸体、缸盖等铸件毛坯生产车间，熔化、制芯、造型、砂处理和清理等工部产生烟（粉）尘的设备或工位均应配套烟（粉）尘收集净化措施，制芯工部制芯设备、选型工部浇注工位、铝件压铸设备均应配套有机废气净化措施，发动机缸体、缸盖等零部件机械加工车间产生油雾的设备采取油雾收集净化措施，喷漆工位配套有机废气净化装置，发动机试验车间（工位）配套尾气净化设施。

燃油供应系统配备油气回收装置。各燃烧类处理设施采用天然气等清洁能源作为燃料。

第七条　按照“清污分流、雨污分流、分类收集、分质处理”原则，设立完善的废水分类收集、处理和回用系统，提高水循环利用率，最大限度减少废水外排量。涂装车间含重金属废水（液）应单独收集处理，第一类污染物排放浓度在车间或车间处理设施排放口达标；涂装车间脱脂等表面处理废液、电泳槽清洗废液、喷漆废水和机械加工车间废切削液、废清洗液应进行预处理。根据环境保护目标敏感程度、水文地质条件等，采取分区防渗等措施有效防范地下水污染。

第八条　按照“减量化、资源化、无害化”原则，对固体废物进行处理处置。磷化渣、废漆渣、废溶剂、生产废水（液）物化处理产生的污泥及废油等危险废物的收集、贮存及运输应执行《危险废物收集、贮存、运输技术规范》。机械加工车间应配套废切屑沥干设施。冲压废料、废动力电池等一般工业固体废物应回收或综合利用。

第九条　选用低噪声工艺和设备，优化厂区总平面布置，对冲压车间、发动机试验间、空压站等高噪声污染源采取减振、隔声降噪措施有效控制噪声、振动影响。必要时试车跑道应采取隔声降噪措施。

第十条　废气排放符合《大气污染物综合排放标准》（GB 16297）和《恶臭污染物排放标准》（GB 14554）要求；废水排放符合《污水综合排放标准》（GB 8978）和《污水排入城镇下水道水质标准》（GB/T 31962）要求；厂界噪声符合《工业企业厂界环境噪声排放标准》（GB 12348）要求；固体废物贮存、处置的设施、场所满足《一般工业固体废物贮存、处置场污染控制标准》（GB 18599）和《危险废物贮存污染控制标准》（GB 18597）及其修改单要求。地方另有严格要求的按其规定执行。

第十一条　提出了有效的环境风险防范措施及突发环境事件应急预案编制要求，纳入区域突发环境事件应急联动机制。关注油库、化学品库泄漏的环境风险。

第十二条 改、扩建项目应全面梳理现有工程存在的环保问题并明确限期整改要求，相关依托工程需进一步优化的，应提出“以新带老”方案。

第十三条 关注苯系物、挥发性有机物的环境影响。新建、扩建项目选址布局应满足环境防护距离要求，并提出环境防护距离内禁止布局新建环境敏感目标等规划控制要求；改建项目应进一步采取措施，降低环境影响。

第十四条 提出了项目实施后的环境管理要求，制订施工期和运行期废气、废水、噪声以及周边环境质量的自行监测计划，明确网点布设、监测因子、监测频次和信息公开要求。按照环境监测管理规定和技术规范要求设置永久采样口、采样测试平台和排污口标志，提出污染物排放自动监测并与环保部门联网的要求。

第十五条 按相关规定开展了信息公开和公众参与。

第十六条 环境影响评价文件编制规范，符合资质管理规定和环评技术标准要求。

附件 4

铁路建设项目环境影响评价文件审批原则

（试行）

第一条 本原则适用于标准轨距的Ⅱ级及以上新建、改建铁路建设项目环境影响评价文件的审批。其他类型铁路建设项目可参照执行。

第二条 项目符合环境保护相关法律法规和政策要求，符合国家和地方铁路发展规划、铁路网规划、相关规划环评及其审查意见要求。

第三条 坚持“保护优先”原则，选址选线符合国家和地方的环境保护规划、环境功能区划、生态保护红线、生物多样性保护优先区域规划等的相关要求，与沿线城镇总体规划等相协调。

项目选址选线及施工布置不得占用自然保护区、风景名胜区、饮用水水源保护区、永久基本农田等法律法规禁止开发建设的区域。项目经过环境敏感区路段应优化选线选址，采取有效措施，降低不利环境影响。

第四条 坚持预防为主原则，优先考虑对噪声源、振动源和传播途径采取工程技术措施，有效降低噪声和振动对环境的不利影响。

应结合项目沿线受影响情况采取优化线位和工程形式、设置声屏障、搬迁或功能置换等措施，有效防治噪声污染。建筑隔声措施可作为辅助手段保障敏感目标满足室内声环境质量要求。

运营期铁路边界噪声排放限值需满足标准要求。现状声环境质量达标的，项目实施后沿线声环境敏感目标仍满足声环境质量标准要求。现状声环境质量不达标的，须强化噪声防治措施，项目实施后敏感目标满足声环境质量标准要求或不恶化。运营期铁路沿线振动环境敏感目标满足相应环境振动标准要求。

项目经过城乡规划的医院、学校、科研单位、住宅等噪声和振动敏感建筑物用地路段，应明确噪声和振动防护距离要求，对后续城市规划控制和建设布局提出调整优化建议，同时预留声屏障等隔声降噪措施和振动污染防治措施的实施条件。

施工期应合理安排施工时段，优选低噪声施工机械和施工工艺，邻近敏感目标施工时，采取合理的隔声降噪与减振措施，避免噪声和振动污染扰民。

第五条 项目涉及自然保护区、世界文化和自然遗产地等特殊和重要生态敏感区的，应专题论证对敏感区的环境影响。结合涉及保护目标的类型、保护对象及保护要求，从优化设计线位、工程形式和施工方案等方面采取有针对性的保护措施，减轻不利生态影响。

重视对野生动、植物的保护。对重点保护及珍稀濒危野生动物重要生境、迁徙行为造成不利影响的，应优先采取避让措施，采取优化设计和施工方案、合理安排工期、设置野生动物通道、运营期灯光和噪声控制以及栖息地恢复和补偿等保护措施；对古树名木、重点保护及珍稀濒危植物造成影响的，应采取避让、工程防护、异地移栽等保护措施。

项目经过耕地、天然林地集中路段，结合工程技术条件采取增加桥隧比、降低路基高度、优化临时用地选址等措施，减少占地和植被破坏。对施工临时用地采取防止水土流失和生态恢复措施。

对于实际环境影响程度和范围较大，且主要环境影响在项目建成运行一定时期后逐步显现的项目，以及穿越重要生态环境敏感区的项目，按照相关规定提出了开展后评价工作的要求。

第六条 项目涉及饮用水水源保护区或Ⅰ类、Ⅱ类敏感水体时，在满足水污染防治相关法律法规要求前提下，应优化工程设计和施工方案，废水、污水尽量回收利用，废渣妥善处置，不得向上述敏感水体排污。落实《水污染防治行动计划》等国家和地方水环境管理及污染防治相关要求。

隧道工程涉及生态敏感目标、居民饮用水取水井、泉和暗河的，采取优化设计和施工工艺、控制辅助坑道设置数量和位置、开展地下水环境监控、制定应急预案等措施，减轻对地表植被、居民饮用水水质的不利影响。桥梁工程涉及水环境敏感目标的，应优化设计和施工工艺，合理设置桥面径流收集系统和事故应急池，统筹安排施工工期，控制桩基施工及桥面径流污染。

第七条 根据项目特点提出针对性的施工期大气污染防范措施。沿线供暖设备的建设应满足《大气污染防治行动计划》等国家和地方大气环境管理及污染防治相关要求，排放大气污染物的，应采取污染防治措施，确保各项污染物达标排放。

运煤铁路沿线涉及有煤炭集运站或煤堆场的，应强化防风抑尘等大气污染防治措施，煤炭装卸及煤堆场应尽量封闭设置，并结合环境防护距离的要求提出场址周围规划控制建议。对装运煤炭的列车，转运、卸载、储存等易产尘环节应有抑尘等措施，减轻运营过程中的扬尘影响。隧道进出口临近居民区或其他环境空气敏感区，应优化布局或采取大气污染治理措施，减轻不利环境影响。

第八条 牵引变电所、基站合理选址，确保周围环境敏感目标满足有关电磁环境标准要求。采取有效措施并加强监测，妥善解决列车运行电磁干扰影响沿线无线电视用户接收信号的问题。

第九条 按照“减量化、资源化、无害化”的原则，对固体废物进行分类收集和处理处置。涉及危险废物的，按照相关规定提出了贮存、运输和处理处置要求。

第十条 对可能存在环境风险的项目，应强化风险污染路段和站场的环境风险防范措施，提出了突发环境事件应急预案编制要求，建立与当地人民政府相关部门和受影响单位的应急联动机制。

第十一条 改、扩建项目应全面梳理现有工程存在的环保问题，提出“以新带老”整改方案。

第十二条 按环境影响评价技术导则及相关规定制订了环境监测计划，明确监测的网点布设、监测因子、监测频次和信息公开等有关要求。提出了项目施工期和运营期的环境管理要求。

第十三条 对环境保护措施技术、经济、环境可行性等进行深入论证，合理估算环保投资并纳入投资概算，明确措施实施的责任主体、实施时间、实施效果等，确保其科学有效、安全可行、绿色协调。

第十四条 按相关规定开展了信息公开和公众参与。

第十五条 环境影响评价文件编制规范，符合资质管理规定和环评技术标准要求。

附件 5

制药建设项目环境影响评价文件审批原则

（试行）

第一条 本原则适用于化学药品（包括医药中间体）、生物生化制品、有提取工艺的中成药制造、中药饮片加工、医药制剂建设项目环境影响评价文件的审批。

第二条 项目符合环境保护相关法律法规和政策要求，符合医药行业产业结构调整、落后产能淘汰等相关要求。

第三条 项目符合国家和地方的主体功能区规划、环境保护规划、产业发展规划、环境功能区划、生态保护红线、生物多样性保护优先区域规划等的相关要求。

新建、扩建、搬迁的化学原料药和生物生化制品建设项目应位于产业园区，并符合园区产业定位、园区规划、规划环评及审查意见要求。

不予批准选址在自然保护区、风景名胜区、饮用水水源保护区等法律法规禁止建设区域的项目。

第四条 采用先进适用的技术、工艺和装备，单位产品物耗、能耗、水耗和污染物产生情况等清洁生产指标满足国内清洁生产先进水平。

第五条 主要污染物排放总量满足国家和地方相关要求。暂停审批未完成环境质量改善目标地区新增重点污染物排放的项目。

第六条 强化节水措施，减少新鲜水用量。严格控制取用地下水。取用地表水不得挤占生态用水、生活用水和农业用水。

按照“清污分流、雨污分流、分类收集、分质处理”原则，设立完善的废水收集、处理系统。第一类污染物排放浓度在车间或车间处理设施排放口达标；实验室废水、动物房废水等含有药物活性成分的废水，应单独收集并进行灭菌、灭活预处理；毒性大、难降解及高含盐等废水应单独收集、处理后，再与其他废水一并进入污水处理系统处理。

依托公共污水处理系统的项目，在厂内进行预处理，常规污染物和特征污染物排放应满足相应排放标准和公共污水处理系统纳管要求。直排外环境的废水须满足国家和地方相关排放标准要求。

第七条 优化生产设备选型，密闭输送物料，采取有效措施收集并处理车间产生的无组织废气。发酵和消毒尾气、干燥废气、反应釜（罐）排气等有组织废气经处理后，污染物排放须满足相应国家和地方排放标准要求。对于挥发性有机物（VOCs）排放量较大的项目，应根据国家VOCs治理技术及管理要求，采取有效措施减少VOCs排放。动物房应封闭，设置集中通风、除臭设施。产生恶臭的生产车间应设置除臭设施，恶臭污染物满足《恶臭污染物排放标准》（GB 14554）要求。

第八条 按照“减量化、资源化、无害化”的原则，对固体废物进行处理处置。固体废物贮存、处置设施、场所须满足《一般工业固体废物贮存、处置场污染控制标准》（GB 18599）、《危险废物贮存污染控制标准》（GB 18597）及其修改单和《危险废物焚烧污染控制标准》（GB 18484）的有关要求。

含有药物活性成分的污泥，须进行灭活预处理。中药渣按一般工业固体废物处置。对未明确是否具有危险特性的动植物提取残渣、制药污水处理产生的污泥等，应进行危险废物鉴别，在鉴别结论出来之前暂按危险废物管理。

第九条 有效防范对土壤和地下水环境的不利影响。根据环境保护目标的敏感程度、水文地质条件采取分区防渗措施，制定有效的地下水监控和应急方案。在厂区与下游饮用水水源地之间设置观测井，并定期实施监测、及时预警，保障饮用水水源地安全。

第十条 优化厂区平面布置，优先选用低噪声设备，高噪声设备采取隔声、消声、减振等降噪措施，厂界噪声满足《工业企业厂界环境噪声排放标准》（GB 12348）要求。

第十一条 重大环境风险源合理布局，提出了合理有效的环境风险防范措施。车间、罐区、库房等区域因地制宜地设置容积合理的事故池，确保事故废水有效收集和妥善处理。提出了突发环境事件应急预案编制要求，制定有效的环境风险管理制度，合理配置环境风险防控及应对处置能力，与当地人民政府和相关部门以及周边企业、园区相衔接，建立区域突发环境事件应急联动机制。

第十二条 对生物生化制品类企业，废水、废气及固体废物的处置应考虑生物安全性因素。

存在生物安全性风险的抗生素制药废水，应进行预处理以破坏抗生素分子结构。通过高效过滤器控制颗粒物排放，减少生物气溶胶可能带来的风险。涉及生物安全性风险的固体废物应按照危险废物进行无害化处置。

第十三条 改、扩建项目应全面梳理现有工程存在的环保问题并明确限期整改要求，相关依托工程需进一步优化的，应提出“以新带老”方案。对搬迁项目的原厂址土壤和地下水进行污染识别，提出开展污染调查、风险评估及环境修复建议。

第十四条 关注特征污染物的累积环境影响。环境质量现状满足环境功能区要求的区域，项目实施后环境质量仍满足功能区要求。环境质量现状不能满足环境功能区要求的区域，进一步强化项目污染防治措施，提出有效的区域污染物削减措施，改善区域环境质量。合理设置环境防护距离，环境防护距离内不得设置居民区、学校、医院等环境敏感目标。

第十五条 提出了项目实施后的环境管理要求，制订施工期和运营期污染物排放状况及其对周边环境质量的自行监测计划，明确网点布设、监测因子、监测频次和信息公开等要求。按照环境监测管理规定和技术规范要求设置永久采样口、采样测试平台，按规范设置污染物排放口、固体废物贮存（处置）场，安装污染物排放连续自动监控设备并与环保部门联网。

第十六条 按相关规定开展了信息公开和公众参与。

第十七条 环境影响评价文件编制规范，符合资质管理规定和环评技术标准要求。

附件 6

水利建设项目（引调水工程）环境影响评价文件审批原则

（试行）

第一条 本原则适用于引调水工程环境影响评价文件的审批，其他供水工程及灌溉工程等可参照执行。引调水工程一般由取水枢纽、输水建筑物、控制建筑物、交叉建筑物、调蓄水库以及末端配套工程等组成，空间上一般分为调出区、输水线路区和受水区。

第二条 项目符合资源与环境保护相关法律法规和政策，与主体功能区规划、生态功能区划等相协调，开发任务、供水范围及对象、调水规模、选址选线等工程主要内容总体满足流域综合规划、水资源综合规划、水资源开发利用（含供水）规划、工程规划、流域水污染防治规划、流域生态保护规划等相关规划、规划环评及审查意见要求。

项目符合“先节水后调水、先治污后通水、先环保后用水”原则，与水资源开发利用及区域用水总量控制、用水效率控制、水（环境）功能区限制纳污控制等相协调。充分考虑调出区经济社会发展和生态环境用水需求，调水量不得超出调出区水资源利用上限，受水区水资源配置与区域水资源水环境承载能力相适应。

第三条 工程选址选线、施工布置和水库淹没原则上不得占用自然保护区、风景名胜区、生态保护红线等敏感区内法律法规禁止占用的区域和已明确作为栖息地保护区域，并与饮用水水源保护区的有关保护要求相协调。

第四条 项目调水和水库调蓄造成调出区取水枢纽下游水量减少和水文情势改变且带来不利影响的，在统筹考虑满足下游河道水生生态、水环境、景观、湿地等生态环境用水及生产、生活用水需求的基础上，提出了调水总量和过程控制、输水线路或末端调蓄能力保障、生态流量泄放、生态（联合）调度等措施，明确了生态流量泄放和在线监测设施以及管理措施等内容。针对水库下泄或调出低温水、泄洪造成的气体过饱和等导致的不利生态环境影响，提出了分层取水、优化泄洪形式或调度方式、管理等措施。根据水质管理目标要求，提出了水源区污染源治理、库底环境清理、污水处理等水质保障措施；兼顾城乡生活供水任务的，还提出了划定饮用水水源保护区、设置隔离防护带等措施。

第五条 根据输水线路水环境保护需求，提出了划定饮用水水源保护区、源头治理、截污导流、河道清淤或建设隔离带等措施，保障输水水质达标。输水河湖具有航运、旅游等其他功能且可能对水质安全带来不利影响的，提出了不得影响输水水质的港口码头选址建设要求、制定限制或禁止运输的货物种类目录、船舶污染防治等水污染防范措施。

第六条 受水区水污染治理以改善水环境质量为目标，遵循“增水不增污”或“增水减污”原则，并有经相关地方人民政府认可的水污染防治相关规划作为支撑。

第七条 项目建设可能造成水库和输水沿线周边地下水位变化，引起土壤潜育化、沼泽化、盐碱化、沙化或植被退化演替等次生生态影响的，提出了封堵、导排、防护等针对性措施。

第八条 项目对鱼类等水生生物的生境、物种多样性及资源量等造成不利影响的，提出了优化工程设计及调度、栖息地保护、水生生物通道恢复、增殖放流、拦鱼等措施。栖息地保护措施包括干（支）流生境保留、生境修复（或重建）等，采用生境保留的应明确河段范围及保护措施。水生生物通道恢复措施包括鱼道、升鱼机、集运鱼系统等，在必要的水工模型试验基础上，明确了过鱼对象、主要参数、运行要求等，且满足可研阶段设计深度要求。鱼类增殖放流措施应明确增殖站地点、增殖放流对象、放流规模、放流地点等。

第九条 项目对珍稀濒危和重点保护野生动、植物及其生境造成影响的，提出了优化工程布置和调度运行方案、合理安排工期、应急救护、建设或保留动物通道、移栽、就地保护或再造类似生境等避让、减缓和补偿措施。项目涉及风景名胜区等环境敏感区并对景观产生影响的，提出了工程方案优化、景观塑造等措施。

第十条 项目施工组织方案具有环境合理性，对料场、弃土（渣）场等施工场地提出了水土流失防治和施工迹地生态恢复等措施。根据环境保护相关标准和要求，对施工期各类废（污）水、废气、噪声、固体废物等提出防治或处置措施。

第十一条 项目移民安置涉及的农业土地开垦、移民安置区建设、企业迁建、专业项目改复建工程等，其建设方式和选址具有环境合理性，对环境造成不利影响的，提出了生态保护、污水处理与垃圾处置等措施。针对城（集）镇迁建及配套的重大环保基础设施建设、重要交通和水利工程改复建、污染型企业迁建等重大移民安置专项工程，依法提出了单独开展环境影响评价要求。

第十二条 项目存在水污染、富营养化或外来物种入侵等环境风险的，提出了针对性风险防范措施和环境应急预案编制、与地方人民政府及其相关部门和受影响单位建立应急联动机制的要求。

第十三条 改、扩建项目应在全面梳理与项目有关的现有工程环境问题基础上，提出了“以新带老”措施。

第十四条 按相关导则及规定要求，制订了水环境、生态、土壤、大气、噪声等环境监测计划，明确了监测网点、因子、频次等有关要求，提出了根据监测评估结果开展环境影响后评价或优化环境保护措施的要求。根据需要和相关规定，提出了环境保护设计、环境监理、开展科学研究等环境管理要求和相关保障措施。

第十五条 对环境保护措施进行了深入论证，具有明确的责任主体、投资、时间节点和预期效果等，确保科学有效、安全可行、绿色协调。

第十六条 按相关规定开展了信息公开和公众参与。

第十七条 环境影响评价文件编制规范，符合资质管理规定和环评技术标准要求。

附件 7

航道建设项目环境影响评价文件审批原则

（试行）

第一条 本原则适用于江河（含人工运河）、湖泊、沿海港区航道疏浚、整治等建设项目环境影响评价文件的审批，不包括航运（电）枢纽及通航建筑物。

第二条 项目符合环境保护相关法律法规和政策要求，与流域生态保护规划、航道规划或港口总体规划等相关规划、规划环评及审查意见要求相协调。

第三条 工程布局、施工布置原则上不占用自然保护区、风景名胜区、生态保护红线等敏感区内法律法规明令禁止占用区域，与饮用水水源保护区要求相协调。开放水域现有航道与相关保护区域重叠的，在统筹考虑工程实施与环境保护关系的基础上，严格按照生态环境保护要求，依法科学论证。

第四条 项目疏浚、抛石、沉排、吹填、切滩、抛泥等涉水作业对水质造成不利影响的，提出了优化工程施工方案、工艺或时序及各施工环节悬浮物控制措施。内河航道整治、沿海港区航道导堤等工程构筑物改变水文情势、冲淤条件，影响取水功能或造成水体交换、水污染物扩散能力降低且明显影响区域水质的，提出了工程优化调整措施。疏浚物优先用于陆域吹填或综合利用，属危险废物的，提出安全有效处置方案。施工船舶污水交有资质单位处置，不得直接排入水体。

第五条 按照“避让、减缓、补偿”原则提出了生态保护措施。项目实施丁坝、顺坝、锁坝、切滩、炸礁等工程，对鱼类等水生生物的重要洄游通道及“三场”等生境、物种多样性及资源量等造成不利影响的，提出了优化工程设计和施工方案、施工爆破噪声控制、施工期监测、驱赶、救助及科学研究等水生生物保护措施。造成生境破坏和水生生物资源损失的，提出了明确的生境修复或再造、生态护坡（滩）、增殖放流等生态保护和恢复措施。对于涉及水生哺乳动物、中华鲟等水生保护动物重要栖息水域的，提出了加强船舶航行控制、减小航速等措施。

第六条 项目施工布置具有环境合理性，对施工场地提出了防治水土流失和施工迹地生态恢复等措施。对施工期各类废（污）水、废气、噪声、固体废物等，提出了符合环境保护相关标准和要求的防治或处置措施。

第七条 项目存在船舶溢油等环境风险的，提出了针对性风险防范措施和环境应急预案编制、与地方人民政府相关部门和受影响单位建立应急联动机制的要求。

第八条 改、扩建项目应在全面梳理与项目有关的现有工程环境问题基础上，提出“以新带老”措施。

第九条 制定了施工期和运营期水生生态、水环境等环境监测计划，明确了监测网点、因子、频次等有关要求，重点监测珍稀保护鱼类、水生哺乳动物和水质等。提出了根据监测评估结果开展环境影响后评价或优化环境保护措施的要求。根据需要和相关规定，提出了环境保护设计、开展相关科学研究等环境管理要求和相关保障措施。

第十条 对环境保护措施进行了深入论证，有明确的责任主体、投资、时间节点和预期效果等，确保科学有效、安全可行、绿色协调。

第十一条 按相关规定开展了信息公开和公众参与。

第十二条 环境影响评价文件编制规范，符合资质管理规定和环评技术标准要求。

关于全国环评机构专项整治行动发现5起冒用环评资质违法行为的通报

环办环评函〔2016〕219号

各省、自治区、直辖市环境保护厅（局），新疆生产建设兵团环境保护局，各环评机构：

全国环评机构专项整治行动以来，根据我部和地方环保部门核查，有关环评机构举证和有关建设单位提供的证明材料，发现5起非环评机构冒用环评资质开展环境影响报告书编制工作的违法行为。现就有关情况通报如下：

一、违法行为基本情况

（一）四川福缘人环保科技股份有限公司违规承接《四川省威力富戎化工有限公司膨化炸药生产线改建乳化炸药生产线项目环境影响报告书》编制工作，以环评机构南充市环境科学研究院的名义进行了报告书编制，并于2014年1月获得四川省自贡市环境保护局批复。报告书使用的环评机构资质证书、公章和编制人员签字等均为伪造。

（二）黑龙江省林达环境科技咨询有限公司违规承接《哈尔滨市西南生活垃圾处理场污水升级改造项目环境影响报告书》编制工作，以环评机构国环宏博（北京）节能环保科技有限责任公司的名义进行了报告书编制，并于2014年7月获得黑龙江省哈尔滨市环境保护局哈经开区分局批复。报告书使用的环评机构资质证书、公章和编制人员签字等均为伪造。

（三）新疆旭源环保技术咨询有限公司违规承接《霍城县清水河镇江苏大道西延工程建设项目环境影响报告书》编制工作，以环评机构中国海洋大学的名义进行了报告书编制，并于2014年8月获得新疆维吾尔自治区伊犁哈萨克自治州霍城县环境保护局批复。报告书使用的环评机构资质证书、公章、法定代表人印章和编制人员签字等均为伪造。

（四）新疆博奇环保工程有限公司法定代表人陈涛违规承接《新疆鑫佳源矿业有限公司生物复合肥项目环境影响报告书》编制工作，以环评机构北京中安质环技术评价中心有限公司的名义进行了报告书编制，并于2014年7月获得新疆维吾尔自治区乌鲁木齐市环境保护局批复。报告书使用的环评机构资质证书、公章和编制人员签字等均为伪造。

（五）贵州远平环保产业有限公司违规承接《贵州荣跃电器有限公司高低压电气成套设备生产项目环境影响报告书》编制工作，以环评机构湖南华中矿业有限公司的名义进行了报告书编制，该报告书尚未正式报送环保主管部门。湖南华中矿业有限公司声明未参与该项目环评文件的编制工作。

二、处理意见和相关要求

（一）对以上已获得批复的 4 个项目环评文件，我部责成环评文件审批部门撤销批复文件。

（二）对冒用环评资质的四川福缘人环保科技股份有限公司、黑龙江省林达环境科技咨询有限公司、新疆旭源环保技术咨询有限公司、贵州远平环保产业有限公司和新疆博奇环保工程有限公司法定代表人陈涛违法信息，我部将纳入企业环境信用平台，并提交“信用中国”网站向社会公布。请上述环评机构就冒用环评资质单位的违法行为向公安机关报案。

（三）各级环保部门在建设项目环评文件受理、审查时，应强化管理，对环评文件编制机构资质和编制人员身份真实性进行严格审查，对冒用、出租、出借环评资质违法行为，一经发现，严肃处理。

（四）各环评机构要加强资质证书管理，规范从业，发现冒用资质违法行为应及时向环保部门反映，并向公安机关报案，切实维护自身权益。

环境保护部办公厅
2016 年 2 月 1 日

关于推进环保系统环评机构脱钩工作相关要求的通知

环办环评函〔2016〕627 号

各省、自治区、直辖市环境保护厅（局），新疆生产建设兵团环境保护局：

根据《全国环保系统环评机构脱钩工作方案》，2016 年 12 月 31 日前环保系统环评机构需要全部完成脱钩。目前，尚有 150 余家机构没有脱钩，时间紧迫，任务繁重，请省级环保主管部门高度重视，认真做好调度和督办工作。为确保脱钩任务按期顺利完成，现就后续工作有关要求通知如下：

一、拟采取将环评业务转至自然人出资设立的机构或国有股份转让等方式脱钩的机构，列入第二批的，原则上应于 2016 年 5 月 10 日前向我部上报脱钩申请材料；列入第三批的，原则上应于 2016 年 11 月 10 日前向我部上报脱钩申请材料。

二、列入第二批且资质有效期在 2016 年 5 月 10 日至 6 月 30 日期间内届满的脱钩机构，列入第三批且资质有效期在 2016 年 11 月 10 日至 12 月 31 日期间内届满的脱钩机构，无须再向我部上报资质延续申请材料，可直接上报脱钩申请材料或注销申请材料。

三、省级及以下环保系统环评机构自脱钩时限到期前3个月起，不得再承接新的建设项目环评文件编制委托。之前已经承接的项目，报省级环保主管部门审核同意后，可由原环评机构继续完成，原环评机构如注销，由其归属的直属单位继续完成。项目清单由省级环保主管部门在本部门政府网站向社会公布。

四、各级环保主管部门和有关环评机构要严格执行财务与资产、机构与人事等相关政策，严防脱钩过程中国有资产流失，确保人员妥善安置。要严格执行《关于严格廉洁自律、禁止违规插手环评审批的规定》等有关要求，做好廉政风险防范工作。

五、各级环保主管部门和环评机构，在脱钩工作中遇到相关问题，请及时与我部沟通，我部将给予积极指导和帮助。2016年，我部将对重点地区和进展较慢的地区开展现场调研和督办，定期公布脱钩工作进展情况，对逾期未完成脱钩的环评机构，予以注销资质，并向社会公开。

联系人及联系方式：

环境保护部环境影响评价司　赵晶（010）66556428

环境保护部行政审批大厅　朱美（010）66556045

环境保护部办公厅

2016年4月7日

关于对中国天辰工程有限公司环评文件编制质量问题处理意见的通报

环办环评函〔2016〕833号

各省、自治区、直辖市环境保护厅（局），新疆生产建设兵团环境保护局，环境保护部环境工程评估中心，中国天辰工程有限公司：

近期，我部受理了中国天辰工程有限公司编制的《青海矿业集团股份有限公司60万吨/年烯烃项目环境影响报告书》。经审查，该环评文件编制质量较差，现就对该环评机构及相关编制人员的处理意见通报如下：

一、环评文件存在的质量问题

（一）环境标准适用错误

该环评文件中加热炉烟气执行《工业炉窑污染物排放标准》（GB 9078—1996），不符合《关于印发〈现代煤化工建设项目环境准入条件（试行）〉的通知》（环办〔2015〕111

号）有关加热炉烟气应执行《石油化工工业污染物排放标准》（GB 31571—2015）的要求。

（二）环境影响预测与评价方法错误

该环评文件未分析近三年大气环境质量现状和变化趋势，未针对区域大气环境质量超标提出削减方案，也未按照《环境影响评价技术导则 大气环境》（HJ 2.2—2008）开展相应的影响预测。

二、处理意见

根据《建设项目环境影响评价资质管理办法》（环境保护部令 第 36 号）有关规定，我部对中国天辰工程有限公司及该环评文件的编制主持人杨建琪和主要编制人员柳希源、王玲、陶金、龚真强、黄东辉予以限期整改 6 个月。整改期自本通报印发之日起计算，整改期间各级环境保护主管部门不得受理该机构及杨建琪、柳希源、王玲、陶金、龚真强、黄东辉作为编制主持人和主要编制人员编制的环境影响报告书（表）审批申请，整改前审批部门已受理的可继续完成审批。整改期满后，中国天辰工程有限公司应向我部提交整改情况报告。

上述机构及人员对处理意见有异议的，可在接到本通报之日起 60 日内向我部申请行政复议，也可在接到本通报之日起 6 个月内依法提起行政诉讼。

环境保护部办公厅
2016 年 5 月 9 日

关于对北京中科尚环境科技有限公司等 4 家环评机构及周建兰等 6 名环评工程师处理意见的通报

环办环评函〔2016〕834 号

各省、自治区、直辖市环境保护厅（局），新疆生产建设兵团环境保护局，环境保护部环境工程评估中心，各相关环评机构：

按照《建设项目环境影响评价资质管理办法》（环境保护部令 第 36 号）（以下简称《资质管理办法》）有关要求，现就存在环评工程师“挂靠”行为的 4 家环评机构和 6 名相关人员的处理意见通报如下：

一、存在“挂靠”行为的机构和环评工程师

（一）北京中科尚环境科技有限公司环评工程师周建兰、尚梦实为湖北省水利水电规划勘察设计院在职人员，环评工程师吴胜斌实为海口经济学院在职人员。

（二）沧州圣力安全与环境科技咨询有限公司环评工程师耿曼实为辛集市环境保护局在职人员。

（三）河南九州环保工程有限公司环评工程师耿再峰实为南阳市环境监察支队在职人员。

（四）广西宇宏环保咨询有限公司环评工程师杨希实为福州市马尾区环境监测站在职人员。

二、处理意见

根据《资质管理办法》有关规定，我部决定对上述 4 家机构予以限期整改 6 个月，上述 6 名环评工程师 3 年内不得作为资质申请时配备的环评工程师、环境影响报告书（表）的编制主持人或者主要编制人员，违规行为记入诚信记录。

三、相关要求

（一）上述机构整改期自本通报印发之日起计算，整改期间各级环境保护主管部门不得受理该机构编制的环境影响报告书（表）审批申请，整改前审批部门已受理的可继续完成审批，整改期满后应向我部提交整改情况报告。

（二）各级环境保护主管部门要组织对本部门持有环评工程师职业资格证书的人员开展自查，对存在“挂靠”行为的人员一律责令自行办理注销手续。

四、其他

上述机构及人员对处理意见有异议的，可在接到本通报之日起 60 日内向我部申请行政复议，也可在接到本通报之日起 6 个月内依法提起行政诉讼。

环境保护部办公厅

2016 年 5 月 9 日

关于对深圳市景泰荣环保科技有限公司等2家环评机构及胡律书等4名环评工程师处理意见的通报

环办环评函〔2016〕2091号

各省、自治区、直辖市环境保护厅（局），新疆生产建设兵团环境保护局，环境保护部环境工程评估中心，各相关环评机构：

按照《建设项目环境影响评价资质管理办法》（环境保护部令 第36号）（以下简称《资质管理办法》）有关要求，现就存在环评工程师“挂靠”行为的2家环评机构和4名相关人员的处理意见通报如下：

一、存在“挂靠”行为的机构和环评工程师

（一）经湖南省环境保护厅核实，深圳市景泰荣环保科技有限公司环评工程师胡律书实为湖南省冷水江市环境保护局在职人员。

（二）经宁夏回族自治区环境保护厅核实，宁夏环境科学研究院（有限责任公司）环评工程师张金龙、马丽亚、高鲁兵一直不在岗，属“挂靠”人员。

二、处理意见

根据《资质管理办法》有关规定，我部决定对上述2家机构予以限期整改6个月，上述4名环评工程师3年内不得作为资质申请时配备的环评工程师、环境影响报告书（表）的编制主持人或者主要编制人员，违规行为记入诚信记录。

三、相关要求

（一）上述机构整改期自本通报印发之日起计算，整改期间各级环境保护主管部门不得受理该机构编制的环境影响报告书（表）审批申请，整改前审批部门已受理的可继续完成审批，整改期满后应向我部提交整改情况报告。

（二）各级环境保护主管部门要组织对本部门持有环评工程师职业资格证书的人员开展自查，对存在“挂靠”行为的人员一律责令自行办理注销手续。

四、其他

上述机构及人员对处理意见有异议的，可在接到本通报之日起 60 日内向我部申请行政复议，也可在接到本通报之日起 6 个月内依法提起行政诉讼。

环境保护部办公厅

2016 年 11 月 22 日

十六、环境监测

关于印发《"十三五"国家地表水环境质量监测网设置方案》的通知

环监测〔2016〕30号

各省、自治区、直辖市环境保护厅（局），新疆生产建设兵团环境保护局：

为贯彻落实《中华人民共和国环境保护法》《水污染防治行动计划》（国发〔2015〕17号）和《生态环境监测网络建设方案》（国办发〔2015〕56号），进一步完善国家地表水环境监测网，说清全国地表水环境质量状况及其变化趋势，更好地适应环境保护管理要求，我部在"十二五"国家地表水监测网基础上，依据有关标准和监测规范，进一步优化监测点位布局，制定了《"十三五"国家地表水环境质量监测网设置方案》（见附件，以下简称《方案》）。其中，国家地表水环境监测网共设置国控断面（点位）2767个（河流断面2424个、湖库点位343个），其中，评价、考核、排名断面共1940个，入海控制断面共195个（其中85个同时为评价、考核、排名断面），趋势断面共717个。

现将《方案》印发给你们，请认真组织开展地表水环境质量监测工作，及时将数据报送中国环境监测总站。

附件："十三五"国家地表水环境质量监测网设置方案（略）

环境保护部

2016年3月16日

关于印发《“十三五”环境监测质量管理工作方案》的通知

环办监测〔2016〕104号

各省、自治区、直辖市环境保护厅（局），新疆生产建设兵团环境保护局：

为贯彻落实《环境保护法》和《生态环境监测网络建设方案》（国办发〔2015〕56号），加强环境监测质量管理和质量控制，提升环境监测工作的科学化、规范化水平，保障监测数据的准确性和权威性，我部组织制定了《“十三五”环境监测质量管理工作方案》。现印发给你们，请认真贯彻执行。

附件：“十三五”环境监测质量管理工作方案

环境保护部办公厅

2016年11月1日

附件

“十三五”环境监测质量管理工作方案

环境监测质量管理是环境监测工作的生命线。三十多年来，随着我国环境监测事业的发展，环境监测质量管理工作也取得了长足的进步。但环境监测事权不明晰，监测制度不健全，标准体系不完善，规范制度执行不到位等，制约了环境监测质量管理的深入开展。“十三五”期间，生态环境监测体制改革和省以下环境监测垂直管理对环境监测质量管理提出了新的更高要求。为进一步理顺环境监测质量管理工作机制，健全规章制度，完善监测技术和质控体系，满足环境监测管理需要，提升环境监测工作的科学性和规范化水平，保障监测数据的准确性和权威性，特制定《“十三五”环境监测质量管理工作方案》。

一、指导思想

以改善环境质量为核心，全面贯彻党的十八大和十八届二中、三中、四中、五中、六中全会精神，大力推进生态文明建设，深入贯彻落实《生态环境监测网络建设方案》，紧密围绕“十三五”环境保护重点工作，积极构建全国统一的生态环境监测规范体系、质量控制和质量管理体系，强化法规、行政和技术手段，全面提高环境监测数据的真实性、准确性和可比性，为环境管理科学决策提供重要保障。

二、基本原则

（一）理顺体制机制。适度上收环境监测事权，完善考核机制，明确各方责任，实现“谁考核、谁监测”，保障监测数据的独立性和公正性。

（二）强化质量控制体系建设。构建全国统一的环境监测规范体系和质控体系，实现环境质量监测活动全要素溯源传递和全过程质量控制，保障监测数据的科学性和可比性。

（三）严格执行各项质量管理制度。加强内部质量控制、强化外部质量监督，有效规范环境监测活动，打击监测数据弄虚作假行为，保障环境监测数据的准确性和权威性。

三、工作目标

2016 年底前，上收国家环境空气质量监测事权，建立气态污染物量值溯源体系和颗粒物比对体系，完善空气质量监测质量管理制度和技术规范，建立远程在线质控系统、数据及仪器参数变化评估及预警体系，保障国家环境空气质量监测数据的准确可靠。

2017 年，在现有基础上，进一步完善地表水和近岸海域环境质量监测质控技术体系，组织开展质量管理和监督检查活动，保障国家水环境质量监测数据准确可靠；建立土壤样品采集、制备、分析、数据审核全过程质量控制的有效机制。

2020 年，全面建成环境空气、地表水和土壤等环境监测质量控制体系，深化信息技术在环境监测质量管理中的应用，进一步推进监测信息公开和公众监督，保障大气、水、土壤污染防治行动计划评价及考核数据客观真实、准确权威。

四、工作内容

（一）深化体制机制改革，防止行政干预

1．加快监测事权上收。积极推进生态环境监测体制改革，实行省以下环境监测垂直管理，加快环境空气、地表水、土壤、近岸海域等环境质量监测事权上收，全面建成国家环境质量监测网（以下简称国家网），所有站点原始监测数据第一时间直传中国环境监测总站。省级环保部门适时上收环境质量监测事权，完善地方环境质量监测网（以下简称地方网）。实现“谁考核、谁监测”，保障用于评价、考核的环境监测数据不受行政干预。

（二）健全管理体系，明确各方职责

2．构建环境监测质量管理新模式。建立国家与省级环保部门组成的两级环境监测质量管理模式。环境保护部负责全国环境监测质量管理工作，建立健全环境监测质量管理规章制度和标准规范，开展环境监测质量管理和监督检查活动，指导地方环境监测质量管理工作。省级环保部门按照国家统一要求，负责开展本行政区域内环境监测质量管理工作。中国环境监测总站和省级环境监测机构分别负责国家和地方的监测质量管理技术工作。

3．完善环境监测质量管理制度。推动出台《环境监测管理条例》，修订《环境监测管理办法》《环境监测质量管理办法》以及《环境监测数据弄虚作假行为判定及处理办法》，制定环境空气、地表水、土壤环境监测质量管理相关规定，健全环境监测技术人员从业规范，制定环保行业标准样品使用管理、社会环境监测机构的监督管理等制度，实现环境监测质量管理有章可循、依法管理。

4．强化国家网运行管理。国家网由中国环境监测总站直接管理。城市环境空气质量监测采取委托社会环境监测机构运维的模式开展；地表水环境质量监测采取委托社会环境监测机构监测（运维）或流域上下游环保系统监测机构联合监测的模式开展；土壤环境质量监测采取地方环保系统环境监测机构采样，由中国环境监测总站委托有能力的实验室集中制样、贴标和分析的模式开展。中国环境监测总站负责国家网监测数据传输、审核，监控监测仪器的关键参数，国家网运维机构开放通信协议，监测数据与地方共享。地方环保部门负责国家网的运维条件保障，不再参与国家网的数据审核。

5．加强内部质量控制。充分发挥国家环境质量监测质控体系的作用，强化主要环境要素的全过程质量控制。中国环境监测总站每年组织开展臭氧等气态污染物的量值溯源与传递、颗粒物手工比对工作。每年组织地级以上城市环境监测站开展环境空气、地表水和土壤等环境监测能力考核。不定期组织开展有证标准样品使用情况调查，组织不同来源标准样品之间的分析比对。组织开展地表水跨界联合监测、比对测试和留样复测等。建立土壤环境质量监测随机比对测试机制，组织不同监测单位开展比对测试。

6．加快培育环境监测市场。加强对社会环境监测机构的监管，出台管理办法，探索建立环境监测技术人员水平评价类职业资格制度，加大人员培训力度，规范环境监测社会化服务行为，促进环境监测市场健康有序发展。加强环境监测服务市场信用体系建设，建立社会环境监测机构和人员的诚信评价体系和“黑名单”制度，及时向社会公布监测质量信用情况，完善退出机制，积极营造全行业“重质量、讲信誉”的良好氛围和市场环境，不断提升社会环境监测机构和人员的服务水平和质量。

（三）完善技术体系，提高环境监测数据质量

7．健全环境监测规范体系。加强环境监测规范体系的顶层设计，建立制修订项目库，形成动态更新机制。加快环境空气、地表水、土壤环境监测规范制修订工作。完善有证标准样品体系。推动部门间环境监测方法标准和评价技术规范的统一，提高环境监测数据的可比性和评价结果的一致性。

8．构建国家环境监测质量控制体系。建立由国家环境监测质控平台、区域环境监测质控实验室、环境监测机构与运维机构组成的三级环境监测质量控制体系。国家质控平台设在中国环境监测总站，负责编制质量管理体系文件，制订质量控制计划并组织实施，组织开展量值溯源和量值传递，以及监测质量检查工作。环境保护部在全国遴选若干个省级环境监测机构搭建区域质控实验室，负责区域环境监测质控工作，向上、向下开展臭氧量值溯源、量值传递和颗粒物比对等工作，进行例行质控检查。环境监测机构与运维机构负责建立、运行并持续改进内部质量控制体系，按规定开展日常维护和监测仪器的检定、校准与量值溯源和比对等质控活动，环境监测机构与运维机构及其负责人对监测数据真实性和准确性负责。

9．创新质控技术手段。完善自动监测数据采集和远程质控系统。在实现监测数据一

点多发、实时直传的基础上，开发自动监测仪器关键参数的实时采集和传输功能以及水质自动监测仪器远程校准、维护等质控功能，及时发现并减少影响自动监测设备稳定运行的因素。加快建设环境空气和水质自动监测设施视频监控系统，实时记录和保存自动监测站内外环境及人员操作情况，保障自动监测设备正常运行。完善手工监测过程质控，探索采样现场和样品运输过程 GPS 定位的应用，努力实现视频或图片等记录资料实时上传，形成覆盖手工监测各环节全过程的质量管理体系。

（四）创新监管机制，引入第三方评估和质控手段

10. 推进质量管理第三方监督机制。建立由环境保护部主导、第三方参与的外部质量监督体系和中国环境监测总站主导、第三方参与的内部质量控制体系，构建权责明确、协调有序的国家环境监测质量管理体系。在全国范围内遴选权威专家组建国家环境监测数据质量评估委员会，下设环境空气、地表水和土壤等环境监测数据质量评估专家组，评估环境监测数据质量和全国环境监测质量管理体系运行情况，提出意见建议。

11. 持续开展监督检查。规范日常监督检查，中国环境监测总站联合区域质控实验室，组织开展质控体系运行情况检查。每年完成一定比例的国家环境空气、地表水和土壤环境质量监测站（点）的现场检查，检查结果报环境保护部。强化飞行检查，环境保护部组建国家环境监测质量监督检查专家库，以环境监测数据质量评估结果和信访举报线索等为依据，不定期组织飞行检查，重点打击环境监测数据弄虚作假行为。

12. 加大信息公开力度。将环境监测信息发布作为质控重要手段，按照“能公开、尽公开”的原则，继续执行环境空气和主要水系重点断面自动监测数据实时公开制度，大力推进地表水断面和土壤环境质量监测数据公开力度，保障人民群众的环境监测数据质量知情权和监督权。以传统媒体和新媒体为载体，宣传和解读环境监测质量管理政策，畅通建言献策和举报投诉途径，曝光监测数据造假典型案例，不断提高全社会环境监测质量意识。

（五）加大惩处力度，严厉打击数据造假行为

13. 建立质量检查与考核联动机制。明确环境监测数据质量在大气、水和土壤污染防治行动计划考核中的作用，对于地方政府，着重考核环境质量的改善；对于地方环保部门，着重考核监测数据的有效性和真实性。在环境监测质量检查中发现环境监测数据质量不合格的，该地区污染防治工作成效考核适当扣除相应分值；发现环境监测数据弄虚作假的，一票否决该地区该环境要素污染防治工作成效。

14. 严肃整治不规范监测行为。对监测工作中仪器设备安装不规范、仪器性能测试不合格、仪器维护频次不够、缺少监测质控报告等问题，依法依规严肃处理，并对整改情况开展“回头看”检查。

15. 严厉打击监测数据弄虚作假。建立环保部门与公检法机关联动机制。对于擅自挪动监测点位、修改仪器关键参数、堵塞采样头或采样管路、样品分析和监测报告造假等行为，构成犯罪的，依照有关法律法规移交有关部门处理。对发现环境监测行为不规范且多次整改不到位的，以及数据造假或配合造假的社会环境监测（含运维）机构或监测仪器生产厂商，终止服务合同，列入“黑名单”。对造假行为的处理结果向社会公开，强化警示和震慑作用。

五、能力建设

结合“十三五”环境监测能力建设工作，加强国家质控平台及环境空气、地表水、土壤环境监测质量核查能力建设，配齐质控仪器设备，完善环境空气和地表水自动监测在线质控系统、国家网环境监测数据采集和远程控制系统、自动监测站视频监控系统等，提高国家质控能力水平。健全量值溯源与传递体系，提升环境监测质量核查、质控样品分装和标准样品验证能力，满足质量控制工作需要。

六、组织实施

（一）环境保护部负责制定环境监测质量管理规章制度，开展环境监测规范制修订工作，组织实施对国家和地方环境监测质量管理进行监督检查等工作。

（二）中国环境监测总站负责制定并组织实施环境空气、地表水和土壤环境监测质量控制技术方案，承担国家环境监测质量控制技术体系的构建和持续改进工作，直接管理国家网，对地方网进行业务指导。

（三）省级环保部门组织实施本行政区域内环境监测质量管理工作。省级环境监测机构负责质量管理技术工作。承担国家和地方监测和运维工作的机构均按照本方案的要求，建立完善本机构内部质量管理体系，按照国家统一的环境监测技术规范体系和质量控制体系组织开展工作。

（四）环境监测和运维机构在国家和地方环境空气质量自动监测运维管理工作中，应严格执行《关于加强环境空气自动监测质量管理工作方案》（见附）的有关要求，为全面提升环境空气质量自动监测和质控水平提供保障。

附：关于加强环境空气自动监测质量管理的工作方案

附

关于加强环境空气自动监测质量管理的工作方案

客观、准确的环境空气自动监测数据是评价、考核环境空气质量的重要依据。针对当前环境空气自动监测质量管理工作中存在的问题，制定本工作方案。

一、环境空气自动监测发展现状

近年来，环境监测工作取得了长足进展，截至 2014 年底，全国 338 个地级以上城市共建成 1436 个国家城市环境空气自动监测站，监测项目包括颗粒物（PM_{10}、$PM_{2.5}$）、臭氧（O_3）和常规气态污染物（SO_2、NO_2、CO）三类 6 项指标。实现了环境监测数据一点多发、实时传输，实时向社会公开发布。此外，大部分省（区、市）也建成了地方空气自动监测站，形成了覆盖全国，具有国际先进水平的环境空气质量监测网络。环境空气监测方法标准体系逐步完善，监测质量保证与质量控制水平持续提升，基本保证了环境空气质量监测数据的真实可信。

随着环境空气自动监测的快速发展，其运行管理逐渐暴露出质量控制技术欠缺、质量管理手段不足等问题。一是环境空气自动监测标准体系和质控体系不健全。环境空气自动监测标准及技术规范体系尚不完善；尚未建立全国统一的臭氧自动监测的量值溯源和传递体系以及颗粒物比对监测体系；国控站点不同来源标准样品质量良莠不齐，个别站点的SO_2、NO_2、CO等气体标准样品的量值偏差过高。二是环境空气自动监测仪器适用性检测体系尚不完善。仪器适用性检测的法律地位不清；缺少配套的适用性检测管理办法，检测技术规范不完善；缺乏不同区域颗粒物自动监测仪器比对测试；颗粒物切割效率测试能力不全。三是缺乏有效的对运维机构的监管手段。部分环境空气自动监测社会运维机构缺乏必要的技术装备与实验室，质量管理体系尚待健全；运维人员流动快，业务水平不高，上岗资质欠缺；对社会运维机构的监管办法和处罚手段缺失。四是环境监测质量管理体系需要更新和完善。国家网的运维机制发生了变化，原有环境监测管理办法、监测点位管理办法、监测质量管理办法等需要更新，质量管理工作依据需要完善。

二、总体思路

紧密围绕“十三五”环境管理的新要求，推进环境监测体制机制改革，深化内部质量控制，加强外部质量监督，构建国家环境空气监测质量控制和质量管理体系。全面加强环境空气自动监测质控能力，以技术手段促进质控水平提升。完善环境空气质量监测远程在线质控系统，实现重要参数的实时直传和运维管理的全程监控。建立全国统一的环境空气自动监测技术方法标准体系和三级质控体系，国家网和地方网均遵循统一的技术体系，保障环境监测数据的科学性和可比性。成立国家环境监测数据质量评估委员会，组建国家环境监测质量监督检查专家库，严厉打击环境监测数据弄虚作假行为，保障环境监测数据的公正性和权威性，为大气污染防治行动计划的顺利实施提供科学支撑。

三、工作内容

（一）建立健全空气自动监测质量控制体系

1．构建三级质控体系

依托已具备一定条件、质控能力较强的省级环境监测机构，分区域、分批次建立若干区域环境监测质控实验室，构建由国家质控平台、区域质控实验室、环境监测机构与运维机构组成的国家环境空气自动监测三级质控体系。中国环境监测总站（以下简称监测总站）负责编制全国通用的环境空气自动监测质量管理技术文件，制定质控技术方案和检查计划，组织开展环境空气自动监测站点的颗粒物比对、气态污染物量值传递工作。区域质控实验室向上、向下开展量值溯源、传递和比对工作，配合监测总站开展例行质控检查。环境监测机构与运维机构建立、运行并持续改进内部质量管理体系，开展自动监测仪器的检定、校准与量值溯源和比对工作，按照规定的频次和项目开展日常运维和质控活动。

2．健全颗粒物手工监测比对体系

建立颗粒物手工监测比对体系，通过手工监测（颗粒物监测的经典方法）与自动监测结果的比对，评估自动监测数据的准确度和精确度。制定并完善全国通用的颗粒物手工与自动监测质量管理技术规范。建立国家颗粒物滤膜样品库。监测总站统一配发采样滤膜，由区域质控实验室统一编码、称重、平衡后分送至各运维机构，在国控站点开展手工比对。运维机构按要求制订手工比对计划，每月对不同类型城市抽取一定数量的国控站点开展5天的颗粒物监测手工比对，采样后的滤膜送至区域质控实验室统一称重，比对结果报监测总站。监测总站核算系统误差，制定颗粒物监测质量考核目标。2016年底前，构建京津冀环境监测质量管理一体化格局，先期完成京津冀、长三角、珠三角及辽宁中部、山东等“三区十群”地区颗粒物监测手工比对，2017年上半年，完成1436个国控站点颗粒物监测手工比对。

3．建成臭氧自动监测量值溯源传递体系

依托监测总站和环境保护部标准样品研究所（以下简称标样所）构建环保系统国家一级臭氧校准实验室，制订臭氧量值溯源/传递有关技术规范、传递计划并组织实施。国家一级臭氧校准实验室每两年参加一次国际溯源比对，每年向区域质控实验室开展一次臭氧量值传递。区域质控实验室每季度向国家网各运维机构开展一次臭氧量值传递。运维机构每季度向国控站点开展一次臭氧量值传递。2016年，监测总站组织完成京津冀、珠三角和长三角“三区”国控站点臭氧的量值溯源和传递工作。2017年上半年，完成1436个国控站点臭氧的量值溯源和传递工作。

4．完善SO_2等常规气态污染物的量值溯源传递体系

由监测总站统一采购SO_2等常规气态污染物标准气体，分送至区域质控实验室和各国控站点，用于国控站点自动监测的日常校准和质控考核。各国控站点用于质控的计量器具（流量计、温度计和压力计等）每年须检定一次，并溯源至国家级计量单位。地方网站点的计量器具（流量计、温度计和压力计等）每年须检定一次，并溯源至省级及以上计量单位。

5．完善环境空气自动监测远程质控系统

监测总站负责建设具备自动校准、主要仪器参数自动获取和数据异常自动报警等功能的远程在线质控系统。2016年底，完成环境监测仪器厂家开放通信协议，提供关键参数适用范围，统一环境监测数据采集系统，将原始监测数据和K值、灵敏度、流量等关键参数实时直传监测总站，实现关键参数调整全程留痕、数据异常自动报警，实时监督运维机构运维状况。国控站点2017年底前建成内、外视频监控系统，24小时不间断监控站点内外环境，降低人为干扰环境监测数据风险。

6．强化自动监测仪器的适用性检测和监管

研究建立关于环境空气质量（特别是颗粒物）自动监测仪器、手工监测仪器的监管及退出机制，完善监测仪器的适用性检测程序和方法，制订系统的抽检和跟踪抽查计划，督促生产厂家重视每批仪器质量，保障监测结果持续、稳定、准确。规范采样器流量校准与审核流程，开展采样滤膜性能评估、切割器性能评估，逐步解决不同仪器不同方法对监测数据的影响问题。

（二）健全环境空气自动监测方法标准和规章制度

1．制订《环境空气气态污染物（SO_2、NO_2、O_3、CO）连续自动监测系统运行与质控技术规范》和《环境空气颗粒物（PM_{10}和$PM_{2.5}$）连续自动监测系统运行和质控技术规范》。研究制定《环境空气颗粒物（PM_{10}和$PM_{2.5}$）自动监测手工比对核查技术规定》《环境空气臭氧自动监测现场核查技术规定》和《环境空气臭氧（O_3）自动监测标准传递技术指南》《臭氧标准参考光度计校准技术要求》。修定《环境空气　PM_{10}和$PM_{2.5}$的测定　重量法》（HJ 618）。研究解决《环境空气质量标准》中主要指标在“不同标准状态下浓度值之间的差异”等有关问题。

2．印发《国家环境空气质量监测网运行管理实施细则》，明确站点运行机制及职责分工，明确对点位管理、仪器更换安装验收、日常运行与质控、数据采集与传输、参数调整、数据审核、结果评价与信息发布等关键环节的要求和相应罚则，完善环境空气自动监测质量管理规章制度。

（三）改革环境监测体制机制

1．加快上收环境空气质量监测事权。积极推进生态环境监测体制改革，实现“谁考核、谁监测”，保障用于评价、考核的环境监测数据不受行政干预。国控站点全部上收并由监测总站直接管理，委托社会运维机构运维，运维机构审核监测数据，监测总站进行复核，监测数据由国家和地方共享，地方环保部门保障监测站点运维基本条件，不参与数据生产和审核。省级环保部门适时上收区县等环境质量监测事权，建立本行政区域内环境质量监测体系，地方网站点由省级环境监测机构直接管理，同国控监测数据相互印证、互联互通。国家网和地方网均执行全国统一的环境空气自动监测方法标准技术规范。地方网须通过国家环境空气自动监测三级质控体系开展6项监测指标的量值溯源/传递和比对工作。

2．加强对社会运维机构的监管。加强对社会运维机构的管理，明确运维工作内容和要求，细化质控条款。对不按规范和合同要求开展运维和质控的，采取经济措施予以处罚，直至取消其运维资格。监测总站建立日常监督检查机制，组织开展量值溯源传递体系运行情况检查，每年完成20%地级以上城市的国家网站点的现场检查，逐步规范社会运维机构的运维行为。出台社会运维机构监管办法，建立环境空气自动监测社会运维诚信体系建设，建立“黑名单”制度和市场退出机制，加强事中事后监管，结合监管对象的失信类别和程度加以惩戒。探索建立社会环境监测技术人员水平评价类职业资格制度，加大对运维机构人员培训力度，规范运维人员的监测行为，提升运维水平和运维质量。

（四）构建国家环境空气监测质量管理体系

1．成立国家环境监测数据质量评估委员会。由环境保护部牵头，成立由各有关业务司局、环境监测系统、部直属机构以及中科院、工程院和高等院校等单位专家组成的国家环境监测数据质量评估委员会（以下简称评估委员会），建立数据共享机制，国家环境质量监测数据向评估委员会开放。评估委员会下设专家组，负责定期评估运维公司对各类监测规范与管理要求的执行落实情况、质控计划实施情况及实施成效等，针对环境空气监测质量及其质控过程中存在的问题提出解决方案，专家组每半年组织开展一次技术评估工作，评估结果提交评估委员会审议。2016 年底前，建成环境空气监测数据质量评估专家组，优先开展针对京津冀及周边地区和长三角地区地级城市的环境空气自动监测质量评估工作。

2．组建国家环境空气监测质量监督检查专家库。由环境保护部牵头，在环保系统内外选取业务精通的环境空气监测专家，组成国家环境空气监测质量监督检查专家库，为国家网监测质量飞行检查等外部监督管理活动提供技术支持，向环境保护部提交监督检查报告。2016 年底前，建成环境空气监测质量监督检查专家库。

（五）加大监测质量监管和惩处力度

环境保护部将加大环境空气自动监测质量飞行检查力度，重点打击监测数据弄虚作假行为。对监督检查工作中发现的运行不规范问题，通报运维机构，并对整改情况实施事后督查。对监测数据造假，证据确凿的，依法依规追究相关责任人的行政责任和刑事责任，相关数据不能用于大气污染防治行动计划等考核排名。对监测不规范且多次整改不到位的，以及数据造假或配合造假的社会环境监测（含运维）机构或监测仪器生产厂商，终止服务合同，列入“黑名单”，处理结果向社会公开。加强对监测数据造假案件的通报，强化警示教育作用。

（六）加强质控能力建设

在“十三五”环境监测能力建设中，统筹考虑构建国家环境空气自动监测在线质控系统，完善量值溯源传递体系，保障区域质控实验室的质控能力，提升环境空气监测质量控制技术能力。

关于印发《受沙尘天气过程影响城市空气质量评价补充规定》的通知

环办监测〔2016〕120 号

各省、自治区、直辖市环境保护厅（局），新疆生产建设兵团环境保护局，中国环境监测总站、卫星环境应用中心：

为客观评估和反映大气污染治理成效，我部制定了《受沙尘天气过程影响城市空气质量评价补充规定》。现印发给你们，请认真组织实施，并将有关要求通知如下：

一、关于实施时间及使用范围

从 2017 年 1 月 1 日起实施，用于环境空气质量考核和月度城市空气质量排名。2017

年考核时依据本规定剔除2016年相关省、区、市的沙尘影响。

二、关于沙尘天气过程颗粒物浓度扣除有关要求

沙尘天气过程颗粒物浓度扣除工作由中国环境监测总站牵头，卫星环境应用中心和地方环保部门配合。

（一）卫星环境应用中心要将沙尘天气过程监测工作业务化，每日开展沙尘天气过程监测，依据卫星遥感监测结果确定沙尘发生范围，并将相关遥感影像及解析结果每日提供给中国环境监测总站。

（二）各地环保部门如遇沙尘天气过程，当天将沙尘天气过程影响时段、影响范围和其他佐证材料报送中国环境监测总站。

（三）中国环境监测总站要将沙尘天气过程颗粒物浓度扣除工作作为数据审核工作的一项重要内容，依据卫星环境应用中心遥感监测结果、全国沙尘暴监测网监测数据以及气象部门发布的沙尘信息等作为判定条件，确定沙尘天气过程影响时间、范围。在数据审核过程中将有关数据进行扣除，并作为评价、考核和排名依据。

附件：受沙尘天气过程影响城市空气质量评价补充规定

环境保护部办公厅

2016年12月30日

附件

受沙尘天气过程影响城市空气质量评价补充规定

一、适用范围

本规定适用于全国地级及以上城市环境空气质量评估、考核和排名过程中剔除沙尘天气过程的影响，客观评估和反映大气污染治理成效。

二、规范性引用文件

本规定引用了下列文件或其中的条款。

（一）《环境空气质量标准》（GB 3095—2012）；

（二）《沙尘暴天气等级》（GB/T 20480—2006）；

（三）《环境空气质量评价技术规范（试行）》（HJ 663—2013）；

（四）《城市环境空气质量排名技术规定》（环办〔2014〕64号）。

三、术语和定义

下列术语和定义适用于本规定。

（一）沙尘天气

指风将地面尘土、沙粒卷入空中，使空气混浊的一种天气现象的统称，包括浮尘、扬沙、沙尘暴、强沙尘暴和特强沙尘暴。

（二）沙尘天气过程

有沙尘天气的发生、发展、消失的天气过程，包括浮尘天气过程、扬沙天气过程、沙尘暴天气过程、强沙尘暴天气过程和特强沙尘暴天气过程。

（三）绿洲城市

指在干旱区以绿洲为依托，在绿洲中形成和发展的一类城市。

四、沙尘天气过程对颗粒物浓度影响剔除条件

（一）当沙尘天气过程中沙尘源区城市 PM_{10} 小时浓度持续 2 个小时超过 600 微克/米^3 或持续 1 个小时超过 1000 微克/米^3 情况时，可以剔除沙尘天气过程影响区域范围内源区城市及下游城市颗粒物监测数据。沙尘天气过程影响范围依据卫星遥感监测结果、公开发布的沙尘天气信息、环境空气质量监测网数据等信息确定。

（二）对沙尘影响较大的绿洲城市，剔除沙尘集中发生时段城市颗粒物监测数据。

五、数据处理及统计方法

（一）影响时段判定

（1）起始时间判定

沙尘天气影响起始时间可采用两种方法确定：

（i）城市 PM_{10} 小时平均浓度大于等于前 6 个小时 PM_{10} 平均浓度的 2 倍且大于 150 微克/米^3 作为受影响起始时间；

（ii）城市 $PM_{2.5}$ 与 PM_{10} 小时浓度比值小于等于前 6 个小时比值平均值的 50%作为受影响起始时间。

（2）结束时间判定

以城市 PM_{10} 小时平均浓度首次降至与沙尘天气前 6 个小时 PM_{10} 平均浓度相对偏差小于等于 10%作为沙尘天气影响结束时间的判定依据。

（二）受影响时段数据统计方法

当城市任一时段受沙尘天气影响时，该自然日内城市 PM_{10}、$PM_{2.5}$ 日均值不参加年（季、月）空气质量评价、考核和排名，也不计入优良（超标）天数比例统计。

六、其他要求

全国地级及以上城市受沙尘天气影响情况需经过国务院环境保护主管部门统一审批并同意，结果由相应城市向社会公布。

在查验数据统计有效性规定以及统计数据获取率时，沙尘天气发生期间仍按照有效监测时段纳入统计。

十七、生态保护

关于印发《国家生态文明建设示范区管理规程（试行）》《国家生态文明建设示范县、市指标（试行）》的通知

环生态〔2016〕4号

各省、自治区、直辖市环境保护厅（局），新疆生产建设兵团环境保护局：

为贯彻落实党中央、国务院关于加快推进生态文明建设的决策部署，鼓励和指导各地以国家生态文明建设示范区为载体，以市、县为重点，全面践行“绿水青山就是金山银山”理念，积极推进绿色发展，不断提升区域生态文明建设水平，我部制定了《国家生态文明建设示范区管理规程（试行）》和《国家生态文明建设示范县、市指标（试行）》。现印发给你们，请结合实际，抓好落实。

附件：1．国家生态文明建设示范区管理规程（试行）

2．国家生态文明建设示范县、市指标（试行）

环境保护部

2016年1月20日

附件1

国家生态文明建设示范区管理规程（试行）

第一章　总　则

第一条　为推进生态文明建设，进一步规范国家生态文明建设示范区创建工作，促进

国家生态文明建设示范区规划、申报、技术评估、考核验收、公示、公告及监督管理等工作科学化、规范化、制度化，制定本规程。

第二条 国家生态文明建设示范区包括生态文明建设示范省、生态文明建设示范市、生态文明建设示范县、生态文明建设示范乡镇、生态文明建设示范村、生态工业示范园区。

本规程适用于国家生态文明建设示范市、县、乡镇的创建工作管理。国家生态文明建设示范省的创建，按照过程统一规范、程序适当简化的原则，参照本规程执行。国家生态文明建设示范村的管理办法委托省级环境保护部门制定。国家生态工业示范园区的管理办法另行规定。

第三条 环境保护部鼓励各地创建国家生态文明建设示范区。创建工作坚持国家引导，地方自愿；党政组织，社会参与；因地制宜，突出特色；持续推进，注重实效。

对于创建工作在全国生态文明建设中发挥示范引领作用、达到相应建设标准并通过考核验收的市、县、乡镇，环境保护部按程序授予相应的国家生态文明建设示范区称号。

第二章 规划和实施

第四条 环境保护部制定并发布国家生态文明建设示范区建设指标和规划编制指南。

开展国家生态文明建设示范区创建的市、县、乡镇（以下简称创建地区）人民政府，应当参照规划编制指南，组织编制国家生态文明建设示范区规划（以下简称规划），乡镇根据实际情况也可编制建设方案。

第五条 市创建规划由环境保护部或委托省级环境保护部门组织论证；县创建规划由省级环境保护部门组织论证；乡镇创建规划（方案）由省级环境保护部门或由省级环境保护部门委托市或县级环境保护部门（地市级环境保护局的派出机构）组织审查。

市、县创建规划通过论证后，创建地区环境保护部门应当建议本级人民政府将规划（草案）提请同级人民代表大会或其常务委员会审议后颁布实施，并于3个月内将规划报送省级环境保护部门和环境保护部备案。

乡镇创建规划（方案）报乡镇所在县级人民政府批准后，由乡镇人民政府组织实施，并报规划审查单位和省级环境保护部门备案。

第六条 创建地区人民政府应当加强组织领导，建立规划实施的监督考核和长效管理机制。

第七条 创建地区人民政府应当依据规划，制订创建工作实施方案和年度工作计划，明确工作责任，落实专项资金。

第八条 创建地区人民政府应当每年总结创建工作进展，包括项目实施、经费落实、建设成效等情况；加强创建工作的档案管理，收集、整理创建工作相关资料，作为技术评估、考核验收和复核的重要依据。

第九条 创建市、县地区人民政府应当自规划批准之日起，在政府门户网站及时发布或定期更新以下信息：

（一）国家生态文明建设示范区规划；

（二）国家生态文明建设示范区创建工作实施方案；

（三）国家生态文明建设示范区创建年度工作计划；

（四）国家生态文明建设示范区创建年度工作总结；

（五）国家生态文明建设示范区创建工作动态。

创建乡镇人民政府，应当采取适当方式及时公开规划（方案）内容和实施情况。

第三章 技术评估

第十条 符合下列条件的创建地区人民政府可以向省级环境保护部门申请技术评估：

（一）市创建规划经批准后实施 3 年以上的，县创建规划经批准后实施 2 年以上的，乡镇创建规划（方案）经批准后实施 1 年以上的；

（二）经自查达到国家生态文明建设示范区各项标准的。

第十一条 创建市、县申请技术评估的，应当提交下列（一）至（七）项材料。创建乡镇申请技术评估的，应当提交下列（一）、（二）、（四）、（五）项材料。

（一）技术评估申请文件；

（二）国家生态文明建设示范区规划（方案）；

（三）国家生态文明建设示范区创建工作实施方案、年度工作计划及总结；

（四）国家生态文明建设示范区创建工作报告；

（五）国家生态文明建设示范区创建技术报告；

（六）国家生态文明建设示范区规划实施情况评估报告；

（七）创建地区近三年统计年鉴和环境质量报告（公报）、突发环境事件统计分析报告。

第十二条 省级环境保护部门收到市、县创建地区人民政府提交的申请后，应当按照国家生态文明建设示范市、县指标要求，及时进行预审；预审合格后，向环境保护部提交技术评估申请及相关附件。

环境保护部收到申请后，在 30 个工作日内完成初步审查，对初步审查合格的，受理申请，并于受理后 6 个月内完成技术评估；对初步审查不合格的，及时将审查情况反馈省级环境保护部门。

省级环境保护部门收到创建乡镇所在地县级环境保护部门（地市级环境保护局的派出机构）提交的申请后，应当按照国家生态文明建设示范乡镇指标要求，及时进行资料审查；对资料审查合格的，于 6 个月内完成技术评估。

第十三条 市、县技术评估组由环境保护部和省级环境保护部门相关人员及有关专家组成。乡镇技术评估组由省级和市级环境保护部门相关人员及有关专家组成。

技术评估的主要工作内容包括：

（一）听取创建地区的工作汇报；

（二）评估规划（方案）实施情况；

（三）审核国家生态文明建设示范区档案资料，评估建设指标完成情况；

（四）审核区域生态环境监察情况；

（五）开展现场检查和民意调查；

（六）反馈技术评估情况。

第十四条 创建地区人民政府应当在技术评估组抵达前 3 天，在当地主要媒体公布技术评估组工作时间、联系方式、举报电话等相关信息。

第十五条 技术评估的现场检查采取随机抽查的方式进行。抽查线路及内容由技术评估组确定。

第十六条 环境保护部应当在市、县技术评估结束后 15 个工作日内，以书面形式向省级环境保护部门反馈技术评估意见。省级环境保护部门应当在乡镇技术评估结束后 15 个工作日内，以书面形式向县级环境保护部门（地市级环境保护局的派出机构）反馈技术评估意见。

根据技术评估意见，需要整改的创建地区应按照要求进行整改，时间一般不少于半年。

第四章 考核验收

第十七条 已完成整改并提交整改报告的创建地区，可以向省级环境保护部门申请考核验收。经技术评估无需整改的地区，视同通过考核验收。

第十八条 省级环境保护部门收到市、县创建地区人民政府提交的国家生态文明建设示范区考核验收申请和整改报告后，应当及时审核申请材料，审核合格后向环境保护部提交考核验收申请及整改报告。环境保护部收到申请后，在 30 个工作日内组织对整改情况进行初步审查。对初步审查合格的创建地区，环境保护部于 6 个月内开展考核验收；对初步审查不合格的，及时将审查情况反馈省级环境保护部门。

省级环境保护部门收到国家生态文明建设示范乡镇考核验收申请和整改报告后，应当及时组织考核验收。

第十九条 生态文明建设示范市、县考核验收组由环境保护部和省级环境保护部门相关人员及有关专家组成。生态文明建设示范乡镇考核验收组由省级和市级环境保护部门相关人员及有关专家组成。

考核验收主要工作内容包括：

（一）听取创建工作及整改情况汇报；

（二）检查评估整改意见的落实情况；

（三）核查档案材料，开展现场检查；

（四）反馈考核验收情况。

环境保护部应当在市、县考核验收结束后 15 个工作日内，以书面形式向省级环境保护部门反馈考核验收结果。省级环境保护部门应当在乡镇考核验收结束后 15 个工作日内，以书面形式向县级环境保护部门（地市级环境保护局的派出机构）反馈考核验收结果。

第五章 公示公告

第二十条 对通过考核验收的市、县，环境保护部进行审议并在环境保护部网站、中国环境报上予以公示；对通过考核验收的乡镇，由省级环境保护部门在向环境保护部提出公告申请前，在省级环境保护部门网站上进行公示。公示期为 7 个工作日。

公众可以通过电子邮件、来信来访、“12369”环保举报热线等方式反映公示地区存在的问题。

对公示期间收到的投诉和举报问题，由环境保护部或省级环境保护部门组织开展调查。

第二十一条 对公示期间未收到投诉和举报，或者投诉和举报问题经调查核实完成整改的市、县，环境保护部按程序审议通过后发布公告，授予国家生态文明建设示范市、县称号，有效期 5 年。

对公示期间未收到投诉和举报，或者投诉和举报问题经调查核实完成整改的乡镇，由省级环境保护部门统一向环境保护部提交公告申请及创建乡镇规划（方案）、工作报告和技术报告等材料；环境保护部收到申请后，组织审核相关材料，视情况开展现场抽查，抽查比例一般不低于各省公告申请乡镇数目的 10%，按程序审议通过后发布公告，授予国家生态文明建设示范乡镇称号，有效期 5 年。

第六章　监督管理

第二十二条　获得国家生态文明建设示范区称号的地区应当持续深化创建工作，巩固提升创建成果，并逐年更新档案资料。

第二十三条　环境保护部对获得国家生态文明建设示范区称号的地区实行动态监督管理，可根据情况进行抽查，对有效期届满的进行复核。

第二十四条　抽查采用不定期方式开展，对抽查中发现问题的，当地人民政府应当在 6 个月内完成整改，并经省级环境保护部门将整改结果报送环境保护部审核。

第二十五条　已经获得国家生态文明建设示范区称号的地区，应当在有效期满之前分别按照以下程序申请复核：

（一）获得国家生态文明建设示范区称号的市、县，由当地人民政府向省级环境保护部门提交复核申请；省级环境保护部门应当进行初步审查，并将审查合格的市、县申请和初步审核意见提交环境保护部；

（二）获得国家生态文明建设示范区称号的乡镇，由乡镇所在地县级环境保护部门（地市级环境保护局的派出机构）向省级环境保护部门提交复核申请；省级环境保护部门组织复核并提出复核意见，报环境保护部。

第二十六条　环境保护部自收到复核申请之日起 6 个月内，按照以下要求组织开展市、县国家生态文明建设示范区复核：

（一）听取地方人民政府工作汇报；

（二）检查指标达标情况（建设指标如有调整，按调整后指标进行）；

（三）向地方人民政府反馈复核情况。

第二十七条　复核合格的创建地区，由环境保护部按程序公告，国家生态文明建设示范区称号有效期延续 5 年。

第二十八条　对出现以下情形之一的创建地区，环境保护部终止其国家生态文明建设示范区审查：

（一）发生重、特大突发环境事件或生态破坏事件的；

（二）发生重大违反环境保护法律法规案件的；

（三）年度主要污染物总量减排指标未完成或减排工作中存在突出问题的；

（四）环境质量出现明显下降或未完成环境质量目标的；

（五）在技术评估、考核验收过程中存在弄虚作假行为的。

第二十九条　对已获得国家生态文明建设示范区称号的地区，出现以下情形之一的，环境保护部对该地区提出警告：

（一）因重大环境问题被环境保护部约谈、挂牌督办或实施区域限批的；

（二）环境质量出现明显下降，未完成年度环境质量改善目标的；

（三）年度主要污染物总量减排指标未完成的；

（四）环境保护相关考核没有通过的。

第三十条 对已获得国家生态文明建设示范区称号的地区，出现以下情形之一的，取消相应称号，并暂停该地区申报资格 2 年：

（一）发生重、特大突发环境事件或生态破坏事件的；

（二）行政区内自然保护区受到非法侵占，影响恶劣的；

（三）被环境保护部警告，且未能在规定时限内完成整改的；

（四）未通过环境保护部组织的复核（查）的。

第三十一条 环境保护部建立国家生态文明建设示范区专家库。专家遴选采用个人申请和单位推荐相结合的办法，经环境保护部审核纳入专家库。专家库实行动态管理，适时更新。省级环境保护部门应当建立相应的专家库。

第三十二条 参与国家生态文明建设示范区管理的工作人员和专家，在技术评估、考核验收、抽查、复核等工作中，必须坚持科学、务实、高效的工作作风，严格遵守中央“八项规定”精神，认真落实廉政责任和廉洁自律要求，自觉遵守相关工作程序和规范。构成违纪违法或犯罪的，依纪依法追究责任。

第七章 附 则

第三十三条 本规程所称省包括省、自治区、直辖市；市包括副省级城市、直辖市所辖区、地级市、地区、自治州、盟等；县包括县级市、县、设区市的区、旗等；乡镇包括乡、镇、涉农街道、农场、苏木等。

第三十四条 已经获得国家生态市、生态县和国家级生态乡镇称号的创建地区，符合本规程第十条规定条件的，不再进行技术评估，可以直接申请考核验收。已经获得国家生态市、生态县称号的地区申请考核验收前，由省级环境保护部门进行预审。

第三十五条 本规程自发布之日起施行，由环境保护部负责解释。

附件 2

国家生态文明建设示范县、市指标（试行）

一、前言

为贯彻落实党中央、国务院关于加快推进生态文明建设的决策部署，指导和推动各地以市、县为重点全面推进生态文明建设，制定本指标。

国家生态文明建设示范县、市是国家生态县、市的“升级版”，是推进区域生态文明建设的有效载体。本指标根据国家生态文明建设新形势、新要求，遵循创新、协调、绿色、开放、共享的发展理念，坚持科学性、系统性、可操作性、可达性和前瞻性原则，以国家生态县、市建设指标为基础，充分考虑发展阶段和地区差异，围绕优化国土空间开发格局、全面促进资源节约、加大自然生态系统和环境保护力度、加强生态文明制度建设等重点任务，以促进形成绿色发展方式和绿色生活方式、改善生态环境质量为导向，从生态空间、生态经济、生态环境、生态生活、生态制度、生态文化六个方面，分别设置 38 项（示范县）和 35 项（示范市）建设指标。本指标是衡量一个地区是否达到国家生态文明建设示范县、市标准的依据。

二、建设指标

（一）国家生态文明建设示范县指标

领域	任务	序号	指标名称	单位	指标值	指标属性
生态空间	（一）空间格局优化	1	生态保护红线	—	划定并遵守	约束性指标
		2	耕地红线	—	遵守	约束性指标
		3	受保护地区占国土面积比例 山区 丘陵地区 平原地区	%	 ≥33 ≥22 ≥16	约束性指标
		4	规划环评执行率	%	100	约束性指标
生态经济	（二）资源节约利用	5	单位地区生产总值能耗	吨标煤/万元	≤0.70 且能源消耗总量不超过控制目标值	约束性指标
		6	单位地区生产总值用水量 东部地区 中部地区 西部地区	米³/万元	用水总量不超过控制目标值 ≤50 ≤70 ≤80	约束性指标
		7	单位工业用地工业增加值 东部地区 中部地区 西部地区	万元/亩	 ≥80 ≥65 ≥50	参考性指标
	（三）产业循环发展	8	农业废弃物综合利用率 秸秆综合利用率 畜禽养殖场粪便综合利用率	 % %	 ≥95 ≥95	参考性指标
		9	一般工业固体废物处置利用率	%	≥90	参考性指标
		10	有机、绿色、无公害农产品种植面积的比重	%	≥50	参考性指标

领域	任务	序号	指标名称	单位	指标值	指标属性
生态环境	（四）环境质量改善	11	环境空气质量 质量改善目标 优良天数比例 严重污染天数	 — % —	不降低且达到考核要求 ≥85 基本消除	约束性指标
		12	地表水环境质量 质量改善目标 水质达到或优于Ⅲ类比例 山区 丘陵区 平原区 劣Ⅴ类水体	 — % —	不降低且达到考核要求 ≥85 ≥75 ≥70 基本消除	约束性指标
		13	土壤环境质量 质量改善目标	—	不降低且达到考核要求	约束性指标
		14	主要污染物总量减排	—	达到考核要求	约束性指标
	（五）生态系统保护	15	生态环境状况指数（EI）	—	≥55且不降低	约束性指标
		16	森林覆盖率 山区 丘陵区 平原地区 高寒区或草原区林草覆盖率	%	 ≥60 ≥40 ≥18 ≥70	参考性指标
		17	生物物种资源保护 重点保护物种受到严格保护 外来物种入侵	 — —	执行不明显	参考性指标
	（六）环境风险防范	18	危险废物安全处置率	%	100	约束性指标
		19	污染场地环境监管体系	—	建立	参考性指标
		20	重、特大突发环境事件	—	未发生	约束性指标
生态生活	（七）人居环境改善	21	村镇饮用水卫生合格率	%	100	约束性指标
		22	城镇污水处理率 县级市、区 县	%	 ≥95 ≥85	约束性指标
		23	城镇生活垃圾无害化处理率 东部地区 中部地区 西部地区	%	 ≥95 ≥90 ≥85	约束性指标
		24	农村卫生厕所普及率	%	≥95	参考性指标
		25	村庄环境综合整治率 东部地区 中部地区 西部地区	%	 ≥80 ≥65 ≥55	约束性指标
	（八）生活方式绿色化	26	城镇新建绿色建筑比例 东部地区 中部地区 西部地区	%	 ≥50 ≥40 ≥30	参考性指标
		27	公众绿色出行率	%	≥50	参考性指标

领域	任务	序号	指标名称	单位	指标值	指标属性
生态生活	（八）生活方式绿色化	28	节能、节水器具普及率 东部地区 中部地区 西部地区	%	 ≥80 ≥70 ≥60	参考性指标
		29	政府绿色采购比例	%	≥80	参考性指标
生态制度	（九）制度与保障机制完善	30	生态文明建设规划	—	制定实施	约束性指标
		31	生态文明建设工作占党政实绩考核的比例	%	≥20	约束性指标
		32	自然资源资产负债表	—	编制	参考性指标
		33	固定源排污许可证覆盖率	%	100	约束性指标
		34	国家生态文明建设示范乡镇占比	%	≥80	约束性指标
生态文化	（十）观念意识普及	35	党政领导干部参加生态文明培训的人数比例	%	100	参考性指标
		36	公众对生态文明知识知晓度	%	≥80	参考性指标
		37	环境信息公开率	%	≥80	参考性指标
		38	公众对生态文明建设的满意度	%	≥80	参考性指标

（二）国家生态文明建设示范市指标

领域	任务	序号	指标名称	单位	指标值	指标属性
生态空间	（一）空间格局优化	1	生态保护红线	—	划定并遵守	约束性指标
		2	耕地红线	—	遵守	约束性指标
		3	受保护地区占国土面积比例 山区 丘陵地区 平原地区	%	 ≥33 ≥22 ≥16	约束性指标
		4	规划环评执行率	%	100	约束性指标
生态经济	（二）资源节约与清洁生产	5	单位地区生产总值能耗	吨标煤/万元	≤0.70且能源消耗总量不超过控制目标值	约束性指标
		6	单位地区生产总值用水量 东部地区 中部地区 西部地区	米^3/万元	用水总量不超过控制目标值 ≤50 ≤70 ≤80	约束性指标
		7	单位工业用地工业增加值 东部地区 中部地区 西部地区	万元/亩	 ≥85 ≥70 ≥55	参考性指标
		8	应当实施强制性清洁生产企业通过审核的比例	%	100	参考性指标

领域	任务	序号	指标名称	单位	指标值	指标属性
生态环境	（三）环境质量改善	9	环境空气质量 质量改善目标 优良天数比例 严重污染天数	 — % —	 不降低且达到考核要求 ≥85 基本消除	约束性指标
		10	地表水环境质量 质量改善目标 水质达到或优于Ⅲ类比例 山区 丘陵区 平原区 劣Ⅴ类水体	 — % —	 不降低且达到考核要求 ≥85 ≥75 ≥70 基本消除	约束性指标
		11	土壤环境质量 质量改善目标	—	不降低且达到考核要求	约束性指标
		12	主要污染物总量减排	—	达到考核要求	约束性指标
	（四）生态系统保护	13	生态环境状况指数（EI）	—	≥55 且不降低	约束性指标
		14	森林覆盖率 山区 丘陵区 平原地区 高寒区或草原区林草覆盖率	%	 ≥60 ≥40 ≥16 ≥70	参考性指标
		15	生物物种资源保护 重点保护物种受到严格保护 外来物种入侵	 — —	执行不明显	参考性指标
	（五）环境风险防范	16	危险废物安全处置率	%	100	约束性指标
		17	污染场地环境监管体系	—	建立	参考性指标
		18	重、特大突发环境事件	—	未发生	约束性指标
生态生活	（六）人居环境改善	19	集中式饮用水水源地水质优良比例	%	100	约束性指标
		20	城镇污水处理率	%	≥95	约束性指标
		21	城镇生活垃圾无害化处理率 东部地区 中部地区 西部地区	%	 ≥95 ≥90 ≥85	约束性指标
		22	城镇人均公园绿地面积	米^2/人	≥13	参考性指标
	（七）生活方式绿色化	23	城镇新建绿色建筑比例 东部地区 中部地区 西部地区	%	 ≥50 ≥40 ≥30	参考性指标
		24	公众绿色出行率	%	≥50	参考性指标
		25	节能、节水器具普及率 东部地区 中部地区 西部地区	%	 ≥80 ≥70 ≥60	参考性指标
		26	政府绿色采购比例	%	≥80	参考性指标

领域	任务	序号	指标名称	单位	指标值	指标属性
生态制度	（八）制度与保障机制完善	27	生态文明建设规划	—	制定实施	约束性指标
		28	生态文明建设工作占党政实绩考核的比例	%	≥20	约束性指标
		29	生态环境损害责任追究制度	—	建立	参考性指标
		30	固定源排污许可证覆盖率	%	100	约束性指标
		31	国家生态文明建设示范县占比	%	≥80	约束性指标
生态文化	（九）观念意识普及	32	党政领导干部参加生态文明培训的人数比例	%	100	参考性指标
		33	公众对生态文明知识知晓度	%	≥80	参考性指标
		34	环境信息公开率	%	≥80	参考性指标
		35	公众对生态文明建设的满意度	%	≥80	参考性指标

三、指标解释

（一）国家生态文明建设示范县指标

1．生态保护红线

指标解释：指依法在重点生态功能区、生态环境敏感区和脆弱区等区域划定的严格管控边界，是国家和区域生态安全的底线。生态保护红线区域，对于维护生态安全格局、保障生态系统功能、支撑经济社会可持续发展具有重要作用。本指标是对生态保护红线划定和落实情况的综合评定。要求按照国家有关规定划定生态保护红线，落实管控要求，明确政策措施；红线一经划定，不得随意调整，确保面积不减少、质量不下降。

数据来源：环保部门。

2．耕地红线

指标解释：本指标是对国家耕地保护制度执行情况的综合评定。耕地红线遵守情况根据《全国土地利用总体规划纲要（2006—2020 年）》及地方政府确定的有关耕地保护约束性指标进行考核。

数据来源：国土、农业等部门。

3．受保护地区占国土面积比例

指标解释：指行政区内生态保护红线区域、自然保护区、风景名胜区、森林公园、地质公园、湿地公园、饮用水水源保护区、天然林、生态公益林等面积占行政区国土面积的百分比，上述区域面积不得重复计算。

计算公式：

$$受保护地区占国土面积比例=\frac{受保护地区面积（平方千米）}{行政区国土面积（平方千米）}\times 100\%$$

注：原则上按区域主要地貌类型对应的目标值进行考核；当行政区内平原、丘陵及山地面积占比相差不超过 20%时，按照平原、丘陵及山地加权目标值进行考核。

数据来源：统计、环保、林业、国土、住建、农业、园林等部门。

4．规划环评执行率

指标解释：规划环评执行率即规划环境影响评价执行率，是指区域近3年实际进行规划环评的开发利用规划数占应该进行规划环评的开发利用规划总数的百分比。其中，应该进行规划环评的开发利用规划是指地方人民政府及其有关部门组织编制的各类开发利用规划中，按照《环境影响评价法》及《规划环境影响评价条例》要求，应当开展规划环境影响评价的。

计算公式：

$$\text{规划环评执行率}=\frac{\text{近3年开展规划环评的开发利用规划数量（个）}}{\text{近3年应开展规划环评的开发利用规划数量（个）}}\times 100\%$$

数据来源：环保部门。

5．单位地区生产总值能耗

指标解释：指行政区内单位地区生产总值（GDP）的能源消耗量，是反映能源消费水平和节能降耗状况的主要指标。要求地方能源消耗总量不超过国家或上级政府下达的关于区域能源消耗总量控制目标。

计算公式：

$$\text{单位地区生产总值能耗}=\frac{\text{能源消耗总量（吨标煤）}}{\text{地区生产总值(GDP)(万元)}}$$

注：GDP与能源消耗同步核算，GDP按可比价计算。

数据来源：统计、经信、发改等部门。

6.单位地区生产总值用水量

指标解释：指行政区内单位地区生产总值所使用的水资源量。同时，要求行政区水资源消耗总量不超过国家或上级政府下达的水资源总量控制目标。

计算公式：

$$\text{单位地区生产总值用水量}=\frac{\text{用水总量（米}^3\text{）}}{\text{地区生产总值（GDP）（万元）}}$$

数据来源：水利、统计等部门。

7．单位工业用地工业增加值

指标解释：指行政区内单位面积工业用地产出的工业增加值，是反映工业用地利用效率的指标。单位工业用地工业增加值越高，土地集约利用程度越高。其中，工业用地参照《土地利用现状分类》（GB/T 21010—2007）统计，工业增加值采用不变价核算。

计算公式：

$$\text{单位工业用地工业增加值}=\frac{\text{年度工业增加值（万元）}}{\text{工业用地总面积（亩）}}$$

数据来源：经信、统计、国土、发改等部门。

8．农业废弃物综合利用率

（1）秸秆综合利用率

指标解释：指行政区内综合利用的秸秆量占秸秆产生总量的比例。秸秆综合利用方式包括秸秆肥料化、饲料化、能源化、原料化、基质化等。

计算公式：

$$秸秆综合利用率=\frac{综合利用的秸秆量（吨）}{秸秆产生总量（吨）}\times 100\%$$

数据来源：农业、统计、环保等部门。

（2）畜禽养殖场粪便综合利用率

指标解释：指行政区内畜禽养殖场通过还田、沼气、堆肥、培养料等方式，综合利用的畜禽粪便量占畜禽粪便产生总量的比例。有关标准参照《畜禽规模养殖污染防治条例》《畜禽养殖业污染物排放标准》（GB 18596—2001）等执行。

计算公式：

$$畜禽养殖场粪便综合利用率=\frac{综合利用的畜禽粪便量（吨）}{畜禽粪便产生总量（吨）}\times 100\%$$

数据来源：农业、环保等部门。

9．一般工业固体废物处置利用率

指标解释：指行政区内一般工业固体废物处置及综合利用量占一般工业固体废物产生总量（当年一般工业固废产生量、处置往年贮存量和综合利用往年贮存量之和）的比值。有关标准参照《一般工业固体废物贮存、处置场污染控制标准》（GB18599—2001）执行。

计算公式：

$$一般工业固体废物处置利用率=\frac{一般工业固体废物处置利用量（吨）}{一般工业固体废物产生量+处置往年贮存量+综合利用往年贮存量（吨）}\times 100\%$$

数据来源：环保部门。

10．有机、绿色、无公害农产品种植面积的比重

指标解释：指行政区内有机食品、绿色食品、无公害农产品种植面积占农作物种植总面积的比例。有机食品、绿色食品、无公害农产品按国家有关认证规定执行。

计算公式：

$$有机、绿色、无公害农产品种植面积的比重=\frac{有机、绿色、无公害农产品种植面积（亩）}{农作物种植总面积（亩）}\times 100\%$$

注：有机食品、绿色食品、无公害农产品种植面积不得重复统计。如涉及水产品养殖，其养殖水面面积计入种植总面积。有机农、水产品种植（养殖）面积按实际面积2倍统计。因土壤本底等原因生产的农产品，完全用于工业等其他用途的可不纳入种植总面积统计范围。

绿色、有机食品的产地环境状况应达到《食用农产品产地环境质量评价标准》（HJ 332—2006）、《温室蔬菜产地环境质量评价标准》（HJ 333—2006）等国家环境保护标准和管理规范要求。无公害农产品种植的环境要求，参照有关无公害产地环境质量标准执行。

数据来源：农业、林业、环保、统计、质检等部门。

11．环境空气质量

（1）质量改善目标

指标解释：指依据《大气污染防治行动计划》及省、市制订的关于大气污染的防治行动计划，地方完成国家或上级政府下达的大气环境质量改善目标任务的情况。要求区域大

气环境质量不降低并达到考核目标。

数据来源：上级人民政府、环保部门。

（2）优良天数比例

指标解释：指行政区空气质量达到或优于二级标准的天数占全年有效监测天数的比例。执行《环境空气质量标准》（GB 3095—2012）和《环境空气质量功能区划分原则与技术方法》（HJ 14—1996）。

计算公式：

$$优良天数比例=\frac{空气质量达到或优于二级标准的天数}{全年有效监测天数}\times 100\%$$

数据来源：环保部门。

（3）严重污染天数

指标解释：指空气质量指数达到或超过300的天数。要求基本消除行政区内严重污染天数（占全年有效监测天数的比例不超过1%）。执行《环境空气质量标准》（GB 3095—2012）和《环境空气质量功能区划分原则与技术方法》（HJ 14—1996）。

数据来源：环保部门。

12．地表水环境质量

（1）质量改善目标

指标解释：指依据《水污染防治行动计划》及省、市制订的关于水污染的防治行动计划，地方完成国家或上级政府下达的水环境质量改善目标任务的情况。要求区域水环境质量不降低并达到考核目标。

数据来源：上级人民政府、环保部门。

（2）水质达到或优于Ⅲ类比例

指标解释：指行政区内主要监测断面水质达到或优于Ⅲ类水的比例，执行《地表水环境质量标准》（GB 3838—2002）。要求行政区地表水达到水环境功能区标准，且Ⅰ、Ⅱ类水质比例不降低，过境河流市控以上断面水质不降低。

注：行政区有国控断面则考核国控断面达标情况，无国控断面则考核省控断面，无国控、省控断面的则考核市控断面。

数据来源：环保、水利等部门。

（3）劣Ⅴ类水体

指标解释：要求基本消除行政区内劣Ⅴ类水体（占比不超过5%），执行《地表水环境质量标准》（GB 3838—2002）。

数据来源：环保、水利等部门。

13．土壤环境质量

质量改善目标

指标解释：指依据《土壤污染防治行动计划》（即将出台）及省、市制订的关于土壤污染的防治行动计划，地方完成国家或上级政府下达的土壤环境质量改善目标任务的情况。要求区域土壤环境质量不降低并达到考核目标。

数据来源：上级人民政府、环保部门。

14．主要污染物总量减排

指标解释：该指标旨在强调按时完成上级政府下达的主要污染物总量减排任务，重点关注国家责任书项目和年度减排计划工程措施的完成情况。主要污染物包括化学需氧量、二氧化硫、氨氮、氮氧化物等，其种类随国家相关政策的调整作相应调整。

数据来源：上级人民政府、环保部门。

15．生态环境状况指数（EI）

指标解释：是表征行政区生态环境质量状况的生物丰度指数、植被覆盖指数、水网密度指数、土地胁迫指数、污染负荷指数和环境限制指数的综合反映。要求该指标保持在优良水平，且不降低，执行《生态环境状况评价技术规范》（HJ 192—2015）。

数据来源：环保部门。

16．森林覆盖率

指标解释：指行政区森林面积占土地总面积的比例。高寒区或草原区林草覆盖率指行政区林地、草地面积之和与土地总面积的百分比。

计算公式：

$$\text{森林覆盖率}=\frac{\text{行政区森林面积（平方千米）}}{\text{行政区土地总面积（平方千米）}}\times 100\%$$

注：若行政区水域面积占土地总面积的5%以上，指标核算时的土地总面积应为扣除水域面积后。原则上按区域主要地貌类型对应的目标值考核；当行政区内平原、丘陵、山区面积占比相差不超过20%时，按照平原、丘陵、山地加权目标值进行考核。内陆干旱地区可酌情降低考核标准。

数据来源：统计、林业、国土、农业等部门。

17．生物物种资源保护

（1）重点保护物种受到严格保护

指标解释：依照《中华人民共和国野生动物保护法》和《中华人民共和国野生植物保护条例》，依法保护列入《国家重点保护野生动物名录》和《国家重点保护野生植物名录》的国家一、二级野生动、植物，无违法采集及猎捕、破坏等情况发生。

数据来源：林业、农业、渔业、园林、环保等部门。

（2）外来物种入侵

指标解释：指在当地生存繁殖，对当地生态或者经济构成破坏的外来物种的入侵情况。要求外来物种入侵对行政区生态系统的结构完整与功能发挥没有造成实质性影响，未导致农作物大量减产和生态系统严重破坏。

数据来源：林业、农业、渔业、园林、环保等部门。

18．危险废物安全处置率

指标解释：指行政区危险废物实际处置量占危险废物应处置量的比例。危险废物是指列入《国家危险废物名录》或者根据国家规定的危险废物鉴别标准和鉴别方法认定具有危险特性的固体或液体废物。

计算公式：

$$\text{危险废物安全处置率}=\frac{\text{危险废物综合利用量}+\text{处置量（吨）}}{\text{危险废物产生量}+\text{综合利用往年贮存量}+\text{处置往年贮存量（吨）}}\times 100\%$$

数据来源：环保、住建、卫生、经信等部门。

19．污染场地环境监管体系

指标解释：指行政区建立了污染场地环境全过程监管体系，因地制宜出台了污染场地环境风险防范的调查、监测、评估、修复等相关管理制度和政策措施，形成了污染场地多部门联合监管工作机制，且没有污染场地风险事故发生。

数据来源：环保部门。

20．重、特大突发环境事件

指标解释：指行政区三年内发生重大和特大突发环境事件的数量以及问题整改情况。要求三年内无国家或相关部委认定的资源环境重大破坏事件；无重大跨界污染和危险废物非法转移、倾倒事件。

重、特大突发环境事件的判别参照《国家突发环境事件应急预案》等有关突发环境事件分级规定。

数据来源：环保、安监等部门。

21．村镇饮用水卫生合格率

指标解释：指行政区农村地区以自来水厂或手压井形式取得合格饮用水的人口占总人口的比例。雨水收集系统和其他饮水形式的合格与否需经检测确定。要求饮用水水质符合国家《生活饮用水卫生标准》（GB 5749—2006）的规定，且连续三年未发生饮用水污染事故。

计算公式：

$$\text{村镇饮用水卫生合格率}=\frac{\text{取得合格饮用水的农村人口数（人）}}{\text{农村人口数（人）}}\times 100\%$$

数据来源：卫生、住建、环保、水利等部门。

22．城镇污水处理率

指标解释：指县城及城镇建成区经过污水处理厂或其他污水处理设施（土地、湿地处理系统等）处理，且达到排放标准的排水量占县城及城镇建成区污水排放总量的百分比。要求污水处理厂污泥得到安全处置，污泥处置根据《城镇排水与污水处理条例》（国务院令　第641号）有关规定，参照危险废物管理，建立污泥转移联单制度。

计算公式：

$$\text{城镇污水处理率}=\frac{\text{污水处理厂达标排放量}+\text{其他污水处理设施（土地及湿地处理系统等）达标排放量}}{\text{县城及城镇建成区污水排放总量}}\times 100\%$$

数据来源：住建、水利、环保等部门。

23．城镇生活垃圾无害化处理率

指标解释：指县城及城镇建成区生活垃圾无害化处理量占行政区垃圾产生量的比例。执行《生活垃圾焚烧污染控制标准》（GB 18485—2014）、《生活垃圾填埋污染控制标准》（GB 16889—2008）。

计算公式：

$$\text{城镇生活垃圾无害化处理率}=\frac{\text{生活垃圾无害化处理量（吨）}}{\text{行政区生活垃圾产生总量（吨）}}\times 100\%$$

数据来源：住建、卫生、环保等部门。

24．农村卫生厕所普及率

指标解释：指行政区使用卫生厕所的农户占农户总数的比例。执行《农村户厕卫生标准》（GB 19379—2003）。

计算公式：

$$农村卫生厕所普及率=\frac{使用卫生厕所的农户数（户）}{行政区农户总数（户）}\times 100\%$$

数据来源：卫生、住建等部门。

25．村庄环境综合整治率

指标解释：指行政区内完成环境综合整治的行政村的数量占行政区行政村总数的比例。完成环境综合整治的行政村认定标准为：村容整洁，无“脏、乱、差”现象，饮用水水源地水质达标率、生活污水处理率、生活垃圾无害化处理率和畜禽养殖粪便综合利用率分别达到100%、60%、70%和70%。

计算公式：

$$村庄环境综合整治率=\frac{完成环境综合整治的行政村数（个）}{行政区行政村总数（个）}\times 100\%$$

数据来源：环保、住建、农业、统计等部门。

26．城镇新建绿色建筑比例

指标解释：指行政区达到《绿色建筑评价标准》（GB/T 50378—2014）的城镇新建绿色建筑面积占城镇新建建筑总面积的比例。

计算公式：

$$城镇新建绿色建筑比例=\frac{城镇新建绿色建筑面积}{城镇新建建筑总面积}\times 100\%$$

数据来源：住建部门。

27．公众绿色出行率

指标解释：指行政区使用公共交通（公共汽车、轨道交通、班车、城市轮渡等）、自行车、步行等绿色方式出行的人次占交通出行总人次的比例。

计算公式：

$$公众绿色出行率=\frac{绿色方式出行的人次}{交通出行总人次}\times 100\%$$

数据来源：交通、统计等部门。

28．节能、节水器具普及率

指标解释：指行政区通过认证的节能、节水器具销售数量占同类用电、用水器具销售总数量的比例。

计算公式：

$$节能、节水器具普及率=\frac{通过认证的节能、节水器具销售数量}{同类用电、用水器具销售总数量}\times 100\%$$

数据来源：经信、商务、水利、发改、统计、环保等部门。

29．政府绿色采购比例

指标解释：指行政区政府采购有利于绿色、循环和低碳发展的产品规模占同类产品政府采购规模的比例。

计算公式：

$$政府绿色采购比例=\frac{政府绿色采购规模}{同类产品政府采购规模}\times 100\%$$

数据来源：财政、统计等部门。

30．生态文明建设规划

指标解释：指地方政府组织编制的具有自身特色的国家生态文明建设示范县（市、区）规划。要求规划通过省级环境保护部门组织的专家论证后，由当地政府提请同级人大审议通过后颁布实施。规划文本和批准实施的文件报环境保护部备案。制定了规划实施方案，规划的重点任务和工程项目落实到各相关部门。规划实施年限达 2 年以上。完成了规划实施情况评估，规划重点工程完成率达到 80%以上。

数据来源：环保部门。

31．生态文明建设工作占党政实绩考核的比例

指标解释：指地方党政干部实绩考核评分标准中生态文明建设工作所占的比例。该指标旨在推动创建地区将生态文明建设工作纳入党政实绩考核范围，通过强化考核，把生态文明建设工作任务落到实处。

数据来源：组织、环保等部门。

32．自然资源资产负债表

指标解释：指在一定时期内行政区自然资源资产的增加和减少及其平衡关系的分析表格。该表格可以反映创建地区在年度内、规划期内、政府届内或领导干部任期内的自然资源资产的变化及使用等情况。自然资源资产增加，有利于区域可持续发展。自然资源资产负债表是对领导干部实行自然资源产离任审计的重要依据。要求地方探索编制自然资源资产负债表。

数据来源：统计、环保等部门。

33．固定源排污许可证覆盖率

指标解释：指行政区内发放执行排污许可证的固定源占固定源总数的比例。要求按照国家相关规定，因地制宜地进行顶层设计，统筹考虑水污染物、大气污染物、固体废弃物等要素，基本形成以排污许可制度为核心，有效衔接环境影响评价、污染物排放标准、总量控制、排污权交易、排污收费等环境管理制度的“一证式”固定源排污管理体系。

数据来源：环保部门。

34．国家生态文明建设示范乡镇占比

指标解释：指行政区内各乡镇经省级以上环境保护部门认定，达到国家生态文明建设示范乡镇标准的乡镇数量占乡镇总数量的比例。

计算公式：

$$国家生态文明建设示范乡镇占比=\frac{国家生态文明建设示范乡镇数量（个）}{行政区乡镇总数（个）}\times 100\%$$

注：获得国家生态文明建设示范乡镇命名的比例不低于 20%。

数据来源：环保部门。

35．党政领导干部参加生态文明培训的人数比例

指标解释：指行政区内副科级以上在职党政领导干部，参加组织部门认可的生态文明专题培训、辅导报告、网络培训等的人数比例。

计算公式：

$$\text{党政领导干部参加生态文明培训的人数比例}=\frac{\text{副科级以上干部参加生态文明培训的人数}}{\text{副科级以上党政领导干部人数}}\times 100\%$$

数据来源：组织、环保等部门。

36．公众生态文明知识知晓度

指标解释：指资源节约、污染防治、生态保护、全球及区域环境问题、可持续发展等生态文明知识在行政区公众中的普及程度。该指标通过抽样调查获得，用以综合反映学校教育、科学普及、公众媒体等的宣传教育效果。选取调查对象时应考虑年龄、学历、职业、性别等情况，以充分体现调查结果的代表性，调查总人数不少于行政区人口的千分之一。

数据来源：问卷调查、独立机构抽样调查。

37．环境信息公开率

指标解释：指政府主动公开环境信息和企业强制性环境信息公开的比例。环境信息公开工作按照《政府信息公开条例》（国务院令　第492号）、《环境信息公开办法（试行）》（原国家环保总局令　第35号）要求开展，其中污染源环境信息公开的具体内容和标准，按照《企事业单位环境信息公开办法》（环境保护部令　第31号）、《关于加强污染源环境监管信息公开工作的通知》（环发〔2013〕74号）、《关于印发〈国家重点监控企业自行监测及信息公开办法（试行）〉和〈国家重点监控企业污染源监督性监测及信息公开办法（试行）〉的通知》（环发〔2013〕81号）等要求执行。

数据来源：环保部门。

38．公众对生态文明建设的满意度

指标解释：指公众对生态文明建设的满意程度。该指标采用国家生态文明评估考核组现场随机发放问卷与委托独立的权威民意调查机构抽样调查相结合的方法获取，以现场调查与独立调查机构所获取指标值的平均值为最终结果。现场调查人数不少于行政区人口的千分之一。调查对象应包括不同年龄、不同学历、不同职业等人群，充分体现代表性。

数据来源：问卷调查、独立机构抽样调查。

（二）国家生态文明建设示范市指标

1．生态保护红线

指标解释参照生态文明建设示范县相关内容。

2．耕地红线

指标解释参照生态文明建设示范县相关内容。

3．受保护地区占国土面积比例

指标解释参照生态文明建设示范县相关内容。

4．规划环评执行率

指标解释参照生态文明建设示范县相关内容。

5．单位地区生产总值能耗

指标解释参照生态文明建设示范县相关内容。

6．单位地区生产总值用水量

指标解释参照生态文明建设示范县相关内容。

7．单位工业用地工业增加值

指标解释参照生态文明建设示范县相关内容。

8．应当实施强制性清洁生产企业通过审核的比例

指标解释：指行政区通过清洁生产审核的企业数量占应当实施强制性清洁生产的企业总数的比例。《清洁生产促进法》规定，污染物排放超过国家和地方规定的排放标准或者超过经有关地方人民政府核定的污染物排放总量控制标准的企业，应当实施清洁生产审核；使用有毒、有害原料进行生产或者在生产中排放有毒、有害物质的企业，应当定期实施清洁生产审核。

计算公式：

$$\text{应当实施强制性清洁生产企业通过审核的比例}=\frac{\text{通过清洁生产审核的企业数量（个）}}{\text{应当实施强制性清洁生产的企业数量（个）}}\times 100\%$$

数据来源：经信、环保、统计部门。

9．环境空气质量

指标解释参照生态文明建设示范县相关内容。

10．地表水环境质量

指标解释参照生态文明建设示范县相关内容。

11．土壤环境质量

指标解释参照生态文明建设示范县相关内容。

12．主要污染物总量减排

指标解释参照生态文明建设示范县相关内容。

13．生态环境状况指数（EI）

指标解释参照生态文明建设示范县相关内容。

14．森林覆盖率

指标解释参照生态文明建设示范县相关内容。

15．生物物种资源保护

指标解释参照生态文明建设示范县相关内容。

16．危险废物安全处置率

指标解释参照生态文明建设示范县相关内容。

17．污染场地环境监管体系

指标解释参照生态文明建设示范县相关内容。

18．重、特大突发环境事件

指标解释参照生态文明建设示范县相关内容。

19．集中式饮用水水源地水质优良比例

指标解释：指城镇集中式饮用水水源地，其地表水水质达到或优于《地表水环境质量标准》（GB 3838—2002）Ⅲ类标准、地下水水质达到或优于《地下水质量标准》（GB/T 14848—1993）Ⅲ类标准的取水量占取水总量的百分比。

计算公式：

$$\text{集中式饮用水源地水质优良比例}=\frac{\text{各城镇集中式饮用水源地水质达Ⅲ类以上的取水量}}{\text{各城镇集中式饮用水源地总取水量}}\times 100\%$$

数据来源：住建、卫生、环保、水利等部门。

20．城镇污水处理率

指标解释参照生态文明建设示范县相关内容。

21．城镇生活垃圾无害化处理率

指标解释参照生态文明建设示范县相关内容。

22．城镇人均公园绿地面积

指标解释：指行政区城镇公园绿地面积的人均占有量。公园绿地是指具备城市绿地主要功能的斑块绿地，包括全市性公园、区域性公园、居住区公园、小区游园、儿童公园、动物园、植物园、历史名园、风景名胜公园、游乐公园、社区性公园及其他专类公园，也包括带状公园和街旁绿地等。

计算公式：

$$\text{城镇人均公园绿地面积}=\frac{\text{城镇公园绿地面积（平方米）}}{\text{行政区城镇总人口数（人）}}\times 100\%$$

数据来源：统计、住建、园林等部门。

23．城镇新建绿色建筑比例

指标解释参照生态文明建设示范县相关内容。

24．公众绿色出行率

指标解释参照生态文明建设示范县相关内容。

25．节能、节水器具普及率

指标解释参照生态文明建设示范县相关内容。

26．政府绿色采购比例

指标解释参照生态文明建设示范县相关内容。

27．生态文明建设规划

指标解释参照生态文明建设示范县相关内容，规划实施年限要求达 3 年以上。

28．生态文明建设工作占党政实绩考核的比例

指标解释参照生态文明建设示范县相关内容。

29．生态环境损害责任追究制度

指标解释：指建立了针对行政区生态环境损害（因污染环境、破坏生态造成大气、地表水、土壤等环境要素和植物、动物、微生物等生态要素的不利改变，以及因上述要素引起的生态系统功能退化）的党政领导干部责任追究制度。

数据来源：组织、审计、环保等部门。

30．固定源排污许可证覆盖率

指标解释参照生态文明建设示范县相关内容。

31．国家生态文明建设示范县占比

指标解释：指行政区内各县经省级以上环保部门认定，达到国家生态文明建设示范县标准的个数占行政区县总数量的比例。

计算公式：

$$\text{国家生态文明建设示范县占比}=\frac{\text{国家生态文明建设示范县个数（个）}}{\text{行政区县总数（个）}}\times 100\%$$

注：获得国家生态文明建设示范县命名的比例不低于20%。

数据来源：环保部门。

32．党政领导干部参加生态文明培训的人数比例

指标解释参照生态文明建设示范县相关内容。

33．公众对生态文明知识知晓度

指标解释参照生态文明建设示范县相关内容。

34．环境信息公开率

指标解释参照生态文明建设示范县相关内容。

35．公众对生态文明建设的满意度

指标解释参照生态文明建设示范县相关内容。

四、有关问题说明

1．本指标所称市包括副省级城市、直辖市所辖区、地级市、地区、自治州、盟等；县包括县级市、县、设区市的区、旗等；乡镇包括乡、镇、涉农街道、农场、苏木等。

2．本指标个别指标项不适合某些地区的实际情况时，不纳入考核范围。

3．本指标解释中引用的标准、管理办法如修订或有相关新标准颁布，将自动成为本指标解释的引用标准。

4．随着创建工作不断深入，可根据实际情况对本指标解释进行个别文字修改和完善，报经环境保护部领导批准后执行。

关于印发《全国生态保护“十三五”规划纲要》的通知

环生态〔2016〕151号

各省、自治区、直辖市环境保护厅（局），新疆生产建设兵团环境保护局，各派出机构，

各直属单位：

为贯彻落实《国民经济和社会发展第十三个五年规划纲要》，大力推进生态文明建设，按照山水林田湖系统保护的要求，通过强化生态监管、完善制度体系，促使生态空间得到保障、生态质量稳中有升、生态功能逐步改善，从而维护国家生态安全，我部组织编制了《全国生态保护“十三五”规划纲要》（见附件）。现印发给你们，请参照执行。

附件：全国生态保护“十三五”规划纲要

环境保护部

2016年10月27日

附件

全国生态保护“十三五”规划纲要

为贯彻落实《国民经济和社会发展第十三个五年规划纲要》，现制定《全国生态保护“十三五”规划纲要》（以下简称《规划纲要》）。《规划纲要》依据环保部门生态保护的职能定位，提出“十三五”时期全国生态保护工作的指导思想和主要目标，明确重点工作和任务措施，指导各级环保部门开展自然生态保护工作。

一、全国生态保护基本形势

“十二五”时期，各级环保部门积极贯彻落实党中央、国务院关于生态保护工作的一系列重大决策部署，加大生态保护力度，在示范引领、系统保护、综合监管等方面取得积极进展，部分重点保护物种种群数量稳中有升。但总体上，我国生态恶化趋势尚未得到根本扭转，生态保护与开发建设活动的矛盾依然突出，生态安全形势依然严峻。

（一）工作进展

一是生态文明示范建设带动效应明显。全国16个省份开展了生态省建设，92个市、县（区）获得国家生态建设示范区命名，126个地区开展了生态文明建设试点工作，示范带动效果明显。编制《全国生态文明建设目标体系》，积极推动生态示范建设提档升级，制定《国家生态文明建设示范区管理规程（试行）》和《国家生态文明建设示范县、市指标（试行）》。组织开展首届中国生态文明奖的评选，建立奖励机制，带动社会共建。

二是生态功能保护基础进一步夯实。完成全国生态环境变化调查与评估（2000—2010年），印发实施《全国生态功能区划（修编版）》。制定实施《生态保护红线划定技术指南》，在江苏、海南、湖北、江西、重庆、沈阳等地开展划定和管控试点，天津、江苏发布实施生态保护红线。开展县域生态环境质量评估考核，在重庆、海南、陕西、宁夏等地开展重点生态功能区环境保护全过程管理试点，推动优化国家重点生态功能区转移支付政策。在全国25个省份开展45个流域生态健康评估试点。联合国家旅游局组织开展国家生态旅游示范区建设，确定了北京市南宫旅游景区等72个国家生态旅游示范区。指导浙江省仙居县、开化县开展国家公园建设试点，配合发展改革委指导北京、青海等9个省（市）开展试点工作。强化矿产资源开发生态保护与监管，开展部分典型地区遥感调查和评估。

三是自然保护区综合监管得到加强。全国已建立各类自然保护区2740个（国家级自然保护区428个），约占陆地国土面积的14.8%，超过90%的陆地自然生态系统类型、89%的国家重点保护野生动植物种类得到保护。规范和完善自然保护区晋升和调整的评审制度，联合九部门印发《关于进一步加强涉及自然保护区开发建设活动监督管理的通知》。完成400多处国家级自然保护区卫星遥感监测，查处一批涉及自然保护区的违法活动。推动中俄自然保护区的跨界合作。

四是生物多样性保护决策与推进机制进一步完善。成立中国生物多样性保护国家委员会，发布实施《中国生物多样性保护战略与行动计划（2011—2030年）》（以下简称《战略与行动计划》），启动"联合国生物多样性十年中国行动（2011—2020）"（以下简称十年中国行动），启动生物多样性保护重大工程。完成32个陆地生物多样性保护优先区域边界核定，发布"中国生物多样性红色名录——高等植物卷和脊椎动物卷"。积极推进生物遗传资源获取与惠益分享立法和生物安全管理工作。不断深化国际交流与合作，积极履行《生物多样性公约》及其《卡塔赫纳生物安全议定书》等国际公约。多数省份建立了生物多样性保护协调机制，编制发布了省级生物多样性保护战略与行动计划。

（二）主要问题

现阶段，我国面临的主要生态问题有：

一是生态空间遭受持续威胁。城镇化、工业化、基础设施建设、农业开垦等开发建设活动占用生态空间；生态空间破碎化加剧，交通基础设施建设、河流水电水资源开发和工矿开发建设，直接割裂生物生境的整体性和连通性；生态破坏事件时有发生。

二是生态系统质量和服务功能低。低质量生态系统分布广，森林、灌丛、草地生态系统质量为低差等级的面积比例分别高达43.7%、60.3%、68.2%。全国土壤侵蚀、土地沙化等问题突出，城镇地区生态产品供给不足，绿地面积小而散，水系人工化严重，生态系统缓解城市热岛效应、净化空气的作用十分有限。

三是生物多样性加速下降的总体趋势尚未得到有效遏制。资源过度利用、工程建设以及气候变化影响物种生存和生物资源可持续利用。我国高等植物的受威胁比例达11%，特有高等植物受威胁比例高达65.4%，脊椎动物受威胁比例达21.4%；遗传资源丧失和流失严重，60%～70%的野生稻分布点已经消失；外来入侵物种危害严重，常年大面积发生危害的超过100种。

同时，环保部门在履行指导、协调、监督生态保护工作职责时，还存在以下体制机制和管理上的突出问题：

一是统一监管的管理体制不健全。目前仍按生态要素分别设置生态保护管理机构，难以对生态系统实施整体性保护。由于权责一致的统一管理体制和协调联动机制尚未建立，未能实现所有者和监管者分离以及一件事情由一个部门负责，直接影响生态保护效果。

二是全社会共同监督的机制尚未建立。部分地方领导干部保护生态环境的意识较为薄弱，还未牢固树立尊重自然、顺应自然、保护自然的理念。社会公众参与生态保护和监管的机制有待健全，企业生态保护和监管责任还不明确，部分地方环保部门履行生态监管职能时只能单打独斗、被动应对。

三是监督管理的基础能力薄弱。尚未建立统一的生态监测监控网络，难以准确监测我国重要生态区域生态状况，不能及时主动发现重大生态破坏行为。大部分县级环保部门没有设置独立的生态保护科室，难以开展常态化监管。市县环保部门生态保护人员队伍和装备严重不足，导致执法力量薄弱。生态保护科技支撑不够，生态大数据集成应用尚待发挥作用，生态保护法律法规和标准体系尚需完善。

（三）机遇与挑战

“十三五”期间，我国生态保护面临重大机遇：一是党的十八大以来，习近平总书记对建设生态文明和加强环境保护提出一系列新理念新思想新战略，为生态保护提供了科学理论指导和行动指南。二是党中央、国务院对生态文明建设做出一系列重大战略决策和部署，把推动绿色发展、提供更多优质生态产品作为重要任务，明确要求加大生态环境保护力度，为生态保护工作指明方向。三是生态文明体制改革各项任务和措施陆续出台并加快推进，生态保护和监管体制将进一步理顺，生态空间用途管制将全面实施，生态环境监测网络将加快建立，生态统一监管能力将明显提高，为我国生态保护工作夯实基础。四是各地生态环境保护意识不断增强，“绿水青山就是金山银山”已成为各级党政领导干部的共识，全社会保护生态环境的合力正在形成。

同时，我国生态保护也面临挑战：一是经济发展与生态保护之间的矛盾依然存在，传统发展方式带来的资源环境约束日益趋紧，生态环境风险逐步凸显。二是人民群众对优质生态产品需求不断增加与现有供给能力不足之间的矛盾日益明显。三是生物多样性丧失速度短期内难以根本遏制，国际履约压力不断加大。

二、指导思想和主要目标

（一）指导思想

全面贯彻落实党中央、国务院关于生态文明建设总体部署和要求，深入贯彻习近平总书记系列重要讲话精神，牢固树立和贯彻落实创新、协调、绿色、开放、共享的发展理念，按照山水林田湖系统保护的要求，以改善环境质量为核心，以维护国家生态安全为目标，以保障生态空间、提升生态质量、改善生态功能为主线，大力推进生态文明建设，强化生态监管，完善制度体系，推动补齐生态产品供给不足短板，为全面建成小康社会、建设美丽中国做出更大贡献。

（二）基本原则

基于环保部门生态保护的职责定位，“十三五”时期，自然生态保护必须遵循以下原则：

——把生态系统整体保护作为基本理念。按照山水林田湖系统保护的要求，陆海统筹、上下联动，打破要素、区域界限，对各类生态系统实施统一保护和监管，增强生态保护的系统性、协同性。

——把保障国家生态安全作为根本目标。严格落实生态空间管控，划定并严守生态保护红线，加强自然保护区监督管理，保护最重要的生态空间，推动形成以“两屏三带”为主体的生态安全格局，建设生态安全屏障。

——把加强生物多样性保护作为工作主线。保护和可持续利用生物多样性，推动生物遗传资源惠益分享，以生物多样性保护优先区域为重点，完善保护网络，强化生物物种和遗传资源保护能力，构建生物多样性保护体系。

——把加强生态统一监管作为主要手段。建立全面、严格、及时、有效的监管体系，是加强生态保护统一监管的重要基础。建设“天地一体化”的监测体系和综合监管平台，及时发现和查处生态破坏行为，由被动核查变为主动发现，提高生态保护的精细化和信息化水平。

——把生态文明示范建设作为主要载体。积极参与生态文明体制改革，推动体制机制向有利于统一监管的方向改变。发挥生态文明建设示范区和环境保护模范城创建工作的平台作用，有机融合生态保护的主要任务和重点工作，创新保护模式，提高示范效应，激发保护活力。

（三）主要目标

到 2020 年，生态空间得到保障，生态质量有所提升，生态功能有所增强，生物多样性下降速度得到遏制，生态保护统一监管水平明显提高，生态文明建设示范取得成效，国家生态安全得到保障，与全面建成小康社会相适应。

具体工作目标：全面划定生态保护红线，管控要求得到落实，国家生态安全格局总体形成；自然保护区布局更加合理，管护能力和保护水平持续提升，新建 30～50 个国家级自然保护区，完成 200 个国家级自然保护区规范化建设，全国自然保护区面积占陆地国土面积的比例维持在 14.8%左右（包括列入国家公园试点的区域）；完成生物多样性保护优先区域本底调查与评估，建立生物多样性观测网络，加大保护力度，国家重点保护物种和典型生态系统类型保护率达到 95%；生态监测数据库和监管平台基本建成；体现生态文明要求的体制机制得到健全；推动 60～100 个生态文明建设示范区和一批环境保护模范城创建，生态文明建设示范效应明显。

三、主要任务

“十三五”时期，紧紧围绕保障国家生态安全的根本目标，优先保护自然生态空间，实施生物多样性保护重大工程，建立监管预警体系，加大生态文明示范建设力度，推动提升生态系统稳定性和生态服务功能，筑牢生态安全屏障。

（一）建立生态空间保障体系

1．加快划定生态保护红线。制定发布《关于划定并严守生态保护红线的若干意见》。按照自上而下和自下而上相结合的原则，各省（区、市）在科学评估的基础上划定生态保护红线，并落实到水流、森林、山岭、草原、湿地、滩涂、海洋、荒漠、冰川等生态空间。2017年底前，京津冀区域、长江经济带沿线各省（区、市）划定生态保护红线；2018年底前，各省（区、市）全面划定生态保护红线；2020年底前，各省（区、市）完成勘界定标。在各省（区、市）生态保护红线的基础上，环境保护部会同相关部门汇总形成全国生态保护红线，向国务院报告，并向社会公开发布。

2．推动建立和完善生态保护红线管控措施。到2020年，基本建立生态保护红线制度。推动将生态保护红线作为建立国土空间规划体系的基础。各地组织开展现状调查，建立生态保护红线台账系统，识别受损生态系统类型和分布。制定实施生态系统保护与修复方案，选择水源涵养和生物多样性保护为主导功能的生态保护红线，开展一批保护与修复示范。定期组织开展生态保护红线评价，及时掌握全国、重点区域、县域生态保护红线生态功能状况及动态变化。推动建立和完善生态保护红线补偿机制。

3．加强自然保护区监督管理。制定《全国自然保护区发展规划（2016—2025年）》。开展自然保护区人类活动遥感监测，国家级自然保护区每年遥感监测2次，省级自然保护区每年遥感监测1次，重点区域加大监测频次，定期发布监测报告。开展自然保护区生态环境保护状况评估。强化监督执法，定期组织自然保护区专项执法检查，严肃查处违法违规活动，加强问责监督。优化自然保护区布局，以重要河湖、海洋、草原生态系统及水生生物、小种群物种的保护空缺作为重点，推进新建一批自然保护区，加强生态廊道、保护小区和自然保护区群建设，到2020年，全国自然保护区面积占陆地国土面积的比例维持在14.8%左右（包括列入国家公园试点的区域）。提高自然保护区管理水平，强化自然保护区管护能力建设，完善自然保护区范围和功能区界限核准以及勘界立标工作，推进自然保护区开展综合科考和本底调查。2020年前完成200个国家级自然保护区规范化建设。推动自然保护区土地确权和用途管制。推动建立自然保护区公共监督员制度。有步骤地对居住在自然保护区核心区与缓冲区的居民实施生态移民。

4．加强重点生态功能区保护与管理。重点生态功能区是我国生态空间的集中分布地区，要积极协调相关部门推动重大生态保护与修复工程优先在重点生态功能区布局，不断扩大生态空间。加强重点生态功能区县域生态功能状况评价，推动制定实施重点生态功能区产业准入负面清单，强化生态空间用途管制。推动协调相关部门和地区针对目前人为活动影响较小、生态良好的重点生态功能区，特别是大江大河源头及上游地区，加大自然植被保护力度，科学开展生态退化区恢复与治理，继续实施防沙治沙和水土流失综合治理。以主要的山脉、江河、海岸带等防护林体系为脉络，构建形成大尺度国家生态廊道，提高生态保护区域的连通性。加快推动易灾地区生态系统保护与修复。

（二）强化生态质量及生物多样性提升体系

1．实施生物多样性保护重大工程。以生物多样性保护优先区域为重点，开展生物多样性调查和评估，彻底摸清我国生物多样性家底。加强就地保护和迁地保护，完善保护网络体系，确保国家战略性生物资源得到较好保存。恢复生物多样性受破坏的区域，开展生物多样性保护与减贫示范，促进西部生物多样性丰富地区传统产业转型升级和脱贫。加强生物多样性监管基础能力建设，全面提升各级政府生物多样性保护与管理水平。协调有关部门落实工程所需资金，组织有关部门实施好重大工程，推进实施《战略与行动计划》和“十年中国行动”。

2．加强生物遗传资源保护与生物安全管理。加强生物遗传资源保护与管理，建立生物遗传资源及相关传统知识获取与惠益分享制度；规范生物遗传资源采集、保存、交换、合作研究和开发利用活动，加强出境监管，防止生物遗传资源流失。强化生物安全管理，开展转基因生物环境释放风险评估、跟踪监测和环境影响研究；加强环保用微生物菌剂环境安全监管。积极防治外来物种入侵，开展外来入侵物种调查和生态影响评价，加强入侵机理、扩散途径、应对措施和开发利用途径研究，建立监测预警及风险管理机制，探索推进生物安全和外来入侵物种管理制度化进程。

3．推进生物多样性国际合作与履约。组织协调相关部门，共同履行好《生物多样性公约》及其《卡塔赫纳生物安全议定书》《名古屋遗传资源议定书》等国际公约，以国内工作支撑完成履约责任。积极参与“生物多样性与生态系统服务政府间科学-政策平台（IPBES）”的相关工作。做好2020年《生物多样性公约》第15次缔约方大会（COP15）的申办和筹备工作。

4．扩大生态产品供给。丰富生态产品，优化生态服务空间配置，提升生态公共服务供给能力。加大城市生态保护力度，推动城市生态建设与空间布局优化，提升城市生态服务能力。推动加大风景名胜区、森林公园、湿地公园等保护力度，适度开发公众休闲、旅游观光、生态康养服务和产品，加快城乡绿道、郊野公园等城乡生态基础设施建设。

（三）建设生态安全监测预警及评估体系

1．建立“天地一体化”的生态监测体系。加强卫星和无人机航空遥感技术应用，提高生态遥感监测能力。建立生物多样性地面观测体系，到2020年新建、改建或扩建50个陆地生物多样性综合观测站，建成800个以上生物多样性观测样区。建设一批相对固定的生态保护红线监控点。优先在长江经济带、京津冀地区建立观测站和观测样区。

2．定期开展生态状况评估。加强年度重点区域生态环境质量状况评价和五年生态环境状况调查评价。2016年启动2010—2015全国生态状况调查与评估，2020年完成“十三五”时期全国生态状况调查与评估，形成全国生态状况定期评估机制。全面开展生态保护红线、重点生态功能区、重点流域及城市生态评估，系统掌握生态系统质量和功能变化状况。

研究建立生态系统和生物多样性预警体系，开发预警模型和技术，对生态系统变化、物种灭绝风险、人类干扰等进行预警。推动建立统一的监测预警评估信息发布机制。

开展县域生态资源资产评估试点。推动将生态状况评估结果应用于产业布局、土地利用、生态环境保护、城乡建设等规划编制，并作为生态补偿、领导干部政绩考核、生态环境损害责任追究、自然资源资产离任审计等生态监管制度的重要参考。

3．建立全国生态保护监控平台。建立生态保护综合监控平台，对生态保护红线、自然保护区、重点生态功能区、生物多样性保护优先区域等的开发建设活动实施常态化和业务化监控，实现由被动监管转为主动监管、应急监管转为日常监管、分散监管转为系统监管。2016 年，启动以自然保护区为重点的监管平台建设，作为全国生态保护监控平台一期工程；各省（区、市）应依托全国生态保护监控平台，加强能力建设，建立本行政区监管体系，实施分层级监管。2018 年，完成生态保护红线监管平台建设，作为全国生态保护监控平台二期工程。加强生态监管信息化建设，充分运用大数据、互联网、遥感、物联网等技术手段，集成建立国家生态保护和生物多样性数据库，并纳入生态环境大数据系统。

4．加强开发建设活动生态保护监管。以“生态保护红线、环境质量底线、资源利用上线和环境准入负面清单”为手段，强化空间、总量、准入环境管理。发挥战略环评和规划环评事前预防作用，减少开发建设活动对生态空间的挤占，合理避让生态环境敏感和脆弱区域。强化矿产资源开发规划环评，优化矿产资源开发布局，推动历史遗留矿山生态修复。合理确定和布局大坝建设，加强调度监管，有效保障最低生态需水量；加强生态设施建设，科学合理开展水生生物增殖放流。合理布局旅游基础设施建设，基于生态承载力确定游客数量。推动交通设施建设合理避让生态环境敏感区域，加强生物廊道建设，减少生态阻隔；加强交通设施建成后的生态恢复和运营期的管理。

（四）完善生态文明示范建设体系

1．创建一批生态文明建设示范区和环境保护模范城。深入实施生态省战略，以市、县为重点，分类指导，梯次推进，广泛开展生态文明建设示范区创建，提高示范区建设的规范化和制度化水平，到 2020 年，创建 60～100 个生态文明建设示范区。修订《国家环境保护模范城市创建与管理工作办法》和《国家环境保护模范城市考核指标》，加强创建计划性和区域平衡性，强化分级管理和过程监管，加快审议命名 2016 年前通过考核验收的城市。生态文明建设示范区和环境保护模范城创建要加强统筹整合，并全面对接国家生态文明试验区建设标准，打造成国家生态文明试验区制度成果的转化载体。

2．持续提升生态文明示范建设水平。编制生态文明建设示范区和环保模范城创建指南，指导各地生态文明建设实践。加强创建与环保重点工作的协调联动，改革完善创建评估验收机制。强化后续监督与管理，开展成效评估和经验总结，宣传推广现有的可复制、可借鉴的创建模式。充实专家队伍，建立专家委员会。继续开展中国生态文明奖评选表彰，充分发挥典型示范引领作用，广泛凝聚全社会力量。开展生态文明建设理论及实践研究，协助推动建立生态文明建设目标评价考核机制。

四、保障措施

（一）完善法律法规

加快推动出台《生物遗传资源获取与惠益分享管理条例》，开展《自然保护区条例》后评估，推进制定自然保护区法，研究生态保护红线立法。加强相关立法协调，在自然资源法律法规修订时，推动将生态保护要求纳入相关条文。抓紧出台实施《自然保护区人类活动遥感监测与核查规定》，加快完善生态保护相关的评估、监管、执法的标准规范体系。

（二）健全体制机制

充分发挥中国生物多样性保护国家委员会、国家级自然保护区评审委员会、生物物种资源保护部际联席会等已有机制平台的协调作用，推动制定和实施跨部门生态保护政策措施，协调相关部门加大生态保护投入。加快建立上下联动、沟通顺畅的各级环保部门联系机制。积极参与国家相关的体制机制改革，推动理顺相应机构与职责设置。开展国家公园体制研究及试点示范，探索建立国家公园行政管理体制。推动建立健全国土空间开发与保护制度，以及生态环境损害评估和赔偿、生态保护补偿等制度。支持各地建立生态保护补偿机制。

（三）强化科技支撑

加强生态保护基础研究和科技攻关，完善生态调查评估、监测预警、风险防范等管理技术体系。重点开展生物多样性科学规律与生物安全支撑技术、生态修复技术、生态系统监测评价等关键技术的研究，推动加大生态保护科技相关专项支持力度。加强国际科技合作与交流，积极引进国外先进生态保护理念、管理经验及技术手段，健全完善国内协调机制。

（四）推动共同保护

依托生物多样性日、环境日等活动平台，加大生态保护宣传教育力度，加强政策解读，扩大保护共识，调动全社会参与生态保护的积极性和主动性。加强政府、企业、公众生态保护培训，建设中小学环境教育社会实践基地，提高全社会特别是领导干部的生态保护责任意识。依托环境保护新闻发布制度，充分利用“12369”环保举报热线等平台，加大生态环境信息公开力度，定期发布生态保护信息，保障公众生态保护知情权和监督权。发挥社会组织的引导、监督作用，强化企业保护生态的主体责任，形成全社会共同参与生态保护的合力。

关于2016年国家级自然保护区遥感监测有关情况的通报

环办生态〔2016〕108号

各省、自治区、直辖市环境保护厅（局），新疆生产建设兵团环境保护局：

为加强对国家级自然保护区的监督管理，2016年上半年，我部对全国所有446个国家级自然保护区组织开展了人类活动遥感监测，全面了解国家级自然保护区2015年人类活动状况及 2013—2015 年变化情况。现将有关情况通报如下：

一、国家级自然保护区人类活动总体情况

遥感监测结果显示，全国所有 446 个国家级自然保护区中均存在不同程度的人类活动。人类活动总数 156061 处，总面积约 28546 平方千米，占国家级自然保护区总面积的 2.95%。人类活动以居民点和农业用地为主，分别占人类活动总数的 47%和 31%，占总面积的 7.7%和 81.3%。其他人类活动包括能源设施、工矿用地、采石场、旅游设施、交通设施、养殖场、道路和其他人工设施等，总面积为 3157 平方千米。

遥感监测发现，2013—2015 年，共有 297 个国家级自然保护区新增人类活动 3780 处，面积 2339 平方千米。其中有对生态环境影响较大的采石场 104 处、工矿用地 318 处、能源设施 335 处、交通设施 39 处、旅游设施 86 处、养殖场 114 处、其他人工设施 1433 处。特别是核心区和缓冲区新增活动 1466 处，其中采石场、工矿用地、能源设施、旅游设施和养殖场等 320 处。

二、严肃查处违法违规活动

在对自然保护区人类活动的核查中发现，一些自然保护区内存在违法违规问题。其中先期核查的 86 处国家级自然保护区已查实存在违法违规活动 580 余处。遥感监测和核查结果已被应用于第一批对 8 省（区）的中央环境保护督察工作，60 多个国家级自然保护区存在的违法违规问题已被中央环境保护督察组向地方反馈，明确整改要求，或进行公开通报并作为生态环境损害问题移交地方处理问责，部分省（区）已经对相关违法违规问题进行严肃查处，一批责任单位和责任人受到处理。遥感监测和核查结果将应用在第二批中央环境保护督察工作中。

各地区要对存在问题的自然保护区进一步确认违法违规事实，明确和落实责任，严肃查处各类违法违规行为并限期整改，追究相关单位和负责人的责任，及时进行生态恢复，逐步解决相关历史遗留问题。有关实地核查和问题查处等情况要适时向社会公开。

本次遥感监测和实地核查发现，吉林白山原麝、湖北九宫山、贵州威宁草海和甘肃张掖黑河湿地 4 处国家级自然保护区问题较为突出，有的核心区、缓冲区有采石、工矿、养殖等违法违规问题，有的近两年新增违法违规活动较多。请吉林、湖北、贵州、甘肃四省环保厅会同当地有关部门，严肃查处违法违规活动，公开督办，并于 2016 年 12 月 20 日前和 2017 年 5 月底前分别将有关整改方案和整改情况报送我部。

三、认真做好下一步遥感监测相关工作

遥感监测是加强自然保护区监督管理的有效手段，也是实现自然保护区工作系统化、科学化、法治化、精细化、信息化的客观要求，今后将成为常态性工作。我部将每年对国家级自然保护区遥感监测两次，对省级自然保护区遥感监测一次。各地区要高度重视自然保护区人类活动遥感监测工作，认真做好遥感监测结果的实地核查和违法违规问题查处工

作。我部将适时对遥感监测实地核查结果和违法违规问题查处情况进行抽查，对不认真组织核查、不按时上报核查结果、核查中弄虚作假、查处不严的地区和相关人员，一经发现将严肃处理。

各地区要会同相关自然保护区行政主管部门，尽快解决此次遥感监测实地核查工作中发现的个别国家级自然保护区边界或功能区划不清的问题；同时要核实确认行政区域内地方级自然保护区的范围和功能区划等基础数据，并于 2016 年 12 月 22 日前将准确的省级自然保护区范围和功能区划基础数据和矢量图以及确定依据等相关材料报送我部，以为今后定期规范开展遥感监测、实地核查和执法监管打下坚实基础。

环境保护部办公厅

2016 年 12 月 1 日

十八、核安全与辐射管理

关于印发《输变电建设项目重大变动清单（试行）》的通知

环办辐射〔2016〕84 号

各省、自治区、直辖市环境保护厅（局）：

为进一步规范输变电建设项目环境管理，根据《环境影响评价法》和《建设项目环境保护管理条例》有关规定，我部制定了《输变电建设项目重大变动清单（试行）》（以下简称清单）。输变电建设项目发生清单中一项或一项以上，且可能导致不利环境影响显著加重的，界定为重大变动，其他变更界定为一般变动。

一、建设单位在项目开工建设前应当对工程最终设计方案与环评方案进行梳理对比，构成重大变动的应当对变动内容进行环境影响评价并重新报批，一般变动只需备案。

二、项目建设过程中如发生重大变动，应当在实施前对变动内容进行环境影响评价并重新报批。

三、建设单位应对照清单对在建且尚未通过竣工环保验收的输变电建设项目及时梳理，并按现行分级审批规定，于 2016 年 12 月 31 日前将变动情况上报有审批权的环境保护主管部门。

四、环评阶段，环境影响评价范围内明确属于工程拆迁的建筑物不列为环境敏感目标，不进行环境影响评价。竣工环保验收阶段，验收调查范围内有公众居住、工作或学习的建筑物都应列为环境敏感目标，确保满足有关环境标准要求。

五、各级环境保护主管部门在清单试行过程中如发现新问题、新情况，请以书面形式反馈意见和建议，我部将根据实际情况进一步补充、调整和完善清单。

附件：输变电建设项目重大变动清单（试行）

环境保护部办公厅

2016 年 8 月 8 日

附件

输变电建设项目重大变动清单（试行）

1．电压等级升高。

2．主变压器、换流变压器、高压电抗器等主要设备总数量增加超过原数量的30%。

3．输电线路路径长度增加超过原路径长度的30%。

4．变电站、换流站、开关站、串补站站址位移超过500米。

5．输电线路横向位移超出500米的累计长度超过原路径长度的30%。

6．因输变电工程路径、站址等发生变化，导致进入新的自然保护区、风景名胜区、饮用水水源保护区等生态敏感区。

7．因输变电工程路径、站址等发生变化，导致新增的电磁和声环境敏感目标超过原数量的30%。

8．变电站由户内布置变为户外布置。

9．输电线路由地下电缆改为架空线路。

10．输电线路同塔多回架设改为多条线路架设累计长度超过原路径长度的30%。

关于深圳市天和时代电子设备有限公司HD300A型和HD600A型爆炸物毒品探测仪中Ni-63放射源实行豁免管理的复函

环办辐射函〔2016〕134号

深圳市天和时代电子设备有限公司：

你单位《Ni-63放射源用于爆炸物毒品探测的豁免申请》（天和时代发〔2015〕001号）收悉。根据《放射性同位素与射线装置安全和防护条例》（国务院令　第449号）及《放射性同位素与射线装置安全和防护管理办法》（环境保护部令　第18号）的有关规定、专家审议意见和《广东省环境保护厅关于深圳市天和时代电子设备有限公司爆炸物毒品探测仪中镍-63放射源实行豁免管理的初审意见的函》（粤环函〔2016〕1号），经研究，函复如下：

一、你单位销售的HD300A型便携式爆炸物毒品探测仪和HD600A型台式爆炸物毒品探测仪中每台仪器使用一枚活度为5.5×10^{8} Bq的Ni-63放射源，为Ⅴ类放射源。鉴于该类放射源活度低，且制造工艺使上述型号仪器的固有安全性较高，对环境、公众和工作人员的影响很小。因此，我部同意对上述型号仪器中使用的Ni-63放射源实行豁免管理。

二、使用上述型号仪器可以免于办理辐射安全许可证；你单位销售给最终用户也无需办理放射性同位素转让审批及备案手续。

三、使用单位的上述型号仪器中Ni-63放射源不作为放射性物质进行管理。如发生个别Ni-63放射源失控，也不作为辐射事故处理。

四、你单位应健全相关制度，加强对所售仪器中Ni-63放射源的跟踪管理。在产品说明书和销售合同中明确告知产品中含有放射源，同时告知有关放射源的危害和防护知识及售后管理要求。负责对仪器报废后其中的废放射源进行管理，承担送贮到有资质的放射性废物收贮单位的责任。

五、你单位应制定上述型号仪器销售台账、售出仪器跟踪管理及废源处理记录，并在每年1月底前汇总上一年的有关情况报告广东省环境保护厅。

特此函复。

环境保护部办公厅

2016年1月21日

关于印发《核与辐射建设项目环境影响评价机构监督检查实施办法》的通知

环办辐射函〔2016〕469号

各有关单位，机关相关部门，环境保护部华北、华东、华南、西南、东北、西北核与辐射安全监督站：

为加强核与辐射类建设项目环境影响评价工作，提高环境影响报告书（表）的编制质量，根据《建设项目环境影响评价资质管理办法》（环境保护部令　第36号），我部制定了《核与辐射建设项目环境影响评价机构监督检查实施办法》及其配套文件《核与辐射建设项目环境影响报告书（表）质量评估技术指南（试行）》，现印发给你们，请遵照执行。

附件：1．核与辐射建设项目环境影响评价机构监督检查实施办法

2．核与辐射建设项目环境影响报告书（表）质量评估技术指南（试行）

环境保护部办公厅

2016年3月11日

附件 1

核与辐射建设项目环境影响评价机构监督检查实施办法

第一章　总　则

第一条　为加强核与辐射类建设项目环境影响评价机构（以下简称核与辐射环评机构）的监督管理，根据《建设项目环境影响评价资质管理办法》，制定本办法。

第二条　本办法适用于对编写核与辐射类甲级、乙级报告书的环境影响评价机构的监督检查。

第三条　监督检查工作应当坚持依法、客观、公正、公开的工作原则。

第四条　监督检查不减轻、不转移核与辐射环评机构对所从事的相关活动应当承担的主体责任。

第二章　监督检查组织

第五条　环境保护部核与辐射安全监管派出机构负责核与辐射环评机构的日常监督检查。

环境保护部核与辐射类建设项目环境影响评价审批部门根据工作需要对核与辐射环评机构进行抽查。

第六条　监督检查人员应当具备下列条件：

（一）持有核与辐射安全监督员证件；

（二）掌握核与辐射、环境影响评价相关专业知识，具备良好的沟通能力，能独立做出正确的判断；

（三）熟知核与辐射相关法律、法规和评价机构监督管理等有关规定；

（四）作风正派，办事公正，工作认真，态度端正。

第七条　监督检查人员在监督检查时有权采取以下措施：

（一）调阅、复制相关工作档案、报告和记录；

（二）约见和询问被检查单位负责人及相关工作人员；

（三）对检查中发现的问题进行现场核实和取证。

第八条　监督检查人员应在依法授权的范围内进行工作。监督检查人员应当保守技术秘密和业务秘密；不得从事或者参与核与辐射环评机构的经营活动；遵守廉政的相关规定。

第三章　监督检查实施

第九条　开展监督检查应在检查前 7 个工作日发出检查通知。监督检查主要通过现场检查、文件检查、座谈和记录确认等方式进行。执行检查任务不得少于 2 人。

第十条　监督检查的内容包括：

（一）核与辐射环评机构资质管理情况，不得出租、出借资质证书等；

（二）核与辐射环境影响评价工作质量保证体系的执行情况，不得弄虚作假等；

（三）核与辐射环评机构从业行为的规范情况，不得超范围承接环评文件编制工作等；

（四）核与辐射建设项目环境影响报告书（表）的编制质量情况；

（五）上次监督检查整改落实情况。

第十一条 监督检查人员对监督检查的内容、发现的问题和监督检查的意见等做出记录。

第十二条 监督检查单位应于检查后15个工作日内将监督检查报告印发被检查单位，抄送环境影响评价资质管理部门和核与辐射类建设项目环境影响评价审批部门。

第十三条 被检查单位应当针对监督检查中提出的问题，采取相应的整改措施，按监督检查报告中的要求将整改报告报送监督检查单位。

监督检查单位应当对整改报告进行审查，并在后续的监督检查中对被检查单位落实整改要求的情况进行跟踪核查。

第四章　环评机构的权利和义务

第十四条 被检查单位应当对监督检查给予配合，如实反映情况，提供真实有效的资料，提供必要的工作条件。

第十五条 对于监督检查中提出的整改要求，被检查单位应当认真落实。

第十六条 被检查单位对监督检查结果有异议的，可自接到监督检查结果之日起7个工作日内，向环境保护部申诉。

第十七条 被检查单位对监督检查人员在监督检查过程中的违法违纪行为有权向有关部门举报。

第五章　监督检查结果应用

第十八条 监督检查中对被检查单位编制的核与辐射类建设项目环境影响报告书（表）进行质量评估，评估结果分优秀、良好、合格和不合格4个等级。

第十九条 对监督检查中发现的违法违规行为，监督检查单位应及时上报环境保护部环境影响评价资质管理部门和核与辐射类建设项目环评审批部门，并提出处理建议。

第二十条 核与辐射环评机构有下列情形之一的，由环境保护部对该机构给予通报批评：

（一）未与建设单位签订书面委托合同接受建设项目环境影响报告书（表）编制委托的，或者由环评机构的内设机构、分支机构代签书面委托合同的；

（二）主持编制的环境影响报告书（表）不符合《建设项目环境影响评价资质管理办法》第二十五条规定的；

（三）未建立主持编制的环境影响报告书（表）完整档案的。

第二十一条 核与辐射环评机构主持编制的环境影响报告书（表）有下列情形之一的，由环境保护部责令该机构以及编制主持人和主要编制人员限期整改三至六个月：

（一）环境影响报告书（表）未由相应的环境影响评价工程师作为编制主持人的，核工业类环境影响报告书未由相应的环境影响评价工程师和注册核安全工程师作为编制主持人的；

（二）环境影响报告书的各章节和环境影响报告表的主要内容未由相应的环境影响评价工程师作为主要编制人员的。

第二十二条 核与辐射环评机构主持编制的环境影响报告书（表）有下列情形之一的，由环境保护部责令该机构以及编制主持人和主要编制人员限期整改六至十二个月：

（一）建设项目工程分析或者引用的现状监测数据错误的；

（二）主要环境保护目标或者主要评价因子遗漏的；

（三）环境影响评价工作等级或者环境标准适用错误的；

（四）环境影响预测与评价方法错误的；

（五）主要环境保护措施缺失的。

第二十三条 对监督检查中发现的其他违法违规行为，监督检查单位应及时上报环境保护部，环境保护部依据有关法律法规进行处理。

第二十四条 上述监督检查中发现的问题，地方环境保护主管部门已按《建设项目环境影响评价资质管理办法》予以处理的，环境保护部不再处理。

第二十五条 环境保护部对核与辐射环评机构、环境影响评价工程师、注册核安全工程师的奖励、通报批评、限期整改和行政处罚等情况，记入评价机构、环境影响评价工程师、注册核安全工程师诚信档案，并向社会公开。

第六章 附 则

第二十六条 本办法所称核与辐射环评机构是指环境影响报告书类别评价范围中仅包含核工业和输变电及广电通信类别的环评机构。

省级环境保护部门可参照本办法对编制核与辐射环境影响评价报告表的评价机构进行日常监督。

第二十七条 本办法由环境保护部（国家核安全局）负责解释。

第二十八条 本办法自公布之日起实施。

附件 2

核与辐射建设项目环境影响报告书（表）质量评估技术指南（试行）

第一章 总 则

第一条 根据《建设项目环境影响评价资质管理办法》（环境保护部令 第 36 号）、《核与辐射建设项目环境影响评价机构监督检查实施办法》等规定，环境保护主管部门对核与辐射类建设项目环境影响评价机构实施监督检查，对核与辐射建设项目环境影响报告书（表）编制质量进行评估，为规范质量评估工作，制定本指南。

第二条 本指南适用于环境保护部（国家核安全局）组织开展的核与辐射类建设项目环境影响评价机构监督检查工作中对核与辐射建设项目环境影响报告书（表）的质量评估。

第三条 本指南所称质量评估，是指对环境影响报告书（表）的编写质量及其与相关支持文件的内容符合性进行检查和评估。

本指南所称核与辐射类建设项目指输变电及广电通信类、核工业类建设项目。后者包括核动力厂、研究堆、铀矿开采冶炼、核燃料循环设施、放射性废物贮存处理处置、核技术利用等建设项目以及上述项目的运行和退役。

第四条 环境影响报告书（表）的质量评估工作应当坚持依法、客观、公正、公开的工作原则。

第二章 评估组织方式

第五条 环境保护部委托核与辐射安全监管派出机构组织对核与辐射环境影响评价机构进行监督检查时，需组织环境影响报告书（表）质量评估小组抽取具有代表性的环境影响报告书（表）送审稿进行质量评估。评估工作一般应依托环境影响报告书（表）技术审评部门，主要参考环境影响报告书（表）技术审评部门日常审查意见和发现的问题。

第六条 评估小组一般可由环境影响报告书（表）的审评单位技术人员或行业专家组成。实施评估工作前，监督检查组和质量评估人员商议指定一名评估负责人具体落实评估工作。

第七条 评估人员针对抽取的环境影响报告书（表）送审稿分别对照质量评估表评估、打分。

涉及国家秘密的环境影响报告书（表）质量评估应当遵守国家有关保密规定。

第三章 评估内容

第八条 环境影响报告书（表）质量评估应以现行相关法律、法规和标准、导则及本指南的质量评估表为主要依据。

第九条 按核设施与铀矿冶、核技术利用、电磁辐射等领域分类设置环境影响报告书（表）质量评估表，主要内容涵盖环境影响评价要点的质量评估，见附表 1～附表 3。

第十条 根据《建设项目环境影响评价资质管理办法》有关质量问题的规定，环境影响报告书（表）的质量评估主要关注以下方面内容。

（一）建设项目概况，工程分析与辐射源项、现状监测情况；

（二）评价范围与等级、评价因子的确定，评价标准的选用和环境保护目标、周围环境状况及敏感点的描述；

（三）主要环境问题分析、辐射安全分析，环境预测与评价模式，基础数据、辐射剂量估算方法与结果；

（四）主要环境保护措施，辐射屏蔽、分区管理、安全联锁、制度管理等安全防护措施；

（五）项目选址、选线合理性以及环境影响评价结论；

（六）文件及附图、附件的规范性。

第十一条 按照质量评估表的评估内容及相应赋值，多名评估人分别评分，累计后取平均值为原始得分（百分制）的方式进行评估。

评估结果按分值分为优秀（90～100 分）、良好（80～89 分）、合格（60～79 分）和不合格（0～59 分）4 个等级。

同一环境影响报告书（表）评分分差大于 15 分或评定等级存在差异的，由评估负责人组织评估人员通过会议讨论的形式进行复核，复核分数为该报告书（表）评估的最终得分。

第四章 评估结果应用

第十二条 质量评估小组应及时向监督检查组提交评估结果及有关处理建议，监督检查组综合分析评估结果并确认后，将评估意见纳入监督检查报告。

第十三条 监督检查单位应将质量评估结果及时反馈被检查单位，被检查单位对评估结果有异议的，可在收到评估结果 5 个工作日内向监督检查单位书面提出复核要求。监督检查单位在收到书面要求 10 个工作日内组织专家再次进行评估复核，确认后作为最终评估结果。

第十四条 环境影响报告书（表）质量评估中发现的质量问题及违法违规行为，应及时与监督检查组沟通。评估结果依照《建设项目环境影响评价资质管理办法》的规定执行。

第五章 附 则

第十五条 本指南由环境保护部（国家核安全局）负责解释。

第十六条 本指南自公布之日起实施。

附表 1

核设施和铀矿冶建设项目环境影响报告书（表）质量评估表

序号	评估内容	满分	评分
一、项目基本概况和环境影响评价基础的完整性和符合性（12）			
1	项目基本情况（名称、性质、规模、经费、必要性、工程进展等）描述是否清晰，评价对象（主体工程和配套工程的组成等）是否明确	2	
2	编制依据是否完整	2	
3	环境影响因素及其评价指标的筛选是否全面、准确	4	
4	评价范围和评价标准（放射性和非放射性）是否明确和合适	4	
二、厂址与环境特征描述的完整性和适宜性（12）			
5	厂址地理位置、设施各类边界的划定和落实情况	2	
6	人口分布和饮食习惯描述的适宜性和时效性	3	
7	土地利用、陆生资源、水生资源及其他环境特征描述的完整性和时效性	3	
8	气象、水文参数描述的完整性和时效性	4	
三、环境质量现状描述的适宜性（8）			
9	辐射环境本底（现状）描述的完整性和合理性	4	
10	非放射性环境质量现状调查和评价的完整性和合理性	4	
四、项目工程分析的合理性（12）			
11	建设项目（含配套工程或设施）的工程分析是否全面	3	

序号	评估内容	满分	评分
12	放射性废物管理系统及其源项识别和分析是否合理	6	
13	非放射性废物管理系统及其源项识别和分析是否合理	3	
五、环境影响预测与评价的合理性（22）			
14	施工建设过程环境影响的预测与评价是否充分、合理	4	
15	正常运行时环境影响的预测与评价是否充分、合理	9	
16	事故工况下的环境影响和环境风险的预测与评价，以及事故预防和缓解措施是否充分、合理	9	
六、主要环境保护措施的有效性（8）			
17	施工期间环境保护措施的有效性	3	
18	流出物监测与环境监测的设施和设备是否充分、满足要求	5	
七、公众参与和信息公开的有效性（10）			
19	项目公众参与实施计划的合理性	5	
20	项目公众参与工作的广泛性、代表性和有效性	5	
八、评价结论的合理性（8）			
21	评价结论是否明确、合理	5	
22	所提建议是否全面、合理	3	
九、其他（8）			
23	项目建议书（可研报告）及其批复文件、前期工程的环境影响报告书（表）批复文件等支持性材料是否完善	3	
24	图表、附件是否规范、清晰，文字是否严谨、简练	2	
25	对遗留问题的解决是否落实	3	
	合　计	100	
	评估等级	—	

附表2

核技术利用建设项目环境影响报告书（表）质量评估表

序号	评估内容	满分		评分
		报告书	报告表	
一、项目概况、工程分析与源项、现状监测情况（20分）				
1	项目概况、工程分析是否全面、清楚	10	10	
2	污染源项识别和分析是否准确；废弃物调查分析是否准确	5	5	
3	环境质量现状的调查、监测与评价是否全面、准确	5	5	
二、评价因子、评价标准和环境保护目标（10分）				
4	评价因子及指标筛选是否全面、准确	2	2	
5	环境影响评价执行标准是否全面、量化、适用	3	3	
6	环境保护目标、周围环境条件及敏感点描述是否清楚	5	5	
三、辐射安全与防护及环保措施（报告书25分，报告表30分）				
7	是否阐明辐射工作场所布局与屏蔽情况、安全与防护措施是否贯彻了辐射防护三原则、对策与措施是否有针对性	15	20	

序号	评估内容	满分		评分
		报告书	报告表	
8	是否明确给出产生三废的处理措施	5	5	
9	是否给出项目建设所需的管理规章制度、监测方案等措施	5	5	
四、环境影响预测与分析（报告书25分，报告表30分）				
10	工作场所及周围环境辐射水平估算模式是否有误 人员受照剂量估算是否准确 对“三废”产生预测、事故影响分析与措施分析是否全面	15	20	
11	对建设、运行阶段的环境影响预测是否充分	5	5	
12	环境影响分析结果是否支持评价结论	5	5	
五、公众参与（报告书10分，报告表0分）				
13	是否按规定开展了必要的公众参与	5	0	
14	公众参与是否客观，内容是否符合要求，对公众不同意见的处理是否有效	5	0	
六、评价结论与建议（5分）				
15	评价结论是否明确、合理可信，所提建议或承诺是否全面、合理	5	5	
七、其他（5分）				
16	文本结构是否符合环评导则的格式规范，图表及附件是否齐全、清晰、规范。计量单位使用是否正确，语言文字表述是否清楚准确	5	5	
	合　计	100	100	
	评估等级	—	—	

附表3

电磁类建设项目环境影响报告书（表）质量评估表

序号	评估内容	满分	评分
一、建设项目工程分析或引入的现状监测数据（20分）			
1	工程内容的描述是否正确	5	
2	工程总平面布置示意图、线路路径示意图等是否齐全	5	
3	工程环境现状监测报告是否齐全有效	5	
4	工程环境现状监测数据引用是否准确	5	
二、主要环境保护目标或主要评价因子（15分）			
5	居民类环境保护目标名称、功能、分布、数量、与工程相对位置关系等情况是否全部说明或前后文相关信息是否一致	5	
6	生态类环境保护目标名称、功能、级别、分布、规模、保护范围、与工程相对位置关系等情况是否全部说明或前后文相关信息是否一致	5	
7	环境影响评价因子是否遗漏	5	
三、评价等级或环境标准（10分）			
8	电磁环境、声环境或生态环境影响评价等级是否正确	5	
9	电磁环境或声环境影响评价执行标准是否正确	5	
四、环境影响预测与评价方法（10分）			

序号	评估内容	满分	评分
10	环境影响类比对象及分析是否符合环境影响评价技术导则要求	5	
11	环境影响预测模式是否符合环境影响评价技术导则要求	5	
五、主要环境保护措施（15 分）			
12	工程设计阶段是否提出了明确、具体的环境保护措施	5	
13	工程施工阶段是否提出了明确、具体的环境保护措施	5	
14	工程运行阶段是否提出了明确、具体的环境保护措施	5	
六、其他（共 30 分）			
15	工程是否具备投资主管部门同意开展前期工作的意见	4	
16	工程选址选线是否征得规划等相应主管部门的同意	4	
17	工程方案涉及自然保护区等生态敏感区时，是否取得相应的主管部门意见	4	
18	是否按照《环境影响评价公众参与暂行办法》要求进行信息公示、公众参与，并对公众参与调查结果进行统计分析	10	
19	正文内容是否存在较多文字、图件错误，以及在文字、图件上的相关信息是否存在较多矛盾之处	8	
	合　计	100	
	评估等级	—	

关于上海新漫传感技术研究发展有限公司 SIM-MAX E2008 等四种型号便携式爆炸物毒品化学毒剂检测仪中 Ni-63 放射源实行豁免管理的复函

环办辐射函〔2016〕498 号

上海新漫传感技术研究发展有限公司：

你单位《关于 SIM-MAX E2008 系列四种型号检测仪中镍-63 放射源申请豁免管理的请示报告》（总经办 2015 年第（1116）号）收悉。根据《放射性同位素与射线装置安全和防护条例》（国务院令　第 449 号）及《放射性同位素与射线装置安全和防护管理办法》（环境保护部令　第 18 号）的有关规定和我部核与辐射安全中心的审查意见，经研究，现函复如下：

一、你单位销售的 SIM-MAX E2008 以及 SIM-MAX E2008-Ⅱ/Ⅲ/Ⅳ四种型号的便携式爆炸物毒品化学毒剂检测仪内分别使用一枚活度为 3.7×10^8 Bq 的 Ni-63 放射源，为Ⅴ类放射源。鉴于该类放射源活度低，且制造工艺使上述型号仪器的固有安全性较高，对环境、公众和工作人员的影响很小。因此，我部同意对上述型号仪器中使用的 Ni-63 放射源实行豁免管理。

二、使用上述型号仪器可以免于办理辐射安全许可证；你单位销售给最终用户也无需办理放射性同位素转让审批及备案手续。

三、使用单位的上述型号仪器中 Ni-63 放射源不作为放射性物质进行管理。如发生个别 Ni-63 放射源失控，也不作为辐射事故处理。

四、你单位应健全相关制度，加强对所售仪器中 Ni-63 放射源的跟踪管理。在产品说明书和销售合同中明确告知产品中含有放射源，同时告知有关放射源的危害和防护知识及售后管理要求。负责对仪器报废后其中的废放射源进行管理，承担送贮到有资质的放射性废物收贮单位的责任。

五、你单位应制定上述型号仪器销售台账、售出仪器跟踪管理及废源处理记录，并在每年 1 月底前汇总上一年的有关情况报告上海市环境保护局。

特此函复。

环境保护部办公厅
2016 年 3 月 16 日

关于南京科捷分析仪器有限公司 GC5890N 型气相色谱仪中 Ni-63 放射源实行豁免管理的复函

环办辐射函〔2016〕499 号

南京科捷分析仪器有限公司：

你单位《关于 GC5890N 型气相色谱仪中镍-63 放射源的用户豁免管理申请》（宁科捷字〔2015〕001 号）收悉。根据《放射性同位素与射线装置安全和防护条例》（国务院令　第 449 号）及《放射性同位素与射线装置安全和防护管理办法》（环境保护部令　第 18 号）的有关规定和我部核与辐射安全中心的审查意见，经研究，现函复如下：

一、你单位销售的 GC5890N 型气相色谱仪使用一枚活度为 3.7×10^{8} Bq 的 Ni-63 放射源，为Ⅴ类放射源。鉴于该类放射源活度低，且制造工艺使上述型号仪器的固有安全性较高，对环境、公众和工作人员的影响很小。因此，我部同意对上述型号仪器中使用的 Ni-63 放射源实行豁免管理。

二、使用上述型号仪器可以免于办理辐射安全许可证；你单位销售给最终用户也无需办理放射性同位素转让审批及备案手续。

三、使用单位的上述型号仪器中 Ni-63 放射源不作为放射性物质进行管理。如发生个别 Ni-63 放射源失控，也不作为辐射事故处理。

四、你单位应健全相关制度，加强对所售仪器中 Ni-63 放射源的跟踪管理。在产品说明书和销售合同中明确告知产品中含有放射源，同时告知有关放射源的危害和防护知识及售后管理要求。负责对仪器报废后其中的废放射源进行管理，承担送贮到有资质的放射性废物收贮单位的责任。

五、你单位应制定上述型号仪器销售台账、售出仪器跟踪管理及废源处理记录，并在每年 1 月底前汇总上一年的有关情况报告江苏省环境保护厅。

特此函复。

环境保护部办公厅

2016 年 3 月 16 日

关于山东鲁南瑞虹化工仪器有限公司 SP-6890 等六种型号气相色谱仪中 Ni-63 放射源实行豁免管理的复函

环办辐射函〔2016〕522 号

山东鲁南瑞虹化工仪器有限公司：

你单位《关于 Ni-63 放射源用于气相色谱仪使用的豁免申请》（化仪政字〔2015〕26 号）收悉。根据《放射性同位素与射线装置安全和防护条例》（国务院令　第 449 号）及《放射性同位素与射线装置安全和防护管理办法》（环境保护部令　第 18 号）的有关规定和我部核与辐射安全中心的审查意见，经研究，现函复如下：

一、你单位销售的 SP-6890、SP-9890、SP-7890、SP-7820、SP-6800A 以及 SP-2000 六种型号的气相色谱仪内分别使用一枚活度为 3.7×10^{8} 贝可的 Ni-63 放射源，为Ⅴ类放射源。鉴于该类放射源活度低，且制造工艺使上述型号仪器的固有安全性较高，对环境、公众和工作人员的影响很小。因此，我部同意对上述型号仪器中使用的 Ni-63 放射源实行豁免管理。

二、使用上述型号仪器可以免于办理辐射安全许可证；你单位销售给最终用户也无需办理放射性同位素转让审批及备案手续。

三、使用单位的上述型号仪器中 Ni-63 放射源不作为放射性物质进行管理。如发生个别 Ni-63 放射源失控，也不作为辐射事故处理。

四、你单位应健全相关制度，加强对所售仪器中 Ni-63 放射源的跟踪管理。在产品说明书和销售合同中明确告知产品中含有放射源，同时告知有关放射源的危害和防护知识及售后管理要求。负责对仪器报废后其中的废放射源进行管理，承担送贮到有资质的放射性废物收贮单位的责任。

五、你单位应制定上述型号仪器销售台账、售出仪器跟踪管理及废源处理记录，并在每年1月底前汇总上一年的有关情况报告山东省环境保护厅。

特此函复。

环境保护部办公厅

2016年3月16日

关于公布2015年注册核安全工程师执业资格全国统一考试合格标准及合格人员名单的通知

环办核设函〔2016〕555号

各有关单位：

根据《注册核安全工程师执业资格制度暂行规定》（人发〔2002〕106号）和《人力资源社会保障部办公厅关于2015年度注册核安全工程师、注册设备监理师和房地产估价师资格考试合格标准有关问题的通知》（人社厅发〔2015〕186号）的有关要求，现将相关事项通知如下：

一、2015年注册核安全工程师执业资格全国统一考试合格标准：《核安全相关法律法规》《核安全综合知识》《核安全专业实务》3个科目均为84分（满分140分），《核安全案例分析》科目为60分（满分100分）。

二、2015年注册核安全工程师执业资格全国统一考试合格人员257名（名单见附件）。

附件：2015年注册核安全工程师执业资格全国统一考试合格人员名单

环境保护部办公厅

2016年3月25日

附件

2015年注册核安全工程师执业资格全国统一考试合格人员名单

序号	姓 名	身 份 证 号	单 位
1	宫 钊	230223********3214	黑龙江省开拓辐射技术开发有限公司
2	于炳瀛	230105********2317	山东核电有限公司

序号	姓 名	身 份 证 号	单 位
3	姜荣涛	372423********1939	海军核辐射仪器计量站
4	张 巍	211223********0013	中国原子能科学研究院
5	高 原	220102********2817	中电投吉林核电有限公司
6	曲 鹏	120102********5014	核工业理化工程研究院
7	张瑾珠	622224********0027	中核清原环境技术工程有限责任公司
8	朱 旭	110111********2411	原子高科股份有限公司
9	王 威	612126********1039	环境保护部核与辐射安全中心
10	牛志蓉	120104********5144	天津市亚瑞环境保护科技中心
11	张笑颖	230103********5529	大连船舶重工集团有限公司
12	董 微	420106********4418	环境保护部华北核与辐射安全监督站
13	胡少新	230281********4517	黑龙江省农业科学院玉米研究所
14	陈 异	110105********5471	中国核工业二三建设有限公司
15	李立华	320911********4913	中国原子能科学研究院
16	王昆鹏	410423********3576	环境保护部核与辐射安全中心
17	陈春燕	230521********0329	中国原子能科学研究院
18	朱文韬	342921********4435	中国核电工程有限公司
19	杨 康	110108********1310	中国核电工程有限公司
20	黄 挺	410502********3519	国核华清（北京）核电技术研发中心有限公司
21	徐勇军	510921********6192	中国原子能科学研究院
22	丁敬应	340421********3832	辽宁红沿河核电有限公司
23	刘同义	372823********9411	山东电力建设第一工程公司
24	郎明刚	370502********1215	清华大学
25	孙流莉	340311********0226	国核华清（北京）核电技术研发中心有限公司
26	莫祖明	450521********2120	中电投山东核环保有限公司
27	刘宇生	130229********6414	环境保护部核与辐射安全中心
28	张 震	370725********0020	清华大学核能与新能源技术研究院
29	刘庆云	372929********0328	北京市辐射安全技术中心
30	刘 文	420821********5510	中金辐照股份有限公司青岛分公司
31	王海理	412929********9459	环境保护部东北核与辐射安全监督站
32	范 斌	152301********2051	医科达医疗器械有限公司
33	杨桂梅	610123********0028	原子高科股份有限公司
34	蒋建国	420984********7036	中核四〇四有限公司
35	陶 凯	610422********3413	中国辐射防护研究院
36	乌 兰	150203********4060	包头市辐射环境管理处（内蒙古辐射环境监督站）
37	支凯军	610528********0037	辽宁红沿河核电有限公司
38	魏其铭	320921********0110	中国核电工程有限公司
39	蒋慧黠	320483********5737	中国核电工程有限公司
40	王 鹏	110106********3619	中国核电工程有限公司
41	张 伟	130185********1310	中国核电工程有限公司
42	陈俊吉	320623********1478	环境保护部华北核与辐射安全监督站
43	王 涛	130604********0318	杭州博盛环保科技有限公司
44	温 华	210222********1765	中国核电工程有限公司
45	任 成	421125********0317	清华大学核能与新能源技术研究院

序号	姓名	身份证号	单位
46	李　梁	430682********6213	核工业北京化工冶金研究院
47	乔彦龙	130184********0037	中电投核电技术中心（北京）有限公司
48	刘海波	370304********4710	山东电力建设第一工程公司
49	刘立兴	130132********1313	卡迪诺科技（北京）有限公司
50	樊海军	510421********2710	中国人民解放军环境科学研究中心
51	毕远杰	150426********0520	中国原子能科学研究院
52	邢　勉	411303********1821	国核（北京）科学技术研究院有限公司
53	刘　彬	411302********2333	环境保护部东北核与辐射安全监督站
54	张恩圣	211481********2517	中国人民解放军 92337 部队
55	陈　纲	342401********1014	国核（北京）科学技术研究院有限公司
56	陈倩兰	510311********052X	天津瑞丹辐射检测评估有限责任公司
57	周铁男	210881********5728	福建福清核电有限公司
58	李　钢	430521********051X	天津市辐射环境管理所
59	尉　静	152101********0925	环境保护部西北核与辐射安全监督站
60	任杏龙	610323********3816	华能山东石岛湾核电有限公司
61	吴　楠	210304********2421	中国核电工程有限公司
62	常　胜	612321********3013	中电投山东核环保有限公司
63	胡中青	340824********3810	安徽时代辐化有限公司
64	陈健华	421083********0415	上海核工程研究设计院
65	王中立	330103********0033	上海核工程研究设计院
66	梅金娜	220203********0628	苏州热工研究院有限公司
67	叶　成	130802********0411	上海核工程研究设计院
68	施金冯	310113********5533	上海核工程研究设计院
69	曲海涛	370612********1710	上海核工程研究设计院
70	李　涛	360722********1211	上海核工程研究设计院
71	王建伟	372901********2016	深圳中广核工程设计有限公司上海分公司
72	胡炜亮	220102********2638	上海核工程研究设计院
73	吴连生	340304********0617	苏州热工研究院有限公司
74	乔延波	410826********2519	中国科学院上海应用物理研究所
75	王　凯	370781********1533	中国科学院上海应用物理研究所
76	刘亚芬	430981********544X	中国科学院上海应用物理研究所
77	于兴涛	231121********2517	三门核电有限公司
78	徐佳林	330482********0916	中核核电运行管理有限公司
79	叶　沥	331022********0015	浙江省三门核电有限公司
80	张　锴	310108********2893	上海核工程研究设计院
81	李继威	610112********303X	上海核工程研究设计院
82	贺　毅	320405********2214	苏州热工研究院有限公司
83	张　帆	220204********1511	上海核工程研究设计院
84	戴　叶	310104********283X	中国科学院上海应用物理研究所
85	袁嘉琪	110222********0334	三门核电有限公司
86	张　玥	131022********0337	国核工程有限公司
87	张宪锋	340104********205X	中国科学技术大学
88	王　雪	120102********0328	上海核工程研究设计院

序号	姓 名	身 份 证 号	单 位
89	汤翠萍	320121********3929	江苏省辐射环境保护咨询中心
90	李武元	622322********3410	中国科学院近代物理研究所
91	杨义忠	450922********0871	上海核工程研究设计院
92	赵鹏飞	140622********0013	中核核电运行管理有限公司
93	罗 政	430111********0031	中核核电运行管理有限公司
94	黄晓冬	310230********2913	上海核工程研究设计院
95	田文栋	410522********6417	西门子（中国）有限公司上海分公司
96	张 晗	230202********0013	中国科学院上海应用物理研究所
97	陈振平	142625********1636	福建宁德核电有限公司
98	顾培文	310105********2014	上海核工程研究设计院
99	李 萍	370181********6544	上海核工程研究设计院
100	王浩宇	510521********7996	辽宁红沿河核电有限公司
101	马风果	370921********5410	福建宁德核电有限公司
102	章 斌	430723********0839	上海市质子重离子医院有限公司
103	曹学魁	410522********081X	中广核检测技术有限公司
104	王永军	320923********245X	江苏核电有限公司
105	王章立	421022********6013	上海核工程研究设计院
106	柯海鹏	330324********4033	中核核电运行管理有限公司
107	吴燕华	362524********4526	中国科学院上海应用物理研究所
108	于 淼	220724********0810	中核辽宁核电有限公司
109	晋建伟	422721********0117	福建三明核电有限公司
110	刘 坤	370902********0632	环境保护部华东核与辐射安全监督站
111	宣兆辉	220283********0313	中广核工程有限公司
112	和广庆	372922********2877	哈电集团（秦皇岛）重型装备有限公司
113	徐俊奎	411024********7737	中国科学院近代物理研究所
114	刘立欣	210881********0027	上海核工程研究设计院
115	张周岳	350721********4933	国核工程有限公司
116	伊成龙	340604********1014	上海核工程研究设计院
117	廖 文	450922********3654	中电投江西核电有限公司
118	张志飞	132627********5012	中国广核电力股份有限公司核安监中心
119	杜志慧	232126********0160	核工业工程研究设计有限公司
120	唐大川	320502********0755	广州市疾病预防控制中心
121	苏亮亮	320623********5616	大亚湾核电运营管理有限责任公司
122	丁立军	321028********3211	中广核核电运营有限公司
123	汤 睿	321202********033X	阳江核电有限公司
124	李小军	340825********0456	中国建筑第二工程局有限公司
125	王 雷	342224********0253	苏州热工研究院有限公司
126	高希培	370725********4408	深圳中广核工程设计有限公司
127	夏明奎	410103********1356	中广核工程有限公司
128	李华琴	413026********122X	广东省环境辐射监测中心
129	邹之利	430421********6417	阳江核电有限公司
130	戴永锋	430581********4011	中广核工程有限公司
131	刘默涛	440301********1916	中广核工程有限公司

序号	姓 名	身 份 证 号	单 位
132	陈文涛	440902********3493	广东省环境辐射监测中心
133	钟华强	441424********6954	中电投广东核电筹备处
134	周春笋	500112********2298	阳江核电有限公司
135	向小旭	500381********8675	台山核电合营有限公司
136	朱必胜	510922********6794	大亚湾核电运营管理有限责任公司
137	卿峻源	511023********4531	阳江核电有限公司
138	王建春	511322********4376	深圳市金鹏源辐照技术有限公司
139	张全铭	511324********1790	阳江核电有限公司
140	周建旺	620522********0733	大亚湾核电运营管理有限责任公司
141	卞付鹏	220421********2511	96411 部队
142	慈佳祥	340823********2513	成都理工大学工程技术学院
143	田 健	370982********8031	中电投远达环保工程有限公司
144	高月华	410105********8022	中核四〇四有限公司第三分公司
145	韩纪锋	410482********6710	四川大学
146	黄 翔	420113********0017	广西防城港核电有限公司
147	万芹方	421023********203X	环境保护部西南核与辐射安全监督站
148	沈卓勋	421023********0017	广西防城港核电有限公司
149	袁 曼	430124********4969	东方电气集团东方锅炉股份有限公司
150	陈怡香	430426********8276	中核四〇四有限公司
151	张靖	500223********0023	中国工程物理研究院流体物理研究所
152	张先富	500224********4216	成都中核高通同位素股份有限公司
153	易 欣	510125********0415	成都市辐射环境管理监测站
154	毛 莉	510203********0825	中电投远达环保工程有限公司
155	周美闻	510203********0817	重庆市环境工程评估中心
156	范 杰	510304********001X	中国测试技术研究院辐射研究所
157	姜 林	510703********1316	中国核动力研究设计院
158	刘中平	511621********709X	核工业二〇三研究所
159	崔同江	532224********0759	成都慧博药业有限公司
160	黎 青	540102********2538	四川省农业科学院生物技术核技术研究院
161	李世峻	610521********0016	96411 部队
162	程若玉	620103********5020	中核四〇四有限公司
163	刘开明	622226********2017	中核四〇四有限公司
164	王艳琴	640382********1641	四川省核工业辐射测试防护院
165	池 炜	422201********8114	中核核电运行管理有限公司
166	周钦发	370726********6034	山东电力建设第三工程公司
167	赵 坤	340621********1831	环境保护部西北核与辐射安全监督站
168	邝建艺	441802********0219	清远市环境监测站
169	史美华	210281********2721	大连中核辐射技术有限公司
170	任 洞	500106********9632	第三军医大学辐照研究中心
171	杨士赞	211021********7915	鞍山电磁阀有限责任公司
172	高福生	411523********4818	阳江核电有限公司
173	袁 莉	420122********5527	咸宁市环境科学研究院
174	毛松涛	210211********5816	中科院合肥物质科学研究院

序号	姓 名	身 份 证 号	单 位
175	艾红雷	411023********1534	中国核动力研究设计院
176	彭姿云	422721********0050	中国核工业第二二建设有限公司
177	刘优生	420321********0011	中国核工业第二二建设有限公司
178	孙焕玉	231003********2015	大亚湾核电运营管理有限责任公司
179	桑亚平	232102********1663	中核四〇四有限公司
180	吴 群	360312********0014	江西核工业环境保护中心
181	汤宇飞	310107********1339	中国科学院上海应用物理研究所
182	赵国峰	130221********0030	北京华力兴科技发展有限责任公司
183	朱文彬	511027********1856	中国原子能科学研究院
184	龚 鑫	211402********1032	中核辽宁核电有限公司
185	仇月双	120225********3424	核工业北京化工冶金研究院
186	薛 会	341021********8379	浙江省辐射环境监测站
187	李怀斌	610528********0337	上海核工程研究设计院
188	陈义坤	342901********0815	中电投江西核电有限公司
189	郭召辉	372924********5135	华能山东石岛湾核电有限公司
190	周 勤	110108********8919	上海核工程研究设计院
191	崔永泽	210283********2615	大连市环境保护局
192	牛宇西	620102********0326	中国科学院上海应用物理研究所
193	潘威威	332624********5115	台山核电合营有限公司
194	徐月平	320525********0530	苏州热工研究院有限公司
195	杨小勇	320981********049X	江苏省疾病预防控制中心
196	潘 洁	420106********2020	湖北省辐射环境管理站
197	丁亚东	321283********0413	中国科学院高能物理研究所
198	曾奇锋	432522********4060	上海核工程研究设计院
199	何选平	610104********8334	西安一体医疗科技有限公司
200	祁 婷	622322********0024	中国核电工程有限公司
201	胥俊勇	362502********0014	海南核电有限公司
202	刘 超	420203********2516	原子高科股份有限公司
203	徐 国	330522********1015	国核工程有限公司
204	高 巍	210213********2039	上海核工程研究设计院
205	黄祥明	432503********7032	上海核工程研究设计院
206	李林杰	321281********5174	上海核工程研究设计院
207	鲍一晨	310115********4018	上海核工程研究设计院
208	鞠志萍	210621********0021	广西壮族自治区辐射环境监督管理站
209	王 涛	371325********3455	上海核工程研究设计院
210	胡琰军	360502********041X	苏州热工研究院有限公司
211	刘建新	362424********0014	深圳中广核工程设计有限公司
212	郭召生	370702********2213	中广核核电运营有限公司
213	李少纯	131182********2015	中广核工程有限公司
214	谢征宇	431028********4011	中国核电工程有限公司
215	唐 桢	511502********1650	浙江省辐射环境监测站
216	宫增艳	130981********2025	北京市辐射安全技术中心
217	卜祥鹏	371121********0416	山东电力建设第三工程公司

序号	姓 名	身 份 证 号	单 位
218	邵旭平	420111********5718	中核新能源莆田有限公司
219	李华林	420621********4255	大亚湾核电运营管理有限责任公司
220	高润生	230107********0215	环境保护部华北核与辐射安全监督站
221	张永领	372924********4237	中国核动力研究设计院
222	孙春涛	513624********717X	中金辐照重庆有限公司
223	刘丽丽	211282********3246	中国核工业二三建设有限公司
224	余瑞霞	140311********0925	中核能源科技有限公司
225	高朋杰	132331********0314	中核第四研究设计工程有限公司
226	王一鸣	330283********001X	环境保护部核与辐射安全中心
227	丁华杰	132336********0630	环境保护部西北核与辐射安全监督站
228	邱建辉	362323********1313	湖北省农业科学院农产品加工与核农技术研究所
229	秦慧敏	412724********8346	上海核工程研究设计院
230	张春园	413026********5213	郑州天宏绿源辐照有限公司
231	戚佳杰	310228********3810	上海核工程研究设计院
232	邹志林	350823********6711	中广核核电运营有限公司
233	邓锦勋	430103********1034	核工业北京化工冶金研究院
234	陈永荣	431123********0010	华能山东石岛湾核电有限公司
235	葛菁华	522726********0029	贵州省农业科学院
236	安 谙	220802********0914	中广核检测技术有限公司
237	路家棋	320421********4717	南京理工大学
238	彭 毅	360312********3117	浙江圣光环境检测技术有限公司
239	周 丹	310225********6623	上海电气凯士比核电泵阀有限公司
240	赵 均	510223********4712	中科华核电技术研究院有限公司
241	张战锋	130431********0059	青海省辐射环境管理站
242	叶富鹏	230125********6012	中核核电运行管理有限公司
243	时燕华	520114********0027	江西核工业环境保护中心
244	黎 斌	452501********0018	中核核电运行管理有限公司
245	刘国忠	130223********4918	江苏银环精密钢管有限公司
246	阮书州	220322********8599	中国医学科学院放射医学研究所
247	尹华刚	612321********1118	中国核动力研究设计院
248	詹 露	420606********2012	南京江原安迪科正电子研究发展有限公司武汉分公司
249	李吉花	632123********1124	中国医学科学院放射医学研究所
250	李 磊	370402********2533	上海核工程研究设计院
251	王建伟	142201********5537	国核工程有限公司
252	高渝棕	422802********6833	广西防城港核电有限公司
253	杨子谦	130102********121X	海南核电有限公司
254	卢晓春	110108********0418	中国原子能科学研究院
255	刘明明	320821********3317	环境保护部华东核与辐射安全监督站
256	刘兵建	320721********0457	南京江原安迪科正电子研究发展有限公司
257	李 博	420684********0050	大亚湾核电运营管理有限责任公司

关于北京民用航空保安器材公司 IONSCAN500DT 型爆炸物毒品探测仪中 Ni-63 放射源实行豁免管理的复函

环办辐射函〔2016〕709 号

北京民用航空保安器材公司：

你单位《IONSCAN500DT 型爆炸物毒品探测仪中 Ni-63 密封放射源豁免管理申请函》（保安器材发〔2015〕6 号）收悉。根据《放射性同位素与射线装置安全和防护条例》（国务院令　第 449 号）及《放射性同位素与射线装置安全和防护管理办法》（环境保护部令　第 18 号）的有关规定、专家审议意见和《北京市环境保护局关于对北京民用航空保安器材公司 IONSCAN500DT 型爆炸物毒品探测仪中 Ni-63 放射源实行豁免管理初审意见的函》（京环函〔2016〕120 号），经研究，现函复如下：

一、你单位销售的英国 Smiths Detection 公司 IONSCAN500DT 型爆炸物毒品探测仪使用两枚活度为 5.55×10^{8} Bq 的 Ni-63 放射源，为Ⅴ类放射源。鉴于该类放射源活度低，且制造工艺使上述型号仪器的固有安全性较高，对环境、公众和工作人员的影响很小。因此，我部同意对上述型号仪器中使用的 Ni-63 放射源实行豁免管理，豁免的最终用户只限于公共安全部门。

二、使用上述型号仪器可以免于办理辐射安全许可证；你单位销售给最终用户也无需办理放射性同位素转让审批及备案手续。

三、使用单位的上述型号仪器中 Ni-63 放射源不作为放射性物质进行管理。如发生个别 Ni-63 放射源失控，也不作为辐射事故处理。

四、你单位应健全相关制度，加强对所售仪器中 Ni-63 放射源的跟踪管理。在产品说明书和销售合同中明确告知产品中含有放射源，同时告知有关放射源的危害和防护知识及售后管理要求。负责对仪器报废后其中的废放射源进行管理，承担送贮到有资质的放射性废物收贮单位的责任。

五、你单位应制定上述型号仪器销售台账、售出仪器跟踪管理及废源处理记录，并在每年 1 月底前汇总上一年的有关情况上报北京市环境保护局。

特此函复。

环境保护部办公厅

2016 年 4 月 20 日

关于岛津企业管理（中国）有限公司 GC-2010 Plus 型和 GC-2018 型气相色谱仪中 Ni-63 放射源实行豁免管理的复函

环办辐射函〔2016〕1130 号

岛津企业管理（中国）有限公司：

你单位《关于申请对 GC-2010 Plus 型和 GC-2018 型气相色谱仪中含 Ni-63 放射源最终使用用户进行豁免的请示》（岛津〔2016〕第 003 号）收悉。根据《放射性同位素与射线装置安全和防护条例》（国务院令　第 449 号）及《放射性同位素与射线装置安全和防护管理办法》（环境保护部令　第 18 号）的有关规定和我部核与辐射安全中心的审查意见，经研究，现函复如下：

一、你单位销售的 GC-2010 Plus 型和 GC-2018 型气相色谱仪内分别使用一枚活度为 3.7×10^8 Bq 的 Ni-63 放射源，为Ⅴ类放射源。鉴于该类放射源活度低，且制造工艺使上述型号仪器的固有安全性较高，对环境、公众和工作人员的影响很小。因此，我部同意对上述型号仪器中使用的 Ni-63 放射源实行豁免管理。

二、使用上述型号仪器可以免于办理辐射安全许可证；你单位销售给最终用户也无需办理放射性同位素转让审批及备案手续。

三、使用单位的上述型号仪器中 Ni-63 放射源不作为放射性物质进行管理。如发生个别 Ni-63 放射源失控，也不作为辐射事故处理。

四、你单位应健全相关制度，加强对所售仪器中 Ni-63 放射源的跟踪管理。在产品说明书和销售合同中明确告知产品中含有放射源，同时告知有关放射源的危害和防护知识及售后管理要求。负责对仪器报废后其中的废放射源进行管理，承担送贮到有资质的放射性废物收贮单位的责任。

五、你单位应制定上述型号仪器销售台账、售出仪器跟踪管理及废源处理记录，并在每年 1 月底前汇总上一年的有关情况报告上海市环境保护局。

特此函复。

环境保护部办公厅

2016 年 6 月 19 日

关于滕州鲁南分析仪器有限公司 GC-7820 型气相色谱仪中 Ni-63 放射源实行豁免管理的复函

环办辐射函〔2016〕1131 号

滕州鲁南分析仪器有限公司：

你单位《关于含 Ni-63 放射源气相色谱仪器设备最终用户使用豁免的申请报告》（滕鲁分申字〔2015〕第 6 号）收悉。根据《放射性同位素与射线装置安全和防护条例》（国务院令　第 449 号）及《放射性同位素与射线装置安全和防护管理办法》（环境保护部令　第 18 号）的有关规定和我部核与辐射安全中心的审查意见，经研究，现函复如下：

一、你单位生产、销售的 GC-7820 型气相色谱仪内使用一枚活度为 3.7×10^{8} Bq 的 Ni-63 放射源，为Ⅴ类放射源。鉴于该类放射源活度低，且制造工艺使上述型号仪器的固有安全性较高，对环境、公众和工作人员的影响很小。因此，我部同意对上述型号仪器中使用的 Ni-63 放射源实行豁免管理。

二、使用上述型号仪器可以免于办理辐射安全许可证；你单位销售给最终用户也无需办理放射性同位素转让审批及备案手续。

三、使用单位的上述型号仪器中 Ni-63 放射源不作为放射性物质进行管理。如发生个别 Ni-63 放射源失控，也不作为辐射事故处理。

四、你单位应健全相关制度，加强对所售仪器中 Ni-63 放射源的跟踪管理。在产品说明书和销售合同中明确告知产品中含有放射源，同时告知有关放射源的危害和防护知识及售后管理要求。负责对仪器报废后其中的废放射源进行管理，承担送贮到有资质的放射性废物收贮单位的责任。

五、你单位应制定上述型号仪器销售台账、售出仪器跟踪管理及废源处理记录，并在每年 1 月底前汇总上一年的有关情况报告山东省环境保护厅。

特此函复。

环境保护部办公厅

2016 年 6 月 19 日

关于同方威视技术股份有限公司 TR1000DB-C 等四种型号离子迁移谱仪中 Ni-63 放射源实行豁免管理的复函

环办辐射函〔2016〕1132 号

同方威视技术股份有限公司：

你单位《同方威视技术股份有限公司 TR1000DB-C、TR2000DB-A、TR0100CB、TR0200TB 型离子迁移谱仪中镍-63 放射源实行最终用户使用豁免管理申请函》（威视股份〔2016〕第 009 号）收悉。根据《放射性同位素与射线装置安全和防护条例》（国务院令　第 449 号）及《放射性同位素与射线装置安全和防护管理办法》（环境保护部令　第 18 号）的有关规定和我部核与辐射安全中心的审查意见，经研究，现函复如下：

一、你单位生产的 TR1000DB-C、TR2000DB-A、TR0100CB、TR0200TB 四种型号离子迁移谱仪内分别使用一枚活度为 5.5×10^{8} Bq 的 Ni-63 放射源，为Ⅴ类放射源。鉴于该类放射源活度低，且制造工艺使上述型号仪器的固有安全性较高，对环境、公众和工作人员的影响很小。因此，我部同意对上述型号仪器中使用的 Ni-63 放射源实行豁免管理。

二、使用上述型号仪器可以免于办理辐射安全许可证；你单位销售给最终用户也无需办理放射性同位素转让审批及备案手续。

三、使用单位的上述型号仪器中 Ni-63 放射源不作为放射性物质进行管理。如发生个别 Ni-63 放射源失控，也不作为辐射事故处理。

四、你单位应健全相关制度，加强对所售仪器中 Ni-63 放射源的跟踪管理。在产品说明书和销售合同中明确告知产品中含有放射源，同时告知有关放射源的危害和防护知识及售后管理要求。负责对仪器报废后其中的废放射源进行管理，承担送贮到有资质的放射性废物收贮单位的责任。

五、你单位应制定上述型号仪器销售台账、售出仪器跟踪管理及废源处理记录，并在每年 1 月底前汇总上一年的有关情况报告北京市环境保护局。

特此函复。

环境保护部办公厅

2016 年 6 月 19 日

关于安捷伦科技（上海）有限公司 9000 型气相色谱仪中 Ni-63 放射源实行豁免管理的复函

环办辐射函〔2016〕1326 号

安捷伦科技（上海）有限公司：

你单位《关于对 9000 型气相色谱仪使用电子捕获器中镍 63 放射源实施豁免的申请》（ATS〔2016〕01 号）收悉。根据《放射性同位素与射线装置安全和防护条例》（国务院令第 449 号）及《放射性同位素与射线装置安全和防护管理办法》（环境保护部令　第 18 号）的有关规定和我部核与辐射安全中心的审查意见，经研究，现函复如下：

一、你单位生产、销售的 9000 型气相色谱仪内使用一枚活度约为 5.5×10^{8} Bq 的 Ni-63 放射源，为Ⅴ类放射源。鉴于该类放射源活度低，且制造工艺使上述型号仪器的固有安全性较高，对环境、公众和工作人员的影响很小。因此，我部同意对上述型号仪器中使用的 Ni-63 放射源实行豁免管理。

二、使用上述型号仪器可以免于办理辐射安全许可证；你单位销售给最终用户也无需办理放射性同位素转让审批及备案手续。

三、使用单位的上述型号仪器中 Ni-63 放射源不作为放射性物质进行管理。如发生个别 Ni-63 放射源失控，也不作为辐射事故处理。

四、你单位应健全相关制度，加强对所售仪器中 Ni-63 放射源的跟踪管理。在产品说明书和销售合同中明确告知产品中含有放射源，同时告知有关放射源的危害和防护知识及售后管理要求。负责对仪器报废后其中的废放射源进行管理，承担送贮到有资质的放射性废物收贮单位的责任。

五、你单位应制定上述型号仪器销售台账、售出仪器跟踪管理及废源处理记录，并在每年 1 月底前汇总上一年的有关情况报告上海市环境保护局。

特此函复。

环境保护部办公厅

2016 年 7 月 18 日

关于厦门万核园发展有限公司和厦门万禾园辐照技术有限公司违法违规行为处理情况的通报

环办辐射函〔2016〕1327号

各辐照装置运营单位，中国同位素与辐射行业协会，各省、自治区、直辖市环境保护厅（局），环境保护部各核与辐射安全监督站：

2016年5月，我部依据《行政许可法》和《放射性同位素与射线装置安全和防护条例》，对厦门万核园发展有限公司（以下简称万核园发展公司）和厦门万禾园辐照技术有限公司（以下简称万禾园辐照公司）擅自转让放射源和利用虚假材料申请辐射安全许可证变更的违法违规行为进行了调查处理。现将有关情况通报如下：

2014年9月，万核园发展公司在向我部提交辐射安全许可证变更申请时，提供虚假材料，隐瞒了万核园发展公司与万禾园辐照公司分别为独立法人商事主体的事实，万禾园辐照公司协助其提供了证明材料，从而于2014年10月将原属万禾园辐照公司的辐射安全许可证变更为万核园发展公司所有。2015年4月，上述两家公司再次在未经审批的情况下，擅自通过拍卖的方式进行了放射源的转让。

2016年5月，我部依法做出行政处罚决定，撤销我部2014年10月做出的变更辐射安全许可证的行政许可，收回万核园发展公司持有的辐射安全许可证，责令其停止辐照装置运行，并对上述两家公司分别处以10万元罚款。

万核园发展公司和万禾园辐照公司的违法违规行为，严重违反了我国有关法律法规的规定，也反映出我国辐照加工行业仍然存在个别单位守法意识和诚信意识缺失的问题。各辐照装置运营单位应当引以为戒，摒除侥幸心理，加强员工教育，严格依规办事，树立遵纪守法、诚实守信的良好行业风气。各核技术利用单位应当深刻认识到，诚信、守法是企业的立足之本，是践行社会主义核心价值观的要求，安全是企业的生命线，是维护社会稳定和谐的重要基础。各级环境保护部门要以“严、慎、细、实”的工作作风切实做好分管行政区域内核技术利用单位的监督，对顶风作案、弄虚作假、违规操作的单位，一经发现即严肃查处。

环境保护部办公厅

2016年7月18日

关于上海合韵国际贸易有限公司 GCM-X 型绝缘过热监测仪中 Th-232 放射源实行豁免管理的复函

环办辐射函〔2016〕1524 号

上海合韵国际贸易有限公司：

你单位《绝缘过热监测装置中 Th-232 放射源实行豁免管理的申请函》(〔2015—032802〕)收悉。根据《放射性同位素与射线装置安全和防护条例》(国务院令　第 449 号)及《放射性同位素与射线装置安全和防护管理办法》(环境保护部令　第 18 号)的有关规定、专家审查意见和上海市环境保护局关于上海合韵国际贸易有限公司含 Th-232 放射源 GCM-X 型绝缘过热监测仪最终用户使用实行豁免管理初审意见的报告(沪环保辐〔2016〕289 号)，经研究，现函复如下：

一、你单位进口、销售的 GCM-X 型绝缘过热监测仪内使用活度约为 7.0×10^{3} Bq 的 Th-232 放射源，为Ⅴ类放射源。该类放射源活度低，且制造工艺使上述型号仪器的固有安全性较高，对环境、公众和工作人员的影响很小。因此，我部同意对上述型号仪器中使用的 Th-232 放射源实行豁免管理。

二、使用上述型号仪器可以免于办理辐射安全许可证；你单位销售给最终用户也无需办理放射性同位素转让审批及备案手续。

三、使用单位的上述型号仪器中 Th-232 放射源不作为放射性物质进行管理。如发生个别 Th-232 放射源失控，也不作为辐射事故处理。

四、你单位应健全相关制度，加强对所售仪器中 Th-232 放射源的跟踪管理，在产品说明书和销售合同中明确告知产品中含有放射源，同时告知有关放射源的危害和防护知识及售后管理要求。负责对仪器报废后其中的废放射源进行管理，承担送贮到有资质的放射性废物收贮单位的责任。

五、你单位应制定上述型号仪器销售台账、售出仪器跟踪管理及废源处理记录，并在每年 1 月底前汇总上一年的有关情况报告上海市环境保护局。

特此函复。

环境保护部办公厅

2016 年 8 月 19 日

关于磁约束聚变实验装置辐射安全管理有关事项的通知

环办辐射函〔2016〕1670号

各省、自治区、直辖市环境保护厅（局），环境保护部各地区核与辐射安全监督站：

目前，我国已建成若干座磁约束聚变实验装置，该类装置属于大型核技术利用科研设备，技术复杂，种类多样。为进一步规范磁约束聚变实验装置辐射安全监管，现将有关事项通知如下：

一、本通知所指磁约束聚变实验装置，是指利用磁场约束等离子体，开展受控核聚变和等离子体物理研究的科研实验装置，现有装置类型包括托卡马克装置、反场箍缩装置和仿星器等。

二、磁约束核聚变实验装置的辐射安全，由我部参照核技术利用设施中的射线装置实施监督管理，并颁发辐射安全许可证，日常监督检查由我部地区核与辐射安全监督站负责。如需使用氚作为工作介质，还应满足放射性同位素安全和防护的有关要求。

三、磁约束聚变实验装置在建设前，应根据具体的设计参数和运行模式，分析装置的辐射安全风险，同时考虑事故工况等极端情况的影响，确定具体参照的射线装置的类别，并由所在地省级环境保护部门办理环境影响评价手续。

四、在本通知印发之日前已取得省级环境保护部门颁发的磁约束聚变实验装置辐射安全许可证仍然有效，在有效期届满时可向我部申请换发；尚未取得辐射安全许可证的，应当向我部申请领取许可证。

环境保护部办公厅

2016年9月20日

关于开展全国放射源安全检查专项行动的通知

环办辐射函〔2016〕1672号

各省（区、市）环境保护厅（局），环境保护部各地区核与辐射安全监督站、核与辐射安全中心：

为贯彻习近平主席在第四届核安全峰会上的讲话精神，落实关于实施加强放射源安全行动计划的要求，我部决定自 2016 年 9 月起开展全国放射源安全检查专项行动，现将有关事项通知如下：

一、检查目的

以放射源安全和安保相关法规标准为依据，开展全国放射源安全检查专项行动，全面核实梳理全国放射源现状，对生产、销售、使用放射源单位的辐射安全防护设施和管理制度落实情况、放射源账目的盘存情况进行检查，查找安全隐患，提出改进措施，督促整改落实，从而进一步健全放射源安全和安保体系，全面提升国内放射源安全水平。

二、检查范围

全国生产、销售、使用（含收贮）放射源的核技术利用单位。

三、检查内容

（一）放射源应用现状

各核技术利用单位在用和非在用放射源底数，放射源完整数据信息，账物相符情况。

（二）放射源辐射安全和安保管理情况

包括辐射安全与防护设施的运行情况，放射源安全保卫设施和措施的运行情况，辐射安全与防护及放射源安保相关规章制度的制定和落实情况，从业人员对辐射安全与防护设施、辐射监测仪器、安全保卫设施设备的使用情况，以及对可能出现的放射源丢失、被盗事件的应对能力。

（三）法规要求落实情况

包括辐射安全许可证制度落实情况，环境影响评价制度落实情况，放射源进出口、转让等审批办理情况，放射源异地使用备案办理情况，放射源进出口、转让、送贮的事后备案要求落实情况，辐射工作场所监测情况，个人剂量监测情况，辐射工作人员培训情况，辐射事故应急方案的制定和落实情况等，以及各项工作记录的档案保存状况。

（四）国家核技术利用辐射安全管理系统（以下简称管理系统）数据使用情况

包括管理系统内的单位基本信息、许可活动种类和范围、单位台账（管理系统内的台账、单位自有台账和放射源实际数量三者应保持一致）、辐射工作人员数据、个人剂量监测数据、放射源的各项审批和备案手续等信息的完整性和准确性。

四、组织方案和职责分工

为确保专项行动工作顺利开展，切实加强组织领导，环境保护部辐射源安全监管司成立专项行动工作领导小组，负责批准有关检查计划、方案，参加部分重点单位的检查，并组织对部分省份专项行动完成情况进行抽查。领导小组的日常具体工作由核与辐射安全监管三司核技术利用处承担。

组长：辐射源安全监管司司长；

副组长：辐射源安全监管司副司长；

成员：环境保护部各地区核与辐射安全监督站（以下简称各地区监督站）分管负责人；

环境保护部核与辐射安全中心分管负责人；

各省、自治区、直辖市环境保护厅（局）分管负责人。

各地区监督站负责对环境保护部颁发辐射安全许可证的核技术利用单位的检查；设立专项行动检查组，成员主要由核技术利用监督处组成，在领导小组指挥下实施本地区环境保护部直接监管的核技术利用单位的检查工作，并汇总、整理、上报有关检查情况等。

各省级环境保护部门根据各自的监管职责，负责建立组织机构，按照统一部署，组织省本级及省级以下环境保护部门开展本行政区内其他核技术利用单位的检查工作。地市级及以下环境保护部门的具体职责分工由所在地省级环境保护部门确定。

环境保护部核与辐射安全中心负责为各地区监督站的检查行动提供技术支持，派出专家参与部分重点单位的检查，并在必要时对重大安全隐患进行风险评估，对核技术利用单位提出的整改措施进行咨询和审议。省级环境保护部门可根据各自需求确定相应的技术支持单位或人员。

五、检查方式和进度安排

（一）第一阶段：研究部署（2016 年 10 月 15 日前）

各级环境保护部门做好专项行动部署、动员、准备工作，明确职责分工，印发行动通知，通知各核技术利用单位启动自查工作。

（二）第二阶段：组织自查（2016 年 10 月 16 日至 11 月 15 日）

各级环境保护部门按照职责分工，组织各核技术利用单位完成对本单位放射源应用情况、辐射安全和安保管理情况、法规落实情况及管理系统数据准确性的自查，督促其按时提交自查报告。同时，根据自查情况确定检查重点目标和重点内容，进一步细化行动实施方案，拟定具体的检查计划和方案。在此阶段未开展自查、自查不彻底、自查数据与监管部门掌握情况不符以及在以往的检查中曾发现重大安全隐患或违法违规行为的单位，应作为检查重点。

（三）第三阶段：实施检查（2016 年 11 月 16 日至 2017 年 5 月 31 日）

各级环境保护部门按照各自职责分工，结合前一阶段的自查情况，全面实施已拟定的具体检查方案，对本行政区内涉及放射源的核技术利用单位进行全面检查，排查可能持有放射源的无证单位并将其纳入监管。

在检查中，对存在放射源底数不清、账物不符等情况的单位，应梳理清楚放射源底数；对管理系统内数据不完整、不准确或相关审批及备案手续未通过系统办理完成的，应指导相关单位补充完整相关数据，着力解决管理系统内放射源备案不及时造成的底数不准确和后续手续无法完成等问题。对检查中发现的辐射安全隐患，各级监管部门应明确提出限期整改要求；对存在的违法行为，要立即查处。

2017 年 4 月 1 日至 5 月 31 日，环境保护部专项行动领导小组将组织抽查组，对部分省级环境保护部门检查行动的完成情况和检查效果进行抽查，参加成员包括领导小组组长或副组长、被检查省份所在地区的监督站分管负责人等。

（四）第四阶段：分析总结（2017 年 6 月 1 日至 6 月 30 日）

各省级环境保护部门和各地区监督站对自查和检查过程中发现的问题进行汇总、分析和总结，于 2017 年 6 月 30 日前向我部报送专项行动总结报告。我部专项行动领导小组负责汇总全国有关情况，于 7 月 31 日前形成总报告。

六、有关要求

（一）严守工作纪律，严格工作要求，发挥优良作风。各级环境保护部门检查人员要严格执行中央“八项规定”、环境保护部“二十四条”、国家核安全局“实施细则”等各项党风廉政规定，严格按照法律法规和国家标准，以“严、慎、细、实”的工作作风实施检查工作。

（二）加强组织协调，提高工作效率，确保取得实效。各级环境保护部门要加强组织协调，根据历年监督检查结果和自查结果明确工作重点和难点，细化实施方案，明确职责分工，做好进度安排。本次专项行动的检查工作应尽量结合 2016 年下半年和 2017 年上半年例行监督检查计划安排，以提高工作效率，确保行动达到预期目的，并避免给核技术单位增加额外负担。

（三）强化跟踪落实，注重总结经验，建立长效机制。专项行动结束后，各级环境保护部门应继续对相关核技术利用单位整改要求的落实情况和违法行为的查处进展进行跟踪，确保检查成果的落实，并针对行动中暴露出的突出问题制定有针对性的改进措施，及时总结经验教训，分享成功经验，推动全国放射源监管水平全面提高。

（四）在实施对放射源安保情况及医疗卫生机构的检查时，各省级环境保护部门、各地区监督站应做好与公安、卫生等相关部门的沟通协调，按照各自监管范围履行监督检查职责。

（五）本通知发布前已先行启动放射源安全专项检查工作的省级环境保护部门，可结合本通知要求查缺补漏，进一步细化后续工作实施方案，做好总结，及时上报有关情况。

环境保护部办公厅

2016 年 9 月 20 日

关于北京东西分析仪器有限公司 GC-4100 型气相色谱仪中 Ni-63 放射源实行豁免管理的复函

环办辐射函〔2016〕1743 号

北京东西分析仪器有限公司：

你单位《关于含镍-63 放射源气相色谱仪豁免的申请》（EW 申（2016）001 号）收悉。根据《放射性同位素与射线装置安全和防护条例》（国务院令　第 449 号）及《放射性同位素与射线装置安全和防护管理办法》（环境保护部令　第 18 号）的有关规定和我部核与辐射安全中心的审查意见，现函复如下：

一、你单位生产的 GC-4100 型气相色谱仪使用一枚活度为 3.7×10^{8} Bq 的 Ni-63 放射源，为Ⅴ类放射源。鉴于该类放射源活度低，且制造工艺使上述型号仪器的固有安全性较高，对环境、公众和工作人员的影响很小。因此，我部同意对上述型号仪器中使用的 Ni-63 放射源实行豁免管理。

二、使用上述型号仪器可以免于办理辐射安全许可证；你单位销售给最终用户也无需办理放射性同位素转让审批及备案手续。

三、使用上述型号仪器中的 Ni-63 放射源不作为放射性物质进行管理。如发生个别 Ni-63 放射源失控，也不作为辐射事故处理。

四、你单位应健全相关制度，加强对所售仪器中 Ni-63 放射源的跟踪管理。在产品说明书和销售合同中明确告知产品中含有放射源，同时告知有关放射源的危害和防护知识及售后管理要求。负责对仪器报废后其中的废放射源进行管理，承担送贮到有资质的放射性废物收贮单位的责任。

五、你单位应制定上述型号仪器销售台账、售出仪器跟踪管理及废源处理记录，并在每年 1 月底前汇总上一年的有关情况报告北京市环境保护局。

特此函复。

环境保护部办公厅

2016 年 9 月 29 日

关于对X射线人体安检设备辐射安全管理相关问题的复函

环办辐射函〔2016〕1797号

四川省环境保护厅：

你厅《关于X射线人体安检设备辐射安全管理相关问题的函》（川环函〔2016〕1476号）收悉。经研究，现函复如下：

一、根据我国《射线装置分类办法》（原国家环境保护总局公告 2006年第26号），X射线人体安检设备属“其他高于豁免水平的X射线机”范畴，为III类射线装置。

二、根据《放射性同位素与射线装置安全和防护条例》（国务院令　第449号）和《放射性同位素与射线装置安全许可管理办法》（环境保护部令　第3号）的相关要求，生产、销售、使用X射线人体安检设备的辐射工作单位应填报环境影响登记表和取得省级环保部门（或其委托的市级环保部门）颁发的辐射安全许可证，纳入辐射安全监管。

三、根据国家标准《电离辐射防护与辐射源安全基本标准》（GB 18871—2002）的相关要求和国际辐射防护实践，不得采用电离辐射设备进行大规模人体相关普查性质的检测，因此使用单位应确定使用X射线人体安检设备的正当性并严格限定其使用范围和对象，不得在公共场所对公众大规模使用。

四、你厅应严格执法，对未经许可违法生产、销售、使用X射线人体安检设备的单位，责令立即停止违法行为，确保公众安全。

特此函复。

环境保护部办公厅

2016年10月10日

关于对北京树诚科技发展有限公司销售的Ecker&Ziegler公司生产的标准源/标准物质实行豁免管理的复函

环办辐射函〔2016〕2025号

北京树诚科技发展有限公司：

你单位《关于辐射环境监测用标准源/标准物质豁免管理的申请》（树诚环辐字〔2016〕0601号）收悉。根据国家标准《电离辐射防护与辐射源安全基本标准》（GB 18871—2002）、《国际辐射防护和辐射源安全基本安全标准》（一般安全要求第三部分）的有关规定、专家审议意见及我部核与辐射安全中心的审查意见，现函复如下：

一、你单位负责在全国范围内销售Eckert&Ziegler公司生产的用于辐射监测仪器校准和刻度的标准源/标准物质。其中，密封源类型标准源包括镅-241等31种核素（见附件1），非密封类型标准源包括银-110m等82种核素，以及包含多种核素的10种混合核素（见附件2）；标准物质包括银-110m等86种核素，以及包含多种核素的11种混合核素（见附件3）。鉴于上述标准源/标准物质均低于豁免水平，因此，我部同意对你单位销售的上述标准源/标准物质最终用户使用活动实行豁免管理。

二、你单位应制定上述标准源/标准物质的销售台账，并在每年1月底前汇总上一年的有关情况报告北京市环境保护局。

特此函复。

附件：1．标准源（密封源类型）（略）
2．标准源（非密封类型）（略）
3．标准物质（略）

环境保护部办公厅

2016年11月14日

关于岛津企业管理（中国）有限公司GC-2030型气相色谱仪中Ni-63放射源实行豁免管理的复函

环办辐射函〔2016〕2041号

岛津企业管理（中国）有限公司：

你单位《关于申请对GC-2030型气相色谱仪中含Ni-63放射源最终使用用户进行豁免的请示》（岛津〔2016〕第007号）收悉。根据《放射性同位素与射线装置安全和防护条例》（国务院令　第449号）及《放射性同位素与射线装置安全和防护管理办法》（环境保护部令　第18号）的有关规定和我部核与辐射安全中心的审查意见，现函复如下：

一、你单位销售的GC-2030型气相色谱仪内分别使用一枚活度为3.7×10^8贝可的Ni-63放射源，为V类放射源。鉴于该类放射源活度低，且制造工艺使上述型号仪器的固有安全性较高，对环境、公众和工作人员的影响很小，因此，我部同意对上述型号仪器中使用的Ni-63放射源实行豁免管理。

二、使用上述型号仪器的单位可以免于办理辐射安全许可证；你单位销售给最终用户也无须办理放射性同位素转让审批及备案手续。

三、使用上述型号仪器中Ni-63放射源不作为放射性物质进行管理。如发生个别Ni-63放射源失控，也不作为辐射事故处理。

四、你单位应健全相关制度，加强对所售仪器中Ni-63放射源的跟踪管理。在产品说明书和销售合同中明确告知产品中含有放射源，同时告知有关放射源的危害和防护知识及售后管理要求。负责对仪器报废后其中的废放射源进行管理，承担送贮到有资质的放射性废物收贮单位的责任。

五、你单位应制定上述型号仪器销售台账、售出仪器跟踪管理及废源处理记录，并在每年1月底前汇总上一年的有关情况报告上海市环境保护局。

特此函复。

环境保护部办公厅

2016年11月15日

关于通报向深圳圣爱医学科技发展有限公司等43家单位颁发辐射安全许可证的函

环办辐射函〔2016〕2194号

公安部、卫生计生委、食品药品监管总局办公厅：

根据《放射性同位素与射线装置安全和防护条例》和《放射性同位素与射线装置安全许可管理办法》的有关规定，我部审查了深圳圣爱医学科技发展有限公司等 43 家单位的辐射安全许可证申请及相关材料，组织专家进行了现场核查，认为该 43 家单位满足辐射安全许可证申领的各项条件，决定向其颁发《辐射安全许可证》，现将有关情况通报你厅（详见附件）。

附件：辐射安全许可证基本信息表（略）

环境保护部办公厅

2016年12月6日

关于深圳市英宝硕科技有限公司GDA-FR离子迁移谱仪中含Ni-63放射源实行豁免管理的复函

环办辐射函〔2016〕2207号

深圳市英宝硕科技有限公司：

你单位《关于 GDA-FR 离子迁移谱仪中所含 Ni-63 放射源实行豁免的请示》（英宝硕字〔2016〕06 号）收悉。根据《放射性同位素与射线装置安全和防护条例》（国务院令　第 449 号）及《放射性同位素与射线装置安全和防护管理办法》（环境保护部令　第 18 号）的有关规定和我部核与辐射安全中心的审查意见，现函复如下：

一、你单位销售德国 AIRSENSE 的 GDA-FR 化学毒剂检测仪是利用离子迁移谱仪技术的气体检测仪器，内置一枚活度为 1.0×10^{8} Bq 的 Ni-63 放射源，为Ⅴ类放射源。鉴于该类放射源活度低，且制造工艺使上述型号仪器的固有安全性较高，对环境、公众和工作人员的影响很小，因此，我部同意对上述型号仪器中使用的 Ni-63 放射源实行豁免管理。

二、使用上述型号仪器可以免于办理辐射安全许可证；你单位销售给最终用户也无需办理放射性同位素转让审批及备案手续。

三、使用上述型号仪器中的 Ni-63 放射源不作为放射性物质进行管理。如发生个别 Ni-63 放射源失控，也不作为辐射事故处理。

四、你单位应健全相关制度，加强对所售仪器中 Ni-63 放射源的跟踪管理。在产品说明书和销售合同中明确告知产品中含有放射源，同时告知有关放射源的危害和防护知识及售后管理要求。负责对仪器报废后其中的废放射源进行管理，承担送贮到有资质的放射性废物收贮单位的责任。

五、你单位应制定上述型号仪器销售台账、售出仪器跟踪管理及废源处理记录，并在每年 1 月底前汇总上一年的有关情况报告广东省环境保护厅。

特此函复。

环境保护部办公厅

2016 年 12 月 8 日

十九、环境监察

关于五项主要重金属污染物排污收费有关问题的复函

环环监函〔2016〕14号

北京市环境保护局：

你局《关于五项主要重金属污染物排污收费有关问题的请示》（京环文〔2015〕148号）收悉。经研究，现函复如下：

《污水综合排放标准》（GB 8978—1996）4.2.1.1 规定："第一类污染物，不分行业和污水排放方式，也不分受纳水体的功能类别，一律在车间或车间处理设施排放口采样，其最高允许排放浓度必须达到本标准要求（采矿行业的尾矿坝出口不得视为车间排放口）。"铅、汞、铬、镉、类金属砷等五项主要重金属属于第一类污染物，按照《污水综合排放标准》（GB 8978—1996）的规定，应当在车间或车间处理设施排放口监测并计算排放量，征收排污费。

对同一排放口同时存在六价铬和总铬两种污染物时，考虑到两者属于同一种类，可按污染当量数大的一项征收排污费。

特此函复。

环境保护部

2016年1月22日

关于明确排污费核算有关问题的复函

环环监函〔2016〕54号

陕西省环境保护厅：

你厅《关于明确排污费核算有关问题的函》（陕环函〔2016〕26号）收悉。经研究，现函复如下：

《环境保护法》第四十三条第一款规定："排放污染物的企业事业单位和其他生产经营者，应当按照国家有关规定缴纳排污费。"《排污费征收使用管理条例》（国务院令　第369号）第六条规定："排污者应当按照国务院环境保护行政主管部门的规定，向县级以上地方人民政府环境保护行政主管部门申报排放污染物的种类、数量，并提供有关资料。"环境保护主管部门根据排污者申报的排放污染物的种类、数量以及相关资料核算排放量、征收排污费；排污者对其申报的排放污染物的种类、数量以及相关资料的真实性、准确性、完整性负责。

特此函复。

环境保护部

2016年3月25日

关于组织学习泰兴市环保局环境执法经验做法的通知

环办环监〔2016〕43号

各省、自治区、直辖市环境保护厅（局），新疆生产建设兵团环境保护局：

近年来，全国环保系统认真贯彻党中央、国务院关于加强环境监管执法的决策部署，把监管执法作为保护生态环境、维护群众环境权益的有力抓手，持续加大执法力度，为推进生态文明建设提供了重要法治保障，涌现了一批铁腕治污、敢于执法、善于执法的先进典型，江苏省泰兴市环保局就是他们的杰出代表。为发挥先进典型的示范引导作用，进一步推动环境执法工作，我部决定在全国环保系统组织开展学习泰兴市环保局环境执法经验活动。现将有关事项通知如下：

一、准确把握泰兴市环保局环境执法经验的精髓

泰兴市环保局结合实际，牢固确立绿色发展理念，坚持环保优先方针，坚持全面从严执法，较好地实现了经济持续发展、污染持续下降、环境持续改善。学习泰兴市环保局环境执法经验，就是要学习他们民标至上的执法理念，把人民群众对环境改善的获得感和认同感作为衡量执法成效的根本标准；就是要学习他们把简单的事情坚持做到极致，用严格监管促进企业自觉守法；就是要学习他们向污染宣战的决心和勇气，查处环境违法行为没有禁区、不搞特区；就是要学习他们从严管理队伍，用制度保障执法人员能干事、干成事、不出事。

二、迅速掀起学习泰兴市环保局环境执法经验的热潮

各级环保部门要采取专题学习、座谈交流、大讨论等形式，组织广大环境执法人员深入学习泰兴市环保局环境执法经验，进一步立志气、树正气、提士气，着力营造崇德向善、勇于担当、履职尽责的行业风尚。要把学习泰兴市环保局环境执法经验与总结宣扬一批身边的爱岗敬业、严格执法、善作善为先进典型结合起来，达到“拨亮一盏灯、照亮一大片”的效果。近期，中国环境报将刊发泰兴市环保局环境执法经验系列报道，供各地学习参考。

三、紧密结合实际扎实推进环境执法工作

各级环保部门要以泰兴市环保局为榜样，深刻认识环境执法工作面临的新形势、新任务、新挑战，切实增强忧患意识、危机意识、责任意识，把中国环保精神内化于心、外践于行。要严格执行《环境保护法》，全面落实《国务院办公厅关于加强环境监管执法的通知》，坚持“督政”与“查企”并举、“严打违法”与“规范执法”并重，创新监管执法机制，严肃查处违法行为，不断提高环境执法的系统化、科学化、法治化、精细化和信息化水平。

各地好的做法和典型事迹材料及时报送我部。

附件：泰兴市环保局环境执法经验交流材料（略）

环境保护部办公厅
2016 年 5 月 6 日

关于挥发性有机物排污收费试点有关具体工作的通知

环办环监函〔2016〕113 号

各省、自治区、直辖市环境保护厅（局），新疆生产建设兵团环境保护局，计划单列市环境保护局：

根据《国务院关于印发大气污染防治行动计划的通知》（国发〔2013〕37 号）中“将挥发性有机物纳入排污费征收范围”的要求，财政部、发展改革委、环境保护部先后出台了《关于印发〈挥发性有机物排污收费试点办法〉的通知》（财税〔2015〕71 号，以下简称 71 号文件）和《关于制定石油化工及包装印刷等试点行业挥发性有机物排污费征收标准等有关问题的通知》（发改价格〔2015〕2185 号），决定自 2015 年 10 月 1 日起，在石油化工、包装印刷行业开展挥发性有机物排污收费试点工作。现就有关具体工作通知如下：

一、各省、自治区、直辖市环境保护厅（局）应当积极推动当地发展改革委（物价）、财政等有关部门尽快制定出台试点工作具体实施办法，明确试点范围、收费标准、差别化政策、核算周期、起征时间、核算方法、征收权限等内容。

二、各省级环境监察机构要组织指导行政区内市、县环境监察机构做好试点的实施工作。

（一）通过工商、工信、统计、新闻出版等主管部门和有关行业协会的数据和资料，掌握试点范围内的企业数量。

（二）采取多种形式对行政区内环境监察机构和试点企业进行宣传培训，讲解国家和地方的挥发性有机物排污收费试点政策规定，介绍试点行业的生产工艺和挥发性有机物排放特点。

（三）检查指导行政区内的试点工作，总结推广试点工作的好做法、好经验，及时帮助下级环境监察机构解决、反映试点工作中的问题。

三、石油化工企业要按 71 号文件附件 2 规定的核算周期（以年计）和计算办法，包装印刷企业要按 71 号文件附件 3 规定的计算办法以及核算周期（由各省份自定），向地方环境监察机构报送本通知所附的挥发性有机物排放信息申报表，申报挥发性有机物排放量和相关信息，并对申报材料的真实性、有效性、完整性负责。

四、地方环境监察机构要对试点企业申报材料的完整性进行审核，审核要求如下：

（一）石油化工企业申报的各污染源项中涉及排放挥发性有机物的设备动静密封点、生产装置、储罐、装卸站台、燃烧设备、工艺有组织废气排放源、火炬、挥发性有机物处理设施等数量，必须与核算期内其生产在用的数量相等；各污染源项挥发性有机物排放量及污染当量数之和与总排放量及总污染当量数相等。

（二）包装印刷企业申报的有机类原料投用、稀释剂使用、挥发性有机物去除与回收等信息，应与其申报的同期购买原辅料和有机溶剂的发票或使用领料凭证、原辅料供货商提供的挥发性有机物含量说明、危险废物处理单据等材料，以及挥发性有机物治理装置处理效果等相符。

（三）地方环境监察机构审核发现缺漏项等申报信息不完整的，要责令试点企业限期补报，逾期不报的，要依法予以处罚。

五、我部已组织开发挥发性有机物排污收费试点征收管理系统，采用云计算方式部署在环境保护部云平台上，供石油化工和包装印刷企业申报、地方环保部门征收排污费时使用。具体事宜另行通知。

六、挥发性有机物排污收费试点过程中出现的问题以及工作建议，请及时向财政部、发展改革委和我部反映。

附件：1．石油化工行业挥发性有机物（VOCs）排放信息申报表（略）

2．包装印刷行业挥发性有机物（VOCs）排放信息申报表（略）

环境保护部办公厅

2016 年 1 月 19 日

关于 2015 年度环境保护综合督查工作情况的通报

环办环监函〔2016〕214 号

各省、自治区、直辖市环境保护厅（局），新疆生产建设兵团环境保护局：

为贯彻落实《国务院办公厅关于加强环境监管执法的通知》（国办发〔2014〕56 号）、严格执行新修订的《环境保护法》第六十七条“上级人民政府及其环境保护主管部门应当加强对下级人民政府及其有关部门环境保护工作的监督”的规定，我部《2015 年全国环境监察工作要点》（环办〔2015〕26 号）部署要求省级环保部门对行政区 30%以上的地市级人民政府开展环境保护综合督查。各地高度重视，措施有力，扎实推进，效果较好。现将有关情况通报如下：

一、基本情况

各省、自治区、直辖市环境保护厅（局）共对 163 个设区市、自治州、直辖市的区县人民政府实施综合督查，督查比例达到 39.5%。天津、河北、黑龙江、河南、湖南、重庆等 6 省（市）环境保护厅（局）与我部环境保护督查中心联合实施，其他各省份均独立实施。除江西、山东、海南、甘肃和宁夏外，其他 26 个省份以及新疆生产建设兵团均已达到了 30%设区市的综合督查任务。其中，浙江、湖北、重庆和西藏等 4 省（区、市）对所辖的所有区市实施了综合督查。江西省、山东省、甘肃省和宁夏回族自治区分别完成 27.3%、11.8%、28.57%和 20%，海南省由于机构改革调整等原因未能开展综合督查工作。在实施综合督查工作中，各地共对 31 个市进行约谈、对 20 个市县实施区域环评限批、对督查中发现的 176 个问题进行挂牌督办。

环境保护综合督查强化了地方各级党委、政府的环境保护意识和责任，推动了环境保护“党政同责”和“一岗双责”的落实，解决了一批重点难点问题，加快了环境监管方式转变。各地也有一些好的经验做法：

一是党委、政府高度重视。湖北、广东、陕西等省专门召开专题会议进行安排部署，分别由省人民政府主要负责同志或者其他有关部门主要负责人组成督查组开展督查。北京市专门成立了北京市人民政府督查室环境保护督察处负责综合督查工作。安徽省环保厅邀请人大代表和政协委员参加综合督查。福建、黑龙江等省环保厅在综合督查后，把督查中发现的问题及时向省人民政府汇报、向当地政府通报，强化了督查权威。福建省在政府召开的全省季度经济运行分析会上，将各设区市突出环境问题和整改进展情况进行通报，通过省人民政府领导有针对性的直接点评及整改要求，让参会的各设区市人民政府主要领导“脸红出汗”。上海、西藏、新疆、青海、吉林等省（区、市）建立了环境监管执法考核制度，将综合督查结果纳入环境保护目标责任制考核评价体系，作为审批、考核、评比、安排专项资金的重要依据。

二是前期准备充分。湖北省编写了《督查手册》和《文件汇编》分发各督查组，为督查工作顺利进行奠定了基础。黑龙江省把督查内容细化为6个方面35项内容。贵州省提前进行摸底调查，确定被督查单位并提前印发《产业园区情况表》《基础设施建设表》《环境能力建设情况表》等，由被督查单位填写反馈，在实施督查前初步了解相关工作开展情况。

三是各地均采取了调阅资料、座谈调研、现场检查等多种方式开展综合督查。黑龙江省把督查跨度延长，每次督查为期三个月，调阅资料多达53个方面1300余份。青海省在督查期间，对18个部门进行了走访座谈，调阅了近年来市（州）、县（区）经济、能源、产业、环保等文件和档案等资料862份。内蒙古自治区充分依靠群众，广泛征集信息，综合督查开展期间，公布举报电话，充分利用12369环保举报热线、微信举报平台等方式，多渠道收集地方环境管理方面的信息资料，使综合督查工作有的放矢。

二、存在的问题

一是各地综合督查工作不均衡。江西、山东、海南、甘肃和宁夏等5个省（区）环保部门没有完成30%的任务要求。

二是综合督查尚不规范。有的地方对综合督查的概念有些模糊，将综合督查工作混同于一般的监督检查，督查时间也较短，督查程序不健全，督查结果利用不够，难以起到督政的作用。

三是部分负有履行环境保护职责的部门对综合督查工作不能主动配合，也在一定程度上影响了综合督查效果。

三、下一步工作要求

各省、自治区、直辖市环境保护厅（局）要认真总结2015年度综合督查工作，逐步完善制度和程序，并适时对2015年度综合督查整改落实情况开展“回头看”。督促各地落实整改要求，切实解决突出环境问题。

特此通报。

环境保护部办公厅

2016年2月1日

关于对湖南等3省（市）环境监察总队环境执法工作进行表扬的通报

环办环监函〔2016〕893号

各省、自治区、直辖市环境保护厅（局），新疆生产建设兵团环境保护局：

2016年以来，在党中央、国务院和各级人民政府的领导下，各级环保部门严格执行新修订的《环境保护法》，严厉打击环境违法行为，集中力量查处了一批环境违法案件。近期，湖南省环境监察总队在调查湘潭县上马垃圾填埋场暗管偷排废水案、重庆市环境监察总队在调查西南合成医药集团有限公司私设暗管超标排污案、湖北省环境监察总队在调查楚源高新科技集团股份有限公司及其子公司私设暗管违法排污案过程中，行动迅速、部署周密、措施果断、成效显著，执法人员坚守法律底线，面对人身威胁，毫不畏惧，依法依规高质量完成了相关案件的查处工作。

上述3省（市）环境监察机构充分发挥战斗堡垒作用，有效打击恶意偷排行为，为环境执法工作树立了良好典型。根据《环境监察稽查办法》（环发〔2014〕116号），经我部研究决定，对湖南省环境监察总队、重庆市环境监察总队和湖北省环境监察总队予以通报表扬。

希望受到表扬的单位继续发扬成绩，戒骄戒躁，再接再厉，在今后的工作中再创佳绩。各省（区、市）环保部门要以先进为榜样，立足岗位，扎实工作，奋发有为，为推动经济社会加快发展、转型发展，开创环境执法工作新局面做出更大贡献。

环境保护部办公厅

2016年5月12日

关于开展钢铁、煤炭行业排污费征收专项稽查工作的通知

环办环监函〔2016〕927号

各省、自治区、直辖市环境保护厅（局），新疆生产建设兵团环境保护局：

为贯彻2016年《政府工作报告》中关于运用经济、法律、技术、环保、质量、安全

等手段，严格控制新增产能，坚决淘汰落后产能的有关精神，落实《关于支持钢铁煤炭行业化解过剩产能实现脱困发展的意见》（环大气〔2016〕47号）和《关于印发2016年环监局重点工作事项及任务分工的通知》（环监发〔2016〕8号）的要求，根据《排污费征收工作稽查办法》（原国家环保总局令　第42号，以下简称《稽查办法》）的规定，我部决定组织开展钢铁、煤炭行业排污费征收专项稽查工作，促进钢铁、煤炭行业环境污染防治的规范化管理。现将有关事项通知如下：

一、稽查范围

2015年度钢铁行业烧结、球团、焦化、炼铁、炼钢、轧钢过程中排放的二氧化硫、氮氧化物、粉尘、烟尘等污染物排污费征收，煤炭行业煤炭开采和洗选以及焦化过程中排放的二氧化硫、氮氧化物、粉尘、烟尘等污染物排污费征收情况是本次稽查重点。如本行政区域内没有上述企业的，可结合本行政区域监管重点选择其他行业开展排污费征收稽查。

二、稽查要求

（一）各省级环境监察机构要认真组织开展钢铁、煤炭行业排污费征收专项稽查工作，成立专门工作小组，可邀请相关的专家和技术人员参与稽查工作。同时应加强内部协作，协调沟通监测、污防等内设机构，及时全面掌握排污单位相关信息。

（二）各省级环境监察机构要加强对下级环境监察机构排污费征收稽查工作的业务指导，重点是核算方法及稽查程序。针对下级环保部门“不会算”或相邻地区单位产品收费强度差异较大等情况，要认真分析原因，加强业务培训，统一核算方法，并对单位产品收费强度偏差较大的地区重点开展稽查。

对钢铁企业，在稽查过程中，应要求企业全面安装主要污染物自动监控设施，督促下级环保部门依法依规核定排污费。

（三）国家重点监控企业中的钢铁、煤炭行业污染物排放量按以下顺序核定计算：一是使用经有效性审核的污染源自动监控数据核定；二是暂不具备使用污染源自动监控数据核定的，按照监督性监测数据核定；三是不具备监督性监测条件的，按照物料衡算方法核定。钢铁企业物料衡算可以采用我部2014年印发的《钢铁企业大气污染物排放量核算方法》；煤炭行业还可以结合系数法核算排污费。

（四）稽查过程中，发现被稽查单位存在应当征收而未征收排污费，以及核定的排污量与实际的排污量明显不符的，应当对涉及的排污企业进行现场核查，收集相关证据，重新核定排污量、征收排污费。现场核查过程中应详细核对排污单位原料消耗量，能源消耗情况以及产品产量等企业基本生产情况，并根据企业污染治理设施运行情况准确计算各环节污染物排放量。

（五）地方各级环境监察机构应当借助国家开展排污费征收专项稽查的契机，重新梳理、核算本行政区域内钢铁、煤炭企业排放污染物的种类、数量，切实提高排污费收缴率，确保做到应收尽收。

三、稽查处理

对稽查中发现下级环保部门在排污费征收过程中存在协商收费、定额收费以及违反排污费征收工作有关规定的其他问题时，上级环保部门应当按照《稽查办法》的规定，责令限期改正，并督促整改到位。

稽查过程中发现排污单位存在谎报、瞒报排污申报数据的，上级环保部门应当按照《稽查办法》的规定，责令追缴或直接责令排污者补缴排污费。

对环境保护主管部门工作人员违反国家规定批准减缴、免缴或者缓缴排污费或未将排污费依法缴入国库以及不履行排污费征收管理职责，情节严重的，依法给予行政处分；构成犯罪的，依法追究刑事责任。

各省级环境监察部门应首先开展自查摸底，对所有钢铁、煤炭企业均应逐一核查，填写稽查汇总表，连同专项稽查报告，于2016年9月30日前报送我部。2016年11—12月，我部将按照“双随机”的方式对本次排污费征收专项稽查工作进行抽查（具体安排另行通知）。

联系人：环境保护部环境监察局　杨妮

电话：（010）66556964

E-mail：66556439@163.com

附件：1．钢铁行业2015年排污费征收专项稽查汇总表（样表）（略）

2．煤炭行业2015年排污费征收专项稽查汇总表（样表）（略）

3．排污费稽查行业范围表（略）

环境保护部办公厅

2016年5月19日

关于通报表扬浙江省杭州市环境监察支队等7家单位严厉打击污染源自动监控弄虚作假行为的函

环办环监函〔2016〕1210号

各省、自治区、直辖市环境保护厅（局），新疆生产建设兵团环境保护局：

2016年以来，各地依法严厉打击篡改、伪造监测数据等环境违法行为，并依法追究经济、行政、刑事责任，取得初步成效。近期，浙江省杭州市环境监察支队等单位在调查篡改数据采集仪程序、伪造运行维护记录、故意损毁大气污染物自动监控设施、人为干扰污染源自动监控系统、擅自修改自动监控设施参数等案件中，创新执法检查方法，强化环保公安联动，案件调查严谨细致，依法依规严格处理，有力打击了环境违法行为。

根据《环境监察稽查办法》（环发〔2014〕116 号），经我部研究决定，对浙江省杭州市环境监察支队、浙江省绍兴市上虞区环境监察大队、浙江省诸暨市环境监察支队、福建省龙岩市新罗区环境监察大队、河北省秦皇岛市环境监察支队、河北省昌黎县环境保护局、山东省环境信息与监控中心等 7 家单位予以通报表扬。

希望受到表扬的单位继续保持高压态势，依法、科学、严格执法，严厉打击各类环境违法行为。各地环保部门要以他们为榜样，学习他们严谨细致、钻研业务、发现问题狠抓不放的工作作风；精准执法，抓准监测数据造假关键点的工作技能；环保公安联动，严格追究违法责任的工作方法，勇于执法，善于执法，不断提高环境监管执法能力和水平，为推进改善环境质量做出新的贡献。

环境保护部办公厅

2016 年 7 月 5 日

关于 2016 年上半年查处污染源自动监控设施及数据弄虚作假情况的通报

环办环监函〔2016〕1285 号

各省、自治区、直辖市环境保护厅（局），新疆生产建设兵团环境保护局：

2016 年上半年，杭州市环境保护局等单位查办了 8 起典型污染源自动监控设施及数据弄虚作假案件并依法予以处罚，公安机关对 2 起污染源自动监控设施第三方运维单位的共 5 名违法行为人、6 起排污单位的共 9 名违法行为人依法行政拘留。现将上述违法案件的查处情况通报给你们（见附件），供全国各地环保部门学习借鉴。

为持续保持对污染源自动监控设施及数据弄虚作假违法行为严厉打击的高压态势，现将有关要求通知如下：

一、各地应将查处污染源自动监控设施及数据弄虚作假违法行为列入执法检查重点，加强法律法规和业务技术知识的学习培训，解决不会查、查不出的问题。

二、发现污染源自动监控设施及数据有弄虚作假嫌疑的，要及时取证，主要包括：照片、视频、数据等资料；现场封存有关样品、试剂等物质，送交有资质的检验检测机构出具比对结果；制作现场调查问询笔录等，防止证据灭失。

三、坚持以事实为依据、以法律法规和技术规范为衡量标准，现场检查人员作为第一责任人，应当区分自动监控设备不正常运行与故意弄虚作假、人为主观故意违法与运行维护能力差的不同性质问题，确定主要责任单位和责任人，提出明确的处理建议并提供完整、合规的证据材料，不得主观臆断，随意移交、报告。

四、有管辖权的地方环保部门应当依据法律法规、技术规范和《关于印发〈环境监测数据弄虚作假行为判定及处理办法〉的通知》（环发〔2015〕175 号）等的规定，以及证据材料对发现的污染源自动监控设施及数据弄虚作假案件进行审理、做出处理处罚决定并监督落实。

五、应当依法移交公安机关的违法案件，要及时将有关证据材料和处理建议移交公安机关，提请公安机关尽快处理。

六、按照《关于加强污染源环境监管信息公开工作的通知》（环发〔2013〕74 号）的规定，所有查处结案的污染源自动监控设施及数据弄虚作假案件，应当由直接做出处理处罚决定的环保部门在本部门门户网站的“污染源环境监管信息公开栏目”向社会公开，并逐级按时由省级环保部门汇总报送我部环境监察局。

七、按照《国务院关于建立完善守信联合激励和失信联合惩戒制度加快推进社会诚信建设的指导意见》（国发〔2016〕33 号）要求，对社会环境监测机构以及从事环境监测设备生产、销售、运维的厂商篡改、伪造监测数据或出具虚假监测报告的，负责调查的环境保护主管部门将其列入“严重失信主体‘黑名单’”，及时公开披露相关信息，让弄虚作假者“一处失信、处处受限”。

我部将继续督促检查各地打击弄虚作假典型案件工作，及时公开通报有关情况。

附件：2016 年上半年污染源自动监控设施及数据弄虚作假案例

环境保护部办公厅
2016 年 7 月 12 日

附件

2016 年上半年污染源自动监控设施及数据弄虚作假案例

一、责任方为社会化运行维护单位的案件（2 件）

1．杭州旭东升科技有限公司篡改数据采集仪程序，致使污染物处理设施不正常运行案

基本案情：2016 年 3 月 1 日，杭州市环境监察支队对杭州云会印染整理有限公司进行现场检查发现，COD 水质在线监测仪历史数据中 400mg/L 以上的监测数据与同时段数据采集仪显示上传数据不一致。例如：2016 年 1 月 29 日，COD 水质在线监测仪数据为

482.8mg/L，数据采集仪数据为 167.43mg/L；2016 年 3 月 1 日，COD 水质在线监测仪数据为 552.4mg/L，数据采集仪数据为 147.51mg/L。另外，自动监控设备的运行维护单位杭州旭东升科技有限公司员工，在执法人员检查期间擅自远程登录企业数据采集仪并对程序进行修改，删除操作日志。杭州市环境保护局于 2016 年 3 月 8 日立案调查。

经调查，杭州旭东升科技有限公司作为杭州云会印染整理有限公司污染物自动监控系统的运行维护管理单位，擅自将数据采集仪软件设定为：超过 400mg/L 浓度的监测数据自动用以前不超过 400mg/L 的监测数据代替，致使 COD 水质在线监测仪测量值与污染物自动监控系统上传至环保部门的监测值不一致。

查处情况：杭州市环境保护局根据《水污染防治法》第七十三条、《浙江省水污染防治条例》五十七条的规定，对杭州云会印染整理有限公司不正常使用水污染物处理设施的违法行为罚款人民币 56550 元。杭州市公安局根据《环境保护法》第六十三条第三款、《治安管理处罚法》第十七条第一款的规定，对杭州旭东升科技有限公司的张艳斐、岑驾科 2 人通过远程登录企业数据采集仪对仪器中软件进行修改，同时删除操作日志，试图逃避监管的违法行为给予行政拘留五日的行政处罚。

2．杭州安控环保科技有限公司未按技术规范进行日常运维操作，伪造运行维护记录案

基本案情：2016 年 3 月 3 日，杭州市环境保护局执法人员对格林生物科技股份有限公司进行现场检查，发现 COD 水质在线监测仪无法正常启动运行，且 2016 年 2 月 8 日至 22 日期间无历史数据。杭州市环境保护局于 2016 年 3 月 8 日立案调查。

经查明，杭州安控环保科技有限公司为格林生物科技股份有限公司的自动监控设备运行维护单位。格林生物科技股份有限公司 COD 水质在线监测仪自 2016 年 2 月 8 日至 22 日期间处于死机状态，无法运行。杭州安控环保科技有限公司的运维人员 2016 年 1 月 29 日至 2 月 26 日期间未按相关要求到企业进行日常运维操作，致使水污染物自动监控系统不正常运行使用；并在 2016 年 2 月 26 日当天伪造了 2016 年 2 月 5 日、2016 年 2 月 19 日的运行维护记录与质控样比对监测记录。

查处情况：杭州市环境保护局根据《水污染防治法》第七十三条、《浙江省水污染防治条例》五十七条的规定，对格林生物科技股份有限公司不正常使用水污染物处理设施的违法行为罚款人民币 2134 元。杭州市公安局根据《环境保护法》第六十三条第三款、《公安机关办理行政案件程序规定》第一百三十七条第二款的规定，对杭州安控环保科技有限公司的贾丰、周传雷、徐楠 3 人违反技术规范操作、未按频次到现场运行维护以及伪造虚假的运维记录、质控样比对记录的违法行为给予行政拘留五日的行政处罚。

二、责任方为污染源企业的案件（6 件）

1．浙江龙达纺织品有限公司污染源自动监控数据弄虚作假案

基本案情：2016 年 3 月，浙江省绍兴市上虞区环境保护局发现浙江龙达纺织品有限公司外排废水在线监控数据异常，通过一个月的数据分析，2016 年 4 月 5 日 14 时 40 分，上虞区环境保护局执法人员对该公司污水处理设施现场检查，发现排放池中间建有挡墙，自动监控设备采样口外套贮水桶，该贮水桶内有管道直接通往排放池附近 5 米处的自来水管，

执法人员立即现场拍照取证，制作现场勘查笔录。

经调查，该公司污水站班长魏登云，为躲避自动监控系统监管，擅自对自动监控系统取样口进行改造，加装取样桶，并直接用一根黄色软管注入自来水，致使自动监控设备采集到的样品经过稀释，监测数据严重失实。

查处情况：该企业行为违反了《环境保护法》第六十三条规定。上虞区环境保护局责令该单位立即改正上述违法行为，并处罚款人民币 10 万元。上虞区公安局针对该单位涉嫌伪造监测数据逃避监管，依据《环境保护法》第六十三条、《行政主管部门移送适用行政拘留环境违法案件暂行办法》中第六条第三项、《行政处罚法》等相关规定，依法行政拘留 1 人。

2．浙江征天印染有限公司人为故意逃避自动监控设备监管，超标排放污水案

基本案情：2016 年 3 月，诸暨市环境保护局发现浙江征天印染有限公司排放口排水情况异常。3 月 22 日上午，执法人员突击现场检查发现：浙江征天印染有限公司利用废水自动监控设备采样监测规律，通过控制水泵调节二级水解池到好氧池的进水量，在自动监控设备采样监测时减少排水量且排放水质较好，待采样结束后加大排水量且排放水质较差，属人为故意逃避监管，且存在超标排放水污染物的情况。

查处情况：诸暨市环境保护局责令该企业立即改正违法行为，并罚款人民币 24.5 万元。诸暨市公安局依据《环境保护法》《行政主管部门移送适用行政拘留环境违法案件暂行办法》《行政处罚法》等相关规定，依法行政拘留 1 人。

3．长业水务有限公司员工人为干扰污染源自动监控系统案

基本案情：2016 年 3 月 1 日，福建省龙岩市环境信息监控中心接到第三方运维公司（聚光科技（杭州）股份有限公司龙岩分公司）举报：在龙岩市长业水务有限公司日常巡查时，氨氮自动监控设备内发现带有液体的矿泉水瓶，且自动监控设备的取样管被拔插至矿泉水瓶中（该员工随之在现场进行拍照取证）。龙岩市环境信息监控中心即将该情况通报给龙岩市环境监察支队，并按程序交由新罗区环境保护局立案查处。

龙岩市新罗区环境监察人员会同龙岩市环境保护局环境监控中心调阅站房监控视频发现龙岩市长业水务有限公司员工于 2 月 29 日 13 时 40 分将带有液体的矿泉水瓶带入该公司在线监测站房内，放入氨氮自动监控设备内。3 月 3 日 11 时 08 分发现该企业员工再次进入在线监测站房，将带有液体的矿泉水瓶放入自动监控设备内。

3 月 8 日，龙岩市新罗区环境保护局监察执法人员至龙岩市长业水务有限公司现场进行调查，并制作新罗区环境保护局现场检查（勘察）记录。龙岩市长业水务有限公司员工谢浩及张露露对人为干扰污染源自动监控系统的违法行为供认不讳。

查处情况：5 月 27 日，龙岩市公安局新罗分局根据《行政主管部门移送适用行政拘留环境违法案件暂行办法》《环境保护法》第六十三条规定，对龙岩市长业水务有限公司员工谢浩、张露露 2 人的违法行为给予行政拘留五日的行政处罚。

4．秦皇岛索坤玻璃容器有限公司人为故意损毁大气污染物排放自动监控设备案

基本案情：2016 年 1 月 16 日、2 月 17 日、3 月 16 日，河北省昌黎县环境保护局与秦皇岛市环境监察支队执法人员对秦皇岛索坤玻璃容器有限公司进行现场检查时发现：该厂三套自动监控设备烟气采样头均焊接有一个管路接头，并与一根 PVC 管连接。2016 年 3 月 22 日，昌黎县环境保护局执法人员现场制作了《调查问询笔录》。该企业存在人为故意

损毁大气污染物排放自动监控设备的违法行为。

查处情况：昌黎县环境保护局依据《大气污染防治法》《环境保护法》的规定，责令该单位立即改正上述违法行为，处罚款人民币 20 万元，并将该案件有关材料移交至昌黎县公安局，昌黎县公安局依据《行政主管部门移送适用行政拘留环境违法案件暂行办法》的规定对该企业 3 名主要责任人依法实施行政拘留。

5．巨野县三达水务有限公司私接暗管，人为干扰污染源自动监控系统案

基本案情：2016 年 5 月，菏泽于楼断面氨氮超标，山东省环境信息与监控中心将该断面与周边重点污染源关联分析，发现该断面主要排污企业为巨野县三达水务有限公司。5 月 16 日，省监控中心对该企业进行现场检查，检查人员对采样系统进行详细排查，发现采样管路被擅自引入封闭的生物指示池内，采集指示池内的稀释水样进入在线分析仪器。经查明，该企业人员承认私接暗管，干扰采样，对监测数据弄虚作假。

查处情况：巨野县公安局依法行政拘留 1 人，巨野县环境保护局责令该单位立即改正上述违法行为，处罚款人民币 10 万元。

6．日照市城市排水有限公司擅自修改自动监控设备参数案

基本案情：2016 年 5 月 24 日，山东省环境信息与监控中心通过重点污染源动态管控系统，发现日照市城市排水有限责任公司氨氮自动监测设备斜率由 1 修改为 0.5，超出正常范围，触发动态管控系统报警，斜率的修改导致企业排水氨氮自动监测数据降低。5 月 25 日，省监控中心对该企业开展调查，查封自动监测设备、固定参数修改证据。经查明，该企业人员承认擅自修改了自动监测设备参数，对弄虚作假行为供认不讳。

查处情况：日照市公安局依法行政拘留 1 人，日照市环境保护局责令该单位立即改正上述违法行为，处罚款人民币 10 万元。

关于表扬贵州省环境监察局开展强力执法行动的通报

环办环监函〔2016〕1590 号

各省、自治区、直辖市环境保护厅（局），新疆生产建设兵团环境保护局：

近年来，贵州省持续开展“六个一律”环保“利剑”执法专项行动，组建生态保护司法架构，建立健全网格化管理机制和政企互动机制，加大媒体宣传和违法案件曝光力度，切实营造环境监管执法高压态势，严厉打击环境违法行为。特别是 2016 年以来，针对环境违法犯罪行为猖獗问题，贵州省人民政府决定在全省开展以“严打‘六黑’（黑废水、黑烟囱、黑废渣、黑废油、黑数据、黑名单）环境违法犯罪行为”为主题的环保执法“风暴”专项行动。

专项行动中，贵州省环境监察局审时度势、果敢作为，涌现出一大批严格执法的先进典型。在查处贵阳市花溪区毒品加工点污染环境犯罪案中，主动发现违法制毒窝点，及时

完成采样检测和危险废物司法鉴定工作，积极配合公安部门将其列入 2016 年度公安部挂牌督办案件；在查处贵州玉屏湘盛化工有限公司非法处置危险废物案中，及时与检察、公安部门衔接，成立联合专案组，就案件的定性、证据收集采纳以及适用法律法规等焦点难点问题进行会商，并赴广东、湖南等地进行调查和证据收集，为公安部门立案侦查提供有力支持；在打击自动监控数据弄虚作假行动中，采取夜查、突击检查相结合的方式，查明 6 家污水处理厂采用篡改、伪造监测数据等规避监管的方式违法排放污染物，有效震慑了自动监控数据弄虚作假行为。

经我部研究决定，对贵州省环境监察局开展强力执法行动予以通报表扬。希望贵州省环境监察局不断加大执法力度，持续保持打击环境违法行为的高压态势。各地环境监察机构要充分学习借鉴贵州省的具体做法，根据本地区突出的环境问题，有针对性地开展强力执法行动；以“零容忍”的态度严厉打击环境违法行为，切实保障人民群众环境权益，为推进改善环境质量做出新的贡献。

环境保护部办公厅

2016 年 9 月 2 日

关于通报钢铁行业环境保护专项执法检查情况的函

环办环监函〔2016〕1750 号

各省、自治区、直辖市环境保护厅（局），新疆生产建设兵团环境保护局：

为贯彻落实党中央、国务院关于推进结构性改革、抓好去产能任务部署及《国务院关于钢铁行业化解过剩产能实现脱困发展的意见》（国发〔2016〕6 号）的要求，积极发挥环境监管在钢铁行业化解过剩产能中的作用，我部组织各地开展了钢铁行业环境保护专项执法检查。现将有关情况通报如下：

一、部署及开展情况

2016 年 5 月 16 日，印发了《关于开展重点行业环境保护专项执法检查的通知》（环办环监函〔2016〕901 号），将钢铁行业列入专项执法检查重点，组织各地对钢铁企业逐一进行梳理排查。2016 年 7 月 15 日，印发了《关于进一步强化钢铁行业环境保护专项执法检查的紧急通知》（环办环监函〔2016〕1315 号），对强化钢铁行业环境保护专项执法检查提出具体要求，要求对钢铁行业重点企业进一步加大现场检查频次。

8 月 24 日至 9 月 2 日，按照国务院工作部署，钢铁煤炭行业化解过剩产能和脱困发展工作部际联席会议组织开展了钢铁煤炭行业化解过剩产能专项督查。赵英民副部长带队对广东、江苏和浙江进行专项督查，审阅了三省有关化解过剩产能相关的文件、资料，与有关部门、企业进行交流座谈，实地查看8个地市共22家企业。

截至9月11日，全国各级环境保护部门共对1019家钢铁企业（含停产390家、在建5家）进行了现场检查，检查家次达5527次。发现173家企业存在环境违法行为（其中违反建设项目环保规定62家，超标排污35家，未有效控制粉尘等无组织排放25家，自动监控设施运行不正常5家，以逃避监管方式排放污染物等其他违法行为46家）。地方环境保护部门对存在环境违法行为的钢铁企业均进行了处理处罚，对23家企业实施限制生产，29家企业实施停产整治，2家企业实施停业关闭，3家企业责任人实施行政拘留，共计罚款1889.46万元。山东、福建、四川等强化检查相关措施执行到位，信息上报及时，对环境违法企业处罚力度大，执法监管效果明显。

二、存在的主要问题

检查发现，违反建设项目环境管理规定、超标排放、落后产能淘汰不彻底等问题相对突出。部分钢铁企业仍不能实现污染物稳定达标排放；部分企业环境管理存在漏洞，生产比较粗放，原辅材料跑冒滴漏，粉尘无组织排放，原料和固体废物堆场无有效的防尘措施。

督查组在江苏省徐州市督查发现，两家钢铁企业环境违法行为较为恶劣。新沂市华达钢铁有限公司利用中频电炉非法生产地条钢。2013年以来，徐州市环保局向新沂市政府去函要求拆除该企业，新沂市环保局也多次报告并提请市政府实施关停，但新沂市政府未落实相关要求，企业长期违规生产，相关落后设备直至央视曝光后才予以拆除。徐州华宏特钢有限公司在新修订的《环境保护法》实施后仍顶风作案，未经任何审批于2015年违规建设了1台120吨转炉。督查组已反馈江苏省人民政府，要求加大对违法企业的整治及对相关责任人的问责力度。

三、下一步工作要求

各地要严格按照《国务院关于钢铁行业化解过剩产能实现脱困发展的意见》（国发〔2016〕6号）以及我部相关文件要求，继续做好钢铁行业专项执法检查，进一步加大工作力度，严厉查处环境违法行为，配合当地政府及相关部门做好钢铁行业化解过剩产能工作。

环境保护部办公厅

2016年9月28日

二十、宣传教育

关于印发《2016年全国环境宣传教育工作要点》的通知

环办宣教函〔2016〕132号

各省、自治区、直辖市环境保护厅（局），解放军环境保护局，新疆生产建设兵团环境保护局，辽河凌河保护区管理局：

为全面贯彻党的十八大和十八届三中、四中、五中全会精神，深入学习贯彻习近平总书记系列重要讲话精神，认真落实2016年全国宣传部长会议、全国环境保护工作会议的部署和要求，切实做好2016年环境宣传教育工作，现将《2016年全国环境宣传教育工作要点》印发给你们。请结合本地实际，认真贯彻落实。

附件：2016年全国环境宣传教育工作要点

环境保护部办公厅
2016年1月20日

附件

2016年全国环境宣传教育工作要点

2015年，环境宣传教育工作深入贯彻党的十八大和十八届三中、四中、五中全会精神，按照“三严三实”的要求，牢牢把握舆论导向，广泛开展宣传教育，引导全民积极参与，有创新、有亮点、有进步，为推进生态文明、建设美丽中国营造了良好的舆论支持和良好氛围。

2016年是“十三五”规划的开局之年，环境宣传教育工作任务繁重。总体要求是：全面贯彻落实党的十八大和十八届三中、四中、五中全会精神，深入学习贯彻习近平总书记系列重要讲话精神，认真落实党中央、国务院关于生态环境保护工作的新部署新要求，坚持以改善环境质量为核心的中心工作为引领，进一步加大宣传教育工作力度，为环保工作各项目标的实现营造良好氛围。

一、2016 年环境宣传教育工作目标

（一）在紧紧围绕中心、服务大局上努力进取。强化政治意识、责任意识、阵地意识，紧密围绕中央关于“五位一体”的总体布局，紧密围绕树立和贯彻创新、协调、绿色、开放、共享发展理念，牢牢把握“改善环境质量”这个根本任务，深入宣传党中央和国务院关于加强环境保护的新部署新要求，深入宣传部党组贯彻落实中央决策部署的新举措新进展，深入宣传各地开展环保工作的新经验新成效。要聚焦人民群众关注的热点焦点问题，把握正确导向，提高舆论引导能力，增强面向社会宣传的针对性和有效性，广泛凝聚正能量，共同为实现改善环境质量的目标而奋斗。

（二）在推进宣教资源有效整合上努力进取。推动现有宣教资源有效整合，形成开展工作的合力。充分发挥宣教中心的技术支持作用，实现信息内容、技术应用、平台终端和人才队伍等资源的共享融通，切实增强为环保中心工作服务的能力。

（三）在坚持创新发展上努力进取。面对新的机遇和挑战，必须坚持与时俱进，创新为要，大力推动宣教理念、内容、手段、机制等全方位创新。要保持思想的敏锐性，顺应时代和信息发展特点，积极研究和解决新的环境宣传教育课题，以创新激发活力，增强活力，释放潜力，推动宣教工作再上新台阶。

（四）在提升队伍素质和工作水平上努力进取。要按照“讲政治、守纪律”的要求，抓好队伍建设，积极培训人才，合理使用人才，关心爱护人才，增强队伍的战斗力和归属感。要善于思考，善于分析，善于总结，突出问题导向，正视面临的困难，不断提出解决问题的思路和方法，努力增强工作的针对性和有效性，提高宣教工作的质量和影响力。

（五）在从严治党、切实履行党风廉政责任上努力进取。认真学习《中国共产党廉洁自律准则》和《中国共产党纪律处分条例》，把党的政治纪律和政治规矩挺在前面，严守党纪国法，自觉做守纪律、讲规矩的模范。切实改进工作作风，增强为中心工作服务、为基层服务的责任感。

二、2016 年环境宣传教育工作主要任务

（一）出台“十三五”环境宣教工作纲要。联合中宣部、中央文明办、教育部、团中央、全国妇联编制出台《全国环境宣传教育工作纲要（2016—2020 年）》，进一步细化年度工作目标，明确责任分工，完善协调机制，落实各项保证措施。适时召开工作推进会和经验交流会，推动《纲要》的贯彻落实。

（二）启动“2016 生活方式绿色化推进年”工作。制定《关于加快推动生活方式绿色化的实施意见》工作方案，细化工作内容，明确责任分工，启动生活方式绿色化推进年工作。制定《生活方式绿色化指南》和《生活方式绿色化行为准则》，选择 2～3 个地区进行

生活方式绿色化试点工作，引导和培养公民环境意识、节俭意识、社会责任意识，倡导合理消费，践行绿色生活方式，推动形成尊重自然、保护自然、勤俭节约的社会风尚。

（三）着力提高舆论引导能力。健全例行新闻发布制度，完善重大信息权威发布与政策解读联动机制，积极回应社会关切。推动环境专业媒体和新媒体融合发展，充分发挥新媒体传播优势。围绕贯彻实施《环境保护法》《大气污染防治法》和《大气污染防治行动计划》《水污染防治行动计划》《土壤污染防治行动计划》、重污染天气应急等舆论普遍关注的热点问题主动发声，建立专家解读及网络评论员队伍，有针对性地做好正面引导、解疑释惑工作。完善舆情收集报送机制与内容，切实维护环境舆论生态安全。

（四）切实加强面向社会的宣传教育工作。创新面向社会宣传的内容和形式，积极推动宣教媒介资源、生产要素的有效整合，推动信息内容、平台终端、人才力量共享融通。拓展科普知识和环境文化的传播渠道。开展环保志愿服务活动，做好 2014—2015 年度绿色中国年度人物评选及颁奖工作，发挥先进典型示范引领作用。激发环保文艺创作活力，努力推出更多有影响力的环保题材文艺作品。

（五）引导公众和社会组织理性有序参与环保工作。认真落实《环境保护公众参与办法》，加强政策指导、促进能力建设，完善扶持措施，推进公众依法、积极、有序、有效参与环保事务。探索垃圾处理、PX 项目和核设施建设公共关系应对的有效方法。以环保讲堂、科普传播为重点继续开展小额资助项目和购买社会服务。

二十一、环境应急

关于2015年全国"12369"环保举报工作情况的通报

环办应急函〔2016〕353号

各省、自治区、直辖市环境保护厅（局），新疆生产建设兵团环境保护局：

2015年，各级环保部门积极贯彻落实新修订的《环境保护法》要求，以"12369"环保微信举报和"12369"环保举报热线为重要抓手，着力解决了一大批关系公众切身利益的环境问题。现将有关情况通报如下：

一、总体情况

2015年，在各级环保部门的共同努力下，全国"12369"环保举报工作平稳推进，成效显著。其中"12369"环保微信举报于6月5日正式开通，已覆盖除西藏外的所有省份和地市，以及40%以上区县。各级"12369"环保举报热线认真做好电话和网络举报的受理和查处工作，有力维护了公众环境权益。截至2015年底，"12369"环保微信举报收到并办理公众举报13719件，环境保护部"12369"环保举报热线受理群众电话及网上举报1145件。

从微信举报办理、热线运行管理、热线举报办理等方面的检查情况来看，北京、重庆、浙江、福建、四川、宁夏等省（区、市）工作成绩突出，特提出通报表扬。

二、存在的问题

尽管"12369"环保举报工作取得了较大进展，但与环境管理工作的实际需要和公众日益增长的环境质量诉求相比，仍然存在不小差距，主要表现在：

（一）热线网络不畅通。全国仍有近半数省（区）未开通省级特服号码。青海、新疆、西藏、云南、湖南、河南、山东、黑龙江、吉林、内蒙古个别地市在4次抽查中有3次以上未能接通（见附件1）。

（二）举报办理不及时。全国共31件微信举报未按期受理，其中新疆、黑龙江、江苏、河北、海南各有4件以上；共126件微信举报未按期办结，其中江西、黑龙江、河南、上海、云南各有8件以上；广东、吉林、内蒙古、青海、新疆生产建设兵团共7件电话举报未按期办结（见附件2、附件3）。

（三）查处落实不到位。一些地方对公众举报环境问题解决不彻底，同一事项反复举报的情况时有发生。我部受理超过3次的举报共45件，其中河南、内蒙古和山东各有4件以上（见附件4）。

（四）举报反馈不规范。全国有18件电话举报查处完毕后未向举报人反馈办理情况，其中湖北、广东、安徽、黑龙江、吉林各有2件以上（见附件3）。微信举报答复不规范问题较为普遍，一些地区反馈信息中多次出现要素不完整、用语不准确等问题，有的甚至出现明显错误。

三、下一步工作要求

（一）认真受理环保举报。各地环保部门要加强重点案件督办，进一步明确回访工作要求，加强对查处工作的检查和监督，从源头上解决环境污染问题、化解矛盾纠纷。加大信息公开力度，积极公开举报程序和办事流程，及时公布公众举报案件办理情况，充分发挥媒体和公众监督作用。切实做到“有报必接、违法必查，事事有结果、件件有回音”。

（二）充分发挥环保微信举报作用。省级环保部门要对市、县级微信举报工作情况进行督查督办，确保每一件微信举报得到及时处理和答复。加大宣传力度，充分发挥公众参与环保监督作用，让每一部手机都成为一个移动监控点，每一名公众都是一位环保监督员。

（三）着力推进环保举报数据联网。各地环保部门要积极推进数据整合和系统联网工作，配合实现“部-省-市-县”环保举报信息全国联网。加强大数据研究和应用，通过统计分析及时发现环境热点、焦点、难点问题，为环境管理提供决策依据。

附件：1．2015年全国省、地市级“12369”环保举报热线运行情况（略）

2．2015年各地微信举报受理办结情况表（略）

3．2015年“010-12369”环保举报热线受理举报件处理情况（略）

4．2015年重复举报企业列表（略）

环境保护部办公厅

2016年2月26日

关于做好汛期尾矿库环境应急管理工作的通知

环办应急函〔2016〕1222 号

各省、自治区、直辖市环境保护厅（局），新疆生产建设兵团环境保护局，辽河凌河保护区管理局：

汛期是尾矿库事故多发高发时期。为切实做好汛期尾矿库环境应急管理工作，积极防范和妥善处置各类尾矿库事故次生突发环境事件，切实保障环境安全，现将有关事项通知如下：

一、进一步提高认识。要深刻认识到尾矿库事故次生突发环境事件的严重性和危害性，督促尾矿库企业提高防范事故次生突发环境事件的意识和能力，积极向本级人民政府及有关部门提出防范尾矿库事故次生突发环境事件的建议，增强自身妥善处置突发环境事件的能力，切实保障环境安全特别是饮用水环境安全。

二、督促指导企业防范环境风险。要督促指导尾矿库企业按照《尾矿库环境风险评估技术导则》（HJ 740—2015）和《尾矿库环境应急预案编制指南》，开展尾矿库环境风险评估、环境安全隐患排查治理，编制尾矿库环境应急预案并报环境保护部门备案，对尾矿库环境应急预案进行培训和演练，掌握尾矿库特征污染物及其应急处置措施，提高尾矿库环境风险防范和突发环境事件先期处置能力。

三、做好应急准备工作。要全面掌握行政区域内尾矿库的特征污染物、周边环境敏感点尤其是饮用水水源等环境风险信息；对发现存在重大环境安全隐患且整改无望的尾矿库提出闭库建议；尾矿库环境风险突出的区域，要及时将行政区域内尾矿库环境风险状况向地方政府报告。

四、积极妥善处置。当发生尾矿库事故次生突发环境事件后，要督促尾矿库企业立即开展先期处置，切断污染源；按照有关规定进行信息报告和通报，做好环境应急监测工作；向政府提出应对建议，避免产生跨界污染；严肃事件调查和责任追究，协助有关人民政府开展环境影响和损失评估工作。

五、深化应急联动。按照我部与安全监管总局联合印发的《关于建立健全环境保护和安全监管部门应急联动工作机制的通知》（环办〔2010〕5 号）要求，继续深化与安全监管部门在信息共享、联合执法等方面的合作，鼓励尾矿库集中地区开展环境保护和安全生产汛期联合检查。

环境保护部办公厅

2016 年 7 月 3 日

关于做好重污染天气应急预案修订工作的函

环办应急函〔2016〕1260号

北京、天津、河北、山西、内蒙古、山东、河南省（区、市）人民政府办公厅：

为贯彻落实京津冀及周边地区大气污染防治协作小组第六次会议精神，按照《关于印发〈京津冀大气污染防治强化措施（2016—2017年）〉的通知》（环大气〔2016〕80号）要求，切实做好重污染天气应急预案（以下简称预案）修订，进一步加强重污染天气应对、减轻重污染天气影响，现将有关情况函告如下：

一、高度重视预案修订工作

京津冀及周边地区大气污染防治协作小组第六次会议要求，做好京津冀及周边地区大气污染防治工作，要做到“五个突出抓好”。其中之一即突出抓好重污染天气应对，加快完成应急预案修订工作，统一预警分级标准。各地要高度重视，按照会议要求，把重污染天气应对作为大气污染防治工作的重要内容，以修订预案为抓手，建立健全职责明确、流程清晰、措施可行、督查到位、确保效果的工作体系，不断提高重污染天气应对水平。

二、着力提高预案科学性和可操作性

（一）拓展操作空间。坚持提前预警。在预测可能出现重污染天气时，要及时发布预警。红色预警一般应提前24小时向社会公开发布。强化上限预警。当预测可能出现3天及以上重污染天气时，应按空气质量预报结果上限确定预警级别。可能出现长时间、大范围重污染天气时，应根据上级预警提示，结合本地实际确定预警级别。实行分时实施。应急减排措施应该在发布预警时即组织开展实施，重污染天气来临时及时提醒公众采取健康防护措施，并及时发布预计预警解除时间，指导公众合理安排生产生活。

（二）严格底线措施。以控制细颗粒物（$PM_{2.5}$）日均浓度不超过300微克/米^{3}为原则，制定各级别预警减排力度。充分运用大气污染物源排放清单、环境空气颗粒物来源解析工作成果，筛选确定应急减排重点，把各级别减排力度分解细化至具体行业、具体大气污染源。要首先把工艺水平落后、污染治理水平低、环境违法行为多发、未按期完成治污任务、超排放标准或超总量控制排放的大气污染源纳入应急减排范围。明确不同行业、不同工艺流程的应急减排措施，实施“一厂一策”，避免减排比例“一刀切”。

（三）完善配套方案。组织指导重污染天气应对参与单位制定配套部门实施方案和企业操作方案，将预案确定的各项任务细化为“谁要做”“何时做”和“如何做”。在组织部门编制实施方案时，侧重明确组织指挥机制、具体岗位职责、应急流程及步骤、监督指导工作要求等。指导企业合理确定减排基数，将应急减排目标细化至重点产污环节，确定停限产或其他应急减排措施，明确操作流程，做到全程留痕，实现过程可回溯、效果便于核定。制定配套监督检查方案，实行“双随机”方式，组织专门力量，对照预案及实施方案、操作方案，对预警发布、措施执行、信息公开进行督查，掌握预案实施情况，督促减排措施落实到位。

（四）及时报送预警信息。发布黄色及以上级别预警的地级及以上城市人民政府，应在发布（调整和解除）预警信息 1 小时内，由同级人民政府环境保护主管部门和气象主管部门分别向上一级主管部门报告；省级人民政府环境保护主管部门在接到预警信息报告的同时，及时将有关预警信息向环境保护部报告。省级人民政府环境保护主管部门还应及时收集汇总行政区域内城市人民政府预警发布情况，定期向环境保护部报告。环境保护部将对各地重污染天气应对情况进行通报。

（五）加强预案信息公开。各地在预案修订工作过程中，要公开征求公众意见，及时反馈意见建议采纳情况。预案修订完成后，要将预案全文公开，包括强制性应急减排措施涉及的单位及减排要求等内容。预案执行过程中，要及时公开应急减排措施内容及执行情况。应对结束后，及时组织开展预案实施情况评估，公开应对情况及评估结论。

三、加强区域协同应对

2016 年 2 月 2 日至 3 月 31 日，京津冀试行统一的重污染天气预警分级标准期间，区域内出现重污染天气的城市预警行动统一，在一定程度上实现了区域重污染天气协同应对。要进一步扩大协同应对地域范围，京津冀地级及以上城市和河南省郑州市、新乡市、鹤壁市、安阳市、焦作市，山东省济南市、淄博市、聊城市、德州市、滨州市等传输通道城市，按照这一标准组织开展预案修订。其他城市参照该标准，根据实际情况，适时修订预案。我部将会同中国气象局落实《大气污染防治法》要求，继续推动统一预警分级标准。

四、组织开展预案修订督导检查

各省（区、市）要指导督促行政区域内城市人民政府，及时组织开展预案修订。京津冀各城市及传输通道城市要在 2016 年 10 月底前完成修订发布工作。我部将组织第三方机构对各地预案有效性、可操作性和减排措施进行量化评估，并适时组织对各地预案修订情况进行督导检查。

环境保护部办公厅

2016 年 7 月 6 日